W0259297

Hans-Joachim Thomas

Thermische Kraftanlagen

Grundlagen, Technik, Probleme

Zweite, überarbeitete und erweiterte Auflage

Mit 294 Abbildungen

Springer-Verlag
Berlin Heidelberg New York Tokyo 1985

Dr.-Ing. HANS-JOACHIM THOMAS
o. Professor an der Technischen Universität München
Lehrstuhl und Institut für Thermische Kraftanlagen

Die 1. Auflage 1975 erschien als *Hochschultext*

ISBN 978-3-642-52243-7 ISBN 978-3-642-52242-0 (eBook)
DOI 10.1007/978-3-642-52242-0

CIP-Kurztitelaufnahme der Deutschen Bibliothek

Thomas, Hans-Joachim:
Thermische Kraftanlagen: Grundlagen, Technik, Probleme/H.-J. Thomas.
2., überarb. u. erw. Aufl.
Berlin; Heidelberg; New York; Tokyo: Springer, 1985.

2362/3020-543210

Vorwort zur zweiten Auflage

Die vielen positiven Zuschriften und Kritiken zu diesem Buch haben mich ermutigt, eine zweite Auflage zu besorgen. Dabei war neben den unmittelbaren Vorschlägen der Kritiker allgemein zu berücksichtigen, daß eine beträchtliche Entwicklung auf einigen der behandelten Fachgebiete stattgefunden hat. Eine gewisse inhaltliche Erweiterung des Buches war somit nicht zu umgehen. Als Problem bot sich aber wiederum die notwendige Beschränkung des Stoffes, die ich hoffe, auf einigermaßen annehmbare Weise gelöst zu haben. Nicht alle Vorschläge konnten dabei berücksichtigt werden, die knappe Art der Darstellung mußte beibehalten werden.

Die Erweiterungen betreffen nur in geringem Ausmaß die Grundlagen, sondern mehr die Anlagenkomponenten in ihren Entwicklungstendenzen und Anwendungen. Hier ist im Vergleich zur ersten Auflage dem zunehmenden Einfluß durch die sich anbahnende Rohstoff-, insbesondere Brennstoffverknappung einerseits und die Notwendigkeiten des Umweltschutzes andererseits Rechnung zu tragen. Daher wurde u.a. der kombinierte Gas-Dampfturbinenprozeß in Kapitel 6 etwas weitergehend behandelt, als ein Beispiel für eine mögliche Verbesserung des Anlagenwirkungsgrades.

Die Darstellung der Entwicklungsprobleme in Kapitel 7 mußte im wesentlichen auf Probleme der Turbomaschinen beschränkt bleiben. Eine ausführlichere Behandlung der anderen Komponenten hätte den gesteckten Rahmen des Buches gesprengt. Etwas erweitert wurden jedoch hier die Betrachtungen über die Energieversorgung allgemein, die Sicherheit und den Umweltschutz. Dies sind sozusagen brennende Fragen unserer Zeit. Dabei bedarf es mehr denn je einer realistischen Einschätzung der Entwicklung, die herauszustellen ich mich besonders bemüht habe; emotional begründete Maßnahmen können im allgemeinen nur falsche und damit schädliche Wirkung haben.

Die Problematik von Preisangaben in Kapitel 8 zeigt sich im Vergleich zur ersten Auflage besonders deutlich. Sie mußte jedoch gewagt werden, um dem Leser eine ausreichende Vorstellung von den auch in heutiger Zeit überaus wichtigen Fragen des wirtschaftlichen Einsatzes thermischer Kraftanlagen zu verschaffen. Im übrigen ist der Zweck des Buches entsprechend den Ausführungen im Vorwort zur ersten Auflage unverändert geblieben.

Bei der Überarbeitung des Buches hatte ich wiederum die freundliche Unterstützung vieler Mitarbeiter. Ihnen allen sei herzlich gedankt, insbesondere den Herren Diplom-Ingenieuren Beikler, Ebner und Seyfert, Dr. Castorph und Dr. Schwab allgemein sowie den Damen Glutzberger, Poljakow, Werner und Wirth für das Anfertigen von Bildunterlagen und Schreiben der Texterweiterungen. Wiederum darf ich den Firmen danken, die Unterlagen zur Verfügung stellten und an entsprechender Stelle jeweils genannt sind. Schließlich gebührt dem Springer-Verlag erneut Dank für die Berücksichtigung meiner Wünsche und die gute Ausstattung des Buches.

München, im Juli 1985 H.-J. Thomas

Vorwort zur ersten Auflage

Das vorliegende Buch entstand aus Vorlesungen des Verfassers an der Technischen Universität München. Die zusammenfassende Behandlung eines Stoffes, der normalerweise in verschiedenen Vorlesungen dargeboten wird, ist ungewöhnlich und bedarf einer gewissen Erklärung der Zielsetzung. Diese geht zunächst von den Veränderungen aus, die sich in den Studienplänen der Technischen Hochschulen und Universitäten vollziehen. Um dem immer weiter steigenden Umfang des Wissens einigermaßen gerecht zu werden, bemüht man sich, die Grundlagenfächer mehr und mehr auszubauen und angewandte Fächer nur beispielhaft oder zusammenfassend zu lehren. Dabei ergibt sich schon von der Studienzeit her, daß viele früher für alle Studierenden verbindlichen Fächer nur noch als Alternativmöglichkeiten angeboten werden können, wodurch ein gewisser Zusammenhang zwischen diesen Fächern sowie mit übergreifenden Fachgebieten verlorengeht.

Um die Herstellung eines solchen Zusammenhangs handelt es sich bei diesem Buch, in welchem der maschinentechnische Teil von Wärmekraftwerken zur Darstellung gelangt, der auch in der chemischen Industrie und Verfahrenstechnik bedeutungsvoll ist. Im wesentlichen beschränkt sich dabei der Stoff auf Dampferzeuger konventioneller und nuklearer Art sowie auf thermische Turbomaschinen. Während es für diese enger umgrenzten Gebiete eine Reihe ausgezeichneter Fachbücher gibt, fehlt mit Ausnahme des mehr einer Enzyklopädie gleichenden Werkes von Schröder "Große Dampfkraftwerke" eine Darstellung über thermische Kraftanlagen, die dem Studierenden neben Kenntnissen über Aufbau und Wirkungsweise wesentlicher Anlagenteile auch Zusammenhänge vermittelt.

Ein weiterer Anlaß des Buches sind die bedeutende Entwicklung der Energietechnik in unserer Zeit einerseits und die Sachzwänge, denen sie sich andererseits durch die Rohstoffverknappung und durch die Notwendigkeit des Umweltschutzes zunehmend ausgesetzt sieht. Zur Lösung der anstehenden Probleme müssen die damit beschäftigten Wissenschaftler und Ingenieure nicht nur tiefergreifende Kenntnisse in Spezialgebieten haben, sondern auch einen Überblick über anwendbare Möglichkeiten; es gilt, "sowohl die Bäume als auch den Wald zu sehen". Dabei ist es für den Ingenieur - wie für den Politiker - besonders wichtig, die Realitäten zu erkennen und danach zu handeln. Zu weitgehende Abstraktionen, zu denen unsere Zeit oftmals neigt, führen zu Utopien, die nicht der Lösung der Probleme dienen.

Die Behandlung eines so übergreifenden Stoffes in einem Band wird sicherlich beim sachkundigen Leser auf manche Bedenken stoßen. Die Darstellung auf beschränktem Raum muß notgedrungen Lücken haben und zum überwiegenden Teil sehr knapp gehalten sein. Der Verfasser hat sich jedoch bemüht, Wesentliches herauszustellen und beim Leser vor allem Verständnis für die Wirkungszusammenhänge zu wecken. Dabei wird der Leser soweit geführt, daß er in der Lage sein dürfte, gewisse grundlegende Rechnungen und Abschätzungen zur Entwicklung, Ausführung und Wirtschaftlichkeit thermischer Kraftanlagen auszuführen. Gemäß solcher Zielsetzung sollte das Buch zunächst als Einführung für Studierende des Maschinenwesens und der Elektrotechnik verstanden werden. Es kann aber ebenso gut dem Physiker, Chemiker und dem Wirtschaftsingenieur zur Information und Einführung dienen sowie in der Praxis stehenden Ingenieuren, wenn diese sich - z.B. von einem anderen Fachgebiet herkommend - der Energietechnik zuwenden wollen.

Bei der Abfassung des Textes, der Auswahl und der Beschaffung von Bildunterlagen und Daten der Tabellen waren mir die kritischen Bemerkungen vieler Mitarbeiter eine wertvolle Hilfe. Ihnen allen sei an dieser Stelle herzlich gedankt, insbesondere jedoch den Herren Diplom-Ingenieuren Dr. Geis, Dr. Lienhart, Mack, Merz, Schöner, Schwab und Wohlrab. Ebenso möchte ich den Damen Glutzberger und Poljakow für die Anfertigung von Bildunterlagen herzlichen Dank aussprechen, sowie Fräulein Lurz für das Schreiben des Manuskriptes. Mein Dank gilt weiter den vielen Firmen, die Unterlagen - insbesondere für Bilder - zur Verfügung gestellt haben und an entsprechender Stelle jeweils genannt sind. Zuletzt danke ich dem Verlag für sein verständnisvolles Eingehen auf viele Wünsche, auch hinsichtlich des möglichen Buchumfangs.

München, im Oktober 1974

H.-J. Thomas

Inhaltsverzeichnis

1. Einleitung und Übersicht

Unter Kraftmaschinen versteht man Maschinen zur Umwandlung einer nicht unmittelbar anwendbaren Energieform in eine nutzbare, insbesondere mechanische Energie. Eine Kraftanlage umfaßt über die Maschine hinaus alle Teile oder Einrichtungen, die für deren Betrieb notwendig sind. Insbesondere wird in thermischen Kraftanlagen die chemische oder nukleare Energie eines Brennstoffs in Wärmeenergie umgewandelt und auf einen meist gasförmigen Arbeitsstoff übertragen, der einen Teil dieser Energie an die sich bewegenden Maschinenteile abgibt. Die an der Maschinenwelle verfügbare mechanische Energie kann vielfältig genutzt werden. Sie kann in der Verkehrstechnik z.B. zum Antrieb von Schienen-, Wasser-, Luft- und Straßenfahrzeugen dienen. Indessen hat sich eingeführt, unter dem Begriff einer Anlage genauer eine stationäre, d.h. ortsfeste Anlage zu verstehen. Hier ist die bedeutendste Anwendung thermischer Kraftanlagen der Antrieb elektrischer Generatoren in Kraftwerken. Dabei kombiniert man vielfach in der sog. Kraft-Wärme-Kopplung die Erzeugung elektrischer Energie mit der Lieferung von Wärmeenergie, sei es für Stadtheizung oder auch für fabrikatorische Zwecke, z.B. in der chemischen Industrie. In Industriebetrieben ist auch der unmittelbare Antrieb von Pumpen und Verdichtern durch Wärmekraftmaschinen üblich.

In der historischen Entwicklung kann man davon ausgehen, daß der Grundgedanke einer Kraftmaschine sich von einer der Elementarerfindungen des Menschen - dem Rad - herleitet. Wasserräder als Vorläufer von Turbinen sind im Altertum früh bekannt. Sie dienten zum Antrieb von Schöpfwerken für die Bewässerung von Feldern oder zum Antrieb von Mahl- oder Stampfwerken. Die vollständige Antriebseinrichtung einer Mühle kann als eine Kraftanlage bezeichnet werden. Die erste Idee einer thermischen Kraftanlage findet man bei Heron von Alexandria im 1. Jahrhundert n. Chr.. Heron gilt als einer der berühmten Ingenieure der Antike[1]. Die sog. Drehkugel, auch Heronsball genannt, Bild 1.1, weist die grundlegenden Teile einer Dampfkraftanlage auf. In einem geschlossenen Metallbehälter wird Wasser zum Sieden gebracht. Der entstehende Wasserdampf wird durch rohrartige Stützen in

[1] Vgl. zur Geschichte der Kraftmaschinen [1 bis 4].

das Innere einer drehbar zwischen den Stützen angebrachten Hohlkugel geleitet. Die Reaktionskräfte des an zwei Stellen tangential aus der Hohlkugel ausströmenden Dampfes versetzen schließlich die Kugel in Drehung.

Bild 1.1. Dampfangetriebene Drehkugel Herons von Alexandria

Bild 1.2. Dampfbeaufschlagtes Wasserrad von Giovanni Branca

Die Drehkugel mag als Spielzeug oder zu kultischen Zwecken gedient haben, wie andere bedeutende Erfindungen Herons auch. Der Gedanke an eine handwerkliche Nutzung ist nicht erkennbar. Er taucht erst deutlich 1629 im Buch "Le machine" von Giovanni Branca auf, Bild 1.2. Der Dampf bläst hier im Freistrahl auf ein Schaufelrad, das einem Wasserrad nachgebildet ist. Über ein Zahngetriebe sollte ein als Pulvermühle dienendes Stampfwerk angetrieben werden. Brancas Turbine ist wahrscheinlich - im Gegensatz zu Herons Drehkugel - nie gebaut worden. Wirtschaftliche Bedeutung erlangten Dampfkraftanlagen erst mit dem Aufkommen der Kolbendampfmaschinen, mit deren Möglichkeit sich u.a. auch Leonardo da Vinci schon beschäftigt hatte. Newcomen nutzte (etwa 1712) den Unterschied zwischen atmosphärischem Druck und dem durch Kondensation von Wasserdampf in einem Zylinder entstehenden Vakuum zur Arbeitsleistung an einem den Zylinder abschließenden Kolben aus. James Watt schuf die mit überatmosphärischem Dampfdruck und Kondensation arbeitende Dampfmaschine mit wesentlichen Merkmalen, wie sie bis in die jüngste Zeit bekannt sind. Von da ab (etwa 1765) setzte eine progressive Entwicklung der Dampfkraftanlagen und damit allgemein der maschinellen Antriebstechnik ein, deren soziale Auswirkungen (u.a. Entstehen des industriellen Proletariats) auch als erste industrielle Revolution bezeichnet werden.

Neue starke Impulse zur Weiterentwicklung erhielten die Dampfkraftanlagen durch die Erfindung der ersten nutzbaren Dampfturbinen, die man - von unbedeutenden Vorgängern absehend - de Laval und Parsons (etwa 1883/84) zuschreibt. Bild 1.3 veranschaulicht in großen Zügen die Entwicklung der Dampfkraftwerke in einem etwa die

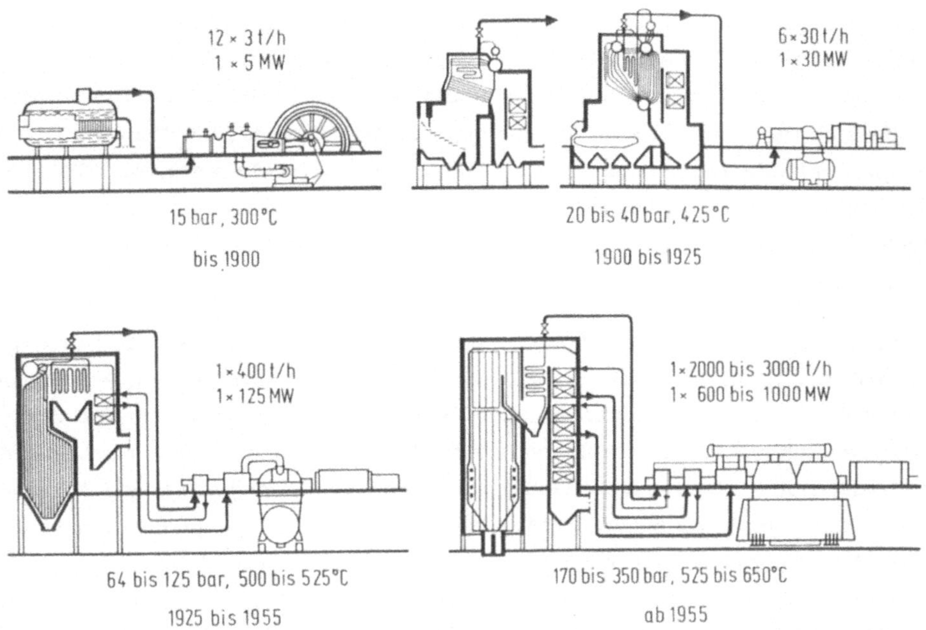

Bild 1.3. Entwicklung des Dampfkraftwerks, Leistungen und Dampfzustände, nach [5]

letzten 100 Jahre umfassenden Zeitraum. Bis ca. 1900 herrschten die Kolbendampfmaschinen vor, die im Mittel Leistungen von 5 MW erreichten. Die Dampfzustände waren mit ca. 15 bar Druck und 300°C Temperatur vor der Maschine mäßig. Zur Erzeugung des Dampfes dienten Großwasserraumkessel, von denen etwa 12 nötig waren, um den für volle Leistung der Maschine erforderlichen Dampfmassenstrom zu liefern. In den folgenden Zeitabschnitten sehen wir eine zunehmende Verdrängung der Kolbendampfmaschinen durch Dampfturbinen, die eine wesentlich höhere Leistung bei geringerem Raumbedarf ermöglichen. Dabei steigen die Dampfzustände vor der Maschine auf Werte an, die in Kolbenmaschinen nicht verwirklichbar wären. Der Dampf wird zunächst gegenüber dem Siede- oder Sattdampfzustand überhitzt, dann auch unter mehrmaliger Rückführung von der Maschine zum Kessel zwischenüberhitzt. Beim Dampferzeuger wird dabei der Großwasserraum mehr und mehr gekoppelt mit einem aus vielfach verzweigten Rohrsträngen gebildeten Gefäßsystem. Schließlich findet man Dampferzeuger, die nur noch aus Rohrsträngen aufgebaut sind.

Bezogen früher die Maschinen ihren Dampf aus einer meist durch das gesamte Kraftwerk gezogenen Rohrleitung - der sog. Sammelschiene -, in die auch die verschiedenen Kessel ihren Dampf einspeisten, so ging etwa nach 1925 die Entwicklung mehr und mehr zu sog. Blockanlagen, bei denen je ein Kessel mit einer Turbine durch ein entsprechendes Rohrleitungssystem eng verbunden ist, ohne daß Querverbindungen zu anderen Turbinen oder Kesseln bestehen. Namentlich beim Großkraftwerk hat sich die Blockbauweise durchgesetzt, bei der nunmehr auch regeltechnisch Dampferzeuger und Maschine zu einer Einheit zusammengefaßt werden. Dagegen wird im Heizkraftbetrieb und in der industriellen Anwendung, wo man ohnehin Sammelleitungen für Heiz- oder Prozeßdampf benötigt, das Sammelschienenkraftwerk die Regel bleiben. Schließlich weist Bild 1.3 auf die enorme Vergrößerung der Leistung der Dampfkraftanlagen im Laufe der Zeit hin. Die Bedeutung einer Blockleistung von 1000 MW wird anschaulich, wenn man bedenkt, daß diese zur Zeit etwa ausreichen würde, um eine Großstadt mit 1 Million Einwohnern (etwa 2/3 München) mit elektrischer Energie zu versorgen.

Beim Dampfkraftwerk nimmt der Dampferzeuger bedeutenden Raum und bedeutenden Anlagenwert für sich in Anspruch. Es gab daher frühzeitig Bestrebungen, Maschinen mit innerer Verbrennung zu bauen, die anstelle von Wasserdampf das bei der Verbrennung entstehende Rauchgas unmittelbar als Arbeitsstoff benutzen. Schon bei Leonardo da Vinci findet sich auch ein durch Rauchgas in einem Kamin angetriebenes "Windrad", das mittels eines Getriebes zum automatischen Drehen eines Bratspießes dienen sollte. Ein erstes Patent auf eine Gasturbine erhielt 1791 der Engländer John Barber. Indessen waren es wieder die Kolbenmaschinen, die als Gasmotoren (Lenoir und Otto etwa 1867) erste praktische Bedeutung erlangten. Für Kraftanlagen fand besonders der Dieselmotor ab 1897 zunehmende Anwendung. Eine Gasturbine, die alle uns heute bei solchen Maschinen bekannten Merkmale hatte, wurde 1904 von Stolze entwickelt. Ihr war jedoch kein Erfolg beschieden. Die technische Verwirklichung der Gasturbinen scheiterte damals - wie kurz zuvor auch noch die der Dampfturbinen - sowohl an ungenügender Kenntnis grundlegender strömungstechnischer Vorgänge als auch am Mangel für hohe Betriebstemperaturen geeigneter Werkstoffe. Erst 1939 ging die erste stationäre Gasturbinenanlage, erbaut von Brown, Boveri & Cie in erfolgreiche Erprobung.

Thermische Kraftanlagen sind von größter Bedeutung für den menschlichen Lebensstandard. Eine Voraussetzung für modernes Leben und moderne Technik ist ein ausreichendes Angebot elektrischer Energie. Diese wird heute zu 80 bis 90 % - in den einzelnen Industrieländern der Erde etwas verschieden - mit Hilfe thermischer Kraftanlagen gewonnen. Dabei dominieren die Dampfkraftanlagen; nur ein geringer, allerdings zunehmender Anteil fällt auf Gasturbinenanlagen und ein wiederum noch geringerer auf Kolbenmaschinen mit innerer Verbrennung, namentlich Dieselmaschinen. Die Bedeutung der thermischen Kraftanlagen wird in den nächsten Jahrzehnten noch weiter zunehmen. Zwar sind andere Verfahren - der Energie-Direktumwandlung oder Nutzung regenerativer Primärenergiequellen - in Entwicklung. Man kann jedoch heute nicht absehen, wann und in welchem Ausmaß diese neuen Verfahren erfolgreich -

d.h. betriebssicher und wirtschaftlich - zur allgemeinen Energieversorgung eingesetzt werden können.

Es ist statistisch belegt und kann daher als Erfahrungsgesetz gelten, daß über viele Jahrzehnte der Elektrizitätsverbrauch im Mittel um 7% pro Jahr im Weltdurchschnitt zunahm [6, Bd.1]. Dies bedeutet, daß die installierte Kraftwerksleistung etwa alle 10 Jahre verdoppelt werden müßte. Die "Ölkrisen" der letzten Jahre, die eine zunehmende Verknappung der Vorräte fossiler Brennstoffe signalisierten, führten jedoch weltweit zu einem Nachlassen dieser Steigerungsrate. Die installierte Kraftwerksleistung liegt in der Welt zur Zeit etwa bei 2 Millionen MW; in der Bundesrepublik Deutschland beträgt sie rd. 95 000 MW. Die weitere Entwicklung führt zu erheblichen Problemen nicht nur im Hinblick auf wirtschaftliche Lösungen, sondern auch hinsichtlich des Umweltschutzes, der angesichts der zunehmenden Überfüllung unserer Erde schnell zunehmende Bedeutung erlangt. Zur Bewältigung dieser Aufgaben wird ein steigender Bedarf an qualifizierten Ingenieuren und Wissenschaftlern in der Energie- und Kraftwerkstechnik nötig sein. Vorsichtige Schätzungen weisen etwa auf 5,5 % jährlicher Zunahme des technisch-wissenschaftlichen Personals, die zur Bewältigung der Aufgaben erforderlich wäre.

Um eine Vorstellung vom Gesamtaufbau eines Wärmekraftwerks zu gewinnen, sei als Beispiel ein sog. konventionelles, d.h. mit einem fossilen Brennstoff befeuertes Dampf-

Bild 1.4. Kraftwerk Niederaußem, Kölner Braunkohlenrevier, 1973. Leistung in 7 Blockeinheiten 2700 MW (Werkbild RWE, Freigabe-Nr. 014 18 D 541)

kraftwerk herangezogen. Bild 1.4 zeigt die Ansicht des aus mehreren Blockeinheiten bestehenden Kraftwerks. Man erkennt im Vordergrund die Maschinenhallen, die un-

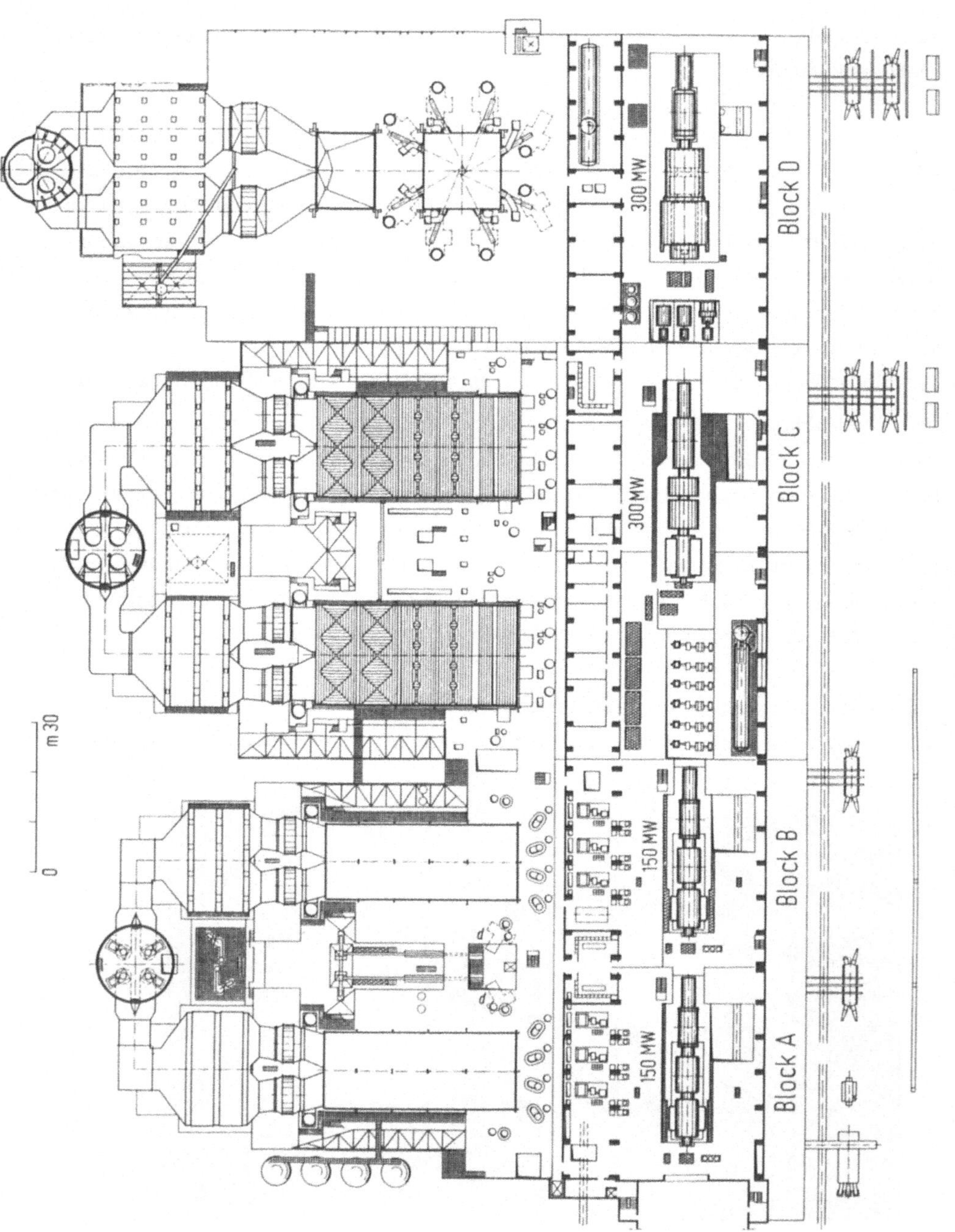

Bild 1.5. Kraftwerk Niederaußem, Grundriß Block A bis D (Werkbild KWU)

mittelbar in die sie überragenden Kesselhäuser übergehen. Hinter den Schornsteinen sind Kühltürme erkennbar, in denen das Kühlwasser der Maschinenkondensatoren gegen Luft rückgekühlt wird. Diese Kühltürme könnten entfallen, sofern am Standort des Kraftwerks ausreichende Frischwassermengen (z.B. aus Flüssen oder Seen) zur Verfügung stünden. Bild 1.5 gibt den Grundriß eines Teils der Hauptanlage wieder, die durch Aneinanderreihen der Blockeinheiten von links nach rechts im Laufe der Zeit auf immer größere Leistung ausgebaut wurde. Die nach dem jeweiligen Entwicklungsstand verschiedenartige Ausführung der "Blöcke" geht aus den Bildern 1.6 und 1.7, letzteres die neueste Ausbaustufe zeigend, hervor. Bei Block C hatte man noch zwei Dampf-

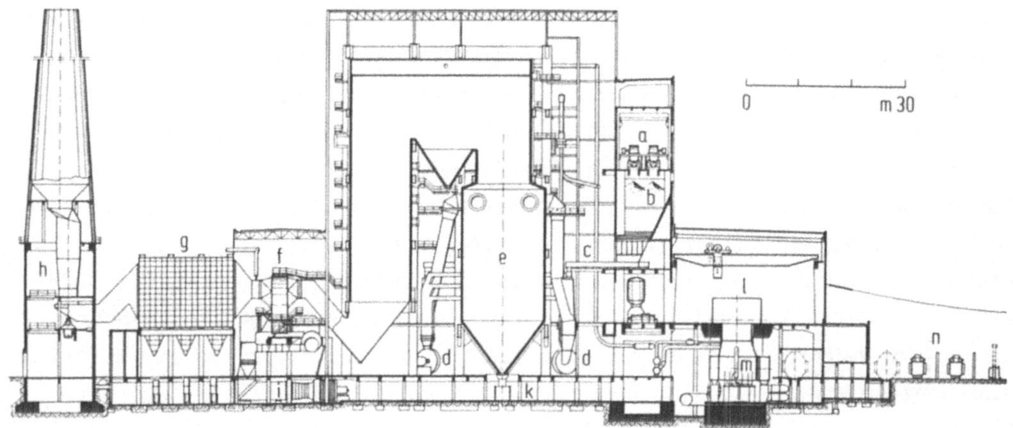

Bild 1.6. Kraftwerk Niederaußem, Querschnitt Block D (Werkbild KWU). a Kohleförderband; b Kohlezwischenbunker; c Kohlezuteiler; d Kohlemühlen; e Dampferzeuger-Feuerraum; f Brennluftvorwärmer; g Flugascheabscheider; h Rauchgassaugbläse im Schornstein; i Brennluftansaugkanal; k Ascheablaß; l Maschinensatz (Dampfturbine-Generator); m Kondensator; n Transformatoren

kessel zur Versorgung des 300-MW-Maschinensatzes installiert. Zwischen den Kesseln und Turbinen befinden sich außer den im Bild 1.6 z.B. gekennzeichneten Anlagenteilen auch die sog. Warten, in denen die Leitstände mit den Schalt-, Steuer- und Überwachungsanlagen für den Betrieb des Kraftwerks zusammengefaßt sind. Ferner wäre heute zwischen Kesseln und Schornsteinen eine Rauchgas-Entschwefelungsanlage einzuordnen. Ein Kernkraftwerk würde sich von einer solchen Anlage im wesentlichen durch das Kesselhaus unterscheiden, das als Reaktorsicherheitsbehälter die nukleare Dampferzeugungsanlage enthält (vgl. Bild 5.40). Zahlreiche Beispiele für Wärmekraftanlagen findet man in [5], eingehende Beschreibungen in [6], das Gesamtgebiet auch in [7,8].

Die folgenden Ausführungen werden sich auf Dampf- und Gasturbinenanlagen konzentrieren und Kolbenmaschinen - entsprechend ihrer nur mehr geringen Bedeutung - nur gelegentlich und zu Vergleichszwecken behandeln. Entwicklung, Bau und Betrieb von Kraftwerken sind nur in enger Zusammenarbeit von Ingenieuren und Wissenschaftlern verschiedener Fachrichtungen, namentlich des Maschinenwesens, der Elektrotechnik und des Bauwesens, zunehmend auch der Physik und Chemie erfolgreich möglich. Selbst wenn man sich - wie in diesem Buch - auf die Betrachtung des maschinentechnischen

Teils solcher Anlagen beschränkt, bedarf es der Anwendung einer Vielzahl von technischen Grundwissenschaften, deren wichtigsten etwa die Thermodynamik, Strömungslehre, Festigkeits- und Schwingungslehre sowie die Werkstoffkunde sind. Hier werden für das Verständnis dieses Buches einige Kenntnisse vorausgesetzt, wie sie im allgemeinen in den ersten vier Semestern eines ingenieur- oder naturwissenschaftlichen Hochschulstudiums erworben werden. Einige wesentliche Grundlagen und Grundbegriffe sind jedoch im nachfolgenden zweiten Kapitel als Ausgangsbasis für die eigentliche Behandlung des Themas zusammenfassend dargestellt. Gleichungen werden grundsätzlich als Größengleichungen und nur ausnahmsweise - dann deutlich gekennzeichnet - als Zahlenwertgleichungen angegeben. Die Einheiten entsprechen dem Systeme International d'Unites, abgekürzt SI-System. Man muß jedoch beachten, daß in der Praxis noch gelegentlich sog. technische Maßeinheiten, wie z.B. das kp als Krafteinheit, die at als Druckeinheit und die kcal als Wärmeeinheit Anwendung finden werden. In Tabelle 9.1 sind deshalb, wie auch zum Verständnis älteren Schrifttums, die wichtigsten SI-Einheiten im Vergleich zu früher verbindlichen Einheiten zusammengestellt.

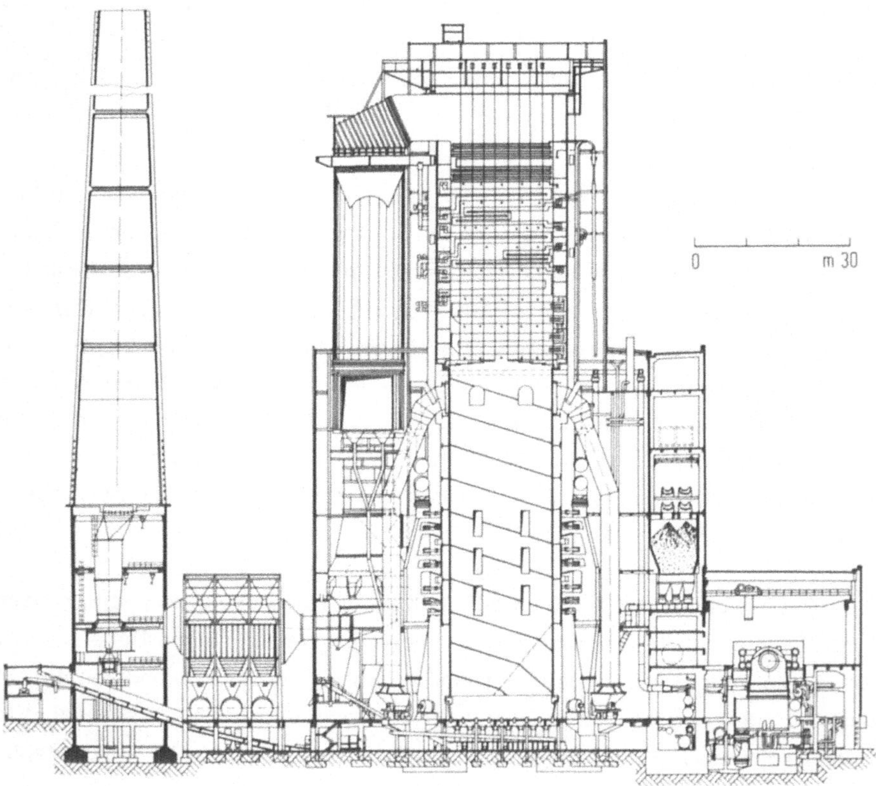

Bild 1.7. Querschnitt eines 600-MW-Blockes (Block G und H) im Kraftwerk Niederaußem (Werkbild RWE)

2. Grundlagen und Grundbegriffe

2.1 Der Carnot-Prozeß als idealer Vergleichsprozeß

Thermodynamische Prozesse, wie sie der Energieumwandlung in thermischen Kraftanlagen zugrunde liegen, sind sog. Kreisprozesse, d.h. der Arbeitsstoff kehrt nach Durchlaufen des Prozesses in seinen ursprünglichen thermodynamischen Zustand zurück. Die wichtigsten Zustandsgrößen des Arbeitsstoffs sind für unsere Betrachtungen Druck p, absolute Temperatur T, ferner Volumen, Enthalpie und Entropie, letztere im allgemeinen als spezifische Größen v bzw. h und s. Für die Darstellung eines Kreisprozesses eignet sich am besten das T,s-Diagramm, während für die Beschreibung der Vorgänge in der Maschine das h,s- oder p,v-Diagramm als zweckmäßiger gelten und vorgezogen werden.

Sind q_{zu} die zugeführte bzw. q_{ab} die abgeführte Wärmemenge je Masseneinheit des Arbeitsstoffs, so gilt für die in einem Kreisprozeß gewinnbare mechanische Arbeit je Masseneinheit des Arbeitsstoffs a nach dem 1. Hauptsatz der Thermodynamik[1]

$$a = q_{zu} - q_{ab} . \tag{2.1}$$

Ein Gütemaß für die Umsetzung der zugeführten Wärmeenergie in mechanische Arbeit ist offenbar das Verhältnis

$$\eta_{th} = \frac{a}{q_{zu}} = 1 - \frac{q_{ab}}{q_{zu}} , \tag{2.2}$$

das als thermischer Wirkungsgrad bezeichnet wird. Wirkungsgrade werden uns in der der Folge häufig begegnen. Allgemein kann man sie definieren als das Verhältnis einer nutzbaren Arbeit oder Leistung zu der am Prozeß oder an der Maschine aufgewandten Arbeit oder Leistung.

Der ideale Kreisprozeß ist bekanntlich der Carnot-Prozeß. Gemäß 2. Hauptsatz der Thermodynamik ist er der Prozeß mit der maximal möglichen Umsetzung von Wärme

---

[1] Vgl. hierzu und zu folgendem etwa [9 bis 11].

in mechanische Energie. Im T, s-Diagramm, Bild 2.1, wird er durch ein Rechteck dargestellt. Der Arbeitsstoff - ideales Gas - durchläuft zwischen den Eckpunkten folgende Zustandsänderungen:

1 - 2 isotherme Expansion unter Wärmezufuhr,
2 - 3 isentrope Expansion,
3 - 4 isotherme Kompression unter Wärmeabfuhr,
4 - 1 isentrope Kompression.

Für den Wirkungsgrad des Carnot-Prozesses gilt wegen $dq = T\,ds$

$$\eta_c = \frac{T_2 - T_4}{T_2} = 1 - \frac{T_{ab}}{T_{zu}} \tag{2.3}$$

anstelle von η_{th}, wenn T_{ab} bzw. T_{zu} die konstanten Temperaturen des Arbeitsstoffs bei Wärmeabfuhr bzw. Wärmezufuhr bedeuten. Man sieht daher, daß beim Carnot-Prozeß die Energieumwandlung umso vollkommener ist, je höher die Temperatur der Wärmezufuhr und je niedriger die Temperatur der Wärmeabfuhr sind.

Diese Feststellung läßt sich im Hinblick auf andere reversible Kreisprozesse verallgemeinern, die in beliebiger Weise zwischen zwei Entropiegrenzen verlaufen können.

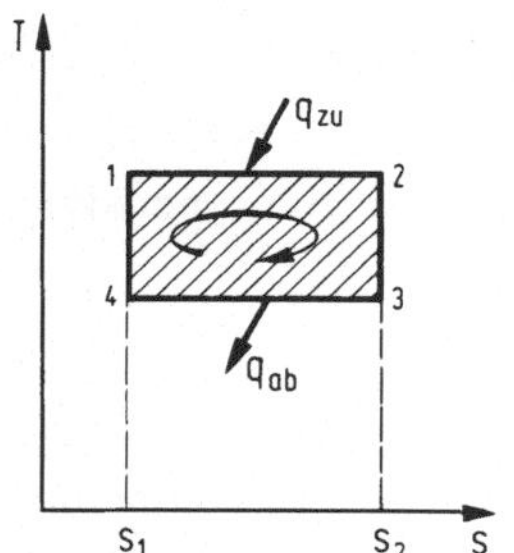

Bild 2.1. Der Carnot-Prozeß im T, s-Diagramm

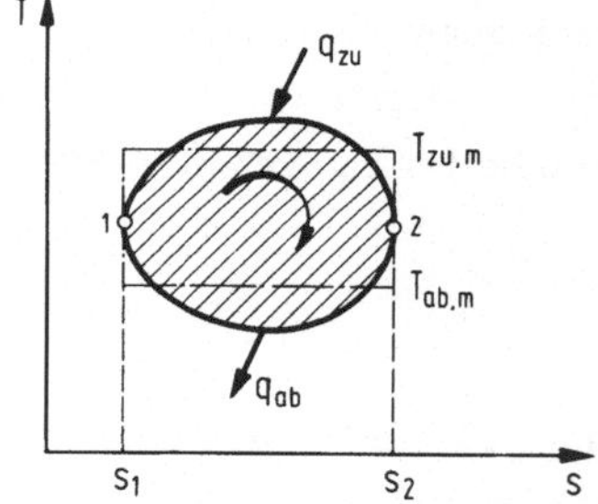

Bild 2.2. Allgemeiner reversibler Kreisprozeß

Sind 1 und 2 die Stellen kleinster bzw. größter Entropie, die der Prozeß durchläuft, Bild 2.2, so gilt für die zugeführte Wärme das obere Linienintegral

$$q_{zu} = \int_1^2 T\,ds = T_{zu,m}\,(s_2 - s_1)$$

und für die abgeführte Wärme das untere Linienintegral

$$q_{ab} = \int_1^2 T\,ds = T_{ab,m}\,(s_2 - s_1).$$

$T_{zu,m}$ bzw. $T_{ab,m}$ stellen dabei die Mittelwerte der Temperaturen des Arbeitsstoffs bei Wärmezufuhr bzw. Wärmeabfuhr dar. Für den thermischen Wirkungsgrad folgt nun gemäß (2.2)

$$\eta_{th} = 1 - \frac{T_{ab,m}}{T_{zu,m}} . \tag{2.4}$$

Der thermische Wirkungsgrad eines allgemeinen Kreisprozesses ist daher um so größer, je höher die mittlere Temperatur der Wärmezufuhr und je niedriger die mittlere Temperatur der Wärmeabfuhr sind.

Die Temperatur der Wärmeabfuhr ist auf natürliche Weise nach unten begrenzt, indem sie stets etwas über der Umgebungstemperatur der Kraftanlage bzw. der Temperatur des verfügbaren Kühlmittels liegen muß. Die Temperatur der Wärmezufuhr wird indessen nach oben durch die Festigkeit verfügbarer Werkstoffe begrenzt. So läßt sich η_{th} nicht beliebig steigern. Der thermische Wirkungsgrad stellt im übrigen nur ein Gütemaß für den thermodynamischen Prozeß dar, das nicht ausreicht, eine Maschine oder Kraftanlage wirtschaftlich richtig zu beurteilen. Eine Fülle von Verlusten in den einzelnen Anlagenteilen, die Erstellungskosten der Anlage sowie Brennstoff- und Personalkosten sind u.a. bei Betrachtung der Wirtschaftlichkeit zu berücksichtigen. Zur Analyse der Verluste kann es zweckmäßig sein, die Begriffe der Exergie als umwandelbarem und der Anergie als nicht umwandelbarem Anteil der Wärmeenergie im Sinne des 2. Hauptsatzes der Thermodynamik anzuwenden [11]. Im folgenden wird jedoch davon kein Gebrauch gemacht.

2.2 Grundzüge der Wärmeübertragung

Die dem Arbeitsstoff im Kreisprozeß zuzuführende Wärmeenergie wird entweder durch Verbrennung eines konventionellen fossilen Brennstoffs oder durch eine Atomkernreaktion gewonnen. Konventionelle und nukleare Entbindung von Wärmeenergie unterscheiden sich wesentlich und führen zu erheblich unterschiedlichen technischen Lösungen der entsprechenden Anlagenteile, der Feuerungen und Feuerräume bzw. Reaktorkerne. Es ist daher zweckmäßig, die Wärmeentbindung erst im Zusammenhang mit diesen Anlagenteilen zu behandeln. Dagegen sind die Probleme der Wärmeübertragung [12 bis 14] bei allen in Frage kommenden Bauteilen thermischer Kraftanlagen sehr ähnlich.

Wärme wird im allgemeinen durch stoffliche Berührung und durch Strahlung übertragen. Beide Arten der Wärmeübertragung folgen verschiedenen, voneinander unabhängigen physikalischen Gesetzen. Für den auf eine Heizfläche A unter definierten räumlichen Verhältnissen eingestrahlten Wärmestrom Φ_S (Wärme je Zeiteinheit) gilt bekanntlich das Stephan-Boltzmannsche Gesetz

$$\Phi_S = C\,A \left[\left(\frac{T_1}{100}\right)^4 - \left(\frac{T_2}{100}\right)^4 \right]. \tag{2.5}$$

C ist dabei ein durch Versuch zu bestimmender Koeffizient, die sog. Strahlungskonstante; T_1 ist die Temperatur des Strahlers, T_2 die der bestrahlten Fläche. Die durch Strahlung übertragene Wärmemenge ist daher bei vorgegebener Temperatur der Heizfläche in hohem Ausmaß von der Temperatur des Strahlers (z.B. einer leuchtenden Flamme) abhängig.

Für die Wärmeübertragung auf eine ebene Heizfläche mit der Temperatur T_2 durch Berührung mit einem Stoff der Temperatur T_1 gilt dagegen

$$\Phi_K = \alpha A(T_1 - T_2) = \alpha A \Delta T. \tag{2.6}$$

α heißt bekanntlich Wärmeübergangskoeffizient und ist ebenfalls aus Versuchen zu bestimmen. In der Regel wird man es bei Wärmetauschern mit der Wärmeübertra-

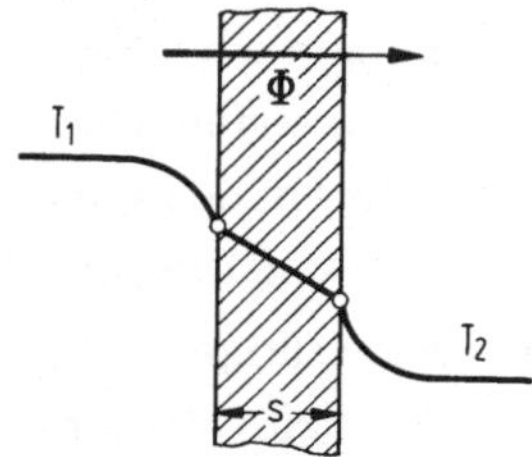

Bild 2.3. Temperaturverlauf bei Wärmedurchgang

gung von einem strömenden Stoff 1 auf einen anderen strömenden Stoff 2 zu tun haben, wobei die Stoffe durch feste Wände voneinander getrennt sind, Bild 2.3. Die Wärme wird dabei teils durch Konvektion (Mitführung) in der Strömung, teils oder (im festen Körper) ausschließlich durch Leitung übertragen. In diesem Fall des "Wärmedurchgangs" ist anstelle von α der Wärmedurchgangskoeffizient k in (2.6) einzusetzen:

$$k = \left(\frac{1}{\alpha_1} + \frac{s}{\lambda} + \frac{1}{\alpha_2}\right)^{-1}. \tag{2.7}$$

Dabei sind s die Wandstärke der Heizfläche, λ die Wärmeleitfähigkeit des Heizflächenwerkstoffs, letztere ein weiterer experimentell zu bestimmender Koeffizient. Anstelle von s/λ ist $\sum_i s_i/\lambda_i$ zu setzen, falls die Trennwand oder Heizfläche aus mehreren, durch i gekennzeichneten materiellen Schichten verschiedener Wärmeleitfähigkeiten besteht.

Der Anteil der Wärmeleitung ist oft von untergeordneter Bedeutung. Deshalb nennt man Heizflächen mit vernachlässigbar kleinem konvektiven Wärmeübergang auch einfach Strahlungsheizflächen. Entsprechend spricht man einfach von konvektiven oder Berührungsheizflächen, wenn der durch Strahlung übertragene Anteil des Wärmestroms vernachlässigbar gering ist. Muß man alle Arten der Wärmeübertragung berücksichtigen, so ist es zweckmäßig, der Berechnung einen Ansatz nach (2.6) zugrunde zu legen. Man setzt für den "gemischten" Wärmeübergang

$$\Phi_{KS} = (\alpha + \alpha_S)\, A\, \Delta T,$$

wobei α_S zur Erfassung des Strahlungsanteils dient. Für diesen ergibt sich mit Hilfe von (2.5)

$$\Phi_S = \alpha_S A\, \Delta T = C\, A \left[\left(\frac{T_1}{100}\right)^4 - \left(\frac{T_2}{100}\right)^4\right].$$

Daraus folgt mit $\Delta T = T_1 - T_2$

$$\alpha_S = C\, \frac{\left(\frac{T_1}{100}\right)^4 - \left(\frac{T_2}{100}\right)^4}{T_1 - T_2}\,. \tag{2.8}$$

Unter Benutzung von α_S läßt sich nun auch für den gesamten Wärmestrom bei Wärmedurchgang ansetzen

$$\Phi = k A\, \Delta T \tag{2.9}$$

mit dem Wärmedurchgangskoeffizienten

$$k = \left(\frac{1}{\alpha_1 + \alpha_S} + \sum_i \frac{s_i}{\lambda_i} + \frac{1}{\alpha_2}\right)^{-1}, \tag{2.10}$$

wenn man eine mehrschichtige Heizfläche berücksichtigt.

Die Gleichungen für die Wärmedurchgangskoeffizienten gelten nur für ebene Heizflächen. Bei gewölbten Wänden (z.B. auch Rohren) sind sie nur näherungsweise im Falle kleiner Wandstärken oder großer Krümmungsradien anwendbar. Alle bisher angegebenen Gleichungen setzen indessen eine gleichförmige Temperaturverteilung über der Heizfläche voraus. In Wirklichkeit ändern sich die Temperaturen längs des Weges, den die im Wärmeaustausch stehenden Stoffe in einem Wärmetauscher zurücklegen. Je nachdem, ob die Fluide[1] zu beiden Seiten der Trennwand in gleicher Richtung, entgegengesetzt oder im rechten Winkel quer zueinander strömen, unterscheidet man zwischen Gleichstrom-, Gegenstrom- und Quer- oder Kreuzstrom. In den Bildern 2.4 bis 2.6 sind diese Grundarten mit ihren Temperaturverläufen veranschaulicht. Für Gleich- und Gegenstrom läßt sich nun zeigen [12],

---

[1] Man bezeichnet fließbare Stoffe, wie Flüssigkeiten und Gase zusammengefaßt als Fluide.

daß (2.9) angewandt werden darf, sofern die Temperaturdifferenz ΔT ersetzt wird durch den sog. logarithmischen Mittelwert

$$\Delta T_L = \frac{\Delta T_w - \Delta T_k}{\ln(\Delta T_w/\Delta T_k)} \; . \qquad (2.11)$$

Dabei sind ΔT_w bzw. ΔT_k die Temperaturdifferenzen auf der warmen bzw. kalten Seite des Wärmetauschers. Bei Gleichstrom gilt

$$\Delta T_w = T_{1e} - T_{2e}, \qquad \Delta T_k = T_{1a} - T_{2a}, \qquad (2.12)$$

bei Gegenstrom dagegen

$$\Delta T_w = T_{1e} - T_{2a}, \qquad \Delta T_k = T_{1a} - T_{2e}. \qquad (2.13)$$

Es ist stets

$$\Delta T_L < \Delta T_m = \frac{\Delta T_w + \Delta T_k}{2} \; .$$

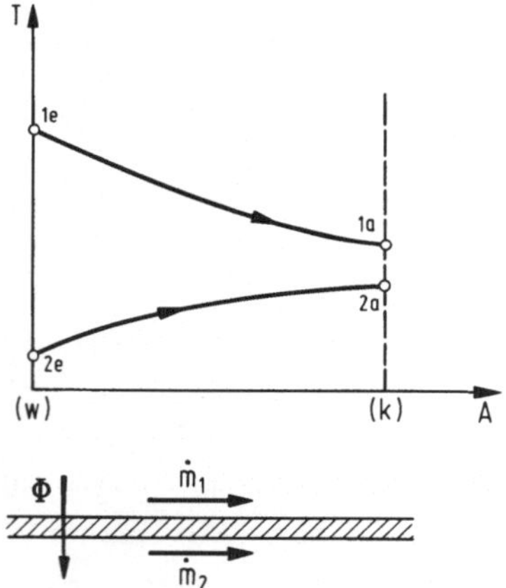

Bild 2.4. Wärmeübertragung von einem Fluid 1 auf ein Fluid 2 im Gleichstrom (w warme, k kalte Seite), $\dot m$ Massenstrom

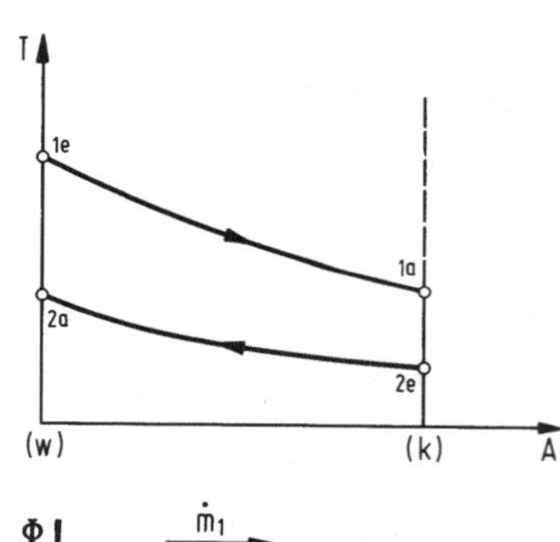

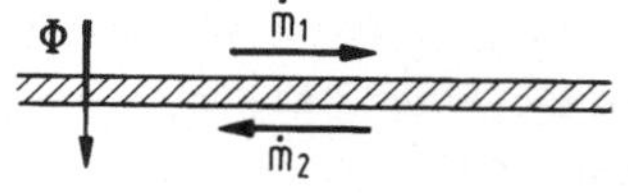

Bild 2.5. Wärmeübertragung im Gegenstrom (w warme, k kalte Seite)

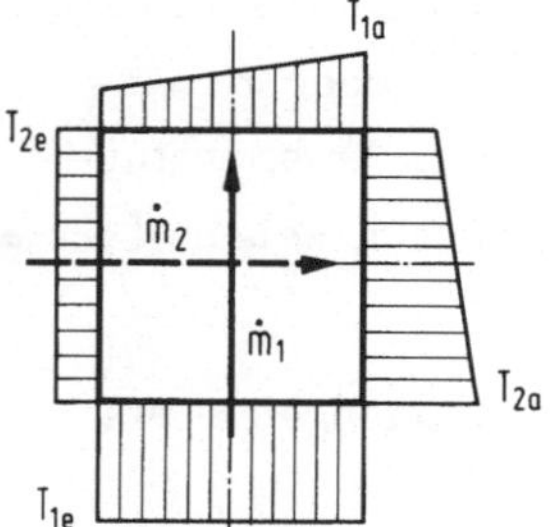

Bild 2.6. Wärmeübertragung im Kreuz- oder Querstrom

Zuweilen wird jedoch der arithmetische Mittelwert ΔT_m als Näherungswert anstelle von ΔT_L benutzt, namentlich im Falle des Querstroms, dessen genaue rechnerische Erfassung [12] etwas schwieriger ist. Da die Temperatur der Fluide bei Querstrom über dem Austrittsquerschnitt veränderlich ist, muß man in diesem Fall auch mit Mittelwerten der Austrittstemperatur rechnen.

Zur Beurteilung der Intensität des Wärmedurchgangs bei Wärmetauschern oder der Wärmeaufnahme einer Heizfläche ist der Wärmestrom im ganzen wenig geeignet. Eine zweckmäßige Größe dafür ist offenbar der auf die Flächeneinheit bezogene Wärmestrom, die sog. Wärmestromdichte

$$q_A = \frac{\Phi}{A} \quad \text{bzw.} \quad \frac{\partial \Phi}{\partial A}, \tag{2.14}$$

in der angewandten Technik auch als Heizflächenwärmebelastung oder einfach Heizflächenbelastung bezeichnet. q_A stellt unter Benutzung der ersten Definition einen Mittelwert für die gesamte Heizfläche dar, dagegen in der zweiten Definition einen örtlichen Wert, dessen Kenntnis bei ungleichförmigen Temperaturverteilungen von erheblicher Bedeutung sein kann.

2.3 Zur Wirkungsweise der Maschinen

Die erste Wärmekraftmaschine mit wirtschaftlicher Bedeutung war die Kolbendampfmaschine. In ihr wird die im Kesseldampf gespeicherte, ihrem Wesen nach potentielle Energie direkt am Kolben in mechanische Arbeit umgesetzt. Bedeuten K die auf

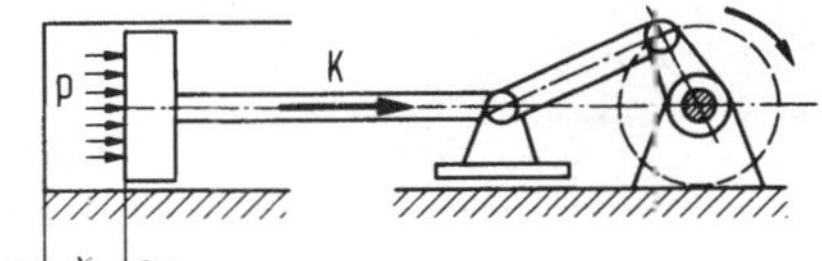

Bild 2.7. Schema einer Kolbenkraftmaschine

die Kolbenfläche F wirkende Kraft, x den Kolbenweg und p den im Zylinder an der Stelle x herrschenden Dampfdruck, Bild 2.7, so gilt bei Verschiebung des Kolbens um ein Wegelement dx entsprechend einer Volumenänderung dV für die dabei geleistete Arbeit

$$dA = K\,dx = pF\,dx = p\,dV.$$

Bezieht man die Arbeit auf die Füllmasse des Zylinders mit Arbeitsstoff, so folgt

$$da = p\,dv. \tag{2.15}$$

Vom Kolben wird die Arbeit in bekannter Weise mittels eines Kurbeltriebs auf die Maschinenwelle übertragen. Nimmt man für eine grundlegende Betrachtung an, daß der Kolben im Zylinder keinen Totraum lasse, so würde sich der Kreisprozeß, der ein Arbeitsspiel entsprechend einer Umdrehung der Kurbelwelle repräsentiert, in einem p,v-Diagramm gemäß Bild 2.8 darstellen. Es bedeuten:

4 - 1 Füllen des Zylinders bei konstantem Druck,

1 - 2 eine idealerweise isentrope Expansion,

2 - 3 Ausschieben des Arbeitsstoffs bei konstantem Druck,

3 - 4 Druckwechsel durch Schließen des Auslaß- und Öffnen des Einlaßventils.

Für die aus diesem Kreisprozeß gewinnbare sog. technische Arbeit ergibt sich

$$a_t = \oint p\,dv = -\int_1^2 v\,dp = h_1 - h_2 \qquad (2.16)$$

mit h als der spezifischen Enthalpie, wenn man von der Gleichung $dq = dh - vdp$ des 1. Hauptsatzes der Thermodynamik Gebrauch macht und bedenkt, daß für die adiabate Entspannung zwischen 1 und 2 $dq = 0$ ist.

Der hier am Beispiel der Kolbendampfmaschine dargestellte Prozeß ist unabhängig von der Art des Arbeitsstoffs und kann daher auch den Kolbenkraftmaschinen mit innerer

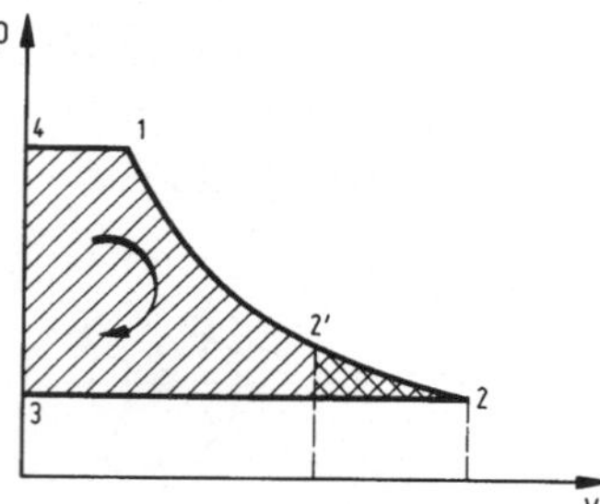

Bild 2.8. Idealisierter Kreisprozeß der Kolbenkraftmaschine im p,v-Diagramm

Verbrennung, den sog. Verbrennungsmotoren, als Idealprozeß zugrunde gelegt werden. Wie man aus dem p,v-Diagramm erkennt, ist der Druck im Zylinder und damit auch die Kolbenkraft über dem Kolbenweg stark veränderlich. Durch den Kurbeltrieb kommt eine zusätzliche Ungleichförmigkeit der Kraftübertragung zustande. Das Drehmoment an der Welle einer Kolbenmaschine ist daher sehr ungleichförmig. Durch Anordnung mehrerer Zylinder mit zeitlich versetzten Arbeitsspielen (z.B. durch versetzte Kröpfungen der Kurbelwelle) kann die Ungleichförmigkeit verringert werden. Gegebenenfalls muß man zusätzliche Schwungmassen auf die Welle setzen, insbesondere um bei Antrieb elektrischer Generatoren ausreichende Frequenzgenauigkeit zu erreichen.

In einer Turbine findet eine indirekte Energieumsetzung statt, indem die im Arbeitsstoff gespeicherte, ihrem Wesen nach potentielle Energie zunächst in kinetische Energie umgewandelt und diese erst in mechanische Arbeit an der Maschinenwelle umgesetzt wird. Die dem Zylinder und dem Kolben einer Kolbenmaschine etwa entsprechenden Bauteile einer Turbine sind zwei sog. Schaufelreihen oder Schaufelgitter, am Umfang der Maschine angeordnet, Bild 2.9. Eine der Schaufelreihen ist im Gehäuse der

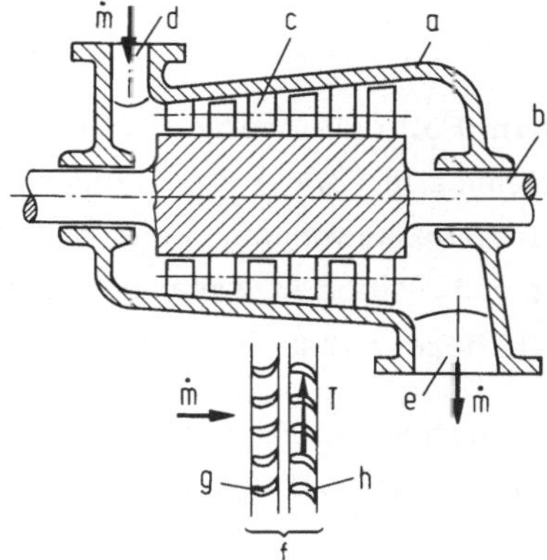

Bild 2.9. Schema einer Turbine. a Gehäuse; b Läufer; c Schaufeln; d Einströmstutzen; e Ausströmstutzen; f abgewickelter Zylinderschnitt durch eine Stufe; g Leitgitter; h Laufgitter; $\dot{m}$ Massenstrom des Fluids; T Tangentialkraft am Laufgitter

Turbine befestigt und heißt Leitgitter, die andere Schaufelreihe befindet sich am Rotor oder Läufer und heißt Laufgitter. Der Arbeitsstoff strömt kontinuierlich durch die von den einzelnen Leit- bzw. Laufschaufeln gebildeten Zwischenräume oder Kanäle, weshalb eine solche Maschine auch als Strömungsmaschine bezeichnet wird. Insbesondere bezeichnet man als thermische - im Gegensatz zu hydraulischen - Strömungs- oder Turbomaschinen solche mit kompressiblen Fluiden als Arbeitsstoff, also Dampf- und Gasturbinen sowie auch Turboverdichter.

Ein zusammenwirkendes Leit- und Laufgitter bezeichnet man als eine Stufe. Thermische Turbomaschinen sind in der Regel mit vielen Stufen ausgestattet. Von seinem Anfangszustand wird in einer Turbine der Arbeitsstoff von Stufe zu Stufe bis auf seinen Endzustand entspannt. Dabei wird der Arbeitsstoff jeweils im Leitgitter auf eine hohe Geschwindigkeit beschleunigt und möglichst weit in tangentiale Richtung umgelenkt. Im Laufgitter wird er wieder etwa in die axiale Richtung zurückgelenkt und verzögert, wenn man die sog. absolute, d.h. auf das feststehende Gehäuse bezogene Strömung betrachtet. Dabei erfährt der Arbeitsstoff eine Impulsänderung, deren Äquivalent eine Tangential- oder Umfangskraft T an den Laufschaufeln ist, Bild 2.9.

Da auf diese Weise die kinetische Energie des Arbeitsstoffs eine bedeutende Rolle bei der Energieumsetzung spielt, ist es für die Behandlung der thermischen Turbomaschinen zweckmäßig, Enthalpie und kinetische Energie (jeweils spezifisch) zu einer neuen

Größe, der sog. Totalenthalpie h* zusammenzufassen:

$$h^* = h + \frac{c^2}{2} . \tag{2.17}$$

c ist dabei die absolute Strömungsgeschwindigkeit. Analog zu (2.16) gilt dann für die gewinnbare Arbeit

$$a_t = -\Delta h^* = h_1^* - h_2^* \tag{2.18}$$

Nur im Falle gleicher Anfangs- und Endgeschwindigkeit des Arbeitsstoffs geht diese Beziehung in (2.16) über. Jedoch kann man (2.16) auch dann näherungsweise für eine Turbine anwenden, wenn die Differenz der kinetischen Energien zwischen Anfang und Ende der Expansion des Arbeitsstoffs verhältnismäßig klein ist gegen die Differenz der Enthalpien.

Der Vorgang der Expansion des Arbeitsstoffs läßt sich am besten im h,s-Diagramm verfolgen, wo z.B. gemäß Bild 2.10 der Anfangspunkt A durch Druck und Tempera-

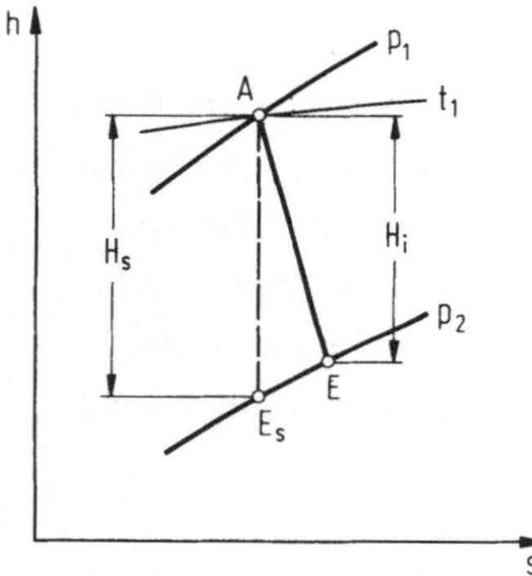

Bild 2.10. Expansionsverlauf im h,s-Diagramm

tur p_1 bzw. t_1 festgelegt ist, während der Endzustand auf der Isobaren p_2 entsprechend dem Enddruck der Expansion zu suchen ist. Für den idealen, verlustlosen Prozeß verliefe die Expansion isentrop von A nach E_s. Die zugehörige Enthalpiedifferenz

$$h_A - h_{E_s} = \Delta h_s = H_s \tag{2.19}$$

heißt isentropes Wärmegefälle der Maschine. Der wirkliche Vorgang verläuft zwar praktisch ohne äußere Wärmezu- oder Wärmeabfuhr, jedoch unter Reibungsverlusten, die sich in einer Entropiezunahme des Arbeitsstoffs bemerkbar machen. Ist E der wirkliche Expansionsendpunkt, so beträgt die nutzbare Enthalpiedifferenz

$$h_A - h_E = \Delta h_i = H_i \tag{2.20}$$

und wird als inneres Wärmegefälle der Maschine bezeichnet. Der Wirkungsgrad der Energieumsetzung bei dieser (im allgemeinen als polytrop bezeichneten) Expansion heißt innerer Wirkungsgrad der Maschine und ist definiert mit

$$\eta_i = \frac{\Delta h_i}{\Delta h_s} = \frac{H_i}{H_s} \,. \tag{2.21}$$

Ist $\dot{m}$ die je Zeiteinheit durch die Maschine strömende Masse des Arbeitsstoffs, der sog. Massenstrom, so ergibt sich mit H_i die sog. innere Leistung der Turbine zu

$$P_i = \dot{m} H_i = \eta_i \dot{m} H_s \,. \tag{2.22}$$

P_i ist nicht identisch mit der an der Kupplung der Turbine abgebbaren Leistung sondern etwas größer, da in η_i noch nicht alle Verluste der Maschine, insbesondere nicht die mechanischen Verluste berücksichtigt sind.

Ein Turboverdichter kann als die Umkehrung einer Turbine angesehen werden. Die Antriebsenergie der Welle wird von den Laufgittern auf den Arbeitsstoff übertragen und dieser bei umgekehrter Durchströmung der Stufen verdichtet. Bild 2.11 zeigt die Kom-

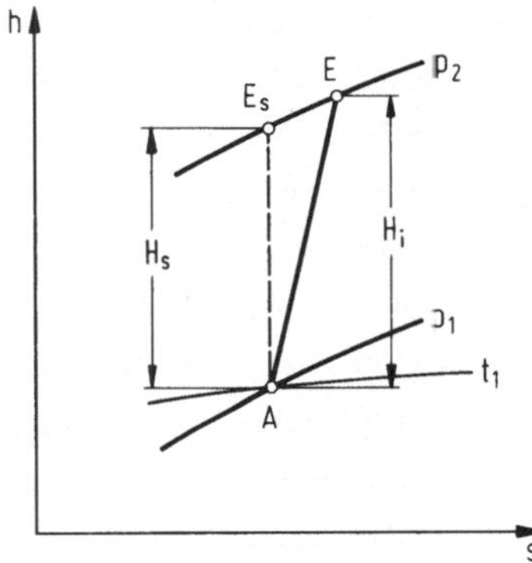

Bild 2.11. Kompressionsverlauf im h, s-Diagramm

pression zwischen einem Anfangszustand A und einem Endzustand E_s isentrop bzw. E in Wirklichkeit. Hier ist für den inneren Wirkungsgrad offenbar zu setzen

$$\eta_{iV} = \frac{\Delta h_s}{\Delta h_i} = \frac{H_s}{H_i} \tag{2.23}$$

Für die aufzuwendende innere Leistung ergibt sich dann

$$P_{iV} = \dot{m} H_i = \dot{m} \frac{H_s}{\eta_{iv}} \,. \tag{2.24}$$

In thermischen Kraftanlagen kommen an verschiedenen Stellen auch Pumpen, in der Regel Kreiselpumpen, vor. Es sei deshalb darauf hingewiesen, daß die angegebenen Gleichungen im Falle vernachlässigbarer Höhendifferenzen des Fluids zwischen Eintritt und Austritt auch für hydraulische Strömungsmaschinen angewandt werden können, wenn man zufolge v = konst für die in Frage kommenden Wärmegefälle $\Delta h = v\,\Delta p$ einsetzt.

Bei Anwendung des p,v-Diagramms (Bild 2.8) auf Strömungsmaschinen muß man beachten, daß der Arbeitsstoff dort nicht in gewissen, der Zylinderfüllung entsprechenden Quanten bei einem Arbeitsspiel zeitlich veränderliche Zustände durchläuft, sondern die Maschine stetig durchfließt. Die verschiedenen Zustandspunkte im p,v-Diagramm entsprechen daher verschiedenen Orten längs der Turbinenachse, in denen sich bei stationärem Betrieb zeitlich nichts verändert. Die an den Laufschaufeln der Turbine angreifenden Tangentialkräfte sind daher (wenn man von kleinen Störungen in der Strömung absieht) gleichförmig und erzeugen ein gleichförmiges Drehmoment an der Welle der Maschine. Turbinen sind daher - im Gegensatz zu Kolbenmaschinen - vorzüglich zum Antrieb elektrischer Generatoren, insbesondere von Synchrongeneratoren, geeignet.

Bei Kolbenmaschinen ist aus Gründen der kinetischen Beanspruchung des Triebwerks der Kolbenhub im Zusammenhang mit der Drehzahl der Kurbelwelle in einer Weise begrenzt, die starke Einschränkungen hinsichtlich der Entspannung des Arbeitsstoffs bedingt. Z.B. kann man anstelle von Punkt 2 im p,v-Diagramm (Bild 2.8) etwa nur den Punkt 2' erreichen und verliert so einen Teil an Nutzarbeit, entsprechend der doppelt schraffierten Dreiecksfläche. Weitere Absenkung des Enddruckes würde das Verlustdreieck relativ vergrößern. Selbst bei stufenweiser Entspannung in mehreren Zylindern würde man bei Kolbendampfmaschinen nicht so große Wärmegefälle verarbeiten können wie bei Dampfturbinen. Insbesondere kann die Expansion bei Dampfturbinen weit ins Vakuum gehen, ohne daß unüberwindbare Schwierigkeiten bei der Bewältigung des großen Abdampfvolumenstroms einträten. Dabei auftretende Teilkondensation des Dampfes kann leichter ertragen werden als im Zylinder einer Kolbenmaschine. Der Abdampf einer Turbine ist ferner - im Gegensatz zur Kolbendampfmaschine - frei von Schmierölbeimengungen, die den Kondensator verschmutzen, aber auch sonst für den Wasser-Dampf-Kreislauf der Kraftanlage schädlich sind.

Damit sind schon Gründe aufgezeigt, die dazu beitrugen, die Kolbendampfmaschine in Kraftwerken allmählich zu verdrängen. Von besonderer wirtschaftlicher Bedeutung erwies sich darüber hinaus, daß die Turbinen hohe Strömungsgeschwindigkeiten des Arbeitsstoffs vertragen und dadurch große Massenströme mit relativ kleinen Querschnittsabmessungen zu bewältigen gestatten. Infolge der hohen Drehzahlen, die Turbinenläufer zulassen, gelangt man dadurch zu großen Leistungen bei kleinen Maschinenabmessungen, wie sie mit Kolbenmaschinen niemals zu verwirklichen wären.

2.4 Übertragbarkeit von Versuchsergebnissen

Entwicklung, Bau und Betrieb technischer Anlagen können nicht aus theoretischem Wissen hergeleitet werden. Es bedarf dazu vielmehr einer engen Verflechtung mit Erfahrung und Versuch. Experimente dienen dabei nicht nur der Bestätigung theoretischer Ansätze, sondern häufig auch zur unmittelbaren Entwicklung und Erprobung von Bauteilen. Ist man bei theoretischen Ansätzen stets auf einschränkende Voraussetzungen oder Randbedingungen angewiesen, die meistens nicht oder nur unvollständig im Einklang mit den wirklichen Gegebenheiten stehen, so kann man auch im Experiment - aus Kostengründen - die echten Bedingungen, insbesondere Abmessungen, im allgemeinen nicht einhalten. Man muß vielmehr Versuche an vereinfachten und verkleinerten (selten auch vergrößerten) Modellen vornehmen und sich überlegen, unter welchen Bedingungen die Versuchsergebnisse auf die zu konstruierende Maschine oder Anlage übertragbar sind. Damit wird man auf Ähnlichkeitsgesetze und Modellregeln geführt, von denen es eine beträchtliche Anzahl in allen Disziplinen der Naturwissenschaften und technischen Wissenschaften gibt.

Bei thermischen Kraftanlagen haben wir überwiegend mit Strömungsvorgängen zu tun, wobei im allgemeinen auch Wärmeübertragung stattfindet. Betrachtet man z.B. den Wärmeübergangskoeffizienten α, der schon als eine durch Versuch zu ermittelnde Größe herausgestellt wurde, so zeigt dieser sich von vielen anderen Größen abhängig. Diese sind z.B. die Strömungsgeschwindigkeit w des Fluids relativ zur Heizfläche, physikalische Eigenschaften des Fluids - etwa Dichte ρ, dynamische Zähigkeit η, spezifische Wärmekapazität (im allgemeinen bei konstantem Druck) c_p und die Wärmeleitfähigkeit λ -, ferner Gestalt und Größe der Heizfläche und die Verteilung der Wärmestromdichte. Geht man im Modellversuch davon aus, daß geometrische Ähnlichkeit zur Großausführung gewählt wird, so fällt der Einfluß der Gestalt der Heizfläche weg, und die Größe der Heizfläche läßt sich mit einer linearen Abmessung D erfassen. Ist schließlich die Verteilung der Wärmestromdichte von geringem, vernachlässigbarem Einfluß, so besteht ein Zusammenhang

$$f(w, D, \rho, \eta, c_p, \lambda, \alpha) = 0.$$

Der Versuch, den Einfluß aller einzelnen Größen auf α zu erforschen und α als explizite Funktion von ihnen darzustellen, würde äußerst schwierig und aufwendig sein. Man kann nun, wie u.a. in der Thermodynamik und Strömungslehre gezeigt wird [12 bis 18], durch geeignete Kombination der einzelnen Größen zu dimensionslosen Kenngrößen oder "Kennzahlen" geringerer Anzahl gelangen, wodurch die experimentelle Aufgabe wesentlich leichter und übersichtlicher wird. Von verschiedenen möglichen Wegen, solche Kennzahlen zu gewinnen (vgl. z.B. [18]), sei hier nur die Dimensionsanalyse erwähnt. Im vorliegenden Fall läßt sich der oben genannte Zusammenhang etwa folgendermaßen vereinfachen:

$$f\left(\frac{\rho w D}{\eta}, \frac{c_p \eta}{\lambda}, \frac{\alpha}{\rho w c_p}\right) = 0.$$

Die drei in der Klammer stehenden Kennzahlen sind bekanntlich die Reynolds-Zahl

$$Re = \frac{\rho w D}{\eta}, \tag{2.25}$$

die Prandtl-Zahl

$$Pr = \frac{c_p \eta}{\lambda} \tag{2.26}$$

und die Stanton-Zahl

$$St = \frac{\alpha}{\rho w c_p}. \tag{2.27}$$

Anstelle der Stanton-Zahl wird (im mitteleuropäischen Raum üblicher) auch die Nusselt-Zahl benutzt, die sich als das Produkt der drei anderen Kennzahlen darstellen läßt:

$$Nu = \frac{\alpha D}{\lambda} = Re\,Pr\,St. \tag{2.28}$$

Die Kennzahlen lassen physikalische Deutung zu. So stellt etwa die Reynolds-Zahl das Verhältnis von Trägheits- zu Zähigkeitskraft bei Umströmung eines Körpers dar, die Prandtl-Zahl das Dickenverhältnis von Strömungsgrenzschicht und Temperaturgrenzschicht, die Stanton-Zahl das Temperatur-Änderungsverhältnis von Fluid und Heizfläche und die Nusselt-Zahl das Verhältnis des Wärmeübergangs zur Wärmeleitung. Bei vielen Strömungsproblemen kann man von der Berücksichtigung der Wärmeübertragung absehen. Außer der Reynolds-Zahl ist dann im allgemeinen noch die Mach-Zahl

$$Ma = \frac{w}{a} \tag{2.29}$$

zu beachten, wobei a hier die Schallgeschwindigkeit des Fluids bedeutet.

Weitere mögliche und gebräuchliche Kennzahlen werden später in Verbindung mit speziellen Problemen, auf die sie anwendbar sind, vorzustellen sein. An dieser Stelle sei noch darauf hingewiesen, daß die in die Kennzahlen einzusetzenden Größen örtlich veränderlich sind. Man muß daher entweder den Ort festlegen, auf den sich die Grössen (und damit auch die Kennzahlen) beziehen, oder die Größen als Mittelwerte definieren. Betrachtet man z.B. die Strömung durch einen Kanal nicht zu großer Querabmessungen, Bild 2.12, so wird man zweckmäßigerweise für die Geschwindigkeit den Mittelwert über der Querschnittsfläche F

$$\bar{w} = \frac{\int\limits_{(F)} \rho\, w\, dF}{\int\limits_{(F)} \rho\, dF} = \frac{\dot{m}}{\bar{\rho} F}$$

wählen. Zur Ermittlung der Stoffgrößen ρ, η, c_p ist die Temperatur des Fluids maßgebend. Hier wird man als Mittelwert benutzen

$$\bar{t} = \frac{\int\limits_{(F)} t \rho\, w\, c_p\, dF}{\int\limits_{(F)} c_p \rho\, w\, dF} = \frac{\int\limits_{(F)} t \rho\, w\, c_p\, dF}{\bar{c}_p \dot{m}} .$$

In anderen Fällen, z.B. bei Strömungsproblemen, bezieht man sich auch auf einen Ort ungestörter Strömung, etwa weit vor oder weit hinter einem umströmten Körper. In den folgenden Betrachtungen seien die Querstriche über den Größen zur Andeutung der

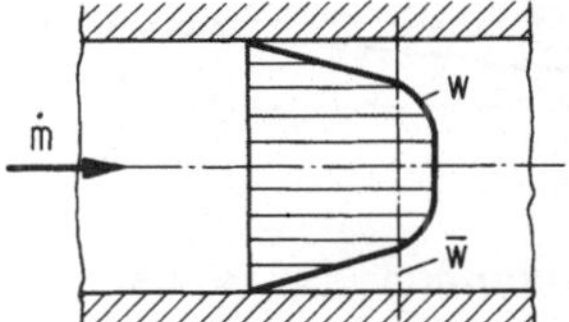

Bild 2.12. Geschwindigkeitsverteilung im Fluid bei Durchströmung eines Kanals

Mittel- oder Bezugswerte wieder weggelassen. Manche Fehler bei der Anwendung der Ähnlichkeitsgesetze kommen indessen daher, daß man die Bezugsgrößen nicht richtig einsetzt. Häufigere Fehler ergeben sich in der Praxis, wenn man die geometrische Ähnlichkeit zwischen Modell und Großausführung nicht beachtet. Eine streng räumliche geometrische Ähnlichkeit würde in vielen Fällen auch die konstruktiven Möglichkeiten erheblich einschränken. Man muß dann aber mit Abweichungen von den Versuchergebnissen bei Übertragung auf die Großausführung rechnen.

2.5 Werkstoffprobleme bei thermischen Kraftanlagen

Die hohen Temperaturen, denen einige Bauteile thermischer Kraftanlagen ausgesetzt sind, haben ein grundsätzlich anderes Verhalten metallischer Werkstoffe zur Folge, als dies bei kalten oder mäßig (bis ca. 350°C) temperierten Maschinenelementen vorauszusetzen ist. Dehnung und Spannung sind nicht mehr zeitlich unabhängig und reversibel zueinander proportional, wie es das Hookesche Gesetz postuliert. Das Verhalten der Werkstoffe wird bei hohen Temperaturen vielmehr überwiegend durch plastische Verformung charakterisiert; unter andauernder Belastung verformen sich die Bauteile im Verlaufe der Zeit ständig weiter. Dieses ständige Fließen des Werkstoffs wird als Kriechen bezeichnet.

Zur Untersuchung des Kriechens [19, 20] setzt man Zugprobestäbe in geeignete Vorrichtungen (beheizte Zerreißmaschinen, sog. Dauerstandsöfen) ein und mißt unter konstanter Temperatur t die Dehnung ε bei konstanter Belastung im Verlaufe der Zeit z. Bezogen auf den Ursprungsquerschnitt des Probestabes ist bei solchem Versuch auch die Beanspruchung σ konstant. Stellt man die Zeitdehnkurven aus mehreren Versuchen in einem Diagramm dar, Bild 2.13, so lassen sich drei charakteristische Bereiche un-

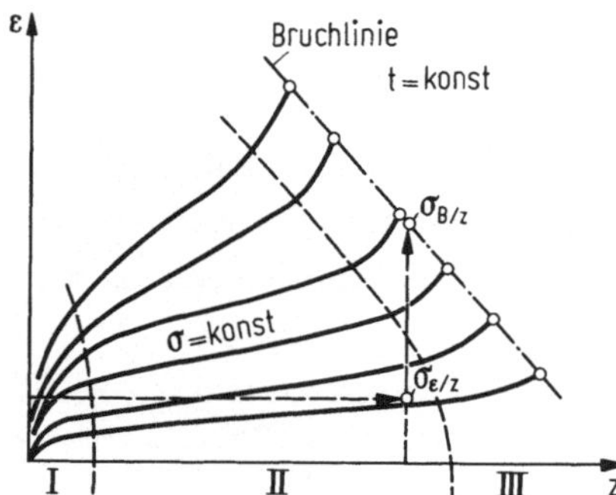

Bild 2.13. Zeitdehnkurven und charakteristische Kriechbereiche eines metallischen Werkstoffs unter hoher Temperatur

terscheiden: Im Bereich I - als primäres Kriechen bezeichnet - findet eine große degressive Dehnung in relativ kurzer Zeit statt; im Bereich II des sog. sekundären Kriechens verformt sich der Probestab ständig weiter mit einer etwa konstanten Dehn- oder Kriechgeschwindigkeit (d.h. $\partial\varepsilon/\partial z \approx$ konst); schließlich nimmt im Bereich III des sog. tertiären Kriechens die Dehngeschwindigkeit progressiv zu, bis der Bruch des Probestabes eintritt. Die Verbindungslinie der Endpunkte aller Kurven σ = konst zeigt als "Bruchlinie" den Zusammenhang zwischen Standzeit, Bruchdehnung und (als Parameter) Bruchspannung des betreffenden Werkstoffs bei der eingestellten Prüftemperatur.

Das Verhalten der metallischen Werkstoffe unter höheren Temperaturen zeigt damit nicht nur eine ausgeprägte Abhängigkeit der Dehnung oder des Bruches von der Beanspruchung sondern auch von der Beanspruchungsdauer. Man muß daher bei den entsprechenden Bauteilen thermischer Kraftanlagen auch bei rein statischer Beanspruchung (wie sonst etwa bei schwingender) die Zeit berücksichtigen. Hierzu hat man neue Beanspruchungskenngrößen gebildet. Die sog. Zeitstandfestigkeit oder Zeitbruchgrenze $\sigma_{B/z}$ ist die zur Zeit z gehörende Bruchspannung, während eine sog. Zeitdehngrenze $\sigma_{\varepsilon/z}$ diejenige Spannung darstellt, die innerhalb der Belastungsdauer z zur bleibenden Dehnung ε führt. $\sigma_{B/z}$ und $\sigma_{\varepsilon/z}$ lassen sich aus einem Diagramm von Zeitdehnkurven ermitteln, wie Bild 2.13 veranschaulicht. Bei Kraftwerken ist es im allgemeinen üblich, der Bemessung hochwarmer Bauteile eine Beanspruchungsdauer von $z = 10^5$ neuerdings auch 2.10^5h zugrunde zu legen. Dies würde einem Betrieb von rund 12 oder 24 Jahren entsprechen. Aus Gründen in die Rechnung eingebauter Sicherheiten, auf die noch einzugehen sein wird, ist indessen die wirkliche Lebensdauer eines Kraftwerks wesentlich größer. Zuweilen legt man bestimmten Bauteilen aber kürzere Standzeiten zugrunde mit der Maßgabe, diese Teile nach bestimmten Betriebszeiten auszutauschen. Bei der Zeitdehngrenze wählt man im Kraftanlagenbau in der Regel eine Dehnung von $\varepsilon = 1\,\%$, in seltenen Fällen auch 0,2 oder 0,1 %.

Ein den Zeitdehnkurven entsprechendes Werkstoffverhalten ist typisch bei Bauteilen, die sich unter konstanten Spannungen frei dehnen können. Die Rohr- und Gefäßsysteme der Dampferzeuger und Turbinen - durch den Druck des Arbeitsstoffs belastet - sind Beispiele dafür, wie auch die umlaufenden Teile der Turbinen, die durch Fliehkräfte beansprucht werden. Bei diesen Bauteilen ist die Dehnung nur geringfügig oder gar nicht behindert im Gegensatz zu vorgespannten Bauteilverbindungen, bei denen eine etwa konstante Dehnung eingestellt wird, die unter Betriebsbelastung bestehen bleibt. Untersucht man Zug-Prüfstäbe bei konstanter Temperatur und festgehaltener Dehnung, so führt das Kriechen zu einem Abbau der mit der Dehnung erzielten Vorspannung. Die Entspannung, als Relaxation bezeichnet, verläuft anfangs am schnellsten und läßt mit zunehmender Zeit nach, Bild 2.14. Diesem Verhalten sind z.B. die Verbindungs-

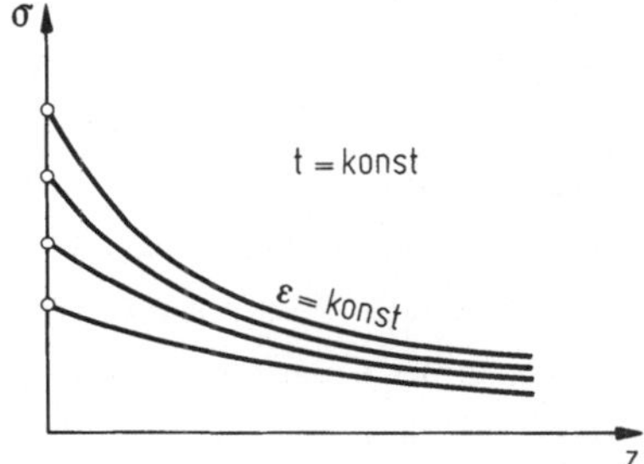

Bild 2.14. Relaxationskurven eines metallischen Werkstoffs

schrauben von Rohr- und Gehäuseflanschen ausgesetzt, die zum Zwecke der Abdichtung der entsprechenden Teilflächen auf hohe Spannung vorgeschrumpft werden. Geht nun infolge der Relaxation die Spannung zu weit verloren, so können die Rohrleitungen oder Gehäuse undicht werden. Neben einem Verlust von Arbeitsstoff kann damit ein Sicherheitsrisiko für das Betriebspersonal oder (z.B. bei Kernkraftwerken) auch für die Umgebung verbunden sein. Zur Verhinderung des Undichtwerdens müssen Werkstoff und Beanspruchung so gewählt werden, daß die Vorspannung über eine ausreichend lange Zeit genügend hoch bleibt, bis gelegentlich einer längeren Betriebspause die Verbindungen gelöst und neu vorgespannt werden können. Längere Betriebspausen sind die sog. Revisionen, bei denen die Kraftanlage oder Teile davon gründlich untersucht und gegebenenfalls schadhafte Bauteile ausgewechselt werden. Indessen finden solche Revisionen bei manchen Anlageteilen nur nach Maßgabe von Betriebsmessungen etwa alle zwei bis fünf Jahre statt.

Muß man bei der Dimensionierung höher temperierter Bauteile von der Zeitstandfestigkeit oder einer Zeitdehngrenze ausgehen und gegebenenfalls das Relaxationsverhalten berücksichtigen, so ist die Frage von Bedeutung, welchen Einfluß die Temperatur auf diese Beanspruchungsgrenzen hat. Stellt man die Zeitstandfestigkeit oder eine Zeitdehngrenze verschiedener Werkstoffe, z.B. warmfester Stähle, in Abhängigkeit von der Betriebstemperatur dar, so zeigt sich gemäß Bild 2.15, daß die anfänglich flach verlau-

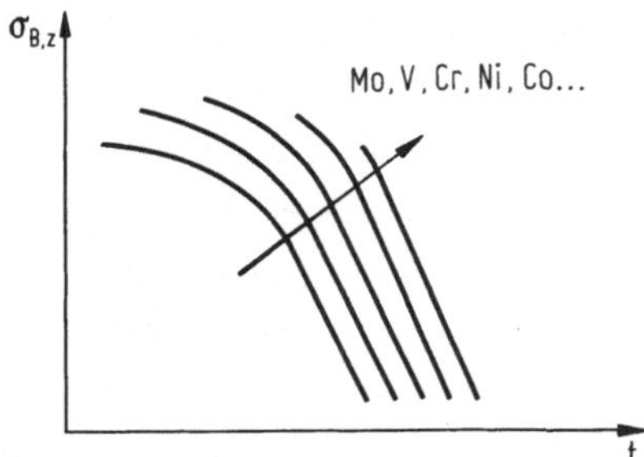

Bild 2.15. Abhängigkeit der Zeitstandfestigkeit warmfester Stähle von der Betriebstemperatur (qualitativ)

fenden Kurven oberhalb bestimmter Temperaturen steil abfallen. Für die Auslegung hochwarmer Bauteile ist nun gerade der Bereich des Steilabfalls interessant. Indessen zwingt der Einsatz der Werkstoffe in diesem Bereich, beim Betrieb des Kraftwerks sehr genau auf die Einhaltung der zugelassenen Höchsttemperaturen des Kreisprozesses zu achten. Zunehmende Warmfestigkeit läßt sich im allgemeinen durch höheres Legieren der Stähle, z.B. mit den im Bild angegebenen Elementen erreichen. Daraus folgen jedoch erhebliche wirtschaftliche Konsequenzen, da die Legierungselemente zum Teil sehr teuer sind. Während weitestgehend verwendete legierte Stähle mit ferritischem Gefüge (mit wenigen Prozenten an Cr, Mo, V) etwa das 2-bis 5fache eines normalen Maschinenbaustahls (z.B. MSt 37) kosten, erreicht man bei hochlegierten austenitischen Stählen leicht den 50fachen Preis. Legierungen höchster Warmfestigkeit, meist auf Nickel-Basis und kaum mehr Eisen enthaltend, gelangen noch wesentlich darüber hinaus. Bei höchsten Temperaturen, z.B. um 1000°C wird es überhaupt schwierig, technisch brauchbare Werkstoffe ausreichender Langzeitfestigkeit zu finden.

Eine besondere Schwierigkeit der Entwicklung liegt darin, daß es nicht gelingt, das Langzeitverhalten der warmfesten Werkstoffe aus Kurzzeitversuchen abzuleiten. In dieser Hinsicht angestellte Versuche (z.B. [21, 22]) erwiesen sich als nicht ausreichend allgemeingültig. Dies bedeutet, daß man streng genommen jeden neuen Werkstoff erst einmal einer Prüfzeit von rund 12 Jahren unterwerfen müßte, um ihn in thermischen Kraftanlagen einsetzen zu dürfen. Einen so konsequenten Weg, die 10^5 h-Werte für alle in Frage kommenden Werkstoffe zu erstellen, ist man tatsächlich in der Bundesrepublik Deutschland im Rahmen von Gemeinschaftsversuchen unter Leitung des Vereins Deutscher Eisenhüttenleute gegangen [23]. Jedoch mußten vor Beendigung dieser Gemeinschaftsversuche im Zuge der Entwicklung der Kraftanlagen die meisten Werkstoffe bereits eingesetzt werden. Auch in Zukunft wird man gegebenenfalls neue Werkstoffe mit geringerer Prüfzeit einsetzen, wenn diese wesentliche Vorteile versprechen. Da in einer Auftragung mit doppelt logarithmischem Maßstab der Zusammenhang zwischen den Beanspruchungsgrenzen und der Zeit wenigstens in gewissen Bereichen linear ist, kann man mit einiger Vorsicht Versuchswerte mit kürzerer Laufzeit auf solche mit längerer Laufzeit extrapolieren. Für die 10^5h-Werte sollte man jedoch von nicht weniger als 10^4h, besser noch $3 \cdot 10^4$h ausgehen.

Zur Erzielung guten Wirkungsgrades der Wärmekraftanlagen ist, wie gezeigt, eine möglichst hohe mittlere Temperatur der Wärmezufuhr anzustreben. Anhand des beschriebenen Werkstoffverhaltens zeigen sich nun die Grenzen deutlicher, die der Ausführbarkeit gewünschter Zustände des Arbeitsstoffs entweder überhaupt oder aus Gründen unerschwinglicher Kosten gesetzt sind. Hierbei spielt die gewünschte Betriebsdauer der Anlage eine wesentliche Rolle. Es bleibt noch ergänzend darauf hinzuweisen, daß über die beschriebenen Vorgänge hinausgehend eine Fülle weiterer Werkstoffprobleme vorhanden ist, auf die zum Teil an anderer Stelle noch eingegangen wird. Vielfältig sind die Fragen der Festigkeit unter wechselnder Belastung im Zeit- oder Dauerbereich [24], namentlich unter Berücksichtigung von Korrosion und Erosion sowie des Werkstoffverhaltens unter Bestrahlung in Kernkraftwerken. In jedem Fall sind nur Werkstoffe ausreichender Zähigkeit einsetzbar, die auch während des Betriebes nicht zur Versprödung (kalt oder warm) neigen. Bruchdehnung, Einschnürung, Kerbschlagzähigkeit und Übergangstemperatur der Kerbschlagzähigkeit sind hier als Werkstoffkenngrößen zu beachten, wenngleich sie nicht völlig sichere Merkmale zur Beurteilung der Zähigkeit darstellen. Wo Risse an Bauteilen nicht völlig ausschließbar sind, wird man auch die Methoden der Bruchmechanik [25] heranziehen und die Spannungsintensitätsfaktoren berücksichtigen müssen.

3. Thermische Kreisläufe

3.1 Dampfkraftprozesse

Ein Dampfkraftwerk besteht aus einer Vielzahl verschiedener Anlagenteile (vgl. Bilder 1.3 bis 1.7). Man stellt diese Anlagenteile vereinfacht in Sinnbildern nach DIN 2481 (auszugsweise Tab.9.3) dar und fügt sie zu einem sog. Kreislaufschema oder Wärmeschaltplan zusammen, als Ausgangsbasis für die Planung der Anlage und die thermodynamische Berechnung des Prozesses. Die einfachste Möglichkeit einer Dampfkraftanlage zeigt Bild 3.1. Einem Speisewasserbehälter wird Kreislaufwasser entnommen und mittels der sog. Speisepumpe unter Druckerhöhung in den Kessel gefördert. Dort wird das Wasser erwärmt, verdampft und in der Regel überhitzt. Vom Kessel strömt der Dampf durch eine Gruppe von Sicherheits- und Regelventilen der Turbine zu. Hier wird er unter Arbeitsleistung bis auf den Druck im Kondensator entspannt. Im Kondensator wird der Dampf gekühlt und dadurch verflüssigt. Das hier als Kondensat bezeichnete Kreislaufwasser wird schließlich mittels der Kondensatpumpe in den Speisewasserbehälter zurückgefördert. Im Beispiel werde, wie bei den meisten Kraftanlagen, ein Drehstromgenerator von der Turbine angetrieben. Für grundlegende Untersuchungen pflegt man den Wärmeschaltplan noch weiter zu vereinfachen und Ventile, Kondensatpumpe sowie Speisewasserbehälter wegzulassen. Die relativ geringe Arbeit der Kondensatpumpe wird dann der Speisepumpenarbeit zugerechnet. Speise- und Kondensatpumpen werden heute ausschließlich als Kreiselpumpen ausgeführt.

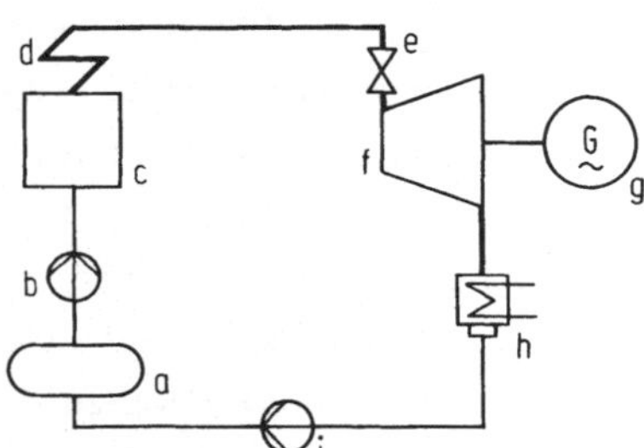

Bild 3.1. Wärmeschaltplan (Grundschaltplan) einer einfachsten Dampfkraftanlage. a Speisewasserbehälter; b Kesselspeisepumpe; c Dampferzeuger; d Überhitzer; e Sicherheits- und Regelventilgruppe; f Turbine; g Turbogenerator; h Kondensator; i Kondensatpumpe

Der thermodynamische Vergleichsprozeß für dieses Kreislaufschema wurde von Clausius und Rankine (ca. 1854) angegeben. Bild 3.2 zeigt ihn im T,s-Diagramm. Es bedeuten:

0 - 1 Förderung des Kondensats auf Kesseldruck,
1 - 2 Erwärmung des Kesselwassers auf Verdampfungstemperatur,
2 - 3 Verdampfung,
3 - 4 Überhitzung,
4 - 5 Entspannung des Dampfes,
5 - 0 Verflüssigung des Dampfes.

Die den Maschinen zuzuordnenden Zustandsänderungen 0 - 1 (Speisepumpe) bzw. 4 - 5 (Turbine) werden idealerweise isentrop, die sich in den Wärmetauschern vollziehenden 1 - 4 (Kessel) bzw. 5 - 0 (Kondensator) isobar angenommen. Da auf diese Weise jegliche, mit der Strömung des Arbeitsstoffs durch das Gefäßsystem verbundenen Verluste vernachlässigt sind, stellt auch der Clausius-Rankine-Prozeß einen Idealprozeß - nur etwas spezieller als der Carnot-Prozeß - dar. Wir werden auch in den zunächst folgenden Überlegungen im allgemeinen solche Idealprozesse betrachten.

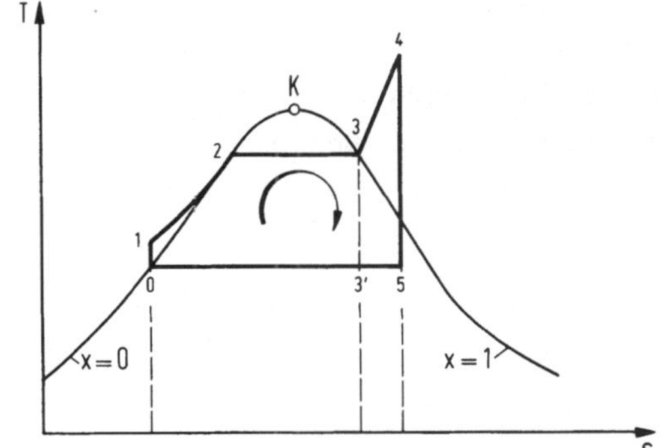

Bild 3.2. Idealisierter Kreisprozeß der Anlage nach Bild 3.1 (Clausius-Rankine-Prozeß) im T,s-Diagramm. x Dampfgehalt, K kritischer Punkt

Ein Prozeß mit überhitztem Dampf, wie der geschilderte, wird auch einfach als Heißdampfprozeß bezeichnet. Erzeugt man dagegen nur Sattdampf (Punkt 3), so spricht man vom Sattdampfprozeß oder auch Naßdampfprozeß, da der Dampf bei der Expansion in der Maschine (von 3 nach 3') unmittelbar ins Naßdampfgebiet übergeht. War der Sattdampfprozeß früher aus mangelnder Möglichkeit der Überhitzung (vgl. Bild 1.3) üblich, so hat er heute wiederum erhebliche Bedeutung bei den Kernkraftwerken erlangt, wo man bei bestimmten Konzeptionen den Dampf nicht oder nur geringfügig überhitzen kann.

Der Wirkungsgrad des Clausius-Rankine-Prozesses läßt sich am einfachsten über die Enthalpien entsprechender Zustandspunkte ermitteln. Die gewinnbare Arbeit ist gleich der Differenz der technischen Arbeiten von Turbine a_T und Speisepumpe a_P, gemäß Abschnitt 2.3:

$$a = a_T - a_P = h_4 - h_5 - (h_1 - h_0).$$

Die im Kessel von 1 bis 4 isobar zugeführte Wärme beträgt (aufgrund $dq = dh - vdp$ und $dp = 0$)

$$q_{zu} = h_4 - h_1.$$

Damit ergibt sich der thermische Wirkungsgrad nach (2.2) zu

$$\eta_{th} = \frac{h_4 - h_5 - (h_1 - h_0)}{h_4 - h_1} = 1 - \frac{h_5 - h_0}{h_4 - h_1}. \tag{3.1}$$

Die Enthalpie des Wasserdampfes ist nicht auf einfache Weise berechenbar. Man muß sie vielmehr einer Wasserdampftafel [26] entnehmen oder aus den dort angegebenen Zustandsgleichungen mit Hilfe von Rechenautomaten ermitteln. Für überschlägige Rechnungen kann man sie auch aus den h,s-Diagrammen entnehmen, die den Wasserdampftafeln beigefügt sind. Im h,s-Diagramm, Bild 3.3, stellt sich der Clausius-Rankine-

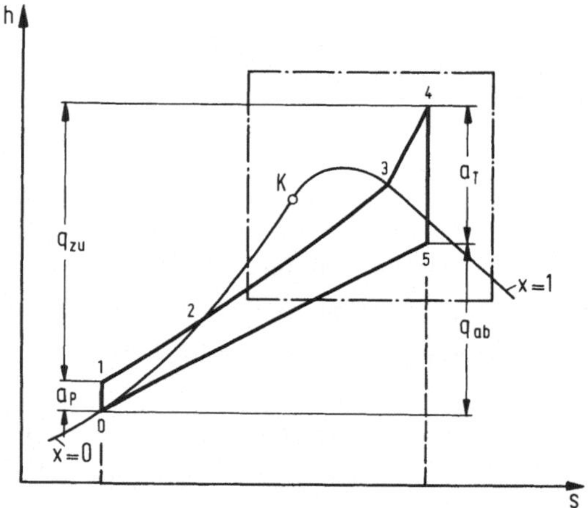

Bild 3.3. Clausius-Rankine-Prozeß im h,s-Diagramm

Prozeß gegenüber dem T,s-Diagramm nur in etwas verzerrter Form dar, wobei indessen die zu- und abgeführten Wärmen bzw. Arbeiten sich einfach als Strecken zwischen den Ordinaten entsprechender Zustandspunkte ergeben.

Die den Wasserdampftafeln beigefügten h,s-Diagramme sind in der Regel auf einen für die Turbinenberechnung ausreichenden Ausschnitt, etwa entsprechend dem strichpunktierten Rechteck in Bild 3.3, beschränkt. Die Enthalpie h_0 entnimmt man der Wasserdampftafel oder berechnet sie aus

$$h_0 = c_{p0} t_0 \tag{3.2}$$

mit c_{p0} als der spezifischen Wärmekapazität des Kondensats. Für die Speisepumpenarbeit kann man setzen

$$a_P = h_1 - h_0 = v_0(p_1 - p_0) \tag{3.3}$$

und gewinnt so die Enthalpie h_1. Mit für viele Fälle genügender Genauigkeit gilt für das Kondensat $c_{p0} = 4{,}18$ kJ/kg K und $v_0 = 0{,}001\ m^3/kg$. Die Speisepumpenarbeit wird bei grundlegenden Betrachtungen gelegentlich vernachlässigt, da sie bei nicht zu hohem Kesseldruck p_1 relativ klein ist. Die Lage des Punktes 1 über Punkt 0 ist in den Bildern 3.2 und 3.3 übertrieben hoch dargestellt. Die Isobare 1 - 2 weicht in Wirklichkeit nur geringfügig von der Grenzkurve $x = 0$ ab (z.B. nur um 4,5 K bei 200 bar). Außer von den Speise- und Kondensatpumpen wird die im Turbosatz gewonnene Arbeit noch durch andere Hilfsaggregate in Anspruch genommen, die für den Betrieb der Kraftanlage erforderlich sind. Zu solchen Hilfsaggregaten gehören u.a. Kühlwasserpumpen (z.B. für die Kondensatoren), Gebläse für Verbrennungsluft oder Rauchgas, Kohlemühlen und Brennstoffördereinrichtungen. Den Energiebedarf aller benötigten Hilfsaggregate bezeichnet man auch als Eigenbedarf der Kraftanlage. In der Regel macht die Speisepumpenarbeit den größeren Teil des Eigenbedarfs aus, den man bei Berechnung des Prozesses meist nachträglich genauer ermittelt und von der Turbinenarbeit in Abzug bringt, um die vom Kraftwerk abgebbare Energie zu ermitteln.

Bei der Projektierung einer Dampfkraftanlage stellt sich stets die Frage, welche Dampfzustände zu wählen sind, um einen optimalen Prozeß zu erzielen. Eine allgemeine Antwort hinsichtlich des Wirkungsgrades fanden wir schon in (2.4). Beim Clausius-Rankine-Prozeß ist der Wirkungsgrad durch den Zustand des Dampfes vor der Turbine - des sog. Frischdampfes (Punkt 4) - und den Zustand bei Eintritt in den Kondensator - des sog. Abdampfes (Punkt 5) - eindeutig festgelegt. Da der Expansionsendpunkt in der Regel im Naßdampfgebiet liegt, ist die Abdampftemperatur (gleich Kondensattemperatur) identisch mit der mittleren Temperatur der Wärmeabfuhr $T_{ab,m} = T_5 = T_0$. Diese ist indessen abhängig von Temperatur und Menge des der Kondensationsanlage zur Verfügung stehenden Kühlmittels. Zur Wärmeabfuhr in die natürliche Umgebung sind nur Wasser und Luft als Kühlmittel geeignet, deren Temperaturen vom Standort des Kraftwerks abhängen und dabei starken zeitlichen, insbesondere jahreszeitlichen Schwankungen unterliegen. Überwiegend wird heute noch die Wasserkühlung angewandt. Bei der Frischwasserkühlung entnimmt man das Kühlwasser Flüssen, Seen oder dem Meer und leitet es, im Kondensator aufgewärmt, wieder dorthin zurück. Bei Rückkühlanlagen führt man das Kühlwasser in einem Kreislauf über Kühltürme (vgl. Bild 1.4), in denen es seine im Kondensator aufgenommene Wärme an die atmosphärische Luft abgibt. In Mitteleuropa kann man mit wassergekühlten Kondensatoren etwa $T_{ab,m} = 298\ K \mathrel{\hat{=}} 25^{\circ}C$ als guten Mittelwert erreichen, entsprechend einem Druck von 0,031 bar oder rund 97% Vakuum im Kondensator; bei Frischwasser lassen sich gegebenenfalls noch bessere Werte erzielen. Eine wesentlich weitere Absenkung der mittleren Temperatur der Wärmeabfuhr ist jedoch weder möglich noch erstrebenswert, weil mit zunehmendem Vakuum der Volumenstrom des Abdampfes überaus zunimmt, so daß die Abmessungen der Turbine wie der Kondensationsanlage bedeutend anwachsen und die Baukosten der Kraftanlage sich unangemessen erhöhen würden. Bei Kondensation mit reiner Luftkühlung muß man wesentlich schlechtere Vakua und entsprechend höhere mittlere Temperaturen der Wärmeabfuhr in Kauf nehmen.

Die mittlere Temperatur der Wärmezufuhr läßt sich aus zugeführter Wärme und Entropiedifferenz ermitteln

$$T_{zu,m} = \frac{q_{zu}}{\Delta s} = \frac{h_4 - h_1}{s_4 - s_1} \ . \qquad (3.4)$$

Eine Erhöhung von $T_{zu,m}$ ist demnach durch Steigerung der Frischdampfenthalpie wie auch durch Minderung der Frischdampfentropie möglich, wie Bild 3.4 veranschaulicht.

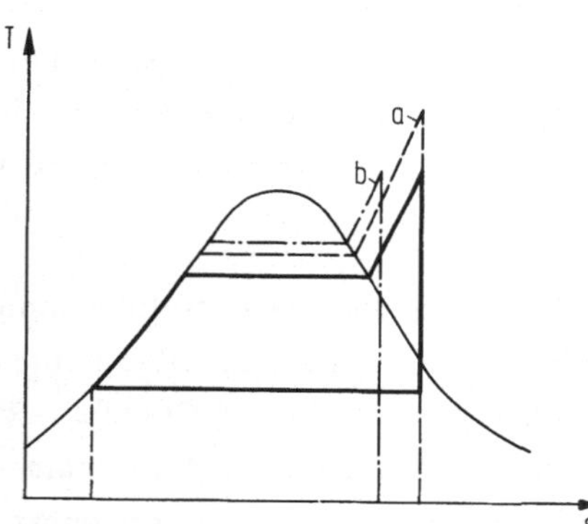

Bild 3.4. Möglichkeiten zur Steigerung der mittleren Temperatur der Wärmezufuhr beim einfachen Dampfkraftprozeß

Im ersten Falle (Kurvenzug a) ist eine Steigerung von Druck und Temperatur des Frischdampfes notwendig, im zweiten Fall (Kurvenzug b) im wesentlichen[1] nur des Druckes. Die Entspannung endet indessen bei Druckerhöhung im Gebiet größerer Dampfnässe. In Bild 3.5 ist die mögliche Wirkungsgradverbesserung aus Druck- und Temperaturerhöhung des Frischdampfes dargestellt, wenn man von 80 bar und 510°C ausgeht. Dabei ist eine Grenzkurve zur Kennzeichnung derjenigen Frischdampfzustände eingezeichnet, die auf einen Dampfgehalt $x_E = 0,85$ im Expansionsendpunkt führen, entsprechend

[1] Streng nur bei idealem Dampf.

einer Dampfnässe $y_E = 1 - x_E = 0,15$. Eine Endnässe von 15 % ist etwa der höchste Wassergehalt im Dampf, den die Turbinen mit Rücksicht auf die erosive Wirkung des

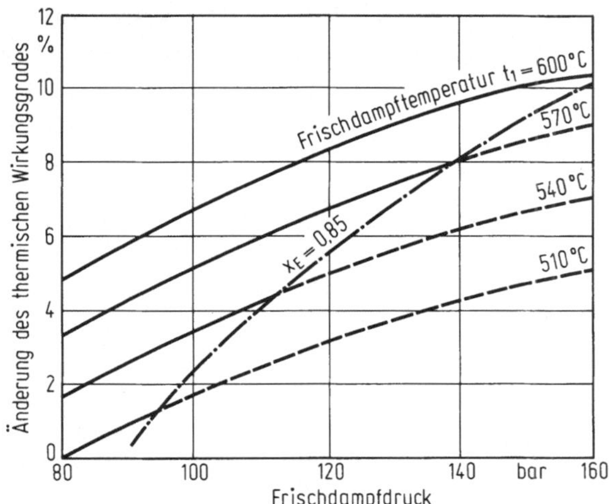

Bild 3.5. Einfluß von Frischdampfdruck und -temperatur auf den thermischen Wirkungsgrad

Wassers noch vertragen können. Bei der wirklichen, polytropen Expansion gemäß Bild 2.10 verschiebt sich der Expansionsendpunkt zu höheren Dampfgehalten. In Bild 3.5 ist dies mit einem inneren Wirkungsgrad der Turbine von 86 % berücksichtigt.

Wie schon erörtert, ist die Erhöhung der Frischdampftemperatur - wie auch des Frischdampfdruckes - durch die Eigenschaften verfügbarer Werkstoffe begrenzt. Man hat daher nach anderen Mitteln zur Erhöhung der mittleren Temperatur der Wärmezufuhr gesucht. Eine Möglichkeit, die Wärmezufuhr mehr in das Gebiet hoher Temperaturen zu verlegen, besteht in der sog. regenerativen Speisewasservorwärmung, Bild 3.6. Hier

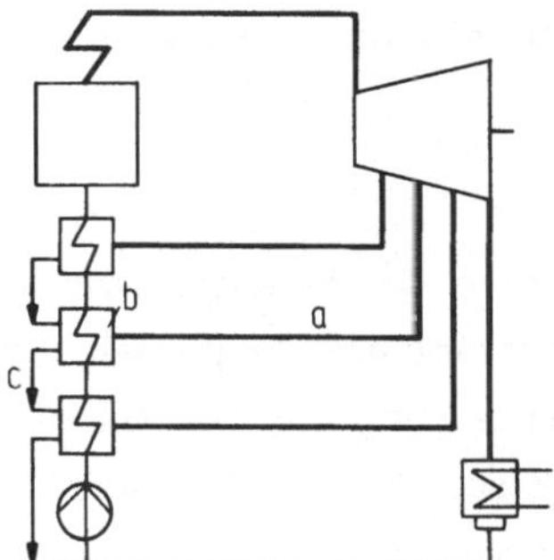

Bild 3.6. Dampfkraftprozeß mit regenerativer Speisewasservorwärmung. a Anzapfdampfleitung; b Vorwärmer; c Vorwärmerkondensat-Ableitung

wird aus gewissen Stufen der Turbine eine Teilmenge des Dampfes entnommen und zur Erwärmung des Speisewassers in sog. Vorwärmern - im allgemeinen Röhrenwärmetauschern - benutzt. Der der Turbine entnommene Dampf wird als Entnahme- oder Anzapfdampf bezeichnet. In den Vorwärmern wird der Anzapfdampf im allgemeinen enthitzt und kondensiert; das Vorwärmerkondensat wird dem Hauptkondensat bzw. Speisewasser zugemischt. Zur Erklärung der Wirkung der regenerativen Speisewasservorwärmung ist wieder das T, s-Diagramm geeignet, Bild 3.7. Die Speisepumpenarbeit sei

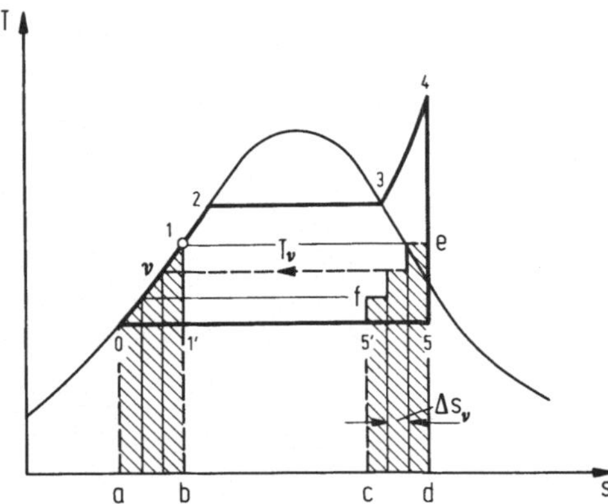

Bild 3.7. Dampfkraftprozeß mit regenerativer Speisewasservorwärmung im T, s-Diagramm

hierbei vernachlässigt, Punkt 1 möge die durch Vorwärmung erzielte Speisewassertemperatur kennzeichnen. Die zur Vorwärmung benötigte Wärmemenge ist dann durch die schraffierte Fläche 01ba gegeben. Das Äquivalent dieser Wärmefläche gewinnt man auf der rechten Seite des Diagramms unter der Stufenkurve ef in der schraffierten Fläche efcd, wobei die Temperatur einer Stufe - die Anzapftemperatur - mindestens gleich der in dem betreffenden Vorwärmer erzielten Speisewasserendtemperatur sein muß. Betrachtet man einen beliebigen Vorwärmer ν, so muß offenbar sein

$$\Delta h_\nu = T_\nu \Delta s_\nu,$$

wenn Δh_ν die Enthalpieerhöhung des Speisewassers im Vorwärmer bedeutet, T_ν die Temperatur des Anzapfdampfes und Δs_ν die Breite der der Entnahme zuzuordnenden Teilfläche im T, s-Diagramm. Liegt die Entnahme im Naßdampfgebiet, so gilt auch

$$\dot{m}\,\Delta h_\nu \approx \dot{m}_\nu\, r_\nu = \dot{m}\, r_\nu\, \Delta x_\nu,$$

wenn $\dot{m}$ der Massenstrom des Speisewassers, $\dot{m}_\nu$ der Entnahmemassenstrom, r_ν die Verdampfungswärme bei Anzapftemperatur und Δx_ν eine fiktive Änderung des Dampfgehaltes ist, die der Entropieänderung Δs_ν entspräche. Die Stufenkurve ef repräsentiert somit keine Zustandsänderungen des Dampfes, sondern dient lediglich zur Kennzeichnung der verbleibenden Arbeitsfläche des Prozesses im Sinne einer Wärmebilanz. Die Entnahmemengen werden in den Vorwärmern vollständig (nicht nur um Δx_ν) kondensiert, während der in der Turbine verbleibende Dampf weiter isentrop bis zum Punkt 5 expandiert.

Denkt man sich die Anzahl der Vorwärmstufen bei festgehaltener Vorwärm-Endtemperatur beliebig vergrößert, so daß eine kontinuierliche Entnahme aus der Turbine die Folge wäre, so würde die Stufenkurve e5' in eine parallel zu 0 - 1 verlaufende Linie übergehen. Man kann dann das Trapez 01ba links abschneiden und dem Diagramm rechts wieder zufügen und gewinnt so die in Bild 3.8 dargestellte Form der Arbeitsflä-

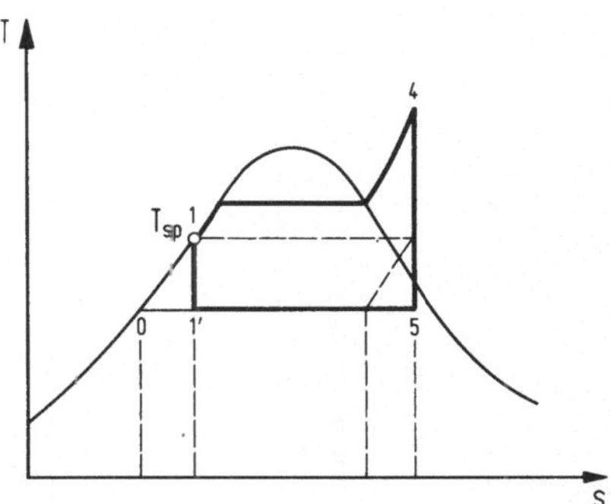

Bild 3.8. Vereinfachte Darstellung des Prozesses mit kontinuierlicher regenerativer Speisewasservorwärmung im T,s-Diagramm

che. Die mittlere Temperatur der Wärmezufuhr, die mit (3.4) bestimmbar ist, wird durch den überwiegenden Wegfall der Vorwärmung des Speisewassers im Dampfkessel - d.h. durch Wegfall einer entsprechenden Wärmezufuhr von außen - angehoben. Für den thermischen Wirkungsgrad kann gesetzt werden

$$\eta_{th} = 1 - \frac{T_0(s_4 - s_1)}{h_4 - h_1} = 1 - \frac{h_5 - h_{1'}}{h_4 - h_1} . \tag{3.5}$$

Führt man mit

$$\mu = \frac{\dot{m} - \sum \dot{m}_\nu}{\dot{m}} = \frac{\dot{m}_{K0}}{\dot{m}_{FD}} \tag{3.6}$$

das Verhältnis der durch den Kondensator gehenden Dampfmenge $\dot{m}_{K0}$ zur Frischdampfmenge $\dot{m}_{FD}$ ein, so gilt die Wärmebilanz

$$c_{pm}(T_1 - T_0) = (1 - \mu)(h_5 - h_0),$$

aus der $\dot{m} = \dot{m}_{FD}$ bereits gekürzt ist, mit c_{pm} als der mittleren spezifischen Wärmekapazität des Speisewassers zwischen den Temperaturen T_0 und T_1. Daraus gewinnt man

$$\mu = 1 - \frac{c_{pm}(T_1 - T_0)}{h_5 - h_0} . \tag{3.7}$$

Diese Gleichung ist auch bei endlicher Zahl von Vorwärmstufen richtig.

Die regenerative Speisewasservorwärmung ist, wie man sich leicht anhand von (3.5) überzeugt, eine sehr wirkungsvolle Maßnahme zur Erhöhung des Wirkungsgrades. Bild

3.9 veranschaulicht den Einfluß der Vorwärm-Endtemperatur, wie auch der Anzahl der Vorwärmstufen. Wieviele Vorwärmstufen man anwendet, ist eine Frage des Aufwandes an der Maschine, den Rohrleitungen und den Vorwärmern selbst. 6 bis 8 Stufen sind bei

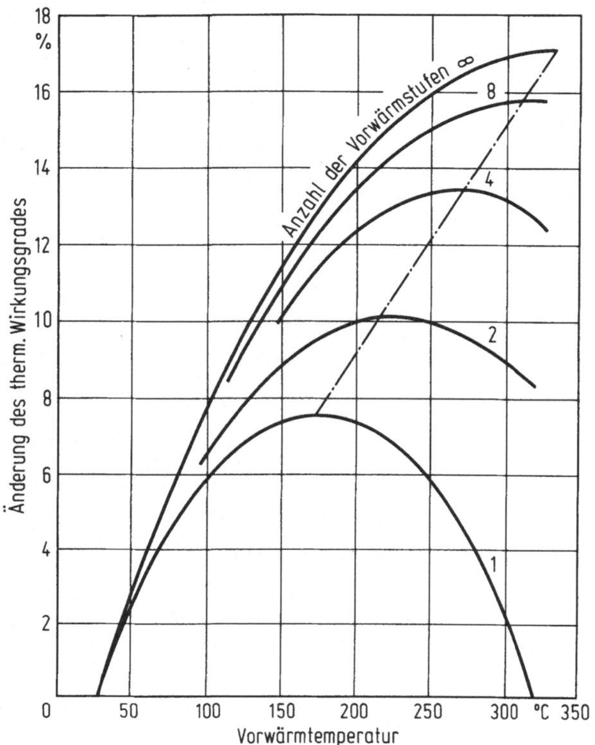

Bild 3.9. Verbesserung des thermischen Wirkungsgrades durch regenerative Speisewasservorwärmung nach [27]

großen Dampfkraftanlagen zur Regel geworden, und es bestand die Tendenz, die Stufenzahl noch weiter - auf 10 oder mehr - zu erhöhen. Indessen ist die hierdurch erzielbare weitere Wirkungsgradverbesserung nicht mehr erheblich. Die Anzapfmengen $(1 - \mu)$ liegen dabei etwa zwischen 25 und 35 % der Frischdampfmenge. Im Zusammenhang mit der regenerativen Speisewasservorwärmung spricht man auch von einer Carnotisierung des Prozesses. Führte man die regenerative Speisewasservorwärmung nämlich bei einem Sattdampfprozeß so aus, daß die Speisewasserendtemperatur bei Sattdampftemperatur liegt, so erreichte man bei kontinuierlicher Vorwärmung als thermischen Wirkungsgrad tatsächlich den Carnotschen Wirkungsgrad, wie man sich leicht anhand des T, s-Diagramms überzeugt.

Eine andere, weitere Möglichkeit zur Anhebung der mittleren Temperatur der Wärmezufuhr ohne gleichzeitiger Erhöhung des Frischdampfzustands ist die bereits in Abschnitt 1 angedeutete Zwischenerhitzung des Dampfes (vgl. Bild 1.3), auch als Zwischenüberhitzung bezeichnet. Die Turbine besteht hier, wie bei größeren Anlagen stets, aus mehreren Gehäusen, die man nach ihrem Dampfdruckniveau etwa als Hochdruck-,

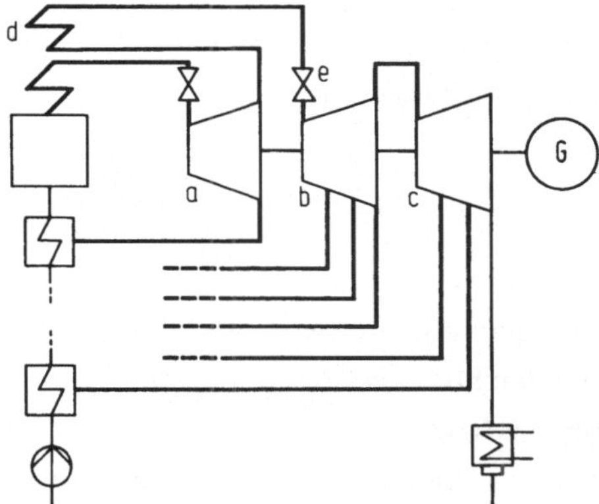

Bild 3.10. Dampfkraftprozeß mit regenerativer Speisewasservorwärmung und einfacher Zwischenüberhitzung. a HD-Teil; b MD-Teil; c ND-Teil der Turbine; d Zwischenüberhitzer im Kessel; e Zwischendampf-Sicherheits- und Regelventil

Mitteldruck- und Niederdruckteil - abgekürzt HD-, MD-, ND-Teil - bezeichnet. Gemäß Bild 3.10 wird der im HD-Teil auf einen gewissen Zwischendruck entspannte Dampf in den Kessel zurückgeleitet und dort im sog. Zwischenüberhitzer auf eine etwa der Frischdampftemperatur entsprechende Zwischentemperatur erhitzt. Der zwischenüberhitzte Dampf strömt dann durch eine Gruppe von Abschalt- und Regelventilen wieder der Turbine zu, wo er im MD- und ND-Teil weiter bis auf Kondensatordruck entspannt wird. Die zweite Ventilgruppe ist wegen des großen Energieinhalts des Dampfes im Zwischenüberhitzungsrohrstrang aus Sicherheitsgründen unbedingt erforderlich. In der Regel wird man die Zwischenüberhitzung kombiniert mit regenerativer Speisewasservorwärmung anwenden. Die erste Anzapfung liegt dann oft, wie Bild 3.10 auch zeigt, am Ende des HD-Teils.

Stellt man den Prozeß im T,s-Diagramm dar, Bild 3.11, so entspräche 4-5 jetzt der Entspannung im HD-Teil, 5-6 stellte die Zwischenüberhitzung im Kessel dar und 6-7 die Entspannung im MD-und ND-Teil der Turbine. Für die mittlere Temperatur der

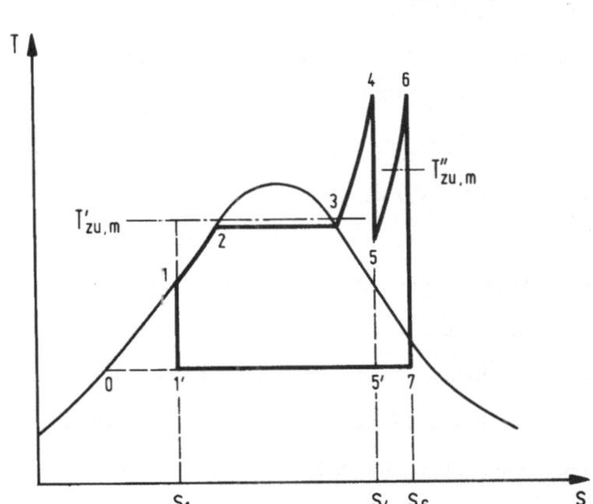

Bild 3.11. Dampfkraftprozeß mit einfacher Zwischenüberhitzung und regenerativer Speisewasservorwärmung im T,s-Diagramm

Wärmezufuhr gilt dann

$$T_{zu,m} = \frac{h_4 - h_1 + h_6 - h_5}{s_6 - s_1} .$$

Damit ergibt sich (wieder unter Vernachlässigung der Speisepumpenarbeit) der thermische Wirkungsgrad zu

$$\eta_{th} = 1 - \frac{T_0(s_6 - s_1)}{h_4 - h_1 + h_6 - h_5} = 1 - \frac{h_7 - h_{1'}}{h_4 - h_1 + h_6 - h_5} . \tag{3.8}$$

Damit man einen Gewinn an Wirkungsgrad erzielt, muß die Mitteltemperatur der Zwischenüberhitzung $T''_{zu,m} \approx \frac{1}{2}(T_5 + T_6)$ jedenfalls über der mittleren Temperatur der Wärmezufuhr des Teilprozesses ohne Zwischenüberhitzung $T'_{zu,m}$ liegen. Geht man davon aus, daß $T_6 = T_4$, d.h. die Temperatur der Zwischenüberhitzung gleich der Frischdampftemperatur sei, so läßt sich anhand einer einfachen Optimierungsrechnung zeigen, daß eine maximale Wirkungsgradverbesserung eintritt, wenn man

$$T_5 \approx T'_{zu,m} = \frac{h_4 - h_1}{s_4 - s_1} \tag{3.9}$$

wählt [28]. Damit ist auch der Trenn- oder Zwischendruck festgelegt. T_5 nach (3.9) ist auch für den wirklichen, nicht zwischen Isobaren und Isentropen verlaufenden Prozeß eine brauchbare Ausgangsnäherung. Oft weicht man jedoch vom optimalen Trenndruck ab, um das Wärmegefälle des HD-Teils zu erhöhen.

Die Zwischenüberhitzung kann mehrfach angewandt werden. Der Wirkungsgradgewinn je zusätzlicher Zwischenüberhitzungsstufe nimmt indessen, wie Bild 3.12 veranschaulicht, mit zunehmender Anzahl von Zwischenüberhitzungsstufen schnell ab. Da mit jeder Zwischenüberhitzungsstufe ein zusätzlicher Aufwand an der Maschine, an Rohrleitungen, im Kessel - und zwar ein wesentlich höherer als bei einer Vorwärmstufe - verbunden ist, führt man höchstens doppelte Zwischenüberhitzung bei großen Anlagen aus. Die Berechnung des Wirkungsgrades bei mehrfacher Zwischenüberhitzung verläuft analog zu der in (3.8) für die einfache Zwischenüberhitzung beschriebenen. Die Zwischenüberhitzung bringt, wie man aus dem T, s-Diagramm erkennt, außer einer Wirkungsgradverbesserung noch den Vorteil trockeneren Dampfes am Expansionsende mit sich.

Die optimale Abstimmung aller Parameter des Dampfkraftprozesses ist eine umfangreiche Aufgabe [30], die im einzelnen nur unter Berücksichtigung aller Anlagenteile und ihrer konstruktiven wie betrieblichen Möglichkeiten gelöst werden kann. Namentlich die anwendbaren Temperaturen hängen, wie gezeigt, mit den verfügbaren Werkstoffen eng zusammen. Bild 3.13 stellt die Entwicklung von Frischdampfdruck und -temperatur und damit - soweit Zwischenüberhitzung nach 1945 angewandt - im allgemeinen auch der Zwischenüberhitzungstemperatur dar. In einigen, als Pionieranlagen gekennzeichneten Kraftwerken ist man bereits über 300 bar und 600°C hinausgegangen. Vom Standpunkt der Festigkeit und des Korrosionsverhaltens heute verfügbarer warm-

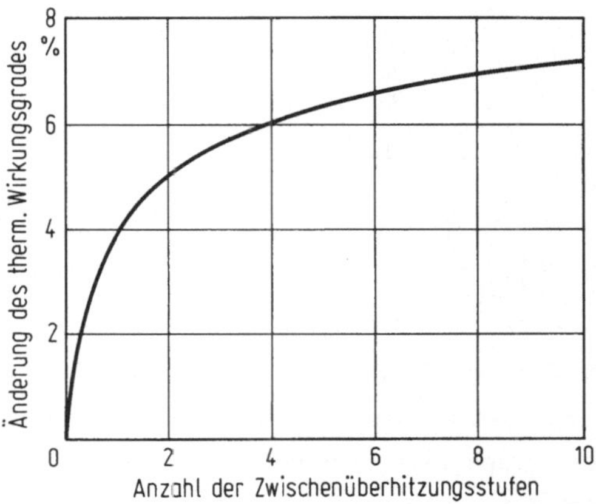

Bild 3.12. Verbesserung des thermischen Wirkungsgrades durch Zwischenüberhitzung des Dampfes nach [29]

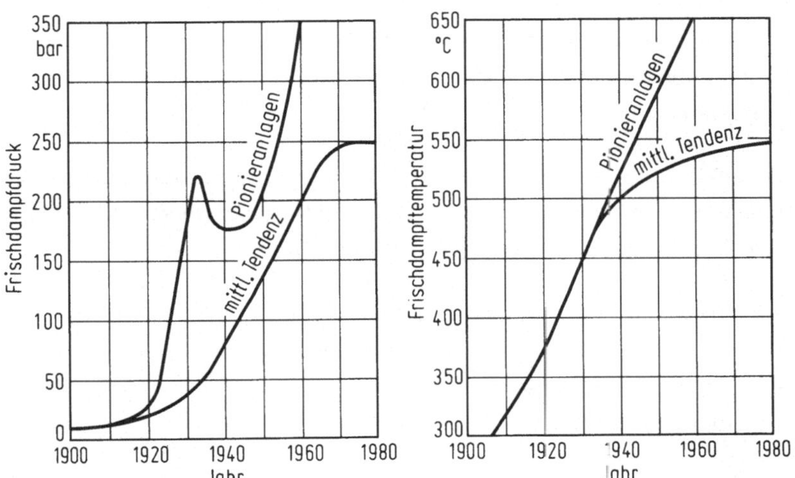

Bild 3.13. Entwicklung des Frischdampfzustandes von Dampfkraftanlagen, nach [6]

fester Werkstoffe könnte man hier wohl noch weitergehen und den thermischen Wirkungsgrad auf diese Weise weiter verbessern. Indessen ist die Entwicklung zu höheren Dampfzuständen praktisch in der ganzen Welt zum Stillstand gekommen, weil der Einsatz austenitischer Stähle, der etwa ab 550°C notwendig wird, zu unangemessener Erhöhung der Anlagekosten führt. Daher werden die im Bild mit mittlerer Tendenz gekennzeichneten Werte, besonders die Temperaturen, heute kaum überschritten.

3.2 Gasturbinenprozesse

Eine Gasturbinenanlage besteht in ihrer einfachsten Ausführung gemäß Bild 3.14 aus einem Turboverdichter, einer Brennkammer, der Turbine und der anzutreibenden Arbeitsmaschine, z.B. einem elektrischen Generator. Die drei Maschinen sind in einem Wellenstrang, der sog. Einwellen-Anordnung, fest miteinander gekuppelt. Der Verdichter saugt atmosphärische Luft an. In der Brennkammer wird mit der verdichteten Luft ein fossiler Brennstoff verbrannt und so ein unter Überdruck stehendes Rauchgas hoher Temperatur erzeugt, das in der Turbine wieder auf atmosphärischen Druck entspannt wird. Die dem Generator zur Verfügung stehende Nutzleistung ergibt sich aus der Differenz der Turbinen- und Verdichterleistung. Das Abgas, und damit auch die Abwärme, wird durch einen Schornstein in die Atmosphäre geleitet. Da man Luft als Arbeitsstoff aus dem Freien ansaugt und das Abgas wieder dorthin ausstößt, bezeichnet man eine Anlage dieser Art auch als offene Gasturbinenanlage bzw. den Prozeß als offenen Gasturbinenprozeß.

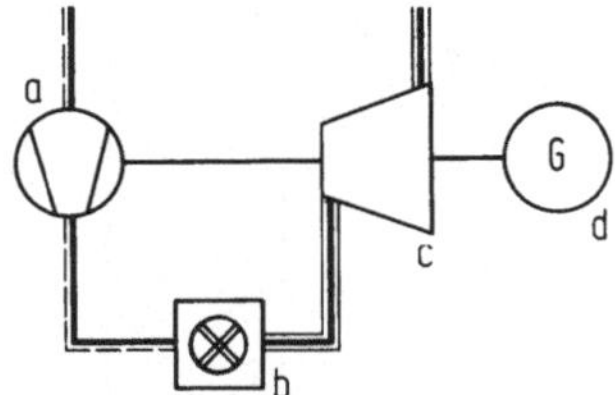

Bild 3.14. Grundschaltplan der einfachen offenen Gasturbinenanlage in Einwellenbauart. a Verdichter; b Brennkammer; c Turbine; d Generator

Bezieht man gedanklich die Atmosphäre in den Prozeß ein, so kann man ihn wie einen geschlossenen Kreisprozeß behandeln. Idealisiert entspricht dieser dem Joule-Prozeß, den Bild 3.15 im T,s-Diagramm wiedergibt. Es bedeuten:

1 - 2 isentrope Verdichtung des Arbeitsstoffs,
2 - 3 isobare Wärmezufuhr in der Brennkammer,
3 - 4 isentrope Expansion,
4 - 1 isobare Wärmeabfuhr in die Atmosphäre.

Zur Berechnung des thermischen Wirkungsgrades sieht man beim Idealprozeß davon ab, daß der Arbeitsstoff (Luft bzw. Rauchgas) chemisch nicht einheitlich ist und faßt ihn als ideales Gas auf. Dann gilt für die isentropen Zustandsänderungen die Isentropengleichung $p\,v^{\varkappa}$ = konst und für die isobaren Zustandsänderungen $dq = c_p\,dT$ mit gleichen Isentropenexponenten $\varkappa = c_p/c_v$ bzw. gleichen spezifischen Wärmekapazitäten. Somit ergibt sich

$$\eta_{th} = 1 - \frac{q_{ab}}{q_{zu}} = 1 - \frac{T_4 - T_1}{T_3 - T_2}\ .$$

Führt man mit

$$\Pi = \frac{p_2}{p_1} = \frac{p_3}{p_4} \tag{3.10}$$

das Druckverhältnis ein, so gilt aufgrund der Zustandsgleichung für ideale Gase $p\,v/T$ = konst auch

$$\Pi = \left(\frac{T_2}{T_1}\right)^{\frac{\varkappa}{\varkappa-1}} = \left(\frac{T_3}{T_4}\right)^{\frac{\varkappa}{\varkappa-1}} .$$

Daraus folgt

$$\frac{T_1}{T_2} = \frac{T_4}{T_3} \quad \text{bzw.} \quad \frac{T_3}{T_2} = \frac{T_4}{T_1} ,$$

und man erhält schließlich

$$\eta_{th} = 1 - \frac{T_1}{T_2} = 1 - \frac{T_4}{T_3} = 1 - \Pi^{\frac{1-\varkappa}{\varkappa}} . \tag{3.11}$$

Dieser Zusammenhang zwischen thermischem Wirkungsgrad und Druckverhältnis ist in Bild 3.16 dargestellt. Wie man sieht, spielt die Temperaturerhöhung in der Brenn-

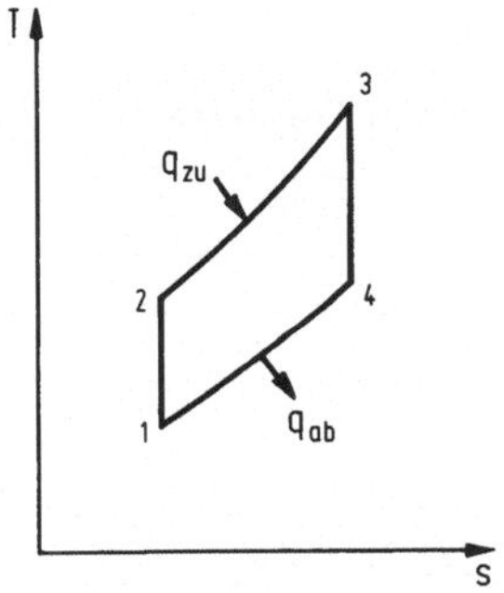

Bild 3.15. Einfacher Gasturbinenprozeß (Joule-Prozeß) im T, s-Diagramm

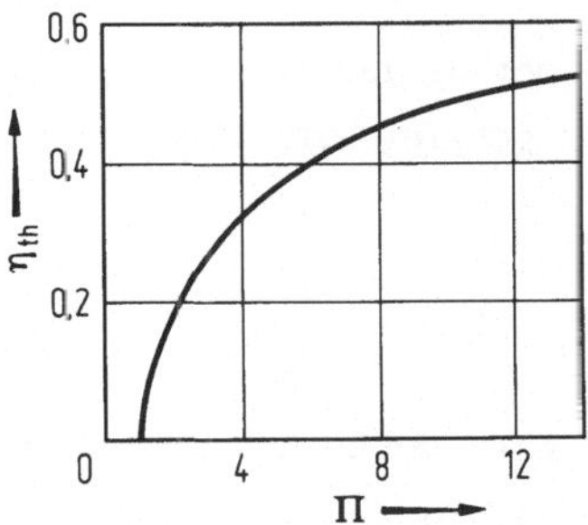

Bild 3.16. Wirkungsgrad des Joule-Prozesses

kammer $(T_3 - T_2)$ hinsichtlich des Wirkungsgrades keine Rolle. Indessen ist zufolge $a = \eta_{th} \cdot q_{zu}$ eine angemessene Wärmezufuhr notwendig, um den Massenstrom des Arbeitsstoffs und damit die Abmessungen der Maschinenanlage für bestimmte Leistung in vertretbaren Grenzen zu halten.

Das Abgas verläßt die Turbine bei diesem einfachen Prozeß im allgemeinen mit sehr hoher Temperatur. Es liegt daher nahe, einen Wärmetauscher in den Kreislauf einzufügen, um gemäß Bild 3.17 die Luft vor der Brennkammer mit dem Abgas vorzuwärmen. Dadurch wird die Wärmezufuhr in der Brennkammer in einen Bereich höherer Temperaturen, die Wärmeabfuhr dagegen in einen Bereich niedrigerer Temperaturen verschoben. Betrachtet man diesen Prozeß im T,s-Diagramm, Bild 3.18, so wird die verdichtete Luft im Wärmetauscher von 2 nach 2' durch Abkühlung des Abgases von

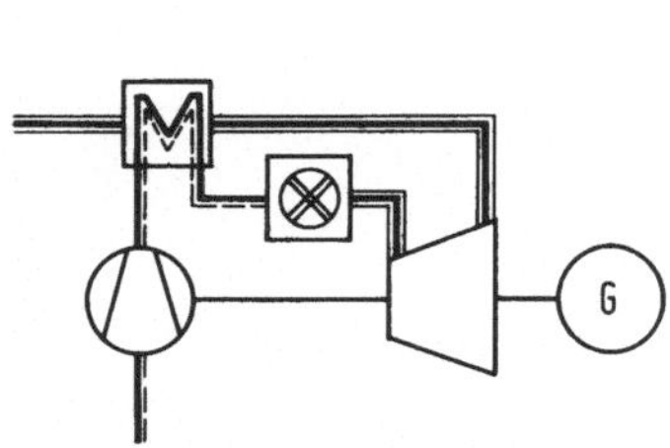

Bild 3.17. Offene Einwellengasturbine mit Wärmetauscher

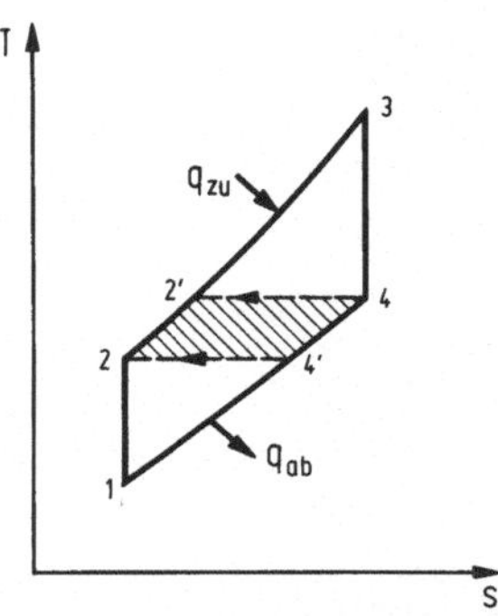

Bild 3.18. Gasturbinenprozeß mit Wärmetauscher im T,s-Diagramm

4 nach 4' aufgewärmt. 2'-4 und 2-4' sind in idealisierter Betrachtung eines vollkommenen Wärmetauschers Isothermen. Für den thermischen Wirkungsgrad erhält man daher

$$\eta_{th} = 1 - \frac{q_{ab}}{q_{zu}} = 1 - \frac{T_2 - T_1}{T_3 - T_4} .$$

Unter Beachtung der schon oben genannten Relation zwischen den Temperaturen sowie der Isentropengleichung folgt daraus

$$\eta_{th} = 1 - \frac{T_2}{T_1} \cdot \frac{T_1}{T_3} = 1 - \frac{T_1}{T_3} \Pi^{\frac{\varkappa - 1}{\varkappa}} . \qquad (3.12)$$

Bild 3.19 veranschaulicht diese Beziehung. Man sieht, daß gegenüber dem einfachen Prozeß ohne Wärmetauscher eine umgekehrte Abhängigkeit vom Druckverhältnis besteht. Bemerkenswert ist allerdings der Einfluß des Temperaturverhältnisses T_1/T_3. Bei fester Verdichteransaugtemperatur T_1 wird η_{th} mit zunehmender Verbrennungsendtemperatur T_3 sehr wesentlich erhöht.

Eine andere Möglichkeit, den offenen Prozeß zu verbessern, besteht in der Anwendung von Zwischenerhitzung und Zwischenkühlung. Bild 3.20 zeigt die Schaltung einer solchen Anlage. Die Zwischenkühler kühlen die Luft zwischen einem Niederdruck (ND)- und Mitteldruck (MD)- bzw. Hochdruck (HD)-Verdichter auf nahezu Umgebungstemperatur zurück. Als Kühlmittel dient Wasser. Die Zwischenerhitzung geschieht in einer zweiten Brennkammer, die zwischen einen HD- und einen ND-Turbinenteil gelegt ist. Obwohl die Anordnung aller Maschinenteile auf einer Welle möglich wäre, bevorzugte man bisher eine Zweiwellenanordnung, in welcher z.B. die HD-Turbine den HD-Verdichter und den Generator antreibt, während die ND-Turbine auf getrenntem Wellenstrang den ND-und MD-Verdichter antreibt. Bild 3.21 zeigt den Prozeß im T, s-Diagramm und veranschaulicht die Anhebung der mittleren Temperatur der Wärmezufuhr und die Absenkung der mittleren Temperatur der Wärmeabfuhr gegenüber dem Joule-Prozeß.

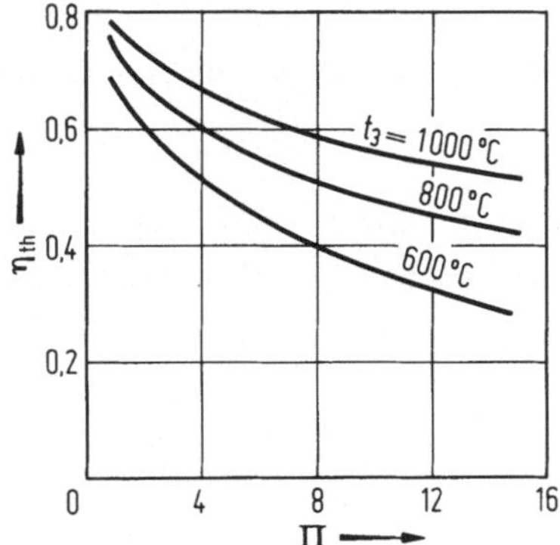

Bild 3.19. Thermischer Wirkungsgrad des Gasturbinenprozesses mit vollkommenem Wärmetauscher (t_1 = 15° C)

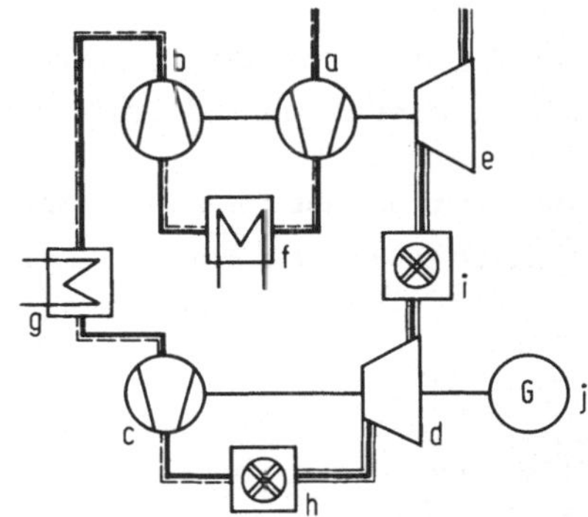

Bild 3.20. Offene Zweiwellen-Gasturbinenanlage mit Zwischenkühlung und Zwischenerhitzung. a ND-Verdichter; b MD-Verdichter; c HD-Verdichter; d HD-Turbine; e ND-Turbine; f, g Zwischenkühler; h, i Brennkammern; j Generator

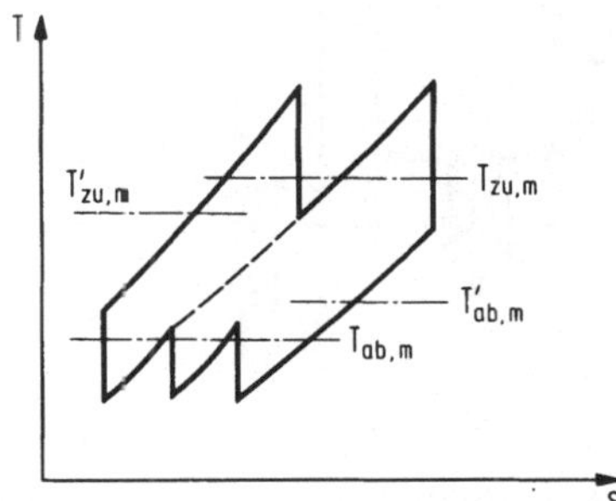

Bild 3.21. Gasturbinenprozeß nach Bild 3.20 im T, s-Diagramm. $T'_{zu,m}$ und $T'_{ab,m}$ Mitteltemperaturen eines vergleichbaren Joule-Prozesses

Der thermische Wirkungsgrad ist leicht berechenbar. Würde man die Anzahl der Zwischenerhitzungen sowie der Zwischenkühlungen beliebig erhöhen und dem Prozeß außerdem einen Wärmetauscher zufügen, so ließe sich theoretisch der Carnotsche Wirkungsgrad erreichen, wie man sich anhand des T, s-Diagramms überzeugt. Indessen erhöht jeder zusätzliche Anlagenteil die Kosten der Anlage erheblich, so daß man sich zweckmäßigerweise auf eine Zwischenerhitzung und zwei Zwischenkühlstufen (mit drei Verdichterstufen) beschränkt.

Im offenen Kreisprozeß muß das Gas bei den bisherigen Anlagenschaltungen die Turbine durchströmen. Dabei hat es sich als unmöglich erwiesen, feste Brennstoffe zu verwenden, da diese Asche enthalten. Die Asche, im Rauchgas als Flugasche mitgeführt, wirkt bei den hohen Strömungsgeschwindigkeiten und Temperaturen erosiv und zerstört namentlich die Turbinenbeschauflung sehr schnell. Diese Schwierigkeit kann umgangen werden bei dem u.a. von Sulzer vorgeschlagenen Prozeß mit nachgeschalteter äußerer Verbrennung, Bild 3.22. Hier wird die verdichtete Luft nur in einem Röhrenwärmetauscher, dem sog. Lufterhitzer, erwärmt und dient auch in der Turbine als Arbeitsstoff. Erst danach wird die Luft als Brennluft in die Brennkammer des Lufterhitzers geleitet. In einem solchen Lufterhitzer, der im Aufbau einem Dampfkessel ähnelt, läßt sich nahezu jeder Brennstoff verfeuern.

Man kann nun den Kreislauf von Arbeitsstoff und Verbrennungsgas auch vollständig trennen und gelangt so zu dem von Ackeret und Keller [31] angegebenen geschlossenen Gasturbinenprozeß. In seiner einfachsten Anordnung ist dieser in Bild 3.23 dargestellt.

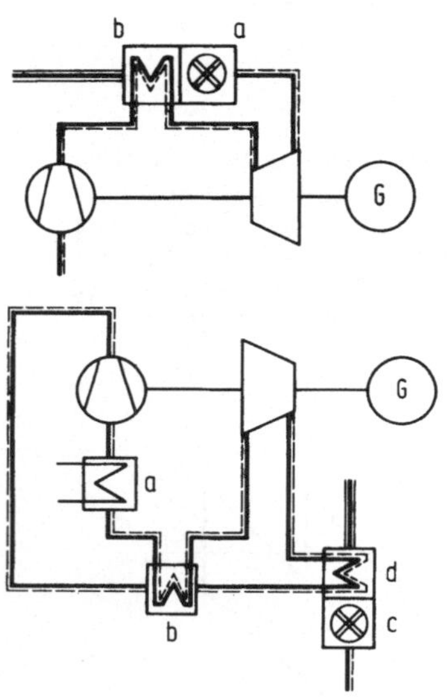

Bild 3.22. Gasturbinenprozeß mit nachgeschalteter Verbrennung (sog. halboffener Prozeß). a Brennkammer mit Lufterhitzer b

Bild 3.23. Einwellen-Gasturbinenanlage mit geschlossenem Kreislauf. a Kühler; b Wärmetauscher; c Brennkammer mit Gaserhitzer d

Der Arbeitsstoff wird jetzt in einem Gefäßsystem vollständig im Kreislauf geführt, wie beim Dampfkraftprozeß, jedoch ohne Änderung seines gasförmigen Aggregatzustandes. Im Prinzip kann man jedes geeignete Gas als Arbeitsstoff verwenden; außer Luft wurden bereits Stickstoff (N_2), Kohlensäure (CO_2) und Helium (He) vorgeschlagen. Der Arbeitsstoff wird nach Verdichtung in einem Wärmetauscher vorgewärmt und dann in einem Gaserhitzer wie beim Sulzer-Prozeß weiter erhitzt. Danach wird er in der Turbine unter Arbeitsleistung entspannt, gibt einen Teil seiner Wärme im Wärmetauscher an das Frischgas ab und wird schließlich in einem Wasserkühler bis auf die Ansaugtemperatur vor dem Verdichter rückgekühlt. In dieser einfachsten Anordnung entspricht der Prozeß dem Joule-Prozeß mit Wärmetauscher (vgl. T,s-Diagramm, Bild 3.18), jedoch läßt er sich durch Einfügen von Zwischenerhitzungen und Zwischenkühlungen wie bei der offenen Gasturbinenanlage "carnotisieren". Außer der äußeren Verbrennung im Gaserhitzer, die im Prinzip beliebigen Brennstoff ermöglicht, bietet das geschlossene Gefäßsystem die Möglichkeit, den Arbeitsstoff auf höherem Druckniveau (z.B. zwischen 20 und 60 bar) zu halten, wodurch der Volumenstrom vermindert und die Abmessungen der Bauteile relativ klein gehalten werden können. Auch läßt sich anstelle des Gaserhitzers ein Kernreaktor verwenden. Indessen sind die Gaserhitzer sehr aufwendige Gebilde, welche die Anlagekosten beim Ackeret-Keller-Prozeß wie beim Sulzer-Prozeß stark in die Höhe treiben.

Bei Betrachtung der Wirkungsgrade hatten wir gesehen, daß für den einfachen offenen Prozeß ein möglichst hohes Druckverhältnis anzustreben ist. Praktisch blieb man bisher jedoch unter 15 und hat daher in der Anlage wesentlich niedrigere Drücke als beim Dampfkraftprozeß. Dagegen wählt man möglichst hohe Verbrennungsendtemperaturen - bis etwa 1100°C, bei Flugtriebwerken noch höhere Werte - und überschreitet die bei Dampfkraftanlagen möglichen Frischdampf- und Zwischenüberhitzungstemperaturen wesentlich. Die hohen Temperaturen sind jedoch bei Gasturbinen auf wenige Bauteile, wie Brennkammern und erste Turbinenstufen beschränkt, die außerdem unter geringerem Druck stehen. Daher ist der Einsatz hochwarmfester Werkstoffe - in der Regel Nickelbasis-Legierungen - bei der Gasturbine von wesentlich geringerem Einfluß auf die Anlagekosten als bei der Dampfkraftanlage, wo die Überhitzer im Kessel, die Rohrleitungen und Armaturen zwischen Kessel und Turbinen sowie auch die dickwandigen Turbinengehäuse erheblich ins Gewicht fallen. Eine Stellung zwischen offener Gasturbinenanlage und Dampfkraftanlage nimmt in dieser Hinsicht der geschlossene Gasturbinenprozeß ein.

Die hier anhand idealisierter Vorstellungen für die Prozeßparameter des Arbeitsstoffs gezogenen Schlüsse geben die wirklichen Verhältnisse nur angenähert und weniger genau wieder als beim Dampfkraftprozeß. Dies liegt im wesentlichen daran, daß die Verdichterarbeit verhältnismäßig groß ist, da sie rund 2/3 der Turbinenarbeit für sich in Anspruch nimmt. Daher spielen die inneren Wirkungsgrade beider Turbomaschinen (vgl. Abschnitt 2.3) eine bedeutendere Rolle als beim Dampfkraftprozeß, wo die Speisepumpenarbeit relativ klein und daher bei grundsätzlichen Überlegungen gegebenenfalls zu vernachlässigen war. Bei der Gasturbine führt indessen die Vereinfachung, den Arbeitsstoff als ideales Gas zu betrachten, im Gegensatz zur Dampfkraftanlage nur zu geringen, bei grundsätzlichen Betrachtungen vernachlässigbaren Fehlern, da die spezifischen Wärmekapazitäten und damit auch die Isentropenexponenten von Luft und Rauchgas sich unter den praktisch vorliegenden Verhältnissen nicht wesentlich unterscheiden. Für genauere Rechnungen kann man jedoch - wie beim Dampfkraftprozeß - auf Tafeln für die realen thermodynamischen Eigenschaften von Luft und Verbrennungsgasen, z.B. [32 bis 35] zurückgreifen.

3.3 Kombinierte Gas-Dampfturbinenprozesse

Die Gasturbine ermöglicht höhere mittlere Temperaturen der Wärmezufuhr als die Dampfkraftanlage. Dennoch ist der thermische Wirkungsgrad der Dampfkraftanlagen im allgemeinen höher infolge der wesentlich niedrigeren mittleren Temperatur der Wärmeabfuhr, die durch die isotherm-isobar verlaufende Kondensation des Arbeitsstoffs möglich wird, im Gegensatz zur nichtisothermen Wärmeabfuhr beim Gasturbinenprozeß. Es liegt nahe, beide Prozesse so miteinander zu verknüpfen, daß die Wärmezufuhr teilweise oder ganz in der Gasturbine erfolgt, während die Wärmeabfuhr möglichst nur im Kondensator der Dampfkraftanlage stattfindet. Dann muß die Abwärme der Gasturbine dem Dampfkraftprozeß zugeführt werden. Am einfachsten läßt sich dies durch Einleiten des Gasturbinenabgases in den Kessel der nachgeschalteten Dampfkraftanlage erreichen. Die entsprechende Anlagenschaltung zeigt Bild 3.24. Da das Gastur-

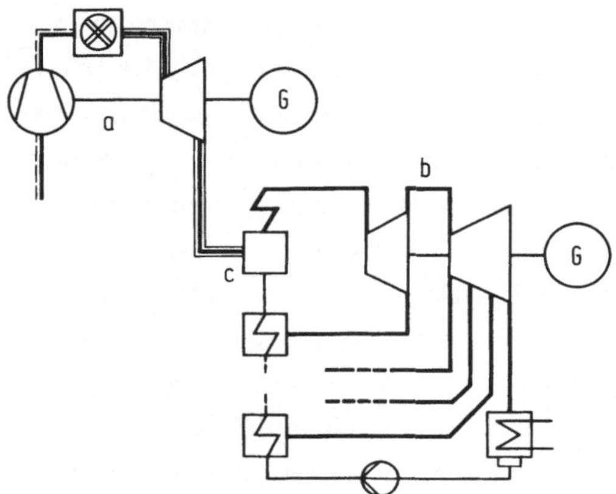

Bild 3.24. Kombinierter Gas-Dampfturbinenprozeß. a Gasturbine; b Dampfturbine; c Dampfkessel mit nahatmosphärischem Rauchgasdruck

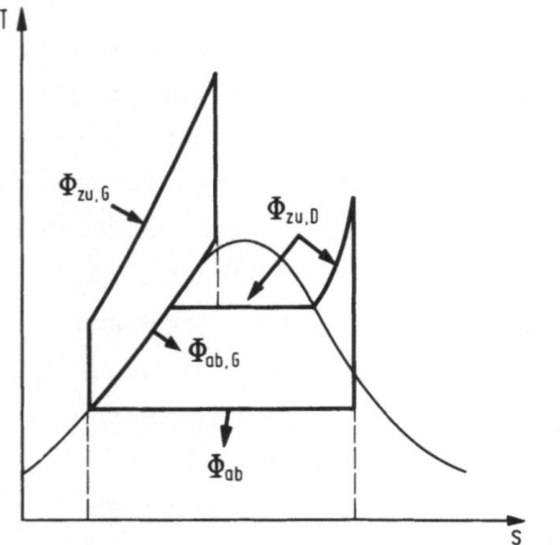

Bild 3.25. Kombinierter Gas-Dampfturbinenprozeß nach Bild 3.24 im T,s-Diagramm

binenabgas - wie noch zu zeigen sein wird - einen erheblichen Luftgehalt hat und somit sehr sauerstoffreich ist, bietet sich an, es als "Brennluft" für die zusätzliche Verfeuerung eines fossilen Brennstoffs im Dampfkessel zu verwenden. Dadurch kann die Leistung des Dampfturbinenteils auf etwa die 4- bis 8fache Leistung der Gasturbine gesteigert und damit auch die Leistung der Gesamtanlage bei optimalem Wirkungsgrad wesentlich erhöht werden. Indessen kann man auch einfach das Abgas der Gasturbine in einem unbefeuerten, sog. Abhitzekessel zur Dampferzeugung ausnutzen. Die Dampfturbine hat dann eine sehr geringe Leistung von ca. 1/3 bis 1/2 der Gasturbinenleistung. Auch lassen sich bei dieser reinen Abhitzeverwertung im allgemeinen nur relativ niedrige Frischdampfverhältnisse für die Dampfturbine verwirklichen [36 bis 39].

Zur Untersuchung des erzielbaren thermischen Wirkungsgrads ist ein solcher Prozeß in Bild 3.25 im T,s-Diagramm veranschaulicht. Da in beiden Teilprozessen verschiedene Arbeitsstoffe mit verschieden großen Massenströmen umlaufen, ist es nicht sinnvoll, Wirkungsgrade mit auf die Masseneinheit des Arbeitsstoffs bezogenen Wärmemengen oder Arbeiten zu bilden. Statt dessen sind Wärmeströme und Leistungen hier die angemessenen Größen. Indiziert G die Gasturbine, D die Dampfkraftanlage, so gilt für den Wirkungsgrad der kombinierten Anlage

$$\eta_{GD} = \frac{P_G + P_D}{\Phi_{zu}}$$

mit

$$\Phi_{zu} = \Phi_{zu,G} + \Phi_{zu,D}$$

als dem der Anlage insgesamt zufließenden Wärmestrom. Nun beträgt der Wirkungsgrad der Gasturbine

$$\eta_G = \frac{P_G}{\Phi_{zu,G}},$$

während für den der Dampfturbine zu setzen ist

$$\eta_D = \frac{P_D}{\Phi_{zu,D} + \Phi_{ab,G}},$$

sofern man davon ausgeht, daß im Idealfall die gesamte Abwärme der Gasturbine dem Dampfkraftprozeß zugute kommt. Damit wird auch

$$\eta_{GD} = \eta_G \frac{\Phi_{zu,G}}{\Phi_{zu}} + \eta_D \frac{\Phi_{zu,D} + \Phi_{ab,G}}{\Phi_{zu}}.$$

Bedenkt man, daß

$$\Phi_{ab,G} = (1 - \eta_G)\, \Phi_{zu,G},$$

so gewinnt man

$$\eta_{GD} = \eta_D + \eta_G \, (1 - \eta_D) \, \frac{\Phi_{zu,G}}{\Phi_{zu}}. \tag{3.13}$$

Danach nimmt der Wirkungsgrad einer kombinierten Anlage bei festen Wirkungsgraden der Teilprozesse linear mit dem Anteil der Gasturbine an der Wärmezufuhr zu. Dieser Anteil - das Verhältnis $\Phi_{zu,G}/\Phi_{zu}$ - kann bis 1 gehen, entsprechend dem Fall des reinen Abhitzekessels bei der Dampfkraftanlage. Rein theoretisch wäre dies die günstigste Kombination, wenn beim Dampfteil ein höherer Wirkungsgrad erreichbar wäre, als aufgrund der erzielbaren Frischdampfverhältnisse möglich ist. Im übrigen wächst η_{GD} nach (3.13) auch mit dem Gasturbinenwirkungsgrad linear an. Ersetzt man indessen $\Phi_{zu,G}$ und Φ_{zu} durch die Leistung der Gasturbine P_G bzw. die Gesamtleistung $P_{GD} = P_G + P_D$ vermöge der angegebenen Beziehungen, so wird auch

$$\eta_{GD} = \frac{\eta_D}{1 - (1 - \eta_D) \, \frac{P_G}{P_{GD}}} \tag{3.14}$$

Man erkennt nun, daß bei bestimmtem Leistungsanteil der Gasturbine am Gesamtprozeß der Gasturbinenwirkungsgrad keine Rolle spielt. Dies gilt natürlich nur streng unter den hier getroffenen idealisierten Voraussetzungen. Jedoch wird damit deutlich gemacht, daß es bei einer kombinierten Anlage nicht notwendig ist, eine thermodynamisch

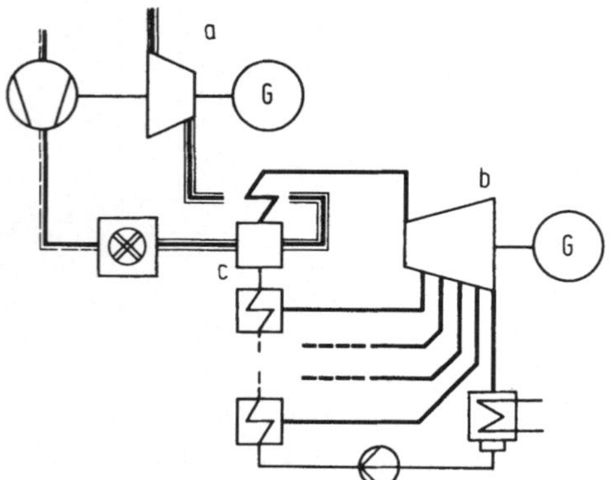

Bild 3.26. Kombinierter Gas-Dampfturbinenprozeß mit aufgeladenem Dampferzeuger (Velox-Prinzip). a Gasturbine; b Dampfturbine; c vom Gasturbinenverdichter aufgeladener Dampfkessel

hochwertige Gasturbine einzusetzen, wohl aber für eine möglichst gute Ausnutzung der Gasturbinenabwärme im Dampfkessel Sorge zu tragen. Die im Vergleich mit einer Dampfkraftanlage wirklich erzielbaren Wirkungsgradgewinne sind kleiner, als (3.13) oder (3.14) ausweisen. Immerhin können sie zwischen 3 und 10% liegen.

Eine grundsätzlich andere Möglichkeit der Kombination ist die Verwendung der Gasturbine zur Verdichtung und Förderung der Brennluft für einen sog. aufgeladenen, d.h.

mit überatmosphärischem Druck im Feuerraum betriebenen Dampferzeuger, auch Veloxkessel genannt [40]. Bild 3.26 zeigt das Schaltbild einer solchen Anlage. Die elektrische Leistung der Gasturbine ist hier durch den Luftbedarf des Dampfkessels und das noch verbleibende Wärmegefälle des Rauchgases nach Durchströmen des Kessels festgelegt und bei mäßiger Aufladung relativ klein, so daß man auch auf den Generator an der Gasturbine verzichtet hat und die Gasturbine nur zum Antrieb des Brennluftverdichters benutzte. Der Vorteil einer solchen Schaltung liegt weniger in der Erhöhung des Wirkungsgrades, als in einer wesentlichen Reduzierung der Anlagekosten durch die Aufladung des Kessels. Infolge der Aufladung können nämlich die Heizflächen des Kessels erheblich verringert werden. Bei diesem Prozeß kann die gesamte Anlage nur mit einem von der Gasturbine ertragbaren Brennstoff - z.B. Leichtöl oder Gas - betrieben werden, während es bei der zuvor behandelten Kombinationsschaltung möglich ist, die Zusatzfeuerung im Dampfkessel auch mit festen Brennstoffen zu betreiben.

3.4 Kraft-Wärme-Kopplung

Benutzt man eine Kraftanlage außer zur Erzeugung elektrischer Energie gleichzeitig zur Wärmeerzeugung, so spricht man von Kraft-Wärme-Kopplung [41, 42]. Das betreffende Kraftwerk wird dann auch als Heizkraftwerk bezeichnet. Hierfür eignen sich alle Arten von Wärmekraftanlagen. Die Kraft-Wärme-Kopplung ist außer für Stadtheizungen in der Industrie üblich und zweckmäßig, besonders wenn man Dampf oder Warmwasser auch für Fabrikationszwecke benötigt. Industrielle Dampfkraftanlagen wie auch Heizkraftwerke der öffentlichen Energieversorgung sind in der Regel Sammelschienenkraftwerke, in denen vorzugsweise sog. Gegendruckdampfturbinen eingesetzt werden, das sind Turbinen mit einem über dem Umgebungsdruck liegenden Abdampfdruck. Bild 3.27 veranschaulicht eine solche Anlage. Der Druck des

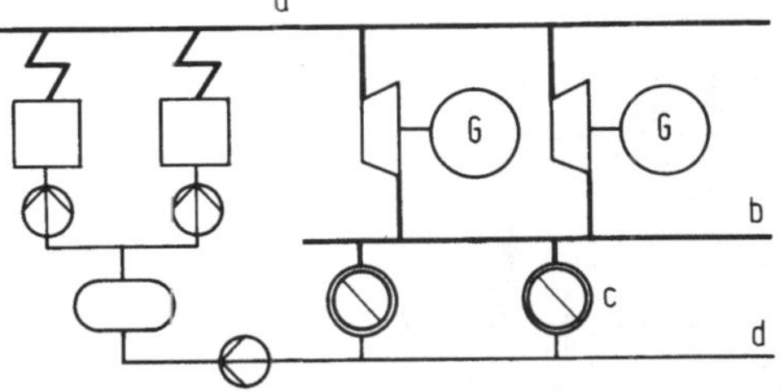

Bild 3.27. Kraft-Wärme-Kopplung mit Gegendruck-Dampfturbinen. a Frischdampf-Sammelschiene; b Gegendruck-(Heizdampf-) Sammelschiene; c Wärmeverbraucher; d Kondensat-Rücklauf

Turbinenabdampfes muß so hoch sein, daß der Dampf das Heiznetz durchströmen kann und am Verbrauchsort die benötigte Temperatur hat. In den Wärmeverbrauchern kondensiert der Heizdampf. Das Kondensat wird mittels Sammelleitungen und Kondensatpumpen wieder dem Speisewasserbehälter zugeführt. Auf diese Weise spart man bei den Turbinen die ND-Teile und Kondensationsanlagen ein. Aber auch Kondensationsdampfturbinen können für die Kraft-Wärme-Kopplung eingesetzt werden. Man verwendet dann Entnahmedampf aus dem HD- oder MD-Teil einer mehrgehäusigen Maschine. Da die Heizdampfentnahme im allgemeinen mittels Ventilen geregelt werden muß, spricht man hier von geregelter Entnahme im Gegensatz zur ungeregelten (oder sich selbst regelnden) Entnahme von Anzapfdampf zur regenerativen Speisewasservorwärmung.

Bei solchen Anlagen muß man beachten, daß zwischen Stromerzeugung und Heizwärmeabgabe ein gewisser, eventuell ungünstiger Zusammenhang besteht. So ist z.B. bei Gegendruckdampfturbinen die mögliche Stromerzeugung etwa der Heizdampfentnahme proportional, da der gleiche Massenstrom, der ins Heiznetz geht, vorher die Turbine durchströmt. Die Heizdampfentnahme ist wiederum stark von den klimatischen Verhältnissen abhängig. Volle Leistung kann man mit den Maschinen nur an kältesten Wintertagen erzielen. Einen umgekehrten Effekt hat man bei Entnahme-Kondensationssturbinen. Hier fehlt die aus HD- oder MD-Teil für Heizzwecke entnommene Dampfmenge dem ND-Teil der Turbine, der entsprechend weniger Leistung abgibt, je größer der Heizwärmebedarf ist. Ein Ausgleich dieser unerwünschten betrieblichen Einschränkungen ist möglich, wenn man beide Maschinenarten kombiniert einsetzt und die Kondensationsteile so auslegt, daß sie die gesamte Heizdampfmenge aufnehmen können. Bild 3.28 veranschaulicht den Verlauf der Leistung beider Maschinenarten in Abhängigkeit vom Heizwärmestrom Φ_W. Ein vollständiger Ausgleich ist unnötig, wenn z.B.

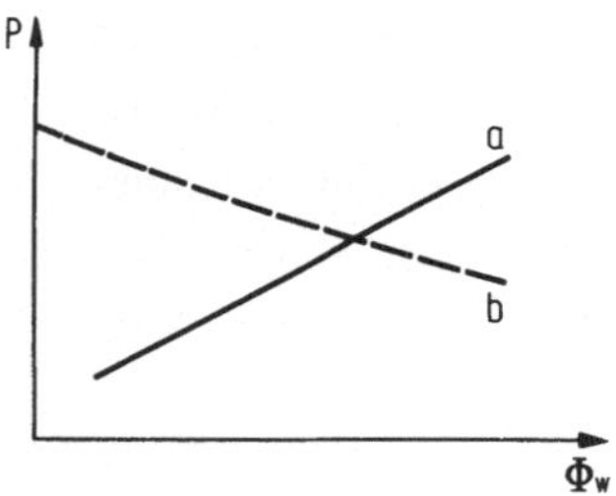

Bild 3.28. Leistungsabgabe von Gegendruck- (a) bzw. Entnahme-Kondensationsturbinen (b) in Abhängigkeit vom Heizwärmestrom

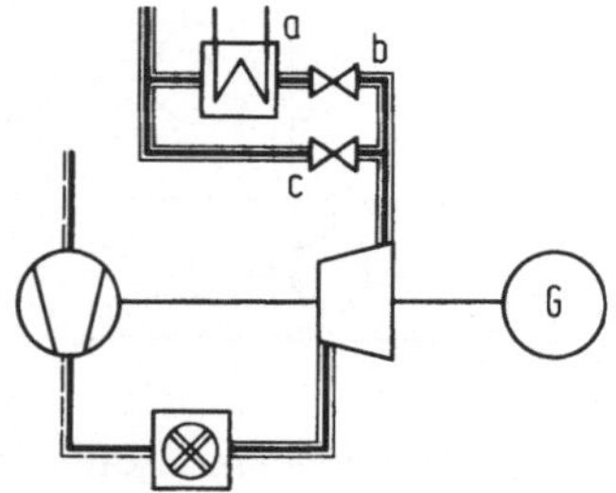

Bild 3.29. Gasturbinenanlage mit Abhitzeverwertung. a Abhitzekessel; b Regulierarmatur; c Bypassarmatur und -leitung

bei Industrieanlagen Prozeßdampf in großer Menge gleichmäßig über das Jahr gebraucht wird. Er ist auch in der öffentlichen Energieversorgung meist entbehrlich, weil dort immer viel mehr elektrische Energie als Heizwärme erzeugt wird, der zusätzliche Bedarf an elektrischer Energie in kalten Jahreszeiten aber mit dem Heizwärmebedarf etwa proportional ansteigt. Die Charakteristik der Gegendruckanlagen kann dann durchaus den Erfordernissen entsprechen.

Bei Gasturbinen ist die Abwärmeverwertung besonders dringlich, da das Abgas ein sehr hohes Temperaturniveau hat. Hier kann man, wie Bild 3.29 veranschaulicht, in einem Abhitzekessel sowohl Dampf als auch Warmwasser für Heizzwecke erzeugen. Eine unmittelbare Kopplung von Heizwärmebedarf und Turbinenleistung besteht insofern nicht, als man mit einer einfachen Umgehungsschaltung des Abhitzekessels - einem sog. Bypass - das Abgas auch direkt dem Schornstein zuleiten kann. Eine zu geringe Heizwärmeerzeugung bei nicht voller Leistung der Turbine (sog. Teillastbetrieb) läßt sich leicht durch eine Zusatzfeuerung im Abhitzekessel vermeiden. Die Zusatzfeuerung kann auch zur Erhöhung der Heizleistung bei extrem kalter Witterung dienen. Bei einer geschlossenen Gasturbinenanlage kann man schließlich das Kühlwasser aus den Zwischenkühlern der Verdichter unmittelbar für Heizzwecke verwenden, da es gerade mit einem dafür gut brauchbaren Temperaturniveau anfällt.

Um zu erkennen, welche Vorteile die Kraft-Wärme-Kopplung mit sich bringt, gehen wir davon aus, daß der unserer Anlage insgesamt zugeführte Wärmestrom Φ_{zu} zur Erzeugung elektrischer Energie entsprechend der Leistung P der Kraftmaschine sowie zur Heizwärmelieferung entsprechend dem Heizwärmestrom Φ_W benutzt wird. Daher gilt für den Wirkungsgrad der Kraft-Wärme-Kopplung

$$\eta_{KW} = \frac{P + \Phi_W}{\Phi_{zu}} . \tag{3.15}$$

Da für die reine Kraftanlage $P = \eta_{th} \Phi_{zu}$ gilt, sieht man, daß stets $\eta_{KW} > \eta_{th}$ ist. Nun gilt ferner $P = \Phi_{zu} - \Phi_{ab,T}$, wenn $\Phi_{ab,T}$ der von der Turbine abgegebene Wärmestrom ist. Damit folgt auch

$$\eta_{KW} = \frac{\Phi_{zu} - \Phi_{ab,T} + \Phi_W}{\Phi_{zu}} . \tag{3.16}$$

Würde im Idealfall die gesamte Turbinenabwärme als Heizwärme verwendet, so ergäbe sich $\eta_{KW} = 1$. Praktisch läßt sich nicht die gesamte Turbinenabwärme den Heizwärmeverbrauchern zuführen, da Verluste bei den Wärmetauschern - Dampferzeuger, Abhitzekessel - und im Leitungsnetz auftreten. Indessen läßt sich günstigenfalls ein Gesamtwirkungsgrad über 80 % erreichen. Im Vergleich zu den erzielbaren Gesamtwirkungsgraden von rund 40 % beim Dampfkraftwerk und 30 % bei der offenen Gasturbinenanlage ist damit eine erheblich bessere Ausnutzung des Brennstoffs möglich.

Wirkungsgrade über 80 % erreicht man zwar mit einer reinen Heizanlage, z.B. einem zentralen Heizwerk zur Stadtbeheizung, auch. Jedoch sind die Anlagekosten bei Kraft-Wärme-Kopplung im Vergleich zu getrennten Kraft- und Heizwerken im allgemeinen geringer. Die Kraft-Wärme-Kopplung wird daher in der Regel zu äußerst wirtschaftlichen Anlagen zur Versorgung mit elektrischer und Wärmeenergie führen. Neuerdings werden auch wieder Kolbenkraftmaschinen - Diesel- oder Gasmotoren, als Blockheizkraftwerke (BHKW) bezeichnet - zunehmend für solche Zwecke eingesetzt.

4. Konventionelle Dampferzeuger

4.1 Grundzüge der Dampferzeugung

Ein konventioneller Dampferzeuger, auch Dampfkessel genannt, ist ein Wärmetauscher, in dem die chemische Energie eines Brennstoffs in Wärme übergeführt wird, die zum Erhitzen und Verdampfen von Wasser dient.[1] Das bei der Verbrennung entstehende Rauchgas und der Arbeitsstoff - Wasser bzw. Dampf - werden in je einem Gefäßsystem geführt. Durch die Trennwände der Gefäßsysteme wird die Wärme vom Rauchgas auf den Arbeitsstoff übertragen. Die rauchgasseitigen Oberflächen der Trennwände heißen daher auch Heizflächen. In einem modernen großen Dampferzeuger ist das Gefäßsystem für den Arbeitsstoff in eine Vielzahl paralleler Rohre kleinen Durchmessers aufgelöst, wie schon in Bild 1.3 gezeigt. Da das Rauchgas zunächst mit sehr hoher Temperatur anfällt, wird ein bedeutender Teil der in der Feuerung entbundenen Wärme durch Strahlung auf den Arbeitsstoff übertragen. Die Feuerräume sind daher von Strahlungsheizflächen - relativ glatten, von Rohrsträngen gebildeten Wänden - eingefaßt, während Berührungsheizflächen - gebildet aus Rohrbündeln - erst bei niedrigeren Temperaturen stromabwärts im Rauchgas folgen. Nach der den jeweiligen Heizflächen zugeordneten Aufgabe unterscheidet man auch zwischen Vorwärmern für Wasser und Verbrennungsluft, Verdampfern und Überhitzern.

Die Größe der Gefäßsysteme wird einerseits durch die hindurchfließenden Stoffmengen bzw. Stoffmengenströme bestimmt, andererseits durch die für die Wärmeübertragung

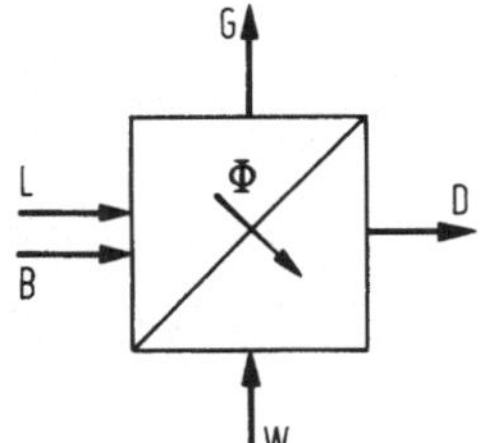

Bild 4.1. Stoffströme und Wärmestrom im Dampferzeuger. B Brennstoff; L Luft; G Rauchgas; W Wasser; D Dampf; Φ Wärmestrom

erforderlichen Heizflächen. Bild 4.1 veranschaulicht dies schematisch. Bei größeren Kraftanlagen wird man in der Regel einen Prozeß mit regenerativer Speisewasservor-

---

[1] Vgl. hierzu allgemein [43 bis 48 und 6, Bd. 3A].

wärmung und Zwischenüberhitzung anwenden, wie er z.B. in Bild 3.10 dargestellt wurde. Für die thermodynamischen Vorgänge im Dampfkessel ist dann der obere Kurvenzug von 1 bis 6 im T,s-Diagramm, Bild 3.11, repräsentativ. Kennzeichnet 1 den Zustand, mit dem das regenerativ vorgewärmte Speisewasser in den Kessel eintritt, so lassen sich gemäß Bild 4.2 den verschiedenen Abschnitten bzw. Heizflächen die

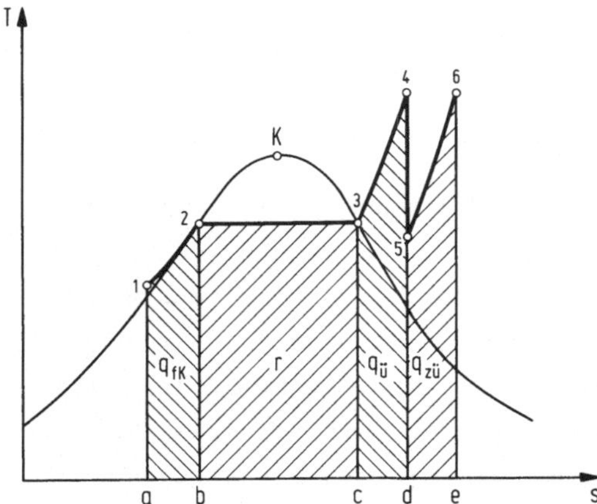

Bild 4.2. Dampferzeugung und Zwischenüberhitzung im T,s-Diagramm

folgenden, je Masseneinheit des Arbeitsstoffs zu übertragenden Wärmemengen zuordnen:

1 - 2 Weitere Vorwärmung des Wassers durch Zufuhr der Flüssigkeitswärme $q_{fK} \hat{=}$ Fläche a12b,

2 - 3 Verdampfung durch Zufuhr der Verdampfungswärme r $\hat{=}$ Fläche b23c,

3 - 4 Überhitzung des Dampfes durch Zufuhr der Überhitzungswärme $q_{Ü} \hat{=}$ Fläche c34d,

5 - 6 Zwischenüberhitzung durch Zufuhr der Wärme $q_{ZÜ} \hat{=}$ Fläche d56e.

Betrachtet man die Zustandsänderungen als isobar, so gilt auch $q_{fK} = h_2 - h_1$, $r = h_3 - h_2$, $q_{Ü} = h_4 - h_3$, $q_{ZÜ} = h_6 - h_5 = \Delta h_{ZÜ}$. Bezeichnet man mit $h_{FD} = h_4$ die Frischdampfenthalpie, $h_{SW} = h_1$ die Speisewasserenthalpie, so ergibt sich die sog. Erzeugungswärme des Frischdampfs zu

$$q_{FD} = q_{fK} + r + q_{Ü} = h_{FD} - h_{SW}. \tag{4.1}$$

Sind nun $\dot{m}_{FD}$ und $\dot{m}_{ZÜ}$ die Massenströme des Frischdampfs bzw. zwischenüberhitzten Dampfs, so folgt für den gesamten, dem Arbeitsstoff zufließenden Wärmestrom

$$\Phi_K = \dot{m}_{FD}(h_{FD} - h_{SW}) + \sum \dot{m}_{ZÜ} \, \Delta h_{ZÜ} \tag{4.2}$$

für den allgemeinen Fall mehrerer Zwischenüberhitzungen. Φ_K heißt auch Wärmeleistung des Kessels. Man beachte, daß im allgemeinen $\dot{m}_{ZÜ} \neq \dot{m}_{FD}$ ist, wie auch aus Bild 3.10 hervorgeht.

In der Feuerung wird dem Kessel allerdings nicht der Wärmestrom Φ_K zugeführt, sondern ein größerer, der mit $\Phi_{K,zu}$ bezeichnet sei. Ist H_u der Heizwert des Brennstoffs, d.h. der technisch nutzbare Anteil der bei der Verbrennung je Masseneinheit des Brennstoffs entstehenden Wärme, so ergibt sich bei einem Brennstoff-Massenstrom $\dot{m}_B$ der Wärmestrom in der Feuerung zu

$$\Phi_{K,zu} = \dot{m}_B H_u. \tag{4.3}$$

Ein gewisser Teil dieses Wärmestroms geht für die Dampferzeugung verloren, im wesentlichen durch vier Verlustquellen: Abwärme des Rauchgases, das nicht bis auf Umgebungstemperatur an den Heizflächen des Kessels abgekühlt werden kann; Wärme-

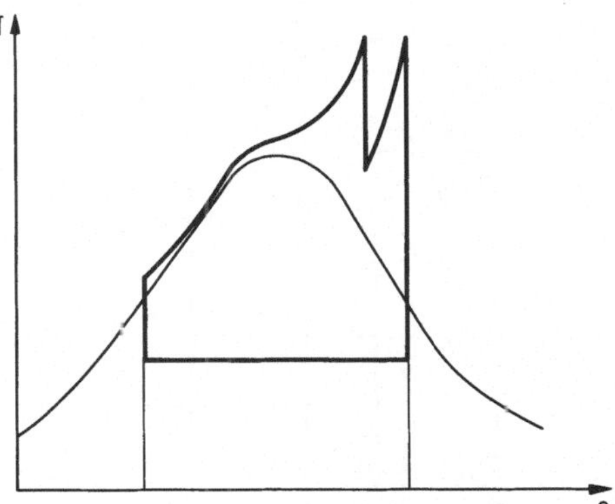

Bild 4.3. Dampfkraftprozeß mit überkritischem Frischdampfdruck im T, s-Diagramm

verlust mit der aus der Feuerung oder dem Rauchgas abgeschiedenen Asche oder Schlacke des Brennstoffs; unvollständige Verbrennung; Wärmeabgabe von den Kesselaußenwänden an die Umgebung. Faßt man die Verluste Φ_V in einem Wärmeabstrom des Kessels

$$\Phi_{K,ab} = \sum \Phi_V$$

zusammen, so muß sein:

$$\Phi_K = \Phi_{K,zu} - \Phi_{K,ab}.$$

Man definiert nun analog zum thermischen Wirkungsgrad des Prozesses den Wirkungsgrad des Kessels η_K mit

$$\eta_K = \frac{\Phi_K}{\Phi_{K,zu}} = \frac{\Phi_K}{\dot{m}_B H_u}. \tag{4.4}$$

Daraus folgt der erforderliche Brennstoff-Massenstrom

$$\dot{m}_B = \frac{\Phi_K}{\eta_K H_u} . \qquad (4.5)$$

Moderne Dampfkessel erreichen Wirkungsgrade, die bei 0,88 bis 0,94 liegen.

Die Dampferzeugung verläuft in der beschriebenen Weise nur, solange der Druck im Kessel unterhalb des kritischen Druckes (kritischer Punkt 221,2 bar/374,15°C) liegt. Bild 4.3 veranschaulicht einen Dampfkraftprozeß mit überkritischem Druck. Die Ver-

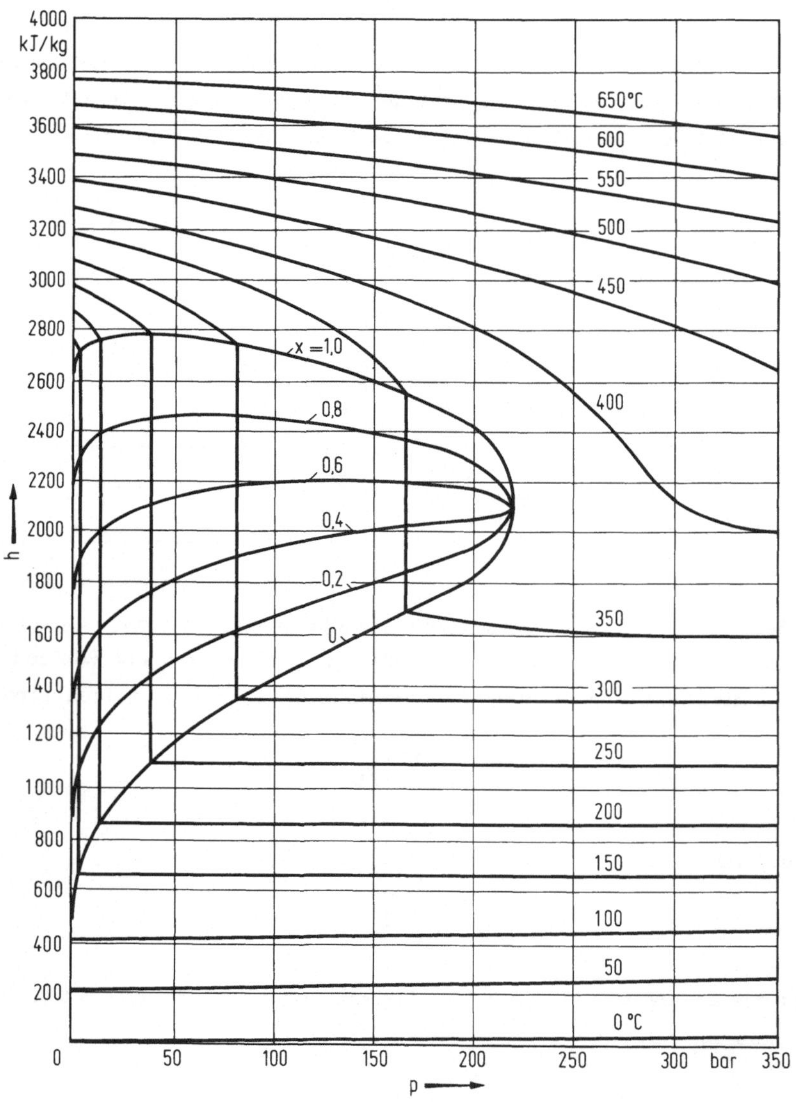

Bild 4.4. h, p-Diagramm für Wasserdampf

dampfung besteht hier in einem quasi-kontinuierlichen Vorgang ohne klare Grenze zwischen Wasser und Dampf. Man kann daher die Heizflächen - mit Ausnahme der Zwischenüberhitzer - nicht mehr den Aggregatzuständen, sondern nur noch gewissen Temperaturbereichen des Arbeitsstoffs zuordnen. Im allgemeinen nimmt bei gleicher Temperatur die Erzeugungswärme des Frischdampfes mit zunehmendem Druck ab. Man erkennt dies deutlich in einem h,p-Diagramm, Bild 4.4, wo unterhalb des kritischen Punktes die Flüssigkeitswärme, Verdampfungswärme und Überhitzungswärme jeweils als Strecken abgreifbar sind. Man sieht auch, daß diese Anteile der Erzeugungswärme sich mit dem Druck wesentlich verändern. Daher werden auch die entsprechenden Heizflächen in ihren Größenverhältnissen wesentlich vom Druck abhängig sein.

4.2 Brennstoff und Verbrennung

Die oben gezeigte energetische Betrachtung der Dampferzeugung führt mit Hilfe des Heizwerts zur erforderlichen Brennstoffmenge. Außer dem Heizwert sind viele andere Größen für die Auswahl oder Beurteilung eines Brennstoffs wichtig und nehmen Einfluß auf die konstruktive Gestaltung des Kessels, insbesondere der Feuerung, sowie aber auch auf den Betrieb der Anlage [49 bis 51]. Bei entsprechender Gestaltung der Feuerung sind indessen alle verfügbaren fossilen Brennstoffe - gleichgültig ob fest, flüssig oder gasförmig - in einem Dampfkessel verwendbar. Dies ist ein wesentlicher Vorteil der Dampfkraftanlagen gegenüber offenen Gasturbinen oder Dieselmaschinen, die feste Brennstoffe nicht zulassen. Ein akutes Problem unserer Zeit ist z.B. die Beseitigung von Abfällen und Müll. Zwar ist Hausmüll ein inhomogener und schwieriger Brennstoff, aber es gelingt durch gewisse Aufbereitung, gegebenenfalls unter Zusatzfeuerung mit einem besseren Brennstoff, ihn in Dampfkesseln zu verfeuern. Außer der hygienischen Vernichtung in einer solchen Müllverbrennungsanlage wird dabei aus dem Müll noch Nutzenergie gewonnen.

Die wichtigsten Brennstoffe für Dampfkessel sind heute noch immer die Kohlen. Vorübergehend gewannen aber Heizöl und Erdgas große Bedeutung. Jedoch findet auch Holz als Abfallprodukt Verwendung oder Torf in Gegenden, wo er reichlich vorkommt. Torf hat indessen einen hohen Wassergehalt (bis 85 %) und muß daher vor der Verfeuerung getrocknet bzw. ausgepreßt werden. Kohlen kommen bekanntlich als Braun- oder Steinkohlen vor oder in einem Zwischenzustand, der sog. Pechkohle. Die aus jüngeren geologischen Formationen stammenden Braunkohlen enthalten viel Wasser und unverbrennbare Substanz, die sog. Asche. Sie haben daher im Rohzustand geringen Heizwert. Trotzdem sind sie für die Verfeuerung in Dampfkesseln bedeutungsvoll, weil sie im allgemeinen im Tagebau gewonnen werden und daher sehr billig sind. Die aus älteren geologischen Formationen stammenden Steinkohlen haben bessere Heizwerte, liegen aber in tieferen Erdschichten, so daß sie im allgemeinen nur im Untertagebau gewonnen werden können. Da unter Tage ein maschineller Abbau der Kohle wesentlich schwieriger ist als im Tagebau, wurde die Steinkohle in vielen Ländern mit höherem Lebensstandard zeitweise zum teuersten Brennstoff. Dies gilt besonders für die europäischen Länder (Beispiel Ruhrkohlen), während z.B. in den USA die Steinkohlen relativ preisgünstig blieben, da man dort über bedeutende Vorkommen in geringer Erdtiefe verfügt, die zum Teil einen Tagebau ermöglichen.

Steinkohlen können je nach Alter und Lagerstätte von sehr verschiedener Beschaffenheit sein [52, 53]. Die Grundsubstanzen der Kohlen - wie auch anderer fester Brennstoffe - sind Kohlenstoff, Wasserstoff, Sauerstoff, Stickstoff, Schwefel, Wasser und Asche. Bei Erhitzung zerfällt die wasser- und aschefreie Substanz unter Luftabschluß in flüchtige, d.h. gasförmig entweichende Bestandteile und in Koks. Letzterer stellt fast reinen Kohlenstoff dar. Die Verbrennungseigenschaften werden von dem "Gehalt an Flüchtigem" wesentlich beeinflußt. Man teilt daher die Steinkohlen u.a. nach ihrem Gehalt an Flüchtigem ein. Tabelle 4.1 gibt eine Übersicht von Einteilungsmöglichkeiten und Bezeichnungen unter Einbeziehen weiterer Unterscheidungsmerkmale. Eine gleichmäßige Stückgröße ist für Rostfeuerungen wesentlich. Mit zunehmender Kesselgröße findet indessen die Staubfeuerung immer mehr Anwendung. Der Verbrennungsablauf ist hier von besonderen Eigenschaften der Kohle (z.B. der Koksbeschaffenheit) weitgehend unabhängig. Der mit Luft geförderte Kohlenstaub ist wie ein gasförmiger Brennstoff regulierbar. Auch minderwertige Kohlen können dabei gut verfeuert werden. Wichtig ist allerdings die Zusammensetzung der Asche im Hinblick auf deren Schmelzpunkt und Fließverhalten bei entsprechend hohen Feuerraumtemperaturen. Man unterscheidet zwischen Trockenfeuerung und Schmelzfeuerung, je nachdem die Asche in festem oder in aufgeschmolzenem Zustand aus dem Feuerraum entfernt wird.

Die Verfeuerung von Heizölen hatte infolge des günstigen Ölangebots zeitweise beträchtliche Bedeutung gewonnen [54]. Es gibt Heizöle aus Erdöl, Steinkohlenteer und Braunkohlenteer, jedoch werden im allgemeinen nur die Mineralölfraktionen für große Kraftanlagen in Frage kommen. Diese werden als extra leichtes (EL), leichtes (L) und schweres (S) Heizöl auf dem Brennstoffmarkt angeboten. Sie sind verschiedene Rückstandsfraktionen der Erdölraffinierung, namentlich der Kraftstoffherstellung, und bestehen fast ausschließlich aus Kohlenwasserstoffen mit hervorragenden Verbrennungseigenschaften. Wasser- und Aschegehalt sind äußerst gering, jedoch ist - wie bei den Kohlen - Schwefel enthalten, beim Heizöl S im allgemeinen auch Vanadium und Natrium. Der Schwefelgehalt ist beim Heizöl EL mit $< 0,3\%$ am geringsten, beim Heizöl S mit $\leq 2,8\%$ am größten. Die leichten Heizöle sind verhältnismäßig teuer, so daß in größeren Dampfkesseln vorzugsweise das Heizöl S Verwendung findet, das im Heizwert fast gleichwertig ist. Heizöl S ist allerdings sehr zähflüssig und muß daher zur Förderung und Zerstäubung in den Ölbrennern bis auf ca. 120°C vorgeheizt werden. Die Begleitstoffe S, V,

Tabelle 4.1. Unterscheidungsmerkmale von Steinkohlen

<u>Gehalt an Flüchtigem</u>	
Anthrazit	< 10 %
Magerkohle	10 ... 14 %
Eßkohle	14 ... 19 %
Fettkohle	19 ... 28 %
Gas- und Gasflammkohle	28 ... 40 %
<u>Aschegehalte</u>	
beste	< 8 %
mittlere	8 ... 15 %
minderwertige	> 15 %
<u>Wassergehalt</u>	
jüngste Steinkohle	12 ... 15 %
älteste Steinkohle	0,5 ... 1 %
<u>Koksbeschaffenheit</u>	
Sandkohle, Sinterkohle, Backkohle	
<u>Stückgröße</u>	
Förderkohle (Stück I und II)	> 80 mm
Melierte Kohle (Stück und Nuß)	
Nußkohle I bis V	≙ 80 ... 6 mm
Grus- oder Grieskohle, Feinkohle	< 6 mm
Staubkohle	< 1 mm

Na können zu Korrosionen an den Heizflächen führen. Die mehrfachen "Ölkrisen" mit ihren hohen Preissteigerungen haben das Öl zum teuersten Brennstoff gemacht, so daß seine Verwendung in Dampfkesseln weitgehend eingeschränkt wurde.

Am leichtesten zu handhaben sind gasförmige Brennstoffe [55]. Die größte Bedeutung hat hier das Erdgas, während Gichtgas (Hochofenabgas) und Koksofengas nur in besonderen Fällen noch Verwendung finden. Das Erdgas, von dem zur Zeit noch immer neue Lagerstätten entdeckt und erschlossen werden, besteht überwiegend aus Methan CH_4 und hat - wie das Heizöl - hervorragende Verbrennungseigenschaften. Es enthält fast keine Aschen und sonstigen Schadstoffe, selten Schwefel. Da Aschen in Form von Flugstaub zur Luftverunreinigung beitragen, Schwefel bei der Verbrennung zu SO_2 oder SO_3 als toxisches Gas in die Atmosphäre dringt, erweist sich das Erdgas im Hinblick auf den Umweltschutz als der beste Brennstoff, der uns zur Zeit zur Verfügung steht.

Eine wesentliche Größe zur Beurteilung von Brennstoffen ist - wie schon erwähnt - der Heizwert. Das Symbol H_u rührt von der früher üblichen Bezeichnung "unterer

Heizwert" her im Gegensatz zum "oberen Heizwert" H_o, der als Verbrennungswärme die chemische Energie kennzeichnet, die bei der Verbrennung frei wird. H_o wird heute auch als Brennwert bezeichnet. Der Brennwert ist in technischen Anlagen nicht ausnutzbar, da das bei der Verbrennung gebildete Wasser als Wasserdampf anfällt, der bei vollständiger Abkühlung des Rauchgases auf Umgebungstemperatur kondensieren würde, unter Freigabe der Kondensationswärme. Eine so starke Abkühlung des Rauchgases würde jedoch zu untragbar großen Heizflächen am kalten Ende des Kessels führen, die zudem mit einem Wasserfilm überzogen wären. Bei festen und flüssigen Brennstoffen würden mit dem SO_2 und SO_3 des Rauchgases schweflige Säure und Schwefelsäure entstehen, die infolge von Korrosion zerstörend auf Heizflächen fast jeden Materials einwirken.

Da sich Brennwert und Heizwert durch die Kondensationswärme (oder Verdampfungswärme) unterscheiden, gilt

$$H_u = H_o - (9h + w)r.$$

Dabei bedeuten h den Wasserstoffgehalt, w den Wassergehalt (Massengehalte) des lufttrockenen Brennstoffs; für die Verdampfungswärme gilt $r \approx 2{,}5\,\mathrm{MJ/kg}$ bei 0°C. In Tabelle 4.2 sind einige Brennstoffe mit ihrer Zusammensetzung, ihren Heizwerten und ihren Zündtemperaturen zusammengestellt. Die Zündtemperaturen sind besonders bei stückigen, festen Brennstoffen von Bedeutung für die Einleitung der Verbrennung, da bei diesen Brennstoffen die Durchmischung mit der vorgewärmten Brennluft und mit Rauchgas schwieriger ist, und daher die Aufwärmung bis zum Zünden länger dauert als bei flüssigen oder gasförmigen Brennstoffen oder Kohlenstaub. Die Kenntnis der chemischen Zusammensetzung (z.B. durch Elementaranalyse) eines Brennstoffs ermöglicht näherungsweise eine Berechnung des Heizwerts mit Hilfe der sog. Verbandsformel oder Mischungsregel, mit den Verbrennungswärmen der Bestandteile gebildet. Sind c, h, s, o, n, w, a die Massengehalte (Massenanteile je Masseneinheit des Brennstoffs) an C, H, S, O, N, H_2O und Asche in einem festen oder flüssigen Brennstoff, so gilt

$$H_u \left[\frac{\mathrm{MJ}}{\mathrm{kg}}\right] \approx 34{,}8\,c + 93{,}9\,h + 6{,}3\,n + 10{,}5\,s - 10{,}8\,o - 2{,}5\,w. \tag{4.6}$$

Für gasförmige Brennstoffe gilt analog, jedoch bezogen auf m^3 im Normzustand,

$$H_{u,n} \left[\frac{\mathrm{MJ}}{\mathrm{m^3}}\right] \approx 10{,}7\,h_2 + 12{,}6\,co + 35{,}8\,ch_4 + 60\,c_2h_4 + 64{,}5\,c_mh_n, \tag{4.7}$$

wobei die kleingeschriebenen Größen die Volumengehalte (Normvolumenanteile) an H_2, CO, CH_4, C_2H_4 und höheren Kohlenwasserstoffen, allgemein C_mH_n, im Brenngas sind.

Tabelle 4.2. Heizwert, Analysenwerte, Zündtemperaturen und Dichte für einige Brennstoffe

Beispiele fester Brennstoffe		Anlieferungszustand H_u MJ/kg	a %	w %	asche- und wasserfreie Substanz Flüchtige Bestandteile %	Analysenwerte % c	h	o	s	Zündpunkt ca. °C
Steinkohlen (Ruhrrevier Nußkohle)	Anthrazit	31 ... 33	3 ... 7	3 ... 5	< 10	91,8	3,6	2,6	0,7	485
	Fettkohle	31 ... 33	3 ... 7	3 ... 5	18 ... 30	86,9	4,8	5,8	0,9	250
	Gasflammkohle	29 ... 31	3 ... 7	3 ... 5	33 ... 40	82,8	5,2	9,3	0,9	220
Braunkohle (Rheinland)		ca. 8	1,3 ... 3,2	52 ... 65	ca. 55	68,3	5,0	27,5	0,5	235
Torf (lufttrocken)		10 ... 15	< 15	20 ... 35	60 ... 77	58,8	5,7	33,4	0,4	225
Müll		(3,5)7 ... 12	60 ... 70	20 ... 40	15 ... 25					

Heizöle aus Erdöl	H_u MJ/kg	Analysenwerte % c	h	s	Dichte bei 15°C g/cm³	Wassergehalt %	Zündpunkt °C
extra leicht (EL)	42,6	85,5	13,5	max. 0,3	0,83	max. 0,1	240
schwer (S)	40,5	ca. 84	11,5	max. 2,8	0,92	max. 0,5	220

gasförmige Brennstoffe	H_u[1] MJ/m³	Analysenwerte % co	h_2	ch_4	n_2	co_2	Dichte[1] kg/m³	Zündpunkt °C
Erdgas (Bentheim)	33,5	-	-	87,8	7,3	3,2	0,81	670
Stadtgas (Mischgas)	15,5	21,5	51,5	17,0	4,0	4,0	0,59	550
Gichtgas	4,3	31,0	2,3	0,3	57,4	9,0	1,29	825

[1] Normzustand 0°C, 1,013 bar.

Verbrennung bedeutet chemische Reaktion des Brennstoffs mit Sauerstoff. Der Sauerstoff wird dabei überwiegend mit der Verbrennungsluft herangeführt, die innig mit dem Brennstoff in Berührung kommen muß. Die Verbrennungsprodukte sind CO_2 und H_2O, dazu kommen SO_2 und in geringen Mengen auch verschiedene Stickoxide NO_x. Bei Luftmangel oder unvollständiger Verbrennung sind auch CO und H_2 im Rauchgas zu finden, bei reichlichem Luftangebot SO_3 und unverbrannter O_2; N_2 geht überwiegend unverändert durch die Feuerung. Die bei der Verbrennung umgesetzten Stoffmengen gewinnt man aus den Gleichungen des sog. stöchiometrischen Gleichgewichts. Für die Verbrennung von C zum Endprodukt CO_2 gilt z.B. der Dreisatz

$$1\,\text{kmol C} + 1\,\text{kmol O}_2 = 1\,\text{kmol CO}_2,$$

$$12\,\text{kg C} + 32\,\text{kg O}_2 = 44\,\text{kg CO}_2,$$

$$1\,\text{kg C} + \frac{8}{3}\,\text{kg O}_2 = \frac{11}{3}\,\text{kg CO}_2.$$

Entsprechende Beziehungen stellt man für die anderen Bestandteile des Brennstoffs auf. Man kann dann aus ihnen (auf den linken Seiten) die zur vollständigen Verbrennung nötigen Sauerstoffmengen ablesen, wie auch (auf den rechten Seiten) die entstehenden Rauchgasmengen.

Durch diese Stoffmengen werden die Strömungsquerschnitte der gasseitigen Gefäßsysteme des Kessels festgelegt. Sei μ das Massenverhältnis von Gas zu Brennstoff, so ergibt sich aus den Dreisätzen zunächst für die theoretisch erforderliche Sauerstoffmenge eines festen oder flüssigen Brennstoffs

$$\mu_{0,th} = \frac{8}{3}c + 8h + s - o\,.$$

Mit dem Molvolumen $22{,}41\,m^3/kmol$ erhält man daraus das auf die Masseneinheit Brennstoff bezogene Normvolumen der theoretischen Sauerstoffmenge

$$v_{0,th}\left[\frac{m^3}{kg}\right] = \frac{22{,}41}{32}\left(\frac{8}{3}c + 8h + s - o\right). \qquad (4.8)$$

Für gasförmige Brennstoffe ergibt sich dagegen, auf Normvolumen Brennstoff bezogen,

$$v_{0,th}\left[\frac{m^3}{m^3}\right] = \frac{1}{2}(co + h_2) + 2ch_4 + 3c_2h_4 + \left(m + \frac{n}{4}\right)c_mh_n - o_2\,. \qquad (4.9)$$

Da die Luft in Bodennähe Volumengehalte von 79 % N_2 und 21 % O_2 hat, erhält man das bezogene Normvolumen der theoretischen Luftmenge $v_{L,th}$ aus der Beziehung

$$v_{L,th} = \frac{v_{O,th}}{0,21} . \tag{4.10}$$

Um den Brennstoff möglichst vollständig zu verbrennen, muß der Feuerung eine größere Luftmenge als nach (4.10) zugeführt werden, da eine völlige Durchmischung von Brennstoff und Brennluft im stöchiometrischen Verhältnis praktisch nicht erzielbar ist. Technische Feuerungen werden daher in der Regel mit Luftüberschuß betrieben. Man setzt für das wirkliche Brennluftvolumen

$$v_L = \lambda\, v_{L,th} \tag{4.11}$$

und bezeichnet die Größe $\lambda = v_L/v_{L,th}$ als Luftverhältnis oder Luftzahl. Dieses beträgt etwa 1,03 bis 1,6 (vgl. Tabelle 4.3). Im allgemeinen läßt sich λ umso kleiner halten, je kleiner die Brennstoffteilchen sind und je besser diese sich mit der Brennluft vermischen lassen.

Die Einhaltung optimaler λ-Werte ist für einen wirtschaftlichen Kesselbetrieb sehr wesentlich. Bei Unterschreitung des Optimums tritt eine unvollständige Verbrennung ein. Außer den schon genannten gasförmigen Bestandteilen CO und H_2 kann sich dann Ruß im Rauchgas finden; auch in der Asche oder Schlacke sind unverbrannte Brennstoffreste dann im größeren Ausmaß vorhanden. Bei Überschreitung des optimalen λ wird dagegen die Verbrennungstemperatur absinken. λ wird daher mit Hilfe der Rauchgasanalyse sorgfältig überwacht, für die heute geeignete physikalische Meßgeräte zur Verfügung stehen. Sei $O_{2,G}$ der Volumengehalt von O_2 im Rauchgas, $N_{2,G}$ der von N_2, so muss mit O_{th} als dem theoretischen Sauerstoffbedarf in der Feuerung gelten

$$O_{2,G} = (\lambda - 1) O_{th}$$

sowie

$$N_{2,G} = \lambda\, O_{th} \frac{79}{21} ,$$

sofern der Stickstoffgehalt (n) im Brennstoff vernachlässigbar klein ist. Die Eliminierung von O_{th} aus den Gleichungen liefert

$$\lambda = \left(1 - \frac{79}{21} \frac{O_{2,G}}{N_{2,G}} \right)^{-1} . \tag{4.12}$$

Eine andere Möglichkeit bietet sich durch die Messung des CO_2 - Volumengehalts im Rauchgas $CO_{2,G}$. Der CO_2-Gehalt hat bei $\lambda = 1$ unter der Annahme vollständiger Verbrennung ein theoretisches Maximum, das sich aus den Verbrennungsgleichungen zu

$$CO_{2,max} = \frac{0,21\,c}{c + 2,37\left(h - \frac{o}{8}\right)} \qquad (4.13)$$

errechnen läßt. Bei vollständiger Verbrennung mit Luftüberschuß stellt sich nicht der maximale, sondern ein kleinerer, etwa umgekehrt zu λ proportionaler CO_2-Gehalt ein, so daß gilt

$$\lambda \approx \frac{CO_{2,max}}{CO_{2,G}}. \qquad (4.14)$$

In der Regel wird man mehrere Meßgrößen zur möglichst genauen Erfassung von λ benutzen.

Das bei der Verbrennung entstehende Rauchgas enthält außer den Verbrennungsprodukten den Luftüberschuß. Für das auf die Masseneinheit des Brennstoffs bezogene Normvolumen des Rauchgases erhält man aus den rechten Seiten der Verbrennungsgleichungen für feste und flüssige Brennstoffe

$$v_G\left[\frac{m^3}{kg}\right] = v_L\left[\frac{m^3}{kg}\right] + \frac{22,41}{12}\left(3h + \frac{3}{8}o + \frac{2}{3}w\right) \qquad (4.15)$$

und für gasförmige Brennstoffe, bezogen auf den m^3 Brennstoff im Normzustand,

$$v_G\left[\frac{m^3}{m^3}\right] = v_L\left[\frac{m^3}{m^3}\right] + \frac{1}{2}(co + h_2) + ch_4 + c_2h_4 + co_2 + o_2 + \sum \frac{n}{4} c_m h_n. \qquad (4.16)$$

Die so gewonnenen Rauchgasmengen enthalten den Wasserdampf und werden daher auch als feuchte Rauchgasmengen bezeichnet, im Gegensatz zur trockenen Rauchgasmenge, die den Wasserdampf nicht enthält. Da die Zusammensetzung der Brennstoffe gemäß (4.6) und (4.7) mit dem Heizwert linear zusammenhängt, liegt es nahe, auch einen linearen Zusammenhang zwischen Luft- und Rauchgasmengen einerseits und dem Heizwert andererseits anzunehmen. Aufgrund von Versuchen entstanden für verschiedene Brennstoffe oder Brennstoffgruppen Beziehungen, zuweilen als statistische Verbrennungsgleichungen bezeichnet, die in einer Auswahl in Tabelle 9.4 wiedergegeben sind.

Aus den bezogenen Normvolumen für Brennluft bzw. Rauchgas lassen sich die Normvolumenströme durch Multiplikation mit dem Brennstoffmassenstrom berechnen gemäß

$$\dot{V}_{L,n} = v_L\, \dot{m}_B \quad \text{bzw.} \quad \dot{V}_{G,n} = v_G\, \dot{m}_B . \tag{4.17}$$

(Anstelle $\dot{m}_B$ ist bei gasförmigen Brennstoffen der Normvolumenstrom $\dot{V}_{B,n}$ einzusetzen.) Zur Ermittlung von Querschnitten der Luftkanäle und Rauchgaszüge muß man die Volumenströme vom Normzustand auf den betrieblichen Zustand, d.h. auf die jeweils am betrachteten Ort vorhandenen Drücke und Temperaturen umrechnen. Dies geschieht unter den bei Dampferzeugern vorliegenden Verhältnissen genügend genau mit Hilfe der Zustandsgleichung für ideale Gase $p \cdot v/T$ = konst. Bei genauen Rechnungen ist auch der Wasserdampfgehalt in der atmosphärischen Luft zu berücksichtigen.

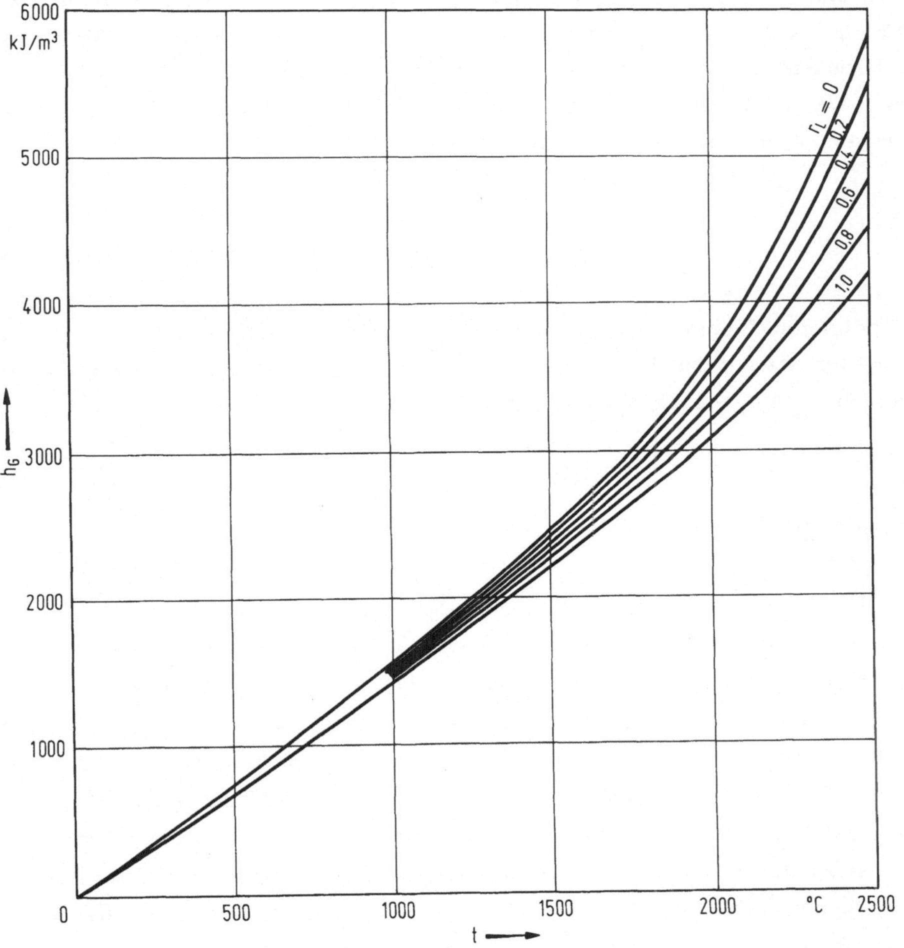

Abb. 4.5. h,t-Diagramm für Rauchgas, nach [57].

Die statistischen Verbrennungsgleichungen enthalten diesen Einfluß bereits für einen angenommenen Mittelwert der jahreszeitlich und klimatisch stark schwankenden Luftfeuchte.

Für die Wärmeübertragung vom Rauchgas auf den Arbeitsstoff ist die Rauchgastemperatur von wesentlicher Bedeutung. Man kann, wie später gezeigt wird, aus einer Bilanz der dem Feuerraum mit Brennstoff und Brennluft zugeführten und an die Heizflächen abgeführten Wärmeströme eine mittlere Temperatur des Rauchgases ermitteln. In Wirklichkeit ist allerdings die Feuerraumtemperatur ziemlich ungleichförmig. Sieht man von der Wärmeabgabe an die Heizflächen ab, so kann man sich mit Hilfe eines h,t-Diagramms der Rauchgase eine Vorstellung von der Flammentemperatur verschaffen. Rosin und Fehling [56] haben gezeigt, daß man innerhalb der Genauigkeit technischer Rechnungen auf die spezielle Zusammensetzung der Rauchgase im allgemeinen nicht zu achten braucht. Die spezifischen Wärmekapazitäten der Rauchgaskomponenten sind mit geringen Fehlern (ca. ± 1,5 %) als gleich groß annehmbar. Daher muß auch die Abhängigkeit des "Wärmeinhalts" je Mengeneinheit Rauchgas von der Temperatur für alle Brennstoffe etwa gleich sein, sofern das Rauchgas den gleichen Luftgehalt hat. Unter dem Wärmeinhalt oder der Enthalpie des Rauchgases versteht man dabei die aus dem Heizwert je m^3 im Normzustand gewinnbare Wärme

$$h_G = \frac{H_u}{v_G} . \tag{4.18}$$

Bild 4.5 zeigt den Zusammenhang zwischen h_G und der Rauchgastemperatur, wobei als Parameter der Luftgehalt r_L im Rauchgas gewählt wurde, der mit dem Luftverhältnis λ gemäß $r_L \approx (\lambda - 1)/\lambda$ zusammenhängt.

4.3 Feuerungen

4.3.1 Bauformen von Feuerungen

Die einfachste, auch historisch am Anfang stehende Bauform ist die Rostfeuerung [53, 58]. Der feste, in stückiger Form vorliegende Brennstoff wird in gewisser Schichtdicke auf ein Gitter von Roststäben gehäuft. Brennluft wird zum Teil von unten durch den Rost, zum Teil von oben zugeführt. Die Asche fällt in trockenem Zustand durch die Zwischenräume des Rostes nach unten. Verschiedene Luftzuführungen werden - je nach ihrer zeitlichen Wirksamkeit in der Feuerung - auch als Primär-, Sekundär-, Tertiär- usw. Luft bezeichnet. Bei der Rostfeuerung spricht man von Unter- oder Oberwind, je nachdem, ob die Brennluft unter oder über dem Rost zugeführt wird. Eine ebene Rostfläche heißt Planrost. Bei kleinen Kesseln findet man auch heute noch Planroste, jedoch überwiegend mit mechanischen, automatisch betreibbaren Einrichtungen zur Brennstoffbeschickung. Neben horizontalen oder schwach geneigten Planrosten findet man ferner solche mit starker Neigung, durch die das Brenngut unter zunehmender Verbrennung abgleiten soll, um am Rostanfang frischem Brennstoff Platz zu geben. Solche Rostanordnungen heißen Schrägroste. Ein Sonderfall davon ist der Treppenrost, der sich besonders für stark wasserhaltige Brennstoffe, wie Braunkohle, Torf oder Sägespäne eignet.

Feste Roste sind einfache und ziemlich wartungsfreie Anlagen. Eine gleichmäßige und vollständige Verbrennung ist auf ihnen jedoch schwer erzielbar. Dies gelingt wesentlich besser mit bewegten Rosten, die eine wiederholte Auflockerung und Durchmischung des Brennstoffs mit zunehmendem Ausbrand (Schüren des Feuers) ermöglichen. Bild 4.6 zeigt die Brennstoffbewegung auf einem sog. Rückschubrost.

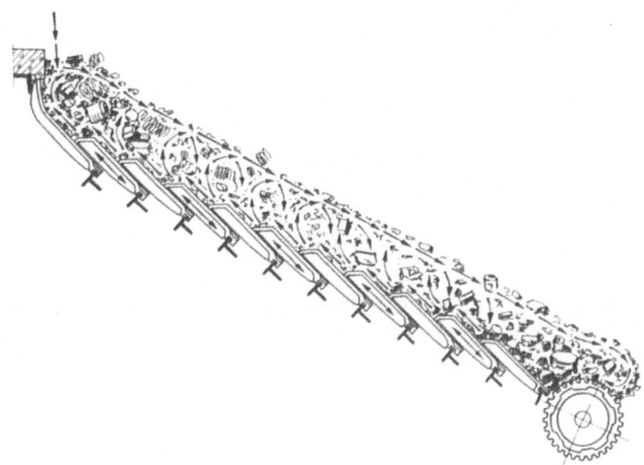

Bild 4.6. Schema der Schürbewegung eines Rückschubrostes (Werkbild Martin Feuerungsbau)

Die bekannteste Art eines bewegten Rostes ist indessen der Wanderrost. Die Roststäbe werden hier gemäß Bild 4.7 an endlosen Ketten über Rollen geführt, ähnlich wie die Kettenglieder eine Raupenschleppers. Der Brennstoff wird aus dem Fülltrichter in einstellbarer Schichthöhe von etwa 100 bis 150 mm auf ganzer Rostbreite zugeführt. Der Brennstoff wird im Bereich des sog. Zündgewölbes zunächst aufgeheizt, entgast und gezündet und brennt dann zunehmend auf der sich von links nach rechts mit regelbarer Geschwindigkeit von ca. 40 bis 600 mm/min bewegenden Rostfläche aus. Dabei wird Unterwind aus besonderen Luftkammern - sog. Zonenwind - direkt unter die obere Rostlaufbahn verschieden dosiert eingeblasen. Die Asche fällt zum Teil durch den Rost nach unten, der Rest wird am Rostende angestaut, um den Ausbrand noch weiter zu verbessern. Sämtliche Stückkohlen wie auch Kohlenbriketts bis ca. 50 mm Größe sind für Wanderroste geeignet.

Es gibt verschiedene Sonderformen der Wanderroste, die auch zur Müllverbrennung angewandt werden. Man staffelt dann jedoch mehrere Roste stufenförmig gemäß Bild 4.8c, um das schwierige Brenngut durch den Fall von Stufe zu Stufe immer wieder aufzulockern. Läßt man bei einer solchen Anordnung die Distanz der Kettenräder immer

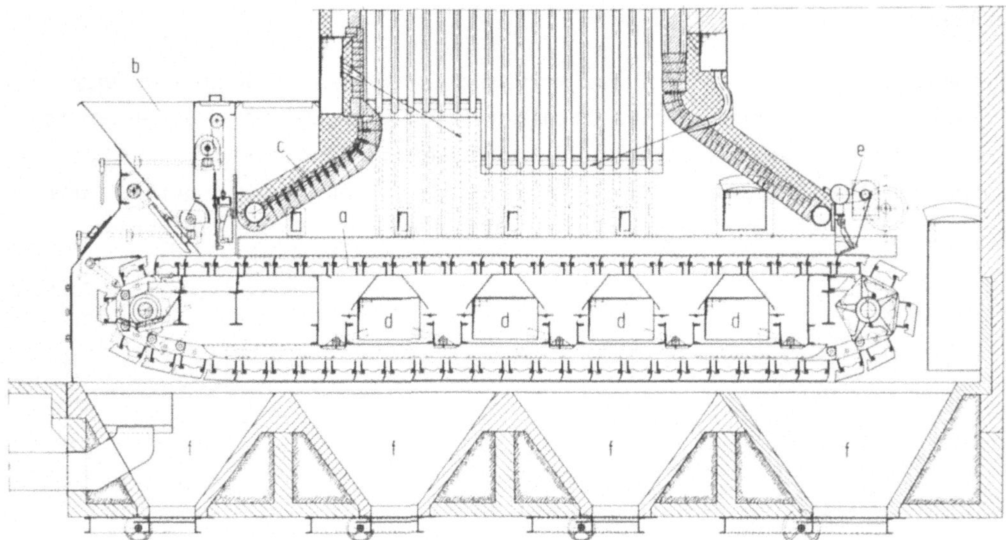

Bild 4.7. Wanderrostfeuerung mit Zonen-Unterwind. a Wanderrost; b Fülltrichter; c Zündgewölbe; d Luftkammern; e Aschestauer; f Aschetrichter (Werkbild Babcock)

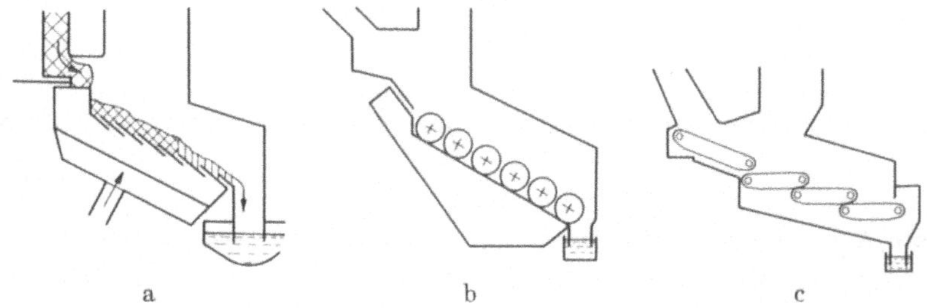

Bild 4.8. Rostformen für Müllverbrennungsanlagen. a Vor- oder Rückschubrost; b Walzenrost; c gestaffelter Wanderrost

kleiner werden, so gelangt man im Grenzfall zu dem auch in Bild 4.8 dargestellten Walzenrost, der für Müllverbrennungsanlagen besonders gut geeignet ist. Oft wendet man auch Kombinationen von schrägen Vor- oder Rückschubrosten mit gestaffelten Wanderrosten oder Walzenrosten für die Müllverbrennung an. Bei Brennstoffen, die zur Fließschlackenbildung neigen, besteht die Gefahr einer Verstopfung der Rostspalte. Durch Einblasen von Dampf unter den Rost läßt sich die Schlacke zu feinen Teilchen granulieren, die wie trockene Asche abgezogen werden können. Die in den

Aschetrichtern anfallende Asche wird als Primärasche bezeichnet im Gegensatz zur Sekundärasche, die als Flugstaub mit dem Rauchgas durch den Kessel getragen wird. Die Primärasche beträgt bei einer Rostfeuerung nur etwa 80 % der insgesamt anfallenden Asche.

Für die Verfeuerung von Feinkohle sind Roste ungeeignet. Daher findet man sie selten mehr bei Großkesseln [59] - von der Müllverbrennung abgesehen. Der in zentralen oder den einzelnen Feuerungen zugeordneten Mahlanlagen aus stückiger Kohle hergestellte Kohlenstaub wird mittels Primärluft in den Feuerraum wie ein gasförmiger Brennstoff eingeblasen. Unter Zugabe von Sekundärluft verbrennt der Kohlenstaub schwebend im Feuerraum. Der Feuerraum muß ausreichend bemessen sein, um einen vollständigen Ausbrand der Kohlenstaubteilchen innerhalb kurzer Verweilzeit zu ermöglichen. Indessen ist die reaktionsfähige Oberfläche des Kohlenstaubs relativ zum Volumen groß, so daß sich eine hervorragend gute Verbrennung in kurzer Zeit ergibt. Im Gegensatz zu den Rostfeuerungen, wo die Verbrennung in ebenen oder stufenförmig gegliederten Schichten konzentriert ist, füllt bei den Staubfeuerungen die Flamme den Feuerraum mehr oder weniger vollständig aus. Die Rauchgastemperatur im Flammenkern liegt dabei je nach Kohlenart etwa zwischen 1000 und 1500°C. Höhere Temperaturen sind - wie bei Rostfeuerungen - zu vermeiden, sofern man trockenen Aschenabzug haben und eine Verschlackung des Feuerraums vermeiden will. Niedrigere Flammentemperaturen ergeben sich bei Brennstoffen mit hohen Wasser- und Aschegehalten.

Die großen, schachtartigen Feuerräume haben in der Regel quadratischen oder rechteckigen Querschnitt. Die Wände werden aus unbekleideten, von Wasser oder Dampf durchflossenen Rohrreihen gebildet, während Rostfeuerungen im Bereich des Flammenbetts meist mit keramischem Material ausgemauert sind. Die Feuerräume haben in der Regel nur einen Aschentrichter. Die sich darin sammelnde Primärasche beträgt allerdings nur ca. 20 % der gesamten Asche. Dies ist ein Nachteil der Kohlenstaub-Trockenfeuerung, da große, meist elektrostatische Flugstaubfilter eingesetzt werden müssen, um unzulässig große Flugstaubemission aus dem Schornstein zu vermeiden. Bei der Gestaltung der Feuerräume ergeben sich verschiedene Möglichkeiten der Anordnung von Einblaseschächten für Brennstoff und Luft, die man als Brenner bezeichnet. Bild 4.9 zeigt einige Beispiele der Brenneranordnung und der Feuerraumgestaltung.

Eine Erhöhung der Verbrennungstemperatur über 1500°C hinaus führt zum Schmelzen der Asche. Die Asche, dann als Schlacke bezeichnet, fließt aus dem Schlackentrichter in eine Wasservorlage, wo sie granuliert. Das Granulat, meist aus größeren Körnern oder Klumpen bestehend, hat etwa die dreifache Dichte der Flugasche. Sein Abtransport wie auch seine Ablagerung bieten daher keine so großen Probleme wie bei der schon bei leichtem Wind davonfliegenden Flugasche. Auch zeigt sich, daß der Anteil primärer Asche bei der Schmelzfeuerung viel größer ist als bei der Kohlenstaubtrockenfeuerung. Die Erhöhung der Feuerraumtemperatur ist möglich durch eine intensivere Verwirbelung der Flamme einerseits und durch geringere Wärmeabfuhr an die Wandheizflächen des Feuerraums andererseits. Die Verkleinerung der Wärmeabfuhr führt zu einer Verkleinerung der Heizflächen und damit der Feuerräume. Die Schmelzfeuerung, die sich in den letzten Jahrzehnten schnell entwickelt hatte, wurde vornehmlich für Steinkohle angewandt. Bei Braunkohlen und Steinkohlen mit großem Ballastgehalt ist es schwierig, die notwendige Flammentemperatur zu erreichen. Bei Teillastbetrieb unterhalb einer bestimmten Leistung ist dies auch mit Steinkohlen schwierig. Der Schmelzbetrieb geht dann u.U. in einen Trockenbetrieb über. Dieser darf nur eine gewisse Zeit andauern, so daß eine nicht zu große Anhäufung trockener Asche im Feuerraum entsteht, die bei Übergang zu höherer Kesselleistung wieder aufgeschmolzen werden kann. Da die Bildung von NO_x im Rauchgas mit zunehmender Feuerraumtemperatur anwächst, ist die Anwendung der Schmelzfeuerung heute mit Rücksicht auf den Umweltschutz eingeschränkt.

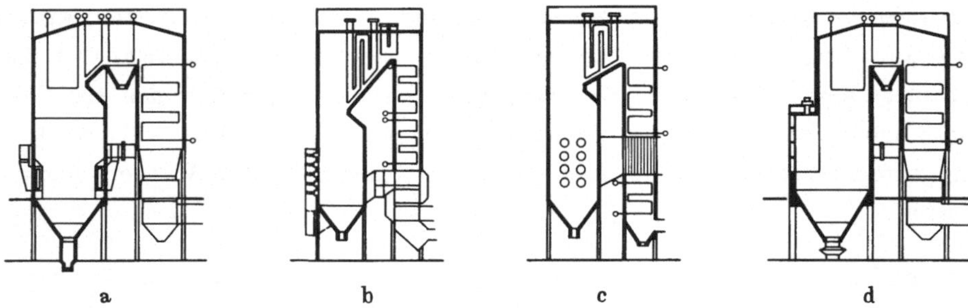

Bild 4.9. Beispiele für Kesselbauformen mit Kohlenstaub-Trockenfeuerung, nach [6]. a Eckenbrenner; b Stirnwandbrenner; c Seitenwandbrenner; d Deckenbrenner

Die Verkleinerung des Feuerraums vollzog sich in gewissen Stufen, ausgehend von den großräumigen Trockenfeuerungen. Deshalb findet man auch bei den sog. Großraum-Schmelzfeuerungen ähnliche Anordnungen der Brenner, wie Bild 4.10 zeigt. Zur Erzielung möglichst hoher Flammentemperaturen hat man jedoch den Feuerraum

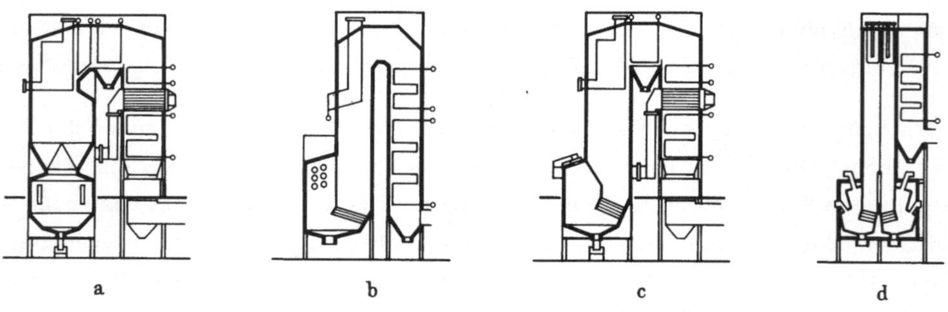

Bild 4.10. Beispiele für Kesselbauformen mit Großraum-Schmelzfeuerung, nach [6]. a Eckenfeuerung; b Seitenfeuerung; c Deckenfeuerung; d Doppelkammer mit gestufter Deckenfeuerung

unterteilt in eine oder mehrere "Brennkammern" und nachgeschaltete Strahlungsräume oder Nachbrennräume. Brennkammer und Strahlungs- oder Nachbrennraum sind zuweilen nur durch Vorsprünge oder Einschnürungen der Feuerraumwand voneinander getrennt. Häufiger sieht man jedoch sog. Schlackenfangroste vor, bestehend aus wassergekühlten Rohrreihen, die durch Stau und Umlenkung der Strömung zu weiterer Abscheidung von Schlacke beitragen. In der Brennkammer werden vorwiegend größere Aschenteilchen zur Schlacke eingebunden. Die im Rauchgas verbleibende Flugasche ist daher im Vergleich zur Trockenfeuerung feinkörniger. Wichtig ist, das Rauchgas im Strahlungsraum so weit abzukühlen, daß seine Temperatur bei Eintritt in die erste Berührungsheizfläche vollständig unter der Schmelztemperatur der Asche liegt, da sich sonst die teigigen Ascheteilchen in Form von festhaftenden Verkrustungen auf den Rohrbündeln absetzen.

Die ungeordnete Flammenströmung in einer Großraumfeuerung führt bei Teillasten sehr schnell zu unerwünschten Temperaturabsenkungen mit Trockenbetrieb. Dies läßt sich bei Anwendung mehrerer kleiner Brennkammern, z.B. gemäß Bild 4.10d, vermeiden. Bei einem solchen Teilkammersystem können bei abnehmender Teillast auch einzelne Brennkammern stillgesetzt werden, wodurch die in Betrieb befindlichen unter optimalen Verhältnissen bleiben. Eine besonders intensive Verbrennung unter höchsten Temperaturen erreicht man in Drallströmungen. Hierzu benötigt man im Querschnitt kreisförmige oder vieleckige Brennkammern mit möglichst tangentialer Einströmung von Brennstoff und Luft. Solche Brennkammern heißen Wirbelbrennkammern oder Zyklone. Je nach Lage der Rotationsachse der Strömung unterscheidet man zwischen Horizontal- und Vertikal-Zyklonen, Bild 4.11. Besonders bei den Horizontal-

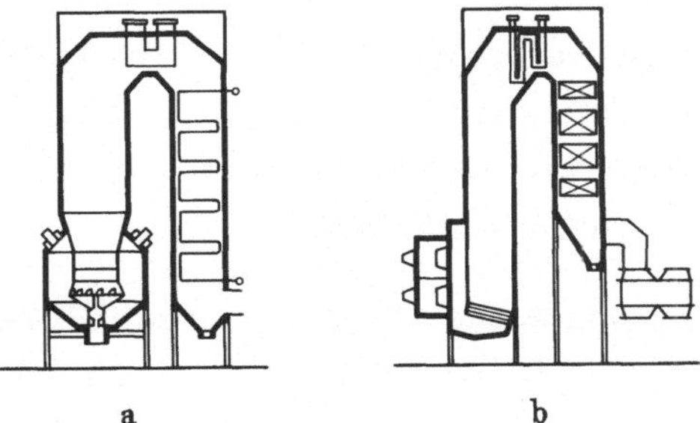

Bild 4.11. Beispiele für Kesselbauformen mit Zyklonfeuerung, nach [6]. a Vertikalzyklon mit Deckenbrennern; b Horizontalzyklone an der Stirnwand

zyklonen hat man die Verkleinerung der Abmessungen sehr weit getrieben und ordnet sie in einer Vielzahl an den Wänden des Kessels an. Dem Teilkammerprinzip gemäß schaltet man mit abnehmender Teillast zunehmend Brennkammern ab.

In Bild 4.12 ist ein Horinzontalzyklon deutscher Bauart dargestellt. Brennstoff und Primärluft sowie Sekundärluft werden hier aus übereinanderliegenden Schächten tangential eingeblasen. Bei amerikanischen Bauarten führt man dagegen Brennstoff und Primärluft axial ein. Der Kohlenstaub wird durch die Drallströmung nach außen be-

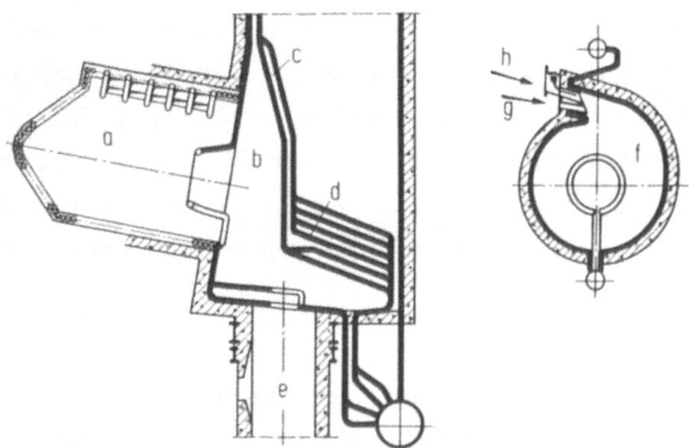

Bild 4.12. Horizontalzyklonfeuerung (Werkbild Babcock). a Zyklon; b Nachbrennraum; c Prallwand; d Schlackenfangrost; e Schlackenabfluß; f Querschnitt des Zyklons; g Brennstoff-Primärluftzufuhr; h Sekundärluftzufuhr

wegt und verbrennt vorwiegend in wandnahen Schichten. Die Schlacke fließt an den Wänden herab und durch eine Öffnung am Boden in den Nachbrennraum. Das Rauchgas strömt dagegen mit hoher Geschwindigkeit durch die verengte Mündung der Brennkammer und vereinigt sich im Nachbrennraum mit den Teilströmen der anderen Zyklone. Gegenüber den Mündungen der Zyklone ordnet man eine Prallwand an, gegen die weitere, im Rauchgas befindliche Schlacketeilchen infolge der scharfen Umlenkung des Rauchgasstroms geschleudert werden. Noch unverbrannte Brennstoffteilchen scheiden sich in gleicher Weise aus dem Rauchgas ab und verbrennen in oder unmittelbar vor der Schlackenschicht. Dem Nachbrennraum folgt, durch einen Schlackenfangrost getrennt, noch ein weiterer Strahlungsraum. Bei Feuerraumtemperaturen bis 1800°C erreicht man hier primäre Ascheneinbindung von mehr als 90 %.

Das Problem der Bewältigung von Asche oder Schlacke entfällt bei Öl- und Gasfeuerungen [54, 55]. Der Aschegehalt ist selbst beim Heizöl S so gering, daß auf Entaschungseinrichtungen am Kessel verzichtet werden kann. Öl- oder Gasfeuerungen haben daher glatte Rohrböden ohne Trichter. Heizöle brennen mit stark leuchtender, strahlender Flamme. Daher ist die Wärmeabgabe an die Feuerraumwände sehr groß, und man erhält relativ kleine Feuerraumabmessungen. Wichtig ist eine gute Zerstäubung des Öls in den Brennern und eine gute Durchmischung mit der Brennluft. Zur Zerstäubung wendet man Öldrücke bis 80 bar an. Die Zerstäubung und Durchmischung mit Brennluft wird wesentlich verbessert durch eine Drallströmung der Brennluft, die im Brenner erzeugt wird. Bild 4.13 zeigt Anordnungen der Brenner. Kombinierte Öl-Kohlenstaubfeuerungen werden zuweilen angewandt, um Ausweichmöglichkeiten bei Preisschwankungen oder Beschaffungsschwierigkeiten der Brennstoffe zu haben. Ölbrenner werden aber auch oft im Schwachlastbetrieb in Kohlenstaubfeuerungen als sog. Stützfeuerung eingesetzt, da sie bis zu weitaus kleineren Brennstoffmengen mit stabiler Flamme in Betrieb gehalten werden können als Kohlenstaubbrenner. Weiter dienen sie als Zündbrenner für Kohlenstaubfeuerungen, da sie leicht gezündet werden können.

Noch geringere Probleme als Ölfeuerungen bieten Gasfeuerungen, sofern man vom Gichtgas absieht. Das sehr staubhaltige Gichtgas ist infolge der verbesserten Ver-

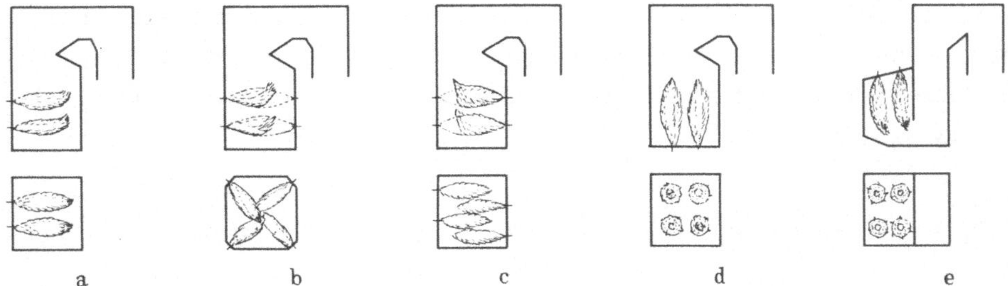

Bild 4.13. Beispiele für die Brenneranordnung von Ölfeuerungen, nach [60]. a Stirnwandbrenner; b Eckenbrenner; c Stirn- und Rückwandbrenner; d Bodenbrenner; e Deckenbrenner

hüttungsmethoden immer ärmer an Heizwert geworden, so daß man daran denkt, es zur einwandfreien Verbrennung mit anderen Gasen, z.B. Erdgas, anzureichern. Das vorwiegend aus Methan bestehende Erdgas brennt mit heißer, allerdings nicht stark leuchtender Flamme. Daher wird man bei Gaskesseln relativ größere Berührungsheizflächen und kleinere Strahlungsheizflächen vorsehen. In der baulichen Gestaltung eines Gaskessels, namentlich auch der Brenneranordnung, zeigen sich keine wesentlichen Unterschiede zum Ölkessel. Bei der Verbrennung des Erdgases entstehen so gut wie keine Schadgase, so daß sich Erdgasfeuerungen insbesondere für Kraftanlagen innerhalb dicht besiedelter Gebiete empfehlen. Da Erdgas ein geradezu idealer Brennstoff für Gasturbinen ist, bietet sich auch seine Verfeuerung in Kesseln kombinierter Gas-Dampf-Turbinenanlagen besonders an. Häufig wird die Gasfeuerung mit der Ölfeuerung kombiniert. Auch als Stützfeuerung im Schwachlastbetrieb sowie als Zündbrenner sind Gasbrenner sehr gut geeignet. Man hat bereits Brenner gebaut, die bei einer relativen Leistung von 5 % noch mit stabiler Flamme betreibbar sind. Dies ist bedeutungsvoll für Kraftwerke, die mit stark wechselnder Belastung rechnen müssen.

4.3.2 Brenner und Feuerraum

Der zur Verbrennung dienende Sauerstoff wird durch Mischung und Diffusion an den Brennstoff herangebracht. Zur näheren Betrachtung der Vorgänge sei ein rechtwinkliges, räumliches Koordinatensystem mit den Koordinaten x, y und z eingeführt. Ist c die Konzentration eines Reaktionspartners im Feuerraum, $\vec{w}$ die Geschwindigkeit der Strömung in der Flamme, so gilt für die Massenstromdichte (das ist der Massenstrom, bezogen auf einen zur Strömungsrichtung senkrechten Querschnitt) in Richtung der Koordinate x

$$\varphi_x(x) = -A \frac{\partial c}{\partial x} + w_x c. \tag{4.19}$$

Das erste Glied erfaßt dabei die Diffusion (erstes Ficksches Gesetz) sowie in einer Erweiterung des Austauschkoeffizienten A auch die Mischung durch Turbulenz der Strömung. Das zweite Glied erfaßt dagegen den Stofftransport durch die Strömung. An einer Stelle x + dx ergibt sich bei festgehaltenen y und z die Massenstromdichte in x-Richtung zu

$$\varphi_x(x + dx) = -A\left(\frac{\partial c}{\partial x} + \frac{\partial^2 c}{\partial x^2}\,dx\right) + \left(w_x + \frac{\partial w_x}{\partial x}\,dx\right)\left(c + \frac{\partial c}{\partial x}\,dx\right).$$

Entsprechende Beziehungen findet man für φ_y bzw. φ_z, indem lediglich x durch y bzw. z zu ersetzen ist. Bildet man nun die Differenz zwischen den Massenstromdichten φ_x bei x und x + dx und dividiert durch dx, so stellt unter Vernachlässigung eines von höherer Ordnung kleinen Gliedes

$$\frac{\partial \varphi_x}{\partial x} = A \frac{\partial^2 c}{\partial x^2} - c \frac{\partial w_x}{\partial x} - w_x \frac{\partial c}{\partial x}$$

einen Anteil zeitlicher Änderung der Massenkonzentration c im Volumenelement dx · dy · dz dar. Verfährt man ebenso für die anderen Koordinatenrichtungen und summiert die drei Anteile, so ergibt sich die Änderungsgeschwindigkeit der Konzentration $\partial c/\partial t$, mit t als der Zeit. Unter Benutzung der Bezeichnungen der Vektorrechnung erhält man so die Differentialgleichung

$$\frac{\partial c}{\partial t} = A \operatorname{div} \operatorname{grad} c - \operatorname{div}(c\,\vec{w}). \tag{4.20}$$

Nimmt man weitere Beziehungen für das reibungsbehaftete Strömungsfeld, den Wärmetransport und den Ablauf der chemischen Reaktion hinzu, so wäre man wohl in der Lage, den Verbrennungsvorgang differentiell exakt zu beschreiben. Die Integration eines solchen Differentialgleichungssystems wäre jedoch auch mit den heutigen Hilfsmitteln der elektronischen Datenverarbeitung im allgemeinen nur unvollständig numerisch und unter Verzicht auf vollständige Erfüllung der wirklichen, komplizierten

Randbedingungen möglich. Indessen lassen sich aus (4.19) und (4.20) einige qualitative Schlüsse für die Gestaltung der Feuerräume und Brenner ziehen, wobei für stationäre, d.h. zeitlich unveränderliche Betriebsverhältnisse $\partial c/\partial t = 0$ bzw. c = konst zu setzen wäre. Man erkennt, daß für den Stoffaustausch und -transport das Konzentrationsgefälle und das Strömungsfeld von wesentlicher Bedeutung sind sowie die Austauschgröße A. Diese setzt sich aus einem Anteil D_{mol} molekularer Diffusion und einem Anteil D_{turb} turbulenter Mischung zusammen:

$$A = D_{mol} + D_{turb}. \tag{4.21}$$

Für den molekularen Diffusionskoeffizienten gilt bekanntlich

$$D_{mol} = \frac{1}{3} l_{mol} \overline{w}_{mol} \tag{4.22}$$

mit l_{mol} als der mittleren Weglänge der Moleküle und $\overline{w}_{mol}$ als der mittleren Molekulargeschwindigkeit. Entsprechend läßt sich für den turbulenten Mischungskoeffizienten der Ansatz machen:

$$D_{turb} = l_{turb} \overline{w}_{turb}. \tag{4.23}$$

Dabei bedeutet l_{turb} die sog. Mischungsweglänge und $\overline{w}_{turb}$ die mittlere Geschwindigkeit der Wirbelballen. Für eine ebene Strömung mit der Geschwindigkeit u gilt nach Prandtl [15, 16]

$$\overline{w}_{turb} = l_{turb} \frac{\partial u}{\partial y}, \tag{4.24}$$

wenn y die zur Strömungsrichtung senkrechte Koordinate darstellt. Sieht man von der nicht einfach bestimmbaren Mischungsweglänge (s. z.B. [51]) ab, so zeigt sich, daß D_{turb} dem Geschwindigkeitsgradienten quer zur Strömung proportional ist.

Diese Überlegungen lassen sich unmittelbar auf den Wärmeübergang übertragen, wenn man beachtet, daß die Konzentration der Temperatur, die Massenstromdichte der Wärmestromdichte und die Austauschgröße der Temperaturleitfähigkeit entsprechen. Untersuchungen in Öl- und Kohlenstaubflammen [61, 62] haben unter anderem gezeigt, daß der Wärmetransport aus der brennenden Flamme zum anströmenden Brennstoff durch Strahlung und molekulare Leitung um eine Größenordnung kleiner ist, als nötig wäre, um den Brennstoff bei üblicher Einströmgeschwindigkeit in den Feuerraum zu zünden. Dies weist darauf hin, daß die turbulente Mischung in der Flamme von wesentlich größerer Bedeutung ist, als die molekulare Diffusion. Versuche machten auch deutlich, daß in technischen Flammen stets eine erhebliche Rückströmung von Rauchgas hoher Temperatur zur Brennermündung stattfindet, und daß vorwiegend hierdurch in Verbindung mit turbulenter Mischung Brennstoff und Primärluft auf die notwendige Entzündungstemperatur erwärmt werden. Aufgrund dieser mit den Folgerungen aus (4.20) in Einklang stehenden Feststellung ist es wesentlich, bei der Konstruktion von Brennern und Feuerräumen für Möglichkeiten der Rauchgasrückströmung sowie für Turbulenz oder Scherströmungen Sorge zu tragen.

Hierzu seien einige Beispiele betrachtet. Eine sehr intensive Verbrennung findet in den Wirbelbrennkammern oder Zyklonen statt. Bild 4.14 zeigt die Geschwindigkeits-

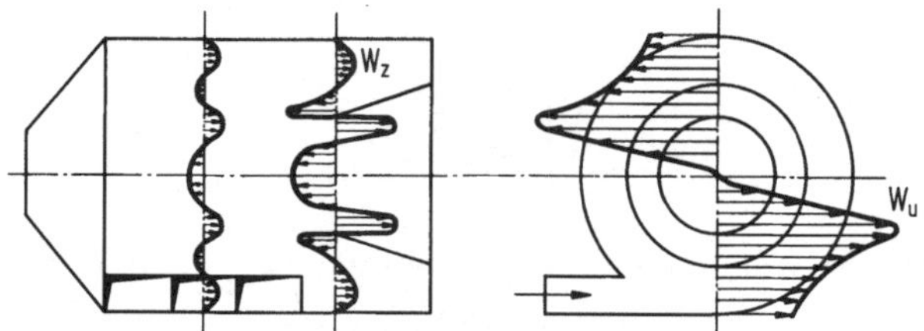

Bild 4.14. Geschwindigkeitskomponenten des Rauchgases in Längsrichtung w_z bzw. Umfangsrichtung w_u in einem Horizontalzyklon, nach [59]

verteilung im Quer- und Längsschnitt eines Horizontalzyklons. In einem inneren Bereich mit einem etwa der Brennkammeröffnung entsprechenden Durchmesser rotiert die Strömung wie ein fester Körper (Wirbelkern). Ist w_u die Geschwindigkeitskomponente in Umfangsrichtung, so gilt hier $w_u = r\omega$ oder w_u/r = konst mit r als dem Zylinderradius und ω als der Winkelgeschwindigkeit der Kernströmung. Im Außenbereich nimmt dagegen die Geschwindigkeit w_u etwa nach Maßgabe eines Potentialwirbels, also gemäß $w_u r$ = konst[1] bis auf den Wert vor der Wandgrenzschicht ab. Infolge der sich in der Kernströmung ausbildenden Druckabsenkung (Wirbelsenke) tritt, wie die Geschwindigkeitsverteilung in axialer Richtung zeigt, auch eine Rauchgasrückströmung aus dem Nachbrennraum ein. Jede Geschwindigkeitskomponente weist erhebliche Geschwindigkeitsgradienten auf. In Umfangsrichtung wird eine besondere Scherströmung noch zwischen Brennstoff-Primärluftgemisch und Sekundärluft erzeugt, indem man die Sekundärluft mit erheblich höherer Geschwindigkeit, z.B. mit ca. 100 m/s gegen ca. 20 m/s des Brennstoffgemisches in die Brennkammer einbläst. Im Mittel rotiert der Flammenkörper mit einer Drehzahl von 20 bis 30 s^{-1}.

Schwieriger ist die Erzielung hoher Geschwindigkeitsgradienten und einer Rauchgasrückströmung bei Großraumfeuerungen. Sofern man hier - wie bei den meisten Bren-

---

[1] vgl. (6.66).

neranordnungen - im Feuerraum keine ausgeprägte Drallströmung anwendet, hat sich das in Bild 4.15 wiedergegebene Prinzip bewährt. Das Brennstoff-Primärluftgemisch wird zu beiden Seiten des kräftigen Sekundärluftstrahles eingeblasen. Dieser wirkt wie ein Ejektor, saugt das Brennstoff-Primärluftgemisch an und erzeugt gleichzeitig eine Rauchgas-Rückströmung. Eine hohe Austrittsgeschwindigkeit der Sekundärluft von etwa dem 3- bis 5fachen der Brennstoff-Primärluftgeschwindigkeit sorgt für starke Geschwindigkeitsgradienten quer zur Flammenströmung. Damit die Rauchgasrückströmung nicht gestört wird, muß man auf genügenden Abstand zwischen den Brennern achten. Man richtet bei Ecken-Brenneranordnung die Flammenachsen nicht auf das Zentrum des

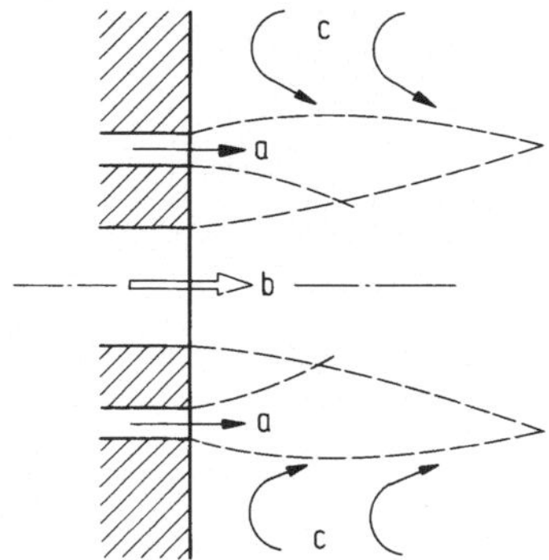

Bild 4.15. Schema eines Kohlenstaub-Wandbrenners. a Kohlenstaub-Primärluftgemisch; b Sekundärluft; c Rauchgasrückströmung

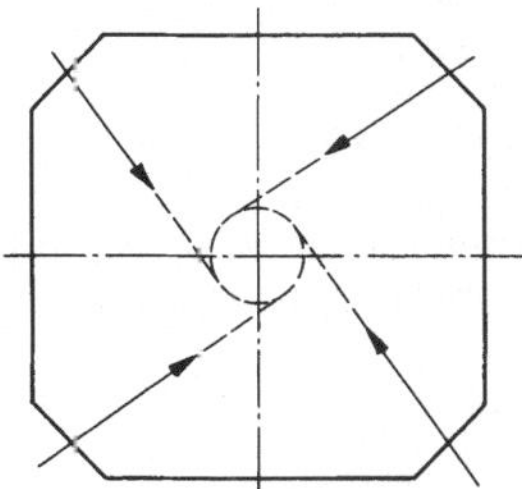

Bild 4.16. Zweckmäßige Richtung der Flammenachsen von Eckenbrennern

Feuerraumquerschnitts aus, sondern läßt sie gemäß Bild 4.16 an einen um das Zentrum gelegten Kreis tangieren. Auf diese Weise steht den einzelnen Flammen mehr Raum zu einem möglichst vollständigen Ausbrand zur Verfügung, und es wird im Feuerraum eine leichte Drallströmung erzeugt, die sich günstig im Sinne einer homogenen Durchmischung der Teilflammen auswirkt.

Bei solchen Brennern mit geradliniger Flamme - auch Strahlbrenner genannt - muß man besonders auf richtige Austrittsgeschwindigkeiten des Brennstoff-Primärluftgemisches achten. Man darf die Zünd- bzw. Flammenfortpflanzungsgeschwindigkeit in den Brenneröffnungen nicht überschreiten, weil sonst die Flamme von der Brennermündung abreißt. Anhaltswerte für die Zündgeschwindigkeit von Steinkohle bzw. die bei Braunkohle anwendbare Gemisch-Austrittsgeschwindigkeit gibt Bild 4.17. Der Primärluftanteil im Gemisch richtet sich nach dem Gehalt an Flüchtigem und beträgt z.B. bei Magerkohlen ca. 12 bis 17 %, bei Fettkohlen 17 bis 22 und bei Gaskohlen 22 bis 27 % der Gesamtluftmenge. Während die Sekundärluft zur Unterstützung schneller Verbrennung bis auf ca. 450°C vorgewärmt wird, darf die Primärluft nur etwa 150°C warm sein, da sonst die Gefahr einer Explosion im Kohlenstaub-Primärluftgemisch entsteht.

Strahlbrenner lassen sich mit stabiler Flamme nicht weit ins Teillastgebiet herunterfahren, weil Turbulenz und Rückströmung heißen Rauchgases im Großfeuerraum schnell abnehmen. In dieser Hinsicht verhalten sich sog. Drallbrenner wesentlich besser. Bild 4.18 zeigt einen von der internationalen Vereinigung für Flammenforschung in Ijmuiden

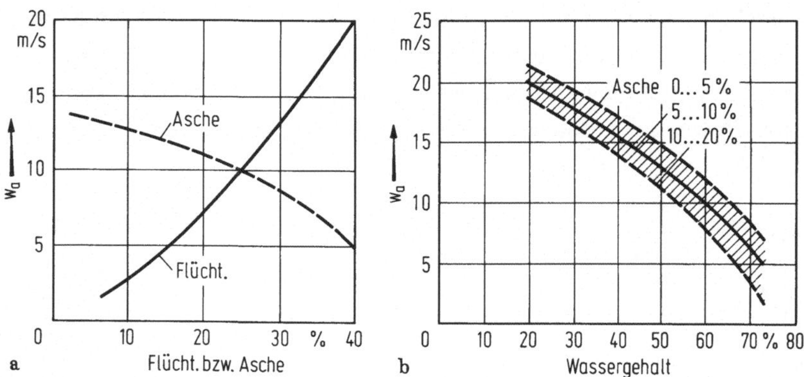

Bild 4.17. Zulässige Gemisch-Austrittsgeschwindigkeit bei Kohlenstaubfeuerungen, nach [47, 1. Aufl.]. a Steinkohle; b Braunkohle

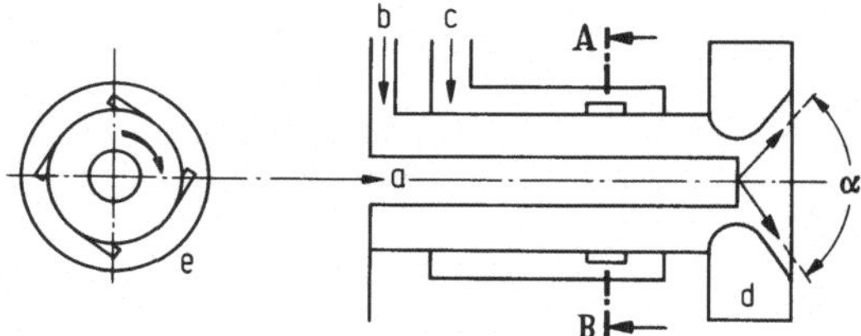

Bild 4.18. Drallbrenner der Internationalen Vereinigung für Flammenforschung, Ijmuiden [62]. a Brennstoff; b Primärluft; c Sekundärluft; d Wasserkammer zur Kühlung der Brennermündung; e Schnitt AB

entwickelten Ölbrenner mit sehr günstigen Eigenschaften. Die Ölzerstäubungslanze umgibt ein zylindrischer Raum, in den zu axial strömender Primärluft Sekundärluft in tangentialer Richtung eingeblasen wird. Dadurch entsteht eine Drallströmung mit starker Turbulenz. Wesentlich ist nun die Gestaltung der Brennermündung in Form einer sich zunächst verengenden, dann wieder erweiternden Düse, ähnlich einer Laval-Düse. Dabei liegen die Ölzerstäubungsdüsen gerade etwa im engsten Querschnitt. Der Drall ermöglicht eine starke Erweiterung der Düse, durch die der Flammenkegel weit aufgespreizt wird. Im Kern und peripher ergeben sich, wie Bild 4.19 veranschaulicht, Bereiche starker Rauchgasrückströmung. Hierdurch gelingt es, die Flamme bis weit in das Teillastgebiet zu stabilisieren. Die Rückströmung im Kern der Flamme kann unterstützt werden durch Stauscheiben, auch Flammenhalter genannt, deren Wirkung in Bild 4.20 skizziert ist. Drallbrenner, auch als Rundbrenner bezeichnet, eignen sich für Öl-, Gas- und Kohlenstaubfeuerungen. Sie sind auch leicht als Zweistoffbrenner zu gestalten. Bild 4.21 zeigt z.B. konstruktive Ausführungen.

Zur Feuerung gehört der Feuerraum. Analog zu der mit (2.14) schon eingeführten Heizflächenwärmebelastung q_A als einem Maß für die Intensität des Wärmeübergangs

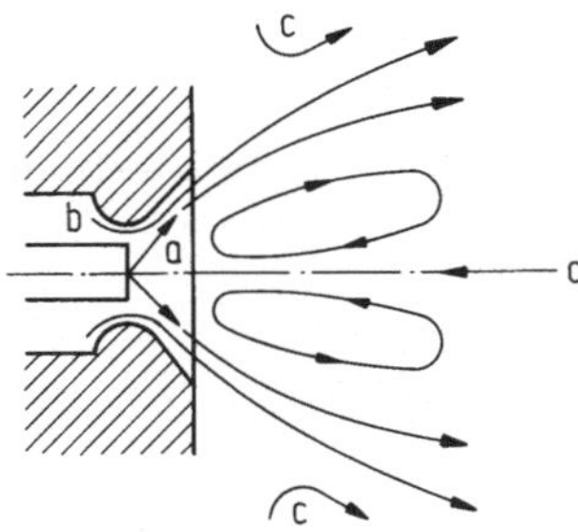

Bild 4.19. Strömung im Bereich der Mündung eines Drallbrenners nach Bild 4.18. a Brennstoff; b Luft; c Rauchgas-Rückströmung

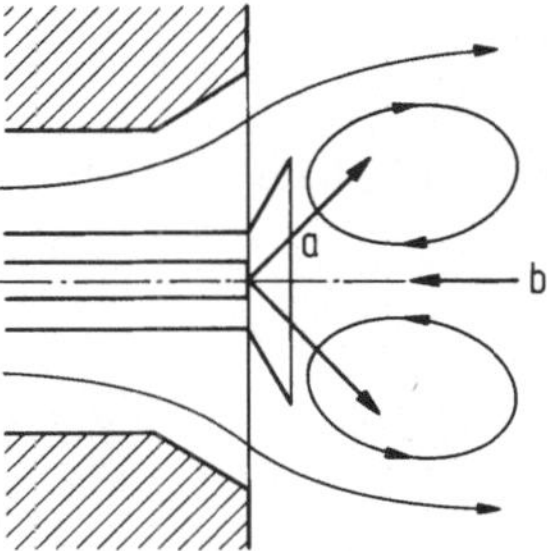

Bild 4.20. Rundbrenner mit Stauscheibe. a Brennstoff; b Rauchgas-Rückströmung

beurteilt man die Intensität der Wärmeentbindung im Feuerraum mit Hilfe der sog. Feuerraum-Wärmebelastung

$$q_V = \frac{\Phi}{V} \quad \text{bzw.} \quad \frac{\partial \Phi}{\partial V}, \tag{4.25}$$

auch als Leistungsdichte bezeichnet. q_V stellt mit $\Phi = \Phi_{zu,F}$ als dem gesamten, der Feuerung zugeführten Wärmestrom und mit $V = V_F$ als dem gesamten Feuerraumvolumen in der ersten Definition einen Mittelwert für den gesamten Feuerraum dar. In der zweiten Definition wird dagegen eine örtliche Leistungsdichte angegeben. Ist nun weiter A_F die gesamte Heizfläche des Feuerraums und $\Phi_{ab,F}$ der an die Heizfläche abgeführte Wärmestrom, so bezeichnet man als relative Wärmeaufnahme der Heizflächen das Verhältnis

$$\mu = \frac{\Phi_{ab,F}}{\Phi_{zu,F}} = \frac{q_A\, A_F}{q_V\, V_F}\,. \tag{4.26}$$

Wenn man davon ausgeht, daß die spezifische Wärmekapazität des Rauchgases sich zwischen dem Zustand am Austritt des Feuerraums und dem Zustand in der ungekühlten Flamme nicht wesentlich ändert, so lässt sich die Rauchgastemperatur am Austritt des Feuerraums T_a näherungsweise berechnen, indem man mit der Temperatur der ungekühlten Flamme T_o ansetzt

$$\frac{T_a}{T_o} \approx \frac{\Phi_{zu,F} - \Phi_{ab,F}}{\Phi_{zu,F}} = 1 - \frac{\Phi_{ab,F}}{\Phi_{zu,F}}$$

oder:

$$\frac{T_a}{T_o} \approx 1 - \frac{q_A A_F}{q_V V_F} = 1 - \mu. \qquad (4.27)$$

T_o kann dabei mit Hilfe eines h_G,t-Diagramms (z.B. Bild 4.5) ermittelt werden.

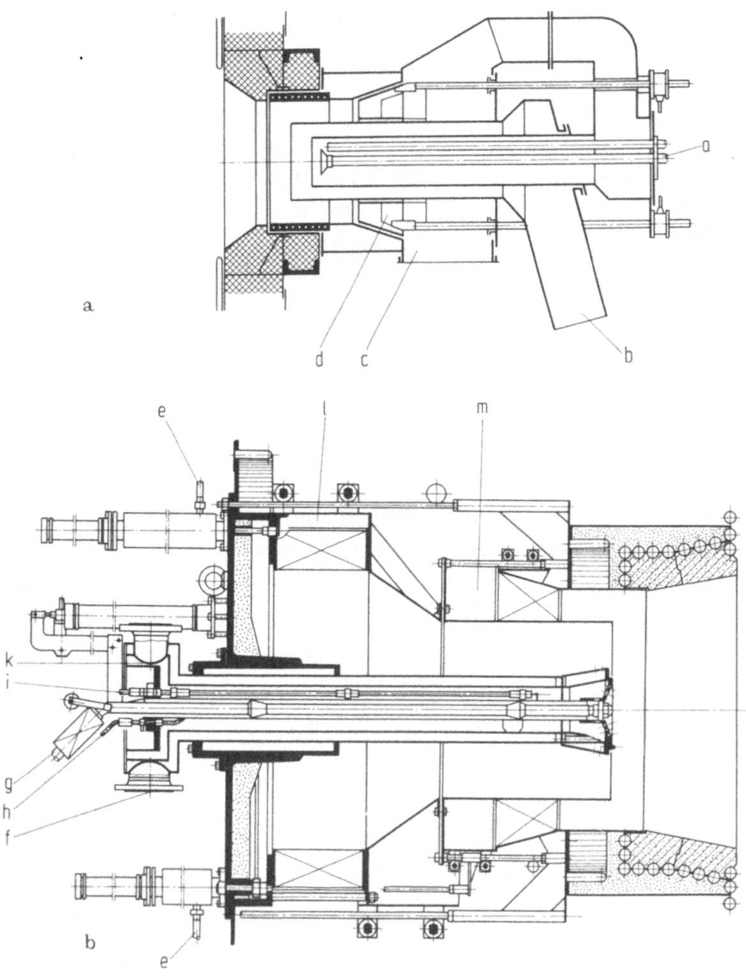

Bild 4.21. Rundbrenner für Kohlenstaub bzw. Öl und Gas (Werkbild Steinmüller). a) Kohlenstaubbrenner; a Zündlanzen (Öl oder Gas); b Kohlenstaub-Primärluftgemisch; c Sekundärluftzufuhr; d Sekundärluftdrossel. b) Öl-Gasbrenner; e Kühlluft; f Gas; g Öl; h Zündgas; i elektrische Zündung; k Kernluft; l Innenluft; m Außenluft

Geht man weiter davon aus, daß T_a z.B. mit Rücksicht auf die Fließeigenschaften der Flugasche bestimmte Werte nicht überschreiten darf, so ist das Verhältnis T_a/T_o bekannt, und es folgt aus (4.27)

$$\frac{q_A}{q_V} = \frac{V_F}{A_F}\mu = \frac{V_F}{A_F}\left(1 - \frac{T_a}{T_o}\right).$$

Führt man mit

$$f = \frac{A_F}{V_F} \tag{4.28}$$

einen sog. Formfaktor des Feuerraums ein, so wird auch

$$q_V = q_A \frac{f}{1 - \frac{T_a}{T_o}}. \tag{4.29}$$

Für gleichartige Feuerungen wird nun T_a/T_o = konst. Setzt man für eine Veränderung der Abmessungen eines Kessels zunächst einmal auch eine konstante Heizflächenbelastung voraus, so zeigt (4.29), daß die Feuerraumwärmebelastung proportional mit dem Formfaktor anwächst. Dieser wird allerdings mit zunehmenden Abmessungen des

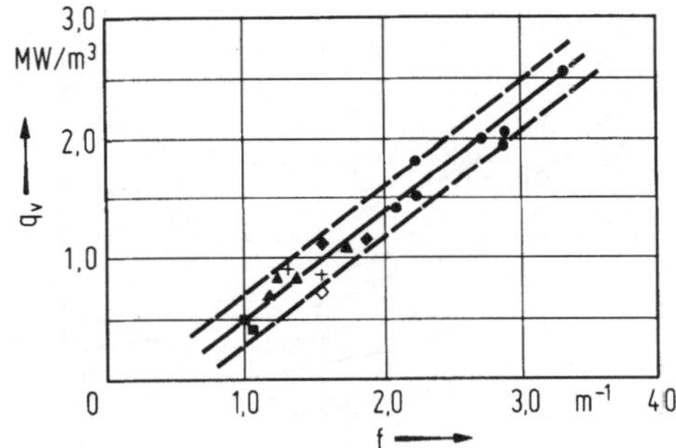

Bild 4.22. Feuerraumwärmebelastung bei Schmelzfeuerungen in Abhängigkeit vom Formfaktor (nach [63])

Feuerraums kleiner. Bild 4.22 zeigt den wirklichen Zusammenhang zwischen q_V und und f für eine größere Anzahl von Kesseln mit Schmelzfeuerung. Die Mittelwerte des gezeigten Streubereichs liefern tatsächlich einen nahezu geradlinigen Verlauf, jedoch geht die Gerade nicht durch den Ursprung des Koordinatensystems. Die Annahme q_A = konst ist daher nur näherungsweise gerechtfertigt. Die Heizflächenwärmebelastung steigt in Wirklichkeit mit zunehmendem Formfaktor auch etwas an. Geht man von der Betrachtung der Raumwärmebelastung als Mittelwert ab und verfolgt die örtlichen Werte im Sinne der zweiten Definition von (4.25), so ergibt sich über der Höhe

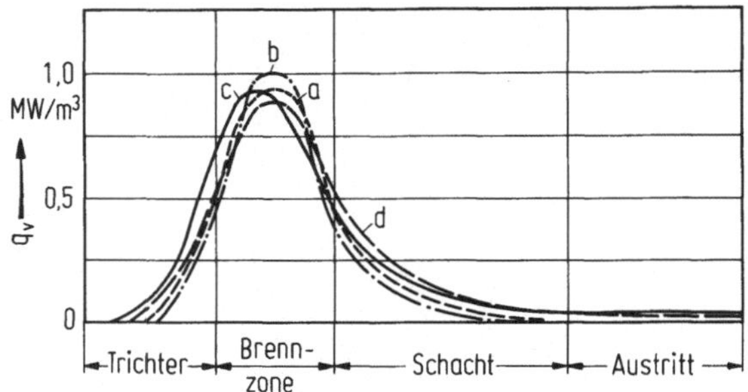

Bild 4.23. Verteilung der Feuerraumwärmebelastung (nach [64]). a Eßkohle; b Gasflammkohle; c Magerkohle; d Magerkohle (grobe Ausmahlung)

eines Großfeuerraums aufgetragen z.B. Bild 4.23. Es zeigt sich, daß die örtliche Feuerraumwärmebelastung je nach Brennstoff und Feuerungsart sehr ungleichförmig verläuft.

Aufgrund der gezeigten Zusammenhänge gelangt man bei zunehmender Vergrößerung der Kraftanlagen zu immer geringeren Raumwärmebelastungen und damit zu schlechterer Ausnutzung des umbauten Raumes. Betrachtet man z.B. einen Feuerraum

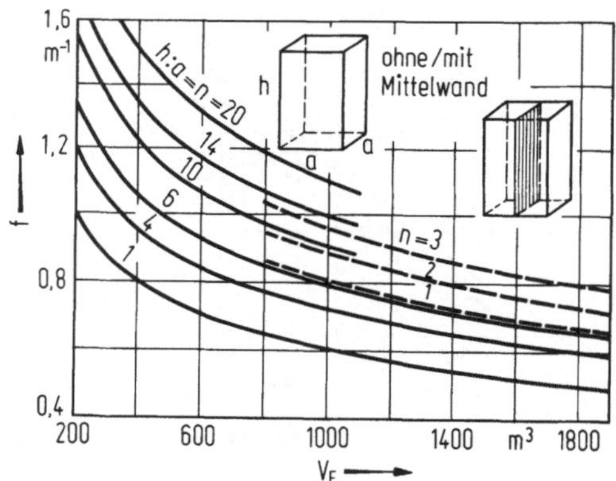

Bild 4.24. Zusammenhang zwischen Formfaktor und Feuerraumvolumen, nach [63]

quadratischen Querschnitts mit der Breite a und der Höhe h, so erhält man den in Bild 4.24 dargestellten Zusammenhang zwischen Formfaktor und Feuerraumvolumen mit dem Seitenverhältnis n = h/a als Parameter. Um bei großen Kesseln zu genügend großen Formfaktoren zu gelangen, müßte man die Feuerräume sehr hoch bauen, was sehr kostspielig wäre. Durch Einbau von gekühlten Zwischenwänden, sog. zweiseitig bestrahlten Schottenwänden, kann jedoch der Formfaktor wesentlich verbessert und die Bauhöhe des Kessels reduziert werden, wie im Bild verdeutlicht. Bei sehr großen Kesseln kann man den Raum noch weitergehend unterteilen und (gemäß dem Teilkammerprinzip) auch das Teillastverhalten dadurch verbessern, daß man mit abnehmender Kesselleistung einen Teilraum nach dem anderen außer Betrieb nimmt.

4.3.3. Vergleiche und Ergänzungen

Angesichts der Vielzahl verschiedener konstruktiver Ausführungen der Dampfkesselfeuerungen fällt es schwer, Vor- und Nachteile einzelner Systeme erschöpfend gegeneinander abzuwägen. Nachfolgend seien deshalb nur einige wenige wesentliche Vergleichsmerkmale behandelt, die vornehmlich vom Brennstoff beeinflußt sind. In Tabelle 4.3 ist zu diesem Zweck eine Reihe von Daten zusammengestellt, die bedeutende Unterschiede, abhängig von Brennstoff und Feuerungsart, aufweisen. Das Luftverhältnis λ ist in Verbindung mit der Zusammensetzung des Brennstoffs ausschlaggebend für einen optimalen Brennluftstrom einerseits und den entstehenden Rauchgasstrom

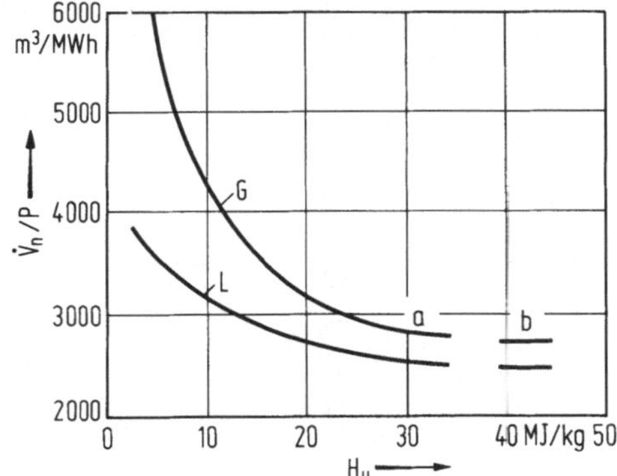

Bild 4.25. Auf Leistung bezogene Normvolumenströme von Rauchgas G und Brennluft L, nach [5]. a Bereich fester Brennstoffe; b Heizöl

andererseits. Aufgrund des Zusammenhangs zwischen Heizwert und Zusammensetzung des Brennstoffs lassen sich z.B. mit Hilfe der statistischen Verbrennungsgleichungen (vgl. Tabelle 9.4) Brennluft- und Rauchgasmenge auch abhängig vom Heizwert darstellen. Bild 4.25 zeigt die sich in einem Beispiel ergebenden Normvolumenströme, bezogen auf die Kraftwerksleistung. Man erkennt, daß mit zunehmendem Heizwert der Feuerraumquerschnitt wie auch die Querschnitte der Brennluft-Kanäle geringer werden können. Da der Volumenstrom gleich dem Produkt aus Querschnitt und Strömungsgeschwindigkeit ist, ergibt sich für die Querschnitte des Rauchgasstroms noch eine Verstärkung dieses Effekts dadurch, daß bei Brennstoffen geringeren Heizwerts die Rauchgasgeschwindigkeit mit Rücksicht auf erosive Wirkung der Flugasche, nament-

Tabelle 4.3. Wesentliche Daten von Dampfkessel-Feuerungen

Art	$H_{u\,min}$ MJ/kg	Geeignet für Brennstoffe mit: a %	w %	Luftverhältnis λ -	Feuerraumtemperatur °C	Primärasche-Einbindung %	Abgastemperatur °C	Mindestlast ca. %
Wanderrost-feuerung	18	5 ... 20	< 20	1,3 ... 1,6	1200 ... 1400	75 ... 85	160 ... 200	10 ... 25
Trockenfeuerung, Steinkohle	23	3 ... 20	3 ... 12	1,2 ... 1,25	1200 ... 1500	15 ... 25	110 ... 130	30 ... 40
Trockenfeuerung, Braunkohle	3,5	5 ... 25	45 ... 60	1,25 ... 1,3	1000 ... 1150	15 ... 25	140 ... 170	30
Schmelzfeuerung				1,15	1400 ... 1700	40 ... 65 (Vert. Zyklon bis 80)		20 ... 40
(Schmelzfeuerung und Horinzontalzyklon)	15	5 ... 40	5 ... 20				110 ... 120	
Horinzontalzyklon				1,1	1600 ... 1800	80 ... 90		15 ... 30
Öl- und Erdgas-feuerung				1,03...1,1	1200 ... 1600		120 ... 170	7
Müllfeuerung				1,3 ... 2	900 ... 1000	80 ... 90	180 ... 220	

lich im Bereich der Berührungsheizflächen im allgemeinen herabgesetzt werden muß. Als Anhalt kann man etwa mit einer mittleren Rauchgasgeschwindigkeit von 8 m/s bei stark aschehaltigen Brennstoffen (z.B. Braunkohle) bis 12 m/s bei aschefreien Brennstoffen rechnen.

Der Einfluß von Feuerungsart und Brennstoff auf die Größe von Feuerräumen oder Brennkammern geht aus der mittleren Raumwärmebelastung hervor. Diese ist zusammen mit Mittelwerten der Heizflächenwärmebelastung in Tabelle 4.4 angegeben.

Tabelle 4.4. Mittlere Raum- und Heizflächen-Wärmebelastung in Feuer- und Strahlungsräumen von Dampferzeugern

Feuerungsart	q_V MW/m^3	q_A MW/m^2
Trockenfeuerung		
Steinkohle	0,15 ... 0,25	0,25 ... 0,35
Braunkohle	0,1 ... 0,2	0,2 ... 0,3
Schmelzfeuerung		
Großraumfeuerung	0,6 ... 1,3[1]	0,25 ... 0,35
Zyklonfeuerung	2 ... 5[1]	0,25 ... 0,35
Öl- und Gasfeuerung	0,25 ... 0,35 (1,3)	0,25 ... 0,4

Wie man sieht, weist q_V erhebliche Unterschiede auf, q_A ist dagegen nicht so stark veränderlich. Bild 4.26 zeigt z.B. einen Größenvergleich von Kesseln ähnlicher Bauart, jedoch für verschiedene Brennstoffe, wie er sich aufgrund der beschriebenen Einflüsse von Rauchgasvolumenstrom und möglicher Raumwärmebelastung ergibt. Die Größe eines Kessels ist natürlich von erheblichem Einfluß auf seine Herstellkosten.

Für eine gute Ausnutzung der in der Feuerung entbundenen Wärme ist die Frage wesentlich, wie weit man mit der Rauchgastemperatur am kalten Ende des Kessels heruntergehen kann. Es war schon darauf hingewiesen worden, daß bei schwefelhaltigen Brennstoffen neben SO_2 auch SO_3 gebildet wird, das sich mit Wasserdampf zu Schwefelsäure H_2SO_4 verbindet. Sofern die Schwefelsäure in flüssiger Phase auftritt, kann sie zu schweren Korrosionen an den vom Rauchgas beaufschlagten Kesselteilen führen. Um diese sog. Niedertemperaturkorrosion zu vermeiden, darf man das Rauchgas an den Heizflächen nicht unter den sog. Säuretaupunkt abkühlen. Dieser ist abhängig von der SO_3-Konzentration im Rauchgas und damit auch vom Schwefelgehalt im Brennstoff sowie vom Luftverhältnis, da SO_3 aus dem zunächst entstehen-

[1] nur Brennräume.

den SO_2 nur bei Sauerstoffüberschuß gebildet wird. Einen weiteren Einfluß haben der Brennstoff und die Feuerungsart, da gewisse Aschebestandteile eine absorbierende Wirkung auf das SO_3 ausüben. Diese Zusammenhänge sind in Bild 4.27 dargestellt. In der vorletzten Spalte der Tabelle 4.3 findet man Anhaltswerte für daraus resultie-

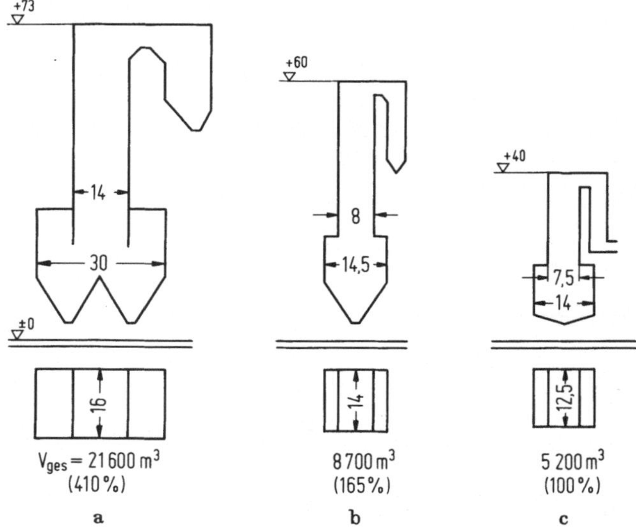

Bild 4.26. Größenvergleich von Kesseln für verschiedene Brennstoffe (Werkbild Steinmüller). a Braunkohle; b Steinkohle; c Öl. Blockleistung 300 MW

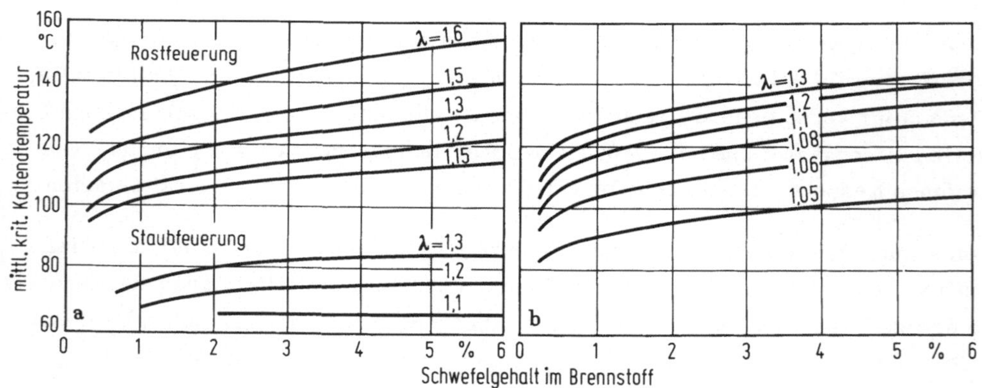

Bild 4.27. Mittlere kritische Kaltendtemperatur in Abhängigkeit vom Schwefelgehalt im Brennstoff und vom Luftverhältnis, nach [65]. a Kohlefeuerung; b Ölfeuerung

rende Abgastemperaturen unter Berücksichtigung des Teillastbetriebs, bei dem die Abgastemperaturen um 40 bis 50 K gegenüber den Vollastwerten absinken können. Die Niedertemperaturkorrosion kann durch sog. nahstöchiometrische Verbrennung, d.h. mit $\lambda \approx 1{,}03$ nahezu völlig unterbunden werden. Moderne Ölfeuerungen sollten so betrieben werden, während bei Kohlefeuerungen derart kleine Luftverhältnisse mit Rücksicht auf vollständige Verbrennung nicht erzielbar sind.

Bei manchen Brennstoffen besteht auch Korrosionsgefahr im Bereich hoher Temperaturen, besonders beim Heizöl S infolge seines Gehalts an Vanadium und Natrium. Das Vanadium verbrennt vorwiegend zu V_2O_5, das in flüssigem Zustand metallische Oberflächen angreift. Die über 670°C liegende Schmelztemperatur des V_2O_5 kann dabei durch Bildung von Eutektika mit Na_2O oder auch Na_2SO_4 herabgesetzt werden bis etwa auf 625°C. Die "Hochtemperaturkorrosion" kann durch Additive, die man pulverförmig in das Öl mischt, gemildert werden. Diese Zusatzstoffe - benutzt werden z.B. SiO_2, MgO, $MgSO_4$ - binden offenbar einen Teil des V_2O_5 an sich. Insbesondere mindern sie dadurch die Bildung flüssiger oder klebriger Beläge von V_2O_5, die die Heizflächen verkrusten und korrosiv wirken. Indessen scheint auch hier die nahstöchiometrische Verbrennung günstig zu sein [66, 67]. Probleme der Korrosion bietet auch die Verfeuerung von Müll. Infolge des Chlorgehalts in vielen Kunststoffen, namentlich PVC, kann hier Salzsäure HCl im Rauchgas auftreten.

Die verschiedenen Abgastemperaturen haben verschieden große Abgasverluste zur Folge, die den Kesselwirkungsgrad wesentlich beeinflussen. In Bild 4.28 ist der heute

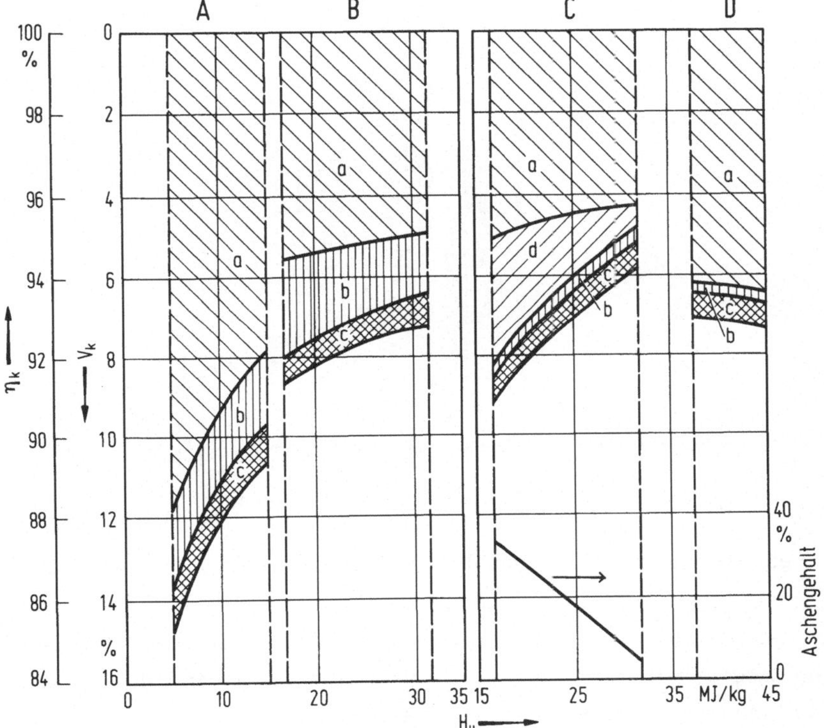

Bild 4.28. Verluste V_K und Wirkungsgrad η_K von Dampferzeugern, nach [5]. A Braunkohle; B Steinkohle; Trockenfeuerung; C Steinkohle, Schmelzfeuerung; D Heizöl; a Abgasverlust; b Feuerungsverlust; c Verlust durch Leitung und Strahlung; d Verlust durch Schlackenwärme

etwa erzielbare Kesselwirkungsgrad abhängig vom Heizwert für feste und flüssige Brennstoffe dargestellt. Der abfallende Verlauf der Kurven bei abnehmendem Heizwert hängt u.a. mit der ansteigenden Aschenmenge zusammen, die zu höheren Verlusten durch Unverbranntes oder Schlackenwärme führt. Die niedrigere Lage des Wirkungsgrades beim Ölkessel ist auf den höheren Abgasverlust gegenüber besten Steinkohlefeuerungen zurückzuführen. In einer gewissen Abhängigkeit vom Heizwert steht schließlich auch der in Abschnitt 3.1 schon definierte Kraftwerkseigenbedarf. Die Antriebsleistung der vom Brennstoff abhängigen Hilfseinrichtungen, wie Brennstofförder- und Zuteileinrichtungen, Mahlanlagen, Luft- oder Rauchgasgebläse, nimmt mit zunehmendem Heizwert im allgemeinen stark ab. Bezogen auf die Klemmenleistung des Generators beträgt sie etwa 4 % bei schlechter Braunkohle, nur etwa 1 % bei Öl- oder Gasfeuerung. Die Hilfseinrichtungen benötigen bei schlechtem Brennstoff nicht nur größere Antriebsleistungen, sondern im allgemeinen auch größere Abmessungen. Dadurch werden die schon räumlich größeren Kessel für schlechte Brennstoffe mit noch höheren Herstellkosten auch für die Hilfsantriebe belastet. Ein besonders gro-

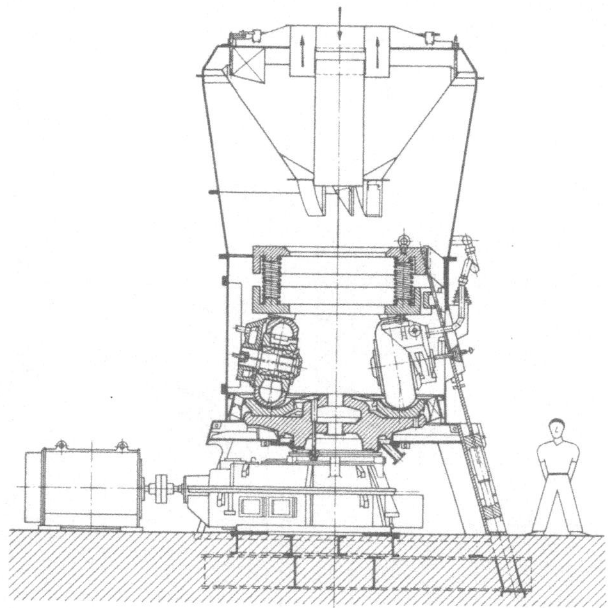

Bild 4.29. Beispiel für eine Kohlenmühle - Walzenschüsselmühle (Werkbild Babcock)

ßer Unterschied besteht hier zwischen Öl- und Gaskesseln einerseits und den Kohlenstaubkesseln andererseits. Um dies zu veranschaulichen, ist in Bild 4.29 z.B. eine Kohlenmühle für einen größeren Dampferzeuger wiedergegeben.

Nach den geschilderten Zusammenhängen könnte man leicht den Vorteil hochwertiger Brennstoffe überschätzen. Indessen wurde schon darauf hingewiesen, daß die Brennstoffkosten sehr unterschiedlich sein können, und daß Unterschiede in den Herstellkosten der Kraftanlage hierdurch möglicherweise ausgeglichen werden. Neben der Frage der Verfügbarkeit eines Brennstoffs zu günstigem Preis ist auch die Frage der Asche- oder Schlackebeseitigung oder gegebenenfalls einer Verwertung[1] bei der Auswahl einer Feuerung mitbestimmend. Eine weitere, für den Betrieb des Kraftwerks wichtige Frage ist schließlich die Mindestlast, für die sich Angaben in der letzten Spalte der Tabelle 4.3 finden. Wie noch zu zeigen, ist allerdings die Kesselmindestlast nicht allein von der Feuerung bestimmt, sondern auch durch die Möglichkeiten ausreichender Wärmeabfuhr, d.h. ausreichender Durchströmung der Heizflächen-Rohrstränge durch den Arbeitsstoff. Von besonderem Einfluß auf die Entwicklung der Feuerungen ist schließlich der Umweltschutz, worauf ebenfalls noch einzugehen i:

4.4 Wärmeübertragung im Dampferzeuger

4.4.1. Anordnung der Rauchgaswege und Heizflächen

Man kann den Weg, den das Rauchgas durch einen Kessel zurücklegt, in Abschnitte einteilen, die aus geraden Kanälen und Umlenkungen bestehen. Die geraden Kanäle werden, auch wenn sie Einbauten enthalten, als Züge bezeichnet. Insofern läßt sich grundsätzlich zwischen Ein- und Mehrzugkesseln unterscheiden. In der historischen Entwicklung hielt man anfangs den Arbeitsstoff - Wasser/Dampf - im Innern großer zylindrischer Behälter und ließ das Rauchgas außen um den Behälter strömen. Um die Wärmeübertragung vom Rauchgas auf den Arbeitsstoff zu verbessern, vergrößerte man die Heizflächen bald, indem man im Innern der Behälter Rauchgaszüge anordnete, die aus Festigkeitsgründen im allgemeinen kreisförmigen Querschnitt hatten. Dampferzeuger dieser Art (vgl. Bild 1.3) heißen Großwasserraumkessel, die Rauchgaszüge werden als Flammrohre bzw. Rauch- oder Heizrohre bezeichnet, je nachdem, ob in ihnen auch eine Verbrennung stattfindet oder nicht. Flammrohre müssen größere Durchmesser haben, besonders wenn sie die Feuerung vollständig enthalten. Aus Festigkeitsgründen werden sie meist aus Wellrohren gestaltet.

In Bild 4.30 ist ein moderner Großwasserraumkessel mit Ölfeuerung dargestellt, der ein Flammrohr als Feuerraum und zwei anschließende Rauchrohrzüge hat. In diesem Kessel kann man, da der Frischdampf unmittelbar aus dem Raum über dem Wasserspiegel entnommen wird, nur Sattdampf erzeugen. Jedoch lassen sich in den Rauchgasstrom - z.B. in eine Umkehrkammer des Rauchgases - auch Überhitzerrohrbündel einbauen, in die der aus dem Großwasserraum entnommene Sattdampf geleitet wird, um Heißdampf zu erzeugen. Kombinierte Flammrohr-Rauchrohrkessel sind für viele

---

[1] Z.B. kann Schlacke zum Straßenbau, Asche zur Ziegelherstellung verwendet werden.

Zwecke mit nicht zu hohen Frischdampfverhältnissen und Dampfmengen bis ca. 30 t/h einsetzbar. Solche Kessel werden heute nicht mehr - wie früher üblich - eingemauert, sondern im Kesselhaus freistehend mit einer mit Blech ummantelten Isolierung aufgestellt. Als sog. Kompaktkessel werden sie auf einem Fundamentrahmen mit nahezu allen Hilfseinrichtungen komplett montiert vom Herstellerwerk geliefert. Auch kleinere Schiffskessel werden in dieser Bauart ausgeführt. Eine Sonderform stellt der Lokomotivkessel dar, bei dem das Flammrohr durch einen quaderförmigen Feuerraum, die sog. Feuerbüchse, ersetzt ist.

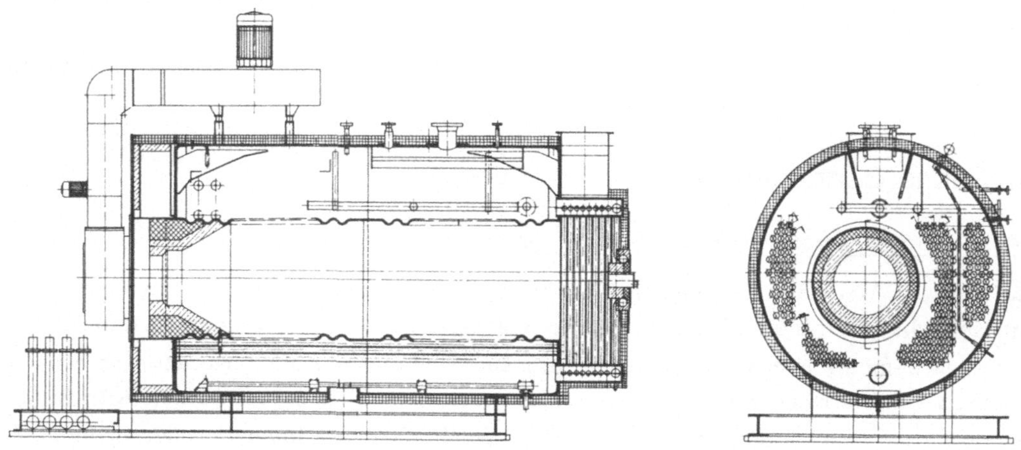

Bild 4.30. Großwasserraum-Kompaktkessel für Ölfeuerung (Werkbild Babcock)

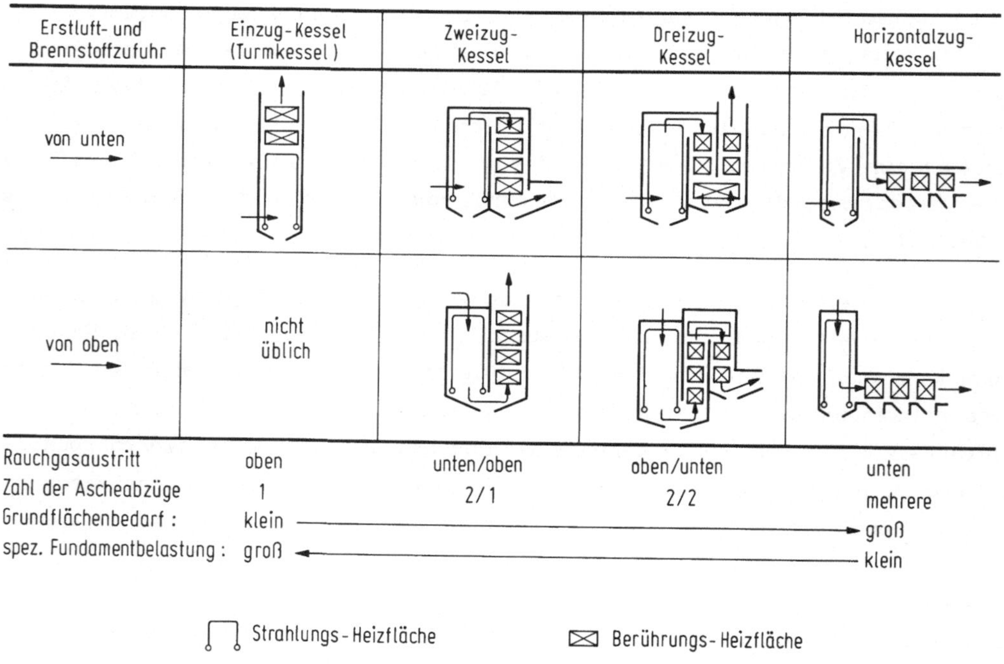

Erstluft- und Brennstoffzufuhr	Einzug-Kessel (Turmkessel)	Zweizug-Kessel	Dreizug-Kessel	Horizontalzug-Kessel
von unten →				
von oben →	nicht üblich			

Rauchgasaustritt	oben	unten/oben	oben/unten	unten
Zahl der Ascheabzüge	1	2/1	2/2	mehrere
Grundflächenbedarf:	klein →			groß
spez. Fundamentbelastung:	groß ←			klein

Strahlungs-Heizfläche ⊠ Berührungs-Heizfläche

Bild 4.31. Anordnung der Kesselzüge und Heizflächen, nach [6]

Der Übergang zu höheren Drücken und Temperaturen führte dazu, Bauelemente zu vermeiden, die aufgrund ihrer Gestalt zu hohen Beanspruchungen und ungünstigem Betriebsverhalten führen, wie z.B. flache Wasserkammern, Flammrohre, aber auch die Großwasserräume selbst. Daher findet man bei modernen Hochdruck-Dampfkesseln das Gefäßsystem aufgelöst in eine Vielzahl von Rohren kleinen Durchmessers, die auch eine bedeutende Vergrößerung der Heizflächen ermöglichen. So entstand der sog. Wasserrohrkessel. Bei seiner Entwicklung spielte auch die Frage der Verbindung der Bauelemente eine wichtige Rolle. Die gewalzten oder genieteten Verbindungen der Bauelemente älterer Flammrohr-Rauchrohrkessel erwiesen sich bei höheren Drücken und Temperaturen als völlig unzulänglich. Aufgrund des Kriechens der Werkstoffe (vgl. Abschnitt 2.5) können solche Verbindungen nur beschränkte Zeit dicht bleiben. Deshalb ging man im Zuge der Entwicklung zu geschweißten Verbindungen über. Ohne die Anwendung der heute hoch entwickelten Schweißtechnik wäre der Bau großer Wasserrohrkessel mit den üblichen hohen Frischdampfverhältnissen nicht ausführbar.

Es gibt eine Vielzahl von Möglichkeiten zur Anordnung der Heizflächen und Rauchgaszüge der Wasserrohrkessel. Bild 4.31 zeigt einige Beispiele für Kessel mit Großraum-

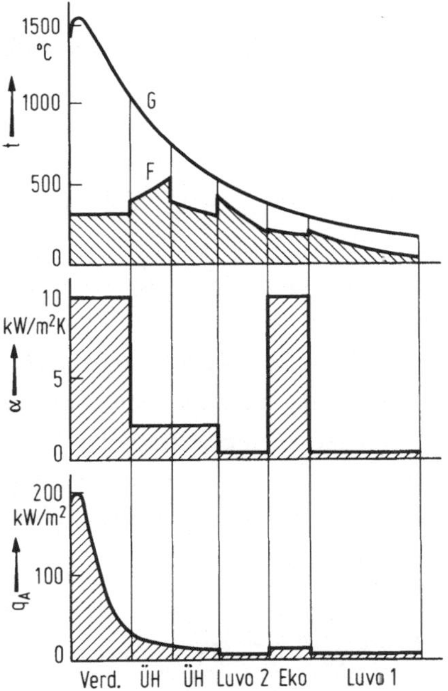

Bild 4.32. Temperaturen von Rauchgas G und Fluid F, innere Wärmeübergangskoeffizienten sowie Heizflächenwärmebelastung in einem Kessel, nach [59]

feuerungen. Wand- oder Strahlungsheizflächen müssen grundsätzlich im Bereich der höchsten Rauchgastemperaturen liegen. Bei Mehrzugkesseln ist daher oft der erste Zug vollständig als Strahlungsraum ausgebildet. Die Züge mit Berührungsheizflächen sind stromabwärts zunehmend im Querschnitt verengt, damit die Strömungsgeschwindigkeit des sich abkühlenden Rauchgases hoch genug bleibt, um guten Wärmeübergang zu erzielen. Die Wärmeaufnahme der einzelnen Heizflächen ist sehr unterschiedlich. Bild 4.32 veranschaulicht dies anhand des Temperaturverlaufs im Rauchgas bzw. im zu erhitzenden Fluid sowie der inneren Wärmeübergangskoeffizienten der Heizflächen. Die Berührungsheizflächen dienen teils der Überhitzung des Dampfs, teils der Erwärmung des Speisewassers bis vor Siedetemperatur (sog. Wasservorwärmer oder Ekonomiser). In den letzten Berührungsheizflächen wird die Brennluft vorgewärmt (Luftvorwärmer). Man erkennt, daß die inneren Wärmeübergangskoeffizienten der Heizflächen je nach dem wärmeaufnehmenden Stoff Luft, Dampf oder Wasser sich um Größenordnungen (fast im Verhältnis 1:10:100) unterscheiden. Da die Wärmestromdichte im Strahlungsraum am höchsten ist, sollte man Wandheizflächen möglichst nur von Wasser oder Naßdampf durchströmen lassen. Im Übergang zwischen Strahlungsraum und Berührungsheizflächen ordnet man auch sog. Schottenwände - in den Strahlungsraum hineinragende Wandheizflächen - gelegentlich als Überhitzer an.

4.4.2. Strahlungsheizflächen

Bei der mit (2.5) angegebenen Beziehung für den resultierenden Wärmestrom durch Strahlung

$$\Phi_S = C\,A \left[\left(\frac{T_1}{100} \right)^4 - \left(\frac{T_2}{100} \right)^4 \right]$$

geht man davon aus, daß die im Wärmeaustausch stehenden Körper oder Flächen graue Strahler gleichförmiger Beschaffenheit und mit gleichförmigen Temperaturen seien. Die Größe C wäre damit außer von den Strahlungseigenschaften der beiden Körper nur noch von ihrer geometrischen Anordnung abhängig und könnte unter definierten Verhältnissen experimentell bestimmt werden. Ein praktisch häufig vorkommender Fall ist der Strahlungsaustausch zwischen Wänden verschiedener Temperatur. Stehen die Wände parallel zueinander, so ergibt sich für gleiche Flächen als Austauschkoeffizient (z.B. [12])

$$C = C_{12} = \frac{C_s}{\frac{1}{\varepsilon_1} + \frac{1}{\varepsilon_2} - 1} . \qquad (4.30)$$

Dabei ist $C_s = 5{,}67\ \mathrm{W/m^2K^4}$ die Strahlungskonstante des schwarzen Körpers; ε_1 und ε_2 sind die Emissionszahlen oder Schwärzegrade der beiden Wände mit den Temperaturen T_1 bzw. T_2.

Beim Strahlungsaustausch in Dampferzeugern wird nun die eine Wand durch eine Rauchgassäule gebildet. Dabei muß man zwischen der Gasstrahlung und der Strahlung der leuchtenden Flamme unterscheiden. Elementare Gase, wie O_2, N_2 oder H_2 sind für Wärmestrahlen durchlässig und emittieren diese daher auch nicht. Von den Rauchgasbestandteilen strahlen nur CO_2 und H_2O, und zwar auch nur im Bereich gewisser Wellenlängen, so daß man hier nicht von einem grauen Strahler sprechen kann. Das auffällige Leuchten einer Flamme im Bereich hoher Temperaturen rührt vornehmlich von glühenden Feststoffen - Kokspartikeln sowie Flugascheteilchen - her, und dieser Teil einer Rauchgassäule läßt sich als grauer Strahler behandeln. Bezeichnet ε_W die Emissionszahl einer Wandheizfläche, ε_F die der strahlenden Flamme, so setzt man

$$C = \varepsilon_W \varepsilon_F C_s. \tag{4.31}$$

Diese vereinfachte Beziehung unterscheidet sich von der genaueren (4.30) nur unwesentlich, sofern $\varepsilon_1 = \varepsilon_F$ und $\varepsilon_2 = \varepsilon_W$ nicht zu kleine Werte annehmen.

Für ε_W sind in Tabelle 4.5 einige Angaben für im Kesselbau vorkommende Materialien gemacht. Man sieht, daß die betriebsmäßig rauhe bzw. oxidierte Oberfläche für die Aufnahme von Strahlungswärme günstig ist. Bei der Bestimmung von ε_F geht man vom Kirchhoffschen Gesetz aus, das die Gleichheit von Emissions- und Absorptionszahl feststellt. Für die Absorption einer Strahlung bestimmter Wellenlänge

Tabelle 4.5. Emissionszahlen verschiedener Werkstoffe

Stoff	Oberflächen-beschaffenheit	Emissionszahl ε_W	Temperaturbereich °C
Ziegelmauerwerk	rauh	0,93	20
Silikasteine	rauh	0,83	ca. 1000
Schamottesteine	glasiert	0,75	ca. 1000
Eisen	poliert	0,14 ... 0,38	400 ... 1000
Gußeisen	oxidiert	0,79	200 ... 600
Stahl	poliert	0,066	100
Flußstahl	metallische, gereinigte Oberfläche	0,20 ... 0,32	250 ... 1000
Stahl	oxidiert	0,64 ... 0,79	200 ... 600
Chromnickellegierung		0,64 ... 0,76	50 ... 1000

λ mit der örtlichen Intensität J_λ kann man in einer linearen Betrachtung der Strahlenausbreitung den Ansatz machen

$$dJ_\lambda = -k_\lambda J_\lambda dx$$

mit k_λ als dem Absorptionskoeffizienten oder der Extinktionszahl für die Wellenlänge λ und x als der Wegkoordinate in Richtung der Strahlenausbreitung. Die Integration dieser Gleichung gibt mit der Anfangsintensität $J_{\lambda o}$ den Intensitätsverlauf

$$J_\lambda = J_{\lambda o} \exp(-k_\lambda x). \tag{4.32}$$

Da die Absorption gleich der Differenz $J_{\lambda o} - J_\lambda$ ist, ergibt sich die Emissionszahl für die Wellenlänge λ zu

$$\varepsilon_\lambda = 1 - \exp(-k_\lambda x). \tag{4.33}$$

In Anlehnung an diese, streng nur für monochromatische Strahlung geltende Beziehung setzt man nun für die Flammenstrahlung

$$\varepsilon_F = 1 - \exp(-\varkappa k s). \tag{4.34}$$

Dabei ist $\varkappa$ ein Beiwert, der namentlich den Einfluß der Flammentemperatur enthält, während s die sog. Schichtstärke der Flamme bzw. Rauchgassäule bedeutet. Für die Schichtstärke sind im Hinblick auf verschiedenartige geometrische Verhältnisse im allgemeinen verschiedene Annahmen zu treffen. Gut bewährt hat sich für die meist zylindrische Gestalt der Feuer- und Strahlungsräume eine von Port und Hausen (vgl. [12]) in Anlehnung an den hydraulischen Durchmesser der Rauchgasströmung empfohlene Beziehung

$$s = 0,9 \frac{4V_F}{A_F} \tag{4.35}$$

mit V_F als dem Feuer- oder Strahlungsraumvolumen und A_F als der wärmeaufnehmenden Oberfläche des betrachteten Raumes.

In Bild 4.33 ist ε_F nach Schack [68] für einige Rauchgastemperaturen in Abhängigkeit von k s wiedergegeben. Das Produkt k s wird von Schack als Absorptionsstärke der Flamme bezeichnet, k als Schwärzegrad. k wird mit zunehmendem Ausbrand der Flamme geringer, entsprechend der Abnahme leuchtender Koks- oder Rußteilchen im Rauchgas. Im Mittel kann etwa k = 0,5 bis 0,75 gesetzt werden, sofern man genauere

Werte nicht kennt, die durch Messungen an ausgeführten ähnlichen Kesseln oder Modellfeuerungen zu ermitteln wären. Messungen an Modellflammen haben gezeigt, daß das Emissionsvermögen aufgrund der Leuchtwirkung des glühenden Rußes in gewisser Weise vom Kohlenstoffgehalt im Brennstoff bzw. vom Verhältnis c/h abhängig ist [69].

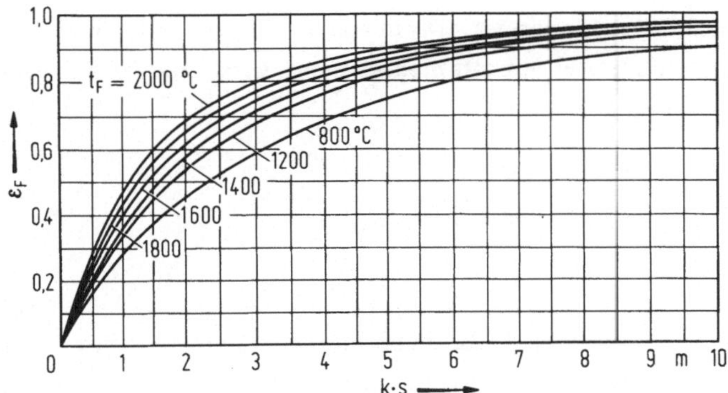

Bild 4.33. Emissionszahl der Flammenstrahlung, nach [68]

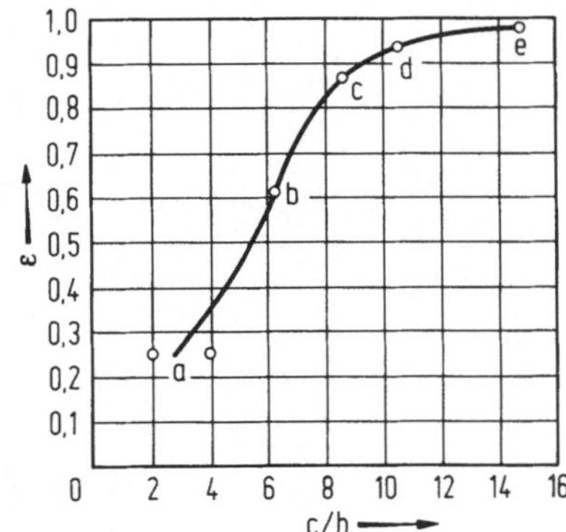

Bild 4.34. Einfluß des Verhältnisses c/h auf das Emissionsvermögen der Flamme, nach [69]. a Koksofengas; b Dieselöl; c Heizöl; d Teeröl; e Teerpech

In Bild 4.34 ist ein solcher Zusammenhang wiedergegeben. Es liegt nahe, für einen ersten Entwurf davon auszugehen, daß die Größe k eine ähnliche Abhängigkeit von c/h aufweist, indem man zur Ermittlung von ε_F etwa $k \approx \varepsilon(c/h)$ annimmt. Der Einfluß von k auf ε_F wird übrigens gemäß (4.34) oder Bild 4.33 mit zunehmender Schichtstärke s geringer; für $s \to \infty$ wären eben stets beliebig viele Rußteilchen im Querschnitt des Feuerraums vorhanden. Bei Kesseln mit hohem Flugstaubanteil, z.B. Trockenfeuerungen, kann die Emission durch den Flugstaub noch wesentlich (z.B. um 25 %) vergrößert werden [70].

Bei der Strahlungsheizfläche muß man beachten, daß diese nicht einfach gleich der Wandfläche gesetzt werden kann. Je nach der Anordnung der Berohrung gibt es größere oder kleinere Lücken für die Wärmeaufnahme. Eckert und Hottel (vgl. [12]) führten daher einen Abminderungs- oder Bewertungsfaktor Ψ ein, so daß

$$A = \Psi A_W$$

mit A_W als der vollen Wandfläche ist. Da in einem Feuer- oder Strahlungsraum auch Berohrungen verschiedener Art vorkommen können, wird man im allgemeinen die wirksame Heizfläche als Summe

$$A = \sum_{\nu} \Psi_{\nu} A_{W,\nu} \tag{4.36}$$

der einzelnen durch ν indizierten Teilflächen gleicher konstruktiver Beschaffenheit zu berechnen haben. Der Bewertungsfaktor ist in Bild 4.35 für verschiedene Rohranordnungen dargestellt.

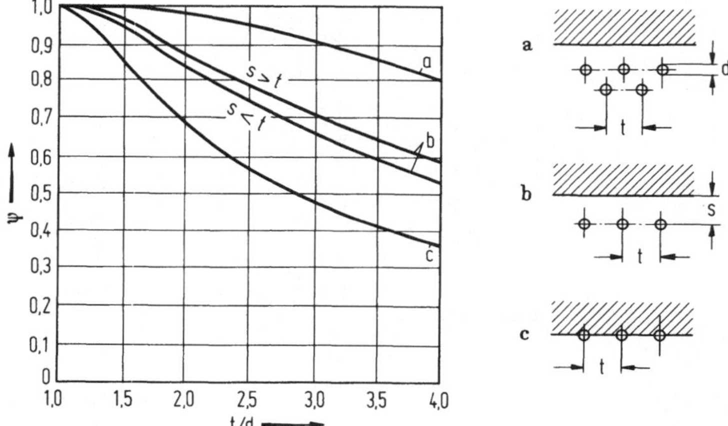

Bild 4.35. Bewertungsfaktor Ψ für Wandheizflächen, nach [12]. Für Membranwände (z.B. Flossenrohrwände) setze man Ψ = 0,9 bis 0,95

Die bisherigen Überlegungen setzen uns in die Lage, den Austausch von Strahlungswärme in einigermaßen als homogen anzusehenden Räumen zu berechnen. Setzt man $T_1 = T_F$ mit T_F als der mittleren Flammentemperatur, $T_2 = T_W$ mit T_W als der mittleren Wandtemperatur, so gilt für den Wärmestrom im Feuerraum

$$\Phi_{S,F} = \varepsilon_W \varepsilon_F C_s \left[\left(\frac{T_F}{100} \right)^4 - \left(\frac{T_W}{100} \right)^4 \right] \sum_{\nu} \Psi_{\nu} A_{W,\nu}. \tag{4.37}$$

Hier ist zunächst noch die Frage offen, welche Werte man für die Temperaturen T_F und T_W einzusetzen hat. Doležal [59] hat bei Großraumfeuerungen festgestellt, daß

$$T_F \approx \sqrt{T_o T_a} \tag{4.38}$$

gesetzt werden kann, wenn T_o die (aus dem h_G,t-Diagramm folgende) Temperatur der ungekühlten Flamme und T_a die Austrittstemperatur des Rauchgases aus dem Strahlungsraum bedeuten. Besser ist allerdings die Ermittlung von T_F aus einer Wärmebilanz. Man kann folgenden Ansatz machen:

$$(T_F - T_U)c_{pm,G}\, v_G = \eta_F H_U + (T_L - T_U)c_{pm,L}\, v_L - q_{ab,F}.$$

Hierin bedeuten (außer den schon bekannten Größen) T_U die Umgebungstemperatur, T_L die Temperatur der Brennluft, $c_{pm,G}$ bzw. $c_{pm,L}$ die mittleren spezifischen Wärmekapazitäten bei konstantem Druck für das Rauchgas bzw. die Brennluft. η_F ist der Feuerungswirkungsgrad, der gegebenenfalls eine unvollständige Verbrennung berücksichtigt, und $q_{ab,F}$ bedeutet die an die Feuerraumwände abgeführte Wärme, bezogen auf die Masseneinheit des Brennstoffs. Mit (4.37) und C bzw. A nach (4.31) und (4.36) erhält man

$$q_{ab,F} = \frac{\Phi_{S,F}}{\dot m_B} = \frac{C\,A}{\dot m_B}\left[\left(\frac{T_F}{100}\right)^4 - \left(\frac{T_W}{100}\right)^4\right].$$

Setzt man dies in die Wärmebilanzgleichung ein, so gewinnt man nach einigem Umformen die dimensionslose Beziehung

$$\left(\frac{T_F}{T_U}\right)^4 = a_0 - a_1\left(\frac{T_F}{T_U}\right) \tag{4.39}$$

mit den Koeffizienten

$$a_0 = \left(\frac{T_W}{T_U}\right)^4 + \left(\frac{100}{T_U}\right)^4 \frac{\dot m_B}{C\,A}\left[\eta_F H_U + (T_L - T_U)\,c_{pm,L}\, v_L + T_U c_{pm,G}\, v_G\right] \tag{4.40}$$

und

$$a_1 = 100\left(\frac{100}{T_U}\right)^3 \frac{\dot m_B}{C\,A}\, c_{pm,G}\, v_G. \tag{4.41}$$

Aus dieser Form der Wärmebilanzgleichung findet man die Lösung für T_F leicht als Schnitt einer Parabel 4. Grades mit einer Geraden oder durch Iteration.

Die Wandtemperatur T_W liegt bei unverkleideter Berohrung nur wenig, bis ca. 50 K, über der Temperatur des Arbeitsstoffs, z.B. der Siedetemperatur im Bereich der Verdampferheizflächen. Damit ist T_W so klein, daß $(T_W/100)^4 \ll (T_F/100)^4$, so daß in den meisten Fällen die Rückstrahlung der Wände vernachlässigt werden kann. Bei

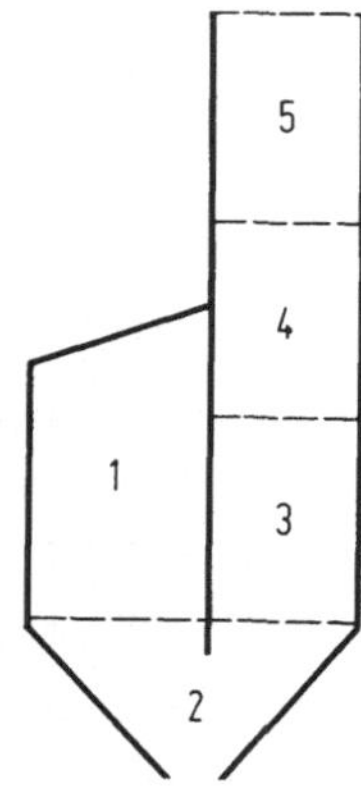

Bild 4.36. Unterteilung eines Kessels bis Ende Strahlungsraum in Berechnungs-Teilräume, sog. Zonenmodell

Schmelzfeuerungen sind allerdings die Feuerraumwände vollständig oder zu bedeutenden Teilen mit einer glühenden Schlackeschicht bedeckt. Die Rückstrahlung dieser Wände muß berücksichtigt werden. Als Wandtemperatur setzt man dann die Fließtemperatur der Schlacke ein, die - von der Zusammensetzung der Schlacke abhängig - im allgemeinen über 1200°C liegt.

Die Rechnung läßt sich wesentlich verfeinern, wenn man die Kesselzüge mit Wandheizflächen in verschiedene Bereiche oder Zonen, z.B. gemäß Bild 4.36 einteilt und für jeden Teilraum eine Wärmebilanz aufstellt. Dabei wird man zweckmäßigerweise Brennkammern als einheitliche Räume nach (4.39) behandeln. Für einen j-ten Teilraum ohne Brennstoffzufuhr und nicht mehr wesentlicher Nachverbrennung wäre dann der Ansatz zu machen

$$c_{pm,G}\, v_G\, \dot{m}_B\, \Delta T_j = C_j A_j \left[\left(\frac{T_{F,j}}{100}\right)^4 - \left(\frac{T_{W,j}}{100}\right)^4 \right].$$

Ist $T_{j,e}$ die Eintrittstemperatur des Rauchgases in den j-ten Teilraum, $T_{j,a}$ die Austrittstemperatur, so wird $\Delta T_j = T_{j,e} - T_{j,a}$. Bei nicht zu grober Raumeinteilung setzt man

$$T_{F,j} \approx \frac{1}{2}(T_{j,e} + T_{j,a})$$

oder in Anlehnung an (4.38) als geometrisches Mittel an. Mit der Bedingung $T_{j,e} = T_{j-1,a}$ ist die Berechnung von einem Abschnitt zum anderen vollständig ausführbar[1].

Mit der mittleren Feuerraumtemperatur T_F ist man auch in der Lage, die mittlere Wärmestromdichte oder Heizflächenwärmebelastung im Feuerraum anzugeben. Es ergibt sich dafür aufgrund (2.14)

$$q_{A,F} = \frac{\Phi_{S,F}}{A_F} = C\frac{\sum \Psi_\nu A_{W,\nu}}{\sum A_{W,\nu}} \left[\left(\frac{T_F}{100}\right)^4 - \left(\frac{T_W}{100}\right)^4 \right]. \tag{4.42}$$

Man sollte diese Beziehung insbesondere benutzen, um einen zunächst angenommenen Wert von q_A nachzurechnen. Z.B. erhält man unter Vernachlässigung der Wand-

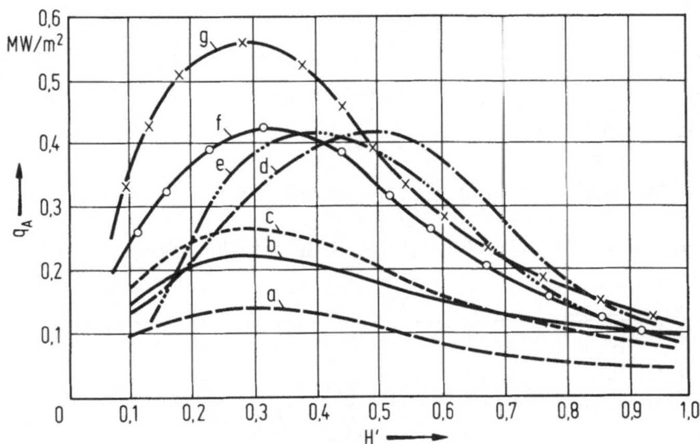

Bild 4.37. Verlauf der Wärmestromdichte im Feuerraum nach [72]. a und b Braunkohlenfeuerungen; c Steinkohlentrockenfeuerung; d und e Steinkohlenschmelzfeuerungen, d Magerkohle, e Fettkohle; f und g Ölfeuerungen; H' relative Höhe im Feuerraum

rückstrahlung für einheitliches $\Psi = 0,9$ bei einer Trockenfeuerung mit $T_F = 1500°C$ und $\varepsilon_W \cdot \varepsilon_F = 0,5$ eine Heizflächenwärmebelastung von $q_{A,F} = 0,25\,MW/m^2$. Die örtlichen Werte sind naturgemäß von der Bauart der Feuerung und dem Brennstoff abhängig und verteilen sich über der Feuerraumhöhe ähnlich wie die Feuerraumwärmebelastung, wie z.B. Bild 4.37 zeigt.

4.4.3. Berührungsheizflächen

In den ersten Berührungsheizflächen - in der Regel Überhitzer - sind die Rauchgastemperaturen noch so hoch, daß neben konvektiver Wärme in beträchtlichem Ausmaß

[1] Ein genaueres Verfahren dieser Art ist in [48] beschrieben, die weitere Entwicklung zeigt [71].

Strahlungswärme übertragen wird. Da der Brennstoff im Feuer- oder Nachbrennraum vollständig ausgebrannt sein sollte, wird indessen die Leuchtkraft des Rauchgases bei Eintritt in die Berührungsheizflächen stark reduziert sein. Hier kommt nun die reine Gastrahlung aus dem CO_2- und H_2O-Gehalt im Rauchgas zur Geltung. Anstelle des ε_F der Flammenstrahlung ist eine Emissionszahl der Gasstrahlung

$$\varepsilon_G = \varepsilon_{CO_2} + \varepsilon_{H_2O} \tag{4.43}$$

anzuwenden. Da die Gasstrahlung, wie schon erwähnt, nicht als graue Strahlung behandelt werden kann, gilt für die Wärmestromdichte

$$q_{A,G} = \varepsilon_W C_s \left[\left(\frac{T_G}{100}\right)^4 \varepsilon_G(T_G) - \left(\frac{T_W}{100}\right)^4 \varepsilon_G(T_W) \right]. \tag{4.44}$$

Dabei bedeuten $\varepsilon_G(T_G)$ bzw. $\varepsilon_G(T_W)$ die Emissionszahlen der Gasstrahlung für die Rauchgastemperatur T_G bzw. die Heizflächentemperatur T_W. ε_W ist wie bisher die Emissionszahl der Heizfläche.

In Bild 4.38 und 4.39 sind ε_{CO_2} und ε_{H_2O} nach Eckert, E. Schmidt und Hottel [73 bis 75] in Abhängigkeit vom Produkt p · s dargestellt. Dabei bedeutet p den Par-

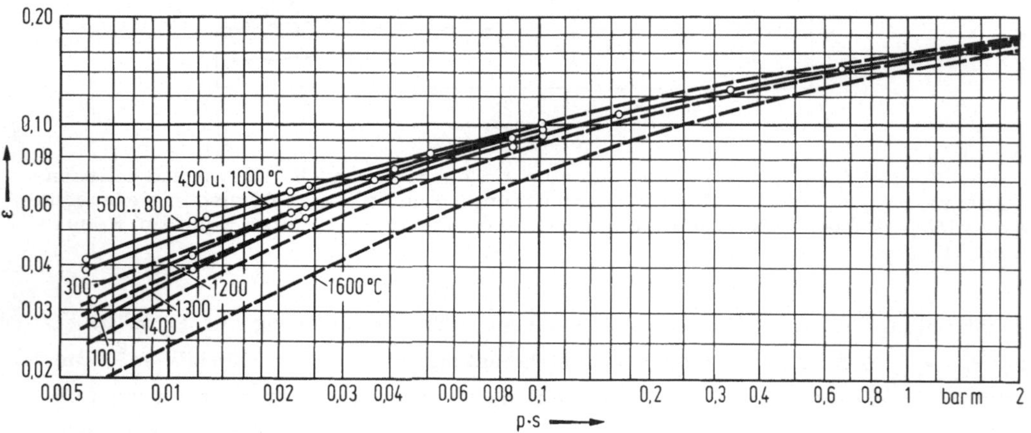

Bild 4.38. Emissionszahl der CO_2-Strahlung, nach Eckert (vgl. [12, 13])

tialdruck der entsprechenden Gaskomponente im Rauchgas, s die Rauchgasschichtdicke. Parameter (beim CO_2 in der Tendenz des Einflusses nicht eindeutig) ist die Temperatur. Beim H_2O muß ε darüber hinaus mit einem Abminderungsfaktor f multipliziert werden, der vom Partialdruck abhängig ist. Der Partialdruck folgt bekanntlich aus $p = r \cdot p_G$ mit p_G als dem Druck des Rauchgases und r als dem Raumanteil des

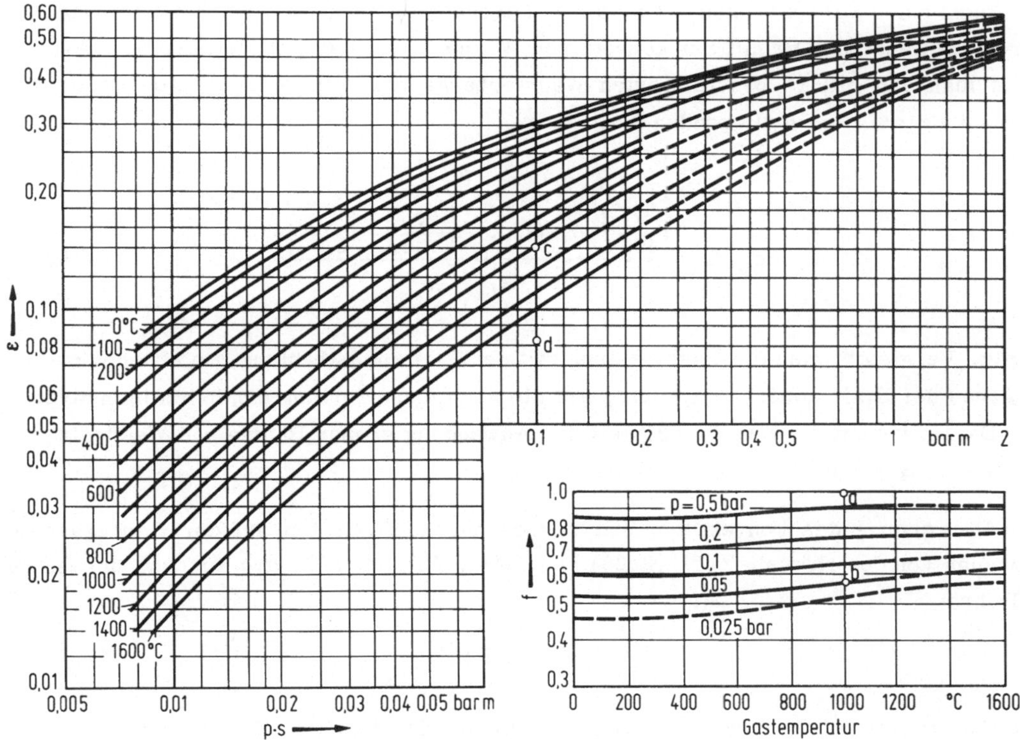

Bild 4.39. Emissionszahl ε der H_2O-Strahlung, nach E. Schmidt und Eckert (vgl. [12, 13]) bei 1 bar mit Abminderungsfaktor f für kleinere Partialdrücke

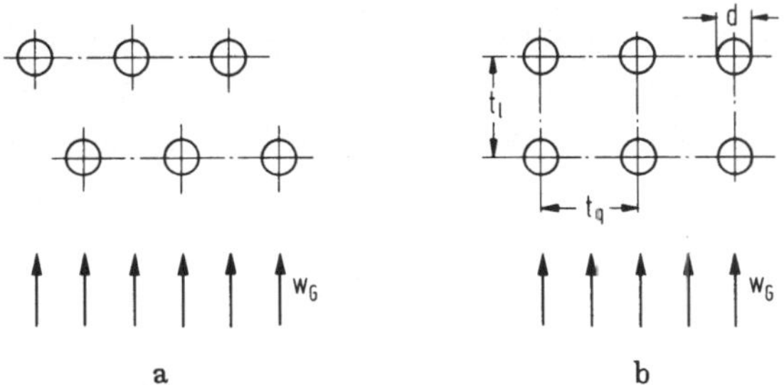

Bild 4.40. Versetzte a und fluchtende Anordnung b querangeströmter Rohrreihen. w_G Rauchgasströmung

betreffenden Gases CO_2 bzw. H_2O. Für die Schichtdicke muß man hier beachten, daß das Rauchgas im allgemeinen quer durch ein Rohrbündel strömt. Bei versetzten Rohrreihen gemäß Bild 4.40 kann für die Schichtdicke gesetzt werden

$$s = s_B = \left(\frac{t_l}{d}\frac{t_q}{d} - 1\right)d, \tag{4.45}$$

bei fluchtender Rohranordnung etwa das 1,2-fache davon. Um den Wärmeaustausch durch die Gasstrahlung mit der konvektiven Wärmeübertragung zu verknüpfen, benutzt man den mit (2.8) definierten Wärmeübergangskoeffizienten α_S, der sich in Anwendung auf den vorliegenden Fall zu

$$\alpha_S = \varepsilon_W C_s \frac{\left(\frac{T_G}{100}\right)^4 \varepsilon_G(T_G) - \left(\frac{T_W}{100}\right)^4 \varepsilon_G(T_W)}{T_G - T_W} \tag{4.46}$$

ergibt. Vergleicht man die Gasstrahlung mit der Flammenstrahlung, so erkennt man aufgrund der Emissionszahlen leicht, daß die Flammenstrahlung erheblich intensiver ist. Darauf beruht die Zweckmäßigkeit der Anwendung großer Räume und Wandheizflächen im Bereich der strahlenden Flamme.

Zur Berechnung des konvektiven Wärmeübergangskoeffizienten auf der Rauchgasseite geht man von der Nusselt-Zahl (2.28) aus. Nach Hilpert [76] gilt für querangeströmte Rohre

$$N_u = 0,43 + C\,Re^m. \tag{4.47}$$

Für Rohrbündel hat Grimison [77] Angaben für die Koeffizienten C und m gemacht, die in Tabelle 4.6 zusammengestellt sind. Reynolds- und Nusselt-Zahl sind dabei mit dem Rohrdurchmesser d als Bezugslänge zu berechnen. Für die Geschwindigkeit des Rauchgases ist die mittlere Geschwindigkeit im engsten Querschnitt zwischen zwei Rohren einzusetzen. Für diese Geschwindigkeit wählt man etwa 10 bis 12 m/s bei stark mit Flugstaub beladenem und bis 20 m/s bei aschefreiem Rauchgas. Auf der Wasser-Dampfseite kann man zur Ermittlung des Wärmeübergangskoeffizienten von der Beziehung

$$N_u = A\,Re^m\,Pr^n \tag{4.48}$$

ausgehen. Nach Mc Adams [78] kann für Rohre großer Länge, wie sie in Dampferzeugern üblich sind, gesetzt werden

$$A = 0,023, \quad m = 0,8, \quad n = 0,4.$$

Als Bezugslänge ist hier der Innendurchmesser d_i des Rohres einzusetzen, als Geschwindigkeit die mittlere Strömungsgeschwindigkeit, die man bei Wasser (in Vorwärmern) nur zu etwa 0,5 bis 2 m/s wählt, bei Dampf (Überhitzer) jedoch zwischen etwa 10 und 25 m/s, höhere Werte bei niedrigeren Drücken und umgekehrt. (4.48) gilt mit den angegebenen Koeffizienten für $Re > 3000$, also bei vollturbulenter Strömung, und für $Pr > 0,7$, was bei Wasser und Dampf stets erfüllt ist.

Tabelle 4.6. Beiwerte zur Berechnung der Nusselt-Zahl für querangeströmte Rohrbündel nach Grimison [77] $a = t_q/d$, $b = t_l/d$ nach Bild 4.40

	a = 1,25		a = 1,5		a = 2		a = 3	
	C	m	C	m	C	m	C	m
b =				fluchtende Rohrreihen				
1,25	0,348	0,592	0,275	0,608	0,100	0,704	0,0633	0,752
1,5	0,367	0,586	0,250	0,620	0,101	0,702	0,0678	0,744
2	0,418	0,570	0,299	0,602	0,229	0,632	0,198	0,648
3	0,290	0,601	0,357	0,584	0,374	0,581	0,286	0,608
				versetzte Rohrreihen				
0,6							0,213	0,636
0,9					0,446	0,571	0,401	0,581
1,0			0,497	0,558				
1,125					0,478	0,565	0,518	0,560
1,25	0,518	0,556	0,505	0,554	0,519	0,556	0,522	0,562
1,5	0,451	0,568	0,460	0,562	0,452	0,568	0,488	0,568
2	0,404	0,572	0,416	0,568	0,482	0,556	0,449	0,570
3	0,310	0,592	0,356	0,580	0,440	0,562	0,421	0,574

Mit Hilfe der Nusselt-Zahl folgen die Wärmeübergangskoeffizienten für Rauchgas- oder Arbeitsstoffseite (indiziert durch G bzw. A) aus

$$\alpha_G = \frac{\lambda_G}{d} Nu_G$$

bzw.

$$\alpha_A = \frac{\lambda_A}{d_i} Nu_A \quad .$$

Damit läßt sich der Wärmedurchgangskoeffizient gemäß (2.10) berechnen zu

$$k = \left(\frac{1}{\alpha_G + \alpha_S} + \frac{s}{\lambda} + \frac{1}{\alpha_A} \right)^{-1} \tag{4.49}$$

mit s als der Wandstärke der Rohre. Für die Wärmeleitfähigkeit λ sind in Tabelle 4.7 einige Angaben für Feststoffe gemacht. Normalerweise ist der Einfluß von s/λ und α_A gering, von entscheidender Bedeutung ist der Wärmeübergang auf der Rauchgasseite. Deshalb ist es auch möglich, die streng nur für ebene Heizflächen geltende Gl. (2.10) auf das Rohrbündel anzuwenden. Der Einfluß der Wärmeleitung

Tabelle 4.7. Wärmeleitfähigkeit für verschiedene Stoffe

Werkstoff bzw. Belag		λ W/K m	
	20°C	200°C	500°C
Stähle			
St. 35.8	60	53	41
13 Cr Mo 4 4	46	43	36
X 8 Cr Ni Nb 16 13	15	18	22,5
Flugasche		0,07 ... 0,12	
Kesselstein		0,08...2,3	

wird jedoch größer, wenn sich Beläge auf den Heizflächen wie Kesselstein innen und Flugasche außen absetzen. s/λ ist dann zu ersetzen durch $\sum_i s_i/\lambda_i$, wobei die λ_i der Beläge sehr geringe Zahlenwerte annehmen können.

Mit dem Wärmedurchgangskoeffizienten und der Heizfläche läßt sich nach (2.9) der Wärmestrom unter Benutzung der logarithmischen Temperaturdifferenz ΔT_L nach (2.11) bis (2.13) ermitteln; umgekehrt erhält man bei Kenntnis der anderen Größen die Heizfläche. Hier ist noch die Frage nach der Anordnung der Heizflächen im Gleich-, Gegen- oder Kreuzstrom zu beantworten. Kleinste Heizflächen erhält man in der Gegenstromanordnung, die daher bevorzugt angewandt wird. Jedoch findet man auch mit Gleichstrom kombinierte Ausführungen, um z.B. bestimmte Temperaturcharakteristiken im Teillastgebiet zu erzielen. Da in der Regel bei Berührungsheizflächen die Einzelrohre quer angeströmt werden, hat man jedoch stets in den Rohrbündeln einen gewissen Kreuzstromeffekt. Die logarithmische Temperaturdifferenz sollte bei Überhitzer etwa 250 bis 300 K betragen, die Austrittstemperatur des Rauchgases sollte mindestens 50 K über der zu erzeugenden Dampftemperatur liegen. Eintrittsseitig ist die Rauchgastemperatur so niedrig zu wählen, daß nur trockene Ablagerungen von Flugasche oder Ruß auftreten. Diese kann man mit Hilfe sog. Rußbläser mittels Preßluft oder Dampf - in regelmäßigen Zeitabständen betätigt - leicht entfernen. Abhängig von der Schmelztemperatur der Flugasche wählt man etwa 950 bis 1050°C als Eintrittstemperatur in die Berührungsheizflächen. Diese Temperatur ist auch etwa identisch mit der Auftrittstemperatur T_a des Rauchgases aus dem Feuerraum, die auf diese Weise festgelegt ist.

Die letzten Berührungsheizflächen im Rauchgasstrom sind in der Regel die Luftvorwärmer, abgekürzt Luvo genannt. Sofern man - wie besonders in den USA - Röhrenluftvorwärmer verwendet, sind die angegebenen Gleichungen für die Berechnung ausreichend. Man hat nur für die Luftseite den Wärmeübergangskoeffizienten α_L aus der entsprechenden Nusselt-Zahl zu berechnen. Überwiegend benutzt man jedoch in Europa Regenerativ-Wärmetauscher der Bauart Ljungström, auch als Drehluvo bezeichnet, Bild 4.41. Der Rotor eines solchen Luvos besteht aus einer Matrix dünner Blechlamellen, die eine Vielzahl koaxialer Strömungskanäle großer Oberfläche bilden. Das einen

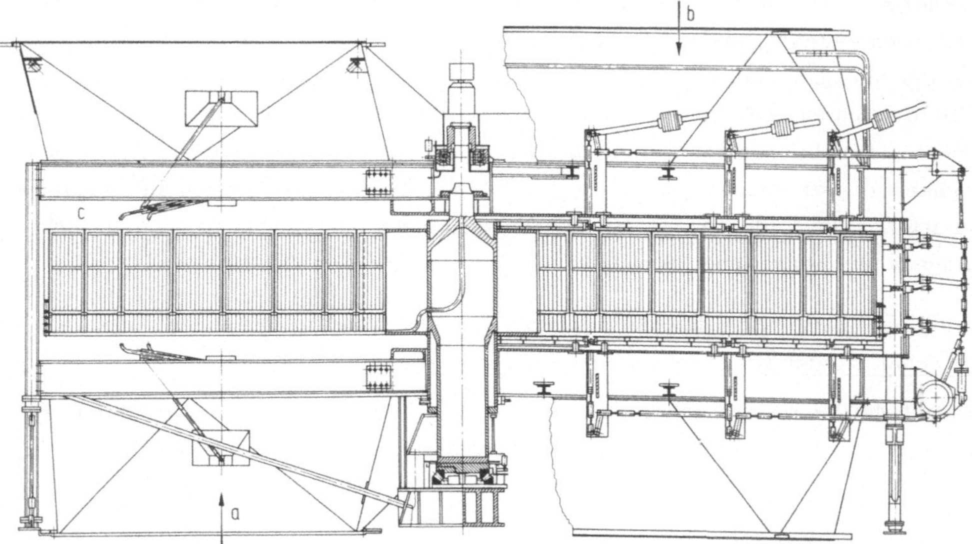

Bild 4.41. Ljungström-Luftvorwärmer im Schnitt (Werkbild Kraftanlagen). a Rauchgas; b Luft; c Rotor

Sektor des Rotors durchströmende Rauchgas erhitzt die Blechmatrix. Einen gegenüberliegenden Sektor durchströmt im Gegenstrom die zu erwärmende Brennluft und kühlt die Blechmatrix wieder ab. Durch Drehen des Rotors mit ca. 1,5 bis 4 min^{-1} wird die auf der Rauchgasseite gespeicherte Wärme auf die Luftseite kontinuierlich übertragen. Dabei kann man auf relativ kleinem Raum eine große Heizfläche unterbringen.

Die exakte Berechnung eines solchen Wärmetauschers ist verhältnismäßig schwierig [79, 80]. Für eine Abschätzung der Heizfläche kann man jedoch von (2.9) ausgehen und

$$\Phi_{GL} = k_{GL}\, A\, \Delta T_m \tag{4.50}$$

für den Wärmestrom zwischen Rauchgas und Luft ansetzen. k_{GL} ist dabei ein Wärmeübertragungskoeffizient, ΔT_m eine mittlere Temperaturdifferenz zwischen Rauchgas- und Luftseite. Ferner gilt bei Vernachlässigung von Leckströmen zwischen Rauchgas- und Luftseite als Wärmebilanz

$$v_G\, c_{pm,G}\, \Delta T_G = v_L\, c_{pm,L}\, \Delta T_L \tag{4.51}$$

mit ΔT_G und ΔT_L als den Temperaturdifferenzen auf Rauchgas- bzw. Luftseite. Sind drei der vier Temperaturen zur Bildung der Differenzen bekannt, so folgt aus (4.51) die vierte Temperatur. Damit kann man ΔT_m bilden und die Heizfläche A aus (4.50) ermitteln. Für Luftgeschwindigkeiten zwischen 4 und 6 m/s und Rauchgasgeschwindigkeiten zwischen 5 und 8 m/s gilt etwa k_{GL} = 7 bis 16 W/m^{2}K, wobei höhere Werte auch höheren Drehzahlen der Heizfläche zuzuordnen sind und umgekehrt. Zur Auslegung sei noch erwähnt, daß die Temperaturdifferenz auf der warmen Seite $\Delta T_W = T_{Ge} - T_{La}$ größer als 30 K sein sollte, um zu tragbaren Abmessungen des Luvos zu gelangen. Die erwähnten Leckverluste an der Drehscheibe lassen sich prinzipiell nicht vermeiden. Sie sind bei normalen Dampferzeugern mit nahatmosphärischem Druck des Rauchgases tragbar, nehmen jedoch in einem Überdruckbetrieb erheblich an Bedeutung zu, so daß Drehluvos dort (z.B. bei Gasturbinen und kombinierten Gas-Dampfturbinenanlagen) nicht angewandt werden können.

4.4.4. Schaltung der Heizflächen, Strömungssysteme

Der Arbeitsstoff - Wasser und Dampf - kann im Wasserrohrkessel in verschiedener Weise geführt werden. Bild 4.42 veranschaulicht einige grundlegende Schaltungen von

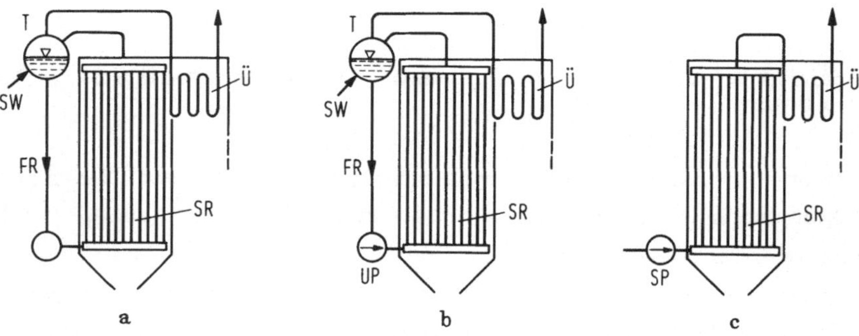

Bild 4.42. Grundlegende Strömungssysteme. a Naturumlauf; b Zwangumlauf; c Zwangdurchlauf. SR Steigrohre; T Trommel; FR Fallrohre; SW Speisewasser; Ü Überhitzer; UP Umwälzpumpe; SP Speisepumpe

Heizflächen, wie man sie zur Zeit vornehmlich anwendet. Historisch am Anfang stand das Naturumlaufsystem. Das Siedewasser wird in den Rohren der Wandheizflächen teilweise verdampft und strömt aus diesen sog. Steigrohren in die "Trommel", einem (kleineren) Überbleibsel des Großwasserraums. Hier wird Dampf von Wasser getrennt. Der nahezu trocken gesättigte Dampf wird in die Überhitzer weitergeleitet, während Wasser durch unbeheizte Rohre großen Querschnitts, sog. Fallrohre, den Sammlern zufließt, von denen es wieder auf die Wandheizflächen verteilt wird. Der Wasserstand in der Kesseltrommel wird durch Einspeisen vorgewärmten Wassers nach Maßgabe des dem System entnommenen Dampfes auf etwa halber Füllhöhe konstant gehalten. Die Trommel wird bei modernen Kesseln aus Gründen der Wärmespannungen außerhalb beheizten Raumes, jedoch gut isoliert wie die Fallrohre, angeordnet. Auf diese Weise bilden Steigrohre, Trommel und Fallrohre ein kommunizierendes Gefäßsystem, in dem einseitig durch Verdampfen eine geringere Dichte des Fluids erzeugt wird. Dadurch verringert sich das Gewicht der Flüssigkeitssäule auf der Steigrohrseite, und es kommt ein stetiger Umlauf des Fluids zustande.

Man bezeichnet das Verhältnis der im Umlauf befindlichen Gesamtmenge von Wasser und Dampf zur erzeugten Dampfmenge als Umlaufzahl

$$\zeta = \frac{\dot{m}_U}{\dot{m}_D} . \tag{4.52}$$

Die Umlaufzahl beträgt bei voller Leistung eines Naturumlaufkessels etwa 5 bis 50 - je nach Betriebsdruck -, so daß der Dampfgehalt des aus den Steigrohren in die Trommel strömenden Gemisches 2 bis 20 % ausmacht. Der im Umlauf erzeugte Naßdampf enthält also stets wesentlich mehr Wasser als Dampf. Zur Trennung von Wasser und Dampf führt man den Naßdampf von schräg oben in die Trommel und entnimmt den zu überhitzenden Dampf unter einem spitzen Winkel dazu. Infolge der scharfen Umlenkung der Strömung wird ein bedeutender Anteil des Wassers abgeschieden. Wirksamere Wasserabscheidung erzielt man indessen durch Einbauten in die Kesseltrommel,

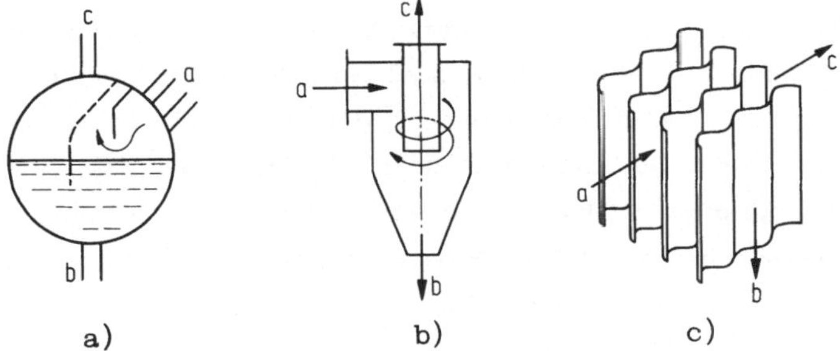

Bild 4.43. Möglichkeiten zur Wasser-Dampftrennung. a) einfache Einbauten wie Prall- oder Umlenkbleche und Siebbleche in der Trommel; b) Zyklonabscheider; c) Wellblechabscheider. a Naßdampf; b Wasser; c Dampf

wie sie z.B. in Bild 4.43 dargestellt sind. Prall- oder Umlenkbleche, Siebbleche, Wellblechabscheider oder Zyklonabscheider beruhen im wesentlichen auf der Zentrifugalwirkung, zu gewissem Teil auch (z.B. bei Prall- und Wellblechen) auf der netzenden Wirkung ihrer Oberfläche.

Die Intensität des Umlaufs hängt wesentlich von der Differenz der Dichten des Arbeitsstc zwischen Fallrohr- und Steigrohrseite ab. Mit steigendem Druck wird diese Differenz geringer, bis sie im kritischen Punkt verschwindet. Das Naturumlaufsystem ist daher nur bei unterkritischen Drücken anwendbar, praktisch höchstens bis 175 bar am Verdampferaustritt. Höhere Drücke bis ca. 200 bar am Verdampferaustritt sind beim Zwangumlaufsystem (Bild 4.42b) anwendbar. Dieses unterscheidet sich vom Naturumlaufsystem durch Umwälzpumpen, die etwa am Ende der Fallrohre eingebaut sind. Hierdurch kann die Intensität des Umlaufs in jedem Betriebszustand unabhängig vom Ausmaß der Dampferzeugung geregelt werden. Es werden Umlaufzahlen von $\zeta = 3$ bis 10 erreicht, so daß am Verdampferaustritt 10 bis 33 % Dampf im Gemisch vorhanden ist - wesentlich mehr als beim Naturumlaufkessel. Die höheren, in den Rohren erzielbaren Strömungsgeschwindigkeiten erlauben die Anwendung größerer Heizflächen- und Raumwärmebelastung, so daß Zwangumlaufkessel kleiner gebaut werden können als Naturumlaufkessel gleicher Leistung. Auch hier ordnet man Trommeln und Fallrohre außerhalb des beheizten Raumes an. Für die Fallrohre ist dies auch deshalb wesentlich, weil die Anwesenheit von Dampf in den Umwälzpumpen ein Abreißen der Förderung sowie Kavitation bewirken könnte.

Eine weitergehende Drucksteigerung ist bei einem Umlaufsystem nicht möglich. Bei überkritischem Druck ist bei der Verdampfung eine klare Grenze zwischen Wasser und Dampf nicht mehr vorhanden; Trommeln und Fallrohre würden ihren Zweck nicht mehr erfüllen. Sie sind entbehrlich beim Zwangdurchlaufkessel, nach dem Erfinder auch Benson-Kessel genannt, Bild 4.42c. Das Speisewasser wird hier unmittelbar dem verzweigten Steigrohrsystem der Wandheizflächen zugeführt und verdampft, um anschließend sogleich in die Überhitzer weiterzuströmen. Die bestechend einfache Rohranordnung ermöglicht einen nahezu kontinuierlichen Übergang von Wasser zu Dampf unter höchsten Drücken. Obwohl Benson-Kessel bei unterkritischen Drücken ebenfalls anwendbar sind, hat man in einer Sonderbauart, dem Sulzer-Einrohrkessel, eine kleine stehende Trommel in den Durchlauf eingeschaltet. Diese Trommel, auch als Flasche bezeichnet, ist bis etwa 210 bar am Verdampferaustritt anwendbar und dient der Abscheidung von Wasserresten zwischen Verdampfer und Überhitzer. Jedoch hat sie auch die Aufgabe, Salze aus dem Arbeitsstoff zurückzuhalten.

Im Benson-Kessel wird das eingespeiste Wasser im einmaligen Durchgang völlig verdampft. Alle Fremdstoffe, Mineralien, die etwa mit dem Speisewasser in den Kessel gelangen, finden sich daher entweder im Frischdampf wieder oder lagern sich an den Gefäßwänden ab. In größeren Wasserräumen, wie sie die Flasche des Sulzer-Kessels sowie die Trommel von Umlaufkesseln darstellen, reichern sich dagegen lösliche Stoffe (z.B. Salze) wie aber auch unlösliche an. Durch zeitweiliges oder kontinuierliches Ablassen angereicherten Wassers - einen Vorgang, den man als Absalzen bzw. Abschlämmen bezeichnet - entfernt man einen Teil dieser Fremdstoffe aus dem Gefäßsystem. Bei Benson-Kesseln muß man dagegen besonders hohe Anforderungen an die Reinheit des Speisewassers stellen.

Die beschriebenen grundlegenden Strömungssysteme weisen gewisse Unterschiede in ihrem betrieblichen Verhalten auf. In Bild 4.44 sind die Eintrittsgeschwindigkeiten des Wassers in die Verdampfer - die sog. Kaltwassergeschwindigkeiten - über der relativen Leistung dargestellt. Man erkennt, daß beim Anfahren eines Naturumlauf-

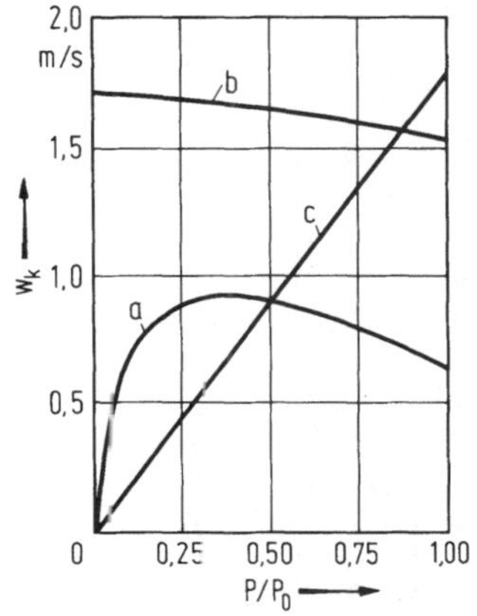

Bild 4.44. Wassergeschwindigkeit w_k vor Verdampfern bei den Strömungssystemen von Bild 4.42 in Abhängigkeit von der relativen Kesselleistung, nach Styrikowitsch, vgl. [43]. a Naturumlauf; b Zwangumlauf; c Zwangdurchlauf

kessels die Wasser-Dampfzirkulation erst durch die Beheizung in Gang kommen muß, während sie beim Zwangumlaufsystem bei jeder Leistung nahezu konstant gehalten werden kann. Beim Zwangdurchlaufkessel muß dagegen die Kaltwassergeschwindigkeit der erzeugten Dampfmenge und damit bei festgehaltenem Frischdampfzustand der Leistung direkt proportional sein. Naturumlaufkessel haben daher eine relativ lange Anfahrzeit und bedingen mit Rücksicht auf die absinkende Intensität des Umlaufs eine höhere Kesselmindestlast als Zwangumlaufkessel. Niedrigste Strömungsgeschwindigkeiten weist der Zwangdurchlaufkessel bei kleinen Leistungen auf. Hier besteht die Gefahr des Ausdampfens und unzulässigen Überhitzens einzelner Rohre oder Heizflächenteile namentlich, wenn eine nicht schnell regelbare Feuerung vorhanden ist. Insofern wird von der Wasser-Dampfseite die Kesselmindestlast mitbestimmt.

Die Frage der möglichen Wärmeaufnahme in den Verdampferheizflächen, mit der Kaltwassergeschwindigkeit zusammenhängend, verdient besondere Beachtung. Für die Flammenstrahlung ist, wie schon gezeigt wurde, die Rückstrahlung der Wände von unwesentlicher Bedeutung. Kann der Arbeitsstoff die eingestrahlte Wärme nicht ausreichend aufnehmen und ableiten, so heizen sich die Rohrwände auf der bestrahlten Seite sehr hoch auf und verlieren ihre Festigkeit. Infolge des Innendrucks entstehen Aufblähungen oder Beulen, die schließlich aufbrechen. Man spricht von Rohrreissern oder Burnout, auch von einem Dryout im Zusammenhang mit dem Ausdampfen. Betrachtet man die Vorgänge bei der vollständigen Verdampfung in einem senkrechten Rohr, so kann man etwa die in Bild 4.45 dargestellten Zonen unterscheiden. Das Sieden beginnt bereits, wenn der Kern der Rohrströmung noch unterkühlt ist, als Blasenverdampfung.

Die Blasen schließen sich mehr und mehr zu Pfropfen zusammen, danach bildet sich ein Flüssigkeitsring mit einem Nebelkern aus. Schließlich ist nur noch Nebel vorhan-

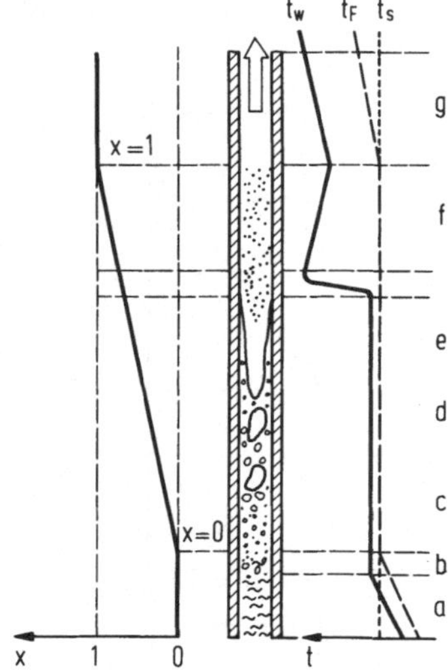

Bild 4.45. Formen der Zweiphasenströmung im senkrechten Verdampferrohr, nach [81]. a einphasige Flüssigkeitsströmung; b unterkühltes Sieden; c Blasenströmung; d Kolbenblasenströmung; e Ringströmung; f Sprüh- oder Nebelströmung; g einphasige Dampfströmung

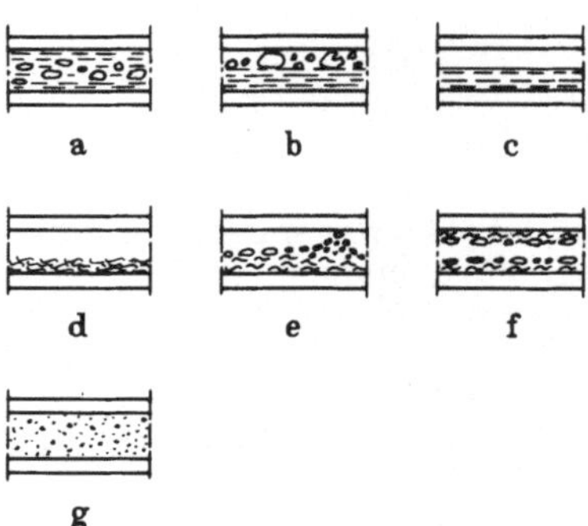

Bild 4.46. Formen von Zweiphasenströmung im waagerechten Rohr, nach [82]. a Blasenströmung; b Blasen und Pfropfen; c Schichtströmung; d Wellenströmung; e Schwallströmung; f Ringströmung; g Nebelströmung

den, der sich zu einphasigem Sattdampf auflöst. Der in der Abbildung auch dargestellte Temperaturverlauf zeigt unmittelbar nach Aufhören des Flüssigkeitsfilms einen starken Anstieg der Rohrwandtemperatur t_w.

Bei Umlaufkesseln erreicht man solche Zonen des Dryout im allgemeinen nicht, da die Dampfgehalte am Verdampferaustritt weit unter 1 liegen. Indessen kann auch im Bereich niedriger Dampfgehalte das Blasensieden bei zu starker Wärmestromdichte örtlich in ein Filmsieden umschlagen. Bild 4.46 veranschaulicht Formen von Zweiphasenströmung, wie sie besonders in waagerechten oder schwach geneigten Rohren möglich sind. Hier tritt infolge Schwerkraftwirkung eine gewisse Entmischung beider Phasen - Wasser und Dampf - ein. Bei Filmverdampfung entstehende Temperaturerhöhungen an der Rohrinnenwand zeigt z.B. Bild 4.47. In Bild 4.48 sind Grenzwerte für die Wärmestromdichte bei Einsetzen partieller Filmverdampfung, der sog. kritischen Wärmestromdichte wiedergegeben. Bei überkritischen Drücken zeigt sich dieser Effekt nicht; die Rohrwandtemperaturen haben im ganzen Bereich zwischen Kaltwasser und Heißdampf kein ausgeprägtes Extremum. Um Übertemperaturen zu vermeiden oder auf vom Rohrwerkstoff ertragbare Werte zu beschränken, darf man im unterkritischen Druckbereich bestimmte Werte der Heizflächen-

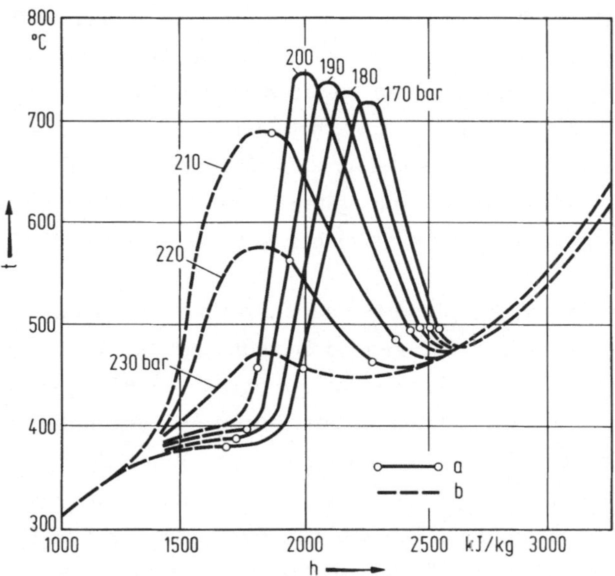

Bild 4.47. Temperatur der inneren Rohrwand, abhängig von der Enthalpie, gemessen an einem wagerechten Rohr bei 0,7 m/s Kaltwassergeschwindigkeit und einer Wärmestromdichte von 0,465 MW/m², nach [83]. a Naßdampfgebiet; b Wasser bzw. Dampf

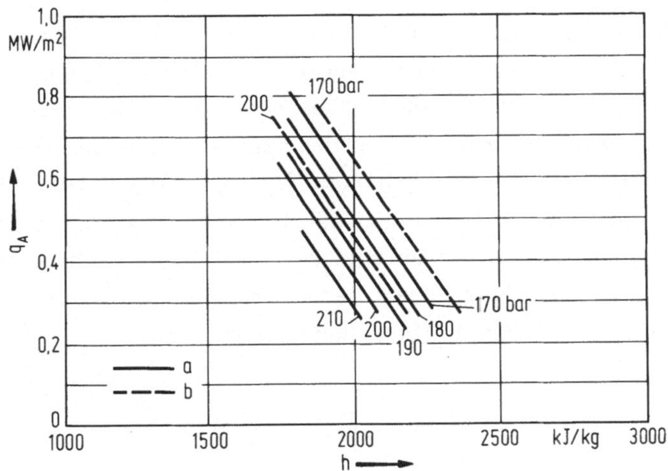

Bild 4.48. Grenzwerte für die Wärmestromdichte beim Einsetzen partieller Filmverdampfung, gemessen an waagerechten Rohren mit 10/5 mm Durchmesser, nach [83]. a Kaltwassergeschwindigkeit w_k = 0,7 m/s; b w_k = 1,2 m/s

wärmebelastung (z.B. nach Bild 4.48 oder [14, 83, 84]) auch örtlich nicht überschreiten. Eine Erhöhung der Wärmestromdichten ist durch Steigerung der Strömungsgeschwindigkeit im Rohr möglich. Auch stärkere Turbulenz vermindert die Gefahr der Filmverdampfung. In den USA hat man zu diesem Zweck Rohre mit inneren Querrippen entwickelt. Die Gefahr des Burnout durch Filmsieden oder Austrocknen kann im Teillastgebiet am besten beim Zwangumlaufsystem infolge der größeren Kaltwassergeschwindigkeit beherrscht werden (s. Bild 4.44).

Höhere Strömungsgeschwindigkeiten setzen auch die Übertemperaturen der Rohrwände im Falle des Dryout herab. Die genaue Berechnung der Übertemperatur ist schwierig [85]. Erst im Gebiet der reinen Einphasen-Heißdampfströmung (Post Dryout) vermag man die eintretenden Temperaturen aus der üblichen Berechnung des Wärmedurchgangs zu ermitteln, indem z.B. der Wärmeübergangskoeffizient auf der Dampfseite aus (4.48) bestimmt wird. Eine Erhöhung der Strömungsgeschwindigkeiten hat indessen ihre Grenzen mit Rücksicht auf den Druckverlust im Gefäßsystem. Man berechnet den Druckverlust Δp am besten abschnittsweise. Für einen beliebigen Abschnitt einer Rohrstrecke zwischen zwei Punkten j und j + 1 gilt bekanntlich

$$(\Delta p)_{j,j+1} = \left(\zeta \frac{1}{2} \rho \, w^2\right)_{j,j+1}. \tag{4.53}$$

Dabei ist ζ der Druckverlustbeiwert, ρ die mittlere Dichte und w die mittlere Geschwindigkeit des Fluids im betreffenden Streckenabschnitt. Die Gleichung ist bei kompressiblen Fluiden auf solche Abschnittslängen begrenzt, für die $\Delta p/p < 1\,\%$ bleibt, weil sonst ρ nicht als konstant behandelt werden darf. Für ζ finden sich in der einschlägigen Literatur (z.B. [17]) Angaben unter Berücksichtigung verschiedener Geometrien der Strömungskanäle als Funktion der Reynolds-Zahl. Beim Rohr ist auch $\zeta = \lambda \cdot \frac{l}{d}$, wobei l die Länge, d der Durchmesser und λ der Reibungskoeffizient, sind. λ ist eine Funktion der Reynoldszahl und der Oberflächenrauhigkeit. Für nichtkreisförmige Querschnitte ist dabei der hydraulische Durchmesser

$$D = 4 \frac{F}{U} \tag{4.54}$$

mit F als der Querschnittsfläche und U als dem Umfang des Querschnitts anstelle von d einzusetzen.

So läßt sich mit Hilfe von (4.53) auch der Druckverlust in den Rauchgaszügen sowie in allen anderen, im Kraftwerk vorkommenden Rohrleitungen erfassen. Der Druckverlust in den Rauchgaszügen ist bei nichtaufgeladenen Kesseln relativ gering und wird durch den natürlichen Schornsteinzug sowie durch "Frischluftgebläse" vor der Feuerung oder bzw. und "Saugzuggebläse" vor dem Schornstein gedeckt [51, 53]. Beträchtlich ist jedoch mit ca. 10 bis 30% vom Frischdampfdruck der Druckverlust im Wasser-Dampfgefäßsystem. Da die Verluste mit dem Quadrat der Geschwindigkeit wachsen, sieht man leicht ein, daß eine Geschwindigkeitssteigerung über angegebene übliche Werte hinaus im allgemeinen nicht sinnvoll ist. Bei Zweiphasenströmung beachte man, daß diese nur näherungsweise wie die Strömung eines homogenen Fluids behandelt werden kann [14]. In diesem Fall spielt der "Schlupf", d.h. eine unterschiedliche Geschwindigkeit zwischen Dampf- und Flüssigkeitsphase eine zu beachtende Rolle. Man geht dabei so vor, daß man zunächst als Bezugsgröße den Druckverlust Δp_{fl} ermittelt, den man ansetzen müßte, wenn der gesamte Massenstrom $\dot{m}$ einphasig flüssig im Sättigungszustand durch das Rohr fließen würde:

$$\Delta p_{fl} = \frac{1}{2} \rho' w^2 \cdot \zeta = \frac{1}{2} \left(\frac{\dot{m}}{F} \right)^2 \cdot \frac{\lambda}{\rho'} \cdot \frac{1}{d} \tag{4.55}$$

Dabei ist zur Ermittlung von λ die Reynolds-Zahl ebenfalls für den Sättigungszustand des Wassers zu bilden, d.h. $Re = Re' = w \rho' d/\eta'$. Für den Druckverlust der Zweiphasenströmung setzt man dann

$$\Delta p_{2ph} = R_{2ph} \cdot \Delta p_{fl} \tag{4.56}$$

mit R_{2ph} als dem sog. Zweiphasenmultiplikator.

Es gibt eine Fülle von Untersuchungen zur Ermittlung des Zweiphasenmultiplikators [14]. Dabei spielt die Strömungsform gem. Bild 4.45 oder 4.46 eine bedeutende Rolle. Köhler [85] hat gefunden, daß man sich im wesentlichen auf den Benetzungszustand der Oberfläche beziehen kann. In Anlehnung an [86] gilt dann im benetzten Bereich

$$\Delta p_{2ph} = \lambda(Re') \cdot \frac{1}{d} \cdot \frac{1}{2\rho_h} \cdot \left(\frac{\dot{m}}{F} \right)^2 ,$$

mit ρ_h als der mittleren Dichte des als homogen aufgefaßten 2-Phasengemisches. Daraus folgt der Zweiphasenmultiplikator

$$R_{2ph} = 1 + \dot{x} \left(\frac{\rho'}{\rho''} - 1 \right) \tag{4.57}$$

mit ρ'' als der Dampfdichte im Sättigungszustand und $\dot{x}$ als dem Dampfanteil in der Strömung (d.i. das Verhältnis des Dampfmassenstroms zum Wasserstrom). Im übrigen kann man bei geringen Dampfgehalten auch mit guter Näherung das homogene

Modell (mit ρ_h und η_h) direkt anwenden. Im unbenetzten Bereich (z.B. Tröpfchen- oder Nebelströmung) bis zum einphasigen Zustand ist R_{2ph} kleiner, als (4.57) entspricht. Bei Ansatz des homogenen Modells sollte man dann η'' und ρ'' zur Ermittlung der Reynoldszahl einsetzen.

Außer dem Reibungsdruckverlust sind die Druckunterschiede zu beachten, die sich aus den (bei manchen Dampferzeugern beträchtlichen) geodätischen Höhenunterschieden und den unterschiedlichen Dichten des Arbeitsstoffs ergeben. Wird bei einem Umlaufsystem die Fallrohrseite mit F, die Steigrohrseite mit S indiziert, so ergeben sich die geodätischen Druckdifferenzen zu

$$\Delta p_F = \int_0^{h_F} g\rho_F dz; \quad \Delta p_S = \int_0^{h_S} g\rho_S dz \tag{4.58}$$

mit h_F und h_S als den entpr. Höhen der Rohrstränge und der Erdbeschleunigung g. Die Dichten ρ_F und ρ_S müssen dabei entsprechend den örtlichen Zustandsverhältnissen eingesetzt werden. Bei Naturumlauf müssen die geodätischen Druckdifferenzen den Antrieb für die Zirkulation des Fluids liefern, d.h. sie müssen im stationären Betrieb der Summe der Reibungsdruckdifferenzen entsprechen. Bei Zwangumlauf wirkt zusätzlich die von den Umwälzpumpen erzeugte Druckerhöhung. Bei Zwangdurchlauf müssen die Speisepumpen zusätzlich zur Druckerhöhung des Fluids alle Druckverluste im Rohrsystem decken, bei Umlaufkesseln nur die im Rohrsystem außerhalb des Umlaufs entstehenden. Aus den Druckverlusten folgen die Pumpenleistungen mit Hilfe (2.24), wenn man $H_s = v \cdot \Delta p$ setzt, zu

$$P_P = \frac{\dot{m} \cdot v \cdot \Delta p}{\eta_P} \tag{4.59}$$

mit η_p als dem Wirkungsgrad der Pumpe. Da zur Berechnung der Druckverluste der Zustand des Fluids und seine Geschwindigkeit an jeder Stelle des Dampferzeugers bekannt sein müssen, sieht man leicht ein, daß die Berechnung der Druckverluste nur in einem iterativen Verfahren möglich ist |45|. Dabei ist auch die Wärmeübertragung zu beachten. Im Bereich der Verdampferheizfläche gilt für einen Längenabschnitt Δz der Breite b etwa

$$\Delta \dot{Q} = q_A \cdot b \cdot \Delta z = \dot{m} \cdot r \cdot \Delta x \quad . \tag{4.60}$$

Daraus folgt abschnittsweise die Änderung des Dampfgehaltes Δx, wobei die Verdampfungswärme r sich abhängig vom Druck, d.h. also auch vom Reibungsdruckverlust in der Rohrstrecke darstellt.

Druckverluste und Wärmeübertragung auf der Wasser-Dampfseite hängen in erheblichem Ausmaß von der Beschaffenheit des Wassers im Kreislauf ab. Natürliches Wasser wäre aufgrund seines Gehalts an gelösten Mineralien und Gasen als Arbeitsstoff für Dampfkraftanlagen völlig ungeeignet. In kurzer Zeit wären z.B. beim Dampferzeuger die Rohre im Innern mit dicken Belägen versehen, die verstopfend, wärmeübergangshemmend und auch korrosiv wirken [88, 89]. Außer der schon erwähnten Absalzung und Abschlämmung aus Wassergefäßen muß man daher das Speisewasser entsalzen und entgasen [90 bis 92]. Die Aufbereitung ist nicht nur für neu in den Kreislauf einzuspeisendes Wasser notwendig, sondern ebenso für das laufend anfallende Kondensat, da innerhalb des Gefäßsystems auch ständig Stoffe in Lösung oder Suspension gehen. Die heute für Durchlaufkessel geltenden Reinheitsanforderungen sind in Tabelle 4.8 zusammengestellt. Das praktisch vollentsalzte Kreislauf-Wasser wird in thermischen und chemischen Aufbereitungsanlagen (Destillierkolonnen, Entgaser, Ionentauscher) gewonnen, die heute in jedem Dampfkraftwerk vorhanden sind (s. z.B. [93]).

Tabelle 4.8. Richtwerte für die Speisewasserqualität von Durchlaufkesseln nach VGB [90]

pH-Wert bei 25°C	>9 (neutrale Fahrw. 6,5 bis 7,5)
Leitfähigkeit (Salzgehalt)	$< 0,2$ µS/cm (neutrale Fahrw. $< 0,15$)
freie CO_2	nicht nachweisbar
SiO_2	< 20 µg/l
O_2	< 20 µg/l (neutrale Fahrw. 50)
Fe	< 20 µg/l
Cu	< 3 µg/l

4.5 Konstruktive Einzelheiten, Entwicklung

Rohre für Heizflächen sollte man - unter Beachtung des Druckverlustes - mit möglichst kleinen Durchmessern ausführen. Rohrbündel sowie Wandheizflächen mit engen Rohren und entsprechender Teilung ermöglichen ein Optimum von Wärmedurchgang und Einsatzgewicht des Werkstoffs. Die dabei möglichen geringen Wandstärken ($s = 2,6$ bis 8 mm bei $d = 30$ bis 47 mm Außendurchmesser z.B.) führen auch zu geringen Wärmespannungen. Die Verbindung der Rohre untereinander bzw. mit Sammlern, Trommeln u.a.m. ist unter modernen Dampfverhältnissen nur mit Hilfe der Schweißtechnik möglich, worauf schon hingewiesen wurde. Schweißungen werden heute vorwiegend maschinell - zum Teil unter Schutzgas oder unter Pulver - bei entsprechender Vorwärmung der zu verbindenden Teile ausgeführt, wobei in der Regel artgleiche Schweißelektroden benutzt werden. An den Schweißstellen muß man peinlichst genau auf saubere Wurzelnähte achten. Schweißnasen im Innern verkleinern nicht nur den Rohrquerschnitt und erhöhen dadurch den Druckverlust, sie können auch, wenn sie abreißen, als Fremdkörper durch den Kessel bis in die Turbine gespült werden und Schäden anrichten. Um Schweißnasen zu vermeiden, benutzt man unter anderem Einlegeringe oder -scheiben, z.B. aus Quarz, die beim Abkühlen der Schweißnaht zerspringen. Die Bruchstücke lassen sich mit Preßluft ausblasen oder mit Wasser ausspülen.

Die Aufhängung der Heizflächen muß möglichst zwangfrei sein. Die Rohre müssen Gelegenheit zur Ausdehnung haben, da sonst die großen Temperaturdifferenzen zwischen Stillstand und Betrieb zu unbeherrschbaren Wärmespannungen führen würden. Bild 4.49 zeigt einige Möglichkeiten für die lose Aufhängung von wagerecht orientierten

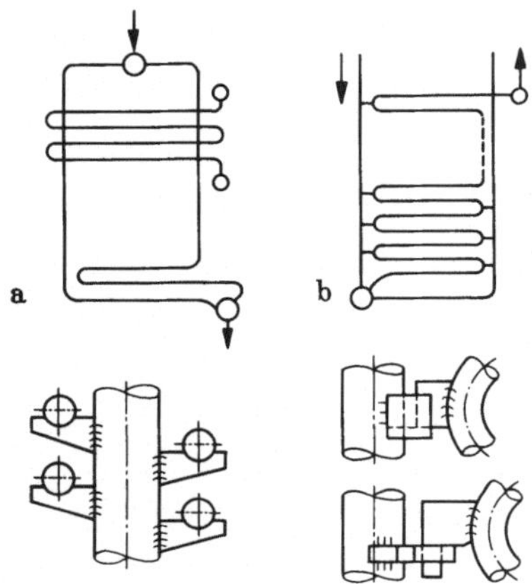

Bild 4.49. Zwangfreie Aufhängung von Heizrohren. a Konsole an gekühlten Tragrohren; b Konsole oder Laschen an Rohren von Wandheizflächen, nach [43]

Rohrbündeln (z.B. Überhitzer) an Aufhängerohren, die mit Wasser oder Dampf gekühlt sind. Auch an Wandheizflächen können solche Rohrbündel befestigt werden. Bei zu großer Rohrlänge besteht die Gefahr zunehmender Durchbiegung infolge des Werkstoff-Kriechens. Man muß dann die Rohre durch Traglaschen auch mittig unterstützen. Bild 4.50 zeigt die Montage von Überhitzerrohrbündeln am Strahlungsraumende.

Die Wandheizflächen, aus Steigrohren gebildet, können konstruktiv in verschiedener Weise ausgeführt werden. In Bild 4.51 sind wesentliche Beispiele wiedergegeben. Die früher übliche, zuweilen auch heute noch angewandte gemauerte Ausführung ist nicht völlig gasdicht, speichert jedoch Wärme sehr gut, was bei Kesseln mit intermittierendem Betrieb (z.B. nächtlichen Betriebspausen) von Vorteil sein kann. Auf die Schamotte-Wand folgen eine oder mehrere Isolierschichten aus Bims, Steinwolle oder Asbest. Bei der sog. Skin-Casing-Bauart wird der gasdichte Abschluß des Feuerraums durch eine geschweißte Blechwand unmittelbar hinter den Rohren erzielt. Membran- und Monorohrwand bilden durch Verschweißung der Rohre selbst einen gasdichten Abschluß. Bild 4.52 zeigt die Ausführung von Flossenrohren und Monorohren noch genauer. Rohre mit angewalzten Flossen ließen sich - unverschweißt - auch bei der gemauerten oder Skin-Casing-Bauart einsetzen. Den Abschluß der Kesselwände nach außen bildet stets eine Blechhaut.

Für die Lage der Rohre in den Wandheizflächen verwendet man neben der senkrechten Anordnung zwischen zwei Sammlern (vgl. Bild 4.42) auch Wicklungen, z.B. in

Bild 4.50. Montage von Überhitzerrohrbündeln am Ende des Feuerraums (Werkbild MAN)

Mäanderband- oder Schraubenbandform (Bild 1.7) mit horizontalen bzw. schwach geneigten Rohren. Die gasdichten Wände können selbst bei geringen Über- oder Unterdrücken nicht formsteif sein. Sie müssen daher in gleichmäßigen, nicht zu großen Abständen durch Bandagen abgestützt werden. Die Bandagen stützen sich wiederum auf stärkere, von der Rohrwand isolierte Querträger ab. Bild 4.53 zeigt Beispiele für die Ausbildung formsteifer, jedoch ausdehnbarer Eckenverbindungen, die aufgrund der großen Temperaturdifferenzen zwischen Trägern und Rohrwand notwendig sind. Die Querträger müssen mit den Halterungen für Sammler, Hängerohre u.dgl. am Kesselgerüst - einem Stahlträger-Rahmen-Bauwerk - aufgehängt werden. Dies geschieht z.B.

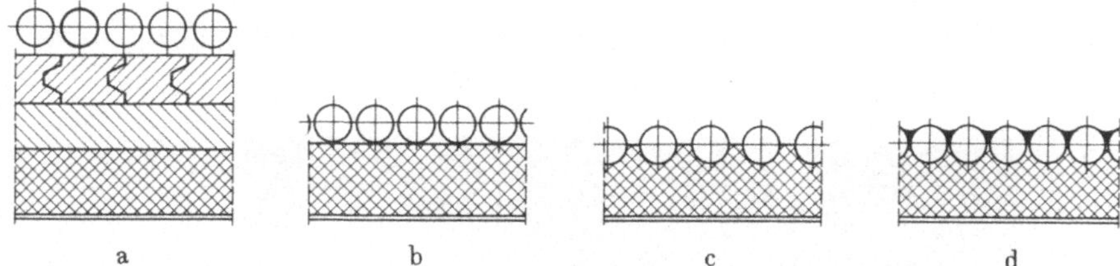

Bild 4.51. Feuerraum-Berohrung (Werkbild Oschatz). a gemauerte Ausführung; b Skin-Casing-Bauweise; c Membranwand-Ausführung; d Mono-Rohrwand

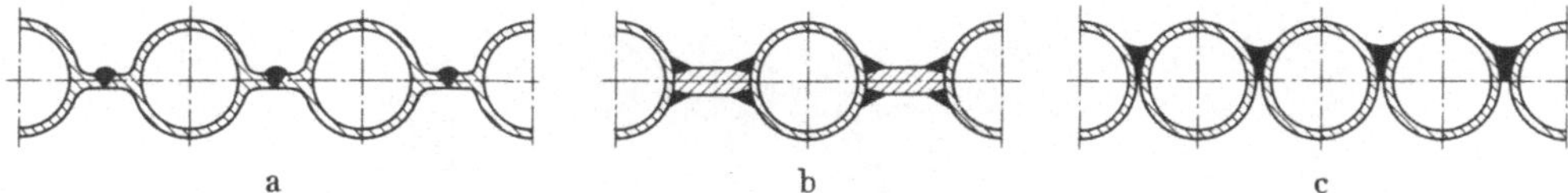

Bild 4.52. Dichtgeschweißte Rohrwände (Werkbild Oschatz). a verschweißte Flossenrohre; b eingeschweißte Stege; c verschweißte Rohre (Mono-Rohrwand)

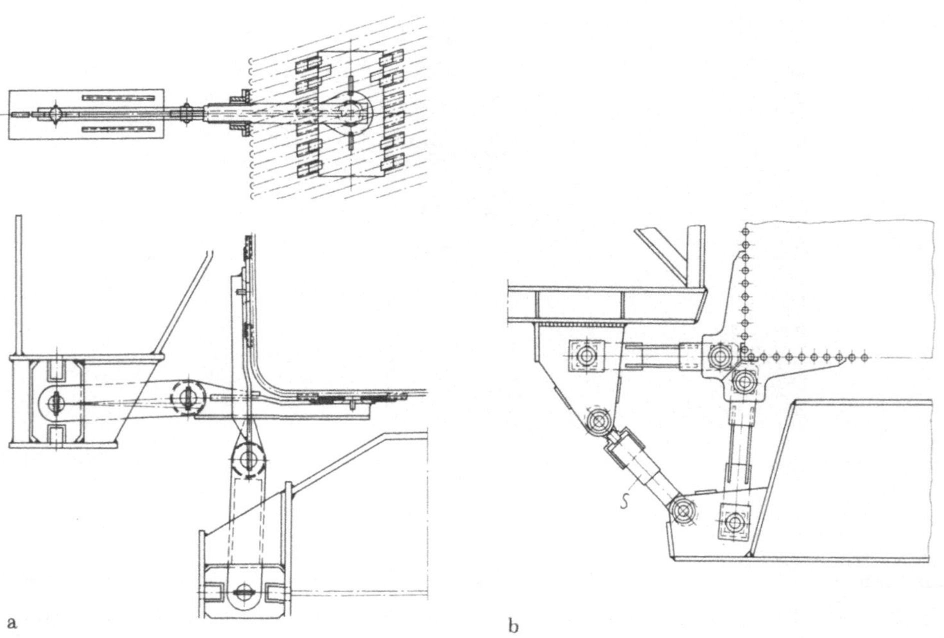

Bild 4.53. Gestaltung von Feuerraumecken und Abstützungen der Membran-Rohrwände. a horizontal oder leicht steigend verlegte Rohre; b senkrechte Rohrlage (mit hydraulischem Stoßdämpfer S zum Schutz der Rohrwand bei Verpuffungen, Werkbild MAN)

mit Hilfe von gelenkigen Bolzen-Laschen-Verbindungen. Auf diese Weise kann der nach unten frei hängende Kessel sich in jeder Richtung ziemlich zwangfrei ausdehnen oder zusammenziehen.

An Stellen, wo z.B. Brenner in den Feuerraum münden, müssen die Rohre zur Bildung einer Öffnung ausgekröpft bzw. ausgebogen werden. Dadurch kommen mehrere Rohrlagen übereinander. Die außerhalb der Bestrahlung liegenden Rohrreihen können jedoch zur Kühlung des Brenners benutzt werden. Eine Sonderbauart von Rohren findet man bei Schmelzfeuerungen. Die flüssige Schlacke kann starke Erosions- sowie Korrosionsschäden an den metallischen Wänden verursachen. Um dies zu vermeiden, ver-

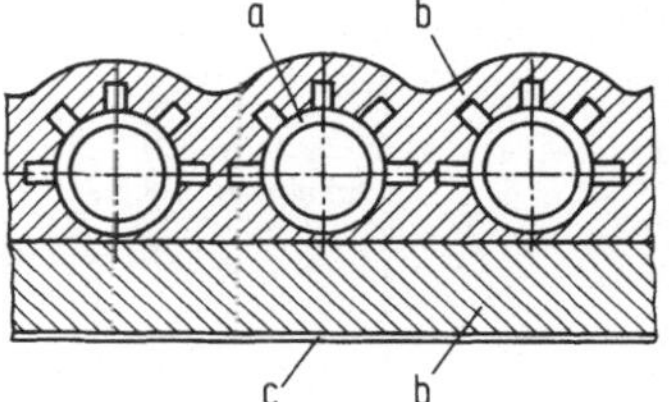

Bild 4.54. Wandheizfläche mit keramischer Schutzschicht. a bestiftete Rohre; b keramische Stampf- oder Spritzmasse; c Blechhaut

kleidet man die Rohre mit einer Schicht aus keramischem Material. Um die Bindung der meist aufgestampften Keramikmasse mit der Rohrwand zu verbessern sowie aus Gründen besseren Wärmedurchgangs wendet man hier Rohre an, die halbseitig mit aufgeschweißten Stiften aus Rundstahl gemäß Bild 4.54 versehen sind. Die Stampfmasse besteht z.B. aus Chromerz ($FeO \cdot Cr_2O_3$) mit Wasserglas als Bindemittel oder auch aus Siliziumkarbid oder Schamotte. Oft werden dabei die Rohre auch in Formsteine aus Schamotte eingebettet. Die Wärmeaufnahme solcher Stampfmassen ist mit $q_A \approx 0{,}25\,MW/m^2$ recht hoch. Bei Stiftrohren ohne Stampfmasse würde man in Feuerungen mit hoher Raumwärmebelastung leicht Wärmestromdichten über $0{,}6\,MW/m^2$ erzielen, die zu Filmverdampfung und Burnout führen können. Keramische Stampfmassen verwendet man auch bei Müllverbrennungsanlagen als Korrosionsschutz.

Die Entwicklung der Dampferzeuger führte angesichts der ständigen Vergrößerung der Blockleistung zu immer größeren Abmessungen, die eine immer weitergehende Verlagerung der Fertigstellung des Kessels oder seiner Teile auf die Kraftwerksbaustelle zur Folge hatten. Um die hiermit verbundenen Schwierigkeiten und Kosten zu reduzieren, fehlt es nicht an Vorschlägen für kompaktere Bauweisen. Eine Möglichkeit dazu besteht in der Aufladung des Kessels auf höhere Drücke (z.B. auf 10 bar). Der hohe Rauchgasdruck ermöglicht kleinere Brennkammern sowie erhebliche Einsparungen bei den Heizflächen, namentlich den Wandheizflächen, da besonders der konvektive Wärmeübergang erheblich verbessert wird [94, 95]. Der Einsatz dieser Kessel ist sinnvoll in kombinierten Gas-Dampfturbinenprozessen nach Bild 3.26. Die Ausführung für eine solche Anlage größerer Leistung zeigt z.B. Bild 4.55. Der Dampferzeuger ist

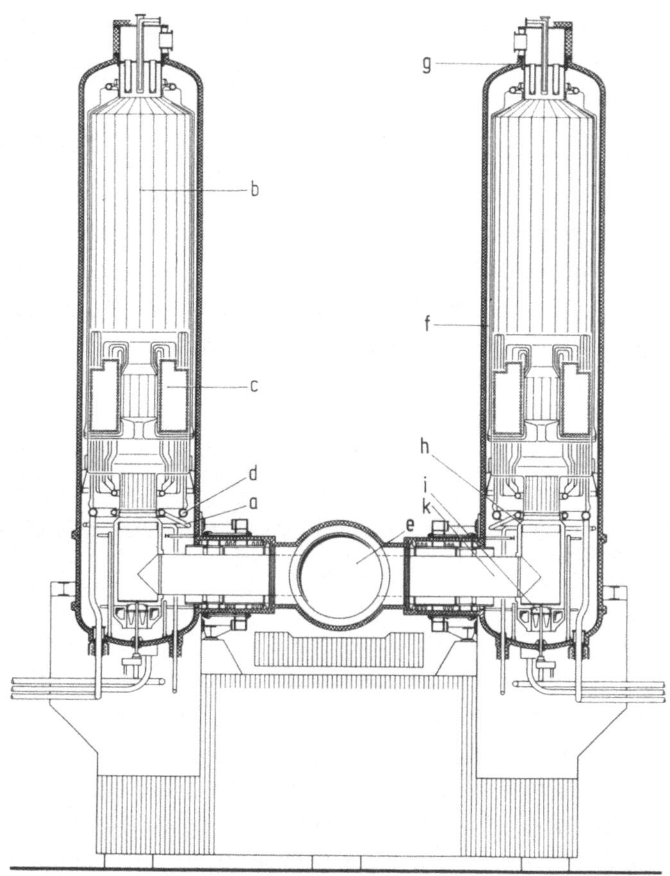

Bild 4.55. Aufgeladener, einer Gasturbine vorgeschalteter Dampferzeuger (Werkbild Balcke - Dürr). a Speisewasser-Eintritt; b Verdampfer; c Überhitzer; d Heißdampf-Austritt; e Gasturbine; f Luftmantel; g Gasbrenner; h Luftbeimischung; i Luftregelschieber; k Gasaustritt

vollständig in einem stählernen Druckgefäß eingebaut, dessen Mantel gut keramisch isoliert oder durch einen an ihm entlangströmenden Brennluftstrom gekühlt werden muß.

Bei allen Entwicklungsmaßnahmen muß man heute - mehr als früher - den Umweltschutz beachten. Die vom Dampferzeuger emittierten Schadstoffe sind Flugstaub, Schwefeloxide und Stickoxide. Die Flugstaubabscheidung wird seit mehr als 50 Jahren angewandt. Die Filter oder Abscheider - mechanisch oder elektrostatisch wirkend - erreichen Wirkungsgrade bis 99,8%. Der nicht abgeschiedene, geringe Rest besteht aus im allg. unsichtbarem Feinstaub. Probleme bieten die Entschwefelung des Rauchgases und die Stickoxid-Reduzierung.

Für die Entschwefelung gibt es eine Fülle von Vorschlägen [47], jedoch scheint sich die Rauchgaswäsche mit Kalk (sog. Naßentschwefelung) am meisten einzuführen. Gemäß

$$Ca(OH)_2 + SO_2 \rightarrow CaSO_3 + H_2O$$

entsteht dabei zunächst Kalziumsulfid, das weiter zu Gips verarbeitet werden kann. Infolge des Wasseranfalls muß das Rauchgas nach der Entschwefelung thermisch getrocknet werden, wodurch ein Verlust am Kesselwirkungsgrad entsteht. Die Entschwefelungsanlage erhöht zudem die Investitionskosten nicht unbeträchtlich. Man hat daher auch eine direkte Zugabe von Kalkstaub in die Feuerungen (sog. Trockenentschwefelung) untersucht, aber als in der Regel nicht ausreichend wirksam befunden.

Am schwierigsten scheint das NO_x-Problem zu sein. Die Stickoxide bilden sich zunehmend mit der Erhöhung der Feuerraum- bzw. Flammentemperatur. Eine Absenkung der Flammentemperatur ist in verschiedener Weise möglich, führt aber im allgemeinen zu einer schlechteren Verbrennung. Die Anwendung der Schmelzfeuerung wird eingeschränkt oder überhaupt in Frage gestellt. Bei Anwendung der Trockenfeuerung besteht die derzeitige Lösung im sog. Mehrstufenbrenner [96]. Im Prinzip ist dies ein Rundbrenner gemäß Bild 4.21, bei dem die Verbrennung in einer Kernzone zunächst unvollkommen (bei kleinem Luftverhältnis λ), in mehreren Mantelzonen dann jedoch bei zunehmendem Radius der Flamme mit großem Luftüberschuß (großem λ) und daher niedriger Temperatur stattfindet. Damit lassen sich gegebenenfalls NO_x-Konzentrationen erreichen, wie sie behördlich vorgeschrieben werden; aber die Erfahrung zeigt, daß oft ein hoher Anteil an Unverbranntem in der Flugasche in Kauf genommen werden muß. Deswegen wären auch Verfahren zur NO_x-Minderung auf der Abgasseite bedeutungsvoll; sie sind jedoch erst in der Entwicklung und nur in Japan bereits in Kraftwerken angewandt worden.

Eine vorteilhafte Lösung der hier angeschnittenen Probleme scheint die sog. Wirbelschichtfeuerung [47, 97] zu bieten. Sie eignet sich für die Anwendung eines breiten Kohlenbereiches und verursacht nur geringe Schadstoffemission. Das Verfahren kann etwa zwischen Rost- und Staubfeuerung eingeordnet werden. Der Rost ist durch einen Düsenboden ersetzt, der der Luftverteilung dient und die sog. Bettmasse - Brennstoff und Asche - nach Abstellen der Feuerung trägt, Bild 4.56. Während des Betriebs wird dagegen die Bettmasse von der einströmenden Sekundärluft aufgewirbelt und zu einer Schichtdicke von 1 bis 2 m aufgebläht. Innerhalb der Wirbelschicht findet eine intensive Vermischung der Bettmasse mit Luft und Rauchgas statt. Durch die Anordnung konvektiver Heizflächen - in der Regel als Ver-

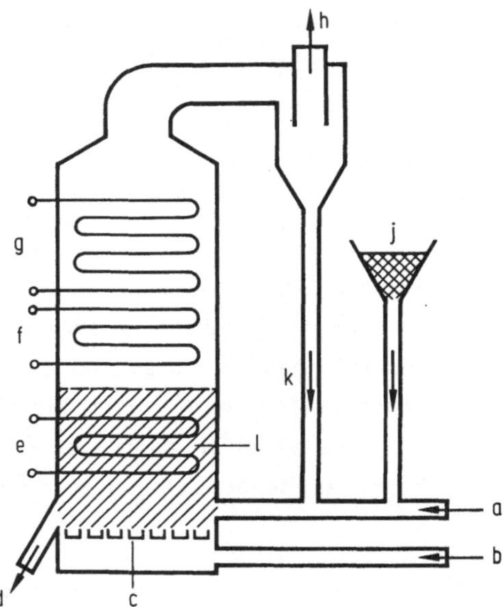

Bild 4.56. Schematische Darstellung eines Dampferzeugers mit Wirbelschichtfeuerung. a Zuführung von Brennstoff und Primärluft; b Sekundärluft; c Düsenboden; d Ascheabzug; e Tauchheizfläche (z.B. Verdampfer); f,g weitere Heizflächen; h Rauchgasfilter (Zyklon); j Kalkstaubzugabe; k Flugascherückführung; l Wirbelbett.

dampfer dienend - innerhalb des Wirbelbetts wird eine niedrige Reaktionstemperatur von ca. 800 bis 900°C erzielt. Dadurch entsteht nur wenig NO_x. Durch Zugabe von Kalkstaub in das Brennstoff-Primärluft-Gemisch wird im Wirbelbett auch gleich die Entschwefelung vollzogen, mit einem Wirkungsgrad von ca. 80 %, gegebenenfalls auch höher.

Die Wärmeaufnahme der Heizflächen in der Wirbelschicht ist infolge der intensiven Wirbelströmung ziemlich groß ($q_A \approx 0,3$ MW/m²). Obwohl Strahlungsheizflächen nicht sinnvoll sind, legt man die Feuerraumwände als gasdichte Membranwand, etwa als Vorwärmer dienend, aus. Während die Leistung einer Staubfeuerung dem Volumen des Feuerraums proportional ist, nimmt sie bei der Wirbelschichtfeuerung nur proportional zur Querschnittsfläche zu. Die übliche Belastung des Düsenbodens liegt etwa bei 1,5 MW/m² bei mittleren Rauchgasgeschwindigkeiten von 1,6 bis 2 m/s. Dies ist ein Nachteil für den Bau großer Anlagen. Die größte, bisher gebaute Blockleistung beträgt 220 MW in Kombination mit einer nachgeschalteten normalen Trockenfeuerung. Hierbei wird die Tauchheizfläche in der Wirbelschicht als Lufterhitzer für eine Gasturbine mit nachgeschalteter Verbrennung (vergl. Bild 3.22) genutzt. Die bisher gebauten, noch meist in einem Versuchsstadium befindlichen Anlagen werden mit nahatmosphärischem Gasdruck betrieben. Die weitere Entwicklung zielt auf eine Aufladung ab, um größere Leistung zu erreichen. Dabei denkt man auch daran, das Abgas in einer Gasturbine zu entspannen, sofern eine ausreichende Staubabscheidung aus dem heißen Rauchgas gelingt [98]. Auch die Kopplung mit Kohlevergasungsprozessen wird untersucht.

Es ist bemerkenswert, daß die Entwicklung zu großer Leistung zur Zeit ausschließlich an Staubfeuerungen mit nahatmosphärischem Gasdruck vorangetrieben wird. Dabei wird in Europa für Zwangdurchlaufkessel die Einzugbauweise mit Trockenfeuerung bevorzugt, vgl. Bild 1.7. Die einfache geometrische Form erleichtert die konstruktiven Probleme, gewährt beste Einordnungsmöglichkeit in das Kraftwerk bei geringster Grundfläche. Dem Umweltschutz wird durch Mehrstufenbrenner, Flugstaubfilter und Rauchgasentschwefelung Rechnung getragen. Die in dieser Bauweise erzielbare Grenzleistung ist vom Brennstoff abhängig. Sie liegt mit Rücksicht auf die Temperaturverteilung im Feuerraum bei Braunkohle möglicherweise noch unter 1000, bei Steinkohle etwa bei 1200 MW [99]. In Zweizug- und Mehrkammerbauweise (USA) lassen sich jedoch auch größere Leistungen verwirklichen. Auch die Möglichkeit weiterer Erhöhung von Druck und Temperatur des Dampfes (letztere über 600°C) zum Zwecke der Wirkungsgradverbesserung wird eingehend untersucht und für möglich gehalten [100, 101]. Mit Rücksicht auf die mangelnden Betriebserfahrungen bei Dampferzeugern größter Leistung mit extremen Dampfverhältnissen scheint es jedoch vernünftig, Druck und Temperatur nur in kleinen Schritten über das heutige Niveau (etwa 250 bar/550°C) hinaus zu steigern.

4.6 Grundzüge der Regelung von Dampferzeugern

Aufgabe der an einem Dampferzeuger vorhandenen Regeleinrichtungen muß es sein, der Turbine eine der jeweils geforderten Kraftwerksleistung angemessene Dampfmenge bestimmten Zustandes zur Verfügung zu stellen. Man unterscheidet grundsätzlich zwischen einem Festdruckbetrieb, bei dem der Frischdampfdruck konstant gehalten wird, und einem Gleitdruckbetrieb, bei dem der Frischdampfdruck im Teillastbereich etwa proportional zur Leistung abgesenkt wird. Aufgrund der vielen zu beachtenden Parameter besteht jede Kesselregelung aus einer Vielzahl von gekoppelten Regelkreisen (z.B. [102]). Die wichtigsten davon betreffen die Mengenströme von Speisewasser, Brennstoff und Brennluft, die der verlangten Dampfleistung anzupassen sowie untereinander optimal anzugleichen sind (z.B. Luftverhältnis), sowie Druck und Temperatur des Dampfs. Dabei sind an die Genauigkeit der Regelung sowie an die Regelgeschwindigkeiten hohe Anforderungen zu stellen. Z.B. sollen im Beharrungszustand keine größeren Druckabweichungen als 1 bis 2% und keine größeren Temperaturabweichungen als 5 bis 10 K eintreten. Wichtig ist das Einhalten oberer Grenzwerte mit Rücksicht auf die Werkstoffestigkeit. Insbesondere Temperaturüberschreitungen setzen aufgrund des steilen Abfalls der Zeitstandfestigkeit oder Zeitdehngrenze der meisten Kesselbaustähle mit zunehmender Betriebstemperatur die Lebensdauer der betroffenen Bauteile schnell herab.

Jeder mit unterkritischem Druck betriebene Kessel hat eine natürliche Speicherfähigkeit in dem Sinne, daß bei Absenkung des Druckes ohne sonstige Änderung des Betriebszustandes eine zusätzliche Dampfabgabe eintritt. Die Speicherdampfabgabe, die auf der

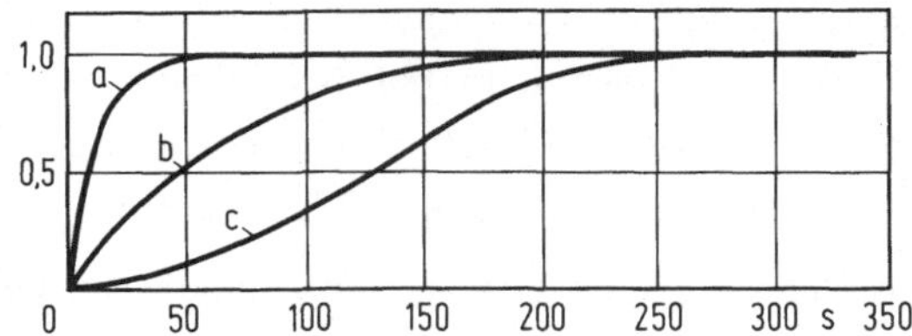

Bild 4.57. Übergangsfunktionen der Brennstoffzufuhr bei sprungförmigem Regelbefehl zur Leistungserhöhung nach Profos, vgl. [59]. a Ölfeuerung; b Kohlenstaubfeuerung mit Zwischenbunkerung; c Kohlenstaubfeuerung mit direkten Einblasemühlen

momentanen Überhitzung des Siedewassers bei der Druckabsenkung beruht, nimmt jedoch mit zunehmendem Dampfdruck stark ab, bis sie bei überkritischem Druck praktisch verschwindet. Bei modernen Hochdruckkesseln kann man daher die günstige, ausgleichende Wirkung der Speicherfähigkeit kaum in Anspruch nehmen. Die Regelgeschwindigkeit wird fast ausschließlich vom Zeitverhalten der einzelnen Regelkreise bestimmt. Bild 4.57 zeigt z.B. die Übergangsfunktion der Brennstoffzufuhr für Öl- und Kohlenstaubfeuerungen bei sprungförmiger Anforderung einer Leistungserhöhung. Man sieht, daß die Ölfeuerung (noch schneller die Gasfeuerung) im Sekundenbereich nachzuregeln vermag, während die Kohlenstaubfeuerungen, besonders bei den heute üblichen direkten Einblasemühlen, im Minutenbereich liegen. Mit wesentlicher Verzögerung folgt die Dampferzeugung. Hier kann man, ausgehend von einer sprungförmigen Änderung der Brennstoff- und Brennluftzufuhr, eine Übergangsfunktion ähnlich Fall c, Bild 4.57, annehmen mit Ausregelzeiten, die bei Gas- und Ölkesseln ca. 100 s, bei Steinkohlenstaubfeuerungen ca. 300 s und bei Braunkohlenstaubfeuerungen ca. 400 s betragen [103]. Unter Berücksichtigung des tatsächlichen Verhaltens der Brennstoffzufuhr muß man also Ausregelzeiten von ca. 2 bis über 6 min in Kauf nehmen - je nach Bauart des Kessels und der Regelorgane.

Die Brennstoffzufuhr wird im allgemeinen nach dem Frischdampfdruck oder bei Trommelkesseln nach dem Druck in der Trommel geregelt, unter Aufschaltung des Frischdampfstroms als Störgröße. Die Luftzufuhr regelt man zur Erzielung des richtigen Luftverhältnisses im Verhältnis zum Brennstoffstrom, wobei Frischdampfstrom und

-druck als Störgrößen aufgeschaltet werden. Natürlich läßt sich auch die Turbinenleistung oder eine andere, die Leistung kennzeichnede Regelgröße unmittelbar aufschalten. Das Speisewasser wird bei Trommelkesseln vom Füllstand der Trommel unter Aufschaltung von Frischdampf- und Speisewasserstrom geregelt. Bei Zwangdurchlaufkesseln ist die Speisewasserregelung kompliziert; man kann u.a. vom festgehaltenen Verhältnis des Einspritzwasserstroms zum Speisewasserstrom unter Aufschaltung von Dampfzustandsgrössen ausgehen. Es ist grundsätzlich vorteilhaft, drehzahlgeregelte Speisepumpen vorzusehen.

Die besonders wichtige Regelung der Heißdampftemperaturen (Frischdampf und Zwischenüberhitzungen) erweist sich als besonders schwierig. Es gibt grundsätzlich die Möglichkeiten eines Eingriffs auf der Wasser-Dampfseite oder auf der Rauchgasseite. Mit Wasser oder Dampf vermag man nur zu kühlen, also Übertemperaturen herabzusetzen. Man kann dazu Oberflächenkühler verwenden oder spritzt an geeigneten Stellen Speisewasser oder Kondensat in den überhitzten Dampf ein. Bei modernen Hochdruckanlagen hat sich die Einspritzregelung vollständig durchgesetzt. Das von den Speisepumpen abgezweigte Einspritzwasser sollte möglichst hohen Überdruck an der Einspritzstelle haben, damit eine gute Zerstäubung im Heißdampfstrom erzielt wird. Daher kann die Anordnung einer besonderen Förderpumpe für die Einspritzkühlung zweckmäßig sein. Bild 4.58 veranschaulicht die Einspritzregelung in einem Schema mit Temperaturmessung nach der zweiten und dritten Überhitzungsstufe. Zur Verbesserung des Zeitverhaltens wird man eine Kaskadenschaltung anwenden oder Tendenzthermometer, die auch die Temperaturänderungsgeschwindigkeit erfassen und diese der Regelung als Störgröße aufschalten.

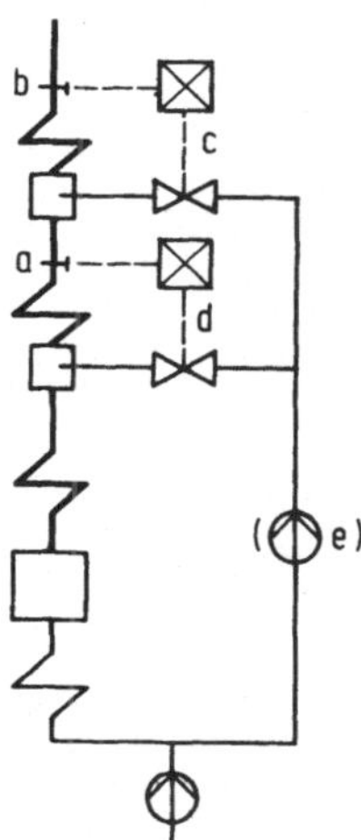

Bild 4.58. Schema einer zweistufigen Heißdampftemperaturregelung durch Wasser-Einspritzung. a, b Temperaturmeßgeber; c, d Regler mit Einspritzventilen; e Einspritzpumpe

Von der Rauchgasseite kann die Heißdampftemperatur nach beiden Richtungen beeinflußt werden, und zwar durch Änderung von Temperatur und Menge des Rauchgases. Da die Dampftemperaturen auch bei Teillast möglichst konstant bleiben sollen, ist es notwendig, im Teillastbetrieb unter abnehmender Rauchgasmenge den Bereich maximaler Temperaturen im Feuerraum zunehmend nach oben zu verlagern. Bei Großraum-

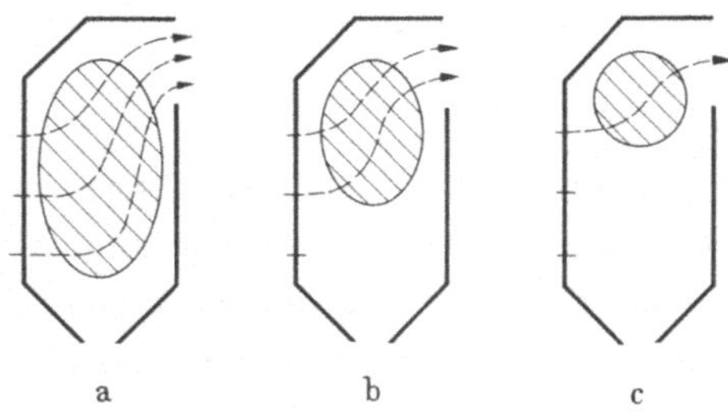

Bild 4.59. Verlagerung des Flammenkerns durch Abschalten von übereinanderliegenden Brennern

feuerungen erreicht man dies bei mehreren Brennerebenen durch Abschalten der Brenner von unten her, wie Bild 4.59 zeigt. Eine ähnliche Wirkung haben Brenner, die sich

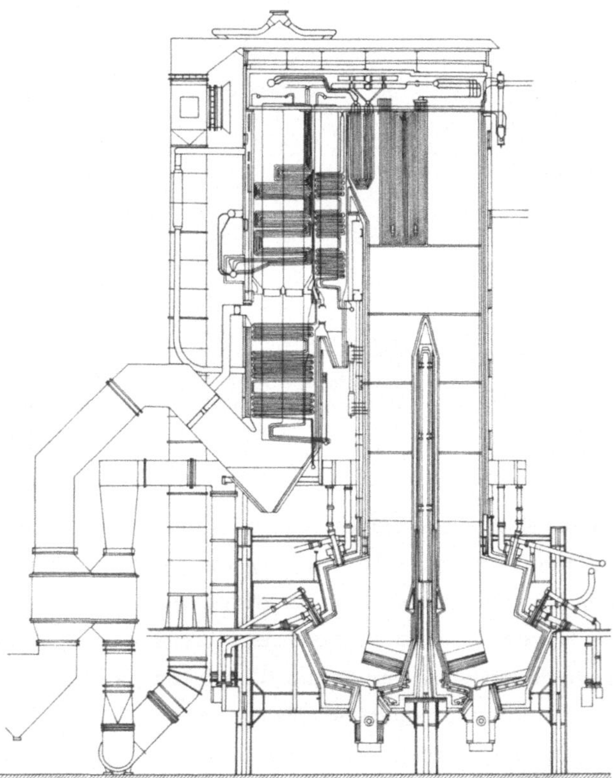

Bild 4.60. Doppel-Schmelzkammerkessel mit Stufenfeuerung und Regelzügen (Werkbild Steinmüller)

um eine horizontale Achse schwenken lassen, so daß mit abnehmender Leistung der Flammenkern nach oben verlagert werden kann. Eine weitere Möglichkeit rauchgasseitiger Regelung stellt das schon bei den Feuerungen beschriebene Teilkammerprinzip dar. Dieses läßt sich auf der Seite der Berührungsheizflächen ergänzen durch sog. Regelzüge, die eine teilweise oder vollständige Umleitung des Rauchgases oder eine andere Verteilung auf verschiedene Heizflächen, abhängig von der Kesselleistung, ermöglichen. Bild 4.60 zeigt einen Kessel mit Regelzügen. Die Drosselung des Rauchgases wird dabei mittels Regelklappen vorgenommen, die sorgfältig konstruiert sein müssen, damit sie auch unter Wärmeverzug funktionsfähig bleiben.

Als eine sehr wirkungsvolle Maßnahme erweist sich die sog. Rauchgasumwälzung. Hier wird mit abnehmender Kesselleistung zunehmend ein Teil des Rauchgases von einer Stelle vor den Luftvorwärmern abgesaugt und wieder in den Feuerraum zurückgeführt. Dabei nimmt die mittlere Flammentemperatur infolge der Mischung des frischen Rauchgases mit dem abgekühlten zunehmend mit der Menge des letzteren ab. Die Rauchgasumwälzung wirkt daher wie eine Vergrößerung des Luftverhältnisses, ist jedoch wirtschaftlicher, da durch die Umwälzung die aus dem Kessel austretende Rauchgasmenge relativ verkleinert wird. Die regelnde Wirkung hinsichtlich der Heißdampftemperatur beruht dabei darauf, daß sich das Verhältnis der übertragenen Wärmeströme mit zunehmender Rauchgasumwälzung mehr und mehr vom Feuerraum auf die Nachschaltheizflächen verschiebt.

Die Möglichkeiten, einen Kessel auch mit geringen Teillasten noch zu betreiben, hängen außer von der Feuerungsart von einer ausreichenden Durchströmung insbesondere der

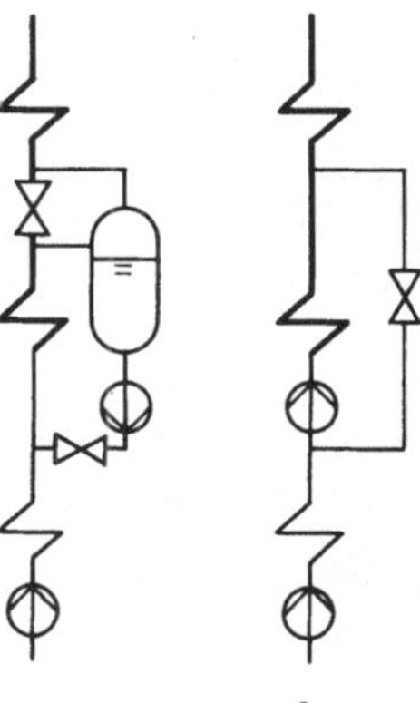

Bild 4.61. Kombinationsschaltungen für Umlauf- und Durchlaufbetrieb. a mit, b ohne Wasser-Dampftrenngefäß

Wandheizflächen ab, wie gezeigt wurde. Hier erweist sich das Zwangdurchlaufsystem-für hohe Drücke besonders geeignet - als besonders nachteilig. Um die Mindestlast solcher Kessel herabzusetzen und ihr Anfahrverhalten zu verbessern, kombiniert man in besonderen Schaltungen auch das Zwangdurchlaufsystem mit dem Zwangumlaufsystem [104, 105]. Bild 4.61 zeigt Möglichkeiten der Ausführung solcher Kombinationsschaltungen, die natürlich besondere Überlegungen hinsichtlich der Regelung und der Steuerung der Umschaltung von einem Strömungssystem in das andere erfordern. Muß man einen Betrieb des Kraftwerks mit einer unter der Kesselmindestleistung liegenden Turbinenleistung ausführen, was vorübergehend bei jedem An- und Abfahren der Anlage vorkommt, so muß der vom Kessel überproduzierte Dampf unter Entspannung und Kühlung in Druckreduzierventilen in den Kondensator umgeleitet werden.

In Bild 4.62 sind die Hauptregelkreise eines Kessels beispielsweise zusammenfassend dargestellt. Eine schnelle Regelung verlangt schnell wirkende Stellglieder. Die Antrie-

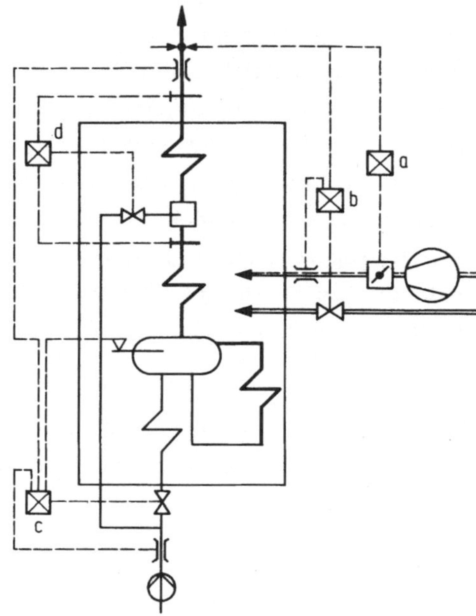

Bild 4.62. Hauptregelkreise am Beispiel eines Trommelkessels. a Luftregelung; b Brennstoffregelung; c Speisewasserregelung; d Heißdampftemperaturregelung (Einspritzregelung)

be hierzu führt man hydraulisch, pneumatisch oder elektrisch aus. Die Regler sowie die Meßfühler werden zunehmend rein elektrisch oder mit elektrischen Signalausgängen ausgeführt. Dies kommt der Tendenz zu immer engerer Kombination und Koordination von Steuerung und Regelung des Kessels und der Turbine bzw. aller Aggregate der Kraftanlagen entgegen. Die an sich analoge Regelung kann dabei leicht durch eine digitale Steuerung (z.B. Prozeßrechner), insbesondere im Sinne einer Führungsregelung ergänzt werden.

5. Kernreaktoren

5.1 Nukleare Wärmeentbindung

In der Feuerung eines konventionellen Dampferzeugers wird Wärme durch chemische Reaktion des Brennstoffs mit Sauerstoff freigesetzt. Dabei findet bekanntlich ein Austausch von Hüllenelektronen der beteiligten Elemente statt. In Kernreaktoren werden dagegen Vorgänge in oder zwischen den Atomkernen beteiligter Elemente bzw. von Nukleonen, das sind Neutronen oder Protonen, zur Wärmeerzeugung nutzbar gemacht. Man nennt diese Vorgänge auch Kernreaktionen. Wie chemische Reaktionen können Kernreaktionen exotherm oder endotherm verlaufen. Zur Erklärung der Kernreaktionen bedient man sich verschiedener Modellvorstellungen. Dabei spielen die zusammenhaltenden oder abstoßenden Kräfte zwischen den Nukleonen eine bedeutende Rolle. Bei dem relativ kurzen Abstand der Protonen im Atomkern müssen dort die abstoßenden elektrostatischen Kräfte sehr groß sein. Daher muß es starke Bindungskräfte geben, die man sich in der Mesonentheorie durch ständigen Austausch von Mesonen zwischen Nukleonen entstanden denkt. Eine andere Vorstellung oder Arbeitshypothese ist das Schalenmodell des Kerns analog zum Bohrschen Schalenmodell der Atomhülle. Es ergab sich aus der Beobachtung, daß innerhalb der Kerne ähnlich angeregte Energiezustände möglich sind, wie sie etwa in der Atomhülle durch Übergang eines Elektrons auf eine andere Schale entstehen. Eine weitere nützliche Vorstellung ist das Tröpfchenmodell. Da die Dichte aller Kerne gleich groß ist, liegt ein Vergleich mit einer idealen inkompressiblen Flüssigkeit nahe, deren Moleküle von den Nukleonen dargestellt werden.

Zur näheren Beschreibung solcher Modelle, von denen es viele mehr gibt, muß auf die Literatur verwiesen werden (z.B. [106 bis 109]). Jede Modellvorstellung eignet sich im allgemeinen nur zur Beschreibung gewisser Ausschnitte des wirklichen physikalischen Geschehens. Ihre Zusammenfassung in einer einheitlichen übergeordneten Theorie ist bisher nicht gelungen. Eine grundlegende Beziehung für die Energieumwandlung bei Atomkernreaktionen hat man jedoch in der Äquivalenz-Beziehung von Materie und Energie, von Einstein 1905 als ein Ergebnis der speziellen Relativitätstheorie gefunden. Sind E die Energie, m die Masse und c die Lichtgeschwindigkeit, so ist bekanntlich

$$E = m c^2. \qquad (5.1)$$

Diese Gleichung hat grundsätzliche Bedeutung und Gültigkeit, d.h. es tritt auch bei chemischen Reaktionen eine der Energieumsetzung äquivalente Massenänderung auf. Daß man diese nicht beobachten kann, liegt an der Größe von c^2 als Umrechnungsfaktor sowie an den relativ geringen Energieänderungen bei chemischen Reaktionen. So ist z.B. bei der Verbrennung von 1 kg Kohlenstoff mit einem Brennwert $H_o = 33\,MJ/kg$ ein Massendefekt von $3,7 \cdot 10^{-7}g$ zu erwarten, der so gering ist, daß für alle chemischen Reaktionen praktisch das Gesetz von der Erhaltung der Masse gilt.

Die bei diesem Beispiel freigewordene Wärmeenergie beträgt je Kohlenstoffatom rd. $6,6 \cdot 10^{-19} J$. In der Atomphysik bevorzugt man die Angabe der Energie in Elektronenvolt. Da $1\,J = 1\,C \cdot 1\,V$ ist, und die Ladung eines Elektrons $1,602 \cdot 10^{-19} C$ beträgt (elektrische Elementarladung), liegt die beim betrachteten Verbrennungsprozeß erzeugte Wärme auch bei 4,1 eV/Atom. Betrachtet man dagegen die hypothetische Kernreaktion

$$2 \cdot {}^1_1H + 2 \cdot {}^1_0n = {}^4_2He,$$

die eine Verschmelzung von Wasserstoff und Neutronen zu Helium darstellen würde, so ergibt sich eine Massenänderung von

$$\Delta m = 2 \cdot 1,00813\,u + 2 \cdot 1,00897\,u - 4,00388\,u = 0,03032\,u.$$

Dabei ist $u = 1,66 \cdot 10^{-24}g$ die atomare Masseneinheit (1/12 des Atomgewichts von Kohlenstoff, früher 1/16 des Atomgewichts von Sauerstoff). Diese Massenänderung, mit Hilfe der Massenspektroskopie nachweisbar, hat nach (5.1) eine äquivalente Energie von $4,512 \cdot 10^{-12} J \approx 28\,MeV$. Dies ist ein fast 10^7 mal grösserer Betrag, als bei der Verbrennung von Kohlenstoff frei wird. Für die atomare Masseneinheit erhielte man $1\,u \mathrel{\hat{=}} 931\,MeV$ als äquivalente Energie.

Würde man die angegebene Kernrekation von rechts nach links lesen, so wäre 28,3 MeV Energie aufzuwenden, um einen Heliumkern zu zertrümmern. Da der Heliumkern aus vier Nukleonen besteht, erfordert offenbar die Abtrennung eines Nukleons aus einem Heliumkern einen Energieaufwand von rund 7 MeV. Die Arbeit, die für die Zerlegung eines Kerns in seine Nukleonen aufzuwenden ist, wird als Bindungsenergie B bezeichnet. Die mittlere Bindungsenergie je Nukleon beträgt im allgemeinen etwa 8 MeV; sie ist jedoch, wie Bild 5.1 zeigt, für die einzelnen Elemente oder Isotope recht verschieden. Bei den sehr leichten Elementen ist sie mit gewissen Ausnahmen (z.B. Helium) sehr gering, steigt jedoch mit zunehmender Massenzahl schnell an und erreicht ein flaches Maximum zwischen A = 40 und 80, um dann langsamer wieder zu fallen. Die Bindungsenergie ist nach (5.1) auch dem Massendefekt äquivalent, der sich ergibt, wenn sich die Nukleonen zu dem betreffenden Kern verbinden. Nun zeigt sich, daß die

Kerne im allgemeinen um so stabiler sind, je höher ihre Bindungsenergie je Nukleon ist. Nimmt bei einer Kernreaktion die Bindungsenergie je Nukleon zu, so verläuft die Reaktion exotherm. Daraus folgen prinzipiell zwei Möglichkeiten nuklearer Energiegewinnung:

Verschmelzung von Kernen leichtester Elemente zu solchen höherer Massenzahl,

Teilung von schweren Kernen in solche mittlerer Massenzahl.

Der erstgenannte Vorgang ist die Kernfusion, der zweite die Kernspaltung.

Wir werden uns in der Folge überwiegend mit der Kernspaltung beschäftigen, die zur Zeit die einzige Möglichkeit zur Nutzbarmachung der Atomkernenenergie in Kraftwerken darstellt.

Bei der Kernspaltung könnte man davon ausgehen, daß es von jedem Element verschiedene Isotope gibt, von denen nur einige stabil sind, d.h. nicht von selbst zerfallen. Mit

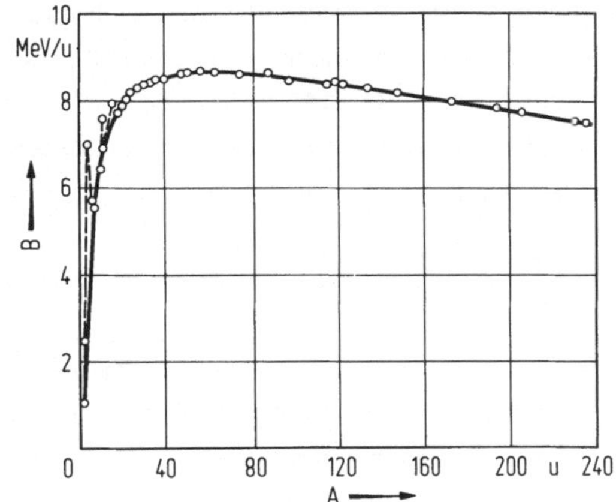

Bild 5.1. Mittlere Bindungsenergie je Nukleon

zunehmender Massenzahl wird zwar das Verhältnis von Neutronen zu Protonen im Atomkern immer größer, jedoch vermögen schließlich die zusammenhaltenden Kernkräfte der abstoßenden Wirkung der Protonen nicht mehr das Gleichgewicht zu halten; daher fangen oberhalb eines Atomgewichts von A = 200 u alle Kerne an, instabil zu werden. Das bekannteste natürliche instabile Element ist das Radium. Es zerfällt in einem ersten Schritt gemäß $^{226}_{88}\mathrm{Ra} \rightarrow ^{222}_{86}\mathrm{RaEm} + \alpha$ in Ra-Emanation oder Radon unter Aussendung von α-Teilchen. Im weiteren Zerfallsprozeß werden auch β-Teilchen emittiert; bei allen Zerfallsschritten kann γ-Strahlung entstehen. Das α-Teilchen ist bekanntlich identisch mit dem Heliumkern, β entspricht einem Elektron und γ einem Lichtquant oder Photon. Aus dem Radiumzerfall leitet sich die "Radioaktivität" her, die indessen bei allen Elementen mit einer Ordnungszahl > 81 mehr oder weniger stark in Erscheinung tritt. Von einem einheitlichen radioaktiven Stoff zerfällt in gleichen Zeiten stets der gleiche Bruchteil der jeweils noch vorhandenen Menge. Als Halbwertzeit $T_{1/2}$ bezeichnet man die Zeit, innerhalb derer die Hälfte der ursprünglichen Materie zerfallen ist. $T_{1/2}$ beträgt z.B. bei Ra 1590 a, bei U $4,9 \cdot 10^9$ a, bei Th C nur 10^{-9} s und weist also sehr große Unterschiede auf. Obwohl bei dem radioaktiven Zerfall Energie freigesetzt wird, ist dieser Prozeß zur Nutzenergiegewinnung nur sehr beschränkt anwendbar, weil die freiwerdenden Energiemengen relativ gering sind. Technische Anwendung findet der natürliche Kernzerfall daher nur für besondere Zwecke, z.B. in Isotopenbatterien bei der Raumfahrt oder für Herzschrittmacher.

Ein künstliches Zertrümmern oder Spalten von Atomkernen kann durch Beschießen der Kerne mit Elementarteilchen erzielt werden. Weil ohnedies zur Instabilität neigend, eignen sich für die Kernspaltung besonders die schwersten Atome. Als Geschosse eignen sich unter den Elementarteilchen besonders die Neutronen, weil diese keine elektrische Ladung besitzen und daher die Atomhülle wie auch das Kernladungsfeld am leichtesten durchdringen können. Das schwerste natürliche Element ist das Uran. Es setzt sich zusammen aus 0,006% ^{234}U, 0,714% ^{235}U und 99,28% ^{238}U. Dabei erweist sich das Isotop ^{235}U für eine Kernspaltung zunächst als am besten geeignet. Eine mögliche Reaktion, vereinfacht betrachtet, ist etwa

$$^{235}U + {}^{1}n \rightarrow {}^{236}U^{*} \rightarrow {}^{96}Sr^{*} + {}^{140}Xe^{*} \rightarrow {}^{95}Sr + {}^{139}Xe + 2\,{}^{1}n.$$

Der Stern als Index weist darauf hin, daß die betreffenden Kerne sich in einem angeregten Zustand befinden und spontan weiter zerfallen. Durch die Anlagerung des Neutrons am ^{235}U-Kern entsteht also zunächst das instabile ^{236}U, das in ^{96}Sr und ^{140}Xe zerfällt. Diese wiederum instabilen Spaltbruchstücke wandeln sich unter Emittierung zweier Neutronen in die stabilen Kerne ^{95}Sr und ^{139}Xe um. Aufgrund (5.1) kann man aus Anfangs- und Endzustand folgende Bilanz aufstellen:

$$m(^{235}U) + m(n) = m(^{95}Sr) + m(^{139}Xe) + 2\,m(n) + E/c^2.$$

Daraus folgt für die der errechenbaren Massenänderung von 0,215 u äquivalente Energie $E \approx 200$ MeV.

Aus verschiedenen noch zu erörternden Gründen ist die Energiefreisetzung als Mittelwert aus verschiedenen Reaktionen, die bei der Kernspaltung von ^{235}U ablaufen, jedoch etwas geringer und beträgt

$$\varepsilon^* = 192\ \frac{\text{MeV}}{\text{Spaltung}} = 3{,}08 \cdot 10^{-11}\ \frac{\text{J}}{\text{Spaltung}}.$$

Die Größe ε^* kann in ihrer Bedeutung etwa mit dem Heizwert des Brennstoffs beim konventionellen Wärmekraftwerk verglichen werden. Mit Hilfe der Loschmidtschen Zahl $L = 1\,g/1\,u = 6{,}02 \cdot 10^{23}$ errechnet man leicht die Anzahl der in 1 kg ^{235}U enthaltenen Kerne und daraus mit Hilfe von ε^* die Beziehung

$$1\,kg\ ^{235}U \mathrel{\hat{=}} 2{,}3 \cdot 10^{7}\ kWh \approx 1000\ MWd.$$

Die vollständige Spaltung von 1 kg ^{235}U kann demnach einen Tag lang einen Wärmestrom von 1000 MW liefern. Die Verbrennung von 1 kg Kohle liefert indessen nur rund 0,36 kWd. Die gleiche Masse ^{235}U würde daher das $2{,}7 \cdot 10^{6}$-fache der Wärmeenergie von Kohle freisetzen. Da allerdings im natürlichen Uran nur 0,714 % ^{235}U enthalten sind und das ^{238}U zunächst - wie zu zeigen sein wird - an der Spaltung nur unbedeutend teilnimmt, wird man realistischer 1 kg U mit 1 kg C zu vergleichen haben. Es zeigt sich dann, daß das kg U rund 19 t C oder anschaulich etwa der Ladung eines Eisenbahnwaggons Steinkohle entspricht. Damit wird die Bedeutung der Kernenergie verständlich.

5.2 Die Kernspaltung als Kettenreaktion

Zur Veranschaulichung und Deutung der Kernspaltung kann man sich anhand des Tröpfchenmodells, Bild 5.2, vorstellen, daß die Anlagerung eines Neutrons an einem ^{235}U-Kern diesem die überschüssige Bindungsenergie des Neutrons zuführt. Der entstan-

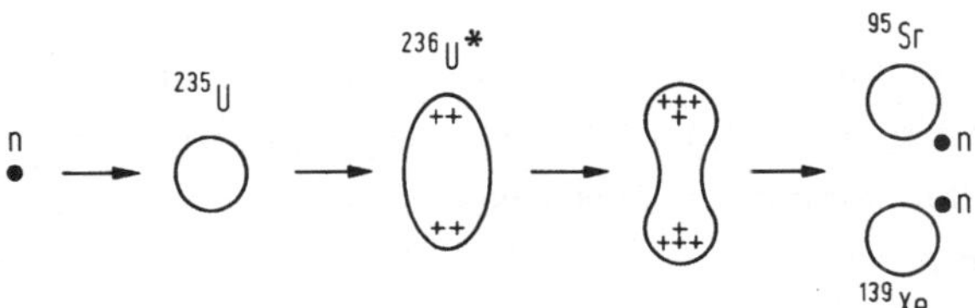

Bild 5.2. Vorstellung der Kernspaltung von ^{235}U im Tröpfchenmodell

dene ^{236}U-Kern wird dadurch zu Schwingungen angeregt, die unter zunehmenden Schwingweiten zunächst in einer ellipsoidischen, dann hantelförmigen Schwingform vonstatten gehen. Da die geladenen Kernteilchen, die Protonen, das Betreben haben, sich jeweils an den Oberflächen größter Wölbung anzusammeln, wird die Schwingung weiter angefacht, bis der Kern schließlich in zwei Teile auseinanderfällt. Dabei werden in der Einschnürung, welche die beiden Teile zuletzt zusammenband, aufgrund des Neutronenüberschusses an dieser Stelle zwei bis drei Neutronen freigesetzt. Diese freigesetzten Neutronen haben im allgemeinen sehr hohe kinetische Energie, die durch Stöße auf andere Teilchen der Spaltstoffanordnung übertragen wird. Man unterscheidet nun nach der Geschwindigkeit bzw. der kinetischen Energie E_k drei Gruppen von Neutronen, nämlich

schnelle Neutronen	$E_k > 0,1\,\text{MeV}$,
mittelschnelle Neutronen	ca. 1 bis $10^4\,\text{eV}$,
langsame Neutronen	$< 0,1\,\text{eV}$.

Die langsamen Neutonen heißen auch thermische Neutronen, weil ihre Bewegung der thermischen Molekularbewegung der kinetischen Gastheorie entspricht. Die mittelschnellen Neutronen heißen deshalb auch epithermische Neutronen.

Die Bedeutung dieser zunächst willkürlich erscheinenden Einteilung bedarf einer Erläuterung. Wird die potentielle Energie der beiden Teile, in die ein Kern bei der

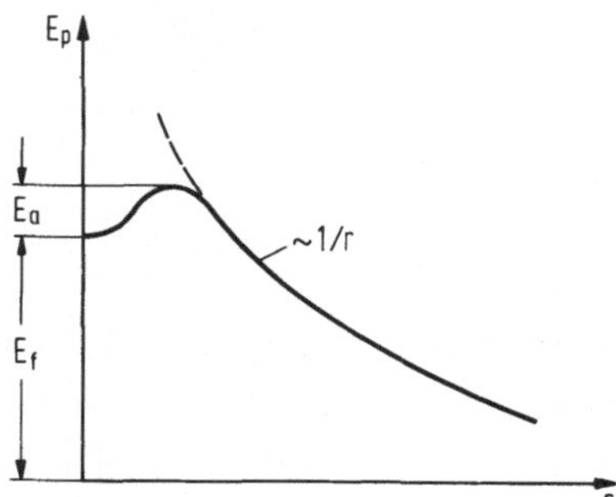

Bild 5.3. Potentielle Energie der Kernbruchstücke in Abhängigkeit von ihrem Abstand

Spaltung zerfällt, in Abhängigkeit von ihrem Abstand r aufgetragen, so ergibt sich Bild 5.3. Bei großem Abstand fällt das Potential E_p proportional zu $1/r$ ab, entsprechend dem Coulombschen Gesetz der elektrostatischen (hier abstoßenden) Kräfte. Da der zusammengesetzte Kern jedoch stabil war, muß bei $r = 0$ ein Potentialminimum vorhanden sein. So ergibt sich etwa in der Breite eines Kerndurchmessers eine Potentialmulde. Das Potentialminimum entspricht offenbar der bei der Spaltung freigesetzten Energie E_f. Um die Spaltung auszulösen, muß aber dem Kern eine Anregungs- oder Aktivierungsenergie E_a zugeführt werden. Es zeigt sich, daß E_a für verschiedene Elemente verschieden groß ist. Die Anregungsenergie wird dem zu spaltenden Kern durch das eindringende Neutron, und zwar im allgemeinen durch dessen Bindungs- und kinetische Energie zugeführt. Die Bindungsenergie erweist sich ebenfalls als von der Art des Elementes abhängig. Tabelle 5.1 zeigt am Beispiel der Uranspaltung die Bindungsenergie B_n des Neutrons und die Anregungsenergie E_a für den Zerfall von ^{236}U bzw. ^{239}U, die durch Anlagerung eines Neutrons an ^{235}U bzw. ^{238}U gebildet werden. In der letzten Zeile der Tabelle ist die Differenz $\Delta E = B_n - E_a$ angegeben, die bei ^{236}U positiv, bei ^{239}U dagegen negativ ausfällt. Bei ^{235}U ge-

Tabelle 5.1. Bindungs- und Anregungsenergie bei der Spaltung von ^{235}U und ^{238}U

U + n →		^{236}U	^{239}U
B_n	MeV	6,8	5,5
E_a	MeV	6,6	7,0
ΔE	MeV	+0,2	-1,5

nügt daher die Bindungsenergie des Neutrons zur Spaltung; die Spaltung ist mit thermischen Neutronen vollziehbar. Beim ^{238}U müssen jedoch die Neutronen eine relativ hohe kinetische Energie mitbringen; die Spaltung kann nur mit schnellen Neutronen vollzogen werden.

Außer dem ^{238}U ist auch das für die Kernspaltung infrage kommende ^{232}Th vorzugsweise nur mit schnellen Neutronen reaktionsfähig. Das ^{238}U kann durch Beschuß mit schnellen Neutronen in ^{239}Pu, das ^{232}Th in ^{233}U umgewandelt werden. Sowohl ^{239}Pu wie ^{233}U sind wiederum sehr günstige, mit thermischen Neutronen spaltbare Isotope, die allerdings in der Natur nicht oder nur in Spuren vorkommen und daher künstlich erzeugt werden müssen. Die für die Kernspaltung benutzten Elemente oder Isotope werden in Anlehnung an die konventionellen Brennstoffe auch als Kernbrennstoffe bezeichnet. Es ist bemerkenswert und wird in der Atomphysik theoretisch erklärt, daß Isotope mit gerader Massenzahl ungünstige, solche mit ungerader Massenzahl dagegen günstige Spalteigenschaften aufweisen. Man spricht in diesem Zusammenhang auch von schwachen (^{232}Th, ^{238}U) und starken Kernbrennstoffen (^{233}U, ^{235}U, ^{239}Pu).

Die bei der Spaltung von ^{235}U freigesetzte Energie wurde mit rund 200 MeV/Kern angegeben. Annähernd die gleiche Energie liefern auch andere starke Kernbrennstoffe. Diese Energie findet sich zunächst in der kinetischen Energie der Spaltprodukte, in Form von Strahlung sowie als latente Anregungsenergie in den hochgradig instabilen Kernen der schweren Spaltbruchstücke wieder. Der kinetischen Energie der schweren Spaltprodukte entspräche örtlich eine Temperatur von ca. 10^{10}K und mehr. Dadurch, daß die Spalttrümmer ihre kinetische Energie auf die Atome und Moleküle des sie umgebenden Materials übertragen, wird die Temperatur auf ein technisch nutzbares Niveau herabgesetzt. Die bei der Kernspaltung ablaufenden Vorgänge sind außergewöhnlich vielfältig und nur mit Hilfe der Quantentheorie deutbar. So ergibt sich auch ein ganzes Spektrum von Spaltprodukten. Bild 5.4 zeigt die Häufigkeitsverteilung der Spaltprodukte bei der thermischen Spaltung von ^{235}U. Die Kurve weist zwei gleich hohe Maxima bei A = 94 und 140 u auf, die jedoch nur einer Häufigkeit von rund 6 % entsprechen. Die meisten zunächst gebildeten Spaltbruchstück-Kerne haben einen Neutronenüberschuß. Dieser wird durch Umwandlung eines Neutrons in ein Proton unter β-Strahlung abgebaut, bis ein stabiles Endprodukt erreicht wird (sog. β-Zerfall).

Als Beispiel sei einer der häufigsten Reaktionsverläufe (6 %) betrachtet.

$$^{235}_{92}U + ^{1}_{0}n \rightarrow ^{236}_{92}U^* \rightarrow ^{94}_{38}Sr + ^{140}_{54}Xe + 2\, ^{1}_{0}n + \gamma .$$

Strontium und Xenon werden durch β-Zerfall umgewandelt gemäß

$$^{94}_{38}Sr \xrightarrow[2\,min]{\beta} ^{94}_{39}Y \xrightarrow[16\,min]{\beta} ^{94}_{40}Zr \quad \text{(stabil)}$$

und

$$^{140}_{54}Xe \xrightarrow[16\,s]{\beta} ^{140}_{55}Cs \xrightarrow[66\,s]{\beta} ^{140}_{56}Ba \xrightarrow[13\,d]{\beta} ^{140}_{57}La \xrightarrow[40\,h]{\beta} ^{140}_{58}Ce \quad \text{(stabil)}.$$

Das über den Pfeilen stehende β deutet die Emission eines Kernelektrons an, die unter den Pfeilen stehenden Zeitangaben beziehen sich auf die Halbwertzeit der Umwand-

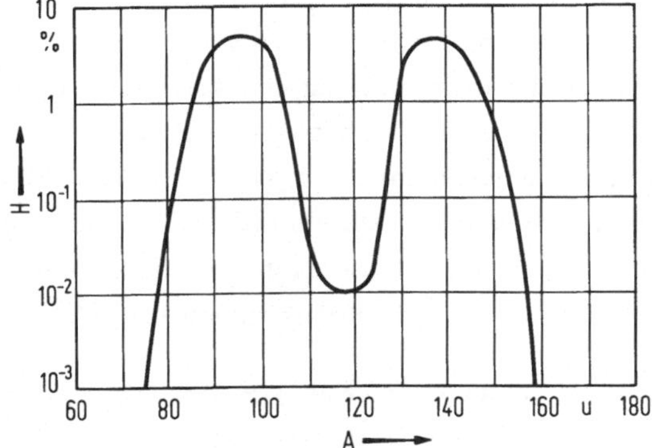

Bild 5.4. Häufigkeit der schweren Spaltbruchstücke bei der thermischen Spaltung von ^{235}U, nach [106]

lung. Wie man sieht, wird der stabile Endzustand erst nach längerer Zeit erreicht bzw. asymptotisch angenähert. Die unmittelbar beim Zerfall des ^{236}U freigesetzten Neutronen bezeichnet man auch als prompte Neutronen. Gelegentlich werden aber auch bei Zerfall oder Umwandlung der schweren Spaltprodukte noch Neutronen gewissermaßen verspätet freigesetzt, die man als verzögerte Neutronen bezeichnet. Wie noch zu zeigen sein wird, sind die verzögerten Neutronen für die Regelung eines Kernreaktors von erheblicher Bedeutung. Die Tatsache, daß bei der Spaltung mehr Neutronen freigesetzt als zur Auslösung verbraucht werden, ermöglicht eine selbständige Fortsetzung der Reaktion in einer geeigneten Materialanordnung. Indem die neu entstandenen Neutronen wieder neue Spaltungen einleiten, entsteht eine sog. Kettenreaktion, Bild 5.5. Dabei löst nicht jedes Neutron eine weitere Spaltung aus. Ein Teil der Neutronen entweicht aus der Spaltstoffanordnung, ein anderer Teil wandelt ^{238}U in ^{239}Pu um oder löst verschiedene andere Reaktionen aus.

Zur Kennzeichnung einer Kernreaktion bedient man sich auch einer symbolischen Schreibweise wie X(a,b)Y, in der X der reagierende Kern, Y das Reaktionsprodukt, a das eindringende Teilchen und b das emittierte Teilchen bedeuten. Die geringste

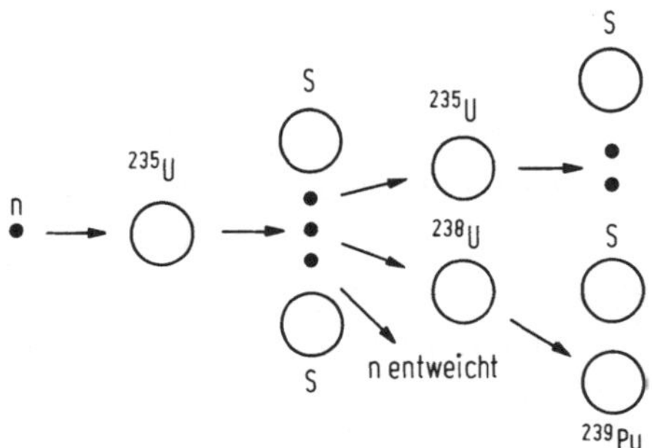

Bild 5.5. Vorstellung einer Kettenreaktion im Uran (S schwere Spaltbruchstücke)

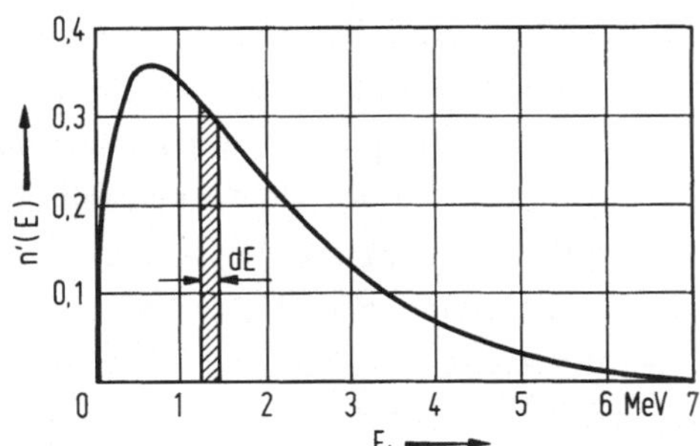

Bild 5.6. Statistische Verteilung der kinetischen Energie von Spaltneutronen, nach [110]

kinetische Energie, die das sich anlagernde Teilchen haben muß, um die Reaktion auszulösen, heißt Schwellenenergie E_S. Von sehr vielen möglichen Reaktionen ist eine Auswahl von Vorgängen mit Neutronen als Anlagerungsteilchen in Tabelle 5.2 zusammengestellt. Obwohl die Schwellenenergie sehr verschieden ist, können alle Reaktionen in einer Spaltstoffanordnung vorkommen, da die neu entstehenden Neutronen jede Energie haben können. Bild 5.6 zeigt die statistische Verteilung der Neutronenenergie. Dabei ist $n'(E) \cdot dE$ der Anteil von Neutronen im Energieintervall zwischen E und E + dE, bezogen auf ein Spaltneutron. Der Mittelwert der kinetischen Energie liegt zwischen 1 und 2 MeV.

Die Häufigkeit der Kernreaktionen wird einesteils von der Dichte der Neutronen, d.h. ihrer Anzahl je Raumeinheit im Reaktor abhängen, anderenteils von der Geschwindig-

Tabelle 5.2. Beispiele für Kernreaktionen

Bezeichnung	Beispiel in symbolischer Darstellung	E_s MeV
Unelastische Streuung	$^{238}U\ (n, n\gamma)\ ^{238}U$	ca. 0,1
Neutronenemission	$^{12}C\ (n, 2n)\ ^{11}C$	20
Kernumwandlung	$^{32}S\ (n, p)\ ^{32}P$	1
Neutroneneinfang	$^{1}H\ (n, \gamma)\ ^{2}D$	≈ 0
Kernspaltung	$^{235}U\ (n, \nu n)$ Bruchstücke	≈ 0

keit, mit der sie sich bewegen. Man definiert für einen gedachten Strahl sich parallel mit gleichförmiger Geschwindigkeit w bewegender Neutronen mit der Dichte n die Neutronenflußdichte

$$\varphi = n\,w. \tag{5.2}$$

Diese gibt an, wie viele Neutronen je Zeiteinheit durch eine Einheitsfläche senkrecht zur Bewegungsrichtung fließen. In der Spaltstoffanordnung bedeutet jede Reaktion, die ein Neutron auslöst, auch eine Absorption dieses Neutrons aus dem Neutronenstrahl. Bezeichnet man den (zu w parallelen) Weg der Neutronen mit x, die Dichte der reaktionsfähigen Kerne in der Spaltstoffanordnung mit N, so muß die Anzahl der Reaktionen je Zeiteinheit innerhalb eines kleinen homogenen Volumens dem Produkt φN proportional sein. Man führt nun, um die wirkliche Zahl der Reaktionen angeben zu können, ein Maß für die Wahrscheinlichkeit ein, mit der ein Neutron einen Kern trifft und mit ihm reagiert. Da dieses Wahrscheinlichkeitsmaß - wie man sich leicht überzeugt - die Dimension einer Fläche haben muß, kann man es sich als wirksame Fläche eines Kerns vorstellen und nennt es mikroskopischen Wirkungsquerschnitt, im allgemeinen mit σ bezeichnet. Damit wird die Anzahl der Reaktionen je Zeiteinheit im Volumenelement dV offenbar $\varphi N \sigma dV$ oder, wenn als Volumenelement das Produkt aus einer Einheitsfläche und einer Schichtdicke dx gewählt wird $\varphi N \sigma dx$. Innerhalb der Schichtdicke muß infolge der Absorption der reagierenden Kerne die Neutronenflußdichte um $d\varphi$ abnehmen, so daß gilt

$$d\varphi = -\varphi N \sigma\, dx$$

oder

$$\frac{d\varphi}{dx} = -\varphi N \sigma\,. \tag{5.3}$$

Daraus folgt durch Integration

$$\varphi = \varphi_o \exp(-N\sigma x). \tag{5.4}$$

D.h. die Neutronenflußdichte eines homogenen Neutronenstrahles nimmt exponentiell mit der Weglänge durch einen homogenen Absorber ab. (5.4) stellt eine vollständige Analogie zu der die Absorption monochromatischer Strahlung beschreibenden (4.32) dar. Der Intensität der Strahlung entspricht hier die Neutronenflußdichte, dem Absorptionskoeffizienten das Produkt $N\sigma$.

Die mikroskopischen Wirkungsquerschnitte haben im allgemeinen eine den Kernquerschnitten von $10^{-24}\,cm^2$ vergleichbare Größe. Daher hat man für sie eine Einheit $1\,barn = 10^{-24}\,cm^2$ eingeführt. Die Größe

$$\Sigma = N\sigma \tag{5.5}$$

wird als makroskopischer Wirkungsquerschnitt bezeichnet. Σ stellt ein Maß für die Reaktionswahrscheinlichkeit der Gesamtzahl der in der Volumeneinheit enthaltenen Kerne dar. Eine andere anschauliche Größe ist der mittlere Weg, den ein Neutron vor dem Zusammenstoß mit einem Kern zurücklegt. Diese mittlere "freie Weglänge" l errechnet sich aus der Beziehung

$$l \int_0^\infty \varphi dx = \int_0^\infty \varphi x\, dx$$

mit Hilfe von (5.4) zu

$$l = \frac{1}{N\sigma} = \frac{1}{\Sigma}. \tag{5.6}$$

Da die Neutronen die Möglichkeit zu verschiedenen Reaktionen haben (Tabelle 5.2), kann man jeder einzelnen Reaktion einen Wirkungsquerschnitt zuordnen. Es bedeuten z.B. σ_e den Einfangquerschnitt entsprechend der (n,γ)-Reaktion, σ_{in} die unelastische Streuung entsprechend der $(n,n\gamma)$-Reaktion, σ_{el} eine elastische Streuung, σ_f den Spaltwirkungsquerschnitt entsprechend der $(n,\nu n)$-Reaktion. Unelastische und elastische Streuung pflegt man auch in einem gemeinsamen Streuquerschnitt σ_s zusammenzufassen. Für den mikroskopischen Gesamtwirkungsquerschnitt gilt dann

$$\sigma = \sigma_e + \sigma_s + \sigma_f. \tag{5.7}$$

Da sowohl durch Einfang als auch durch Spaltung Neutronen absorbiert werden, bildet man auch mit

$$\sigma_a = \sigma_e + \sigma_f \tag{5.8}$$

einen Absorptionsquerschnitt.

Gemäß (5.5) gibt es für jeden mikroskopischen Teil-Wirkungsquerschnitt einen entsprechenden makroskopischen Σ_e, Σ_s, usf. sowie entsprechende freie Weglängen l_e, l_s, usf. Für Gemische verschiedener Elemente bzw. Isotope erhält man den makroskopischen Gesamtquerschnitt aus der Summe der makroskopischen Teilquerschnitte zu

$$\Sigma = \Sigma_1 + \Sigma_2 + \Sigma_3 + \ldots = N_1 \sigma_1 + N_2 \sigma_2 + N_3 \sigma_3 + \ldots \tag{5.9}$$

Bei der Kernspaltung bedeute ν, entsprechend der Schreibweise als (n, νn)-Reaktion die durchschnittliche Anzahl der je gespaltenem Kern freigesetzten Neutronen (Spaltneutronen). Da ein Teil der Neutronen durch Einfang und nur der Rest bei der Spaltung absorbiert wird, definiert man als Spaltwirkungsgrad oder Regenerationsfaktor

$$\eta = \nu \frac{\sigma_f}{\sigma_a} = \nu \frac{\sigma_f}{\sigma_e + \sigma_f} . \tag{5.10}$$

Dieser ist, da $\sigma_e > 0$, stets kleiner als die mittlere Neutronenausbeute ν.

Wie gezeigt wurde, ist die Schwellenenergie der Neutronen bei verschiedenen Spaltstoffen verschieden groß. Demnach ist auch zu erwarten, daß die Wirkungsquerschnitte als Maß für die Wahrscheinlichkeit der Reaktionen von der kinetischen Energie der

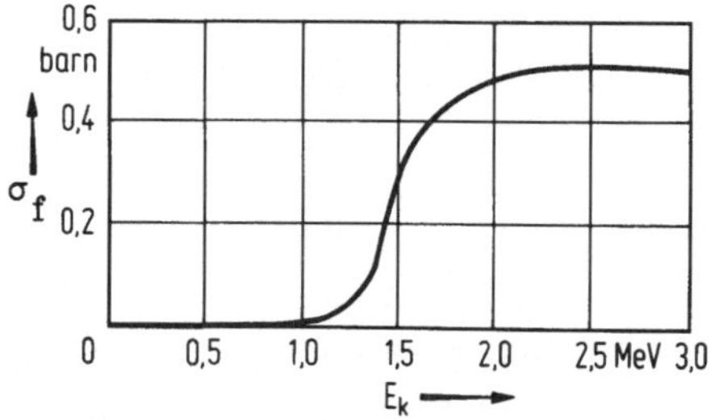

Bild 5.7. Mikroskopischer Spaltwirkungsquerschnitt von ^{238}U, nach [106]

Neutronen abhängig sind. In Bild 5.7 ist z.B. σ_f für ^{238}U dargestellt. In Übereinstimmung mit früheren Überlegungen zeigt sich, daß nur schnelle Neutronen zur Spaltung von ^{238}U geeignet sind. Indessen erweist sich anhand der anderen Wirkungsquerschnitte, daß die Wahrscheinlichkeit von Streuung und Einfang größer ist als die der Spaltung. Eine selbständige Kettenreaktion kann daher im ^{238}U nicht aufrecht erhalten werden. ^{235}U hat bei nahezu allen Neutronenenergien einen höheren Spaltwirkungsquerschnitt als ^{238}U. Da es jedoch im natürlichen Uran nur zu 0,714% enthalten ist, vermag es die Kettenreaktion beim ^{238}U nicht wirksam zu unterstützen. Erst in einem Gemisch mit mehr als 10% ^{235}U tritt mit schnellen Neutronen ein Überwiegen der Spaltwahrscheinlichkeit gegenüber den anderen nicht zur Spaltung von ^{238}U führenden Reaktionen ein. Uran-Kernbrennstoff mit höherem ^{235}U-Gehalt als dem natürlichen bezeichnet man als angereichertes Uran. Die Kettenreaktion mit schnellen Neutronen wird ungeregelt bei der Atombombe benutzt, allerdings mit ^{239}Pu als Spaltstoff. Sie wird geregelt in Reaktortypen genutzt, die man als schnelle Reaktoren bezeichnet.

Bei sehr kleiner kinetischer Energie der Neutronen wird der Spaltwirkungsquerschnitt des ^{235}U sehr groß. Dann entsteht auch im natürlichen Uran durchschnittlich mehr als ein neues Neutron für jedes absorbierte. Wenn man die schnellen Spaltneutronen auf thermische Energien abbremsen kann, ohne daß dabei zuviele Neutronen durch nicht zur Spaltung führende Vorgänge verloren gehen, so erweist sich die Aufrechterhaltung einer Kettenreaktion auch im natürlichen Uran als möglich. Dies gelingt mit Hilfe eines Stoffes, der die Neutronen durch elastische Stöße an seinen Kernen abbremst, der daher Bremsstoff oder Moderator heißt. Ein überwiegend mit thermischen Neutronen betriebener Reaktor wird als thermischer Reaktor bezeichnet. In Tabelle 5.3 sind mikroskopische Wirkungsquerschnitte für thermische und schnelle Neutronen zusammengestellt. Man erkennt die grossen Unterschiede zwischen starken und schwachen Kernbrennstoffen. Bei allen Kernbrennstoffen sind indessen die Wirkungsquerschnitte für die schnelle Spaltung bedeutend geringer als die für die ther-

Tabelle 5.3. Mikroskopische Wirkungsquerschnitte (in barn), Neutronenausbeute und Spaltwirkungsgrad

Element bzw. Isotop	Thermische Neutronen					2 MeV-Neutronen			
	σ_a	σ_f	σ_s	ν	η	σ_a	σ_f	σ_s	ν
^{232}Th	7,56	0	12,5	-	-				2,2
^{233}U	578	525	10	2,51	2,28		1,9		2,7
^{235}U	683	582	10	2,43	2,07	1,34	1,28	5,66	2,6
^{238}U	2,71	0	8,3	-	-	0,55	0,49	6,55	2,6
U (nat.)	7,68	4,18	8,3	2,47	1,34	0,55	0,56	6,6	2,6
^{239}Pu	1028	742	9,6	2,89	2,08	1,99	1,95	5,31	3,1

mische Spaltung. Die höchste Neutronenausbeute ν weist ^{239}Pu bei thermischer Spaltung auf, jedoch nicht den höchsten Spaltwirkungsgrad η, den das ^{233}U hat.

Bei der Abbremsung schneller Neutronen spielt der Neutroneneinfang durch ^{238}U eine besondere Rolle. Die (n,γ)-Reaktion kommt bei allen Neutronenenergien vor. Da die Verweilzeit eines Neutrons in der zur Reaktion führenden Kernnähe der Geschwin-

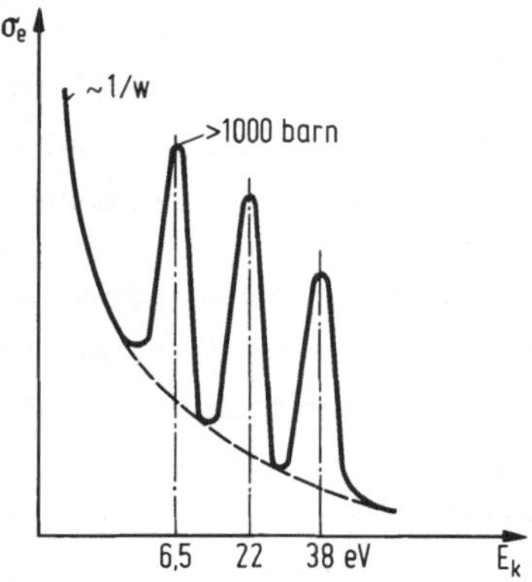

Bild 5.8. Resonanzeinfang von Neutronen im ^{238}U, qualitativ

digkeit des Neutrons umgekehrt proportional ist, sollte im allgemeinen für alle Wirkungsquerschnitte gelten $\sigma \sim 1/w \sim 1/\sqrt{E_k}$. Von diesem (1/w)-Gesetz treten jedoch erhebliche Abweichungen auf, beim Einfangquerschnitt für ^{238}U namentlich bei gewissen epithermischen Energien. Da der Verlauf von σ_e, Bild 5.8, in diesem Bereich sehr stark an den Amplitudenverlauf in einem Schwingungssystem mit Resonanzen erinnert, spricht man im Zusammenhang mit den Gipfelwerten des Wirkungsquerschnitts auch von Resonanzeinfang der Neutronen im ^{238}U. Ähnliche Resonanzerscheinungen können auch bei anderen Reaktionen und Isotopen bei verschiedenen Neutronenenergien beobachtet werden. Infolge des Resonanzeinfangs muß man versuchen, die Neutronen in einem räumlichen Gebiet abzubremsen, wo sie nicht mit ^{238}U in Wechselwirkung treten können. Dies bedeutet eine räumlich getrennte Anordnung von Moderator und Kernbrennstoff, die man als heterogenen Reaktor bezeichnet, im Gegensatz zum homogenen Reaktor, in dem Kernbrennstoff und Moderator gleichförmig vermischt wären.

Man kann für jede Spaltstoffanordnung die wesentlichen Effekte, die zur Verminderung oder Erhöhung der Neutronenzahl führen, in Form einer Neutronenbilanz etwa für die mittlere Zeit zwischen zwei Spaltungen erfassen. Für jedes freigesetzte Neutron besteht auch in einem thermischen Reaktor eine gewisse Wahrscheinlichkeit für eine schnelle Spaltung, die im Mittel eine Vermehrung der schnellen Spaltneutronen um einen Faktor ε, den sog. Schnellspaltfaktor, bewirkt. Von ε schnellen Neutronen entweicht ein Teil durch die Oberfläche der Spaltstoffanordnung, der verbleibende Rest ist $\varepsilon\Lambda_s$, wobei Λ_s als Verbleibwahrscheinlichkeit der schnellen Neutronen bezeichnet wird. Bei der Abbremsung der Neutronen wird ein Teil dem Resonanzeinfang durch ^{238}U entgehen, entsprechend der sog. Resonanzdurchgangszahl p. Somit gelangen $\varepsilon \Lambda_s p$ Neutronen in das Gebiet thermischer Energien. Ein Teil der thermischen Neutronen entweicht allerdings wiederum aus der Anordnung, ohne eine Reaktion ausgeführt zu haben. Mit der Verbleibwahrscheinlichkeit Λ_t der thermischen Neutronen befinden sich schließlich $\varepsilon \Lambda_s p \Lambda_t$ thermische Neutronen in der Spaltstoffanordnung, von denen jedoch nur ein Teil, entsprechend dem thermischen Ausnutzungsfaktor f, mit ^{235}U reagiert. Unter Berücksichtigung des schon mit (5.10) definierten Spaltwirkungsgrades η erhält man aus dem Produkt aller dieser Bilanzfaktoren die durchschnittliche Anzahl der neu entstandenen schnellen Spaltneutronen

$$k_{eff} = \varepsilon \Lambda_s p \Lambda_t f \eta. \qquad (5.11)$$

k_{eff} wird als effektiver Multiplikationsfaktor der Kettenreaktion, im vorliegenden Fall der thermischen Spaltung, bezeichnet.

In einem speziellen Fall kann man, um die Größe der einzelnen Faktoren zu veranschaulichen, $\varepsilon = 1{,}03$; $\Lambda_s = 0{,}96$; $\Lambda_t = 0{,}97$; $p = f = 0{,}9$ und $\eta = 1{,}32$ annehmen. Damit ergibt sich $k_{eff} = 1{,}02$, d.h. in einem Spaltzyklus werden 100 Neutronen um 2 vermehrt. Betrachtet man nun in Gedanken eine unendlich ausgedehnte Anordnung von Spaltstoff und Moderator gleicher Zusammensetzung, so wird offenbar

$$\Lambda_s = \Lambda_t \to 1.$$

Man faßt dann die restlichen Faktoren in dem Multiplikationsfaktor

$$k_\infty = \varepsilon p f \eta \qquad (5.12)$$

zusammen, der nur von Qualität und strukturellem Aufbau der Spaltstoffanordnung, nicht dagegen von der Größe des Reaktors abhängig ist ((5.12) heißt auch Vierfaktorenformel). Bildet man noch mit

$$\Lambda = \Lambda_s \Lambda_t \qquad (5.13)$$

eine Gesamtverbleibwahrscheinlichkeit der Neutronen, so wird

$$k_{eff} = k_\infty \Lambda . \qquad (5.14)$$

Λ ist wesentlich von Abmessungen und geometrischer Form, aber auch von Qualität und Struktur der Spaltstoffanordnung abhängig.

k_{eff} ist eine kennzeichnende Größe für Auslegung und Betriebszustand eines Reaktors. Bei konstanter Leistung (d.h stationärem Betrieb) verändert sich die Neutronenzahl mit der Zeit nicht. Daher muß in diesem Fall $k_{eff} = 1$ sein, der Reaktor befindet sich im sog. kritischen Zustand. Entsprechend spricht man bei $k_{eff} < 1$, d.h. bei abnehmender Leistung, von einem unterkritischen Zustand, bei $k_{eff} > 1$, d.h. zunehmender Leistung, von einem überkritischen. Für jede Spaltstoffanordnung mit einem $k_\infty > 1$ gibt es eine bestimmte Größe - die sog. kritische Größe -, mit der bei einer gegebenen geometrischen Form der Spaltstoffanordnung gerade $k_\infty \cdot \Lambda = 1$ wird. Eine der grundlegenden Aufgaben der Reaktorphysik besteht in der Ermittlung der kritischen Größe einer Spaltstoffanordnung, die man demnach auch auf zwei Teilaufgaben, nämlich der Ermittlung von k_∞ und Λ zurückführen kann.

5.3 Aufbau eines Kernreaktors

Die bisherigen Ausführungen setzen uns in die Lage, den grundlegenden Aufbau eines Kernreaktors zu verstehen. Dabei beschränken wir uns im wesentlichen auf thermische Reaktoren, da schnelle Reaktoren zur Zeit als Leistungsreaktoren in Kernkraftwerken noch kaum Anwendung finden. Die Spaltstoffanordnung in einem thermischen Reaktor besteht zumeist aus einer Vielzahl von Rohren, die den Kernbrennstoff enthalten. Diese Rohre, als Brennstoffstäbe (oder auch Brennstäbe) bezeichnet, werden einzeln oder in Bündeln zu sog. Brennelementen zusammengefaßt, parallel zueinander in bestimmtem Abstand angeordnet. Der Zwischenraum wird vom Moderator ausgefüllt sowie von einem

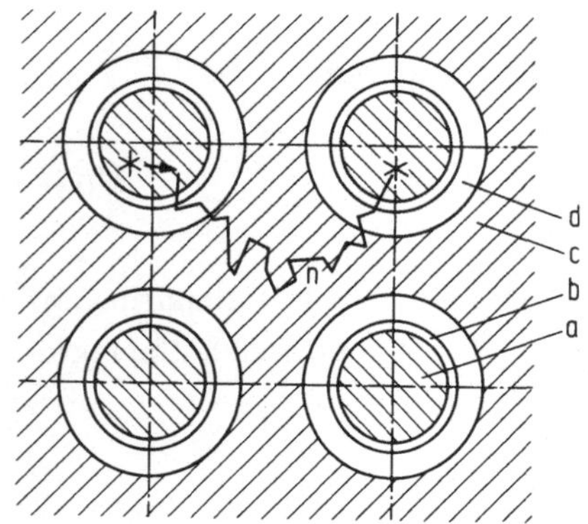

Bild 5.9. Grundlegender Aufbau einer heterogenen Spaltstoffanordnung im Querschnitt. a Kernbrennstoff; b Brennstabhülse; c Moderator; d Kühlkanal; n Vorstellung der Neutronendiffusion zwischen zwei Spaltungen *

Kühlmittel, das die bei der Kernspaltung entwickelte Wärme abzuführen gestattet. Das Kühlmittel strömt in der Regel koaxial an den Brennstoffstäben entlang, gegebenenfalls in vom Moderator gebildeten besonderen Kühlkanälen. Legt man durch eine solche Anordnung einen Querschnitt, so erhält man ein regelmäßiges Gitter von Brennstoffstäben, wie z.B. in Bild 5.9 veranschaulicht. Die Einfassung des Kernbrennstoffs in Rohren, die man auch als Hüllen oder Hülsen bezeichnet, ist notwendig, um Verunreinigungen des Kühlmittels durch radioaktive Spaltprodukte zu vermeiden sowie auch, um den Spaltstoff vor Korrosion oder erosiven Einwirkungen durch das Kühlmittel zu schützen. In dieser heterogenen Anordnung von Spaltstoff und Moderator wird der überwiegende Teil der Spaltneutronen erst durch den Moderator diffundieren müssen, um neue Reaktionen auszulösen.

Das von Spaltstoff freie Bremsmittel, das den Moderator bildet, soll die Eigenschaft haben, die Energie der Spaltneutronen in möglichst großen Stufen zu reduzieren, so daß möglichst wenig Neutronen dem Resonanzeinfang durch ^{238}U im Bereich epithermischer Energien ausgesetzt werden. Die Energiedissipation erfolgt durch Stöße der Neutronen an den Kernen des Bremsstoffs. Betrachtet man - wie in der kinetischen Gastheorie - die Stoßpartner als elastische Kugeln, so läßt sich mit Hilfe von Energie- und Impulssatz der Punktmechanik leicht zeigen, daß der größte Energiebetrag bei Stößen abgegeben wird, bei denen die Stoßpartner gleiche Massen haben. Daraus folgt, daß nur die leichtesten Elemente oder sie enthaltende Stoffe zur Abbremsung von Neutronen besonders gut geeignet sind. Die Wahrscheinlichkeit unelastischer wie elastischer Stöße wird mit dem mikroskopischen Streuquerschnitt σ_s erfaßt, der demnach beim Bremsstoff möglichst groß sein muß. Indessen dürfen im Moderator auch nicht zuviele Neutronen absorbiert werden. Der Bremsstoff muß daher auch möglichst geringen Absorptionsquerschnitt σ_a besitzen. Beide Forderungen werden nur von wenigen Stoffen erfüllt, die in Tabelle 5.4 zusammengestellt sind. Von diesen Stoffen sind

Tabelle 5.4. Moderatorstoffe

Stoff	ρ g/cm^3	σ_s barn	σ_a barn
H_2O	1,00	44	0,66
D_2O	1,10	11	0,0011
C	1,60	4,8	0,0045
Be	1,80	6,0	0,009
BeO	2,95	9,8	ca. 0,02

das schwere Wasser D_2O sowie der Kohlenstoff C - in Form von Graphit verwendbar - besonders gut geeignet. Beryllium Be und sein Oxid BeO sind infolge der schwierigen Herstellung des Be in Kraftwerksreaktoren noch nicht angewandt worden. Dagegen bietet sich H_2O aufgrund seiner geringen Kosten trotz seines höheren Absorptionsquerschnitts zur Verwendung als Moderator an.

Die Spaltstoff-Moderatoranordnung mit den Kühlkanälen bezeichnet man auch als den Reaktorkern. Damit durch die Oberfläche des Reaktorkerns nicht zu viele Neutronen nach außen abwandern, umgibt man diesen mit einer Hülle, die Reflektor genannt wird. Eine echte Reflektion der Neutronen ist allerdings nicht möglich. Der Reflektor bremst vielmehr die in ihn eindringenden Neutronen ab und ermöglicht die Rückdiffusion eines beträchtlichen Teiles dieser Neutronen in den Reaktorkern. An den Reflektorwerkstoff sind daher die gleichen neutronenphysikalischen Anforderungen zu stellen wie beim Moderator, d.h. es können auch nur die gleichen Stoffe angewandt werden. Nach Art der heute zumeist eingesetzten Bremsstoffe unterscheidet man zwischen leichtwasser-, schwerwasser- und graphitmoderierten Reaktoren.

Bedeutungsvoll für den Aufbau eines Reaktors sowie der Kraftanlage ist aber auch die Art des Kühlmittels, das grundsätzlich gasförmig oder flüssig sein kann. Bei gasgekühlten Reaktoren verwendet man CO_2 oder He, meist in Verbindung mit einem Graphit-Moderator. Als flüssige Kühlmittel finden Leichtwasser und Schwerwasser Anwendung sowie - in besonderen Fällen - flüssige Metalle, z.B. geschmolzenes Na. Bei der Wasserkühlung ergibt sich der besondere Vorteil, daß das Kühlmittel zugleich Moderator sein kann. Dies war ein Anreiz insbesondere zur Entwicklung der Leichtwasserreaktoren (H_2O-gekühlt und -moderiert), die heute eine hervorragende

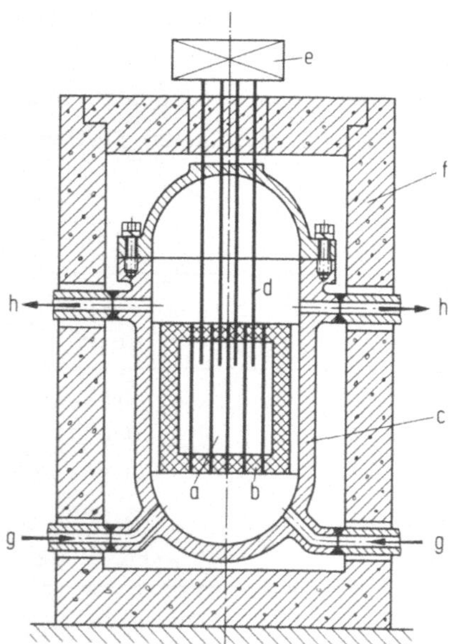

Bild 5.10. Grundlegender Aufbau eines heterogenen Reaktors im Längsschnitt. a Reaktorkern; b Reflektor; c Druckgefäß; d Regelstäbe; e Regelstabantriebe; f biologischer Primärschild; g Kühlmittelzuleitung; h Kühlmittelableitung

Rolle als Leistungsreaktoren spielen. Das Kühlmittel wird in der Regel im Zwangumlauf mittels Gebläsen oder Pumpen durch den Reaktorkern gefördert. Im allgemeinen befindet es sich unter höherem als atmosphärischem Druck. Das den Reaktorkern umgebende und das Kühlmittel einschließende Gefäß wird daher als Druckgefäß bezeichnet. Es kann als dickwandiger Stahlbehälter ausgeführt werden und gleicht dann, wie Bild 5.10 zeigt, einer stehenden Kesseltrommel. Der Reaktorkern wird darin aus den Brennelementen, in Gitterplatten fixiert, sowie gegebenenfalls dem Moderator und Reflektor aufgebaut.

Um den Reaktor zu regeln, benutzt man im allgemeinen Regelstäbe, das sind den Brennstoffstäben ähnliche stangenförmige Hohlkörper, die mit stark neutronenabsorbierenden Stoffen gefüllt werden. In Frage kommen dafür Bor B, Cadmium Cd oder Gadolinium Gd die sehr große Absorptionsquerschnitte haben. Die Regelstäbe ragen zwischen den Brennelementen oder Brennstoffstäben in veränderlicher Eintauchtiefe in den Reaktorkern hinein. Durch Vermindern der Eintauchtiefe - Ausfahren der Regelstäbe - kann daher die Neutronenzahl und damit die Leistung des Reaktors erhöht werden, durch Vergrößern der Eintauchtiefe - Einfahren der Regelstäbe - wird dagegen die Neutronenzahl durch Absorption verkleinert und die Reaktorleistung herabgesetzt.

Damit im Reaktorkern nicht überhaupt zu viele Neutronen absorbiert werden, müssen die als Hüllenwerkstoff und gegebenenfalls für Halterungen, Kühlmittelleitbleche usw. in Frage kommenden Materialien möglichst geringe Absorptionsquerschnitte haben. In Tabelle 5.5 sind Wirkungsquerschnitte für einige Elemente angegeben, die u.a. als

Tabelle 5.5. Mikroskopische Wirkungsquerschnitte von Legierungselementen für Reaktorwerkstoffe

Element	thermisch		schnell
	σ_s barn	σ_a barn	σ_{ges} mbarn
Be	7	0,01	-
C	4,8	0,0034	-
Mg	3,6	0,063	-
Al	1,4	0,23	< 10
Ti	4,0	5,8	19
V	5,0	5,0	10
Cr	3,0	3,1	20
Fe	11	2,62	22
Ni	17,5	4,6	40
Cu	7,2	3,79	37
Zr	8	0,18	29
Nb	5	1,16	92
Mo	7	2,7	68

Legierungselemente metallischer Werkstoffe im Maschinen- und Apparatebau benutzt werden. Werkstoffe mit $\sigma_a > 5\,\text{barn}$ sind für thermische Reaktoren kaum mehr brauchbar. Am besten geeignet wären offenbar Mg, Al und Zr. Tatsächlich hat sich das Zirkon infolge seiner höheren Warmfestigkeit gegenüber Mg- oder Al-Legierungen hervorragend in den Reaktorbau eingeführt. Erst mit weitem Abstand eignen sich dann Stähle, am wenigsten offenbar Nickelbasis-Legierungen, die indessen höchste Warmfestigkeit haben. Wesentlich anders sieht es allerdings bei den Wirkungsquerschnitten für schnelle Neutronen aus, die um etwa zwei Größenordnungen unter denen für thermische Neutronen liegen. In schnellen Reaktoren lassen sich daher eher warmfeste austenitische Stähle wie auch Ni-Legierungen einsetzen. Als Legierungselement auszunehmen ist allerdings Cobalt, weil dieses in Reaktoren zu dem stark radioaktiven Isotop ^{60}Co umgewandelt werden kann.

Um die Umgebung eines Reaktors von der starken radioaktiven Strahlung des Reaktorkerns abzuschirmen, setzt man das Druckgefäß in eine allseitig von dicken Betonwänden abgeschlossene Kammer. Diese Abschirmung wird auch biologischer Primärschild genannt. Darüber hinaus werden - nach Möglichkeit - alle das Kühlmittel enthaltenden Anlagenteile in das Reaktorgebäude einbezogen, das als Sicherheitsbehälter mit einer rundum abgedichteten doppelten Schale aus Stahl und Beton ausgeführt, einen Kühlmittelverlust in die Umgebung ausschließen soll. Die Betonwand des Sicherheitsbehälters dient auch als biologischer Sekundärschild zur Abschirmung der schwächeren, vom Kühlmittel ausgehenden radioaktiven Strahlung. Da das Kühlmittel im allgemeinen nicht zugleich als Arbeitsstoff für die nachgeschaltete Kraftmaschine dienen kann, muß man

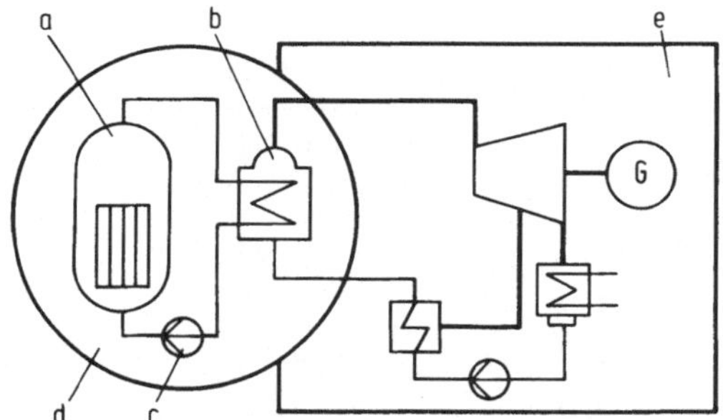

Bild 5.11. Zweikreis-Kernkraftwerk. a Kernreaktor; b Dampferzeuger; c Kühlmittelumwälzpumpe; d abgeschlossener Sicherheitsbehälter; e Maschinenhaus

die im Reaktor auf das Kühlmittel übertragene Wärme in besonderen Wärmetauschern auf den Arbeitsstoff des thermodynamischen Kreisprozesses übertragen. Zur Zeit werden als Kraftmaschinen nur Dampfturbinen eingesetzt, jedoch bieten sich im Zusammenhang mit gasgekühlten Reaktoren auch Gasturbinen mit geschlossenem Kreislauf dafür an. Man nennt den Kühlmittelkreislauf auch Primärkreislauf, den Arbeitsstoffkreislauf auch Sekundärkreislauf. Bild 5.11 veranschaulicht ein Zweikreis-Kernkraftwerk in seinem grundsätzlichen Aufbau. Die im Maschinenhaus liegenden Anlagenteile sind dabei in der Regel frei zugängig, da der Arbeitsstoff praktisch keine Radioaktivität besitzt. Einen Sonderfall stellt das leichtwassermoderierte und -gekühlte Kernkraftwerk mit Siedewasserreaktor dar. Hier wird im Reaktorkern ein Teil des Kühlwassers verdampft und innerhalb des Druckgefäßes vom Wasser getrennt. Der so erhaltene Sattdampf wird unmittelbar der Turbine als Arbeitsstoff zugeleitet. Das Grundschaltbild eines solchen Kraftwerkes entspricht dann dem Bild 3.1 bis auf Dampferzeuger und Überhitzer, die durch den Siedewasserreaktor ersetzt sind. In diesem Fall ist der durch die Turbinenanlage strömende Dampf radioaktiv. Da man aber die Turbinenanlage nicht in den Reaktorsicherheitsbehälter einbeziehen kann, müssen hier auch Betonabschirmungen an verschiedenen Stellen im Maschinenhaus vorgesehen werden.

5.4 Grundzüge der Reaktortheorie

5.4.1. Neutronenbewegung als Diffusion

Die Bewegung der Neutronen in einem Reaktorkern kann als Diffusion aufgefaßt werden. Für die reine Diffusion gilt gemäß (4.20)

$$\frac{\partial c}{\partial t} = A \operatorname{div} \operatorname{grad} c = A \Delta c \tag{5.15}$$

mit Δ als dem Laplace-Operator (2. Ficksches Gesetz). Bei der Austauschkonstanten ist in diesem Fall nur der Anteil der molekularen Diffusion zu berücksichtigen, jedoch mit Stoffwerten, welche der Neutronenbewegung entsprechen. Demnach gilt

$$A = \frac{1}{3} l_n \overline{w}_n \tag{5.16}$$

mit l_n als der mittleren freien Weglänge der Neutronen und $\overline{w}_n$ als ihrer mittleren Geschwindigkeit. Setzt man anstelle der Konzentration c die ihr entsprechende Neutronendichte n in (5.15) ein, so folgt

$$\frac{\partial n}{\partial t} = \frac{1}{3} l_n \overline{w}_n \Delta n .$$

Durch Einführung der Neutronenflußdichte gemäß (5.2) und eines neuen Diffusionskoeffizienten

$$D = \frac{1}{3} l_n \tag{5.17}$$

erhält man die Differentialgleichung

$$\frac{\partial n}{\partial t} = D \Delta\varphi . \tag{5.18}$$

Man beachte, daß die Neutronenflußdichte hier (im Unterschied zu ihrer o.a. linearen Definition) eine räumliche Feldgröße darstellt[1].

Die mittlere freie Weglänge der Neutronen wird durch Streuung und Absorption bestimmt. Gemäß (5.6) wäre daher der Ansatz zu machen

$$D = \frac{1}{3} \frac{1}{\Sigma_s + \Sigma_a}.$$

Indessen findet die Streuung nicht völlig isotrop statt, sondern in gewisser Weise richtungsabhängig. Dies berücksichtigt man durch Einführung eines sog. Transportwirkungsquerschnitts Σ_{tr}, der an die Stelle des Streuquerschnitts Σ_s tritt. Bedeutet ϑ den Streuwinkel, d.i. die Ablenkung, die ein Teilchen beim Stoß mit einem anderen Teilchen von seiner Flugbahn erfährt, so wird der mittlere Cosinus des Streuwinkels $b = \overline{\cos\vartheta}$ als Streufaktor bezeichnet. Der Transportquerschnitt ergibt sich dann zu

$$\Sigma_{tr} = N\sigma_s(1 - b) = \Sigma_s(1 - b). \tag{5.19}$$

Für den Streufaktor gilt übrigens beim elastischen Stoß $b = 2/3A$, wenn A die Massenzahl des vom Neutron getroffenen Stoßpartners ist. Damit ist stets $\Sigma_{tr} < \Sigma_s$. Für den Diffusionskoeffizienten gilt dann genauer

$$D = \frac{1}{3} \frac{1}{\Sigma_{tr} + \Sigma_a} \approx \frac{1}{3} \frac{1}{\Sigma_{tr}} = \frac{1}{3} l_{tr} \tag{5.20}$$

mit l_{tr} als der mittleren Transportweglänge der Neutronen. Die Näherung ist natürlich nur zulässig, wenn $\Sigma_{tr} \gg \Sigma_a$; jedoch ist diese Bedingung häufig erfüllt.

Die Diffusionsgleichung (5.18) erfaßt nur die Bewegung der Neutronen durch ein Volumenelement. Um die Änderung der Neutronendichte vollständig zu beschreiben, muß man berücksichtigen, daß ein Teil der Neutronen mit den Kernen der Spaltstoffanordnung reagiert. Dabei werden Neutronen absorbiert sowie auch - durch Kernspaltung - neue freigesetzt. Für die Absorption im Volumenelement gilt offenbar $\Sigma_a \cdot \varphi$, während für die Neuentstehung gesetzt werden kann $k_\infty \cdot \Sigma_a \cdot \varphi$, da der Neutronenabfluß mit der Diffusion berücksichtigt ist. Damit erhält man die Beziehung

$$\frac{\partial n}{\partial t} = D\,\Delta\varphi + (k_\infty - 1)\Sigma_a\varphi. \tag{5.21}$$

---

[1] Vgl. zu diesem Abschnitt [110 bis 113].

Da die in dieser Differentialgleichung benutzten Stoffwerte im allgemeinen von der kinetischen Energie der Neutronen abhängig sind, kann die Gleichung streng nur für eine bestimmte Neutronenenergie gültig sein. Nimmt man die Stoffwerte als Konstanten, so beschreibt (5.21) auch nur ein homogenes Stoffgebiet. Näherungsweise wird man jedoch auch bestimmte Energiegruppen der Neutronen mit einem solchen Ansatz behandeln können, weiter ein heterogenes Stoffgebiet, das sich aus homogenen Teilgebieten zusammensetzt. Für die Neutronenflußdichte sind dann, wenn man von einem homogenen Teilraum 1 in einen anderen homogenen Teilraum 2 übergeht, an den Gebietsgrenzen die Rand- bzw. Übergangsbedingungen

$$\left.\begin{array}{c} \varphi_1 = \varphi_2 \\ D_1 \dfrac{\partial\varphi_1}{\partial x} = D_2 \dfrac{\partial\varphi_2}{\partial x}, \quad D_1 \dfrac{\partial\varphi_1}{\partial y} = D_2 \dfrac{\partial\varphi_2}{\partial y}, \quad D_1 \dfrac{\partial\varphi_1}{\partial z} = D_2 \dfrac{\partial\varphi_2}{\partial z} \end{array}\right\} \qquad (5.22)$$

(z.B. in kartesischen Koordinaten) zu beachten. Diese bedeuten Kontinuität der Neutronenflußdichte bzw. ihrer Komponenten in den Koordinatenrichtungen aufgrund des 1. Fickschen Gesetzes (vgl. (4.19) oder auch die hier äquivalente (5.3)).

Von besonderer Bedeutung ist der Fall konstanter Reaktorleistung, d.h. stationären Betriebes. Für $\partial n/\partial t = 0$ wird aus (5.21)

$$\Delta\varphi + (k_\infty - 1)\frac{\Sigma_a}{D}\varphi = 0.$$

Setzt man

$$(k_\infty - 1)\frac{\Sigma_a}{D} = B^2, \qquad (5.23)$$

so ergibt sich

$$\Delta\varphi + B^2\varphi = 0. \qquad (5.24)$$

Nimmt man nun vereinfachend an, daß die Stoffgröße B^2 repräsentativ ist für das durchschnittliche Verhalten aller Neutronen in einem homogenen Stoffgebiet, so bestimmt diese Differentialgleichung zusammen mit den Randbedingungen die Neutronenflußdichte in der betreffenden Spaltstoffanordnung. Da auf diese Weise alle Neutronen zu einer Gruppe durchschnittlicher Energie zusammengefaßt sind, heißt (5.24) auch Differentialgleichung der Eingruppen-Diffusionstheorie. Die Größe B^2 wird - aus noch darzustellenden Gründen - als Flußwölbung bezeichnet.

Eine weitergehende Näherung stellt eine Betrachtung dar, die mehrere Energiegruppen der Neutronen berücksichtigt. Nach der Eingruppentheorie ist die Zweigruppentheorie der nächste Schritt. Es liegt aufgrund der schon beschriebenen Vorgänge im Reaktor nahe, hierbei die Gesamtzahl der Neutronen in die Gruppe der schnellen und die der thermischen Neutronen aufzuteilen. Wird erstere mit dem Index 1, letztere mit dem Index 2 gekennzeichnet, so stellen $D_1 \Delta\varphi_1$ bzw. $D_2 \Delta\varphi_2$ gemäß (5.18) die Diffusion jeder Neutronengruppe dar. In der Bilanz für die schnellen Neutronen ist nun der Zuwachs durch Kernspaltung zu berücksichtigen sowie die Abwanderung der schnellen Neutronen in die Gruppe der thermischen. Bei der Neuentstehung muß man darauf achten, daß die schnellen Neutronen noch nicht das Gebiet des Resonanzeinfangs durchlaufen haben. Daher beträgt der Zuwachs $k_\infty \Sigma_a \varphi_2 \cdot 1/p$, mit p als der Resonanzdurchgangszahl. Für die Abwanderung kann man dagegen setzen $\Sigma_{1,2}\varphi_1$ mit $\Sigma_{1,2}$ als dem diesen Vorgang beschreibenden makroskopischen Wirkungsquerschnitt. So erhält man für den stationären Betriebszustand folgende Bilanzgleichung für die schnellen Neutronen

$$D_1 \Delta\varphi_1 - \Sigma_{1,2}\varphi_1 + \frac{k_\infty}{p} \Sigma_a \varphi_2 = 0.$$

Bei den thermischen Neutronen entspricht der Zuwachs offenbar der Anzahl der dem Resonanzeinfang entkommenden abgebremsten schnellen Neutronen $p\Sigma_{1,2}\varphi_1$. Der Verlust dagegen entspricht den insgesamt absorbierten Neutronen $\Sigma_a \varphi_2$. So ergibt sich für die thermischen Neutronen die Bilanzgleichung

$$D_2 \Delta\varphi_2 - \Sigma_a \varphi_2 + p\Sigma_{1,2}\varphi_1 = 0,$$

wiederum gültig für den stationären Betriebszustand.

In analoger Weise kann man unter Hinzunahme weiterer Stoffwerte die Bilanzen für weitere Neutronengruppen aufstellen und gelangt so zu einem gekoppelten homogenen Differentialgleichungssystem für die gesuchten Neutronenflußdichten im Sinne einer "Multigruppentheorie". Wir beschränken uns im folgenden jedoch auf die Ein- und Zweigruppentheorie. Da

$$\frac{D_2}{\Sigma_a} = \frac{1}{3} \frac{1}{(\Sigma_{tr2} + \Sigma_a)\Sigma_a} \approx \frac{1}{3} l_{tr2} l_a$$

gesetzt werden kann, läßt sich mit L aus

$$L^2 = \frac{D_2}{\Sigma_a} \approx \frac{1}{3} l_{tr2} l_a \tag{5.25}$$

eine neue mittlere Weglänge einführen, die sog. mittlere Diffusionsweglänge der thermischen Neutronen. Analog dazu setzt man

$$L_b^2 = \frac{D_1}{\Sigma_{1,2}} \approx \frac{1}{3} l_{tr1} l_{1,2} \tag{5.26}$$

mit $l_{tr1} = 1/\Sigma_{tr1}$ und $l_{1,2} = 1/\Sigma_{1,2}$. Die Größe L_b wird als mittlere Bremsweglänge bezeichnet. Damit schreibt sich das simultane Differentialgleichungssystem der Zweigruppentheorie

$$\left.\begin{aligned} \Delta\varphi_1 - \frac{1}{L_b^2}\varphi_1 + \frac{k_\infty}{pL^2}\frac{D_2}{D_1}\varphi_2 = 0 \\ \Delta\varphi_2 - \frac{1}{L^2}\varphi_2 + \frac{p}{L_b^2}\frac{D_1}{D_2}\varphi_1 = 0 \end{aligned}\right\} . \tag{5.27}$$

Bemerkenswerterweise lassen sich die Lösungen dieses Differentialgleichungssystems auf Lösungen der Eingruppentheorie zurückführen. Setzt man nämlich $\Delta\varphi = -B^2\varphi$ gemäß (5.24) in (5.27) ein, so erhält man das lineare Gleichungssystem

$$\left.\begin{aligned} (1 + B^2L_b^2)\varphi_1 - \frac{k_\infty}{\varkappa}\varphi_2 = 0 \\ -\varkappa\varphi_1 + (1 + B^2L^2)\varphi_2 = 0 \end{aligned}\right\} . \tag{5.28}$$

mit

$$\varkappa = p\frac{L^2D_1}{L_b^2D_2} . \tag{5.29}$$

(5.28) hat nur dann nichttriviale Lösungen φ_1 und φ_2, wenn die Koeffizientendeterminante verschwindet. Daraus folgt

$$(1 + B^2L_b^2)(1 + B^2L^2) = k_\infty . \tag{5.30}$$

Diese quadratische Gleichung für B^2 hat für $k_\infty > 1$ (was stets der Fall ist) zwei Lösungen, von denen eine negativ ist. Indessen zeigt sich, daß für eine genügend große Spaltstoffanordnung, wie sie bei Leistungsreaktoren fast immer vorliegt, der aus dem negativen B^2 resultierende Lösungsanteil im allgemeinen vernachlässigbar gering ist.

Da ferner bei einem großen Reaktor die Neutronen-Ausflußverluste gering sind, kann im stationären Betriebszustand k_∞ nur wenig über 1 liegen. Dann müssen aber $B^2L_b^2$ und B^2L^2 relativ klein sein, und es gilt unter Vernachlässigung des Gliedes $B^4L_b^2L^2$ auch

$$k_\infty \approx 1 + B^2(L^2 + L_b^2) \tag{5.31}$$

bzw.

$$B^2 \approx \frac{k_\infty - 1}{L^2 + L_b^2}. \tag{5.32}$$

Letztere Beziehung ist besser als die ihr entsprechende (5.23) in der Eingruppentheorie anzuwenden, um die Moderatorwirkung genauer zu berücksichtigen. Man setzt übrigens

$$M^2 = L^2 + L_b^2 \tag{5.33}$$

und bezeichnet M als Wanderlänge der Neutronen in der Eingruppentheorie.

Ein Reaktor im stationären Betriebszustand ist auch ein gerade kritischer Reaktor. Den kritischen Zustand hatten wir früher durch die Bedingung $k_{eff} = k_\infty \Lambda = k_\infty \Lambda_s \Lambda_t = 1$ gekennzeichnet. Daraus folgt mit (5.31) und (5.33) nun auch die Gesamtverbleibwahrscheinlichkeit der Neutronen zu

$$\Lambda = \frac{1}{1 + B^2M^2}. \tag{5.34}$$

Analog hierzu folgen aus der Zweigruppentheorie die Verbleibwahrscheinlichkeiten

$$\Lambda_s = \frac{1}{1 + B^2L_b^2} \tag{5.35}$$

und

$$\Lambda_t = \frac{1}{1 + B^2L^2} \tag{5.36}$$

für die schnellen bzw. thermischen Neutronen. Die beiden letzten Beziehungen setzen jedoch voraus, daß φ_1 und φ_2 ähnlich sind, d.h. beide der aus dem positiven B^2 folgenden Lösung der Eingruppentheorie entsprechen.

5.4.2. Lösungen der Eingruppentheorie

Es sollen nun Lösungen der Eingruppentheorie für bestimmte geometrische Formen des Reaktorkerns gewonnen werden. Im Gegensatz zum Feuerraum eines konventionellen Dampferzeugers, wo infolge der hinzukommenden Strömungs- und Mischungsprobleme geschlossene Lösungen nicht denkbar sind, lassen sich für den Reaktorkern aufgrund der relativ einfachen (5.24) solche Lösungen angeben, sofern man die Spaltstoffanordnung als homogen - mit konstanten Stoffgrößen - betrachtet. Dabei handelt es sich mathematisch um die Lösung eines Randwertproblems, spezieller aber um ein Eigenwertproblem. Die Differentialgleichung (5.24) beschreibt z.B. auch die Eigenschwingungen einer elastischen Membran sowie akustischer Wellen in einem definierten Raum. Sie hat mit ihren Randbedingungen nur dann nichttriviale Lösungen, wenn B^2 bestimmte Werte - die Eigenwerte - annimmt. Bei Schwingungsproblemen sind durch die Eigenwerte die Eigenschwingzahlen des zugrundeliegenden Systems festgelegt [114].

Zunächst sei ein kugelförmiger Reaktorkern betrachtet, der keinen Reflektor, aber relativ großen Halbmesser $a \gg M$ habe. Der Neutronenfluß wird hier zentralsymmetrisch sein, so daß anstelle dreier Raumkoordinaten die Einführung nur einer, des Radius r, genügt. In diesem Fall gilt bekanntlich für den Laplace-Operator

$$\Delta = \frac{d^2}{dr^2} + \frac{2}{r}\frac{d}{dr}.$$

Die partielle Differentialgleichung (5.24) geht damit über in die gewöhnliche

$$\frac{d^2\varphi}{dr^2} + \frac{2}{r}\frac{d\varphi}{dr} + B^2\varphi = 0. \tag{5.37}$$

Zu ihrer Lösung eignet sich die Substitution $u = r\,\varphi$, durch welche (5.37) übergeführt wird in

$$\frac{d^2u}{dr^2} + B^2u = 0.$$

Die allgemeine (und vollständige) Lösung dieser gewöhnlichen "Schwingungs-Differentialgleichung" ist

$$u = K_1 \sin Br + K_2 \cos Br.$$

Daher lautet die allgemeine Lösung von (5.37)

$$\varphi = K_1 \frac{\sin Br}{r} + K_2 \frac{\cos Br}{r} . \tag{5.38}$$

K_1 und K_2 sind die Integrationskonstanten, welche aus den Randbedingungen des Problems bestimmt werden müssen.

Für die Randbedingungen kann man folgende Überlegungen anstellen: Da eine negative Neutronenflußdichte physikalisch nicht sinnvoll ist, wird zu fordern sein, daß φ im ganzen betrachteten Raum $r \leqq a$ endlich und $\geqq 0$ sein muß. Betrachtet man die beiden Terme der Lösung (5.38) am "Innenrand" $r = 0$, so wird

$$\lim_{r \to 0} \left(K_1 \frac{\sin Br}{r} \right) = B K_1$$

und

$$\lim_{r \to 0} \left(K_2 \frac{\cos Br}{r} \right) = \infty .$$

Offenbar muß $K_2 \equiv 0$ gesetzt werden. Außerhalb der Reaktorkugel wird der Neutronenfluß durch Diffusion mit zunehmendem r immer schwächer werden. Man wird daher annehmen können, daß φ an einer extrapolierten Oberfläche $r = a_{ex} > a$ praktisch verschwindend klein wird. Daher ergibt sich für den "Außenrand"

$$\varphi(a_{ex}) = K_1 \frac{\sin B a_{ex}}{a_{ex}} = 0$$

Wenn nun nicht mit $K_1 = 0$ auch $\varphi \equiv 0$ sein soll, muß wohl

$$\sin B a_{ex} = 0$$

bzw.

$$B a_{ex} = i \pi$$

sein. Dies ist die Bedingung, die B als Eigenwert erfüllen muß. Rein formal könnte dabei i alle positiven und negativen ganzen Zahlen einschließlich 0 annehmen. Aus physikalischen Gründen scheiden jedoch alle Werte außer $i = 1$ aus. $i = 0$ ergäbe wieder $\varphi \equiv 0$; negative i ergäben negatives φ; für alle $i > 1$ erhielte man gebietsweise negatives φ. Mithin ergibt sich als einzige sinnvolle Lösung für den Eigenwert

$$B = \frac{\pi}{a_{ex}} . \tag{5.39}$$

Wir sehen nun die gemäß (5.30) oder (5.32) aus Stoffwerten der Spaltstoffanordnung folgende Größe B verknüpft mit einer bestimmten extrapolierten Abmessung, die der Reaktorkern offenbar mindestens haben muß, um kritisch zu werden. Die Lösung des Eigenwertproblems (5.24) führt demnach auf die kritische Größe des Reaktorkerns. Die Bezeichnung des B^2 als Flußwölbung (englisch: buckling) wird verständlich, denn B^2 ist zufolge (5.38) ein Maß für die Wölbung der Fläche φ in einem bestimmten Radius. Im Zusammenhang mit den Stoffwerten wird B^2 auch als Materialflußwölbung bezeichnet, als Eigenwert des Differentialgleichungsproblems dagegen als geometrische Flußwölbung. Der stationäre (oder kritische) Betriebszustand eines Reaktors kann daher auch als ein Zustand betrachtet werden, in dem gerade die Materialflußwölbung mit der geometrischen Flußwölbung übereinstimmt. Um aus dem (hypothetisch eingeführten) extrapolierten Radius a_{ex} den wirklichen Halbmesser des Reaktorkerns zu gewinnen, kann man davon ausgehen, daß

$$a_{ex} = a + \delta. \tag{5.40}$$

Die Extrapolationslänge δ ergibt sich aus der Überlegung, daß außerhalb der Spaltstoffanordnung keine neuen Neutronen freigesetzt werden. Die aus dem Reaktorkern entweichenden Neutronen legen aber Weglängen zurück, die etwa in der Größe ihrer mittleren Transportweglänge l_{tr} liegen. Eine genauere Untersuchung zeigt, daß für die Extrapolationslänge

$$\delta \approx 0,71\, l_{tr} \tag{5.41}$$

gesetzt werden kann.

Für die Neutronenflußdichte gilt nach den bisherigen Ausführungen auch

$$\varphi = K \frac{a_{ex}}{r} \sin \frac{\pi r}{a_{ex}}. \tag{5.42}$$

$K = K_1/a_{ex}$ ist aus der Differentialgleichung und ihren Randbedingungen nicht bestimmbar, da (5.24) - wie jedes Eigenwertproblem - homogen ist. Die Lösung (5.42) liefert daher nur den räumlichen Verlauf, d.h. die Form der Neutronenflußverteilung, nicht aber die Größe der Neutronenflußdichte selbst. Die Leistung des Reaktors kann daher im kritischen Zustand jede beliebige Größe annehmen bis zu einem Grenzwert, der mit Rücksicht auf die mögliche Wärmeabfuhr bestimmt ist, genauer durch die ertragbare Temperatur der Werkstoffe im Reaktorkern. In einem homogenen Reaktor, wie vorausgesetzt, ist die je Volumeneinheit freiwerdende Wärmeleistung (die Raumwärmebelastung oder Leistungsdichte) der örtlichen Neutronenflußdichte proportional. Trägt man die Neutronenflußdichte gemäß (5.42) über dem Radius auf, so zeigt sich eine erhebliche Ungleichförmigkeit der Neutronenflußverteilung, Bild 5.12. Das Verhältnis der durchschnittlichen Neutronenflußdichte $\overline{\varphi}$ zur maximalen φ_{max}

$$f_{\varphi} = \frac{\overline{\varphi}}{\varphi_{max}} \tag{5.43}$$

wird als Flußformfaktor bezeichnet. Nimmt man für einen großen Reaktor $a \approx a_{ex}$ an, so beträgt im vorliegenden Fall des Kugelreaktors $f_{\varphi} = 0,304$.

Üblicherweise wählt man anstelle des nicht so leicht ausführbaren kugelförmigen Reaktorkerns einen zylindrischen. Die Lösung der Differentialgleichung (5.24) wird dann

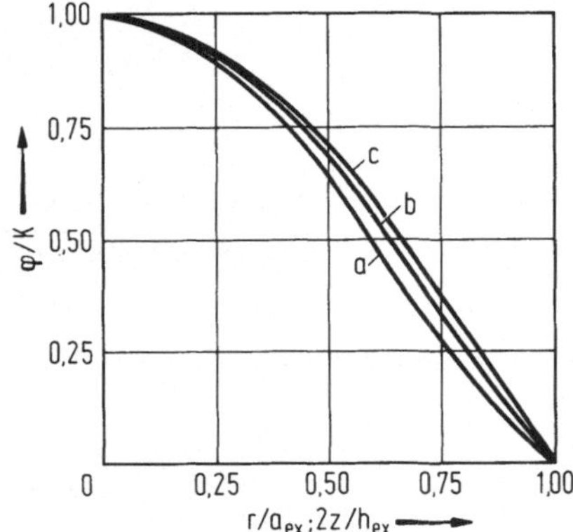

Bild 5.12. Neutronenflußverteilung im homogenen Reaktorkern. a kugelförmiger Reaktor; b radiale, c axiale Verteilung im zylindrischen Reaktor

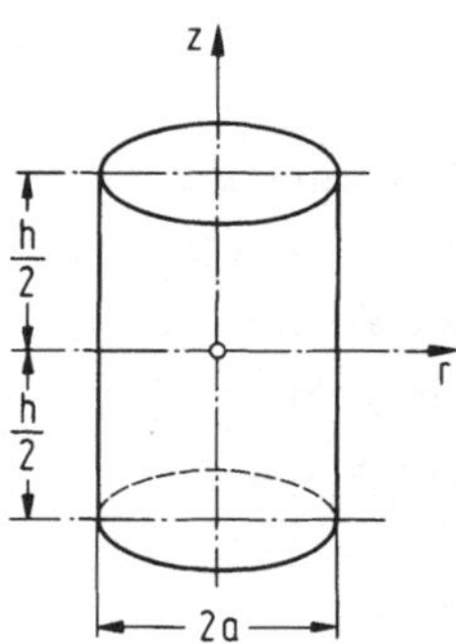

Bild 5.13. Koordinaten und Abmessungen des zylindrischen Reaktorkerns

am besten in Zylinderkoordinaten entsprechend Bild 5.13 ausgeführt. Für den Laplace-Operator gilt in diesem Fall

$$\Delta = \frac{\partial^2}{\partial r^2} + \frac{1}{r}\frac{\partial}{\partial r} - \frac{\partial^2}{\partial z^2} ,$$

und die Neutronenflußdichte stellt sich als Produkt einer Cosinus- und einer Zylinderfunktion - der Besselschen Funktion 1. Art 0-ter Ordnung J_0 - dar. Der analog zur Kugel verlaufende Lösungsgang liefert die geometrische Flußwölbung

$$B^2 = \left(\frac{\pi}{h_{ex}}\right)^2 + \left(\frac{2,405}{a_{ex}}\right)^2 \tag{5.44}$$

mit $h_{ex} = h + 2\delta$ als der extrapolierten Höhe und $a_{ex} = a + \delta$ als dem extrapolierten Halbmesser des Zylinders. Die Neutronenflußdichte ergibt sich zu

$$\varphi = K \cos \frac{\pi z}{h_{ex}} J_0 \left(\frac{2,405\, r}{a_{ex}} \right). \qquad (5.45)$$

Das Argument 2,405 entspricht darin der ersten Nullstelle von J_0. Trägt man die Neutronenflußdichte über Radius und Zylinderachse auf, so erhält man den Kurven der Kugel sehr ähnliche Verläufe, Bild 5.12. Die Neutronenflußverteilung scheint etwas völliger zu sein, aber das kritische Volumen $\pi a^2 h$ ist größer als bei der Kugel und vom Verhältnis h/a abhängig. Für konstantes B^2 ergibt sich aus (5.44) mit der Bedingung $V = \pi a^2 h \to$ Minimum ein optimales Verhältnis

$$\left(\frac{h_{ex}}{a_{ex}} \right)_{opt} = 1,84.$$

Damit ist das kritische Volumen des Zylinders rund 14 % größer als das einer Kugel. Der Flußformfaktor ergibt sich zu $f_\varphi = 0,275$.

Die bisherigen Betrachtungen setzten einen homogenen reflektorlosen Reaktorkern voraus. Es steht nichts im Wege, die Differentialgleichung (5.24) bzw. (5.27) für jedes stofflich homogene Teilgebiet eines heterogenen Reaktorkerns anzusetzen und die Teillösungen mit Hilfe der Übergangsbedingungen (5.22) miteinander zu verknüpfen. Auf diese Weise erhält man Lösungen für heterogene Spaltstoffanordnungen, die im Prinzip nicht schwierig, sondern nur numerisch aufwendiger sind. Nun besteht allerdings ein heterogener Reaktorkern aus einer großen Anzahl gleicher Brennstoffstäbe oder Brennelemente in etwa gleicher struktureller Anordnung. Man wird daher näherungs-

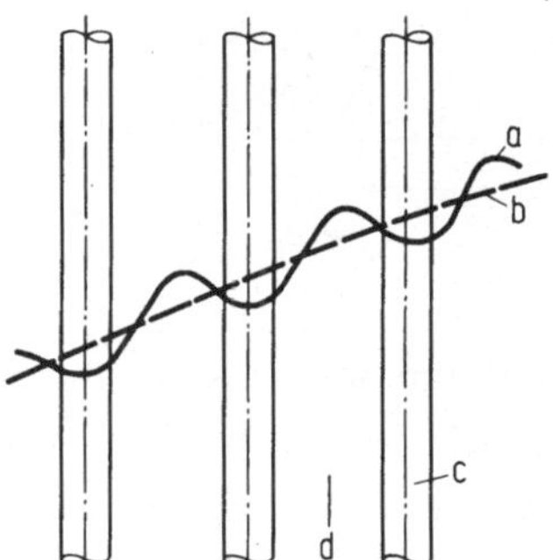

Bild 5.14. Neutronenflußverteilung im heterogenen Reaktorkern, Ausschnitt. a wirklicher Verlauf; b gemittelter Verlauf (quasihomogener Reaktorkern); c Brennstoffstab; d Moderator

weise eine heterogene, aber in den Elementen gleichartige Gitteranordnung wie ein homogenes Gebiet betrachten können, auf das die Differentialgleichungen im ganzen anwendbar sind. Man erhält dann eine mittlere Neutronenflußverteilung gemäß Bild

5.14, die umso weniger von der echten abweicht, je größer der Reaktorkern im Verhältnis zum Gitterabstand der Brennstoffstäbe ist. Für eine solche Betrachtungsweise ist es natürlich notwendig, daß die Stoffwerte k_∞, L_b und L so genau wie möglich aus der tatsächlich heterogenen Anordnung als repräsentative Mittelwerte bestimmt werden.

Um den Reflektor zu berücksichtigen, kann man bei der Eingruppentheorie davon ausgehen, daß innerhalb des Reaktorkerns (z.B. für $r \leqq a$ bei der Kugel) (5.24)

$$\Delta\varphi + B^2\varphi = 0$$

gilt. Dagegen muß man für den Reflektor mit der Wandstärke s_R (d.h. für $a \leqq r \leqq a + s_R$) die Differentialgleichung

$$\Delta\varphi - \frac{\varphi}{L_R^2} = 0 \qquad (5.46)$$

ansetzen mit L_R als der mittleren Diffusionsweglänge des Reflektormaterials. Mit Hilfe der Übergangsbedingungen (5.22), angewandt auf die Stelle $r = a$, läßt sich für den kugelförmigen Reaktorkern eine geschlossene Lösung erzielen [110]. Nun wirkt

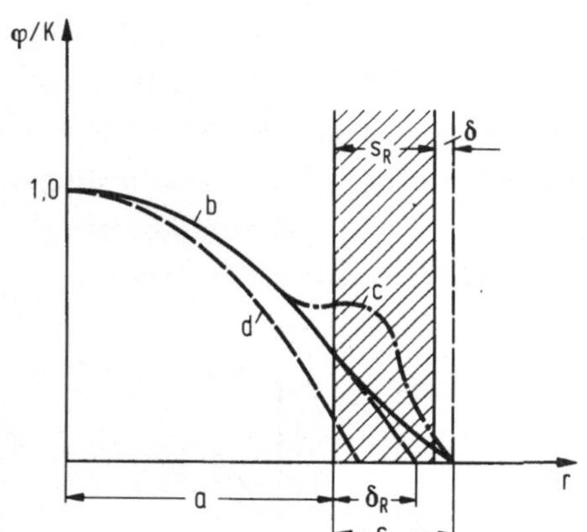

Bild 5.15. Neutronenflußverteilung unter Berücksichtigung eines Reflektors. b, c mögliche Verläufe der Neutronenflußdichte; d Verlauf ohne Reflektor

der Reflektor infolge seiner Neutronenrückführung in etwa derselben Weise vergrößernd auf die Neutronenflußdichte im Reaktorkern wie die Extrapolationslänge δ. Bild 5.15 veranschaulicht dies und definiert eine neue Extrapolationslänge für den Reaktorkern δ_R, die als Reflektionsersparnis bezeichnet wird. Daher gilt als genauerer extrapolierter Halbmesser:

$$a_{ex} = a + \delta_R. \qquad (5.47)$$

Ein Vergleich der Lösung des reflektorlosen Reaktors und der unter Hinzunahme von (5.46) gewonnenen zeigt, daß für die Reflektionsersparnis zu setzen ist

$$\delta_R = \frac{1}{B} \operatorname{arc\,tan} \left(B L_R \tanh \frac{s_{ex}}{L_R} \right). \tag{5.48}$$

Dabei bedeutet $s_{ex} = s_R + \delta$ die extrapolierte Wandstärke des Reflektors. Im Falle eines großen Reaktors ($a \gg L_R$) wird $B \cdot L_R$ relativ klein, so daß in guter Näherung auch

$$\delta_R = L_R \tanh \frac{s_{ex}}{L_R} \tag{5.49}$$

gesetzt werden kann. Da diese Beziehung B nicht mehr enthält, ist die Lösung mit (5.47) auf die des reflektorlosen Reaktors zurückgeführt.

Die für den kugelförmigen Reaktorkern abgeleiteten Gleichungen (5.48) bzw. (5.49) können näherungsweise auch bei einem zylindrischen Reaktorkern angewandt werden. Dann gilt analog zu (5.47) für die extrapolierte Höhe $h_{ex} = h + 2\,\delta_R$. Die Wirkung des Reflektors besteht, wie man erkennt, nicht nur in einer Herabsetzung der kritischen Größe des Reaktorkerns, sondern auch in einer Vergleichmäßigung des Neutronenflusses. Diese Vergleichmäßigung wird am Rand der Spaltstoffanordnung durch die oben gezeigte einfache Reflektortheorie unterschätzt. Die Neutronenflußdichte kann dort, wie Bild 5.15 auch veranschaulicht, bis in eine gewisse Reflektortiefe sogar wieder ansteigen. Der Grund hierfür ist in der geringen Absorption sowie dem fehlenden Resonanzeinfang der Neutronen im Reflektor zu suchen.

Eine möglichst gleichförmige Neutronenflußdichte ist im Hinblick auf eine gute Ausnutzung der maximal ertragbaren Wärmestromdichte im Reaktorkern wünschenswert. Zur Vergleichmäßigung des Neutronenflusses kann man die Brennstoffstäbe ungleichförmig anordnen, so daß etwa in den Randzonen eine größere Konzentration von Kernbrennstoff entsteht. Eine andere Möglichkeit ist die Anwendung verschieden angereicherten Spaltstoffs in den Brennelementen oder Brennstoffstäben. Schließlich kann man beim Brennelementwechsel frische Elemente in die Randzonen einsetzen, während teilweise abgebrannte Elemente zunehmend in die inneren Zonen versetzt werden. Zur Berechnung der Neutronenflußverteilung muß natürlich in diesen Fällen der Reaktorkern heterogen bzw. als in mehrere homogene Zonen unterteilt behandelt werden. Die Genauigkeit der Rechnung kann durch Anwendung einer Mehrgruppentheorie [112, 113] wesentlich gesteigert werden, und zwar umso mehr, je mehr Neutronengruppen dabei eingeführt werden.

5.4.3. Zur Ermittlung von Stoffwerten

Um die gewonnenen Beziehungen anwenden zu können, bedarf es der Kenntnis einer erheblichen Anzahl von Stoffwerten. Wir beschränken uns dabei auf die Größen, die für die Ein- oder Zweigruppentheorie benötigt werden. Tabelle 5.6 enthält einige An-

Tabelle 5.6. Makroskopischer Absorptionswirkungsquerschnitt, Diffusionskonstante und mittlere Diffusionsweglängen zur Eingruppentheorie

Stoff	Σ_a cm^{-1}	D cm	L cm	L_b cm
H_2O	$2{,}21 \; 10^{-2}$	0,146	2,6	5,8
D_2O	$3{,}75 \; 10^{-5}$	0,883	154	11
C	$2{,}77 \; 10^{-4}$	0,795	53,5	20
Be	$1{,}22 \; 10^{-3}$	0,490	20	10
BeO	$7{,}28 \; 10^{-4}$	0,429	24,3	12
U (nat.)	0,363	0,852	1,53	-
U (1,5% ^{235}U)	0,620	0,838	1,16	-

gaben zur Absorption und Diffusion, die streng nur für eine bestimmte Temperatur gültig sind, aber für eine mittlere Betriebstemperatur thermischer Reaktoren repräsentativ sein dürften. Zur Ermittlung der Materialflußwölbung B^2 nach (5.30) oder (5.32) benötigt man weiter den Multiplikationsfaktor $k_\infty = \varepsilon p f \eta$ nach (5.12). Angaben zum Spaltwirkungsgrad η gemäß (5.10) wurden schon früher gemacht.

Ist e die Anreicherung (bei natürlichem Uran e = 0,0714), so gilt auch

$$\eta = \frac{e \cdot \sigma_{f,235}}{e \cdot \sigma_{a,235} + (1-e)\sigma_{a,238}} \cdot \nu$$

oder ein entsprechender Ansatz, wenn der Kernbrennstoff andere Isotope enthält. Die drei Größen ε, p und f sind verhältnismäßig schwierig zu ermitteln [112, 113]; die nachfolgenden Angaben ermöglichen jedoch eine gewisse Abschätzung.

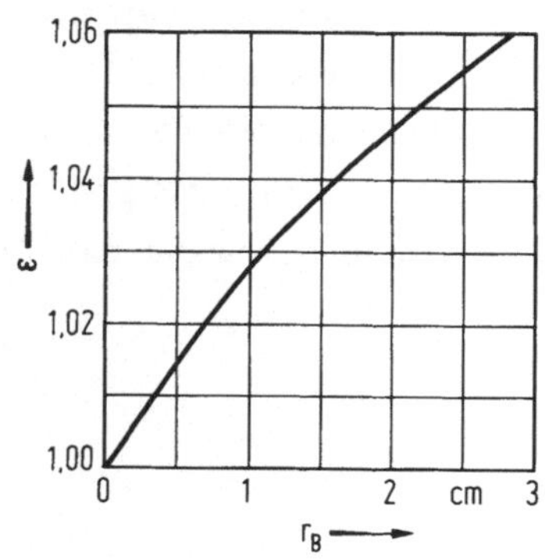

Bild 5.16. Schnellspaltfaktor in Abhängigkeit vom Brennstabradius für einen graphitmoderierten Natururanreaktor, nach [110]

In Bild 5.16 ist zunächst der Schnellspaltfaktor ε für Natururan mit Graphitmoderator in Abhängigkeit vom Radius r_B des Brennstoffstabs dargestellt. Wie man sieht, ist etwa $(\varepsilon - 1) \sim r_B$. Man kann davon ausgehen, daß $(\varepsilon - 1)$ auch etwa proportional zur relativen Anreicherung des Kernbrennstoffs ansteigt. Im Mittel erreicht man bei graphitmoderierten Natururan-Reaktoren etwa $\varepsilon = 1{,}03$, während bei Leichtwasserreaktoren mit auf ca. 2% ^{235}U angereichertem Brennstoff etwa $\varepsilon = 1{,}1$ erzielbar ist. Die Resonanzdurchgangszahl p ist, ebenfalls für eine Natururan-Graphit-Anordnung, in Bild 5.17 wiedergegeben. Der Parameter r_M bedeutet dabei den halben Gitterab-

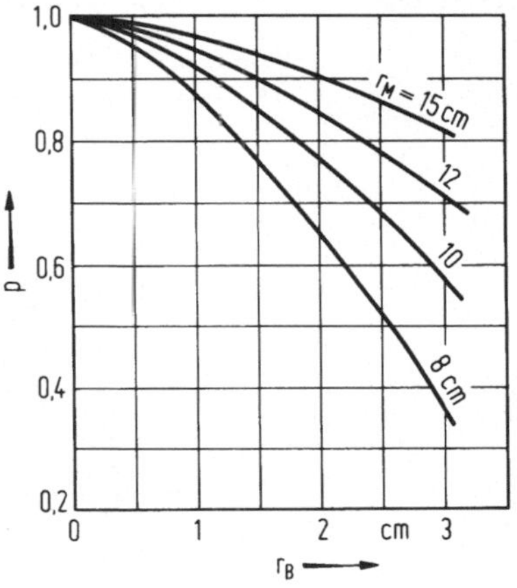

Bild 5.17. Resonanzdurchgangszahl in Abhängigkeit vom Brennstabradius und halben Brennstababstand für einen graphitmoderierten Natururanreaktor, nach [110]

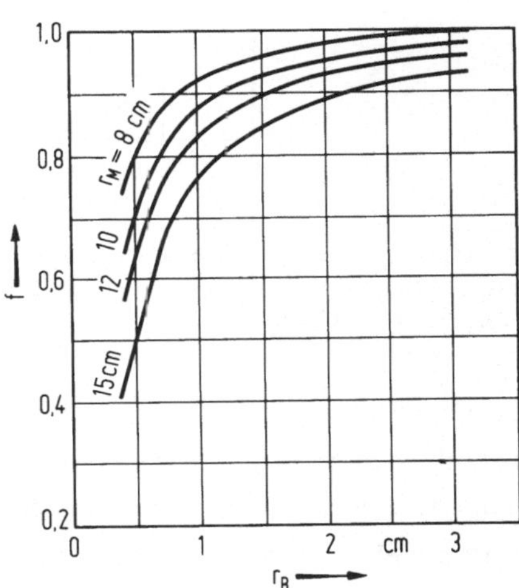

Bild 5.18. Thermischer Ausnutzungsfaktor für den gleichen Reaktortyp (Bilder 5.16 und 5.17) nach [110]

stand zwischen zwei Brennstoffstäben, der auch etwa dem wirksamen Moderatorradius für einen Brennstoffstab entspricht. Die Wahrscheinlichkeit des Resonanzeinfangs wird mit zunehmendem Radius r_B grösser, mit zunehmendem Moderatorradius r_M dagegen geringer. Eine umgekehrte Tendenz zeigt der thermische Ausnutzungsfaktor f für den gleichen Reaktortyp, Bild 5.18. Man kann unter Annahme eines gleich großen Neutronenflusses im Brennstoff und umgebenden Moderator näherungsweise auch setzen

$$f \approx \frac{\Sigma_{a,B} V_B}{\Sigma_{a,B} V_B + \Sigma_{a,M} V_M} = \frac{\Sigma_{a,B}}{\Sigma_{a,B} + \Sigma_{a,M} V_M/V_B} . \tag{5.50}$$

Darin bedeuten V_B und V_M das Volumen des Brennstoffs bzw. Moderators. Die Wirkungsquerschnitte sind für thermische Neutronen einzusetzen. Für das Verhältnis V_M/V_B kann man 2,5 bis 5 für Leichtwasser-Reaktoren annehmen, dagegen bis ca. 30 bei graphitmoderierten.

Die gegenläufige Tendenz von p und f in der Abhängigkeit von r_B und r_M führt zu einem ausgeprägten, aber flachen Maximum von k_∞ bei bestimmten Gitterabmessun-

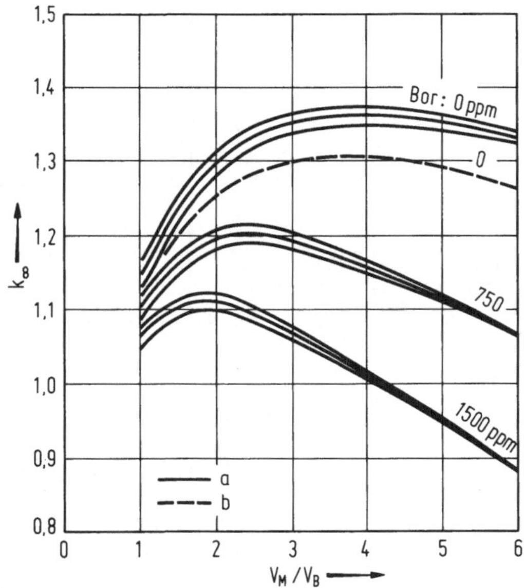

Bild 5.19. Vermehrungsfaktor k_∞ für einen Leichtwasserreaktor, nach Böhm [115]. a 3 % anger. UO_2, obere Kurven r_B = 0,51, mittlere 0,45, untere 0,40 cm; b 2,5 % anger. UO_2, r_B = 0,45 cm

gen. In Bild 5.19 ist k_∞ in Abhängigkeit von V_M/V_B bei verschiedenen Radien r_B für einen leichtwassermoderierten, einen sog. Druckwasserreaktor dargestellt. Dabei ist auch der Einfluß eines absorbierenden Stoffes im Moderator - in diesem Fall Bor - wiedergegeben sowie der einer abweichenden Anreicherung des Brennstoffs. k_∞ erreicht im vorliegenden Fall recht hohe Werte, die indessen den Auslegungszustand des Reaktors charakterisieren und nicht den Betriebszustand. Der Auslegungszustand muß aus verschiedenen Gründen, auf die noch einzugehen sein wird, eine erhebliche Reserve gegenüber dem kritischen Zustand $k_{eff} = 1$ aufweisen, der mittels der absorbierenden Regeleinrichtungen (im allgemeinen der Regelstäbe) eingestellt wird. Moderne Leistungsreaktoren haben u.a. auch daher ein viel größeres Volumen, als den kritischen Abmessungen der Spaltstoffanordnung entsprechen würde. Immerhin kann das kritische Volumen einer Spaltstoffanordnung, das sich mit Hilfe der vorstehenden Ausführungen abschätzen läßt, recht große Abmessungen annehmen, die mit der erzielbaren Leistung des Reaktors zunächst nichts zu tun haben. Die kritische Masse fällt bei kleinen Reaktoren so erheblich ins Gewicht, daß diese gegebenenfalls nicht wirtschaftlich gebaut und betrieben werden können.

Das optimale k_∞ ist, wie gezeigt, außer von den Stoffgrößen auch von den geometrischen Abmessungen und der Struktur der Spaltstoffanordnung abhängig. Die optimalen Verhältnisse herauszufinden, ist auf theoretischem Wege allein nicht möglich; man muß vielmehr das Experiment zu Hilfe nehmen. Hierzu dienen u.a. auch die Forschungsreaktoren. Ein besonders kostspieliger, die realen Verhältnisse jedoch am besten wiedergebender Versuch ist das sog. kritische Experiment. Dabei wird eine Gitteranordnung fortschreitend von der Mitte nach außen mit Brennelementen beladen und die Neutronenflußdichte gemessen. Ist z die Anzahl der mit Brennelementen besetzten Gitterplätze, so gibt die Auftragung von z/φ über z in einem Diagramm nahezu eine Gerade, die bis zum Schnittpunkt mit der z-Achse verlängert werden kann und damit die kritische Zahl von Brennelementen liefert, ohne daß man die Anordnung wirklich kritisch macht. Der Neutronenfluß wird dabei immer an derselben Stelle (z.B. in der Mitte des Reaktorkerns) gemessen.

5.5 Wärmeübertragung im Reaktor

Die im Reaktorkern entwickelte Wärme muß auf das Kühlmittel übertragen und mit diesem aus dem Reaktor herausgeführt werden. Als Heizflächen dienen dabei im allgemeinen die Oberflächen der Hüllrohre, an denen das Kühlmittel entlangströmt. Im Gegensatz zum Feuerraum eines konventionellen Dampferzeugers ist im Kernreaktor die Wärmeübertragung durch Strahlung vernachlässigbar gering, da einesteils das Temperaturniveau wesentlich niedriger liegt, anderenteils die Schichtstärke des Kühlmittels sehr klein ist. Gewisse Kühlmittel, wie die Edelgase, beteiligen sich zudem am Strahlungsaustausch nicht. Es handelt sich daher im Reaktor um rein konvektiven Wärmeübergang, der indessen sehr intensiv sein muß, da die zur Verfügung stehenden Heizflächen relativ klein sind. Man muß daher für eine möglichst hohe Geschwindigkeit des Kühlmittels sorgen, die im allgemeinen nur im Zwangumlauf erzielbar ist.

Wie die Wärmeentbindung, so läßt sich auch die Wärmeübertragung im Reaktorkern theoretisch exakter behandeln als beim konventionellen Dampferzeuger. Sowohl für die Verteilung der Wärmequellen in den Spaltstoffstäben als auch für die Art der Wärmeübertragung in geraden Kühlkanälen liegen analytisch verhältnismäßig gut erfaßbare Bedingungen vor. Betrachtet man gemäß Bild 5.20 ein Stück eines Kühlkanals

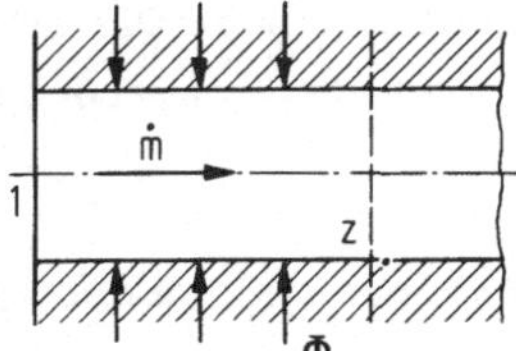

Bild 5.20. Zur Wärmeübertragung im Reaktor-Kühlkanal

zwischen dem Eintrittsquerschnitt 1 des Kühlmittels und einem beliebigen Querschnitt z, so läßt sich folgende Wärmebilanz anschreiben:

$$\dot{m}\, c_1 \vartheta_1 + \Phi = \dot{m}\, c\, \vartheta. \tag{5.51}$$

Dabei ist $\dot{m}$ der Massenstrom des Kühlmittels, c seine spezifische Wärmekapazität, ϑ die mittlere Temperatur im Kanalquerschnitt, Φ der zwischen 1 und z übertragene Wärmestrom.

Zur Berechnung von Φ hat man davon auszugehen, daß der Wärmestrom im Reaktor an jeder Stelle der dort vorhandenen Neutronenflußdichte proportional ist. Offenbar gilt für die örtliche Raumwärmebelastung

$$q_V = \frac{\partial \Phi}{\partial V} = \varepsilon^* \Sigma_f \varphi \tag{5.52}$$

mit ε^* als der je Spaltung freiwerdenden Wärmeenergie. Die Neutronenflußdichte φ ist allerdings, wie gezeigt, nur bis auf einen zunächst noch unbestimmten Faktor K bekannt. Aufgrund der Eingruppen-Diffusionstheorie gilt für den zylindrischen Reaktorkern (5.45)

$$\varphi = K \cos \frac{\pi z}{h_{ex}}\, J_0 \left(\frac{2,405\, r}{a_{ex}} \right).$$

Demnach ist K gleich der maximalen Neutronenflußdichte, die in der Mitte des Reaktorkerns auftritt. Mit (5.52) wird

$$K = \varphi_{max} = \frac{q_{V\,max}}{\varepsilon^* \Sigma_f}. \tag{5.53}$$

Bezeichnen nun Querstriche Mittelwerte für das ganze Volumen des Reaktorkerns V_K, so ist

$$q_{V\,max} = \bar{q}_V \frac{\varphi_{max}}{\bar{\varphi}} = \frac{P_{th}}{V_K} \frac{\varphi_{max}}{\bar{\varphi}}.$$

Dabei bedeutet $P_{th} = \Phi_{ges}$ die thermische Gesamtleistung des Reaktors. Unter Benutzung des Flußformfaktors f_φ, Gl. (5.43), erhält man damit für die maximale Raumwärmebelastung

$$q_{V\,max} = \frac{1}{f_\varphi} \frac{P_{th}}{V_K}. \tag{5.54}$$

Hieraus folgt das Kernvolumen V_K für eine vorgegebene thermische Reaktorleistung, wenn die maximal ertragbare Raumwärmebelastung oder Leistungsdichte bekannt ist.

Mit diesen Überlegungen ergibt sich für die örtliche Raumwärmebelastung im Reaktorkern

$$q_V = q_{V\,max} \cos \frac{\pi z}{h_{ex}} J_0\left(\frac{2,405\, r}{a_{ex}}\right). \tag{5.55}$$

Betrachtet man nun einen Kühlkanal, der sich auf dem Radius r befindet, so ist es zweckmäßig, den in ihm je Längeneinheit in der z-Achse übertragenen Wärmestrom einzuführen. Wir definieren daher mit L als Länge analog zu q_V und q_A eine Längenwärmebelastung

$$q_L = \frac{\Phi}{L} \text{ bzw. } \frac{\partial \Phi}{\partial L}. \tag{5.56}$$

Dann läßt sich unter Benutzung der zweiten Definition für den Kühlkanal schreiben

$$q_L = q_{L\,max} \cos \frac{\pi z}{h_{ex}}, \tag{5.57}$$

wenn $q_{L\,max}$ der bei $z = 0$ auftretende Höchstwert von q_L ist. Nimmt man in einer quasi-homogenen Betrachtung eine gleichmäßige Verteilung der Kühlkanäle über den Reaktorquerschnitt an, so läßt sich $q_{L\,max}$ ermitteln, wenn man daran denkt, daß $\partial\Phi = q_V\,\partial V = q_A\,\partial A = q_L\,\partial L$ sein muß, und $\partial V \approx \Delta F\,\partial L$ setzt, mit ΔF als der einem Kühlkanal zuzuordnenden Teilfläche des Reaktorkern-Querschnitts. Ist k die Anzahl der Kühlkanäle, so ist offenbar $\Delta F = \pi a^2/k$, und es folgt

$$q_{L\,max} = q_{V\,max} \frac{\pi a^2}{k} J_0\left(\frac{2,405\, r}{a_{ex}}\right). \tag{5.58}$$

Nach dieser Vorbereitung kann die Kühlmitteltemperatur über der Brennstoffstab- bzw. Kühlkanallänge ermittelt werden. Aus (5.51) ergibt sich

$$(\vartheta c - \vartheta_1 c_1)\,\dot{m} = q_{L\,max} \int\limits_{-\frac{h}{2}}^{z} \cos\frac{\pi z}{h_{ex}}\,dz.$$

Durch Integration auf der rechten Seite erhält man daraus

$$\vartheta = \vartheta_1 \frac{c_1}{c} + \frac{q_{L\,max}\,h_{ex}}{\pi c \dot{m}} \left(\sin\frac{\pi h}{2 h_{ex}} + \sin\frac{\pi z}{h_{ex}}\right). \qquad (5.59)$$

Insbesondere folgt für die Austrittstemperatur ϑ_2 des Kühlmittels an der Stelle $z = h/2$

$$\vartheta_2 = \vartheta_1 \frac{c_1}{c_2} + \frac{2 q_{L\,max}\,h_{ex}}{\pi c_2 \dot{m}} \sin\frac{\pi h}{2 h_{ex}}. \qquad (5.60)$$

Im allgemeinen wird man mit ausreichender Genauigkeit wenigstens in erster Näherung im Kühlkanal $c = c_1 = c_2$ = konst setzen können. Die Kühlmitteltemperatur ist somit durch Größe und Verlauf der Wärmeabgabe des Brennstoffs einerseits sowie durch die spezifische Wärmekapazität, den Massenstrom und die Eintrittstemperatur des Kühlmittels andererseits vollständig bestimmt. Für die Wandtemperatur des Kühlkanals ist indessen der Wärmeübergangskoeffizient α von ausschlaggebender Bedeutung. Bezeichnet ϑ_W die Wandtemperatur, so ist nach (2.6)

$$\vartheta_W - \vartheta = q_A/\alpha.$$

Setzt man wieder $q_A \cdot \delta A = q_L \cdot \delta L$ und $\delta A = U \cdot \delta L$, mit U als dem Umfang des Kühlkanals, so ergibt sich

$$\vartheta_W = \vartheta + \frac{q_{L\,max}}{\alpha U} \cos\frac{\pi z}{h_{ex}}. \qquad (5.61)$$

Mit dieser Gleichung ist die Wandtemperatur an jeder Stelle eines Kühlkanals zu ermitteln.

Die gewonnenen Ergebnisse sind qualitativ in Bild 5.21 dargestellt. Beim Entwurf eines Reaktors sind neben den Kühlmitteltemperaturen am Ein- und Austritt die Oberflächentemperaturen im Kühlkanal bzw. an den Brennstoffstäben von besonderer Bedeutung. Mit Rücksicht auf die Festigkeit der Werkstoffe (Hüllenmaterial, Moderator usw.) darf hier eine gewisse Grenze nicht überschritten werden. $\vartheta_{W\,max}$ wird, wie man sieht, nicht am Austritt des Kühlkanals erreicht, wo das Kühlmittel seine höchste Temperatur hat, sondern etwas oberhalb der Mitte des Reaktorkerns. Es ist im Prinzip nicht schwierig, aus den angegebenen Beziehungen $\vartheta_{W\,max}$ und die Stelle, an der diese Temperatur auftritt, zu ermitteln. Hinsichtlich der Erwärmung des Kühlmittels spielt es keine Rolle, ob die Wärme vollständig von den Brennelementen

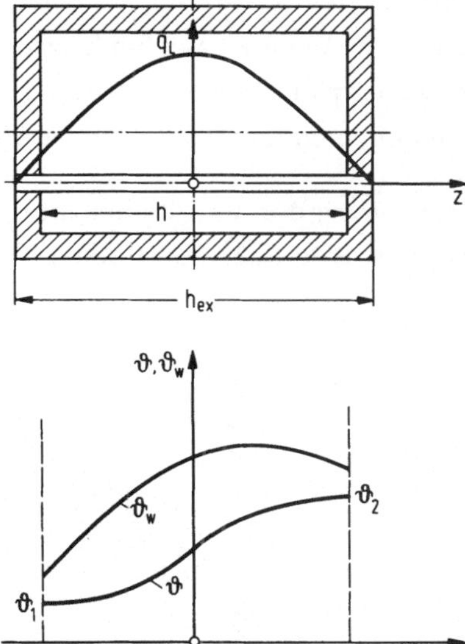

Bild 5.21. Verlauf von Längenwärmebelastung (oben), Kühlmittel- und Wandtemperatur in einem Kühlkanal

oder teilweise vom Moderator übertragen wird. Tatsächlich werden etwa 5 bis 10 % der im Spaltstoff entbundenen Energie in Form von kinetischer Energie schneller Neutronen und γ-Strahlen auf den Moderator übertragen und dort in Wärme verwandelt. Die Wandtemperatur der Brennstoffhülsen verringert sich dadurch auf einen Wert $\vartheta_{W,B}$, für den gilt

$$\vartheta_{W,B} = \vartheta + \xi \frac{q_{L\,max}}{\alpha U} \cos \frac{\pi z}{h_{ex}} \tag{5.62}$$

mit $\xi = 0{,}9$ bis $0{,}95$.

Aufgrund der ungleichförmigen Verteilung der Neutronenflußdichte ist auch die Leistungsdichte im Reaktorkern gemäß (5.55) ungleichförmig und in radialer Richtung von einem Brennstoffstab zum anderen verschieden groß. Dadurch würden nur wenige Brennelemente in der Mitte des Reaktorkerns voll ausgelastet, und das Kühlmittel würde mit ungleicher, nach außen abnehmender Temperatur aus den Kühlkanälen austreten. Die sich ergebende Mischtemperatur des Kühlmittels am Reaktoraustritt läge unter der an sich erzielbaren Größe. Neben den schon erwähnten Maßnahmen zur Neutronenfluß-Vergleichmäßigung kann man auch Ausgleichsmaßnahmen bei der Kühlung anwenden. So läßt sich z.B. das Kühlmittel in den Kühlkanälen verschieden stark drosseln, etwa gemäß $\dot{m} \sim \Phi$ bzw. $q_{L\,max}$. Hierbei bliebe die Austrittstemperatur des Kühlmittels ϑ_2 = konst, während die maximale Wandtemperatur $\vartheta_{W,B\,max}$ mit abnehmendem $q_{L\,max}$ nach außen noch immer abnehmen würde gemäß (5.62). Um eine gleichförmige thermische Ausnutzung der Brennelemente zu erreichen, müßte man die Kühlkanäle überproportional zu Φ bzw. $q_{L\,max}$ drosseln. In diesem Falle würde ϑ_2 mit zunehmendem r ansteigen. Solche Maßnahmen sind allerdings nur möglich oder wirksam, wenn keine Verbindungen zwischen den Kühlkanälen bestehen, die ausgleichende Querströmungen erlauben. Sie führen gegebenenfalls zu verschiedenen Brennelementen, und damit zu höheren Herstell- und Betriebskosten des Reaktors.

Für die Berechnung der Wandtemperatur ist der Wärmeübergangskoeffizient von erheblicher Bedeutung. Bild 5.22 zeigt einen Überblick für vier Kühlmittel unter verschiedenen

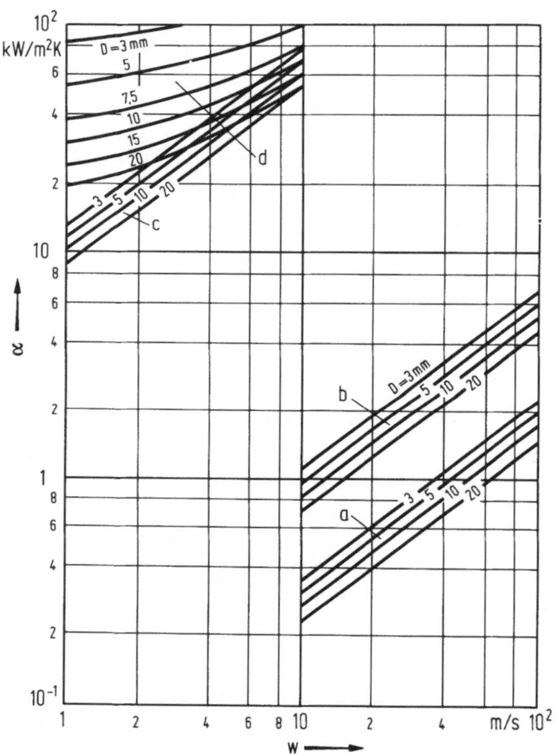

Bild 5.22. Wärmeübergangskoeffizienten verschiedener Kühlmittel bei 250°C, nach [116]. a CO_2, 10 bar; b He, 50 bar; c H_2O, 150 bar; d Na, 1 bar; D Kanaldurchmesser

Drücken bei 250°C in Abhängigkeit von der Strömungsgeschwindigkeit. Man erkennt Unterschiede von mehreren Größenordnungen. Auch in der spezifischen Wärmekapazität gibt es Unterschiede von nahezu einer Größenordnung. Die Art des Kühlmittels ist daher von erheblicher Bedeutung auch für die Größe des Reaktorkerns. Da in allen

Betriebszuständen eine Überhitzung des Materials, insbesondere des Hüllenwerkstoffs, zu vermeiden ist, muß man bei flüssigkeitsgekühlten Reaktoren auf Siedevorgänge achten. Es darf keinesfalls auch nur örtlich zu einem Filmsieden kommen, da dies zu einem Burnout der Hüllrohre führen würde. Ein Burnout ist jedoch wegen der Gefahr der korrosiven und erosiven Zersetzung des Kernbrennstoffs durch das Kühlmittel und die damit verbundene radioaktive Verseuchung des Kühlmittelkreislaufs beim Reaktor erheblich schwererwiegend als bei einem konventionellen Dampferzeuger. Man muß daher darauf achten, daß die kritische Wärmestromdichte mit Sicherheit nicht erreicht wird. Diese steigt, wie beim Dampfkessel erörtert, mit zunehmender Kühlmittelgeschwindigkeit an [14, 112, 113].

Zur genaueren Ermittlung von α kann man für einen Kühlkanal mit kreisförmigem Querschnitt von (4.48) ausgehen, die für Gase und Wasser als Kühlmittel anwendbar ist. Wird mit $z^* = z - z_1$ die Distanz der betrachteten Stelle z im Kühlkanal vom Einlauf bezeichnet, so kann man mit einem Zusatzfaktor $(z^*/D)^l$ die Abhängigkeit des Wärmeübergangskoeffizienten von z berücksichtigen. Nach Kraussold [117] gilt für die Stanton-Zahl (2.27) bei Flüssigkeiten

$$St = 0{,}032\,Re^{-0{,}2}\,Pr^{-0{,}63}\left(\frac{z^*}{D}\right)^{-0{,}054}. \tag{5.63}$$

Bei Gasen und überhitzten Dämpfen gilt nach Hausen [79]

$$St = 0{,}024\,Re^{-0{,}214}\,Pr^{-0{,}55}\left[1 + \left(\frac{z^*}{D}\right)^{-\frac{2}{3}}\right]. \tag{5.64}$$

Für Helium insbesondere kann nach Durham [118] gesetzt werden

$$St = 0{,}036\,Re^{-0{,}2}\,Pr^{-0{,}6}\left(\frac{z^*}{D}\right)^{-0{,}1}. \tag{5.65}$$

Alle Stoffwerte sollten dabei für eine mittlere Temperatur $\vartheta_m = 1/2\,(\vartheta_W + \vartheta)$ eingesetzt werden. Dadurch ist der wandnahe Bereich im Kühlkanal, in dem sich der Wärmeübergang hauptsächlich abspielt, repräsentativer berücksichtigt.

Für den Fall, daß man einen nichtkreisförmigen Kanalquerschnitt hat, lassen sich die angegebenen Gleichungen näherungsweise anwenden, wenn man unter D den hydraulischen Durchmesser gemäß (4.54) versteht. Nur eine grobe Annäherung erzielt man damit allerdings, wenn im Kühlkanal mehrere Brennstoffstäbe wie in Bild 5.23 a angeordnet sind, was eigentlich die Regel ist [119]. Man muß dann zur Berechnung von $D = 4F/U$ auf jeden Fall den Gesamtumfang des Kanals unter Einbeziehung der Oberflächen der Brennstoffstäbe für U einsetzen. Bei genauerer Betrachtung eines solchen Reaktorkerns muß man davon ausgehen, daß die Brennstoffstäbe in großer Anzahl in Form eines regelmäßigen Dreiecks- oder Quadratgitters angeordnet sind, wie

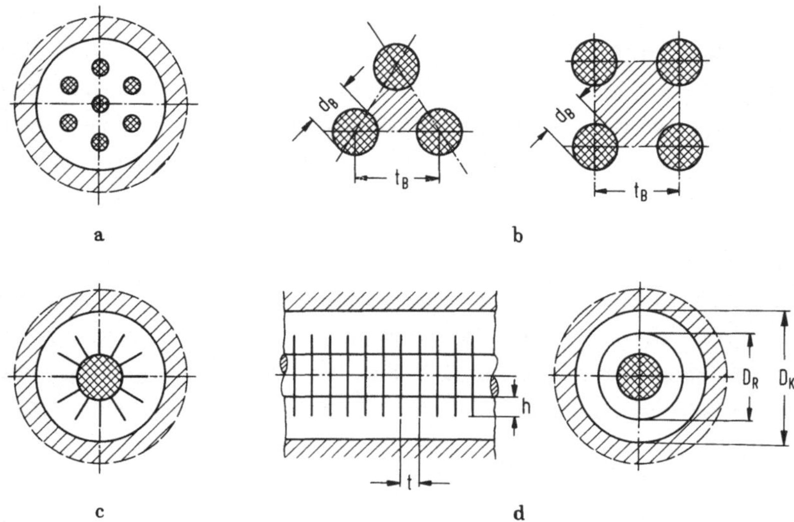

Bild 5.23. Beispiele für Kühlkanalformen. a Brennelementbündel in geschlossenem Kanal; b Stabanordnungen im "offenen" Kanal; c Brennstoffstab mit Längsrippen; d Brennstoffstab mit Querrippen

Bild 5.23 b zeigt. Man faßt dann das einfach schraffierte Gebiet zwischen den Stäben als elementaren Kühlkanal auf. Der hydraulische Durchmesser wird aus der durchströmten (schraffierten) Fläche und dem anteiligen Umfang der Brennstoffstäbe gebildet, welche die begrenzende Wand des Kühlkanals darstellen. Man kann in diesem Fall den Ansatz von Nusselt, (4.48)

$$Nu = A\,Re^m\,Pr^n$$

anwenden, wenn man nach Weisman [120, 121] setzt

$$m = 0{,}8\,, \quad n = 0{,}33\,,$$

$$A = 0{,}026\,\frac{t_B}{d_B} - 0{,}006 \quad \text{für } \Delta\,,$$

$$A = 0{,}024\,\frac{t_B}{d_B} - 0{,}0023 \quad \text{für } \square\,.$$

t_B ist dabei die Teilung, d_B der Durchmesser der Brennstoffstäbe im Dreiecks- (Δ) bzw. Quadratgitter ($\square$). Für H_2O als Kühlmittel erhält man damit im allgemeinen recht gute Ergebnisse.

Zur Verbesserung der Wärmeübertragung kann man die Hüllrohre auch mit Rippen versehen. Für einen Spaltstoffstab mit Längsrippen gemäß Bild 5.23 c kann man nach [122] setzen

$$St = 0,04\ Re^{-0,2}\ e^{-0,055n}. \qquad (5.66)$$

Dabei ist n die Anzahl der Rippen. In die Reynolds-Zahl gehen über den hydraulischen Durchmesser sowohl die Anzahl wie auch die Abmessungen der Rippen ein. Für Querrippen, die bei richtiger Dimensionierung überraschend gute Wärmeübergangszahlen liefern, gilt nach [123, 124]

$$St = K\ Re^{m} \qquad (5.67)$$

mit K und m nach Tabelle 5.7. Die maßgeblichen Abmessungen sind aus Bild 5.23d ersichtlich. Für die Berechnung der Reynolds-Zahl betrachtet man dabei die Strö-

Tabelle 5.7. Koeffizienten zum Wärmeübergang und Druckverlust bei querberippten Rohren nach Feurstein und Rampf [123]

h [mm]	t/h	K	m	$\zeta D/L$
0,5	10	0,0146	-0,097	$0,087\ Re^{-0,069}$
1,0	10	0,0351	-0,162	$0,161\ Re^{-0,104}$
2,0	10	0,0721	-0,221	$0,147\ Re^{-0,073}$
3,0	6,67	0,1075	-0,249	$0,117\ Re^{-0,034}$

mung so, als ob sie vornehmlich innerhalb des Ringspalts zwischen D_K und D_R vonstatten ginge. Der hydraulische Durchmesser wird dann $D = 4F/U = D_K - D_R$. Mit dieser Voraussetzung gilt (5.67) für gasförmige Kühlmittel mit $Re = 2 \cdot 10^4$ bis $2 \cdot 10^5$ und $Pr = 0,7$.

Über die behandelten Kühlkanalformen hinausgehend gibt es eine Reihe besonderer Formen, die hier nicht behandelt werden können. Einer besonderen Betrachtung wäre auch das Siedewasser als Kühlmittel zu unterziehen (vgl. [14, 112, 113]). Man wird jedoch mit Rücksicht auf die Moderatorwirkung davon ausgehen, daß stets nur ein geringer Dampfanteil - in der Regel blasenförmig - im Reaktorkern vorhanden sein darf. In erster Näherung wird man dann das Kühlmittel als homogenes Zweiphasengemisch auffassen, mit einem sich allerdings über z ändernden Dampfgehalt. Betrachtet man einen Kühlkanal in der Siedezone in (genügend kleine) Abschnitte Δz unterteilt, so kann man setzen

$$\Delta\Phi = q_L \,\Delta z = \dot{m}\, r\, \Delta x \tag{5.68}$$

mit r als der Verdampfungswärme und x als dem Dampfgehalt. Ferner muß entsprechend (5.61) sein

$$\Delta\Phi = \alpha\, U\, \Delta z\, (\vartheta_W - \vartheta_S),$$

wobei ϑ_S die Siedetemperatur des Kühlmittels bedeutet. Mit der schrittweisen Ermittlung von Δx sind auch die mittleren Stoffwerte des Zweiphasengemisches in Δz bekannt, so daß α und damit auch ϑ_W schrittweise bestimmt werden können.

Gute Wärmeübergangskoeffizienten erfordern, wie auch Bild 5.22 zeigt, hohe Strömungs geschwindigkeiten. Diese haben wiederum relativ hohe Druckverluste zur Folge, die mit Hilfe der Kühlmittelumwälzpumpen gedeckt werden. Zur Berechnung der Druckverluste im Reaktor sowie innerhalb der Rohrleitungen des Kühlmittelkreislaufs geht man am besten wie beim Dampferzeuger abschnittsweise gemäß (4.53) vor. Für den Druckverlustbeiwert glatter Kühlkanäle, gegebenfalls mit mehreren Brennstoffstäben, kann man für Gase und Flüssigkeiten setzen

$$\zeta = 0{,}184\, \frac{L}{D}\, Re^{-0,2}. \tag{5.69}$$

Für längsberippte Rohre gilt [122]

$$\zeta = 0{,}083\, \frac{L}{D}\, Re^{-0,2}\, e^{-0{,}026\, n}. \tag{5.70}$$

Für querberippte Rohre enthält Tabelle 5.7 Angaben. D ist dabei wieder der hydraulische Durchmesser. Man beachte, daß strukturelle Einbauten, z.B. Abstandshalter zwischen den Brennstäben, erheblichen Einfluß auf den Druckverlust haben können. Im Fall der Zweiphasenströmung kann man gem. Kap. 4.4 vorgehen.

Die maximal ertragbaren Wandtemperaturen der Hüllrohre sind nicht die einzigen Grenzwerte, die im Reaktorkern beachtet werden müssen. Im Brennstoffstab nimmt, wie Bild 5.24 veranschaulicht, die Temperatur noch erheblich zu. Sie darf keinesfalls die Schmelztemperatur des Kernbrennstoffs erreichen, die z.B. für die zur Anwendung gelangenden Verbindungen UO_2, UC und ThO_2 bei 2760 bzw. 2375 und 3220°C liegt. Es ist im Prinzip nicht schwierig, mit den Grundlehren der Wärmeleitung die Temperaturverteilung im Brennstoff zu ermitteln. Bei allen Wärmeübergangs-Rechnungen muß man indessen - wie bei anderen Ingenieurproblemen auch - gewisse Unsicherheiten in Kauf nehmen. Diese werden durch sog. Heißkanalfaktoren H berücksichtigt. Es ist zu empfehlen, bei Ermittlung der Aufwärmspanne $\vartheta_2 - \vartheta_1$ des Kühlmittels eine Sicherheit von $H_\vartheta = 1,15$, beim Wärmeübergangskoeffizienten $H_\alpha = 1,4$ und beim

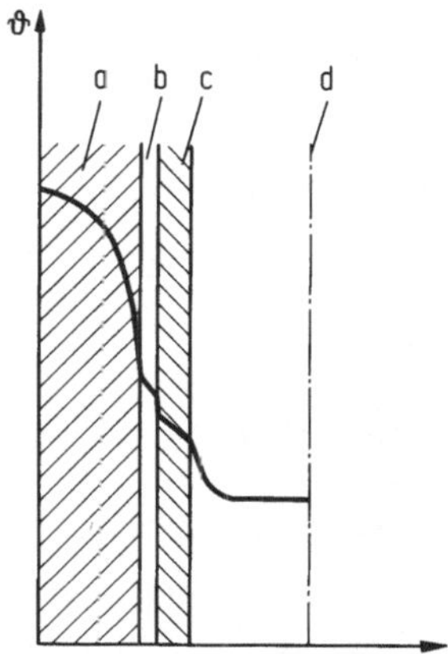

Bild 5.24. Temperaturverlauf zwischen Brennstabmitte und Kühlkanalmitte.
a Brennstoff; b Dehnspalt; c Hülse; d Kühlkanalmitte

Wärmestrom im Brennstoff $H_B = 1,36$ anzusetzen. Bei der Wärmestromdichte sollte man $q_A \leqq 0,67\, q_{A\,krit}$ beachten, d.h. eine mindestens 1,5-fache Sicherheit zur Siedekrisis einhalten.

5.6 Regelung und Steuerung der Reaktoren

Der kritische und stationäre Betriebszustand eines Reaktors ist durch die Bedingung $k_{eff} = 1$ gekennzeichnet und wird mit Hilfe der Regeleinrichtungen eingestellt. Die Regelung muß in der Lage sein, vorübergehend überkritische oder unterkritische Zustände zuzulassen, um den Neutronenfluß und damit die Reaktorleistung zu steigern bzw. herabzusetzen. Anstelle von k_{eff} verwendet man bei der Untersuchung des Regelverhaltens von Reaktoren auch die "Vermehrungsrate" der Neutronen

$$k_{ex} = k_{eff} - 1 \tag{5.71}$$

oder die sog. Reaktivität

$$\rho = \frac{k_{ex}}{k_{eff}} = \frac{k_{eff} - 1}{k_{eff}}. \tag{5.72}$$

Beide Größen unterscheiden sich zahlenmäßig nur wenig. k_{ex} stellt den Anteil dar, um den sich die Neutronenzahl im Reaktor von einer Neutronengeneration zur nächsten verändert. Ist nun n die Gesamtzahl oder die durchschnittliche Dichte der Neutronen in der Spaltstoffanordnung und bedeutet τ die mittlere Lebensdauer eines Neutrons, so gilt offenbar

$$\frac{k_{ex}}{\tau} n = \frac{dn}{dt} .$$

Daraus folgt

$$n(t) = n_0 \exp\left(\frac{k_{ex}}{\tau} t\right) . \tag{5.73}$$

Die Neutronendichte ändert sich demnach exponentiell mit der Zeit.

Die mittlere Lebensdauer der Neutronen τ ist abhängig vom Reaktortyp bzw. der Spaltstoffanordnung. Sie liegt in der Größenordnung von ms. Dies bedeutet, daß bereits ein $k_{ex} \approx 10^{-3}$, gewonnen durch geringfügiges Herausziehen der Regelstäbe aus dem Reaktorkern, binnen etwa einer Sekunde die Reaktorleistung auf den rund 2,7-fachen Wert des vorherigen stationären Betriebszustandes ansteigen ließe. Eine so schnelle Leistungserhöhung (oder bei negativem k_{ex} Leistungsminderung) würde die Regeltechnik vor ein unlösbares Problem stellen. Da dieser Leistungsexkurs zustande käme, wenn in der Spaltstoffanordnung nur prompte Neutronen freigesetzt würden, kann man ihn auch als prompte Exkursion bezeichnen. In Wirklichkeit spielen jedoch die verzögerten Neutronen eine bedeutende Rolle. Der Anteil verzögerter Neutronen an der Gesamtzahl neu entstehender Spaltneutronen beträgt z.B. beim ^{235}U etwa $\beta = 6,4 \cdot 10^{-3}$. Er ist damit zwar gering, liegt aber in der Größenordnung des oben angenommenen k_{ex} und reicht daher aus, den Regelvorgang wesentlich zu verzögern.

Zur Berücksichtigung der Wirkung der verzögerten Neutronen kann man gemäß Bild 5.25 die Vorgänge innerhalb der durchschnittlichen Lebensdauer τ einer Neutronengeneration betrachten [125, 126]. Von den insgesamt durchschnittlich freigesetzten ν Spaltneutronen sind $(1 - \beta)\,\nu$ prompte Neutronen, während $\beta\,\nu$ als verzögerte Neu-

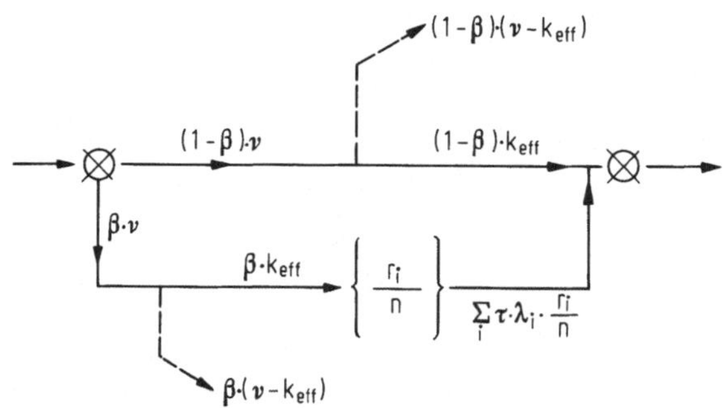

Bild 5.25. Zur Neutronenbilanz bei Regelvorgängen

tronen entstehen. Von den prompten wie von den verzögerten Neutronen wird ein Teil entsprechend dem Faktor $(\nu - k_{eff})$ durch Einfang und Abfluß verloren gehen. Die für eine neue Spaltung zur Verfügung stehende Anzahl prompter Neutronen ist dann offenbar $(1 - \beta) k_{eff}$. Von den verzögerten Neutronen verbleiben βk_{eff}, die sich in verschiedener Weise räumlich verteilen, je nach Art der neutronenaktiven Kerne, von denen sie herstammen. Ist n wieder die Neutronendichte und bedeutet r_i die Dichte der neutronenaktiven Kerne i-ter Art im selben Volumenelement (Konzentration), so beträgt die Anzahl neutronenaktiver Kerne i-ter Art relativ zu einem Ausgangsspaltneutron r_i/n.

Die einzelnen Arten verzögerter Neutronen werden nun von den Spalttrümmern nach bestimmten, jedoch unterschiedlichen mittleren Zeiten emittiert. Ist λ_i die Zerfallskonstante der neutronenaktiven Kerne i-ter Art, so ist die Wahrscheinlichkeit dafür, daß diese auch innerhalb des betrachteten Zeitintervalls τ verzögerte Neutronen liefern, gleich $\lambda_i \cdot \tau$. Insgesamt wird damit zu den prompten Neutronen die Menge

$$\sum_i \lambda_i \tau \frac{r_i}{n} = \frac{\tau}{n} \sum_i \lambda_i r_i$$

hinzutreten. (Eine Verwechslung zwischen Summenzeichen und makroskopischen Wirkungsquerschnitten sei durch Angabe des Zählindex beim Summenzeichen vermieden.) In jedem Zeitabschnitt τ vermehrt sich daher im Mittel ein Neutron auf

$$(1 - \beta) k_{eff} + \frac{\tau}{n} \sum_i \lambda_i r_i .$$

Daher gilt für die Änderung der Neutronendichte je Zeiteinheit

$$\frac{dn}{dt} = \frac{n}{\tau} \left[(1 - \beta) k_{eff} + \frac{\tau}{n} \sum_i \lambda_i r_i - 1 \right]$$

oder

$$\frac{dn}{dt} = \frac{n}{\tau} (k_{ex} - \beta k_{eff}) + \sum_i \lambda_i r_i . \tag{5.74}$$

In dem Zeitintervall τ bleibt im instationären Betriebszustand auch die Anzahl der spontan reaktiven Kerne nicht konstant. Die Anzahl r_i/n jeder neutronenaktiven Art wird durch die Zerfallsrate $n r_i \lambda_1/\tau$ vermindert, gleichzeitig jedoch um einen Betrag vermehrt, der sich zu $\beta k_{eff} \mu_i$ angeben läßt. μ_i stellt dabei den Anteil neuentstehender neutronenaktiver Kerne der i-ten Art dar bzw. gibt an, wie sich die insgesamt βk_{eff} neutronenaktiven Kerne auf die einzelnen Arten verteilen. Die Differenz aus Zuwachs und Zerfall, mit n/τ multipliziert, liefert

$$\frac{dr_i}{dt} = \beta \frac{n}{\tau} \mu_i k_{eff} - \lambda_i r_i \qquad (5.75)$$

Der effektive Vermehrungsfaktor k_{eff} wird im allgemeinen auch im instationären Fall - also bei einem Regelungsvorgang - nur geringfügig von 1 abweichen. Daher setzt man auch $k_{eff} \approx 1$, wodurch die reaktorkinetischen Gleichungen, wie man die Beziehungen für dn/dt und dr_i/dt auch nennt, die einfachere Form annehmen

$$\frac{dn}{dt} = \frac{n}{\tau}(k_{ex} - \beta) + \sum_i \lambda_i r_i \qquad (5.76)$$

und

$$\frac{dr_i}{dt} = \beta \frac{n}{\tau} \mu_i - \lambda_i r_i . \qquad (5.77)$$

In (5.76) wird unmittelbar der den Regelvorgang verlangsamende Einfluß der verzögerten Neutronen deutlich, indem jetzt $k_{ex} - \beta$ in dem der prompten Exkursion entsprechenden Term der Differentialgleichung anstelle k_{ex} steht. Die beiden Differentialgleichungen stellen ein gekoppeltes nichtlineares Differentialgleichungssystem dar, da ihre Koeffizienten k_{ex} bzw. k_{eff} auch wieder zeitabhängige Größen sind. Eine allgemeine Lösung der reaktorkinetischen Gleichungen ist selbst bei explizit vorgegebenen Zusammenhängen $k(t)$ nicht angebbar. Das Regelverhalten eines Kernreaktors wird daher im allgemeinen mit Hilfe analoger oder digitaler Rechenanlagen simuliert, wie man dies auch bei anderen, nicht exakt lösbaren Regelproblemen macht. Ein in der Regeltechnik häufig benutzter Sonderfall, nämlich eine sprunghafte Änderung von k_{ex}, ist indessen einer geschlossenen analytischen Behandlung zugängig.

In diesem Fall, k_{ex} = konst, kann man für das nunmehr lineare Differentialgleichungssystem den Lösungsansatz machen

$$n = N \exp(\omega t), \quad r_i = R_i \exp(\omega t). \qquad (5.78)$$

Bei einem thermischen Reaktor unterscheidet man 6 verschiedene Anteile verzögerter Neutronen, jedoch mag in der folgenden Betrachtung die Anzahl dieser Anteile (den verschiedenen Gruppen neutronenaktiver Kerne entsprechend) zunächst beliebig, gleich s angenommen werden, so daß i = 1 bis s. Durch Einsetzen von (5.78) und ihrer Ableitungen in (5.74) und (5.75) ergibt sich das lineare, homogene Gleichungssystem für die Unbekannten N und R_1 bis R_s

$$\mathbf{M}[N, R_1, R_2, \dots R_S]^T = 0$$

mit der Koeffizientenmatrix

$$\mathbf{M} = \begin{bmatrix} \omega - \frac{1}{\tau}(k_{ex} - \beta k_{eff}) & -\lambda_1 & -\lambda_2 & \dots & \lambda_s \\ \mu_1 \frac{\beta}{\tau} k_{eff} & -(\omega + \lambda_1) & 0 & \dots & 0 \\ \mu_2 \frac{\beta}{\tau} k_{eff} & 0 & -(\omega + \lambda_2) & \dots & 0 \\ \vdots & \vdots & \vdots & & \vdots \\ \mu_s \frac{\beta}{\tau} k_{eff} & 0 & 0 & \dots & -(\omega + \lambda_s) \end{bmatrix}.$$

Für nichttriviale Lösungen des Gleichungssystems muß die Koeffizientendeterminante verschwinden,

$$\mathrm{Det}\, \mathbf{M} = 0.$$

Die Berechnung dieser Determinante ist nicht schwierig. Man findet

$$\left[\omega - \frac{1}{\tau}(k_{ex} - \beta k_{eff})\right] - \frac{\beta k_{eff}}{\tau} \sum_{i=1}^{s} \frac{\lambda_i \mu_i}{\omega + \lambda_i} = 0$$

oder

$$k_{ex} - \beta k_{eff} = \omega\tau - \beta k_{eff} \sum_{i=1}^{s} \frac{\lambda_i \mu_i}{\omega + \lambda_i}.$$

Nun läßt sich entwickeln

$$\sum_{i=1}^{s} \frac{\lambda_i \mu_i}{\omega + \lambda_i} = \sum_{i=1}^{s} \frac{\mu_i(\omega + \lambda_i) - \mu_i \omega}{\omega + \lambda_i} = 1 - \sum_{i=1}^{s} \frac{\mu_i \omega}{\omega + \lambda_i},$$

da $\sum_i \mu_i = 1$ sein muß. Damit ergibt sich, wenn man noch für genügend kleine k_{ex} den Faktor $k_{eff} \approx 1$ vernachlässigt,

$$k_{ex} = \omega \left(\tau + \beta \sum_{i=1}^{s} \frac{\mu_i}{\omega + \lambda_i} \right). \tag{5.79}$$

Den durch diese "Frequenzgleichung" festgelegten Zusammenhang zwischen k_{ex} und ω zeigt Bild 5.26. Die Funktion $k_{ex}(\omega)$ hat jeweils bei $\omega = -\lambda_i$ Pole und strebt für

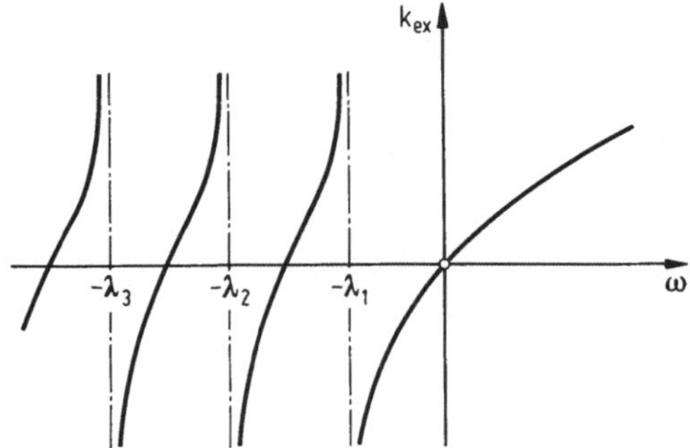

Bild 5.26. Funktion $k_{ex}(\omega)$ - Frequenzgleichung - qualitativ

$\omega \to \infty$ asymptotisch gegen $k_{ex} = \omega \cdot \tau$. Für jedes k_{ex} gibt es $s + 1$ Lösungen ω_j ($j = 0$ bis s), von denen nur eine für $k_{ex} > 0$ positiv ausfällt, während alle übrigen - für $k_{ex} < 0$ überhaupt alle - Lösungen negativ sind. Aufgrund des Lösungsansatzes (5.78) lautet nun die allgemeine und vollständige Lösung

$$n = \sum_{j=0}^{s} N_j \exp(\omega_j t) \tag{5.80}$$

und

$$r_i = \sum_{j=0}^{s} R_{ij} \exp(\omega_j t). \tag{5.81}$$

Davon interessiert uns zur Betrachtung der Reaktorleistung als Übergangsfunktion nur (5.80). Man kann jedoch, um zu einer Lösung für n zu gelangen, auf die Mitbetrachtung der r_i nicht verzichten, da mit der zeitlichen Anfangsbedingung für n die Koeffizienten N_j aus (5.80) nicht bestimmbar sind. Indessen lassen sich die Koeffizienten R_{ij} eliminieren bzw. auf die N_j zurückführen. Aus (5.75) folgt nämlich durch

Einsetzen von (5.80) und (5.81)

$$\sum_j (\omega_j + \lambda_i) R_{ij} \exp(\omega_j t) = \frac{\beta k_{eff} \mu_i}{\tau} \sum_j N_j \exp(\omega_j t).$$

Daraus folgt durch Koeffizientenvergleich beider Seiten

$$R_{ij} = \frac{\mu_i \beta k_{eff}}{\tau(\omega_j + \lambda_i)} N_j. \tag{5.82}$$

Nunmehr kann (5.81) ersetzt werden durch

$$r_i = \sum_{j=0}^{s} \frac{\mu_i \beta k_{eff}}{\tau(\omega_j + \lambda_i)} N_j \exp(\omega_j t). \tag{5.83}$$

Damit stehen in (5.80) und (5.83) s + 1 Gleichungen zur Verfügung, aus denen mit Hilfe der Anfangswerte für n und die r_i die s + 1 Unbekannten N_j ermittelt werden können.

Mit n = n(t) wird in der vorstehenden Betrachtung die Neutronendichte in ihrer zeitlichen Abhängigkeit als repräsentativer Mittelwert für den gesamten Reaktorkern aufgefaßt. Unter Zugrundelegung einer mittleren Neutronengeschwindigkeit im Sinne der Eingruppentheorie ist dann n(t) auch der Neutronenflußdichte und der Reaktorleistung proportional. Da dieses Vorgehen dem in der Mechanik unter gewissen Voraussetzungen üblichen Ersatz einer ausgedehnten Masse durch eine Punktmasse gleicht, spricht man auch hier von einem Punktmodell der Reaktorkinetik, das durch die o.a. Gleichungen dargestellt wird. Für das typische Übergangsverhalten, das aus diesen Überlegungen folgt, gibt Bild 5.27 ein Beispiel. Der unmittelbar nach dem k_{ex}-Sprung schnell ansteigende Neutronenfluß wird merklich gebremst, um dann wieder zuzunehmen. Der Anstieg verläuft jedoch wesentlich langsamer, als einer prompten Exkursion entspräche. Um das Vierfache der Ausgangsleistung zu erzielen, benötigt man im vorliegenden Fall rund 65 s wobei eine Übersteuerung bis auf fünffache Ausgangsleistung stattfände. Verstellt man k_{ex} nicht sprungförmig sondern etwa der gestrichelten Kurve entsprechend, so läßt sich die neue Solleistung auch ohne Übersteuerung in ca. 30 s erreichen. Es ist nicht schwierig, die gestrichelte Übergangsfunktion durch Annäherung des stetigen k_{ex}-Verlaufs mit Hilfe lauter kurzzeitiger, sprungförmiger Änderungen von k_{ex} zu gewinnen.

Für die Stoffwerte λ_i, μ_i, β und τ sind in Tabelle 5.8 einige Angaben gemacht. Durch die Wirkung der verzögerten Neutronen wird die erforderliche Stellzeit der Stellorgane auf ein technisch beherrschbares Maß herabgesetzt. Wie das Beispiel zeigt, ist aber

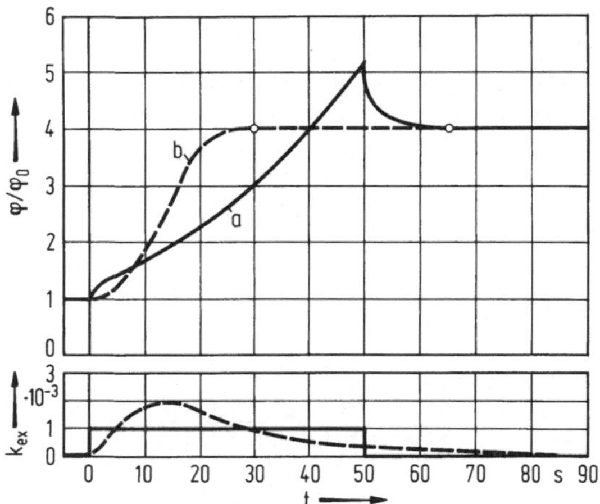

Bild 5.27. Beispiel für das Übergangsverhalten eines graphitmoderierten Natururanreaktors, nach [116]. a sprungförmige, b kontinuierliche Änderung von k_{ex}

im Vergleich zu konventionellen Feuerungen im allgemeinen die Regelgeschwindigkeit eines Kernreaktors ziemlich groß. Infolge der hohen Leistungsdichte im Reaktorkern und des relativ kurz gehaltenen, im Zwangumlauf betriebenen Kühlmittel- oder Primärkreislaufs, sind auch die Verzögerungszeiten bis zum Dampf- oder Sekundärkreislauf verhältnismäßig gering. Daher zeigen sich Kernkraftwerke in der möglichen Laständerungsgeschwindigkeit den konventionellen Dampfkraftwerken im allgemeinen überlegen [103].

Tabelle 5.8. Zerfallskonstante und Gruppenteil verzögerter Neutronen für die thermische Spaltung von ^{235}U nach Merz [126]. Gesamtanteil $\beta = 0{,}0064$; mittlere Lebensdauer einer Neutronengeneration $\tau \approx 10^{-3}$ s bei gasgekühlten, graphitmoderierten bzw. 10^{-5} bis 10^{-4} s bei Leichtwasser-Reaktoren

Gruppe i	λ_i [s^{-1}]	μ_i
1	0,0127	0,038
2	0,0317	0,213
3	0,115	0,188
4	0,311	0,407
5	1,40	0,128
6	3,87	0,026

Die Änderung von k_{ex} zur Leistungsregelung wird überwiegend durch Verstellen der Regel- oder Steuerstäbe herbeigeführt, die eine neutronenabsorbierende Wirkung haben. In dem Bereich des Reaktorkerns, in dem sich Regelstäbe befinden, tritt eine Abflachung der Neutronenflußdichte ein, wie sie Bild 5.28 veranschaulicht. Dem jeweiligen Betriebs-

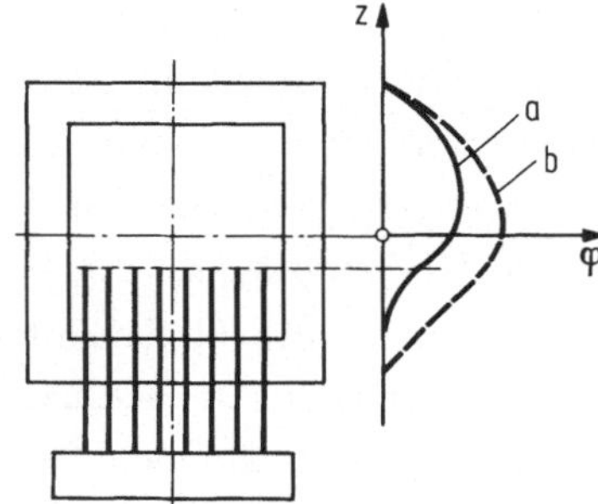

Bild 5.28. Wirkung der Regelstäbe. a durch Neutronenabsorption in den Regelstäben eingestellte betriebliche Neutronenflußdichte; b ungestörte Neutronenflußdiche - Auslegungszustand maximaler Reaktivität

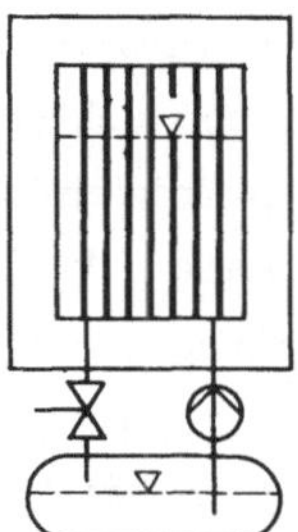

Bild 5.29. Regelung durch Änderung der Moderator-Füllhöhe

zustand entspricht eine reduzierte Neutronenflußdichte, deren Verlauf mit Hilfe der Gleichungen der Diffusionstheorie für jede Stellung der Regelstäbe ermittelt werden kann. Die Regelstabantriebe können mechanisch, hydraulisch oder pneumatisch sowie elektrisch wirken. Wesentlich ist, aus Sicherheitsgründen (ein geringes k_{ex} ist schon sehr wirksam) die Ausfahrgeschwindigkeit der Stäbe zu begrenzen, während ihre Einfahrgeschwindigkeit zum Zwecke einer Sicherheitsabschaltung bei Gefahr so groß wie möglich sein sollte. Eine andere Art der Regelung bietet sich bei wassermoderierten Reaktoren durch Veränderung des Wasserspiegels im Reaktorkern an. Bild 5.29 zeigt dies im Prinzip. Mit Hilfe einer Pumpe kann man die Füllung des Reaktorkerns mit Moderatorflüssigkeit aus einem Vorratsbehälter erhöhen, über ein Regelventil kann man den Moderator in den Vorratsbehälter abfließen lassen. Der Moderator muß in diesem Fall vom Kühlkreislauf getrennt sein. Eine ausreichende Wirsamkeit solcher Regelung ergibt sich nur mit D_2O als Moderator. Bei wassermoderierten Reaktoren kann man indessen auch durch Zusatz von Borsäure in den Primärkreislauf regulierend eingreifen. Die Wirksamkeit einer solchen Maßnahme zeigte Bild 5.19.

Sind die zur laufenden Leistungsregelung notwendigen Reaktivitätsänderungen sehr gering, so muß jedoch der Reaktorkern mit einer größeren Reaktivitätsreserve ausgestattet sein, um gewisse Änderungen kompensieren zu können, denen die Spaltstoffanordnung durch betriebliche Einflüsse [113, 127] ausgesetzt ist. Zunächst sind Spaltstoff wie Moderator in ihren Eigenschaften von der Temperatur abhängig. Man kann z.B.

für den effektiven Multiplikationsfaktor setzen

$$k_{eff} = k_{eff,0} (1 + a_B \Delta\vartheta_B + a_M \Delta\vartheta_M), \quad (5.84)$$

wobei Index 0 den kalten Zustand bedeutet, a_B und a_M Beiwerte zur (linearen) Erfassung des Temperatureinflusses auf Brennstoff bzw. Moderator sind, $\Delta\vartheta_B$ und $\Delta\vartheta_M$ schließlich die Temperaturänderungen im Brennstoff und Moderator darstellen. Von den Beiwerten, die auch Reaktivitätskoeffizienten genannt werden, ist a_B in der Regel negativ. Da $\Delta\vartheta_B$ außerdem immer viel größer als $\Delta\vartheta_M$ ist, tritt eine negative Temperaturrückwirkung auf k_{eff} ein, d.h. eine Minderung der Reaktivität mit steigender Betriebstemperatur des Reaktors. Dadurch entsteht ein für die Sicherheit des Reaktorbetriebes günstiger Selbstregeleffekt. Unsere oben gezeigte Behandlung des Regelvorgangs ist rückwirkungsfrei. Bei genaueren Überlegungen muß indessen die Temperaturrückwirkung berücksichtigt werden. Dies kann nur unter Einbeziehung des Wärmeübergangs in den Kühlkanälen in die Regelstrecke geschehen.

Mit zunehmender Betriebszeit entstehen aufgrund des Verbrauchs von Kernbrennstoff zunehmend Spaltprodukte mit mehr oder weniger großen Absorptionsquerschnitten. Hierdurch wird die Neutronenbilanz zunehmend verschlechtert. Man spricht von einer Vergiftung des Reaktorkerns. Als sog. Gifte, d.h. Spaltprodukte mit sehr großen Absorptionsquerschnitten, kommen besonders die vier Isotope ^{135}Xe, ^{135}J, ^{149}Sm, ^{149}Pm in Frage. Die Vergiftung kann über gewisse Zeit wieder durch Konversion des ^{238}U in ^{239}Pu ausgeglichen werden. Mit fortschreitendem Betrieb wird jedoch das

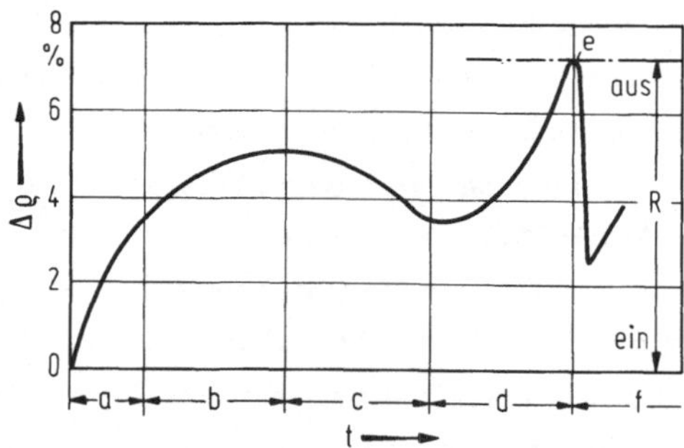

Bild 5.30. Reaktivitätsänderung eines graphitmoderierten gasgekühlten Reaktors. a Anfahrzeit, Temperaturrückwirkung; b Vergiftung; c Pu-Bildung; d Überwiegen der Vergiftung; e Nachladen; f neue Betriebsperiode; R Trimmbewegung der Regelstäbe

k_{eff} des Auslegungszustandes immer weiter absinken, und man muß $k_{eff} = 1$ des Betriebszustandes durch langsames Nachregeln - Herausziehen der Regelstäbe, Erhöhung des Moderatorspiegels, Verringern der Borsäurekonzentration - aufrechterhalten. Diesen Ausgleichsvorgang bezeichnet man auch als Trimmen des Reaktors in Anlehnung an Maßnahmen zum Gewichtsausgleich bei Schiffen oder Flugzeugen infolge des Brennstoffverbrauches. Bild 5.30 veranschaulicht die Reaktivitätsänderung einer Spaltstoffanordnung aus verschiedenen Gründen und den Spielraum der Regelstabtrimmung, bis ein Brennelementwechsel erforderlich wird. Die Reaktivitätsreserve schwankt etwa zwischen 6 % (k_{eff} = 1,06 Auslegungszustand) bei gasgekühlten und ca. 30 % (k_{eff} = 1,30 Auslegungszustand) bei leichtwassergekühlten Reaktoren.

Bei großen Reaktoren ist die Untersuchung mit Hilfe des Punktmodells eine zu weitgehende Vereinfachung [128]. Es können - ähnlich wie im Feuerraum großer Dampfkessel - Schieflasten, d.h. unsymmetrische Leistungsdichten, auftreten, die nur in einer räumlichen Betrachtungsweise unter Einbeziehung der Rückwirkungen zu erfassen sind. Um ein solches Verhalten der Reaktoren betrieblich zu beherrschen, mißt man Temperatur und Neutronenflußdichten an verschiedenen Stellen des Reaktorkerns und schaltet die Meßwerte auch der Leistungsregelung als Störgrößen auf.

5.7 Ausführungsbeispiele von Leistungsreaktoren

Im Zuge der Entwicklung einer neuen Technik wird man stets eine Vielzahl verschiedener Lösungen anstreben und untersuchen. Jedoch haben sich bei den Kernraktoren - wohl auch unter dem Zwang zur Herabsetzung der sehr hohen Entwicklungskosten- relativ schnell einige wenige Bauarten für die kommerzielle Anwendung herauskristallisiert. Es sind dies die gasgekühlten, graphitmoderierten Reaktoren sowie die mit Leichtwasser gekühlten und moderierten. Bei den letzteren, einfach Leichtwasserreaktoren genannt, unterscheidet man wiederum zwischen Druckwasser- und Siedewasserreaktoren. Die drei genannten Bauarten machen zur Zeit für sich allein etwa 90 % der in Kernkraftwerken insgesamt auf der Erde installierten Leistung aus [129].

Das erste Kernkraftwerk - elektrische Leistung 50 MW - wurde 1956 in Calder Hall, Großbritannien, in Betrieb genommen. Es hatte im Innern eines stählernen Druckgefäßes einen als Moderator und Reflektor dienenden Graphitblock mit Kühlkanälen kreisförmigen Querschnitts. Als Kühlmittel diente CO_2. Die in die Kühlkanäle eingehängten Brennstoffstäbe hatten Hülsen aus Magnox, einer Magnesium-Aluminium-Legierung. Zur Verbesserung des Wärmeübergangs waren die Hülsen auf der Gasseite mit Rippen versehen. Mit diesem neutronenphysikalisch günstigen Hülsenmaterial und dem Graphitmoderator war es möglich, Natururan als Brennstoff zu verwenden. Die mit Rücksicht auf die Warmfestigkeit des Magnox ausführbare Kühlmitteltemperatur (336°C am Austritt des Druckgefäßes) war jedoch gering. Die damit erzielbaren Frischdampfverhältnisse waren im Hinblick auf die Möglichkeiten der Turbinen ein Rückschritt. Inzwischen hat man diese Bauart von Reaktoren erheblich weiterentwickelt, sowohl in Richtung auf größere Leistung wie auf Erhöhung der Kühlgasaustrittstemperatur, die bei den sog. AGR (Advanced Gascooled Reactor) 650°C erreicht. Man mußte allerdings aufgrund der hohen Kühlmitteltemperatur auf austenitischen Stahl (z.B. 20 % Cr,

25 % Ni) als Hüllenmaterial der Brennstoffstäbe übergehen, mit weniger guten neutronenphysikalischen Eigenschaften als Magnox. Deshalb läßt sich bei den neueren gasgekühlten Reaktoren nur angereicherter Kernbrennstoff einsetzen.

Die CO_2-gekühlten Reaktoren benötigen aufgrund der geringen Dichte des Kühlmittels sowie des relativ viel Raum einnehmenden Moderators ein sehr großes Kernvolumen. Infolgedessen stieß man bei Vergrößerung der Kraftwerksleistung bald auf Schwierigkeiten in der Herstellung der stählernen Druckgefäße. Man kam auf den Gedanken, Druckgefäße aus Spannbeton zu entwickeln, die neben der Aufgabe einer Einschließung des Kühlmittels auch gleich die des biologischen Primärschildes zum Strahlenschutz übernehmen können. Die bei den ersten gasgekühlten Reaktoren außerhalb des Druckgefäßes angeordneten Dampferzeuger wurden folgerichtig in das Innere des Druckgefäßes verlegt, so

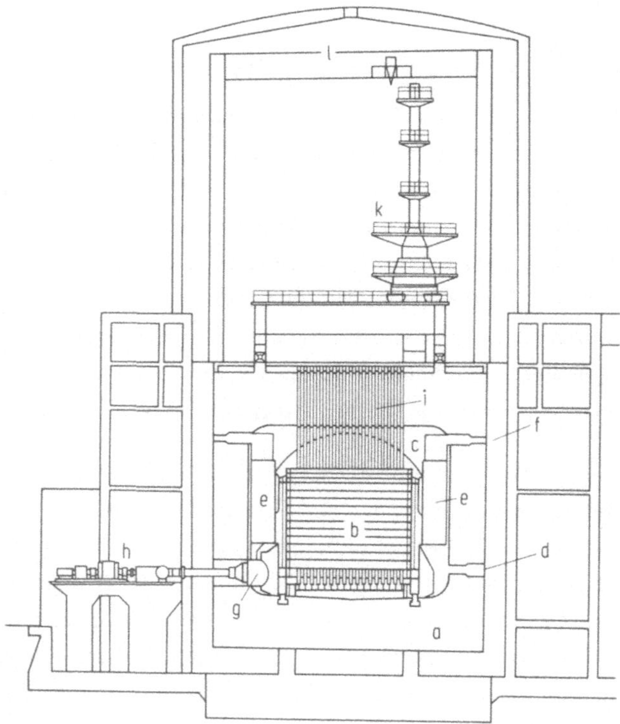

Bild 5.31. Reaktorgebäude eines AGR (Dungeness B) im Schnitt. Betondruckgefäß mit integrierten Dampferzeugern, nach [130]. a Betondruckgefäß; b Reaktorkern mit Abschirmungen; c Stahldruckhülle; d Speisewassereintritt; e Dampferzeuger; f Dampfaustritt; g CO_2-Umwälzgebläse; h Gebläseantrieb; i Beladerohre und Regelstabdurchführungen; k Belademaschine; l Kran

daß dieses in der sog. integrierten Bauweise den gesamten Primärkreislauf in sich birgt. Bild 5.31 zeigt ein solches Druckgefäß und das Reaktorgebäude. In Bild 5.32 ist der Aufbau des Moderators aus Graphit-Formsteinen im Querschnitt wiedergegeben. Die Brennelemente werden in die kreisförmigen Kühlkanäle eingesetzt. Sie bestehen aus einem Graphitrohr, in welchem ein Bündel von Brennstoffstäben koaxial angeordnet ist, so daß ein Kühlkanal gemäß Bild 5.23a entsteht. Die Brennstoffhül-

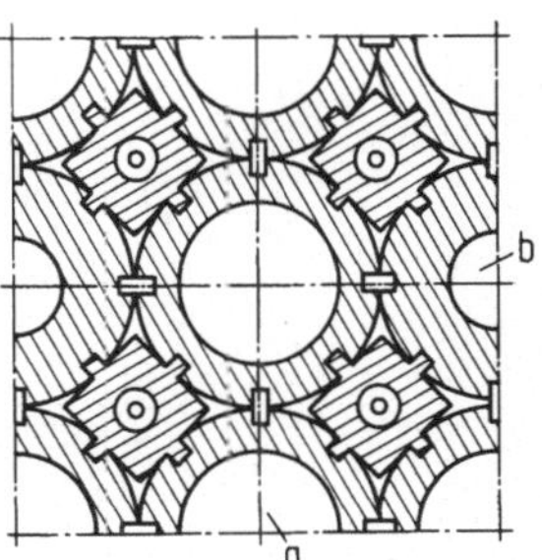

Bild 5.32. Aufbau des Graphitmoderators eines AGR im Querschnitt. a Kühlkanal zur Brennelementaufnahme; b Bohrung für Regelstab

len sind mit Querrippen gemäß Bild 5.23d versehen. Mehrere solcher Brennelemente werden im Kühlkanal übereinandergesetzt. Das Kraftwerk Dungeness B [130] hat zwei Reaktoren zu je 1595 MW thermischer Leistung; die elektrische Leistung beträgt 1200 MW. Die Kernabmessungen sind $2a = 9{,}45$ m, $h = 8{,}23$ m. Der Kern hat 412 Kühlkanäle mit 39,1 cm Abstand und 17,65 cm Durchmesser. Das Brennelement enthält 36 Stäbe von 1,51 cm Durchmesser. Die Stäbe sind mit Tabletten aus UO_2, auf 1,5 % ^{235}U angereichert, gefüllt. Das Volumenverhältnis Moderator zu Kernbrennstoff beträgt 23,8. Der mittlere Druck des Kühlgases liegt bei 20 bar, die Eintrittstemperatur bei 320°C, die Austrittstemperatur bei 650°C. Damit wird Frischdampf von 162 bar/565°C erzeugt.

Die Entwicklung der Leichtwasserreaktoren, die den überwiegenden Anteil der heute gebauten Kernenergieanlagen ausmachen, ging von den USA aus. 1957 wurde dort das erste Kraftwerk mit Druckwasserreaktor, Shippingport, in Betrieb genommen. 1960 folgte das erste Kraftwerk mit Siedewasserreaktor, Dresden I. In Anlehung an die herkömmliche Kraftwerkstechnik stellt der Siedewasserreaktor wohl eine erstrebenswerte Lösung dar, da er ein vollständiges Aggregat zur Dampferzeugung ist. Die Erzeugung von Dampf im Reaktorkern führt indessen zu relativ großen Druckgefäßen. Außerdem ist sie auf niedrige Dampfgehalte im Kühlmittel beschränkt, weil sonst die Moderatorwirkung zu gering und die Gefahr des Filmsiedens zu groß werden könnte. Diese Nachteile werden vermieden beim Druckwasserreaktor [131, 132], der das Wasser lediglich als Kühlmittel benutzt und das Sieden durch entsprechend hohen Druck im Primärkreislauf unterbindet. Die grundlegende Schaltung gleicht der in Bild 5.11 angegebenen, jedoch ist zustäzlich im Primärkreislauf ein Druckhaltegefäß eingebaut, in welchem sich Wasser und Dampf im Sättigungszustand befinden. Durch elektrisches Beheizen oder durch Kühlen mittels Einspritzkondensat kann der Dampfdruck im Druckhaltegefäß erhöht oder verringert und so der Druck im Primärkreislauf reguliert werden.

Bild 5.33 zeigt das Druckgefäß eines Druckwasserreaktors. Interessierende Daten eines solchen Kraftwerks [133] und anderer, auch mit Siedewasserreaktoren, sind in Tabelle 5.9 zusammengestellt. Die kastenförmigen Brennelemente mit einer Vielzahl

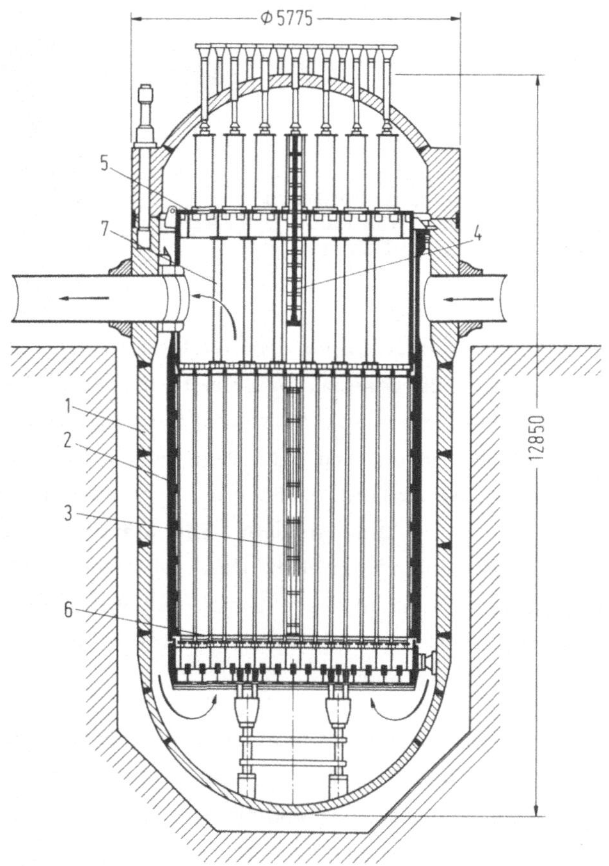

Bild 5.33. Reaktordruckgefäß des Kernkraftwerks Biblis (Werkbild KWU). 1 Druckgefäß; 2 Kernbehälter mit thermischem Schild; 3 Brennelement; 4 Steuer- oder Regelstab; 5 obere Tragplatte; 6 untere Tragplatte; 7 Stützen

von Brennstoffstäben sind in Gitterplatten geführt. Das eintretende Druckwasser fließt zunächst an der Wand des Druckgefäßes nach unten, um dann durch den Reaktorkern wieder nach oben dem Austritt zuzuströmen. Die Aufwärmspanne des Kühlmittels ist relativ gering. Bild 5.34 zeigt ein Brennelement mit den fingerartigen Regelstäben, die hier in das Element integriert sind. Die glatten Brennstoffhüllen sind aus einer Zirkonlegierung, Zircaloy 4 gefertigt[1]. Die Regelstäbe bestehen aus austenitischen Stahlrohren, gefüllt mit einer Legierung aus Ag, In, Cd. Die Regelstabantriebe be-

[1] 98% Zr; 1,5 Cu; 0,2 Fe; 0,1 Cr.

Tabelle 5.9. Interessierende Daten einiger ausgeführter Leichtwasser-Reaktoren

Anlage		Stade	Isar II	Würgassen	Gundremmingen II
Art des Reaktors		Druckwasser		Siedewasser	
Reaktorwärmeleistung	MW	1900	3765	1912	3840
Generatorklemmenleistung	MW	662	1350	670	1310
Eigenbedarf	MW	32	80	30	61
Speisewasserendtemperatur	°C	207,5	218	190,5	215
Frischdampftemperatur vor Turbine	°C	265,2	280	281,5	283
Frischdampfdruck	bar	51	63,5	65,7	67
Frischdampfstrom	t/h	3592	7398	3315	6966
Kühlmitteldurchsatz	t/h	44000	67680	26500	51480
Druck am Reaktoraustritt	bar	155	157	69,7	70,6
Temperatur am Kernein-/austritt	°C/°C	288,4/316,4	291/326	274/285,4	275/286
Maximale Heizflächenbelastung	MW/m^2	1, 646	1,53	1,334	1,17
Mittlere Heizflächenbelastung	MW/m^2	0,568	0,55	0,513	0,53
Mittlere Raumwärmebelastung	MW/m^3	85,6	93,2	50,6	56,8
Abbrand	MWd/t	31500	35000	27500	ca. 35000
Urangewicht	t	56,2	103	86,6	139
Aktive Kernhöhe	m	2,985	3,9	3,66	3,71
Kerndurchmesser	m	3,045	3,605	3,63	4,82
Volumenverhältnis Moderator/UO_2		2,09	ca.2,1	2,35	2,7
Anzahl der Brennelemente		157	193	444	784
Brennstäbe je Element		205	18 x 18	49	62
Brennstabdurchmesser	mm	10,75	9,5	14,3	12,3
Hüllrohrwandstärke	mm	0,7	0,64	0,81	0,82
Anzahl der Regelstäbe		49 x 20	61 x 24	109	193

finden sich über dem Druckgefäß, so daß die Antriebsstangen durch den Deckel des Druckgefäßes geführt werden müssen. Getrimmt wird der Reaktor mittels Borsäure.

In Bild 5.35 ist das Druckgefäß eines Siedewasserreaktors [134, 135] wiedergegeben, der im Prinzip einem Großwasserraum-Dampfkessel gleicht. Bild 5.36 veranschaulicht die Wärmeaufnahme des Kühlmittels im T,s-Diagramm, zum Vergleich ist auch

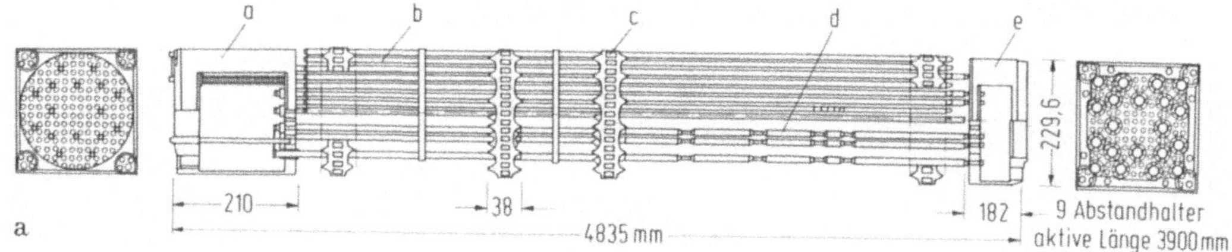

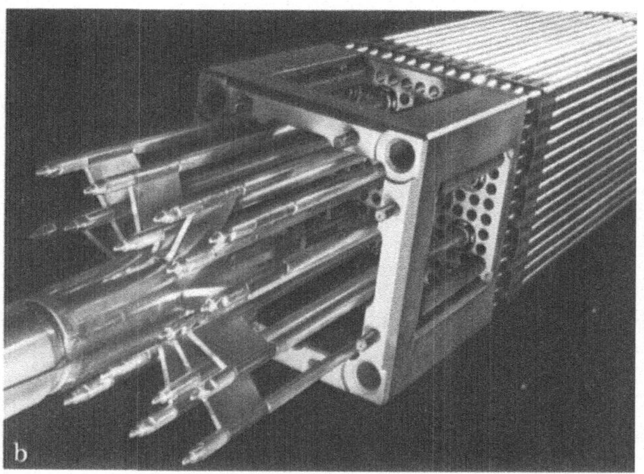

Bild 5.34. Brennelement des Kernkraftwerks Biblis. a) Aufbau des Brennelements. a Kopf; b Brennstäbe; c Abstandshalter; d Führungsrohre; e Fuß. Aktive Länge 3900 mm. b) Blick auf den Brennelementkopf mit eingesetzten Regelstäben und deren Antriebsstange (Werkbild KWU)

die im Druckwasserreaktor stattfindende eingetragen. Da nur ein geringer Dampfgehalt erzielt wird, benötigt man Einbauten zur Dampfabscheidung und Dampftrocknung, die im Prinzip denen gleichen, die man in den Trommeln konventioneller Dampfkessel auch verwendet (vgl. Bild 4.43). Dem Hauptkreislauf Speisewasser-Dampf ist ein Kühlmittel-Zwangumlauf überlagert, der bei neueren Anlagen mit Hilfe interner Umwälzpumpen in das Druckgefäß integriert wurde. Die Brennelemente sind auch hier kastenförmige Gebilde quadratischen Querschnitts. Als Hüllenmaterial dient wiederum eine Zirkonlegierung. Die Regelstäbe, Bild 5.37, sind kreuzblattartig so gestaltet, daß sie in eingefahrenem Zustand jeweils den direkten Neutronenfluß zwischen vier Brennelementen unterbrechen. Das Hüllenmaterial der Regelstäbe ist austenitischer Stahl, ihre Füllung besteht aus Borkarbid B_4C. Mit Rücksicht auf die Einbauten zur Dampf-

Wassertrennung, die über dem Reaktorkern angeordnet sein müssen, führt man bei Siedewasserreaktoren die Regelstäbe bzw. deren Antriebsstangen von unten in das Druckgefäß ein.

Die Druckgefäße der Leichtwasserreaktoren sind dickwandige Behälter aus niedriglegiertem Feinkornstahl hoher Zähigkeit (z.B. 22 NiMoCr 37), die innen mit einer Schicht austenitischen Stahles plattiert werden. Die Plattierung hat den Zweck, eine möglichst

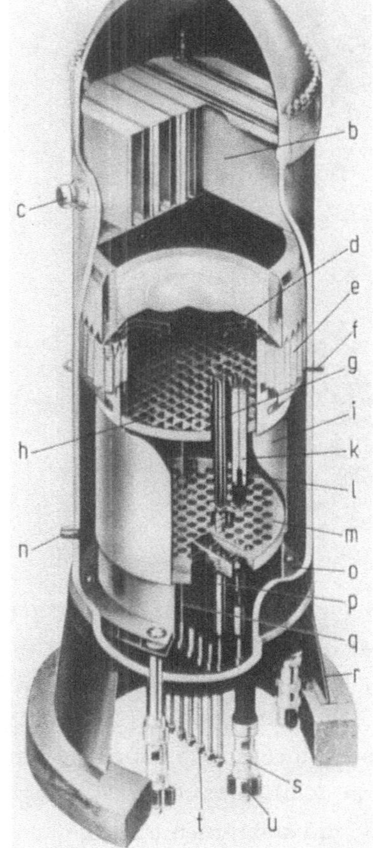

Bild 5.35. Druckgefäß des Siedewasserreaktors Brunsbüttel mit Einbauten (Werkbild KWU). a Meßstutzen; b Dampftrockner; c Dampfaustrittsstutzen; d Verteiler für Kernnotkühlung; e Dampf-Wasserabscheider; f Stutzen für Wasserstandsmessung; g Brennelement; h obere Kerngitterplatte; i Kernmantel; k Vergiftungsblech; l Steuer- oder Regelstab; m untere Kerngitterplatte; n Primärreinigungsstutzen; o Ringraumabdeckung; p Regelstabführungsrohr; q Kerninstrumentierung; r Standzarge; s interne Umwälzpumpe; t Regelstabantriebsstange; u Pumpenantrieb

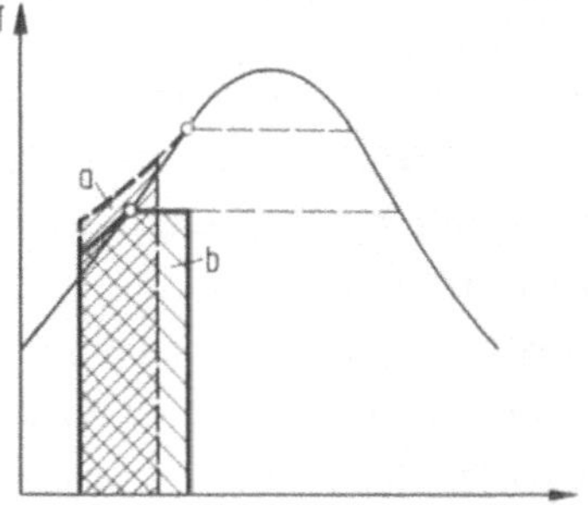

Bild 5.36. Wärmeaufnahme des Kühlmittels bei Leichtwasserreaktoren im T,s-Diagramm. a Druckwasserreaktor; b Siedewasserreaktor

korrosionsfreie und daher glatte Oberfläche auch im Betrieb zu erhalten, um das Gefäß gegebenenfalls reinigen und damit dekontaminieren zu können. Eine besondere Schwierigkeit stellt das Verschweißen der einzelnen Schüsse dar, aus denen das Druckgefäß besteht, sowie das Aufbringen der Plattierung. Es ist offenbar nicht möglich, solche Schweißungen völlig rißfrei auszuführen. Man bemüht sich, mit Hilfe der Bruchmechanik sicher entscheiden zu können, ob und welche Risse gegebenenfalls toleriert werden können, ohne daß es je zum Bersten eines Druckgefäßes im Betrieb kommt. Eine weitere, bedeutende Schwierigkeit ist das Transportproblem. Große Druckgefäße können weit über 600 t wiegen. Ein Landtransport ist kaum mehr möglich, selbst wenn die Abmessungen dies noch zuließen. Damit wird die Standortwahl der Kraftwerke auf die Nähe von Schiffahrtswegen eingeschränkt. Auch hier hat man schon Überlegungen angestellt, die stählernen Druckgefäße durch Spannbetondruckgefäße zu ersetzen, oder sie im Kraftwerk - mit grösserem Aufwand - erst fertigzustellen.

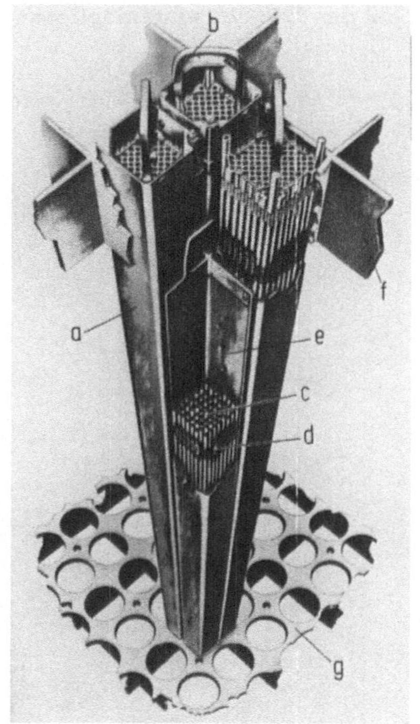

Bild 5.37. Kernzelle eines Siedewasserreaktors, bestehend aus vier Brennelementen und einem Kreuzblattregelstab (Werkbild KWU). a Brennelementkasten; b Hebegriff; c Brennstäbe; d Abstandshalter; e Kreuzblattregelstab; f Führungsgitter; g Kerntragplatte

Um einen guten thermischen Wirkungsgrad mit der dem Reaktor nachgeschalteten Kraftanlage zu erzielen, wären grundsätzlich die in Abschnitt 3.1 behandelten Maßnahmen angebracht, nämlich: Erhöhung des Frischdampfzustandes, regenerative Speisewasservorwärmung und Zwischenüberhitzung. Die Leichtwasserreaktoren ermöglichen indessen vom Prinzip her nur Frischdampfzustände unterhalb des kritischen Punktes (vgl. Tabelle 5.9). Die gasgekühlten Reaktoren waren früher ähnlichen Beschränkungen unterworfen. Darüber hinaus sind die Vorwärmtemperatur des Speisewassers sowie die Zwischenüberhitzungstemperatur eingeschränkt. Um dies zu erkennen, seien in

Bild 5.38 die Temperaturen des Kühlmittels und des Arbeitsstoffs Wasser-Dampf im Dampferzeuger eines Zweikreis-Kernkraftwerks in Abhängigkeit vom übertragenen relativen Wärmestrom betrachtet. Die Punkte A bis D auf der Kühlmittelkurve grenzen die Bereiche der Vorwärmung DC, der Verdampfung CB und Überhitzung BA des Dampfes ab. Wie man sieht, ergeben sich an den Stellen A und C Engpässe für die

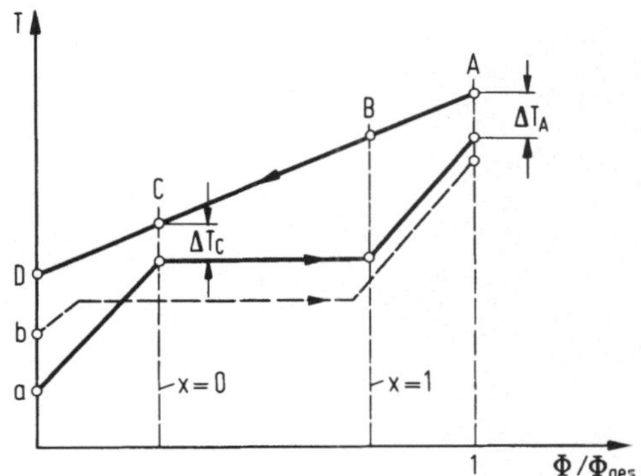

Bild 5.38. Temperaturverlauf von Kühlmittel und Arbeitsstoff über dem relativen Wärmestrom. a übliche Dampferzeugung; b erhöhte regenerative Vorwärmung

Temperaturdifferenz oder "Grädigkeit" des Wärmetauschers. Durch die Grädigkeit ΔT_C sind insbesondere der optimale Prozeßdruck sowie eine zugehörige Speisewassertemperatur T_{SW} (Punkt a) festgelegt. Eine Erhöhung von T_{SW} durch stärkere regenerative Vorwärmung, wie z.B. durch den strichpunktierten Linienzug (von Punkt b ausgehend) angedeutet, würde zu einer Herabsetzung des Prozeßdruckes führen und möglicherweise die mittlere Temperatur der Wärmezufuhr und damit den thermischen Wirkungsgrad verringern, statt ihn zu erhöhen.

Diese Überlegungen sind mit Hilfe von (3.5) bis (3.7) leicht zu bestätigen, wenn man davon ausgeht, daß für die Sättigungstemperatur $T_S = T_C - \Delta T_C$ gilt. Der Beiwert $\mu = \dot{m}_{K0}/\dot{m}_{FD}$ ist dann so zu wählen, daß η_{th} optimal wird. Die Grädigkeiten ΔT_A bzw. ΔT_C können bei gasgekühlten Reaktoren 10 bis 30 K betragen. Bei Druckwasserreaktoren liegen sie nur bei 5 bis 6 K. Während die gesamte Temperaturdifferenz von A bis D beim gasgekühlten Reaktor immerhin einige 100 K beträgt, liegt sie beim Druckwasserreaktor nur bei 20 bis 30 K. Infolgedessen ist eine Überhitzung des Dampfes bei den Druckwasserreaktoren nur in geringem Ausmaß möglich.

Die Gestaltung der Dampferzeuger ist offenbar bei gasgekühlten Reaktoren den konventionellen Dampfkesseln am ähnlichsten, jedoch fehlen die Strahlungsheizflächen. Bei höheren Kühlgastemperaturen (AGR) kann auch im Prinzip jedes vom Dampfkessel her bekannte Strömungssystem - Naturumlauf, Zwangumlauf, Zwangdurchlauf - im Sekundärkreislauf angewandt werden. Bild 5.39 zeigt den besonders kompakt ausführbaren Dampferzeuger eines Druckwasserreaktors. Da das Druckwasser beträchtlich höheren Druck als der erzeugte Dampf hat, führt man dieses durch das Innere der U-förmig verlegten Rohrbündel. Der Wärmeübergang vollzieht sich teils im Gleich-, teils im Gegenstrom,

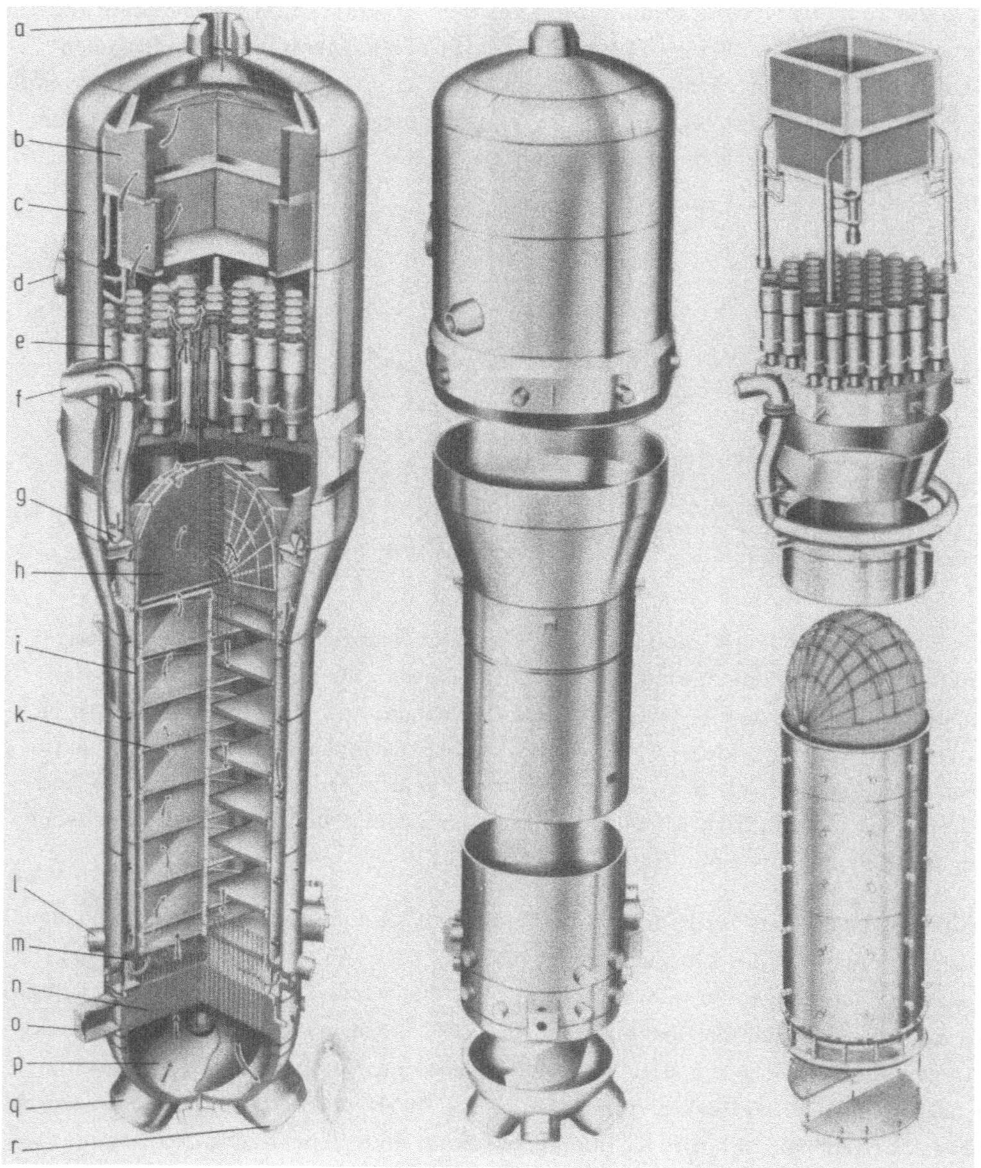

Bild 5.39. Dampferzeuger für Druckwasserreaktor (Werkbild Babcock). a Dampfaustritt; b Feinabscheider; c Druckbehälter; d Mannloch; e Grobabscheider; f Speisewassereintritt; g Speisewasserringleitung; h Heizflächenrohre; i Leitmantel; k Rohrhalterung; l Handloch; m Umlaufdrossel; n Rohrboden; o Tragpratze; p Primärkammer; q Kühlmitteleintritt; r Kühlmittelaustritt

jedoch sind Ausgleichsströmungen quer zum Rohrbündel auch möglich. Wie im Druckgefäß eines Siedewasserreaktors befinden sich auch hier über den Heizflächen Einbauten zur Wasser-Dampftrennung und Dampftrocknung. Alle Behälterteile müssen, mindestens innen, aus rostfreiem Material (austenitischem Stahl) gefertigt oder mit diesem plattiert sein, damit eine Dekontamination möglich ist. Bild 5.40 vermittelt schließlich eine Anschauung eines der größten, zur Zeit in der Bundesrepublik Deutschland betriebenen Kernkraftwerks mit der Anordnung des Druckwasserreaktors, der Dampferzeuger sowie anderer Teile der Kraftanlage.

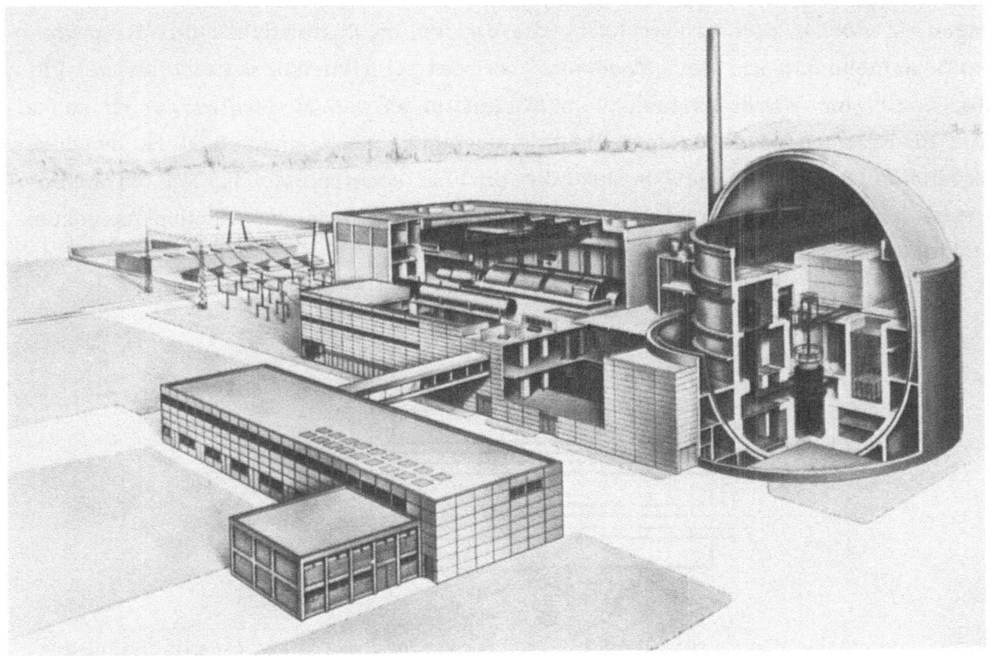

Bild 5.40. Kernkraftwerk Biblis A mit Druckwasserreaktor, elektrische Leistung 1200, Block B 1300 MW (Werkbild KWU)

5.8 Weitere Bauarten, Entwicklung

Die Anwendung schweren Wassers als Moderator und Kühlmittel ermöglicht den Einsatz von natürlichem Uran als Kernbrennstoff. Dies ist bedeutungsvoll für Länder, die eigene Uran-Lagerstätten haben, aber nicht über Anreicherungsanlagen verfügen. Man kann solche Schwerwasser-Reaktoren als Druckwasser-Reaktoren im Prinzip wie die oben beschriebene Leichtwasser-Bauart konzipieren. Da das D_2O sehr teuer ist, sind jedoch Einsparungen an D_2O-Räumen äußerst wichtig. Man baut daher Füllkörper in das Druckgefäß ein [136]. Eine andere Lösung ist die Beschränkung des D_2O auf den Moderator und Verwendung von H_2O als Kühlmittel. In diesem Fall ist jedoch der Einsatz angereicherten Urans als Kernbrennstoff notwendig.

Eine andere raumsparende Bauweise, bei der darüberhinaus auch das dickwandige Druckgefäß eingespart werden kann, ist der Druckröhrentyp, der insbesondere in Kanada erfolgreich entwickelt wurde (sog. Candu, [137]). Der Moderator D_2O befindet sich hier gemäß Bild 5.41 in einem liegenden zylindrischen Behälter unter nur geringem Druck. Durch die horizontal angeordneten sog. Druckröhren strömt das Kühlmittel, beim Candu auch D_2O, um natürliches Uran als Kernbrennstoff zu verwenden. Zwischen den Druckröhren, die den vollen Systemdruck des Primärkreislaufs aufnehmen, und dem Moderator befindet sich ein konzentrischer mit He gefüllter Spalt, um Wärmeverluste vom Kühlmittel an den Moderator gering zu halten. Die erzielbaren Frischdampfverhältnisse entsprechen denen eines Leichtwasser-(Druckwasser-)Reaktors. Die Druckröhren sind so konstruiert, daß ein Brennelementwechsel während des Betriebes möglich ist, wie bei den englischen gasgekühlten Reaktoren.

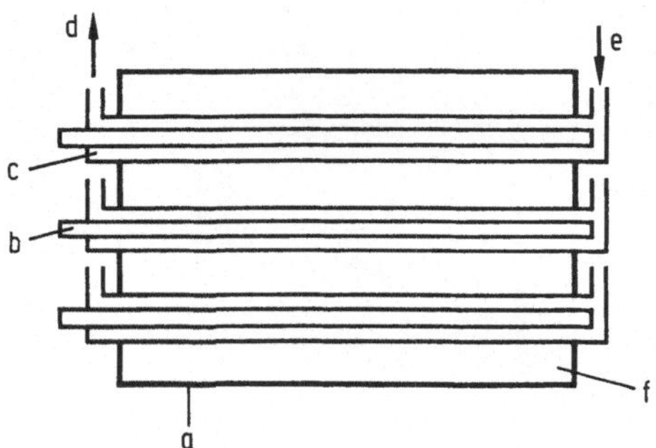

Bild 5.41. Schematische Darstellung eines Druckröhrenreaktors kanadischer Bauweise. a Moderatortank; b Brennelement: c Druckröhre; d Kühlmittelaustritt (D_2O, ggf. H_2O); e Kühlmitteleintritt; f Moderator, D_2O.

Die weitere Entwicklung der Kernkraftwerke folgt verschiedenen Tendenzen. Zunächst strebte man - wie bei konventionellen Dampfkraftwerken - immer größere Blockleistung an, um die spezifischen Anlagekosten (Erstellungskosten je Leistungseinheit) zu senken, die entscheidend die Wirtschaftlichkeit beeinflussen. Unbefriedigend sind bei den derzeitigen Anlagen die niedrigen Frischdampfzustände, die zu geringen thermischen Wirkungsgraden, großer Dampfnässe und großen Dampfmassenströmen in den Maschinen führen. Eine Folge des niedrigen Wirkungsgrades ist auch eine relativ hohe Abwärme, die größere Kühlwassermengen und höhere Aufwärmspannen der Gewässer bei Frischwasserkühlung bzw. größere Kühltürme bei Rückkühlanlagen bedingt. Bei bestimmten Grenzen überhaupt an die natürliche Umgebung abführbarer Wärmemengen bedeutet der niedrige thermische Wirkungsgrad eine erhebliche Einschränkung der installierbaren Kraftwerksleistung. Unbefriedigend ist ferner die Tatsache, daß zur Zeit überwiegend ^{235}U als Kernbrennstoff verbraucht wird. Würde man so fortfahren, so träte vermutlich bereits in ca. 50 Jahren eine merkliche Verknappung der verwendbaren Spaltstoffvorräte ein. Auch im Hinblick auf den ^{235}U-Verbrauch wären daher bessere Wirkungsgrade nützlich. Entscheidende Abhilfe stellen aber erst solche Anlagen dar, in denen man auch das ^{238}U und ^{232}Th verwenden kann. Man steht daher bei der Entwicklung der Kernkraftwerke vor zwei wesentlichen Problemen: der Erhöhung der oberen Prozeßtemperatur einerseits und der Verwendbarmachung schwacher Kernbrennstoffe andererseits.

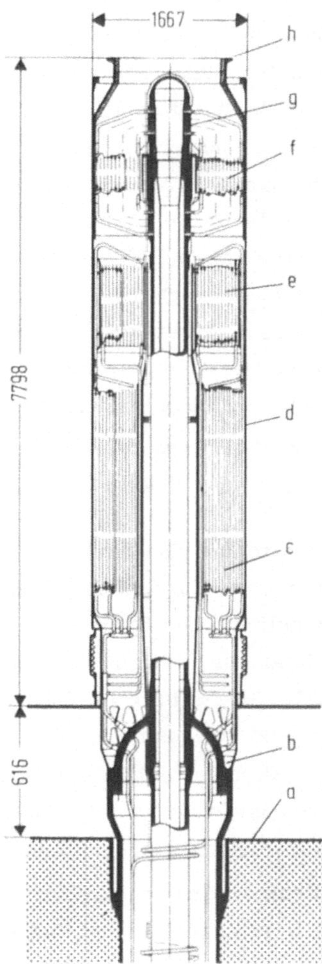

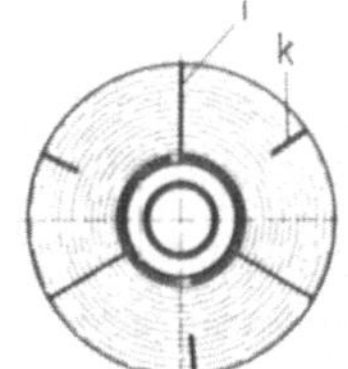

Bild 5.42. Dampferzeuger des HTR-Kraftwerks Fort St. Vrain (Werkbild Sulzer). a Wand des Beton-Druckgefäßes; b Primärkreis (He); c Vorwärmer-, Verdampfer-, 1. Überhitzerrohrbündel; d Einfassung; e 2. Überhitzer; f Zwischenüberhitzer; g Kopfstück des Zwischenüberhitzers; h Gaseintritt; i Rohrstützwände; k Zwischenstützen

Die Erhöhung der oberen Prozeßtemperatur hängt in erster Linie von der Festigkeit zur Verfügung stehender Werkstoffe bei hohen Temperaturen (vgl. Abschnitt 2.5) sowie von der Verträglichkeit des Kühlsystems oder Kühlmittels mit hohen Temperaturen ab. Weder im Druckwasser- noch im Siedewasserreaktor lassen sich zunächst höhere Temperaturen als ca. 350°C erreichen. Bei den gasgekühlten Reaktoren konnte man mit der AGR-Baureihe einen bedeutenden Fortschritt erzielen. Eine weitere Temperaturerhöhung - mit Rücksicht auf Zwischenüberhitzung des Dampfes wünschenswert - ist jedoch mit CO_2 als Kühlgas nicht mehr möglich, da bereits ab 625°C der Graphit-Moderator eine Reduktion von CO_2 zu CO zu bewirken beginnt. Man geht daher dazu über, bei den Hochtemperaturreaktoren (HTR) Helium als Kühlgas zu verwenden [138]. In Versuchsreaktoren sind mit Helium in längeren Betriebsperioden bereits 950°C als Kühlgastemperatur erzielt worden. Dabei hat man eine Vielzahl verschiedener Spaltstoffanordnungen untersucht. Als metallisches Hülsenmaterial kommen hier nur hochwarmfeste Nickelbasis-Legierungen in Frage. Jedoch hat man auch gesinterte Brennelemente entwickelt, bei denen Graphit die metallische Umhüllung des Spaltstoffs ersetzt. Nach Versuchen mit einer kleineren Anlage ist in den USA bereits ein HTR-Kraftwerk mit 330 MW elektrischer Leistung errichtet worden. Bild 5.42 zeigt die interessante und ungewöhnliche Konstruktion der Dampferzeuger dieses Kraftwerks mit schraubenförmig gewickelten Rohrsträngen (sog. Helix-Bauart). Die Dampferzeuger sind in das Spannbeton-Druckgefäß des Reaktors integriert, wie Bild 5.43 z.B. bei einer anderen Anlage veranschaulicht [139]. In der Weiterentwicklung dieses Reaktortyps gab es bereits Projekte mit 1150 MW elektrischer Leistung [140].

Eine in der Anordnung des Spaltstoffs andere Konzeption eines HTR deutscher Entwicklung ist in dem sog. Kugelhaufen-Reaktor (Atom-Versuchs-Reaktor = AVR, Jülich [141]) verwirklicht. Die Brennelemente bestehen hier aus Graphit-Hohlkugeln von ca. 60 mm Durchmesser, die mit Pellets aus U-Th-Mischkarbiden von ca. 500 µm Durchmesser gefüllt sind, Bild 5.44. Man benutzt nach Versuchen mit Hohlkugeln mit Gewindestopfen jetzt vollgesinterte Elemente. Die Pellets sind - jedes für sich - mit einer Graphit- oder Karbidschicht umhüllt. Diese auch gesinterte Ausführung gewährleistet, daß keine nennenswerten Spaltproduktmengen in den Heliumkreislauf gelangen und diesen radioaktiv aufladen. Die Brennelemente werden durch eine zentrale Beladungseinrichtung in den Reaktorkern geschleust, wo sie ein Haufwerk bilden, durch welches das Helium, mit Umwälzgebläsen gefördert, hindurchströmt. Unmittelbar über dem Reaktorkern sind in integrierter Bauweise die Dampferzeuger im Druckgefäß angeordnet.

Bemerkenswert ist, wie auch bei den amerikanischen HTR, die Verwendung von hochangereichertem Uran (90% ^{235}U) und Thorium im Verhältnis 1 : 5 in den Brennelementen. Hierdurch wird neben der thermischen Spaltung von ^{235}U auch ^{233}U aus Thorium gewonnen oder, wie man sagt, erbrütet. Im Laufe der Betriebszeit kann das erbrütete

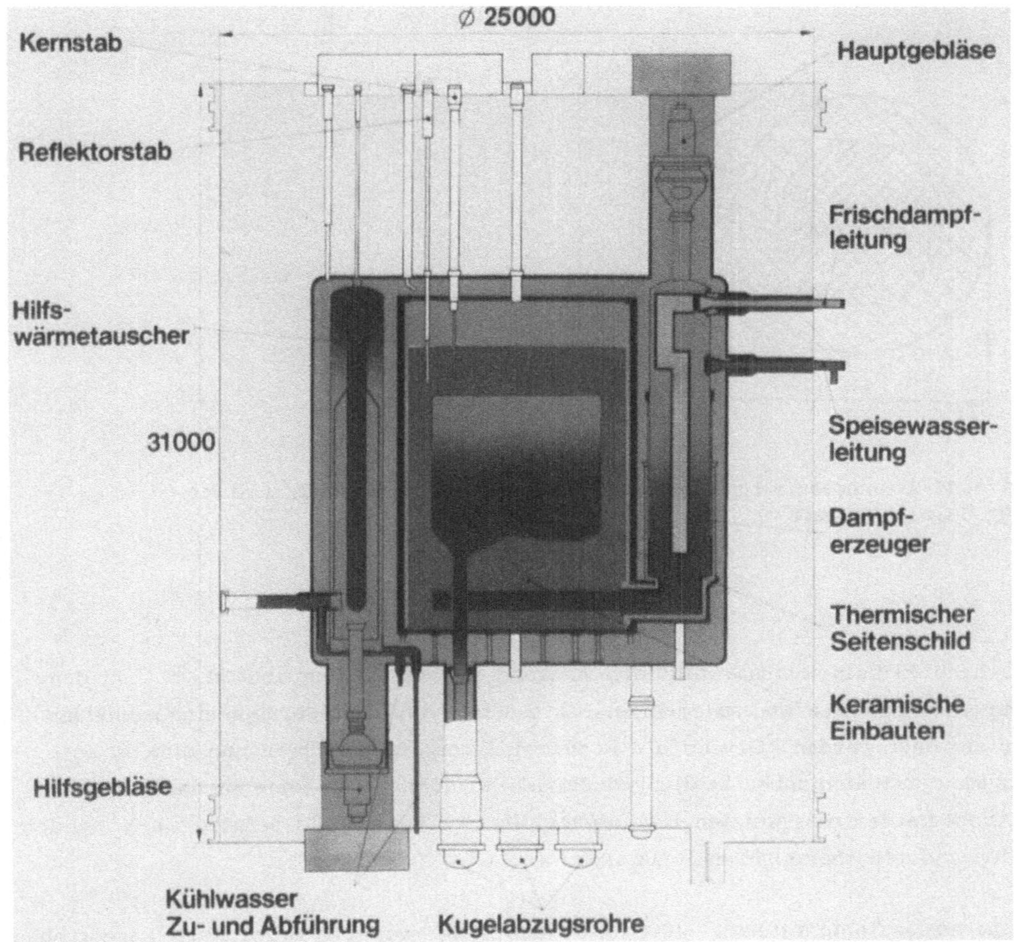

Bild 5.43. HTR - 500 MW Kugelhaufenreaktor, Druckbehälter mit Einbauten (Werkbild HRB).

^{233}U zunehmend das ^{235}U ersetzen. Aufgrund der guten Erfahrung mit dem Jülicher AVR wurde in Westfalen eine Anlage (sog. THTR Hamm-Uentrop) mit 300 MW elektrischer Leistung errichtet [142]. Als eine nächste Entwicklungsstufe werden zur Zeit 500 MW-Anlagen dieser Art für sinnvoll gehalten [143], Bild 5.43.

Eine pneumatische Be- und Entladeeinrichtung regelt bei dieser Bauart die Reaktorleistung durch ständige Zugabe und Entnahme von Brennelementen des verschiedenen Typs sowie "blinden" Kugeln aus Graphit. Zur schnelleren Regelung und Schnellabschaltung dienen auch Regelstäbe, die in den Kugelhaufen eingefahren wer-

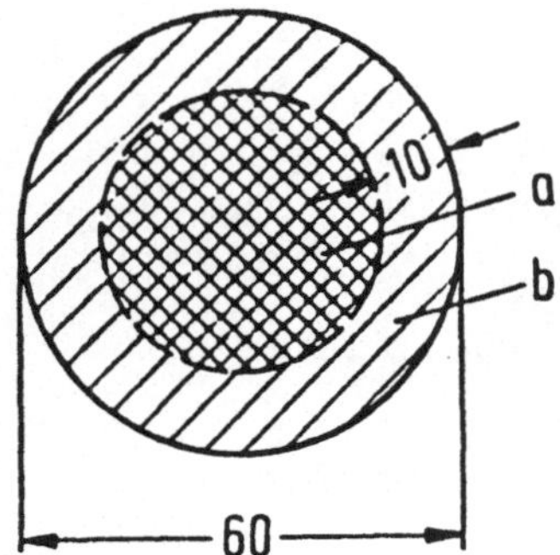

Bild 5.44. Brennelement eines Kugelhaufenreaktors im Schnitt. a Brennstoff; b Graphitschale

den. Eine Prüfeinrichtung stellt den Abbrand und die Konversion zu ^{233}U in den Brennelementen fest und entscheidet, ob die Brennelemente erneut eingeschleust oder abgelegt werden. Obwohl die Konversion von Thorium hier nur eine Unterstützung der thermischen Spaltung darstellt, ermöglicht sie eine wesentlich größere Ausbeute des eingesetzten Kernbrennstoffs, ca. das 2 bis 3-fache im Vergleich zu den anderen thermischen Reaktoren.

Die hohen Gastemperaturen - 1000°C werden in der weiteren Entwicklung angestrebt - ermöglichen nicht nur die Anwendung eines hochwertigen Dampfkraftprozesses mit Zwischenüberhitzung, sondern auch eine direkte Anwendung des He als Arbeitsstoff in einer geschlossenen Gasturbinenanlage. Eine weitere, für die Zukunft sehr bedeutungsvolle Aufgabe solcher Anlagen könnte die Lieferung von Prozeßwärme für die Kohlevergasung und Kohlehydrierung zur Substitution von Erdgas und Erdöl in späteren Zeiten sein. Hierfür eignet sich das He vorzüglich, und man würde einen bedeutenden Einsatz von Kohle als wertvollem fossilen Brennstoff dabei einsparen. Auch für andere chemische Prozesse könnte der HTR die Wärme liefern.

Unter den verschiedenen Möglichkeiten, in nuklearen Anlagen Heißdampf zu erzeugen, liegt der Gedanke nahe, bei den Siedewasserreaktoren den erzeugten Sattdampf im gleichen Druckgefäß zu überhitzen. Ein solcher Versuch ist u.a. mit dem sog. Heißdampfreaktor (HDR) in Großwelzheim [144] unternommen worden. Bild 5.45 zeigt das dabei angewandte Verfahren. Um das Verhältnis Wasser/Dampf mit Rücksicht auf die mo-

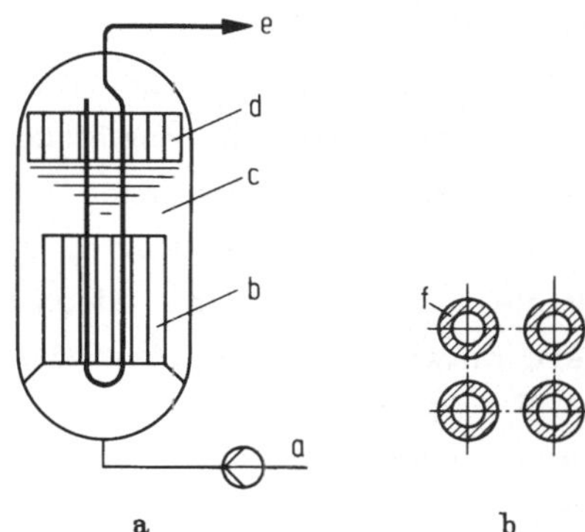

Bild 5.45. Schema des Heißdampfreaktors Großwelzheim (AEG). a) Druckgefäß; a Speisewassereintritt; b Reaktorkern; c Wasser-Dampfraum; d Wasserabscheider; e Heißdampfaustritt b) Querschnitt der Brennstäbe; f ringförmiger Brennstoff

derierenden Eigenschaften des Kühlmittels groß genug und möglichst konstant zu halten, hat man die Brennstoffstäbe aus zwei konzentrischen Hüllrohren aufgebaut, zwischen denen sich der aus ringförmigen UO_2-Tabletten bestehende Spaltstoff befindet. Der zu überhitzende Dampf wird durch das Innere der Brennstoffstäbe geleitet, während sich im Außenraum das Siedewasser befindet. Jede Phase - Wasser bzw. Dampf - füllt auf diese Weise einen festliegenden Querschnitt aus. Die Hüllrohre bestehen auf der Dampfseite aus austenitischem Stahl bzw. einer Nickelbasis-Legierung, auf der Wasserseite dagegen aus einer Zirkonlegierung. Die Betriebserfahrungen waren indessen wenig ermutigend, u.a. aufgrund nicht beherrschbarer Wärmespannungen in den Brennelementen infolge der hohen Temperaturdifferenzen zwischen Wasser- und Dampfseite, weshalb dieser Versuch abgebrochen wurde.

In der UdSSR hat man einen Druckröhren-Siedewasserreaktor mit Graphit-Moderator entwickelt, der auch eine Überhitzung des Dampfes erlauben soll. Der Spaltstoff ist als ein Gemisch von angereichertem Uran und Magnesium ebenfalls ringförmig um die Druckröhren aus rostfreiem Stahl herum angeordnet, Bild 5.46. Das Kühlmittel - je nach der Lage der Brennelemente im Reaktor (leichtes) Wasser oder Dampf - strömt durch ein zentrales, im Graphit eingebettetes Rohr in einer Rich-

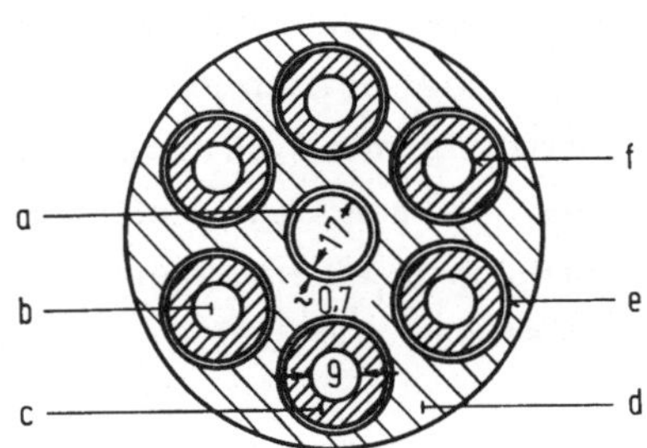

Bild 5.46. Querschnitt der Brennstab-Anordnung in einem Leichtwasser-Graphit-Druckröhrenreaktor der UdSSR [8]. a Kühlmittel (Wasser oder Dampf) abwärts fließend; b Kühlmittel aufwärts fließend; c U-Mg-Matrix; d Graphitzylinder; e Hülse; f 0,4 mm starkes Druckrohr.

tung und durch die konzentrischen, mit Brennstoff umgebenen Rohre in entgegengesetzter Richtung durch die Brennelemente. Es besteht eine gute Überwachungsmöglichkeit der Kanäle und eine Möglichkeit zum Brennelementwechsel während des Betriebes, wobei gewisse Sektionen des Kernes (Gruppen von Kühlkanälen) abgeschaltet werden können. Die größte, zur Zeit in Betrieb befindliche Anlage hat 1000 MW elektrische Leistung, jedoch noch keine Überhitzung des Dampfes. Für die weitere Entwicklung sind Frischdampfverhältnisse von 65 bar/450°C geplant.

Im normalen thermischen Reaktor wird im wesentlichen nur das ^{235}U genutzt. Das ^{238}U - im natürlichen Uran $0{,}00714^{-1} = 130$ mal mehr enthalten - trägt nur zu geringem Teil durch Plutonium-Bildung zur besseren Ausnutzung des Spaltstoffs bei. Da ^{238}U nur merklich mit schnellen Neutronen reagiert, braucht man zur besseren Nutzung der natürlichen Spaltstoffvorräte, zu denen auch das ^{232}Th gehört, schnelle Reaktoren [112, 113, 145]. Die bei der Umwandlung (auch Konversion genannt) der schwachen Brennstoffe in starke stattfindenden Reaktionen sind

$$^{232}_{90}Th + n \rightarrow {}^{233}_{90}Th \xrightarrow[22\,min]{\beta} {}^{233}_{91}Pa \xrightarrow[27\,d]{\beta} {}^{233}_{92}U$$

bzw.

$$^{238}_{92}U + n \rightarrow {}^{239}_{92}U \xrightarrow[24\,min]{\beta} {}^{239}_{93}Np \xrightarrow[2{,}4\,d]{\beta} {}^{239}_{94}Pu.$$

Dabei wird jeweils ein Neutron aus der Spaltstoffanordnung verbraucht. Man bezeichnet das Verhältnis der erzeugten Menge starken Kernbrennstoffs zur verbrauchten Spaltstoffmenge als Konversions- oder Brutfaktor b. Erstrebenswert wäre, $b > 1$ zu erzielen, weil man dann zusätzlich Spaltstoff für thermische Reaktoren gewinnen könnte. Wie gezeigt, gibt der Spaltwirkungsgrad η an, wieviele Neutronen bei einem Spaltereignis durchschnittlich übrig bleiben. Von diesen überwiegend schnellen Neutronen wird eines zur Aufrechterhaltung der Kettenreaktion benötigt, so daß $\eta - 1$ Neutronen zum Konvertieren oder Brüten übrig bleiben. Infolge der Ausflußverluste sowie der Absorption im Kühlmittel und Strukturmaterial kann jedoch $b > 1$ nur erreicht werden, wenn $\eta - 1 > 1{,}1$ bzw. $\eta > 2{,}1$ wird. Tabelle 5.10 zeigt η-Werte für verschiedene Neutronenenergien und Spaltstoffe. Wie man sieht, liefert im allgemeinen nur die schnelle Spaltung ausreichend hohes η. In einem "thermischen Brüter" kann man $b > 1$ nur mit ^{233}U als Spaltstoff erreichen.

Ein sog. schneller **Brüter** besteht im Prinzip aus einer Spaltzone sowie einer oder mehreren Brutzonen. Die Spaltzone darf keinen Moderator enthalten. Der Spaltstoff muß aus hochangereichertem Kernbrennstoff (Uran oder Plutonium) bestehen. Als Kühlmittel ist infolge seiner moderierenden Wirkung kein Wasser mehr anwendbar.

Tabelle 5.10. Spaltwirkungsgrade η in Abhängigkeit von der Neutronenenergie

E_k	η ^{233}U	^{235}U	^{239}Pu
0,025 eV	2,28	2,07	2,08
100 keV	2,26	1,90	2,54
1 MeV	2,43	2,33	2,93

Die hohe Leistungsdichte in einem solchen, mit schnellen Neutronen erfüllten Reaktorkern verlangt jedoch intensive Kühlung, die man mit Stoffen extrem hoher Wärmeübergangskoeffizienten, wie flüssigem Natrium oder Natrium-Kalium-Gemisch erzielen kann. Dabei wählt man für die Spaltstoffstäbe kleinere Durchmesser als beim thermischen Reaktor, um zu relativ größerer Heizfläche zu gelangen. In den Brutzonen wird der zu konvertierende Brennstoff - natürliches Uran oder Thorium - in Form dickerer Stäbe angeordnet. Als Hüllenmaterial dient, wie bei den Spaltstoffstäben, austenitischer Stahl oder eine Nickelbasis-Legierung. Die Neutronen werden zum größeren Teil in den Brutzonen absorbiert, die man deshalb auch an den Stirnseiten des Kerns anordnet. Ein Bor-Graphitschild umgibt den Reaktorkern, um die in den Brutzonen nicht absorbierten Neutronen zu thermalisieren und zu absorbieren. Zur biologischen Abschirmung dient schließlich wie beim thermischen Reaktor ein Betonschild.

Bild 5.47 zeigt als Beispiel den Reaktor des Na-gekühlten schnellen Kernkraftwerkes Kalkar, das als gemeinsames europäisches Unternehmen am Niederrhein errichtet wird. Die Spaltzone besteht aus dem mittleren Teil der 205 Brennelemente, die darüber und darunter die axialen Brutzonen enthalten. Der radiale Brutmantel, ringförmig um die Spaltzone herumgelegt, besteht aus 96 Brutelementen. Reflektorelemente aus Stahl schützen die Kerntragekonstruktion und die Wand des hier als Tank bezeichneten Druckgefäßes vor zu hoher Neutronenbestrahlung. Der Tank ist aus Sicherheitsgründen doppelwandig ausgeführt. In der Spaltzone wird der größte Teil der thermischen Leistung erzeugt, wobei das flüssige Natrium von 370 auf 540°C erwärmt wird. Damit kann Frischdampf von 165 bar/500°C erzeugt werden, der zum Antrieb einer Kondensationsturbine mit rd. 330 MW Leistung dient.

Die Schwierigkeiten der Entwicklung kommerzieller Brutreaktoren [146] sind außergewöhnlich hoch. Infolge der großen Menge hoch angereicherten Kernbrennstoffs und des Fehlens eines Moderators könnte hier - im Gegensatz zum thermischen Reaktor - die Gefahr eines "Durchgehens" zur Atombombe entstehen. Die Regel- und Abschalteinrichtungen müssen daher absolut sicher gestaltet sein. Der Reaktor Kalkar enthält deshalb zwei Regelstab-Abschaltsysteme, von denen jedes für sich allein genügt, um eine Schnellabschaltung durchzuführen. Besondere Gefahren sind jedoch

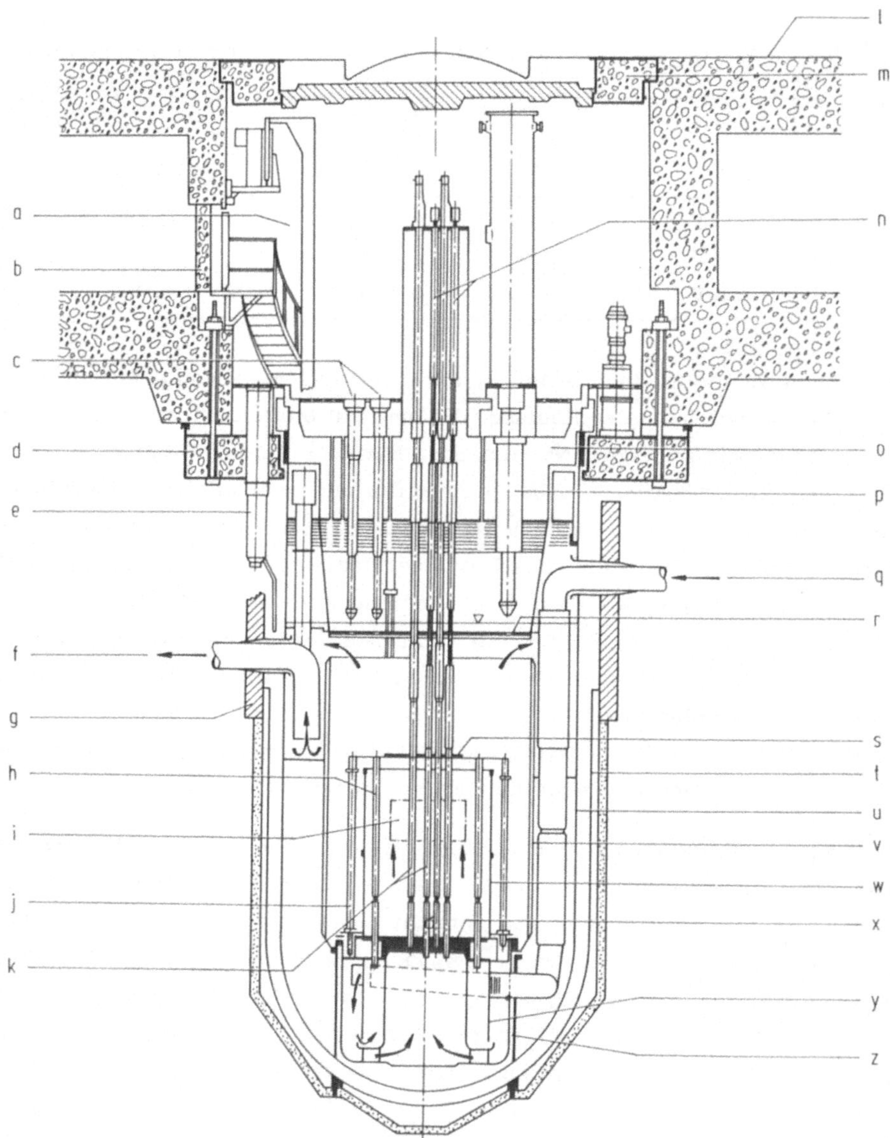

Bild 5.47. Reaktortank des Kernkraftwerks Kalkar (Werkbild SBK). a Kabelschleppeinrichtung; b Zugang Reatordeckel; c Brennelement-Wechselkanal; d Auflageträger; e Inspektionsschacht; f Na-Austritt; g Primärabschirmung; h Brutelement; i Kernzone; j Brennelement-Umsetzposition; k Stellstäbe; l Bedienungsebene Reaktorhalle; m Grubenabdeckung; n Stellstabantriebe; o Reaktordrehdeckel; p Brennelement-Wechselkanal; q Na-Eintritt; r Tauchplatte; s Instrumentierungsplatte; t Doppeltank; u Reaktortank; v Schildtank; w Kernmantel; x Kerntragstruktur; y Strömungseinbauten; z unterer Sammelbehälter.

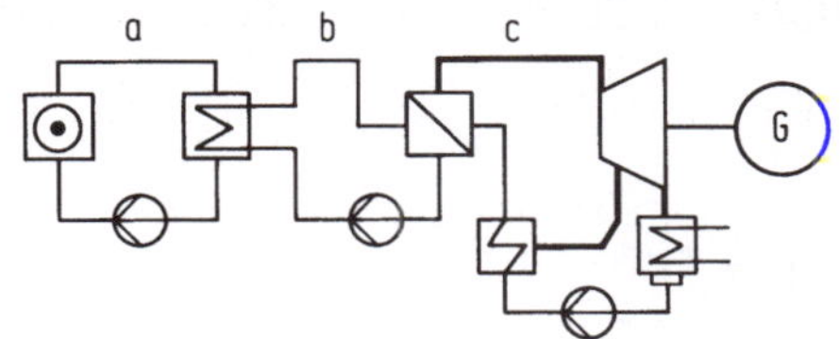

Bild 5.48. Grundschaltplan eines Dreikreis-Kernkraftwerks. a Primärkreislauf; b Sekundärkreislauf; c Tertiär- oder Arbeitsstoffkreislauf

auch mit dem ungewöhnlichen Kühlmittel verbunden. Man muß beachten, daß infolge des Neutronenbeschusses im Reaktorkern ^{24}Na gebildet wird, ein Isotop mit hoher γ-Strahlenaktivität. Infolge des stark radioaktiven Primärkreislaufs würde auch der damit erzeugte Dampf radioaktiv sein. Man überträgt daher die Wärme vom Primärkreislauf auf einen sekundären Natriumkreislauf, der nur noch geringfügig radioaktiv ist, und benutzt diesen erst zur Dampferzeugung. Man erhält so ein Dreikreis-Kraftwerk mit einem Bild 5.48 entsprechenden Grundschaltplan. Der Zwischenkreislauf stellt einen zusätzlichen Aufwand dar, hat jedoch infolge der vorzüglichen Wärmeübertragungseigenschaften des Natrium relativ kleine Abmessungen.

Für die Dampferzeuger muß man beachten, daß Na zum Sauerstoff und Wasser eine große Affinität hat (Schulversuch!), so daß bei Leckagen zwischen diesen Stoffen die Gefahr eines Brandes oder einer Explosion entstünde. Entweder muß man daher noch eine Sperrflüssigkeit zwischen Na und H_2O vorsehen oder durch überwachende Messungen geringste Leckagen des Wassers oder Dampfes in das Natrium feststellen, um die Anlage abzuschalten oder schnellstens druckfrei zu machen. Zur Vermeidung von Bränden füllt man alle Räume des die Primärnatrium-Anlagen enthaltenden inneren Containments mit Stickstoff. Auch die Förderung des Kühlmittels bringt bedeutende Probleme mit sich. Um solche Schwierigkeiten zu umgehen, beschäftigt man sich u.a. mit der Entwicklung gasgekühlter schneller Reaktoren [147], die eine Alternative bieten könnten. Jedoch sind die Na-gekühlten Anlagen in der Entwicklung weit fortgeschritten. In der UdSSR befindet sich z.B. eine 600 MW-Anlage in Betrieb, in Frankreich eine 1200 MW-Anlage (Super-Phénix) vor der Fertigstellung, nachdem kleinere Vorgänger erfolgreich erprobt wurden.

6. Thermische Turbomaschinen

6.1 Elementare Theorie der axialen Turbomaschine

Eine Turbine baut sich, wie in Abschnitt 2.3 gezeigt, im allgemeinen aus einer Reihe von Stufen auf, die wiederum aus je einem Leit- und Laufgitter bestehen (Bild 2.9). Anhand von Bild 6.1 sei eine Stufe näher betrachtet. Die Innenwand des Gehäuses und die Oberfläche des Rotors bilden einen ringförmigen Kanal für das durchströmende Fluid, dessen Längsschnitt durch die Rotorachse als Meridiankanal bezeichnet wird. Die jeweilige Höhe des Meridiankanals senkrecht zur Rotorachse sei mit l bezeichnet. Die Halbierende von l definiert die Mittellinie des Meridiankanals, die als Erzeugende eines Kreiskegels - des Mittelschnittkegels - gedacht werden kann. Man nimmt nun in 1. Näherung an, daß der Zustand des Fluids in jedem Querschnitt der Maschine bzw. des Ringkanals senkrecht zur Rotorachse gleichförmig sei. Es genügt dann offenbar, die Strömung entlang dem Mittelschnittkegel zu verfolgen. Dabei beschränkt man sich zunächst auf die Betrachtung bestimmter Stellen, nämlich der zwischen den Schaufelreihen liegenden Querschnitte. So definiert man für die Stufe drei Kontrollebenen oder -querschnitte: 0 vor Leitgitter, 1 zwischen Leit- und Laufgitter und 2 nach Laufgitter.

Der jeweilige Durchmesser des Mittelschnittkegels sei mit D bezeichnet und heißt mittlerer Durchmesser des Meridiankanals. Bei geradliniger Begrenzung des Meridiankanals durch Gehäuse und Rotor ist der Mittelschnittkegel ein gerader Kreiskegel, der für den Sonderfall D = konst der rein "axialen Turbine" zu einem Zylinder ausartet. Wickelt man einen solchen mittleren Zylinderschnitt in eine Ebene ab, so erhält man für die Schaufelgitter eine Abbildung, die als gerades Schaufelgitter bezeichnet wird. Die Strömung im Mittelschnitt des Meridiankanals ist damit zurückgeführt auf die ebene Strömung durch die beiden, die Turbinenstufe repräsentierenden geraden Schaufelgitter. Diese Zurückführung ist auch im allgemeinen Fall $D \neq$ konst sinnvoll, sofern die Neigung der Mittellinie des Meridiankanals gegen die Rotorachse nicht zu groß ist. Das ebene Schaufelgitter ist dann als Abwicklung der Projektion des Mittelschnittkegels auf einen mittleren Zylinderschnitt aufzufassen. Breite b und Teilung t des Gitters bzw. der Schaufeln beziehen sich auf den Zylinderschnitt.

Das Fluid strömt nun dem Leitgitter mit einer Geschwindigkeit c_0 zu und verläßt es mit einer Geschwindigkeit c_1. Da auf den ruhenden Teil der Maschine bezogen, sind c_0 und c_1 Absolutgeschwindigkeiten. In das relativ zum Leitgitter bewegte

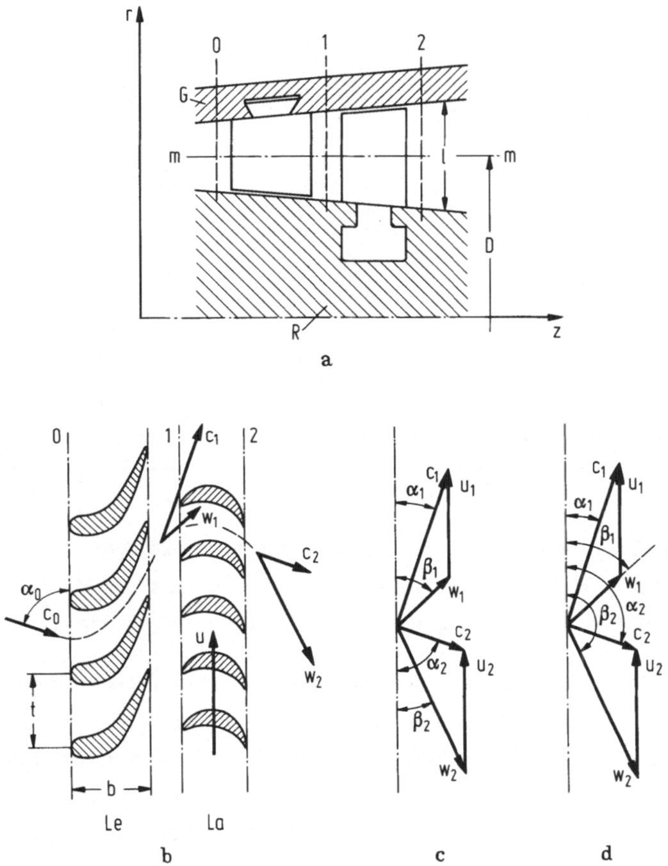

Bild 6.1. Zur Strömung durch eine Turbinenstufe. a Längsschnitt. G Gehäuse; R Rotor; mm Mittellinie des Meridiankanals; z Rotorachse; r Radius. b Abwicklung des Mittelschnitts durch die Beschauflung; Le Leitgitter; La Laufgitter. c Geschwindigkeitsdreiecke mit üblicher Winkelfestlegung. d hier benutzte Winkelfestlegung

Laufgitter strömt das Fluid mit einer Relativgeschwindigkeit w_1 und verläßt es mit einer Relativgeschwindigkeit w_2. Ist u die Umfangsgeschwindigkeit der Laufschaufeln, so gilt nach den Regeln der Relativbewegung allgemein

$$\vec{c} = \vec{w} + \vec{u}\,. \tag{6.1}$$

$\vec{c}$, $\vec{w}$ und $\vec{u}$ bilden daher an jeder Stelle des Laufgitters die Seiten eines Dreiecks, das man als Geschwindigkeitsdreieck bezeichnet. Zur Angabe der Richtung der Strömungsgeschwindigkeiten benutzt man deren Winkel gegen die Gitterfront, im allgemeinen die kleinsten Winkel wie in Bild 6.1c, und bezeichnet sie mit α bei der Absolutströmung bzw. mit β bei der Relativströmung. α_0 und β_1 heißen auch Eintrittswinkel, α_1 und β_2 dagegen Austrittswinkel der Gitterströmung. Entsprechend bezeichnet man auch die jeweiligen Geschwindigkeiten vor oder hinter einem Gitter als Ein- oder Austritts-

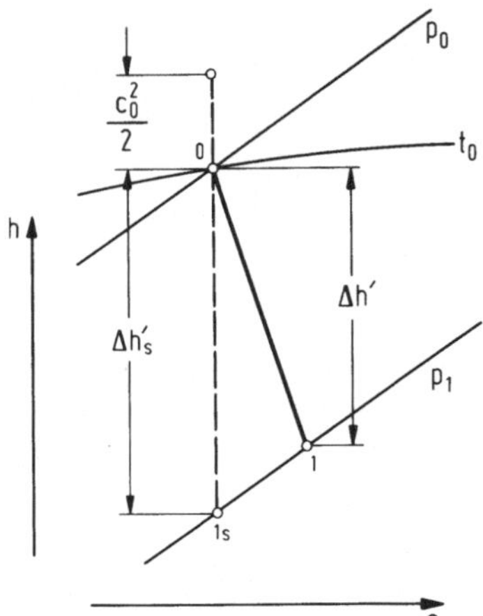

Bild 6.2. Expansionsverlauf des Fluids im Leitgitter

geschwindigkeiten. Im folgenden seien (zum Zwecke einer konsequenten analytischen Darstellung) unter den Gitterwinkeln α bzw. β stets die von den Vektoren $\vec{u}$ und $\vec{c}$ bzw. $\vec{u}$ und $\vec{w}$ eingeschlossenen Winkel gemäß Bild 6.1d verstanden.

Zur Ermittlung der Geschwindigkeiten kann man sich im allgemeinen auf die Kontrollebenen 1 und 2 vor bzw. hinter dem Laufgitter beschränken. Die Geschwindigkeit c_0 ist nämlich meist identisch mit der Austrittsgeschwindigkeit c_2 einer vorausgegangenen Stufe oder folgt für die erste Stufe aus dem Massenstrom $\dot{m}$ des Fluids. Für diesen gilt für eine beliebige Stelle j einer Stufengruppe, innerhalb derer keine Entnahmen oder Zuführungen des Arbeitsstoffs vorkommen, die Kontinuitätsbedingung

$$\dot{m} = \frac{A_j c_{jn}}{v_j} = \text{konst.} \tag{6.2}$$

Dabei bedeuten A_j die Querschnittsfläche, c_{jn} die (auf der Querschnittsfläche senkrecht stehende) Normalkomponente der Absolutgeschwindigkeit und v_j das spezifische Volumen des Fluids jeweils für die gleiche Stelle j. Da die Zuströmung einer ersten Stufe in der Regel axial gerichtet ist, gilt dort auch

$$c_0 = c_{0n} = \frac{\dot{m}\, v_0}{\pi D_0 l_0} \tag{6.3}$$

mit $A_0 = \pi D_0 l_0$. Zur Ermittlung von c_1 geht man davon aus, daß im Leitgitter eine Arbeitsleistung nicht stattfindet. Daher muß dort gemäß (2.18) die in (2.17) definierte Totalenthalpie h^* konstant bleiben. Vom Zustandspunkt 0 mit Druck p_0 und Temperatur t_0 ausgehend, würde bei einer isentropen Entspannung des Fluids der Expansionsendpunkt 1s im h,s-Diagramm, Bild 6.2, auf der Isobaren p_1 erreicht werden. Es ergäbe sich

$$h^* = h_0 + \frac{c_0^2}{2} = h_{1s} + \frac{c_{1s}^2}{2}$$

mit c_{1s} als der isentropen Austrittsgeschwindigkeit des Fluids aus dem Leitgitter. Die wirkliche Expansion ist verlustbehaftet. Man berücksichtigt dies [148][1] durch Einführung eines Leitgitterwirkungsgrades η' gemäß

$$\frac{c_1^2}{2} = \eta' \frac{c_{1s}^2}{2} = \eta' \left(\Delta h_s' + \frac{c_0^2}{2} \right). \tag{6.4}$$

Dabei ist $\Delta h_s' = h_0 - h_{1s}$ das isentrope Wärmegefälle des Leitgitters. η' wird im allgemeinen aus Versuchen gewonnen. Mit c_1 ist zugleich der wirkliche Expansionsendpunkt 1 im h,s-Diagramm zu ermitteln, indem man für das wirklich umgesetzte Wärmegefälle $\Delta h'$ des Leitgitters findet:

$$\Delta h' = h_0 - h_1 = \frac{1}{2}(c_1^2 - c_0^2). \tag{6.5}$$

Zur Veranschaulichung der Totalenthalpie kann man auch die (spezifischen) kinetischen Energien $c^2/2$ in das h,s-Diagramm eintragen.

Im Laufgitter gibt das Fluid Leistung an die Schaufeln ab. Das dabei an der Turbinenwelle entstehende Drehmoment M_t ist am einfachsten aus der Differenz der Momente der Impulsströme des Fluids in den Kontrollebenen 1 und 2, entsprechend dem Drallsatz der Mechanik, zu ermitteln. Es ergibt sich zu

$$M_t = \dot{m}\,(r_1 c_{1u} - r_2 c_{2u})$$

mit allgemein $r = D/2$ als dem mittleren Radius und $c_u = c \cdot \cos\alpha$ als der Komponente der Absolutgeschwindigkeit in Umfangsrichtung. Durch Multiplikation mit der Winkelgeschwindigkeit ω des Rotors und Division mit dem Massenstrom $\dot{m}$ erhält man die

[1] Vgl. auch [149 bis 155].

Arbeit a_t, die wir hier genauer als (spezifische) Arbeit am Radumfang a_u oder einfach als Umfangsarbeit bezeichnen:

$$a_u = \omega(r_1 c_{1u} - r_2 c_{2u}) = u_1 c_{1u} - u_2 c_{2u}. \tag{6.6}$$

Dies ist die Eulersche Turbinengleichung, die im Falle der rein axialen Stufen mit $u_1 = u_2 = u$ die noch einfachere Form annimmt:

$$a_u = u(c_{1u} - c_{2u}) = u \Delta c_u. \tag{6.7}$$

Für die Umfangsgeschwindigkeit gilt

$$u = \frac{D}{2}\omega = D\pi n, \tag{6.8}$$

wenn man mit n die Drehzahl des Turbinenläufers einführt.

Die Umfangsarbeit muß sich auch gemäß (2.18) aus der Differenz der Totalenthalpie zwischen den Kontrollebenen 1 und 2 angeben lassen. Für die Betrachtung der Strömung durch das Laufgitter ist es indessen zweckmäßig, mit den Relativgeschwindigkeiten zu rechnen. Aufgrund von (6.1) ergibt sich dann für die Totalenthalpie

$$h^* = h + \frac{1}{2}(w^2 + u^2 + 2uw_u) \tag{6.9}$$

mit w_u als der Komponente von w in Umfangsrichtung. Damit erhält man

$$a_u = h_1^* - h_2^* = h_1 - h_2 + \frac{1}{2}\left[w_1^2 - w_2^2 + u_1^2 - u_2^2 + 2(u_1 w_{1u} - u_2 w_{2u})\right].$$

Aus einem Geschwindigkeitsdreieck liest man leicht ab, daß

$$w_u = w \cdot \cos\beta = c_u - u. \tag{6.10}$$

Daher wird, wenn man noch mit $\Delta h'' = h_1 - h_2$ das im Laufgitter verarbeitete Wärmegefälle einführt, auch

$$a_u = \Delta h'' + \frac{1}{2}\left[w_1^2 - w_2^2 + u_2^2 - u_1^2 + 2(u_1 c_{1u} - u_2 c_{2u})\right].$$

Der Vergleich dieses Ausdrucks mit (6.6) zeigt, daß

$$\Delta h'' = \frac{1}{2}\left(w_2^2 - w_1^2 + u_1^2 - u_2^2\right) \qquad (6.11)$$

sein muß.

Mit (6.11) ist für das Laufgitter eine zu (6.5) für das Leitgitter analoge Beziehung abgeleitet. Die Analogie ist vollständig für $u_1 = u_2$, den Fall der rein axialen Stufe. Anstelle des Leitgitter-Wärmegefälles tritt das des Laufgitters, anstelle der Absolutgeschwindigkeiten des Leitgitters treten die Relativgeschwindigkeiten im Laufgitter. Das Wärmegefälle wird jeweils zur Änderung der kinetischen Energie des Fluids verbraucht. Im allgemeineren Fall $u_1 \neq u_2$ tritt beim Laufgitter ein Zusatzglied $\frac{1}{2}(u_1^2 - u_2^2)$ auf, das offenbar aus der Rotation der Laufgitterströmung herrührt. Bewegt sich ein Massenpunkt in einem drehenden System, so treten bekanntlich als Zusätzkräfte Fliehkraft und Corioliskraft in Erscheinung. Betrachten wir die Arbeit, die aufzubringen ist, um ein Massenelement dm des Fluids im Fliehkraftfeld des Laufgitters vom Radius r_1 auf den Radius r_2 zu verschieben, so ergibt sich dafür

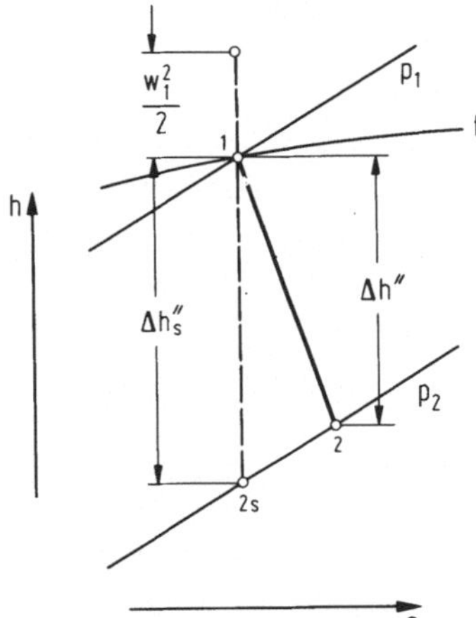

Bild 6.3. Expansionsverlauf des Fluids im Laufgitter

$$da_F = dm \int_{r_1}^{r_2} \vec{b}_r \cdot \vec{dr}$$

mit $\vec{b}_r$ als der Zentripetalbeschleunigung. Da $\vec{b}_r = -\vec{r}\omega^2$, erhält man, noch mit dm dividiert, für die spezifische Arbeit

$$a_F = -\int_{r_1}^{r_2} \omega^2 r\,dr = \frac{1}{2}\left(u_1^2 - u_2^2\right).$$

Dies ist gerade der in (6.11) vorkommende Zusatzbetrag, der demnach nur aus der Wirkung des Fliehkraftfeldes stammt. Die Corioliskraft vermag keinen Beitrag zur Umfangsarbeit zu leisten, weil sie senkrecht zur Relativgeschwindigkeit des Fluids gerichtet ist.

Um nun, von w_1 ausgehend, die Austrittsgeschwindigkeit w_2 des Laufgitters zu ermitteln, wird man wiederum zunächst die isentrope Expansion im Laufgitter betrachten. Ist gemäß Bild 6.3 $\Delta h_s''$ das isentrope Wärmegefälle des Laufgitters, so gilt mit w_{2s} als der isentropen Austrittsgeschwindigkeit

$$\Delta h_s'' = \frac{1}{2}\left(w_{2s}^2 - w_1^2 + u_1^2 - u_2^2\right) .$$

Führt man analog zu (6.4) einen Laufgitterwirkungsgrad η'' ein, so wird

$$\frac{w_2^2}{2} = \eta'' \frac{w_{2s}^2}{2} = \eta'' \left[\Delta h_s'' + \frac{1}{2}\left(w_1^2 - u_1^2 + u_2^2\right)\right] . \tag{6.12}$$

η'' ist wiederum im allgemeinen durch Versuche zu gewinnen.

Damit sind alle Beziehungen zur elementaren Berechnung einer Turbinenstufe bereitgestellt. Von den Zustandsgrößen der Kontrollebene 0 ausgehend, folgt aus (6.4) die Geschwindigkeit c_1 und aus (6.5) der Expansionsendpunkt auf der Isobaren p_1. Der Austrittswinkel α_1 folgt aus der geometrischen Form des Leitschaufelprofils. Mit $\vec{c}_1$ und $\vec{u}_1$ kann nun gemäß (6.1) bzw. aus dem Geschwindigkeitsdreieck in Kontrollebene 1 die relative Eintrittsgeschwindigkeit w_1 in das Laufgitter ermittelt werden. Damit ist aus (6.12) w_2 zu berechnen und aus (6.11) der Expansionsendpunkt auf der Isobaren p_2. Der Austrittswinkel β_2 folgt aus der geometrischen Form des Laufschaufelprofils. Mit $\vec{w}_2$ und $\vec{u}_2$ kann dann mit (6.1) oder mit Hilfe des Geschwindigkeitsdreiecks in Kontrollebene 2 die absolute Austrittsgeschwindigkeit $\vec{c}_2$ ermittelt werden.

Anstelle der Gitterwirkungsgrade η' und η'' pflegte man früher [155] sog. Geschwindigkeitsbeiwerte zu verwenden. Diese sind definiert durch

$$\left.\begin{aligned} c_1 &= \varphi c_{1s} \\ w_2 &= \Psi w_{2s} \end{aligned}\right\} , \tag{6.13}$$

so daß $\eta' = \varphi^2$ und $\eta'' = \Psi^2$. Mit Hilfe der Geschwindigkeiten c_1 und c_2 folgt die Umfangsarbeit aus (6.6). Bei Benutzung der Geschwindigkeitsdreiecke ist darauf zu achten, daß $c_{2u} = c_2 \cdot \cos\alpha_2$ für $\alpha_2 > 90°$ negativ ist. Geht man davon aus, daß in Betrachtung der ganzen Stufe mit $\Delta h = h_0 - h_2$

$$a_u = h_0^* - h_2^* = \Delta h + \left(\frac{c_0^2}{2} - \frac{c_2^2}{2}\right)$$

sein muß, so folgt mit $\Delta h = \Delta h' + \Delta h''$ aus (6.5) und (6.11) auch

$$a_u = \frac{1}{2}\left(c_1^2 - c_2^2 + w_2^2 - w_1^2 + u_1^2 - u_2^2\right). \tag{6.14}$$

Diese Beziehung heißt Turbinenhauptgleichung. Mit dem Massenstrom $\dot{m}$ des Fluids ergibt sich schließlich aus

$$P_u = \dot{m}\, a_u \tag{6.15}$$

die sog. Umfangsleistung der Stufe.

Nach Kenntnis der gewinnbaren Leistung sind die Hauptabmessungen der Stufe D, l und b festzulegen. Der mittlere Durchmesser ist indessen mit der jeweiligen Umfangsgeschwindigkeit durch (6.8) verknüpft. Ist man, wie bei direktem Antrieb von

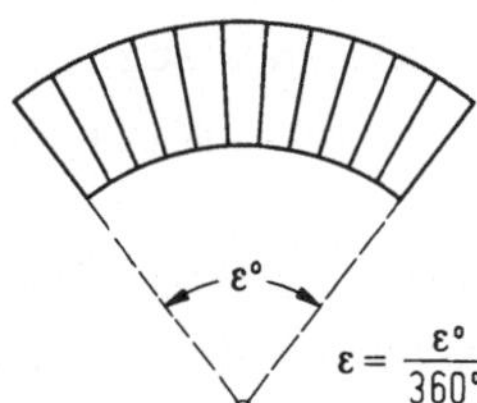

Bild 6.4. Durchströmtes Ringsegment eines Leitgitters bei Teilbeaufschlagung und Beaufschlagungsgrad ε

elektrischen Synchrongeneratoren von vornherein auf eine bestimmte Drehzahl festgelegt, so wählt man man D möglichst groß, so daß hohe Umfangsgeschwindigkeiten entstehen, die gemäß (6.6) auch eine hohe Umfangsarbeit ermöglichen. Eine Begrenzung für D ergibt sich aus der Höhe der Fliehkraftbeanspruchung in den umlaufenden Bauteilen sowie aus der Überlegung, daß der Meridiankanal - mit Rücksicht auf die Reibungsverluste in der Strömung - nicht zu kleine Abmessungen haben sollte. Ist man dagegen in der Wahl der Drehzahl frei (z.B. bei Getrieben zwischen Turbine und angetriebener Maschine), so wird im allgemeinen die Drehzahl n möglichst groß gewählt, um D und damit den Durchmesser der ganzen Maschine bei ausreichend hohen Umfangsgeschwindigkeiten möglichst klein zu halten.

Aufgrund von (6.2) gilt nun auch allgemein für den Meridiankanal

$$\dot{m}\, v_j = \pi D_j l_j c_{jn} k_j \varepsilon .$$

Darin ist k_j ein Beiwert < 1, der die Minderung des Ringquerschnitts durch Totwasserzonen sowie Grenzschichten in der Strömung berücksichtigt; ε ist dagegen der sog. Beaufschlagungsgrad, der in Bild 6.4 definiert ist und eine Teilbeaufschlagung der Stufe durch das Fluid berücksichtigt. Eine solche Teilbeaufschlagung kommt nur in besonderen Stufen oder Turbinen vor, so daß im allgemeinen $\varepsilon = 1$ zu setzen sein wird. Nach l_j aufgelöst, erhält man für die beiden Kontrollebenen 1 und 2

$$l_1 = \frac{\dot{m}\, v_1}{\pi D_1 k_1 \varepsilon c_1 \sin\alpha_1} \tag{6.16}$$

und

$$l_2 = \frac{\dot{m}\, v_2}{\pi D_2 k_2 \varepsilon w_2 \sin\beta_2} . \tag{6.17}$$

Dabei wurde $c_{1n} = c_1 \cdot \sin\alpha_1$ und $c_{2n} = w_2 \cdot \sin\beta_2$ eingesetzt, um den Einfluß der Austrittswinkel auf die Schaufellängen deutlich zu machen.

Mit l_1 und l_2 ist in Verbindung mit D_1 und D_2 die Kontur des Meridiankanals bereits festgelegt, sofern man eine geradlinige Begrenzung als einfachste Möglichkeit anstrebt. l_1 und l_2 sind in erster Näherung (nämlich abgesehen von den radialen Spalten zwischen stehenden und sich drehenden Teilen der Maschine) auch gleich der radialen Länge der Leit- und Laufschaufeln auf der Austrittsseite, den sog. Schaufelblattlängen. Die Schaufelblattbreiten b_1 und b_2, die mit den axialen Spalten zwischen den Schaufelreihen die dritte Hauptabmessung der Stufe, nämlich ihre axiale Länge liefern, lassen sich aus strömungstechnischen Überlegungen nicht festlegen. Sie folgen vielmehr aus der Festigkeitsberechnung, in der nachgeprüft werden muß, ob die ermittelten oder angenommenen Bauteilabmessungen auch zu ertragbaren Werkstoffbeanspruchungen führen.

Zur Beurteilung der Güte einer zunächst so ausgelegten Stufe definiert man einen Umfangswirkungsgrad η_u als das Verhältnis von a_u zur maximal möglichen spezifischen Arbeit, die aus dem Fluid zu gewinnen wäre. Hierbei ist ein Unterschied zu machen zwischen solchen Stufen, hinter denen unmittelbar eine neue Stufe folgt, und solchen, hinter denen das Fluid nicht unmittelbar weiter genutzt wird, gegebenenfalls aus der Maschine ausströmt. Im letzten Fall ist die kinetische Energie

$$a_E = \frac{c_2^2}{2} \tag{6.18}$$

als verloren anzusehen, während sie im ersten Fall in der folgenden Stufe als $c_0^2/2$ wiederverwendet wird. a_E wird als End- oder Austrittsverlust bezeichnet. Für den ersten Fall gilt dann

$$\eta_u = \frac{a_u}{\Delta h_s^*} = \frac{\Delta h + \frac{1}{2}(c_0^2 - c_2^2)}{\Delta h_s + \frac{1}{2}(c_0^2 - c_2^2)} \tag{6.19}$$

mit Δh_s als dem gesamten isentropen Wärmegefälle der Stufe. Im zweiten Fall - durch den Index E vom ersten unterschieden - ist dagegen zu setzen:

$$\eta_{uE} = \frac{a_u}{\Delta h_s^* + a_E} = \frac{\Delta h + \frac{1}{2}(c_0^2 - c_2^2)}{\Delta h_s + \frac{1}{2}c_0^2}. \tag{6.20}$$

Es sei bemerkt, daß η_u (oder η_{uE}) nicht identisch ist mit dem in (2.21) definierten inneren Wirkungsgrad η_i. In diesem stecken, auch wenn man ihn für die Stufe ermittelt, weitere als mit η' und η'' erfaßte Verluste, auf die noch einzugehen sein wird.

Die bisherigen Ausführungen betrafen die Turbinenstufe. Die Verdichterstufe gleicht in ihrem Aufbau der Turbinenstufe, nur daß die Profile der Schaufelgitter anders an-

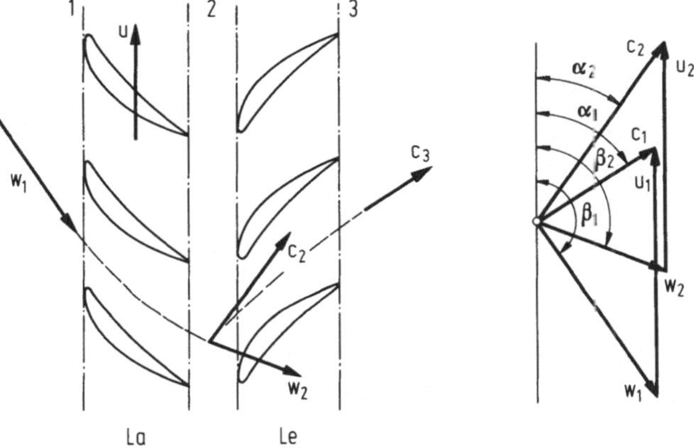

Bild 6.5. Strömung durch eine axiale Verdichterstufe. La Laufgitter; Le Leitgitter

geordnet, gleichsam an einer Gitternormalen gespiegelt erscheinen. Auch befindet sich in der Regel in einer Verdichterstufe das Laufgitter vor dem Leitgitter. Bild 6.5 zeigt den abgewickelten mittleren Zylinderschnitt durch eine axiale Verdichterstufe mit den Kontrollebenen und Geschwindigkeitsdreiecken. Es erweist sich für die rechnerische Behandlung im Vergleich zur Turbinenstufe als zweckmäßig, dem Laufrad wiederum die Kontrollebenen 1 und 2 zuzuordnen. Für das nachgeschaltete Leitgitter, das in der letzten Stufe für eine axiale Austrittsrichtung des Fluids sorgt, ist dann eine Kontrollebene 3 einzuführen. Ein vorgeschaltetes Leitgitter, das auch vorkommt, könnte mit einer Kontrollebene 0 auf der Eintrittsseite erfaßt werden. In vollständiger Analogie zur Turbinenstufe folgt nun für das Laufgitter - mit w_1 aus dem Eintrittsgeschwindigkeitsdreieck - die relative Austrittsgeschwindigkeit w_2 aus (6.12)

$$\frac{w_2^2}{2} = \eta'' \frac{w_{2s}^2}{2} = \eta'' \left[\frac{1}{2}(w_1^2 - u_1^2 + u_2^2) + \Delta h_s''\right]$$

und nach (6.11)

$$\Delta h'' = h_1 - h_2 = \frac{1}{2}(w_2^2 - w_1^2 + u_1^2 - u_2^2) .$$

Für das Leitgitter ergibt sich - mit c_2 aus dem Austrittsgeschwindigkeitsdreieck - gemäß (6.4)

$$\frac{c_3^2}{2} = \eta' \frac{c_{3s}^2}{2} = \eta' \left(\frac{c_2^2}{2} + \Delta h_s'\right)$$

und gemäß (6.5)

$$\Delta h' = h_2 - h_3 = \frac{1}{2}(c_3^2 - c_2^2) .$$

c_3 ist im allgemeinen identisch mit dem c_1 einer folgenden Stufe. Schließlich erhält man für die Umfangsarbeit

$$a_u = \Delta h + \frac{1}{2}(c_1^2 - c_3^2) = \frac{1}{2}(c_1^2 - c_2^2 + w_2^2 - w_1^2 + u_1^2 - u_2^2).$$

Man sieht, daß alle Gleichungen der Turbinentheorie erhalten bleiben bis auf Indizes, die den jeweils entsprechenden Kontrollebenen zuzuordnen sind.

In Bild 6.6 ist der Kompressionsverlauf im h,s-Diagramm wiedergegeben. Man beachte, daß $\Delta h'$ und $\Delta h''$ jetzt im allgemeinen negativ sind. Die Enthalpieerhöhung und die ihr entsprechende Druckerhöhung im Fluid wird aus Differenzen kinetischer Energie gedeckt. Die Strömung ist verzögert, d.h. es ist $w_2 < w_1$ und $c_3 < c_2$ im Gegensatz zur Turbine. Infolgedessen wird auch a_u negativ, entsprechend der Tatsache, daß der Maschinenwelle nunmehr Leistung zugeführt werden muß. Wenn man davon ausgeht, daß Strömungs- und Umfangsgeschwindigkeiten in etwa gleicher Größe wie bei der Turbine liegen, so erkennt man in einem Vergleich der h,s-Diagramme, daß die in der Verdichterstufe umsetzbaren Wärmegefälle geringer sind. Eine weitere Einschränkung für das umsetzbare Wärmegefälle ergibt sich aus der verzögerten Gitterströmung. Bei gleichem Druckverhältnis muß daher ein Verdichter stets wesentlich mehr Stufen haben als eine Turbine. In der Praxis ist es üblich, Wärmegefälle und Arbeiten nicht als algebraische Größen zu behandeln, sondern mit den Beträgen zu

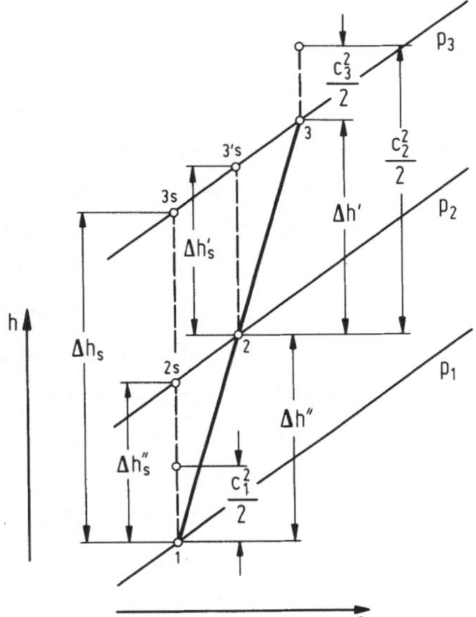

Bild 6.6. Kompressionsverlauf in einer Verdichterstufe

rechnen. In diesem Fall muß man die Vorzeichen der Wärmegefälle oder Arbeiten in den Turbinengleichungen umkehren, um diese Beziehungen auf den Verdichter anzuwenden.

Die Analogie bedarf einer Einschränkung bei Wirkungsgraden, ausgenommmen η' und η''. Wie bereits im Zusammenhang mit (2.23) erklärt, müssen diese reziprok zu den Wirkungsgraden der Turbinentheorie definiert werden. So muß man für den Umfangswirkungsgrad beim Verdichter das Verhältnis der gewinnbaren Kompressionsarbeit

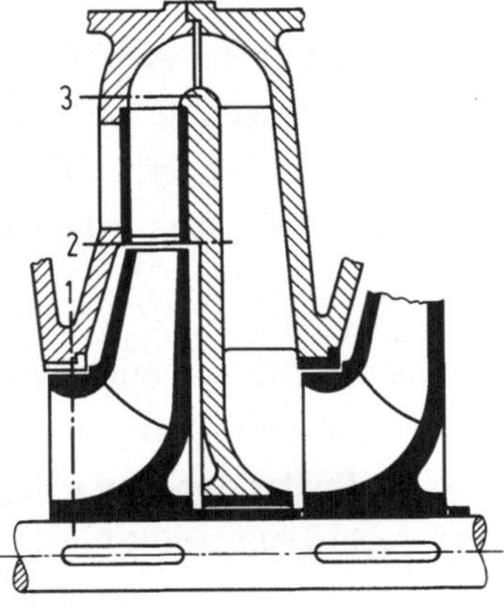

Bild 6.7. Radiale Verdichterstufe mit Kontrollflächen

zur aufgewandten Umfangsarbeit a_u ansetzen. Dabei kann hinsichtlich der Berücksichtigung eines Auslaßverlustes analog zur Turbinentheorie vorgegangen werden. Indessen sei vermerkt, daß der Auslaßverlust beim Verdichter nicht die gleiche Bedeutung wie bei der Turbine hat. Er kann durch Verzögerung des Fluids im Ausströmkanal zu weiterer Enthalpie- und damit Druckerhöhung genutzt werden, was bei gutem Austrittsdiffusor für den Verdichter günstig, dagegen bei der Turbine immer schädlich ist.

Die vorstehend anhand der axialen Turbomaschine entwickelte Theorie wird auch als Stromfadentheorie bezeichnet. Man kann sich nämlich vorstellen, daß die Strömung auf dem Mittelschnittkegel in Stromröhren veränderlichen Querschnitts vonstatten geht. Der Zustand des Fluids ist dabei durch den jeweiligen Ort auf der Mittellinie der Stromröhre - eben eines Stromfadens - festgelegt. Da der Mittelschnittkegel in seiner Gestalt nicht beschränkt ist, kann man die Stromfadentheorie auch auf Maschinen mit radialer oder von axialer in radiale Richtung übergehender Durchströmung anwenden. Man muß dann nur, wie Bild 6.7 am Beispiel eines Radialverdichters zeigt, die Kontrollflächen entsprechend legen. Das gerade Schaufelgitter ist nicht mehr repräsentativ, sondern durch ein sog. Kreisgitter zu ersetzen. Die gewonnenen Gleichungen können aber vollständig übertragen werden. Im folgenden werden wir uns jedoch auf die axialen Turbomaschinen beschränken, die heute im Kraftwerk überragende Bedeutung haben.

6.2 Das gerade Schaufelgitter

Die aufgezeigte Analogie zwischen Leit- und Laufgitter, die im Falle der rein axialen Durchströmung ($u_1 = u_2$) vollständig ist, begründet eine besondere Betrachtung des geraden Schaufelgitters [156]. Entstanden durch Abwicklung eines mittleren Zylinderschnitts wird dieses durch eine quasi-unendliche Reihe von gleichen Schaufelprofilen dargestellt. Man kann es auch auffassen als Aneinanderreihung von Strömungskanälen, die durch die Schaufeloberflächen begrenzt werden. Letztere Betrachtungsweise entspricht bei weitestgehender Vereinfachung auch der Stromfadentheorie. Dagegen kann man die Strömung durch das Gitter auch als Umströmung der Schaufelprofile auffassen, die dann wie Tragflügel eines Flugzeugs wirken. Die "Tragflügeltheorie", die (mit der Flugtechnik) später als die "Kanaltheorie" entstand, hat die strömungstechnische Entwicklung der Turbomaschinen erheblich befruchtet.

Bild 6.8 zeigt zur Erläuterung einiger Grundbegriffe zwei Profile aus einem geraden Schaufelgitter. Als Beispiel wurde ein Turbinen-Laufgitter gewählt. Beim Leitgitter wären lediglich w durch c, β durch α und die Indizes der Kontrollebenen entsprechend zu ersetzen. Das einzelne Profil kann man in ein rechtwinkliges Koordinatensystem gemäß Abbildung legen, so daß die x-Achse das Profil auf der Unterseite zweimal berührt. Die x-Achse wird auch (fälschlicherweise) als Profilsehne bezeichnet, die Länge s des Profils in dieser Richtung heißt Sehnenlänge. Mit den Ordinaten y_u der Unterseite und y_o der Oberseite ist die gesamte Profilkontur festgelegt. Eine andere Möglichkeit der Festlegung geht von der Mittellinie zwischen Ober- und Unterseite, der sog. Skelettlinie aus. In diesem Fall muß man zu den Koordinaten x und

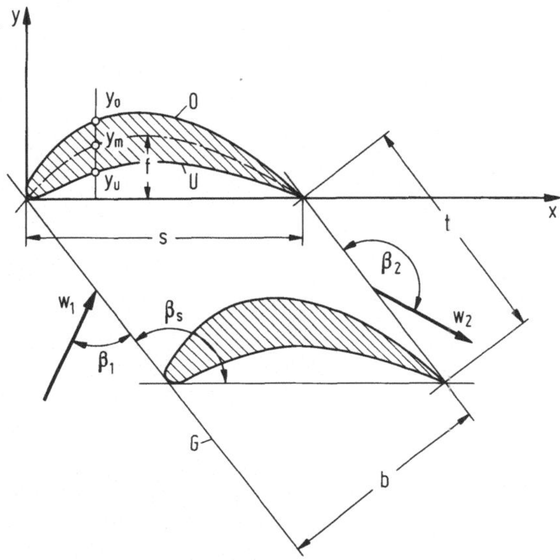

Bild 6.8. Zur Festlegung der Schaufelprofile im geraden Schaufelgitter. 0 Profiloberseite; U Profilunterseite; G Gitterfront

y_m der Skelettlinie die jeweilige Dicke des Profils hinzufügen. Abweichend von der obigen Festlegung kann auch der Durchstoßpunkt der Skelettlinie an der Profilnase (oder Eintrittskante) als Nullpunkt des Koordinatensystems gewählt werden. Neben s sind Profilbreite b und Gitterteilung t wesentliche Abmessungen. Der Winkel β_s heißt Staffelungswinkel. Die größte Höhe f der Skelettlinie über der Profilsehne wird Wölbung, bezogen auf die Sehnenlänge auch relative Wölbung, genannt. Diese bestimmt mit dem Staffelungswinkel im wesentlichen die geometrischen Ein- und Austrittswinkel des Gitters, die mit den wirklichen Winkeln β_1 bzw. β_2 der Strömung im allgemeinen jedoch nicht übereinstimmen. Von Bedeutung für die Strömung wie aber auch für die Festigkeit der Schaufeln ist weiter die Profildicke, deren Größtwert, bezogen auf die Sehnenlänge, auch relative Profildicke heißt. Außer relativer Wölbung und Dicke sind schließlich deren Rücklagen hinter der Profilnase nicht unwesentlich.

Bei der Durchströmung eines Schaufelgitters stellen sich nun Druckunterschiede zwischen Ober- und Unterseite der Schaufeln ein. Zur dimensionslosen Darstellung der Druckverteilung bildet man die Differenz zwischen örtlichem Druck p und dem Druck

p_1 vor dem Gitter und bezieht diese auf den Geschwindigkeits- oder Staudruck

$$q_1 = \frac{\rho_1}{2} w_1^2 = \frac{1}{2} \frac{w_1^2}{v_1}$$

mit ρ als der Dichte. Es ergibt sich, wie Bild 6.9 z.B. veranschaulicht, im allgemeinen auf der (konvexen) Profiloberseite ein Unterdruck, auf der (konkaven) Unterseite ein Überdruck. Daher bezeichnet man die Oberseite des Schaufelprofils auch

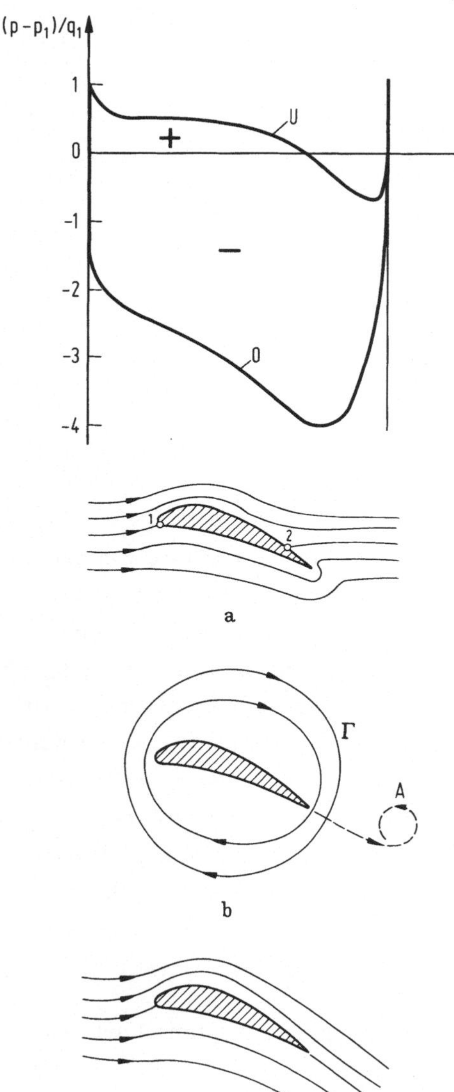

Bild 6.9. Beispiel für die Druckverteilung am Schaufelprofil. O an Oberseite (Saugseite); U an Unterseite (Druckseite)

Bild 6.10. Zur Entstehung einer quer zur Strömung gerichteten Kraft am Tragflügel. a zirkulationsfreie Potentialströmung mit 2. Staupunkt auf Profiloberseite; b Anfahrwirbel A und Zirkulation Γ; c resultierende Potentialströmung mit glattem Abfluß von der Profilhinterkante

als Saugseite, die Unterseite als Druckseite. Die Integration des Fluid-Druckes über die gesamte Schaufeloberfläche liefert letztlich die Kraft, die an dem sich drehenden Laufgitter Leistung überträgt.

In der Tragflügeltheorie erklärt man die Entstehung der ungleichen Druckverteilung mit Hilfe der Zirkulation, vgl. z.B. [15 bis 17]. Eine zirkulationsfreie Potentialströmung würde gemäß Bild 6.10 den zweiten Staupunkt z.B. auf der Profiloberseite haben mit einer scharfen Umströmung der ausspringenden Ecke, welche die Profilhinterkante darstellt. Die Strömung vermag jedoch aufgrund der im realen Fluid stets vorhandenen Reibung der scharfen Umlenkung nicht zu folgen und löst sich in Form eines sog. Anfahrwirbels von der Profilhinterkante ab. Als Äquivalent zu dem mit der Strömung (theoretisch ins Unendliche) abschwimmenden Anfahrwirbel bildet sich im Sinne des Thomsonschen Wirbelsatzes eine Zirkulation um das Profil aus. Die Zirkulation über-

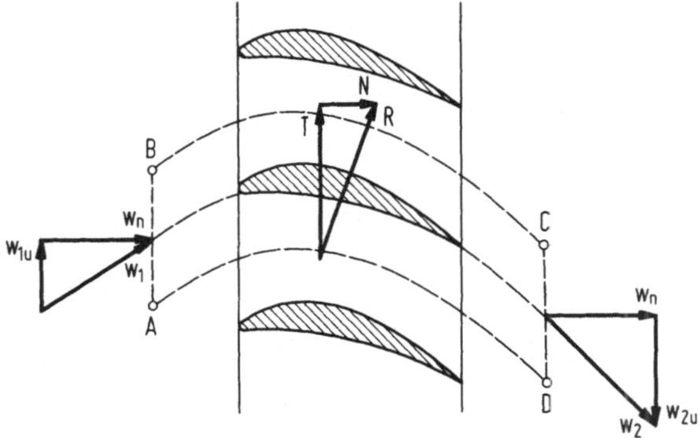

Bild 6.11. Inkompressible Strömung durch ein gerades Schaufelgitter

lagert sich der einfachen Potentialströmung so, daß das Fluid glatt von der Profilhinterkante abströmt, indem der zweite Staupunkt von der Oberseite in die Hinterkante rückt (Kuttasche Abflußbedingung). Dadurch entsteht aber auf der Profiloberseite eine Erhöhung, auf der Profilunterseite eine Verminderung der Strömungsgeschwindigkeit mit entsprechenden Veränderungen des Staudrucks q. In stationärer, reibungsfreier Strömung, die man nach Abschwimmen des Anfahrwirbels wieder zugrunde legen kann, gilt aber aufgrund der Bernoullischen Gleichung $q + p =$ konst, und daraus ergibt sich eine wie in Bild 6.9 gezeigte Druckverteilung am Profil.

Um die Stromfadentheorie mit der Tragflügeltheorie zu verknüpfen, kann man davon ausgehen, daß an jeder Schaufel eine resultierende Kraft R angreift, die gemäß Bild 6.11 im allgemeinen in eine tangentiale Komponente T und eine normale N zerlegt werden kann. Für die Tangentialkraft T erhält man aus (6.15) und (6.7) mit z als der Anzahl der Schaufeln in der Turbinenstufe und Δw_u anstelle Δc_u

$$T = \frac{1}{z}\frac{P_u}{u} = \frac{\dot{m}}{z}\Delta w_u. \tag{6.21}$$

Die Normalkraft N ergibt sich dagegen unter Voraussetzung inkompressibler Strömung einfach aus der Druckdifferenz zwischen den Kontrollebenen 1 und 2, wirkend an der durch Teilung t und Schaufelhöhe l definierten Fläche zu

$$N = (p_1 - p_2)\,t\,l. \tag{6.22}$$

Setzt man weiter reibungsfreies Fluid voraus, so liefert die Bernoullische Gleichung

$$p_1 - p_2 = \frac{\rho}{2}\left(w_2^2 - w_1^2\right).$$

Wird beachtet, daß aufgrund der Kontinuitätsbedingung (6.2)

$$\frac{\dot{m}}{z} = \rho\,t\,l\,w_n,$$

so erhält man

$$R = \sqrt{T^2 + N^2} = \rho\,t\,l\sqrt{(w_n\,\Delta w_u)^2 + \frac{1}{4}\left(w_2^2 - w_1^2\right)^2}.$$

Aus dem 2. Summanden in der Wurzel läßt sich unter Beachtung, daß $w^2 = w_n^2 + w_u^2$, $(\Delta w_u)^2$ abspalten, so daß

$$R = \rho\,t\,l\,\Delta w_u\sqrt{w_n^2 + \left(\frac{w_{1u} + w_{2u}}{2}\right)^2}.$$

Aufgrund der Proportion $T : N = w_n : \frac{1}{2}(w_{1u} + w_{2u})$ erkennt man, daß $\vec{R}$ senkrecht auf dem Mittelwert

$$\vec{w}_\infty = \frac{1}{2}(\vec{w}_1 + \vec{w}_2) \tag{6.23}$$

der Geschwindigkeiten in den beiden Kontrollebenen steht, dessen Betrag die Wurzel darstellt.

Führt man nun die Zirkulation Γ um eine Schaufel ein und wählt als Integrationsweg den Linienzug ABCD (Bild 6.11), der in Umfangsrichtung einer Teilung entspricht, so ergibt sich

$$\Gamma = \oint \vec{w}\, d\vec{s} = t(w_{1u} - w_{2u}) = t\,\Delta w_u, \qquad (6.24)$$

da die Anteile der äquidistanten Stromlinien BC und DA sich aufheben. Damit wird aber

$$R = \rho\, \Gamma\, w_\infty l.$$

Diese Gleichung ist der Satz von Kutta und Joukowski, angewandt auf eine Schaufel der ebenen Gitterströmung. Läßt man die Gitterteilung t bei endlich bleibender Zirkulation Γ beliebig groß werden, so geht das betrachtete Schaufelprofil in das Profil eines einzelnen Tragflügels über. Man bezeichnet dann die Kraft R auch als Auftrieb A, so daß

$$A = \rho\, \Gamma\, w_\infty l. \qquad (6.25)$$

Die Geschwindigkeit w_∞ läßt sich jetzt als ungestörte Anströmgeschwindigkeit des Tragflügels auffassen oder auch als die Geschwindigkeit, mit welcher der Tragflügel

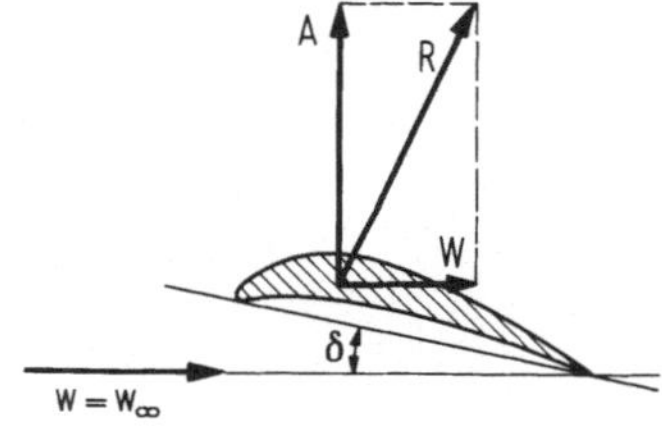

Bild 6.12. Auftrieb A und Widerstand W als Komponenten der resultierenden Kraft R an einem Tragflügel

durch ein ruhendes Fluid bewegt wird (Flugzeug). Beim Schaufelgitter folgt dagegen w_∞ aus der Zu- und Abströmgeschwindigkeit des Fluids gemäß (6.23).

Im realen Fall eines nicht reibungsfreien Fluids weicht die resultierende Kraft R eines Tragflügels von der Senkrechten zur Anströmgeschwindigkeit $\vec{w}_\infty$ merklich ab. Gemäß Bild 6.12 zerlegt man dann R in eine Komponente senkrecht zur Anströmrichtung, den Auftrieb A, und eine Komponente parallel zur Anströmrichtung, den Widerstand W. Die Anströmrichtung wird gekennzeichnet durch den sog. Anstellwinkel δ, den $\vec{w}_\infty$ mit der Profilsehne bildet. Zur Ermittlung der Kraftkomponenten geht man vom Staudruck der Anströmgeschwindigkeit aus und setzt

$$A = \zeta_A \frac{1}{2} \rho w_\infty^2 F \tag{6.26}$$

bzw.

$$W = \zeta_W \frac{1}{2} \rho w_\infty^2 F. \tag{6.27}$$

Hierin bedeuten ζ_A bzw. ζ_W den Auftriebs- bzw. Widerstandsbeiwert, F die Grundfläche des Tragflügels (die gleich seiner Projektionsfläche auf die Sehnenebene ist). Die Beiwerte ζ_A und ζ_W sind im allgemeinen experimentell ermittelte Größen, oftmals dargestellt in Form der sog. Profilpolaren, Bild 6.13, in denen jedem Punkt

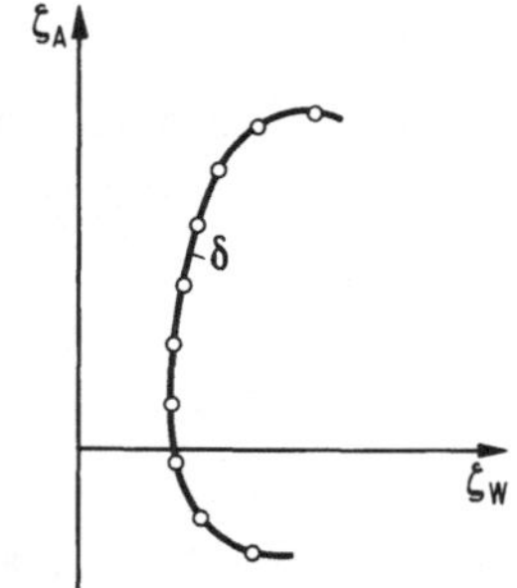

Bild 6.13. Auftriebsbeiwert ζ_A in Abhängigkeit vom Widerstandsbeiwert ζ_W (Polardiagramm)

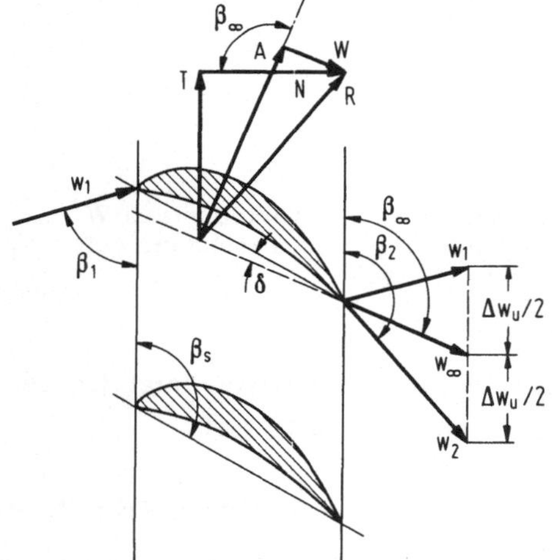

Bild 6.14. Zur Verknüpfung von Tragflügel- und Kanaltheorie

(ζ_W, ζ_A) ein bestimmter Anstellwinkel δ entspricht. Solche Meßergebnisse, auch tabelliert, sind von den Aerodynamischen Versuchsanstalten für eine Vielzahl von Profilen veröffenlicht[1]. Man könnte daran denken, diese Ergebnisse auf Schaufelgitter

[1] Vgl. z.B. die Ergebnisse oder Berichte der Aerodynamischen Versuchsanstalt (AVA), Göttingen, oder des National Advisory Committee for Aeronautics (NACA), Washington.

zu übertragen, wobei grundsätzlich die Ausführungen des Abschnitts 2.4 zu beachten wären.

Hierzu muß man einen Übergang vom Einzelflügel zur Gitterschaufel finden. Da der Auftrieb aufgrund der Zirkulationstheorie auf der mit (6.23) definierten mittleren Geschwindigkeit $\vec{w}_\infty$ senkrecht steht, ergibt sich unter Berücksichtigung der Reibung bzw. des Widerstandes nunmehr Bild 6.14. Ist β_∞ der Winkel, den $\vec{w}_\infty$ mit der Gitterfront bildet, so beträgt der Anstellwinkel der Schaufel offenbar

$$\delta = \beta_S - \beta_\infty. \tag{6.28}$$

Zerlegt man die resultierende Kraft R an der Gitterschaufel in Tangential- und Normalkraft, so erhält man

$$T = A \sin\beta_\infty + W \cos\beta_\infty$$

bzw.

$$N = -A \cos\beta_\infty + W \sin\beta_\infty.$$

Mit (6.26) und (6.27) und mit $F = s\,l$ wird daraus

$$T = \frac{1}{2}\rho\, w_\infty^2\, s\,l\,(\zeta_A \sin\beta_\infty + \zeta_W \cos\beta_\infty)$$

und

$$N = \frac{1}{2}\rho\, w_\infty^2\, s\,l\,(-\zeta_A \cos\beta_\infty + \zeta_W \sin\beta_\infty).$$

Anstelle von ζ_W läßt sich die sog. Gleitzahl

$$\varepsilon = \frac{\zeta_W}{\zeta_A} \tag{6.29}$$

in die Rechnung einführen, die in gewissem Sinne ein Gütemaß für das Profil darstellt. Damit wird

$$T = \frac{1}{2}\rho\, w_\infty^2\, s\,l\,\zeta_A \sin\beta_\infty (1 + \varepsilon \cot\beta_\infty) \tag{6.30}$$

und

$$N = \frac{1}{2}\rho\, w_\infty^2\, s\,l\,\zeta_A \sin\beta_\infty (\varepsilon - \cot\beta_\infty). \tag{6.31}$$

Für die Tangentialkraft gilt indessen auch (6.21). Da

$$\dot{m} = z\rho t l w_\infty \sin\beta_\infty,$$

folgt daraus mit (6.30)

$$\Delta w_u = \Delta c_u = \frac{1}{2}\frac{s}{t} w_\infty \zeta_A (1 + \varepsilon \cot\beta_\infty) \tag{6.32}$$

oder auch mit (6.7)

$$a_u = \frac{1}{2} u w_\infty \frac{s}{t} \zeta_A (1 + \varepsilon \cot\beta_\infty), \tag{6.33}$$

eine der Eulerschen Gleichung analoge Beziehung. Entsprechend findet man aus (6.22) und (6.31)

$$\Delta p = p_1 - p_2 = \frac{1}{2}\rho w_\infty^2 \frac{s}{t} \zeta_A \sin\beta_\infty(\varepsilon - \cot\beta_\infty). \tag{6.34}$$

Da diese Betrachtungen sich streng nur auf inkompressibles Fluid beziehen, kann man mit $\Delta h = v\,\Delta p$ auch das Wärmegefälle einführen und findet für das Laufgitter

$$\Delta h'' = \frac{1}{2} w_\infty^2 \frac{s}{t} \zeta_A \sin\beta_\infty (\varepsilon - \cot\beta_\infty). \tag{6.35}$$

Für das Leitgitter gilt analog

$$\Delta h' = \frac{1}{2} c_\infty^2 \frac{s}{t} \zeta_A \sin\alpha_\infty (\varepsilon - \cot\alpha_\infty), \tag{6.36}$$

wobei natürlich die Größen s, t, ζ_A und ε auf das Leitgitter zu beziehen sind.

Der gesuchte Zusammenhang zwischen Kanaltheorie und Tragflügeltheorie ist damit hergestellt. Zur Kennzeichnung des Gitters und seiner Eigenschaften waren bei der Kanaltheorie drei Größen notwendig, nämlich Ein- und Austrittswinkel α_0, α_1 bzw. β_1, β_2 sowie der Gitterwirkungsgrad η' bzw. η''. Bei der Tragflügeltheorie sind es wiederum drei Größen, nämlich die mittleren Anströmwinkel α_∞, β_∞ der Gitter sowie die aerodynamischen Beiwerte ζ_A und ε (oder ζ_W), jeweils für Leit- und Laufgitter. Ein- und Austrittswinkel der Gitter leiten sich davon ab, z.B. unter Zuhilfenahme von (6.32).

Für die praktische Anwendung der Tragflügeltheorie stellt sich die Frage, ob die Profilbeiwerte des Einzelflügels auf das Gitterprofil übertragen werden können. Der

Einzelflügel entspräche ja dem Grenzfall des sog. Teilungsverhältnisses $t/s \to \infty$. Messungen an Turbinengittern zeigen dagegen optimale Energieumsetzung für Teilungsverhältnisse $t/s \approx 0,6$ bis $1,0$. So dürfte - schon von der Anschauung her - die Kanaltheorie eine für thermische Turbomaschinen angemessenere Betrachtungsweise sein. Es zeigt sich, daß die Ergebnisse des Einzelflügels anwendbar sind für $t/s \gtrapprox 3$, was bei Propellern, Wind- und Wasserturbinen vorkommen kann. Es steht jedoch nichts im Wege, die Größen β, ζ_A und ε durch Messung am Gitter zu bestimmen. Der Unterschied zwischen Tragflügel- und Kanaltheorie ist dann allerdings nur mehr ein formaler.

Der besondere Wert solcher Betrachtungen ist mehr in der gegenseitigen methodischen Befruchtung verschiedener Theorien im Hinblick auf die grundlegende Entwicklung von Schaufelprofilen bzw. Schaufelgittern zu sehen. Bei der Gestaltung neuer Profile geht man in der Regel von der reibungs- und rotationsfreien Strömung, der sog. Potentialströmung aus. Infolge der Vektoridentität

$$\text{rot grad } \Phi \equiv 0$$

kann ein rotationsfreies Vektorfeld $\vec{w}$ stets als Gradientenfeld eines Potentials Φ

$$\vec{w} = \text{grad } \Phi$$

dargestellt werden. Die Kontinuitätsgleichung für inkompressible Strömung $\text{div } \vec{w} = 0$ geht damit über in

$$\text{div grad } \Phi = \Delta\Phi = 0,$$

die sog. Laplace'sche Gleichung, eine partielle Differentialgleichung, die unter Beachtung der Randbedingungen des Umströmungsproblems zu lösen ist. Zusammen mit der Bernoullischen Gleichung als Energiesatz sind dann Geschwindigkeit und Druck in jedem Punkt der Strömung berechenbar.

Die verschiedenen Lösungsmöglichkeiten können im hier gesteckten Rahmen nur angedeutet werden. Eine Reihe von Verfahren (z.B. [157, 158]) benutzt die konforme Abbildung, um die Schaufelprofile auf geometrisch einfache Figuren (z.B. einen Kreis) zurückzuführen, deren Umströmung sich für den inkompressiblen Fall mathematisch einfach darstellen läßt. Die Rücktransformation in das ursprüngliche Schaufelgitter liefert dann die gesuchte Gitterströmung. Eine andere, sehr mächtige Methode ist das Singularitätenverfahren (z.B. [159, 160]), in welchem die Profilkontur durch eine (im allgemeinen kontinuierliche) Verteilung von Wirbeln oder Wirbeln und Dipolen ersetzt wird. Dem Feld dieser "Belegungen" wird noch eine Parallelströmung überlagert, zur Darstellung der Anströmung aus dem Unendlichen. Man gelangt so im Falle kontinuierlicher Singularitätenbelegung zu Integralgleichungen für die gesuchten Belegungsfunktionen (z.B. [161, 162]). Im kompressiblen Fall erhält man anstelle von $\Delta\Phi = 0$ die mathematisch viel unbequemere - weil nichtlineare - Potentialgleichung für die ebene Strömung [163]

$$\left[a^2 - \left(\frac{\partial\Phi}{\partial x}\right)^2\right]\frac{\partial^2\Phi}{\partial x^2} + \left[a^2 - \left(\frac{\partial\Phi}{\partial y}\right)^2\right]\frac{\partial^2\Phi}{\partial y^2} - 2\,\frac{\partial\Phi}{\partial x}\,\frac{\partial\Phi}{\partial y}\,\frac{\partial^2\Phi}{\partial x\,\partial y} = 0$$

mit a als örtlicher Schallgeschwindigkeit, x und y als den Koordinaten senkrecht und parallel zur Gitterfront. Eine Lösung dieses kompressiblen Umströmungsproblems ist wiederum mit Hilfe des Singularitätenverfahrens und der Integralgleichungsmethode numerisch ausführbar [164, 165]. Ein weiterer möglicher Lösungsweg bedient sich der Methode der finiten Elemente [166].

Solche Rechnungen, nur mit Hilfe der elektronischen Datenverarbeitung rationell ausführbar, lassen trotz der vorausgesetzten Reibungsfreiheit des Fluids gewisse Schlüsse auf das reale Verhalten des Schaufelgitters zu (vgl. z.B. [167]). Für gewöhnlich wirkt sich die Reibung nur innerhalb der wandnahen Grenzschicht [168] aus, in welcher die Strömungsgeschwindigkeit von Null an der Profiloberfläche bis auf etwa den Wert der Potentialströmung ansteigt. Da die Grenzschicht meist nur von geringer Dicke ist, wird die potentialtheoretische Druckverteilung in erster Näherung auch innerhalb der Grenzschicht vorliegen, so daß man daraus auf das Ablöseverhalten der Grenzschicht schließen kann. Profile mit einer "glatten" Druckverteilung zeigen im allgemeinen auch gute Wirkungsgrade. Bei zu großem Druckanstieg in der Grenzschicht löst sich dagegen die Strömung, ein dickeres Wirbelgebiet - auch Totwasser genannt - bildend, von der Wand ab.

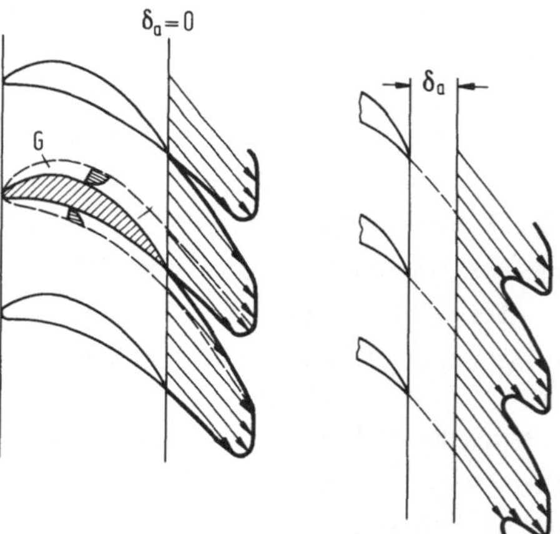

Bild 6.15. Geschwindigkeitsprofil der Strömung hinter einem Schaufelgitter bei verschiedenem Axialabstand δ_a als Folge der Grenzschicht G

Die Grenzschichten, die in ihrer Dicke stromabwärts zunehmen, wie auch Totwassergebiete bewirken neben Reibungsverlusten sog. Nachlaufdellen in der Geschwindigkeitsverteilung. Wie Bild 6.15 veranschaulicht, geht dabei die Austrittsgeschwindigkeit unmittelbar an der Austrittskante der Gitterprofile bis auf Null zurück. Aber auch die Potentialströmung durch das Gitter liefert unmittelbar vor oder dahinter keine gleichförmige Geschwindigkeitsverteilung. Mit zunehmendem axialen Abstand δ_a vom Gitter vergleichmäßigt sich allerdings die Strömung, die Nachlaufdellen nehmen in ihrer Tiefe ab, aber es kommt bei realen Abständen der Gitter voneinander niemals zu einem völligen Ausgleich. Bei Relativbewegung zweier Gitter (wie Leit- und Laufgitter) ist daher das Strömungsfeld in den Gittern auch bei stationärem Betriebszustand der Turbomaschine stets instationär. Infolge der Anordnung der Schaufelprofile mit gleicher Teilung ist jedoch das Strömungsfeld periodisch. Jede einzelne, hinter dem Leitgitter sich entlangbewegende Laufschaufel erfährt daher periodische Kräfte T und N mit einer der Leitgitterteilung entsprechenden Periodenlänge. Durch diese periodischen Kräfte werden die Schaufeln zu Schwingungen angeregt, die bei Berechnung und konstruktiver Gestaltung der Beschauflung sorgfältig beachtet werden müssen.

Die Ungleichförmigkeit der Strömung hat auch zur Folge, daß Ein- und Austrittswinkel des Gitters nicht mit einer geometrischen Richtung der Kontur oder Skelettlinie

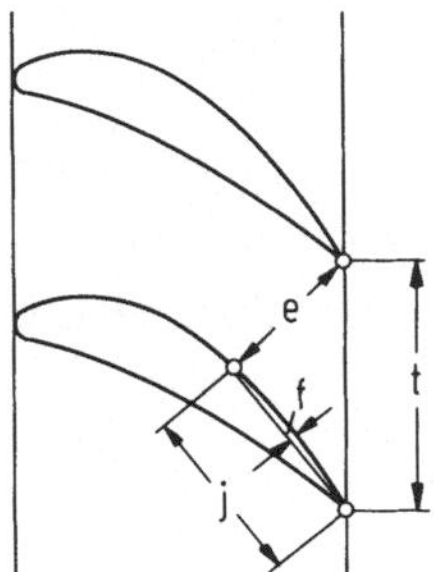

Bild 6.16. Zur Anwendung der "Sinusregel"

der Profile an Ein- oder Austrittskante übereinstimmen. Dies ist besonders für die Ermittlung des Austrittswinkels von Bedeutung. Dieser muß bei Anwendung der Stromfadentheorie ebenso wie alle anderen Größen in einer Kontrollebene als repräsentativer Mittelwert aufgefaßt werden. Indessen orientiert man sich an geometrischen Kanalabmessungen, indem man in der sog. Sinusregel setzt

$$\sin \beta_2 = K \frac{e}{t} .$$

Dabei ist e gemäß Bild 6.16 das Lot von der Austrittskante eines Gitterprofils auf die Oberseite des benachbarten Profils, das gleichzeitig die engste Kanalweite an dieser Stelle bildet. K stellt einen im allgemeinen durch Versuch zu ermittelnden Korrekturfaktor dar. Ainley [169] empfiehlt, aufgrund von Versuchen an Profilen mit gekrümmter Saugseite am Austritt zu setzen

$$\beta_2^o = \text{arc} \sin \frac{e}{t} + 4 \frac{t}{g} , \tag{6.37}$$

wobei $g = j^2/8f$ den mittleren Krümmungsradius der Saugseite bedeutet. Die Beziehung, die β_2 in Winkelgraden liefert, gilt für eine mit der Austrittsgeschwindigkeit w_2 gebildete Machzahl $Ma_2 \lessapprox 0,5$. Darüber hinaus nimmt β_2 bis auf den Wert der Sinusregel mit $K = 1$ zu, der bei etwa $Ma_2 = 1$ erreicht wird.

Besondere Betrachtung verdient in dieser Hinsicht die Überschallströmung, die allerdings bei ortsfesten thermischen Turbomaschinen im allgemeinen nur in einigen Stufen und auch dort nur in gewissen Bereichen des Durchmessers oder bei bestimmten Betriebszuständen vorkommt. Betrachtet man den Raum zwischen zwei Schaufeln als Kanal, so müßte dieser bei Überschallströmung eine Begrenzung nach Art einer Lavaldüse mit zunächst sich verengendem, sich dann jedoch wieder erweiterndem Querschnitt ha-

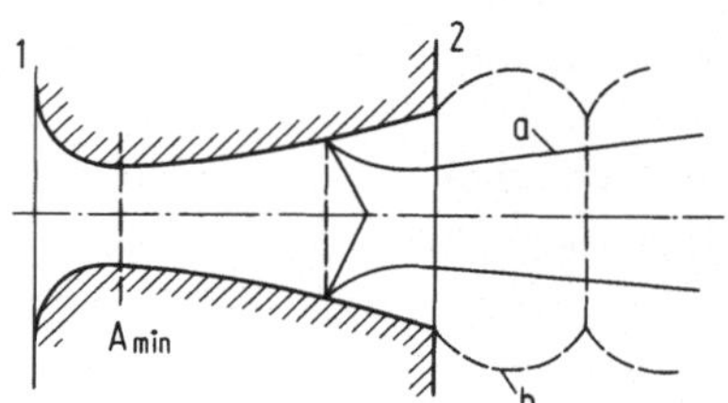

Bild 6.17. Lavaldüse. a Abreißen der Strömung bei zu langem Erweiterungsteil; b Nach- oder Überexpansion bei zu kurzem Erweiterungsteil

ben, Bild 6.17. Ausgehend von der Isentropengleichung $pv^{\varkappa}$ = konst zeigt man mit $dh = vdp$ und der Kontinuitätsgleichung (6.2) leicht den idealisierten Querschnittsverlauf und gewinnt aus der Bedingung $\partial A/\partial p = 0$ mit A als dem Querschnitt den Druck an der engsten Stelle

$$p_k = p_1 \left(\frac{2}{\varkappa + 1}\right)^{\frac{\varkappa}{\varkappa - 1}} . \tag{6.38}$$

p_k wird als kritischer Druck oder Laval-Druck bezeichnet. Die zugehörige Geschwindigkeit des Fluids an dieser Stelle ist bei isentroper Strömung mit der Schallgeschwindigkeit identisch und beträgt

$$c_k = a = \sqrt{\varkappa p_k v_k} = \sqrt{\varkappa R T}. \tag{6.39}$$

Dabei ist R die Gaskonstante und T die absolute Temperatur. Bei reibungsbehafteter Strömung ist allerdings die im engsten Querschnitt auftretende Geschwindigkeit größter Massenstromdichte etwas kleiner als die Schallgeschwindigkeit. Der dem Zustand p_2, v_2 des Fluids entsprechende Austrittsquerschnitt der Laval-Düse wird vom engsten Querschnitt durch den Erweiterungsteil erreicht, dessen Wände möglichst schwach gegen die Achse der Düse geneigt sein sollten, um Ablösung der Strömung zu vermeiden. Da nun, abhängig vom Betriebszustand, die Druckverhältnisse in den Maschinen veränderlich sind, kann man eine solche Düse nur für einen bestimmten Betriebszustand richtig auslegen. Ist eine Laval-Düse für ein bestimmtes Druckverhältnis im Erweiterungsteil zu kurz, so tritt eine Nachexpansion im Fluid auf der Austrittsseite ein. Bei zu langem Erweiterungsteil erhält man dagegen Grenzschichtablösungen und Stoßverluste infolge schiefer oder gerader Verdichtungsstöße in diesem Teil der Düse (Bild 6.17). Es zeigt sich, daß die aus Wandreibung und Expansion entstehenden Strömungsverluste bei zu kurzem Erweiterungsteil geringer sind als bei zu langem. Man legt deshalb solche Kanäle im allgemeinen kürzer aus, als der Theorie entspräche.

Bei Schaufelgittern verzichtet man vielfach überhaupt auf eine Erweiterung und nimmt für Betriebszustände mit überkritischem Druckverhältnis die Nachexpansion in Kauf. Die von den Schaufeln gebildeten Strömungskanäle sind, entsprechend dem zu erzielenden Austrittswinkel β_2 der Strömung, austrittseitig schräg zu ihrer Achse abgeschnitten. Infolge der Nachexpansion findet im Schrägabschnitt eine Ablenkung der Strömung statt, so daß der Austrittswinkel verkleinert wird. Für die ebene Gitterströmung läßt sich die Winkelabweichung mit Hilfe der Kontinuitätsgleichung oder des Impulssatzes verhältnismäßig leicht ermitteln. Bemerkenswerterweise führen im allgemeinen beide Verfahren zu etwas verschiedenen Ergebnissen. Traupel [148] gibt eine Lösung an, die unter Einführung eines zusätzlichen Verlustbeiwerts beide Bedingungen erfüllt.

Zum Ansatz der Kontinuitätsbedingung legt man z.B. gemäß Bild 6.18 ein Kontrollgebiet ABCDE in die Kanalmündung, so daß $\overline{AB}$ = e wieder das Lot von der Austrittskan-

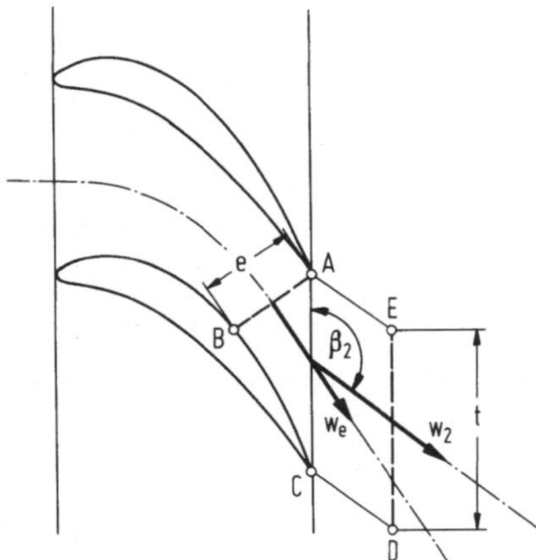

Bild 6.18. Zur Strömungsablenkung infolge Nachexpansion

te eines Gitterprofils auf die Oberseite des benachbarten darstellt. $\overline{DE}$ = t sei parallel zur Gitterfront in die Kontrollebene 2 gelegt, $\overline{CD}$ bzw. $\overline{AE}$ bilden als Stromlinien den gesuchten Austrittswinkel β_2 mit der Gitterfront. Dann gilt gemäß (6.2)

$$\frac{t\, w_2 \sin\beta_2}{v_2} = \frac{e\, w_e}{v_e},$$

wenn w_e die mittlere Strömungsgeschwindigkeit parallel zur Kanalachse im Querschnitt AB, v_e das spezifische Volumen daselbst bedeuten. Da AB die engste Kanalstelle ist, tritt dort bei überkritischem Druckverhältnis Schallgeschwindigkeit auf. Daher wird, wenn man noch $e/t \approx \sin\beta_e$ setzt,

$$\sin\beta_2 \approx \frac{a}{w_2}\frac{v_2}{v_k}\sin\beta_e \tag{6.40}$$

mit $w_e = a = c_k$ nach (6.39) und $v_e = v_k$. Diese Gleichung gibt im Bereich $1 < Ma_2 < 1{,}25$ brauchbare Ergebnisse. Bei höheren Machzahlen ist die oben genannte exaktere Betrachtung anzuwenden, oder man stützt sich auf Versuchsergebnisse.

6.3 Verluste in der Turbomaschine

6.3.1. Verluste im Schaufelgitter

Mit Hilfe der Gitterwirkungsgrade η' und η'' gewinnt man aus dem isentropen Wärmegefälle das wirkliche, in kinetische Energie des Fluids oder Arbeit am Radumfang umsetzbare Wärmegefälle. Für die Analyse verschiedener Ursachen, die den Wirkungsgrad beeinträchtigen, scheint es zweckmäßig, Verlustbeiwerte ζ einzuführen, die durch

$$\zeta' = 1 - \eta', \qquad \zeta'' = 1 - \eta'' \tag{6.41}$$

definiert sind. Die Ermittlung von Verlustbeiwerten der Gitterströmung ist theoretisch über die Reibungsgrenzschicht und die Nachlaufströmung möglich. Für Strömungen weit unterhalb der Schallgeschwindigkeit erhält man damit bei Profilen geringer Wölbung recht gute Ergebnisse [156], jedoch wird man für die Auslegung der Maschinen letztlich immer auf Versuchsergebnisse zurückgreifen. Für das gerade Schaufelgitter erhält man diese durch Messungen im Gitterwindkanal. Auf Turbomaschinen unmittelbar übertragbare Ergebnisse können aber nur in (meist mit Luft betriebenen) Versuchsturbinen oder -verdichtern gewonnen werden, weil nur diese eine ausreichende Modellähnlichkeit im Vergleich zur Großausführung ermöglichen [153].

Sind experimentelle Unterlagen zunächst nicht verfügbar, so lassen sich Verlustbeiwerte u.a. (vgl. [170 bis 172]) nach einem in [148] angegebenen, auf einer systematischen Auswertung von Versuchsergebnissen beruhenden Verfahren abschätzen. Dabei wird im wesentlichen gesetzt

$$\zeta = \zeta_g + \zeta_z + \zeta_f. \tag{6.42}$$

ζ_g wird Grundverlustbeiwert genannt und umfaßt die eigentlichen Profil- und Randverluste der Gitterströmung. ζ_g ist für Reynoldszahlen $Re = w_2 \cdot s/\nu > 10^5$ vorwiegend abhängig von der Schaufellänge l, der Sehnenlänge s sowie den Ein- und Austrittswinkeln β_1 und β_2 (bzw. α_0 und α_1). Kleinere Reynoldszahlen kommen praktisch selten

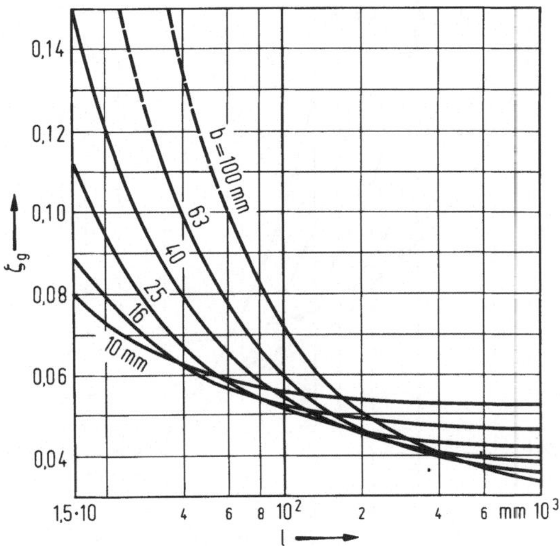

Bild 6.19. Grundverlustbeiwert eines Beschleunigungsgitters mit $\beta_1 = 90°$, $\beta_2 = 160°$ in Abhängigkeit von Schaufellänge und Gitterbreite

vor. Die Reibungsverluste hängen darüber hinaus noch von der Oberflächenrauhigkeit ab [173, 174], die aus Gründen der Herstellverfahren der Schaufeln sowie betrieblicher Beeinflussung der Oberflächen vom Fluid her nicht zu klein angenommen werden sollte. Für die folgenden Beispiele wurde eine sog. Sandrauhigkeit $k_s = 0{,}015$ mm angenommen, die selten überschritten werden dürfte. Der Grundverlustbeiwert ist in Bild 6.19 für ein Turbinenschaufelgitter mit beschleunigter Strömung (sog. Beschleunigungsgitter) wiedergegeben, in Bild 6.20 dagegen für ein reines Umlenkgitter mit $\beta_2 = 180° - \beta_1$. Für Umlenkwinkel $\Delta\beta = \beta_2 - \beta_1$ (bzw. $\Delta\alpha = \alpha_0 - \alpha_1$), die von den beiden Beispielen abweichen, sind in Bild 6.21 Korrekturwerte $\Delta\zeta_g$ angegeben. Wie man erkennt, nimmt ζ_g bei abnehmender Schaufellänge l sehr schnell zu, weshalb man im allgemeinen $l < 20$ mm vermeidet. Bei kleinen Schaufellängen darf auch die Schaufelbreite b nicht zu groß sein. Bei größerem l kann dagegen die Wahl eines größeren b vorteilhaft sein, was günstigerweise mit den Erfordernissen der Festigkeits- und Schwingungsberechnung in Einklang steht[1].

Den gewählten Beispielen sind strömungstechnisch gute Schaufelprofile zugrunde gelegt unter Annahme einer kreisbogenförmigen Skelettlinie und einer Dicke der Austrittskante von 2,75 % der Gitterbreite b. Die Schaufelprofile sollten - wie Tragflü-

---

[1] Zur Wahl der optimalen Schaufelbreite s. auch [139]

gelprofile - eine abgerundete Eintrittskante (Profilnase) und eine möglichst spitz auslaufende Austrittskante (Hinterkante) haben. Der Verlauf der Profilkontur darf keine Unstetigkeiten, auch nicht in der Krümmung, aufweisen. Unstetigkeiten in der Krümmung können namentlich auf der Saugseite zu einer Ablösung der Grenzschicht mit Wir-

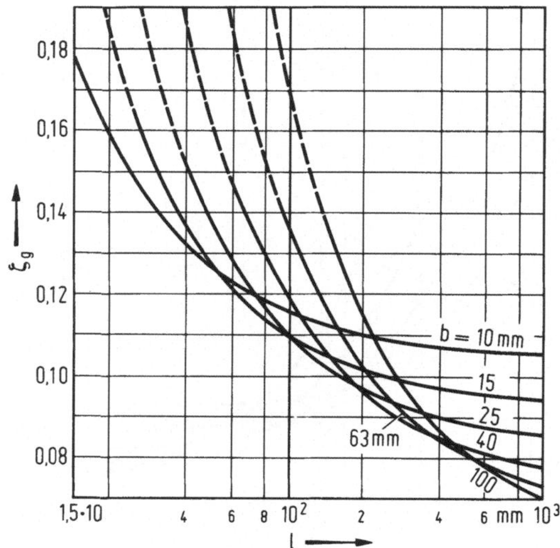

Bild 6.20. Grundverlustbeiwert eines Umlenkgitters mit $\beta_1 = 25^\circ$, $\beta_2 = 155^\circ$, in Abhängigkeit von Schaufellänge und Gitterbreite

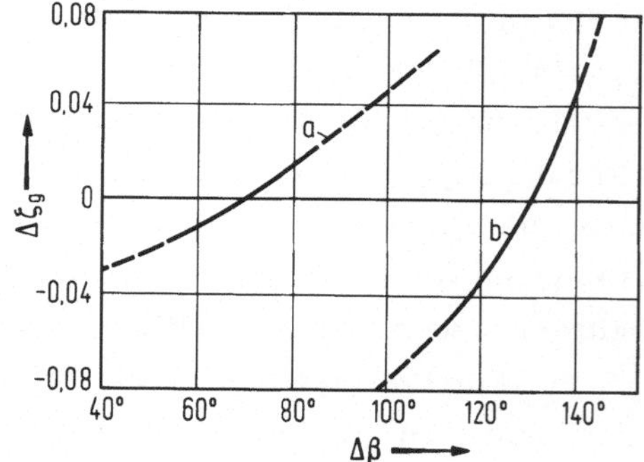

Bild 6.21. Korrekturwerte für den Grundverlustbeiwert bei von den Beispielen abweichenden Umlenkwinkeln. a zu Bild 6.19; b zu Bild 6.20

belbildung führen. Dies gilt besonders für reine Umlenkgitter sowie für Verzögerungsgitter (z.B. in Verdichtern), durch die das Fluid unter gleichem oder ansteigendem Druck strömt. Die Abrundung der Profilnase ist deshalb wesentlich, weil nicht in allen Betriebszuständen die Anströmrichtung mit der optimalen übereinstimmt. Auch führt die instationäre Zuströmung vom vorausliegenden Gitter zu einer periodisch wechselnden Anströmrichtung.

Zur Ermittlung von ζ sind nach (6.42) außer ζ_g noch die Größen ζ_z und ζ_f erforderlich. ζ_z ist ein Zusatzverlustbeiwert, der die Energiedissipation in axialen Spalten am Schaufelfuß und Schaufelkopf bei solchen Gittern berücksichtigt, bei welchen der Meridiankanal nicht durch eine glatte Oberfläche des Gehäuses oder des Rotors gebildet wird (vgl. z.B. Bild 6.23 b). Es gilt etwa

$$\left.\begin{aligned} \zeta_z' &= \frac{B_z}{\sin\beta_{2v}}\left(\frac{\delta_{a2}}{l_2}\right)_v\left(\frac{w_{2v}}{c_1}\right)^2, \\ \zeta_z'' &= \frac{B_z}{\sin\alpha_1}\left(\frac{\delta_{a1}}{l_1}\right)\left(\frac{c_1}{w_2}\right)^2 \end{aligned}\right\} . \qquad (6.43)$$

Dabei ist (nach [148]) $B_z \approx 0{,}05$ bis $0{,}06$; δ_a ist der Axialspalt in der mit 1 oder 2 indizierten Kontrollebene; der Index v weist darauf hin, daß die Größen der vorangehenden Stufe einzusetzen sind. Da der Axialspalt δ_a im allgemeinen nur wenige mm beträgt, wird δ_a/l insbesondere bei längeren Schaufeln ein recht kleiner Wert und daher auch ζ_z gegebenenfalls vernachlässigbar klein.

Der Beiwert ζ_f soll schließlich den Verlust durch Fächerung berücksichtigen. Man versteht unter Fächerung die Zunahme der Schaufelteilung im Gitter von innen nach

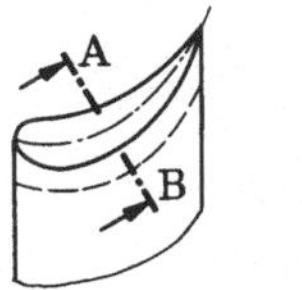

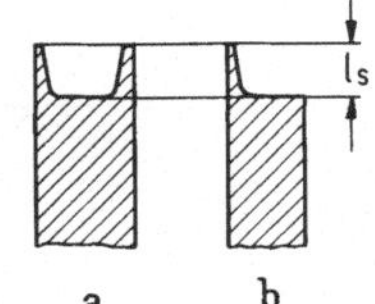

Bild 6.22. Kopfende einer freistehenden Schaufel mit doppelter a oder einfacher Zuschärfung b (Schnitt AB)

außen, die infolge der radialen Stellung der Schaufeln in der Turbomaschine eintritt. Behält man bei sog. geraden Schaufeln das Mittelschnittsprofil unverändert über der Schaufellänge l bei, so entsteht aus unterschiedlicher Anströmung über der Schaufellänge ein Verlust

$$\zeta_f \approx \frac{1}{3}\left(\frac{l}{D}\right)^2 . \qquad (6.44)$$

Bei sehr kurzen Schaufeln ist dieser Zusatzverlust vernachlässigbar gering.

Die hier gemachten Angaben sind etwa gültig bis zu einer Machzahl $Ma_2 = 0{,}7$. Für höhere Machzahlen tritt bei Beschleunigungsgittern eine gewisse Verbesserung um $\Delta\zeta \approx 0{,}02$ bis zur Schallgeschwindigkeit ein. Über $Ma_2 \approx 1{,}2$ nimmt dagegen der Profilverlustbeiwert erheblich zu. Zur eingehenderen Behandlung transsonischer Gitterströmung vgl. z.B. [175, 176].

Eine weitere Korrektur ist notwendig, wenn freistehende Schaufeln gemäß Bild 6.22 mit einer einfachen Zuschärfung am freien Schaufelende versehen werden. Eine solche Ausführung hat den Zweck, bei eventuellem Anstreifen der Leitschaufelköpfe am Rotor oder der Laufschaufelköpfe am Gehäuse einen größeren Schaden dadurch zu vermeiden, daß die zugeschärften Schaufelenden sich unter Erhitzung leicht abschleifen. Ist l_s die Höhe einer Zuschärfung oder Streifkante, so kann man etwa setzen

$$\Delta\zeta \approx 0,15 \frac{l_s}{l} .$$

Dieser Zusatzverlust läßt sich vermeiden, wenn man die auch im Bild 6.22 gezeigte doppelte oder "Kronenzuschärfung" anwendet, die indessen bei einem Anstreifen infolge ihrer größeren Steifigkeit weniger günstig ist.

6.3.2. Spaltverluste

Zwischen den sich drehenden und stehenden Teilen einer Turbomaschine müssen ausreichend große Spalte vorgesehen werden, um einen berührungslosen Betrieb zu gewährleisten. Diese Spalte werden von einem Teil des Fluids ohne Arbeitsleistung durch-

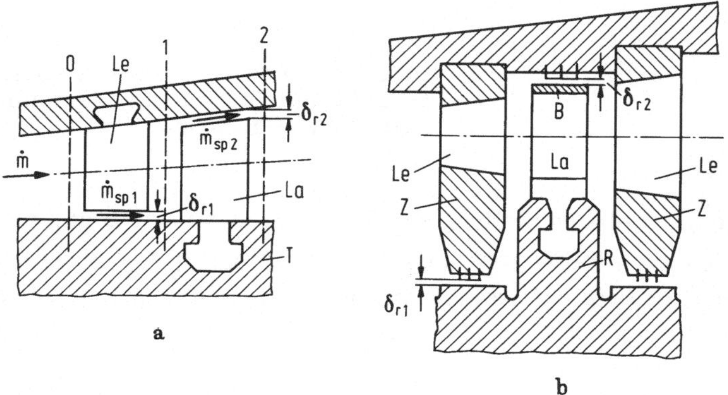

Bild 6.23. Bauformen der axialen Turbomaschinen. a Stufe in Trommelbauart, T Trommelläufer; b Stufe in Kammerbauart, R Radscheibenläufer, Z Zwischenboden, B Deckband; Le Leitschaufeln; La Laufschaufeln

strömt. Den hierdurch entstehenden Verlust bezeichnet man als Spaltverlust. Betrachtet man zunächst wieder eine Stufe, so ist auf unterschiedliche konstruktive Ausführungen zu achten, die im wesentlichen in den beiden Bauformen des Bildes 6.23 zusammengefaßt sind. Im einen Fall sind die Schaufeln mit ihren Füßen beim Leitgitter in die Gehäusewand, beim Laufgitter in die Rotoroberfläche eingesetzt; der Meridiankanal wird - entsprechend früheren Annahmen - von der Gehäusewand und der Rotoroberfläche begrenzt. Eine Turbine dieser Bauform bezeichnet man auch als Trommelturbine, da der zylindrische oder kegelstumpfförmige Teil des Rotors an eine Trommel erinnert. Im anderen Fall sind dagegen die Leitschaufeln in Trennwänden, sog. Zwischenböden oder Leitschaufeldeckeln befestigt, während die Laufschaufeln am Umfang von Radscheiben eingesetzt sind, die mit entsprechenden Teilen der Welle den Rotor bilden. Eine Turbine dieser Bauform bezeichnet man als Kammerturbine, da die Radscheiben mit Laufgitter - auch Laufräder genannt - sich in einer durch je zwei Zwischenböden gebildeten Kammer befinden. Dabei sind die Laufschaufelköpfe meist mit einem Deckband überspannt, das hier (anstelle der Gehäusewand) den Meridiankanal außen begrenzt, während im Leitgitter der Zwischenboden (anstelle der Rotoroberfläche) auch die innere Begrenzung des Meridiankanals darstellt. Der Meridiankanal wird durch die mit den axialen Spalten zwischen Leitschaufeldeckeln und Laufrädern entstehenden Erweiterungen unterbrochen. Die damit verbundene Energiedissipation der Strömung wurde mit ζ_z nach (6.43) schon berücksichtigt und dem Gitterverlust zugerechnet.

Die Spaltverluste entstehen in der Stufe durch Überströmen der frei endenden Schaufelköpfe (z.B. Trommelstufe) oder durch Teilströme des Fluids zwischen Welle und Bohrungen der Zwischenböden bzw. zwischen Deckband und Gehäusewand (z.B. Kammerstufe). Bedeuten nun $\dot{m}_{sp1}$ und $\dot{m}_{sp2}$ die im Leit- bzw. Laufgitter "verlorenen" Spaltmassenströme, so kann man davon ausgehen, daß für die Umfangsleistung anstelle von (6.15) gilt

$$P_u = (\dot{m} - \dot{m}_{sp1} - \dot{m}_{sp2})\, a_u.$$

Führt man mit a_{sp} einen (spezifischen) Spaltverlust ein, so daß

$$P_u = \dot{m}\,(a_u - a_{sp}) \tag{6.45}$$

gesetzt werden kann, so wäre

$$a_{sp} = \left(\frac{\dot{m}_{sp1}}{\dot{m}} + \frac{\dot{m}_{sp2}}{\dot{m}}\right) a_u.$$

Es erweist sich als sinnvoll, den Spaltverlust auf das ihn verursachende isentrope Wärmegefälle zurückzuführen, etwa mit dem Ansatz

$$a_{sp} = \zeta_{sp}\,\Delta h_s = (\zeta'_{sp} + \zeta''_{sp})\,\Delta h_s. \tag{6.46}$$

ζ_{sp} heißt Spaltverlustbeiwert der Stufe, ζ'_{sp} bzw. ζ''_{sp} gelten entsprechend für Leit- und Laufgitter. Aufgrund der Kontinuitätsgleichung kann man zur Ermittlung von

ζ_{sp}, z.B. für das Laufgitter, setzen

$$\zeta''_{sp} = \frac{\dot{m}_{sp2}}{\dot{m}} \frac{a_u}{\Delta h_s} = \frac{A_{sp2} \sin \beta_{sp2}}{A_2 \sin \beta_2} \eta_{u0} .$$

Dabei ist $A_{sp2} = \pi D_{sp2} \delta_{r2}$ die Spaltringfläche, $A_2 = \pi D_2 l_2$ die Ringfläche der Kontrollebene 2, β_{sp2} der Austrittswinkel des Spaltstromes.

$$\eta_{u0} = \frac{a_u}{\Delta h_s} \tag{6.47}$$

wird auch als isentroper Umfangswirkungsgrad bezeichnet und stimmt im Sonderfall $c_0 = c_2$ mit dem Umfangswirkungsgrad η_u nach (6.19) überein. Mit dem obigen Ansatz für ζ_{sp} setzt man stillschweigend voraus, daß das Fluid im Spalt durch das ver-

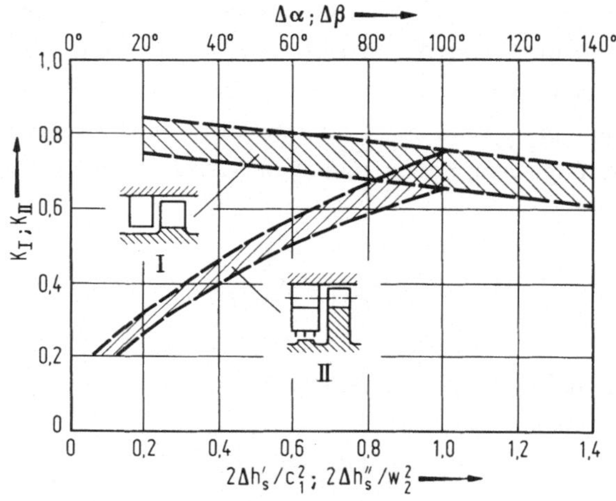

Bild 6.24. Koeffizienten K_I ($\Delta\alpha$ bzw. $\Delta\beta$) und K_{II} ($2\Delta h'_s/c_1^2$ bzw. $2\Delta h''_s/w_2^2$) zur Ermittlung der Spaltverlustbeiwerte

fügbare Wärmegefälle auf die gleiche Austrittsgeschwindigkeit wie im Gitter beschleunigt wird. Indessen ist diese Annahme unsicher, wie auch der Austrittswinkel β_{sp2} schwer bestimmbar wäre. Man faßt daher $\eta_{u0} \sin \beta_{sp2}$ zu einer Konstanten K'' zusammen, die sich z.B. aus Wirkungsgradmessungen mit veränderlichen Spaltweiten δ_{r2} experimentell bestimmen läßt. Analog verfährt man beim Leitgitter.

So gelangt man für Beschauflungen ohne Deckband, meist noch in Trommelstufen angewandt, zu den Beziehungen

$$\zeta'_{sp} = K'_I \frac{A_{sp1}}{A_1 \sin\alpha_1} \; ; \quad \zeta''_{sp} = K''_I \frac{A_{sp2}}{A_2 \sin\beta_2} \tag{6.48}$$

mit dem Koeffizienten K_I, der nach [148, 1. Aufl.] abhängig vom Umlenkwinkel $\Delta\alpha = \alpha_0 - \alpha_1$ bzw. $\Delta\beta = \beta_2 - \beta_1$ in Bild 6.24 dargestellt ist. Im Fall der Kammer-

$$\zeta'_{sp} = \frac{K'_{II}}{\sqrt{z'}} \frac{A_{sp1}}{A_1 \sin\alpha_1} \; ; \quad \zeta''_{sp} = \frac{K''_{II}}{\sqrt{z''}} \frac{A_{sp2}}{A_2 \sin\beta_2} \tag{6.49}$$

stufe setzt man dagegen (6.49) für die Spaltverlustbeiwerte an. Dabei bedeuten z' bzw. z'' die Anzahl von Dichtungsspitzen für den Fall, daß man gemäß Bild 6.23 den Kanal zwischen Deckband und Gehäusewand oder zwischen Welle und Bohrung des Zwischenbodens als Labyrinthdichtung ausführt. Der Koeffizient K_{II} ist ebenfalls in Bild 6.24, abhängig vom Verhältnis $2\Delta h'_s/c_1^2$ bzw. $2\Delta h''_s/w_2^2$, aufgetragen. Bei verschwindendem Wärmegefälle würde eine Strömung durch den Spalt nicht stattfinden. Das Auftreten von $\sqrt{z}$ in (6.49) erklärt sich aus der folgenden näheren Betrachtung der Strömung durch Labyrinthdichtungen.

Als Spaltverluste sind auch jene Mengenverluste des Fluids zu bezeichnen, die an den Durchführungen der Rotorwellen durch die Gehäuse eintreten. Sofern man solche, das

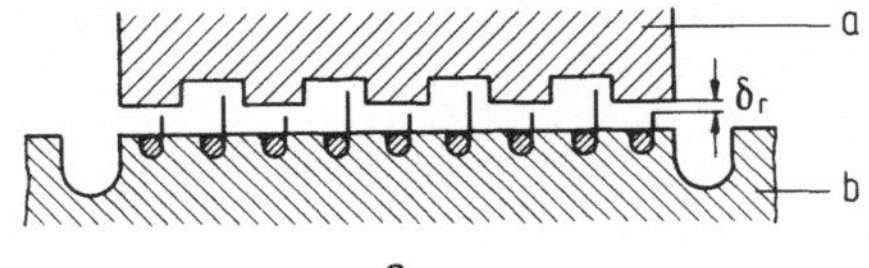

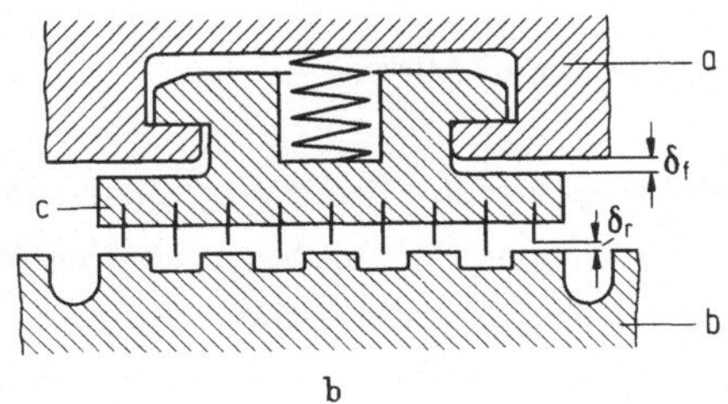

Bild 6.25. Berührungslose Labyrinthwellendichtungen (sog. Wellen-Stopfbuchsen). a Gehäuse; b Welle; c bewegliches Segment. a) Gehäusefeste Ausführung mit in die Welle (mittels Stemmdraht) eingestemmten Dichtungsblechen. b) Federnde Ausführung, Dichtbleche auf Gehäuseseite eingestemmt.

Turbinengehäuse verlassende Teilströme nicht an einer Stelle niedrigeren Druckes wieder einer Stufengruppe zugeführt, handelt es sich hier um wirkliche Leckverluste, die man durch Ausbildung der Wellendurchführung als Labyrinthdichtung klein zu halten versucht. Die Labyrinthe bestehen gemäß Bild 6.25 aus dünnen, in Umfangsrichtung verlaufenden Blechstegen, die mit Umfangsnuten auf der Gegenseite des Radialspaltes Kammern bilden. Im Längsschnitt stellen sich die Blechstege auch als Dichtungsspitzen dar, während man die Nuten als Vor- oder Rücksprünge erkennt. Oft werden die Bleche, die nur 0,2 bis 0,3 mm dick sind, in das Grundmaterial eingestemmt oder eingewalzt. Falls sie stärker ausgeführt werden, sollten sie außen zugeschärft werden, da sie nur dann die ihnen zugedachte Rolle erfüllen, bei eventueller Aufzehrung des Radialspiels δ_r ein relativ gefahrloses Anstreifen zu ermöglichen. Wie die Streifkanten an den Schaufelköpfen, so schleifen sich die Spitzen dieser Wellendichtungen - fälschlicherweise auch als Stopfbuchsen bezeichnet - unter Aufheizung schnell ab, ohne daß die Reibungswärme, die auch vom Fluid zum Teil aufgenommen wird, zu hohe Temperaturen im Grundmaterial oder auf der anstreifenden Seite des Spaltes erzeugt. Die Blechspitzen können dabei im Läufer oder im Gehäuse eingesetzt sein. Eine Sonderform mit federnden Segmenten im Gehäuse ermöglicht auch eine Herabsetzung des Anstreifdruckes und führt dadurch gegebenenfalls zu geringerem Verschleiß der Dichtungsspitzen.

Zur Berechnung von Leckströmen durch Labyrinthdichtungen hat Stodola [155] einige Beziehungen angegeben. Sei p_1 der Druck vor, p_2 der Druck hinter der Dichtung, so führt die Entspannung des Fluids von p_1 auf p_2 als Drosselvorgang von einer Labyrinthkammer zur anderen stets auf die gleiche spezifische Enthalpie zurück. Dabei

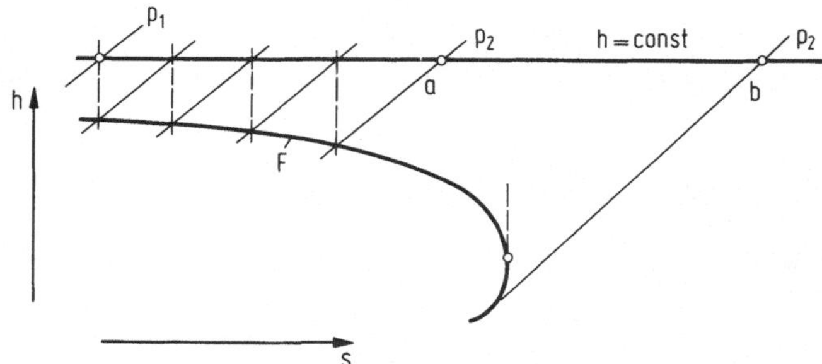

Bild 6.26. Verlauf der Drosselströme durch eine Labyrinthdichtung. a im Unterschallbereich; b Überschallströmung im letzten Drosselspalt; F Fannokurve

wird indessen im engsten Spalt jeweils an einer Dichtungsspitze das Fluid eine Geschwindigkeit $c = \sqrt{2\,\Delta h}$ erreichen, wobei das Gefälle Δh im isentropen Fall sich aus dem senkrechten Abstand der beiden Isobaren der benachbarten Labyrinthkammern im h,s-Diagramm ergäbe. Ist $A_{sp} = \pi D_{sp}\,\delta_r$ die Spaltringfläche, so beträgt der Spaltmassenstrom gemäß der Kontinuitätsgleichung

$$\dot{m}_{sp} = \frac{c\,A_{sp}}{v}\,.$$

Ist nun, wie vorausgesetzt werde, die Spaltweite δ_r aller Dichtungsspitzen gleich groß, so läßt sich durch

$$\frac{\sqrt{2\,\Delta h}}{v} = \frac{\dot{m}_{sp}}{A_{sp}} = \text{konst}$$

eine Kurve im h, s-Diagramm definieren als geometrischer Ort für die Endpunkte aller Expansionslinien des Fluids in den Spalten, die sog. Fanno-Kurve (vgl. z.B. [11]) Bild 6.26. Betrachtet man als Fall a zunächst die Unterschallströmung, bei der die Isobare p_2 die Fanno-Kurve in ihrer oberen Hälfte schneidet, so läßt sich bei nicht zu großer Druckdifferenz Δp zwischen zwei Labyrinthkammern $c = \sqrt{2\,\Delta h} \approx \sqrt{2\,v\,\Delta p}$ setzen. Da der Drosselvorgang beim idealen Gas auf einer Isotherme verlaufen würde, liegt es ferner nahe zu setzen $p\,v \approx \text{konst} = p_1\,v_1$. Mit diesen Näherungen wird aus der Gleichung der Fanno-Kurve erhalten

$$2\,\frac{\Delta p}{v} \approx \frac{2\,p\,\Delta p}{p_1\,v_1} \approx \left(\frac{\dot{m}_{sp}}{A_{sp}}\right)^2 .$$

Für alle, insgesamt z Spalte läßt sich die Summe

$$\sum p\,\Delta p = z\,\frac{p_1\,v_1}{2}\left(\frac{\dot{m}_{sp}}{A_{sp}}\right)^2$$

bilden, die sich wiederum bei genügend kleinem $\Delta p \to dp$ in das Integral

$$\int_{p_2}^{p_1} p\,dp = \frac{1}{2}\left(p_1^2 - p_2^2\right) = \frac{z}{2}\,p_1\,v_1\left(\frac{\dot{m}_{sp}}{A_{sp}}\right)^2$$

überführen läßt. Bei Auflösung dieser Gleichung nach $\dot{m}_{sp}$ ist noch zu bedenken, daß bei Umströmung einer scharfen Kante eine Einschnürung des Querschnitts der freien Strömung stattfindet. Man berücksichtigt dies durch Einführung eines Beiwerts μ, der experimentell ermittelt auch gegebenenfalls die Ungenauigkeiten der eingeführten Näherungen ausgleicht. So erhält man für den Spaltmassenstrom einer Labyrinthdichtung im Unterschallbereich

$$\dot{m}_{sp} = \mu\,A_{sp}\sqrt{\frac{p_1^2 - p_2^2}{z\,p_1\,v_1}} . \qquad (6.50)$$

Im Grenzfall $p_1 - p_2 \ll p_1$ folgt daraus auch

$$\dot{m}_{sp} = \mu\,A_{sp}\sqrt{\frac{2(p_1 - p_2)}{z\,v_1}} ,$$

und daraus leitet sich die $\sqrt{z}$ in (6.49) her.

Im Fall b, Bild 6.26, betrachten wir die Überschallströmung durch eine Labyrinthdichtung, die stets nur in der letzten Verengung eintritt. Die Isobare p_2 hat dann einen Schnittpunkt mit der unteren Hälfte der Fanno-Kurve. Sind p' und v' Druck und Volumen in der letzten Labyrinthkammer, so stellt sich im letzten Spalt der kritische Druck p_k gemäß (6.38) und die Schallgeschwindigkeit c_k gemäß (6.39) ein. Unter Beachtung der Isentropengleichung $p v^{\varkappa}$ = konst läßt sich dann setzen

$$\dot{m}_{sp} = \Psi_{\varkappa} A_{sp} \sqrt{\frac{p'}{v'}}$$

mit der Abkürzung

$$\Psi_{\varkappa} = \left(\frac{2}{\varkappa + 1}\right)^{\frac{1}{\varkappa - 1}} \sqrt{\frac{2\varkappa}{\varkappa + 1}}. \tag{6.51}$$

Vor der letzten Labyrinthkammer gilt dagegen aufgrund der Unterschallströmung (6.50), und zwar für z-1 Dichtungsspitzen. Daher muß sein

$$\dot{m}_{sp} = A_{sp} \sqrt{\frac{p_1^2 - p'^2}{(z - 1) p_1 v_1}} = A_{sp} \Psi_{\varkappa} \sqrt{\frac{p'}{v'}}.$$

Setzt man wieder $p' v' \approx p_1 v_1$, so ergibt sich

$$p'^2 = \frac{p_1^2}{\Psi_{\varkappa}^2 (z - 1) + 1}.$$

Damit wird aber, wenn man auch wieder die Kontraktionszahl einführt, für den Spaltmassenstrom bei Überschallströmung erhalten:

$$\dot{m}_{sp} = \mu A_{sp} \sqrt{\frac{1}{z - 1 + \Psi_{\varkappa}^{-2}} \left(\frac{p_1}{v_1}\right)}. \tag{6.52}$$

Es ist noch nachzuprüfen, bei welchem Druckverhältnis p_2/p_1 Überschallströmung eintritt. Offenbar muß

$$p_2 \leqq p_k = p' \left(\frac{2}{\varkappa + 1}\right)^{\frac{\varkappa}{\varkappa - 1}}$$

sein (vgl. (6.38)). Die Eliminierung von p' mit Hilfe der oben genannten Beziehung liefert

$$\left(\frac{p_2}{p_1}\right)_k = \frac{\left(\frac{2}{\varkappa + 1}\right)^{\frac{\varkappa}{\varkappa-1}}}{\sqrt{(z - 1)\Psi_\varkappa^2 + 1}} . \qquad (6.53)$$

Die Kontraktionszahl μ ist von der konstruktiven Gestaltung der Labyrinthe abhängig. Bei gut abgesetzten Kammern (etwa Bild 6.25) läßt sich $\mu \approx 0,75$ erreichen. Die Vor-

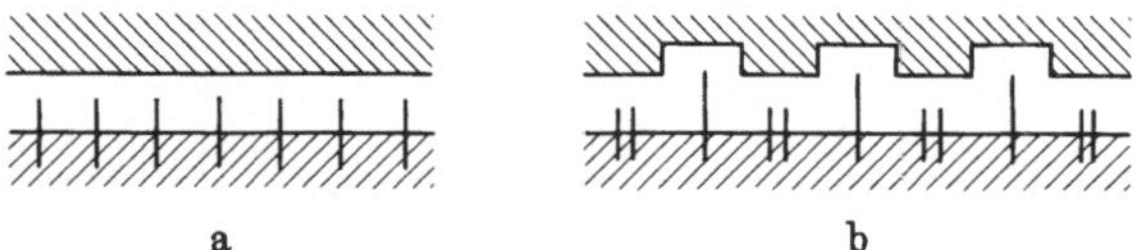

Bild 6.27. Weitere Formen von Labyrinthdichtungen. a sog. Durchblickdichtung; b alternierende Einfach- und Doppelblechausführung

sprünge und die in die Rücksprünge ragenden Dichtungsspitzen begrenzen indessen die relative axiale Verschiebbarkeit von Welle und Gehäuse, mit der man aufgrund von Temperaturdifferenzen zwischen diesen Bauteilen rechnen muß. Wo diese Verschiebungen - wie z.B. in den ND-Teilen - sehr groß sind, wendet man auch sog. Durchblickdichtungen gemäß Bild 6.27a an, für die $\mu \approx 1,1$ gesetzt werden muß.

Die Spaltweiten δ_r sind vom Standpunkt des Spaltverlustes möglichst klein zu wählen. Die Betriebssicherheit der Maschinen verlangt dagegen mit Rücksicht auf unvermeidliche Verlagerungen und Verformungen namentlich infolge von Temperaturänderungen, aber auch durch Schwingungen der Läufer, eine angemessene Größe von etwa

$$\delta_r \geqq \begin{cases} D_{sp}/1000 + 0,2\,\text{mm} \\ 0,4\,L_{sp}/1000 . \end{cases}$$

Dabei ist D_{sp} der Spaltdurchmesser und L_{sp} der Abstand des Spaltes vom nächstgelegenen Lager des Rotors. Jeweils der größere Wert aus den zwei Bedingungen ist anzuwenden. Diese Angaben sind indessen nur gültig, wenn für Gehäuse und Läufer Werkstoffe mit etwa gleich großen Wärmedehnzahlen gewählt werden, und können dann auch für die Schaufelspalte als Richtwerte gelten.

6.3.3. Radreibung und Ventilation

Radreibungsverluste entstehen durch Reibung der rotierenden Laufradscheiben oder anteiliger Rotorflächen im umgebenden Fluid. Zur Berechnung dieser Verluste gibt es eine

Vielzahl von Beziehungen, meist in Form von Zahlenwertgleichungen. Da die Reibungsleistung P_R einer rotierenden Kreisscheibe sicherlich deren Seitenfläche $\pi D_s^2/4$, der Umfangsgeschwindigkeit ωD_s zur dritten Potenz und der Dichte ρ des Fluids direkt proportional sein sollte, erscheint ein Ansatz

$$P_R = k_R \omega^3 D_s^5 \rho \tag{6.54}$$

sinnvoll. Für den Koeffizienten k_R kann gesetzt werden [168]

$$k_R = 1{,}49 \cdot 10^{-3}\, Re^{-0,2} = 1{,}49 \cdot 10^{-3} \left(\frac{D_s^2 \omega}{2\nu}\right)^{-0,2} \tag{6.55}$$

mit der aus dem Scheibendurchmesser D_s und der dortigen Umfangsgeschwindigkeit gebildeten Reynoldszahl. Setzt man mit der (spezifischen) Radreibungsarbeit a_R

$$P_R = \dot{m}\, a_R = \dot{m}\, \zeta_R\, \Delta h_s,$$

so ist mit

$$\zeta_R = \frac{a_R}{\Delta h_s} = \frac{P_R}{\dot{m}\, \Delta h_s} \tag{6.56}$$

ein leicht errechenbarer Radreibungsverlustbeiwert definiert.

Bei nicht vollbeaufschlagten Stufen entsteht außer dem Radreibungsverlust ein sog. Ventilationsverlust. In dem nicht von der Leitgitterströmung erfaßten Totraum wirken die Laufschaufeln wie Schaufeln eines Radialverdichters oder -ventilators. Die entsprechende Förderleistung dieses Laufschaufelteils wird wiederum der 3. Potenz der Umfangsgeschwindigkeit, jetzt mit dem mittleren Durchmesser D_2 zu bilden, proportional sein, sowie dem nicht beaufschlagten Teil der Ringfläche $\pi l_2 D_2$ und der Dichte des Fluids. Somit ergibt sich der Ansatz

$$P_V = k_V \omega^3 D_2^4 l_2 \rho\, (1 - \varepsilon) \tag{6.57}$$

mit ε als dem Beaufschlagungsgrad (Bild 6.4). Es zeigt sich, daß in diesem Fall der Beiwert k_V nur geringfügig von der Reynoldszahl abhängig ist. Jedoch muß die Drehrichtung der Schaufeln berücksichtigt werden. Leerlaufende "rückwärtsdrehende" Schaufeln kommen bei Schiffsdampfturbinen vor, wo sie anstelle eines Wendegetriebes in der Propellerwelle zur Rückwärtsfahrt eingesetzt werden. Zur Herabsetzung der Ventilationsverluste umschließt man ferner den nicht beaufschlagten Laufschaufelteil mit einem Blechgehäuse gemäß Bild 6.28, der sog. Abdeckung. Für vorwärtsdrehende Laufschaufeln kann man nach Suter und Traupel [177] mit l und D als Mittelwerten setzen

$$k_V \approx \begin{cases} 0{,}0079 + 0{,}1\,\dfrac{l}{D} & \text{o.A.} \\[2ex] 0{,}0037 + 0{,}22\left(0{,}125 - \dfrac{l}{D}\right)^2 & \text{m.A.} \end{cases} \tag{6.58}$$

0. bzw. m.A. bedeutet dabei ohne bzw. mit Abdeckung. In [177] sind auch Angaben für Rückwärtslauf sowie zur Erfassung des Einflusses bestimmter Anordnungen und

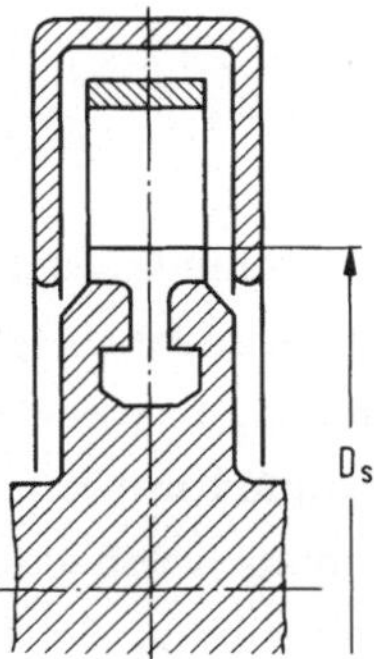

Bild 6.28. Abdeckung eines nichtbeaufschlagten Teils am Radumfang zur Herabsetzung des Ventilationsverlustes

Anzahlen von Teilbeaufschlagungssegmenten im Leitgitter gemacht. Setzt man mit der (spezifischen) Ventilationsarbeit a_V

$$P_V = \dot{m}\, a_V = \dot{m}\, \zeta_V\, \Delta h_s,$$

so ist mit

$$\zeta_V = \frac{a_V}{\Delta h_s} = \frac{P_V}{\dot{m}\, \Delta h_s} \tag{6.59}$$

ein Ventilationsverlustbeiwert definiert.

6.3.4. Verluste durch Dampfnässe

Bei Dampfturbinen kann die Expansion in das Naßdampfgebiet führen, so daß von bestimmten Stufen an Wasser im Dampf enthalten ist. Das Wasser kondensiert zunächst in Form feinen Nebels, bildet aber durch Zusammenschluß der Teilchen zunehmend größere Tropfen und an den Wänden der von ihm benetzten Bauteile auch mehr oder weniger geschlossene Wasserfilme. Im allgemeinen folgen die Tropfen im Dampf und aus den sich ablösenden Oberflächenfilmen der Strömung nicht in gleicher Weise wie der Dampf, sondern haben geringere Geschwindigkeit und werden in Krümmungen nicht

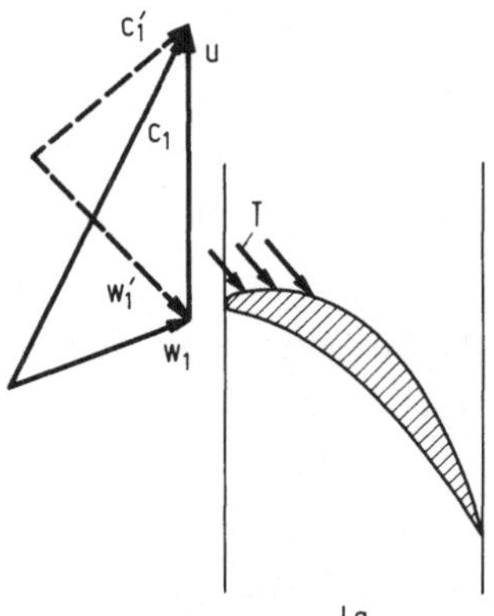

Bild 6.29. Wirkung des Verlustes durch Dampfnässe und der Tropfenschlagerosion. Aufschlag der Wassertropfen in falscher Richtung T auf die Laufschaufel La sowie mit größerer Relativgeschwindigkeit w_1'

so stark umgelenkt. Die Abweichung von der "gesunden" Strömung wächst dabei mit zunehmender Tropfengröße. Die Wirkung der Abweichung veranschaulicht Bild 6.29. Die Wassertropfen treffen die Laufschaufeln in einer falschen, bremsenden Richtung, wodurch ein Verlust an Umfangsarbeit entsteht. Da die Tropfen mit hoher Geschwindigkeit auf die Oberfläche der Schaufeln prallen, entstehen auch Schäden an den Laufschaufeln durch Erosion. Zur Vermeidung oder Minderung solcher Schäden, die bei Kernkraftwerken (namentlich mit Leichtwasserreaktoren) auch andere Bauteile der Turbine erfassen, müssen gegebenenfalls besondere konstruktive Maßnahmen ergriffen werden.

Eine weitgehend exakte Theorie der Naßdampfströmung als Zweiphasenströmung hat Gyarmathy [178, 179] angegeben. Wir folgen hier einfacheren Überlegungen. Sind x_0 bzw. x_2 die Dampfgehalte in den Kontrollebenen vor bzw. hinter einer voll im Naßdampfgebiet liegenden Stufe, so ist $y_m = 1 - x_m = 1 - 0,5\,(x_0 + x_2)$ der mittlere Wassergehalt oder, wie man sagt, die mittlere Dampfnässe. Ist P_N die Verlustleistung infolge der Dampfnässe, so kann gesetzt werden

$$P_N = k_N\, y_m\, \dot{m}\, \Delta h_s. \tag{6.60}$$

Mit der (spezifischen) Verlustarbeit a_N definiert man wiederum einen Verlustbeiwert

$$\zeta_N = \frac{a_N}{\Delta h_s} = \frac{P_N}{\dot{m}\,\Delta h_s} = k_N\, y_m = k_N \left(1 - \frac{x_0 + x_2}{2}\right). \tag{6.61}$$

Dabei kann man $k_N \approx 1,1 - 0,25\ \Delta h_s''/\Delta h_s'$ annehmen, im Mittel auch etwa $k_N = 1$. Geht die Expansion in einer Stufe vom Heißdampfgebiet in das Naßdampfgebiet über, so ist offenbar nur der im Naßdampfgebiet liegende Anteil Δh_{sN} des isentropen Wärmegefälles am Bremsverlust beteiligt, der aus Bild 6.30 hervorgeht. Es ist dann $x_0 = 1$ und $x_m = 0,5\ (1 + x_2)$. Damit wird in diesem Fall

$$\zeta_N = k_N \left(1 - \frac{1 + x_2}{2}\right) \frac{\Delta h_{sN}}{\Delta h_s}. \tag{6.62}$$

In Anbetracht der Tatsache, daß Nebel- und Tröpfchenbildung bei der Expansion des Dampfes verzögert einsetzt, müßte man allerdings genauer von einer unterhalb der

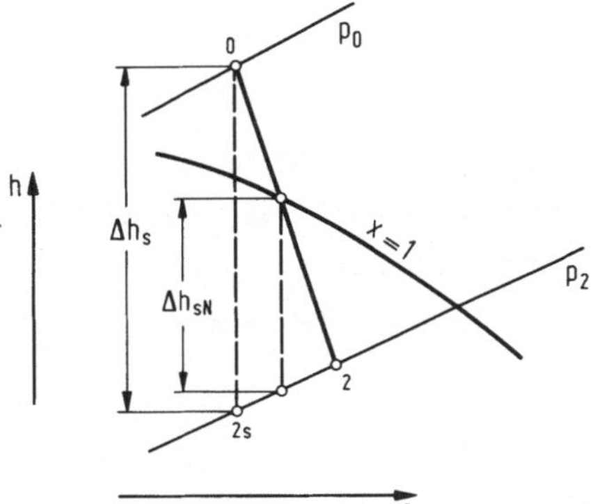

Bild 6.30. Expansion vom Heißdampf- ins Naßdampfgebiet

Grenzkurve x = 1 gelegenen Kurve merklich beginnender Nässe, der sog. Wilson-Linie ausgehen. Bei Rechnung mit den angegebenen Beziehungen befindet man sich jedoch hinsichtlich der Verluste auf der sicheren Seite. Mit Rücksicht auf die Verluste durch Dampfnässe wie auch zur Einschränkung von Erosionsschäden sollte man im Expansionsendpunkt der Turbinen, d.h. in der letzten Stufe, möglichst $y_2 \leqq 0,12$ einhalten.

6.4 Das radiale Gleichgewicht der Strömung

Die bisherige Behandlung der Strömung durch eine Stufe legte die Stromfadentheorie zugrunde, in welcher alle interessierenden Größen eindimensional längs der Turbinenachse bzw. der Mittellinie des Meridiankanals betrachtet werden. Das Strömungsfeld in den jeweiligen Kontrollebenen senkrecht zur Turbinenachse wird als homogen angesehen. Die aus einer solchen Mittelschnittsrechnung folgenden Werte für p, h, v, $\vec{c}$ und $\vec{w}$ sind als Mittelwerte aufzufassen, die zur Berechnung der Leistung und der Hauptabmessungen einer Stufe repräsentativ sein müssen. Daß die Strömung in Wirklichkeit nicht homogen ist, wurde schon für das gerade Schaufelgitter gezeigt. Zirkulation und Nachlaufströmung aus der Reibungsgrenzschicht führen zu einer Periodizität der Strömung in Umfangsrichtung. Da die Strömung auch an den Wänden des Meridiankanals eine Grenzschicht hat, überdies Störungen durch Spalte bzw. die Spaltmassenströme sowie alle übrigen, mit den Verlusten beschriebenen Vorgänge eintreten, gibt es eine Vielzahl der Hauptströmung überlagerter sog. Sekundärströmungseffekte, die zu einer oftmals verwickelten räumlichen Strömung durch die Schaufelgitter führen (s. z.B. [151]). Hinsichtlich einer eindimensionalen Auslegungsrechnung müssen daher alle Größen als Integralmittelwerte über die gesamte Kontrollfläche verstanden werden. Dabei läßt sich zeigen, daß eine einfache Mittelwertbildung, z.B. für die Absolutgeschwindigkeit gemäß

$$c_m = \frac{1}{A} \int^{(A)} c \cdot dA$$

mit A als der Querschnittsfläche, auf alle Größen angewandt, nicht ausreicht, um gleichzeitig Energie- und Drallsatz für eine Mittelschnittsrechnung zu erfüllen. In praktischer Hinsicht ist diese Unexaktheit allerdings bedeutungslos, wenn man Wirkungsgrade und Verlustbeiwerte aus Versuchen unter Zugrundelegung der angegebenen Beziehungen bestimmt.

Im folgenden sei nun weiter davon ausgegangen, daß die Strömung in Umfangsrichtung gleichförmig sei. Jedoch soll eine zweidimensionale Betrachtungsweise eingeführt wer-

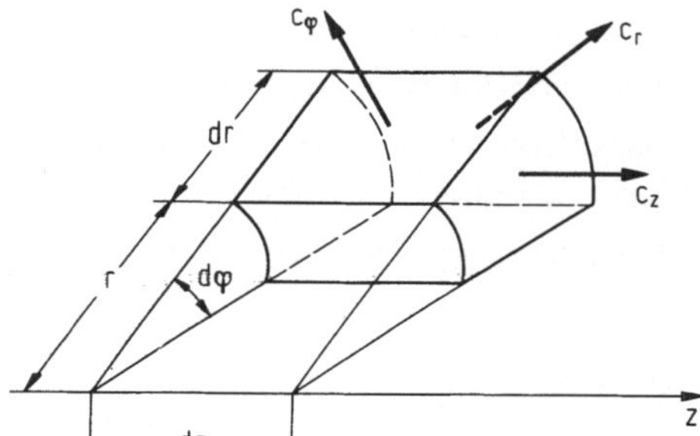

Bild 6.31. Fluidteilchen in Zylinderkoordinaten

den, indem nicht nur die Veränderlichkeit des Strömungsfeldes in Richtung der Maschinenachse, sondern auch eine in radialer Richtung berücksichtigt werde. Wiederum beschränken wir uns hierbei allerdings auf die axialen Spalte zwischen den Gittern bzw. auf die eingeführten Kontrollebenen der Stufe. Legt man ein Zylinderkoordinatensystem so, daß die z-Achse mit der Maschinenachse zusammenfällt, so hat ein elementares Fluidteilchen gemäß Bild 6.31 die Masse $dm = \rho\, dV = \rho\, r\, d\varphi\, dr\, dz$. Das Teilchen bewege sich mit einer Absolutgeschwindigkeit, deren Komponenten c_r, c_z und

$c_\varphi = c_u$ seien. Für das radiale Gleichgewicht eines solchen Fluidelements im Sinne von d'Alembert sind drei Kräfte, nämlich die Fliehkraft, die aus der radialen Beschleunigung folgende Trägheitskraft und die aus dem Druckgefälle folgende Kraft zu berücksichtigen, wenn man die gegenüber diesen Kräften im allgemeinen um mehrere Größenordnungen kleinere Schwerkraft vernachlässigt. Bedeutet t die Zeit, $dF = r d\varphi \cdot dz$ die Wirkfläche des Druckes in radialer Richtung, so gilt daher

$$dm \frac{c_u^2}{r} - dm \frac{\partial c_r}{\partial t} - dF \frac{\partial p}{\partial r} dr = 0.$$

Mit $\rho = 1/v$ folgt daraus

$$\frac{c_u^2}{r} - \frac{\partial c_r}{\partial t} = v \frac{\partial p}{\partial r}.$$

Nimmt man im betrachteten Querschnitt stationäre Strömung an, so wird $\partial c_r/\partial t = 0$. Verfolgt man weiter nur die radiale Abhängigkeit aller interessierenden Größen, so können, da Gleichförmigkeit in Umfangsrichtung vorausgesetzt war, vollständige Differentiale anstelle der partiellen gesetzt werden. So ergibt sich

$$v \frac{dp}{dr} = \frac{c_u^2}{r} \tag{6.63}$$

als Grundgleichung des radialen Gleichgewichts.

Im Ringspalt zwischen zwei Schaufelgittern leistet das Fluid keine Arbeit. Daher sollte dort die Totalenthalpie konstant bleiben, die sich mit den Geschwindigkeitskomponenten auch zu

$$h^* = h + \frac{c^2}{2} = h + \frac{1}{2}\left(c_u^2 + c_r^2 + c_z^2\right)$$

ergibt. h^* = konst bedeutet auch $dh^*/dr = 0$, mithin

$$\frac{dh}{dr} + c_u \frac{dc_u}{dr} + c_r \frac{dc_r}{dr} + c_z \frac{dc_z}{dr} = 0. \tag{6.64}$$

Setzt man $v\,dp = dh$, so folgt mit (6.63) weiter

$$\frac{c_u^2}{r} + c_u \frac{dc_u}{dr} + c_r \frac{dc_r}{dr} + c_z \frac{dc_z}{dr} = 0. \tag{6.65}$$

Nun werden im allgemeinen sowohl c_r wie dc_r/dr in einer Axialstufe von geringem Betrag sein, so daß man ihr Produkt vernachlässigen kann. Weiter sei für die Kontrollebene eine konstante Normalgeschwindigkeit $c_z = c_n$ angenommen. Dann folgt aus (6.65) einfach

$$\frac{c_u^2}{r} + c_u \frac{dc_u}{dr} = 0.$$

Die Integration liefert

$$\ln c_u = -\ln r + C$$

oder

$$c_u r = \text{konst} = K. \tag{6.66}$$

Dies ist die aus der Strömungsmechanik bekannte Gleichung des Potentialwirbels, der sich unter den getroffenen Voraussetzungen im Ringspalt einer Kontrollebene offenbar ausbildet.

Mit (6.66) sind nun die Geschwindigkeitsdreiecke der Schaufelgitter in jedem Radius r eindeutig festgelegt. Um dies zu zeigen, sind in Bild 6.32 Schaufelgitter und Ge-

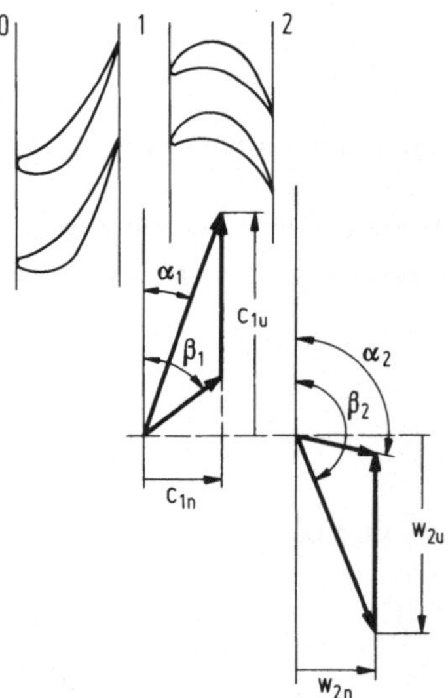

Bild 6.32. Zur Festlegung der Gitterwinkel nach einem Drallgesetz

schwindigkeitsdreiecke erneut dargestellt. Die Konstante K von (6.66) läßt sich für jede Kontrollebene aus der Mittelschnittsrechnung, mit der man die Stufe zunächst ausgelegt hat, bestimmen. Dann gilt allgemein für das Leitgitter

$$\tan\alpha = \frac{c_n}{c_u} = r\,\frac{c_n}{K}$$

und für das Laufgitter

$$\tan\beta = \frac{w_n}{w_u} = \frac{c_n}{c_u - u} = \frac{r c_n}{K - \omega r^2}\,.$$

Auf diese Weise ergibt sich eine Veränderlichkeit der Ein- und Austrittswinkel, wie sie für eine Stufe mit großer Schaufellänge (z.B. Endstufe) in Bild 6.33 qualitativ wiedergegeben ist. Das Bild veranschaulicht auch die damit verbundene Änderung des Lauf-

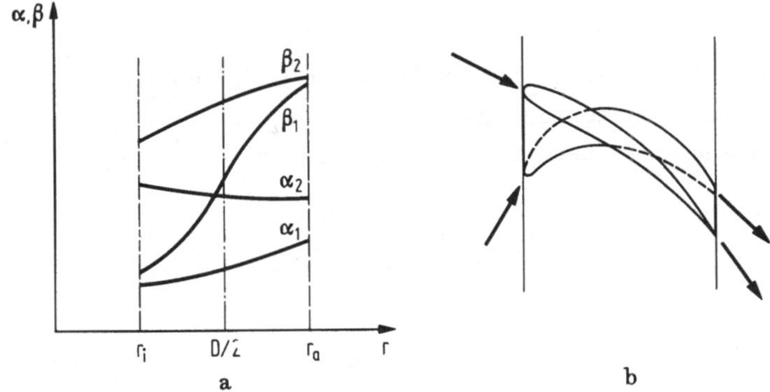

Bild 6.33. Verwindung einer langen Schaufel nach dem Potentialwirbelgesetz. a Verlauf der Gitterwinkel; b Fuß- und Kopfprofil der Schaufel

schaufelprofils zwischen Innen- und Außenradius des Meridiankanals (bzw. des Schaufelfuß- und -kopfquerschnitts). Derartige Schaufeln bezeichnet man als verwundene, hier speziell nach dem Gesetz des Potentialwirbels verwundene Schaufeln im Gegensatz zu geraden Schaufeln, die konstante Winkel über der ganzen Länge aufweisen. Bildet man für eine so verwundene Beschauflung die Umfangsarbeit aufgrund der Eulerschen Turbinengleichung, so erhält man

$$a_u = u\,\Delta c_u = r\,\omega\left(\frac{K_1}{r} - \frac{K_2}{r}\right) = \text{konst},$$

in Übereinstimmung mit (6.64). Bei einer Schaufelverwindung nach dem Potentialwirbelgesetz ist daher die Umfangsarbeit in jedem Radius gleich groß.

Die Veränderlichkeit der Schaufelwinkel hat auch zur Folge, daß die Aufteilung des in der Stufe verarbeiteten Wärmegefälles zwischen Leit- und Laufgitter sich mit dem Radius ändert. Diese Aufteilung kennzeichnet man mit dem Verhältnis des isentropen Wärmegefälles im Laufgitter zum isentropen Stufengefälle

$$\rho = \frac{\Delta h''_s}{\Delta h_s} . \tag{6.67}$$

ρ wird als Reaktionsgrad bezeichnet. Setzt man für eine mittlere Stufe $c_2 = c_0$ sowie $u_1 = u_2$ voraus und nimmt ferner gleiche Wirkungsgrade für Leit- und Laufgitter an, so folgt entsprechend (6.4) und (6.12)

$$\rho = \frac{w_{2s}^2 - w_1^2}{c_{1s}^2 - c_2^2 + w_{2s}^2 - w_1^2} \approx \frac{w_2^2 - w_1^2}{c_1^2 - c_2^2 + w_2^2 - w_1^2} .$$

Nun entspricht aber der Nenner gemäß der Turbinenhauptgleichung (6.14) der zweifachen spezifischen Umfangsarbeit und kann daher durch $2u \cdot \Delta w_u = 2u(w_{1u} - w_{2u})$ ersetzt werden. Beachtet man, daß für $w_{1n} = w_{2n}$ auch $w_2^2 - w_1^2 = w_{2u}^2 - w_{1u}^2$, so folgt

$$\rho \approx - \frac{w_{1u} + w_{2u}}{2u} = - \frac{w_{\infty u}}{u} . \tag{6.68}$$

Man beachte, daß die Komponenten w_u als algebraische Größen zu behandeln sind. Setzt man noch $w_u = c_u - u$ und $c_u \cdot r = K$, so ergibt sich

$$\rho \approx 1 - \frac{K_1 + K_2}{2\omega} \frac{1}{r^2} . \tag{6.69}$$

Der Reaktionsgrad ist daher über dem Radius veränderlich.

Bild 6.34 zeigt den Verlauf von ρ für eine verhältnismäßig große Schaufellänge unter der Annahme, daß im Mittelschnitt $\rho = 0,5$ sei. Da man der Strömung durch entsprechende Wahl der Schaufelwinkel beinahe beliebige c_u-Verteilungen aufzwingen kann, sind in dem Bild außer dem Potentialwirbelgesetz auch zwei andere "Drallgesetze" berücksichtigt. Die Bedingung c_u = konst würde zur Folge haben, daß die spezifische Umfangsarbeit mit dem Radius anstiege. Im extremen, praktisch kaum gewählten Fall c_u/r = konst rotiert dagegen die Strömung zwischen den Gittern wie ein fester Körper (solid body); man erhielte einen noch stärkeren Anstieg von a_u mit dem Radius.

Wie man sieht, steigt im allgemeinen der Reaktionsgrad über dem Radius an. Der niedrige Wert von ρ am Innenradius kann dort, namentlich beim Potentialwirbelgesetz, im Leitgitter zu Überschallgeschwindigkeit führen. Beim Laufgitter besteht dagegen die Möglichkeit einer Überschallgeschwindigkeit in Nähe des Außenradius am ehesten bei der Solid body-Strömung. Man wird im allgemeinen davon ausgehen, daß die Strömung nach dem Potentialwirbelgesetz als natürliche Strömung zu besten Wirkungsgraden führt. In-

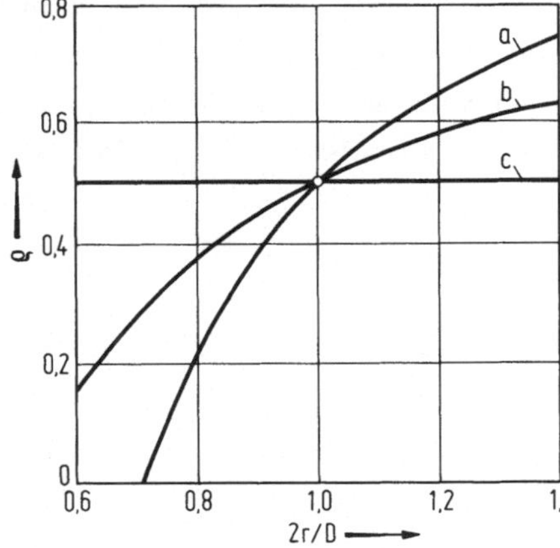

Bild 6.34. Verlauf des Reaktionsgrades über dem Radius bei c_n = konst und 50 % Reaktion im Mittelschnitt. a Potentialwirbelgesetz; b c_u = konst; c c_u/r = konst (solid body-Strömung)

dessen ist der Wirkungsgrad einer Stufe von vielen Größen abhängig und nicht vom Drallgesetz allein. Aus Gründen der Herstellkosten zieht man oft gerade Schaufeln den verwundenen vor. Dies führt jedoch zur Inkaufnahme eines zusätzlichen Strömungsverlustes im Gitter, des schon angegebenen Fächerungsverlustes. Nach (6.44) macht dieser bei einem Schaufellängenverhältnis $l/D = 0,1$ nur 0,33 % aus, bei $l/D = 0,2$ dagegen bereits 1,33 %. Eine Verwindung der Schaufeln lohnt sich daher bei $l/D < 0,1$ kaum.

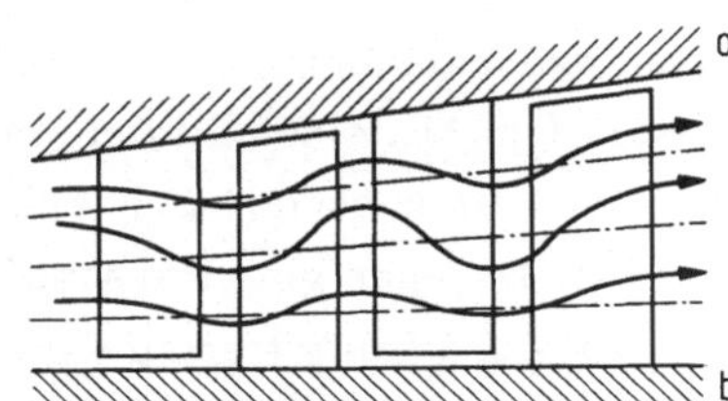

Bild 6.35. Verdrängungseffekte in der Meridianströmung. a Gehäuse; b Rotor

So kurze Schaufeln können auch mit Hilfe der Mittelschnittsrechnung allein ausgelegt werden. Wichtig ist jedoch, daß möglichst $\rho \geqq 0$ bleibt, da anderenfalls das Fluid im Laufgitter unter Druckanstieg strömt. Da hierbei Ablösung der Strömung von den Wänden und die Bildung von Totwassergebieten (z.B. das sog. Nabentotwasser [180]) eintreten kann, sind zusätzliche Verluste sowie auch eine Versperrung des freien Strömungsquerschnitts möglich. Um solche nachteiligen Effekte sicher auszuschließen, schreibt man heute oft für den Reaktionsgrad am Innenradius $\rho_i \geqq 0,05$ vor.

Die Betrachtung des radialen Gleichgewichts der Strömung im Ringraum zwischen den Schaufelgittern müßte durch eine analoge Untersuchung der Meridianströmung durch die Gitter ergänzt werden. Man würde normalerweise annehmen, daß die Meridianstromlinien innerhalb eines geradlinig begrenzten Meridiankanals auch geradlinig und äquidistant verlaufen. Tatsächlich findet aber im allgemeinen in den Laufgittern eine Abdrängung der Strömung nach außen statt, in den Leitgittern dagegen eine Rücklenkung nach innen. Die Meridianströmung verläuft daher wellenförmig, wie in Bild 6.35 mit übertriebenen Amplituden veranschaulicht. In erster Näherung nimmt man einen cosförmigen Verlauf einer solchen Welle innerhalb einer Stufe an. Diese Verdrängungseffekte (vgl. [181 bis 183] sowie [148 bis 151]) müssen im allgemeinen nur bei längeren Schaufeln beachtet werden.

6.5 Dampfturbinen

6.5.1. Arbeitsverfahren und Bauarten

In den folgenden Überlegungen[1] sehen wir zunächst von der Veränderlichkeit des Reaktionsgrades über dem Radius ab und beschränken uns wieder auf die Mittelschnittsrechnung. Man unterscheidet nach der Größe des Reaktionsgrades verschiedene Arbeitsverfahren, die in ihrem historischen Ursprung auf die Erfinder der Dampfturbine, de Laval und Parsons, zurückgehen. De Laval hatte den Dampf in Düsen - entsprechend einem teilbeaufschlagten Leitgitter - vollständig entspannt und im Laufgitter nur umgelenkt. Die Laufschaufeln waren dabei am Umfang einer schlanken Radscheibe angebracht. Das Prinzip gleicht dem von Branca (Bild 1.2) schon angegebenen und auch bei Freistrahlwasserturbinen (Pelton-Turbinen) angewandten Verfahren. Da im Laufgitter nur umgelenkt wird, herrscht vor und hinter diesem (im Mittelschnitt) gleicher Druck, so daß man vom Gleichdruckverfahren spricht. Dies ist auch der Sonderfall $\rho = 0$, da im Laufgitter kein Wärmegefälle verarbeitet wird. Dagegen ging Parsons davon aus, das Wärmegefälle einer Stufe je zur Hälfte im Leit- und Laufgitter zu verarbeiten. Seine Turbine war von vornherein vielstufig, im Aufbau etwa Bild 2.9 gleichend. Hier liegt der Sonderfall $\rho = 0{,}5$ vor, den man als Reaktionsverfahren (genauer 50%-Reaktionsverfahren) bezeichnet, aber auch als Überdruckverfahren, da der Druck im Fluid vor dem Laufgitter höher als hinter dem Laufgitter ist.

Bild 6.36 zeigt den Meridianschnitt einer einstufigen Gleichdruckturbine mit den üblichen Kontrollebenen und einer Darstellung des Verlaufs von Druck und absoluter Geschwindigkeit über der Längsachse der Maschine. Es sei nun die Güte der Energieumsetzung untersucht, die zunächst durch den Umfangswirkungsgrad beurteilt werden kann.

---

[1] Vgl. auch [148, 152, 184 bis 186 und 6, Bd. 3 B].

Da die Auslaßenergie $a_E = c_2^2/2$ des Laufgitters nicht in weiteren Stufen verwertet wird, ist (6.20) anzuwenden

$$\eta_{uE} = \frac{a_u}{\Delta h_s^* + a_E} = \frac{u(c_{1u} - c_{2u})}{\Delta h_s + \frac{c_0^2}{2}}$$

unter Annahme von $u_1 = u_2 = u$. Zur Ermittlung des Zählers kann man weiter setzen $c_{1u} = c_1 \cos\alpha_1$ und gemäß (6.10) $c_{2u} = u + w_2 \cos\beta_2$. Aus (6.12) folgt, da $\Delta h_s'' = 0$,

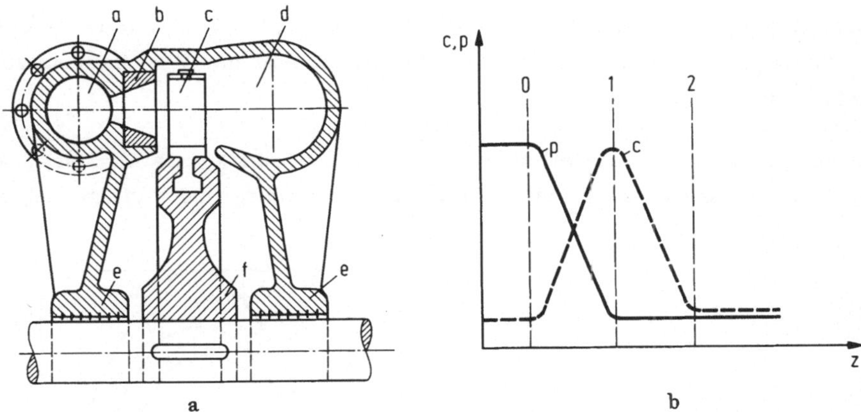

Bild 6.36. Beispiel für eine einstufige Gleichdruckturbine (Laval-Turbine). a) Längsschnitt; a Dampfeinströmkanal; b Leitgitter, in Gehäuse eingesetzt; c Laufgitter; d Abströmkanal; e Wellendichtungen; f auf die Welle geschrumpfte Radscheibe. b) Verlauf von Druck und Absolutgeschwindigkeit

$w_2 = \sqrt{\eta''} \cdot w_1$, und w_1 kann wiederum mit (6.10) auf c_1 und u zurückgeführt werden. So ergibt sich

$$a_u = \left(1 - \sqrt{\eta''}\,\frac{\cos\beta_2}{\cos\beta_1}\right)(u c_1 \cos\alpha_1 - u^2).$$

Für den Nenner erhält man nach (6.4) unter Beachtung von $\Delta h_s' = \Delta h_s$

$$\Delta h_s + \frac{c_0^2}{2} = \frac{c_1^2}{2\eta'} .$$

Damit folgt

$$\eta_{uE} = \frac{2\eta'}{c_1^2}\left(1 - \sqrt{\eta''}\,\frac{\cos\beta_2}{\cos\beta_1}\right)(u c_1 \cos\alpha_1 - u^2).$$

Führt man das im folgenden als Laufzahl bezeichnete Verhältnis

$$\lambda_1 = \frac{u}{c_1} \tag{6.70}$$

ein und beachtet weiter, daß für reine Umlenkgitter, wie sie die Laufgitter von Gleichdruckturbinen darstellen, in der Regel $\beta_2 = 180^\circ - \beta_1$ gewählt wird, so ergibt sich schließlich

$$\eta_{uE}\,(\rho = 0) = 2\eta'\,(1 + \sqrt{\eta''})\,(\lambda_1 \cos\alpha_1 - \lambda_1^2). \tag{6.71}$$

Der Umfangswirkungsgrad erscheint in dieser Darstellung als Funktion der Größen η', η'', λ_1 und α_1, die offenbar die wesentlichen Parameter der Energieumsetzung am Radumfang sind.

Wählt man zur graphischen Darstellung von η_{uE} die Laufzahl λ_1 als Abszisse, so liefert (6.71) eine Parabelschar, Bild 6.37. Aus Vergleichsgründen pflegt man den

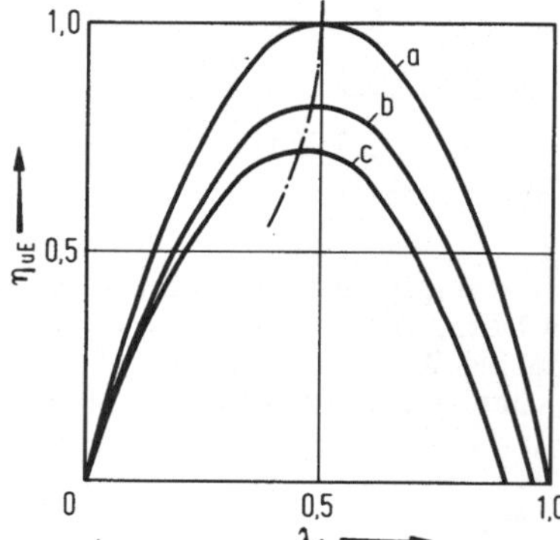

Bild 6.37. Umfangswirkungsgrad der einstufigen Gleichdruckturbine. a unter Annahme von $\alpha_1 = 0$ und $\eta' = \eta'' = 1$; b, c unter realen Verhältnissen

Fall verlustloser Strömung ($\eta' = \eta'' = 1$) und tangentialer Austrittsrichtung des Leitgitters ($\alpha_1 = 0$) zu betrachten. Diese ideale Wirkungsgradparabel verläuft zwischen Nullstellen bei $\lambda_1 = 0$ und 1,0 so, daß ihr Scheitel mit $\eta_{uE} = 1$ bei $\lambda_1 = 0,5$ liegt. Für reale Werte von α_1, η' und η'' (auch $\alpha_1 \to 0$ ist zufolge (6.16) nicht ausführbar) liegen die Wirkungsgradparabeln unter der idealen mit Scheitelpunkten bei $\lambda_1 = 0,5 \cos\alpha_1$. Man strebt allerdings möglichst kleine α_1 an. Ausführbare Werte sind etwa $\alpha_1 = 13$ bis 20°. Die erzielbaren Gitterbeiwerte lassen sich nach Abschnitt 6.3.1 abschätzen. Wichtig ist offenbar $\lambda_1 \approx 0,5$ zu wählen, um einen optimalen Umfangswirkungsgrad zu erzielen. Die Laufzahl ist daher eine wesentliche Größe für die Auslegung einer Turbinenstufe. Es zeigt sich, daß bei optimaler Laufzahl die Austrittsgeschwindigkeit c_2 etwa axial gerichtet ist ($\alpha_2 = 90^\circ$, sog. senkrechter Austritt) und daß $a_E = c_2^2/2$ in diesem Fall zu einem Minimum wird. Die typischen Geschwindigkeitsdreiecke und Schaufelprofilformen einer solchen Gleichdruckstufe sind in Bild 6.38 dargestellt.

In einer Laval-Turbine, wie wir die einstufige Gleichdruckturbine auch nennen können, lassen sich nur geringe Wärmegefälle verarbeiten. Schon die Entspannung von 15 auf

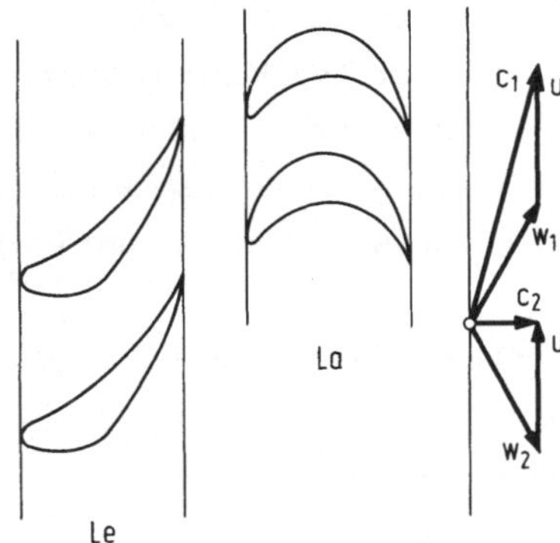

Bild 6.38. Für eine Gleichdruckstufe typische Schaufelprofilformen (Le Leitgitter, La Laufgitter) und Geschwindigkeitsdreiecke

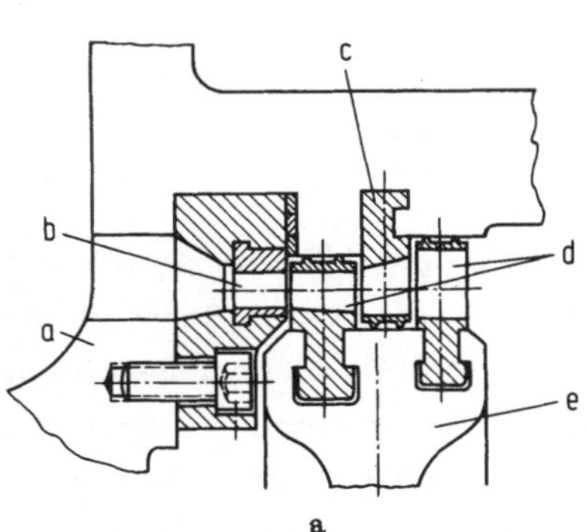

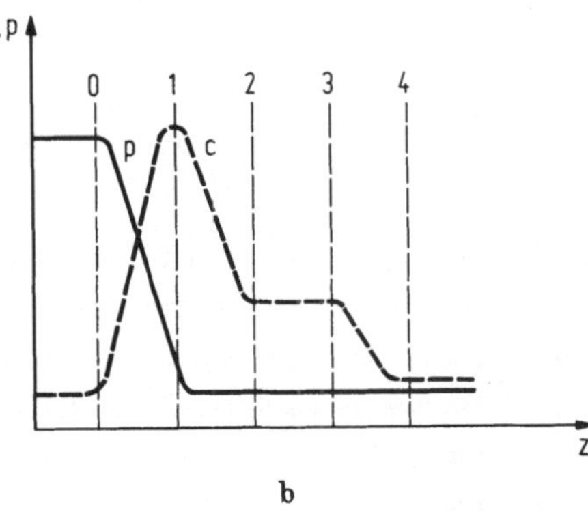

Bild 6.39. Zweikränzige Curtis-Turbine. a) Meridiankanal; a Gehäuse; b Frischdampfdüsen (1. Leitgitter); c Umlenkschaufeln (2. Leitgitter); d Laufschaufeln; e Laufradscheibe. b) Verlauf von Druck und Absolutgeschwindigkeit

1 bar führt, wie man sich leicht überzeugt, zu absoluten Austrittsgeschwindigkeiten $c_1 \approx 1000$ m/s im Leitgitter und daher zu mittleren Umfangsgeschwindigkeiten um 500 m/s im Laufgitter. So hohe Umfangsgeschwindigkeiten sind zwar ausführbar, aber nicht mit großen Schaufellängen. Die Leistung solcher Maschinen und der Gesamtwirkungsgrad der damit ausgerüsteten Kraftanlage sind daher gering. Man findet sie indessen als Antriebe für kleine Kesselspeisepumpen oder Hilfsölpumpen. Letztere dienen der Ölversorgung größerer Turbinen beim Anfahren oder Stillsetzen, wenn die von der Turbinenwelle angetriebenen Hauptölpumpen infolge zu niedriger Drehzahl keine ausreichende Förderleistung haben.

Eine Möglichkeit zur Steigerung von Wärmegefälle und Leistung besteht in der sog. Geschwindigkeitsstufung. Hier werden gemäß Bild 6.39 weitere Umlenkgitter - eines als Leit-, das andere als Laufgitter - vorgesehen, um die kinetische Energie $c_2^2/2$ weiter auszunutzen. Man kann dann höhere Werte für c_1 und c_2 zulassen als bei der Laval-Turbine und verarbeitet dadurch höheres Wärmegefälle. Diese Turbinen heißen nach ihrem Erfinder Curtis-Turbinen. Da man auch noch eine weitere Umlenkstufe anordnen kann, spricht man auch von zwei- oder dreikränzigen Curtis-Turbinen oder auch von 2C- oder 3C-Rädern im Hinblick darauf, daß in der Regel alle Laufgitter am Umfang einer einzigen Radscheibe angeordnet sind. Würde man den Umfangswirkungsgrad analog zum Vorgehen bei der Laval-Turbine ermitteln, so fände man die in Tabelle 6.1 im Vergleich zur Laval-Turbine angeführten Optimalwerte. Bei gleicher Umfangs-

Tabelle 6.1. Optimale Laufzahl und Umfangswirkungsgrad von Laval- und Curtisturbinen

Typ	$\lambda_{1\,opt}$	η_{uE}
Laval	$\lessapprox 0{,}5$	... 0,8
2C	0,25	< 0,7
3C	0,15	< 0,6

geschwindigkeit ermöglichen aufgrund des niedrigeren λ_1 bzw. höheren c_1 die 2C-Räder das 4fache, die 3C-Räder das 9fache Wärmegefälle eines Laval-Rades zu verarbeiten, allerdings mit jeweils schlechterem Wirkungsgrad. Da sie indessen infolge ihrer einfachen Bauweise geringe Herstellkosten haben, werden Curtis-Turbinen dort angewandt, wo man größere Leistung in einem intermittierenden Betrieb benötigt, z.B. für größere Hilfsölpumpen, Ladeölpumpen von Tankschiffen, Rückwärtsturbinen von Schiffen, Hilfs- oder Notkühlpumpen in Kernkraftwerken.

Um entsprechend den Möglichkeiten des modernen Dampfkraftwerks große Wärmegefälle zu verarbeiten, muß man die Turbinen vielstufig ausführen. Die konsequente Aneinanderreihung von Gleichdruckstufen (erstmalig von Rateau (1900) und Zoelley (1903) angewandt) wird auch als Druckstufung bezeichnet. Bild 6.40 zeigt ein Beispiel für eine solche Maschine, die man als Kammerturbine ausführt. Mit Ausnahme der ersten Stufe, die zu Zwecken der Regelung teilbeaufschlagt sein kann, wählt man volle Beaufschlagung und möglichst geringen axialen Abstand der Stufen. Auf diese Weise wird in diesen Stufen der Ventilationsverlust vermieden sowie auch der Auslaßverlust, da c_2 einer Stufe gleich dem c_0 der folgenden. Damit der Dampf sich bei Teilbeaufschlagung der 1. oder Regelstufe vor dem vollbeaufschlagten Stufenteil auf den ganzen Umfang verteilen kann, sieht man hinter der Regelstufe einen etwas größeren Ausgleichsraum, die sog. Radkammer vor. Für die Regelstufe, die man auch als 2C- oder 3C-Rad ausgeführt hat, ist ebenso wie bei den letzten Stufen einer Stufengruppe der Auslaßverlust zu berücksichtigen. Sonst aber ist zur Beurteilung der Güte der Energieumsetzung der Umfangswirkungsgrad nach (6.19) maßgebend. Im Nenner von η_u steht nun Δh_s^* oder

$$\Delta h_s + \frac{c_0^2 - c_2^2}{2} \quad \text{anstelle von} \quad \Delta h_s + \frac{c_0^2}{2} = \frac{c_1^2}{2\eta'} .$$

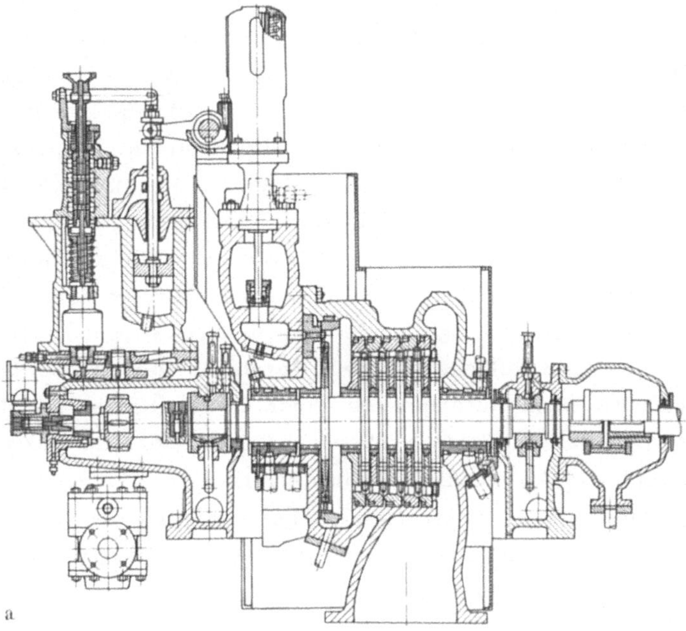

Bild 6.40. Typische Industrie-Gegendruckturbine in Gleichdruck-Kammerbauart (Werkbild AEG-Kanis). a Längsschnitt; b aufgedeckte Maschine

Daher kann gesetzt werden

$$\eta_u(\rho = 0) = \frac{\eta_{uE}(\rho = 0)}{1 - \eta' \frac{c_2^2}{c_1^2}} \approx \left(1 + \eta' \frac{c_2^2}{c_1^2}\right) \eta_{uE}(\rho = 0). \qquad (6.72)$$

Natürlich muß $\eta_u > \eta_{uE}$ sein; das Optimum der (etwas deformierten) Wirkungsgradparabel liegt bei $\lambda_1 \approx 0,6$ bis $0,7$, also höher als für Stufen mit Auslaßverlust.

Es sei nun das durch den Reaktionsgrad $\rho = 0,5$ gekennzeichnete Arbeitsverfahren betrachtet, das - stets mehrstufig - vorwiegend in Trommelturbinen zur Anwendung gelangt. Bild 6.41 zeigt eine moderne Turbine dieser Bauart. Als Regelstufe werden Laval- oder Curtis-Räder verwendet, da diese größere Stufenleistung ermöglichen und bei Teilbeaufschlagung günstiger sind als Reaktionsstufen. Bemerkenswert ist, daß der Druckunterschied an den Laufschaufeln nun Normalkräfte gemäß (6.22) an den Laufgittern erzeugt, die sich zu einer starken Axialschubkraft am Turbinenläufer summieren. Während bei der Gleichdruckturbine die axiale Fixierung des Läufers im Gehäuse mittels eines Spur- oder Axialdrucklagers genügt, muß man bei den Überdruckturbinen für einen Ausgleich des Axialschubes sorgen, z.B. durch Anordnung eines Druckausgleichkolbens vor dem Regelrad. Dieser - als Labyrinthdichtung gestaltet - hat etwa einen Durchmesser gleich dem mittleren Durchmesser des vollbeaufschlagten Stufenteiles. Seine Rückseite wird zwecks Erzeugung der Ausgleichsschubkraft mit dem Abdampfdruck belastet. Die typische Anordnung der Schaufelprofile, den Verlauf von Druck und Absolutgeschwindigkeit sowie Geschwindigkeitsdreiecke einer 50%-Reaktionsstufe zeigt Bild 6.42. Die Profile von Leit- und Laufgitter sowie die Geschwindigkeitsdreiecke sind antimetrisch, indem

$$\alpha_1 = 180° - \beta_2, \quad \beta_1 = 180° - \alpha_2, \quad c_1 = w_2, \quad w_1 = c_2.$$

Sieht man von verschiedenen Sekundärströmungseffekten in Leit- und Laufgitter ab, so ist auch $\eta' \approx \eta''$.

Nimmt man Gleichheit der Wirkungsgrade an und setzt für die mittlere Stufe $c_0 = c_2$ sowie $u_1 = u_2 = u$, so folgt für die Umfangsarbeit

$$a_u = u(c_{1u} - c_{2u}) = u(2c_1 \cos\alpha_1 - u)$$

und für das isentrope Wärmegefälle

$$\Delta h_s = \Delta h_s^* = 2\Delta h_s' = \frac{c_1^2}{\eta'} - w_1^2 = \frac{c_1^2}{\eta'} - (c_1^2 + u^2 - 2c_1 u \cos\alpha_1).$$

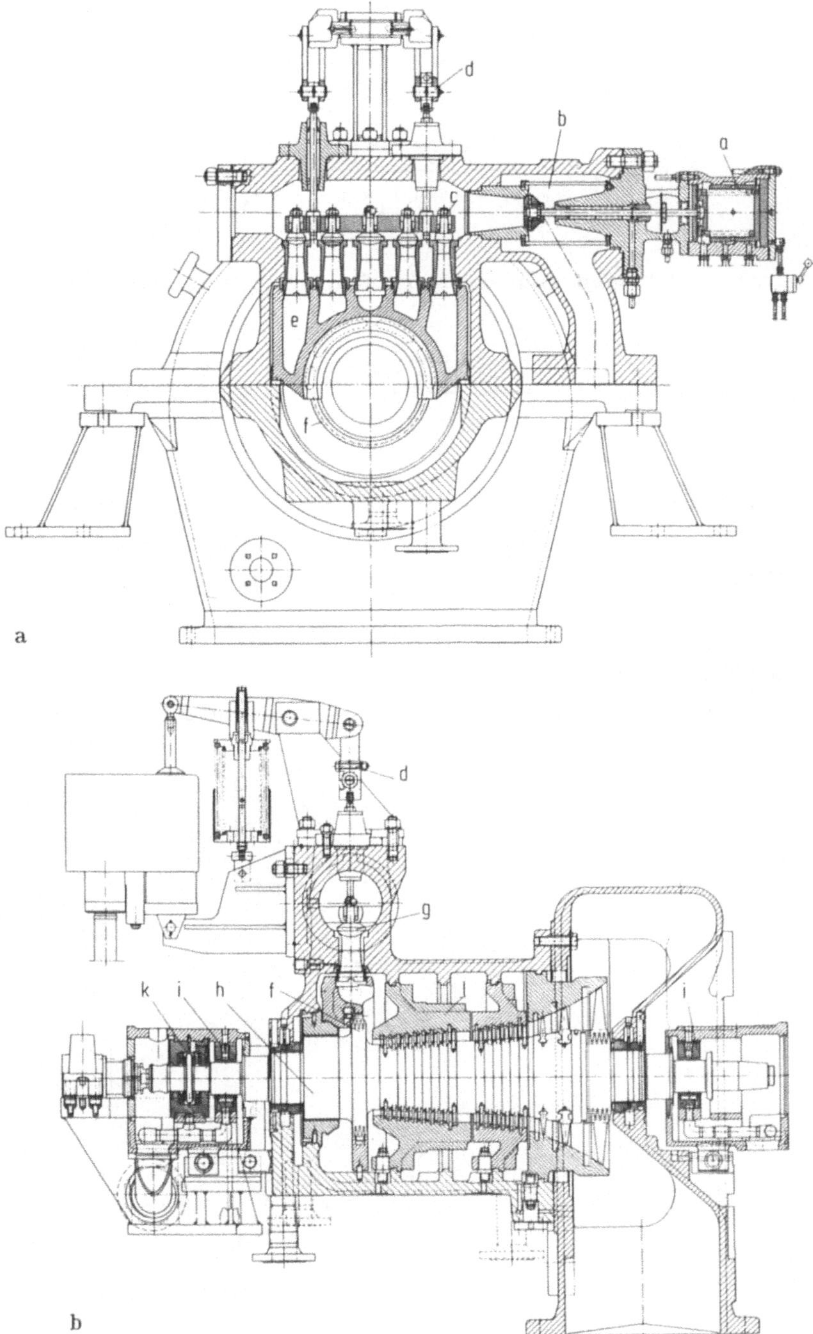

Bild 6.41. Industrie-Kondensationsturbine in 50 %-Reaktions-Trommelbauart (Werkbild Siemens). a) Schnitt durch Einströmung; b) Längsschnitt; a hydraulischer Stelltrieb des Sicherheitsventils; b Sicherheits- (Schnellschluß-)ventil; c Regelventile; d Regelventilantriebe; e Kanäle zu den Frischdampf-Düsengruppen; f Regelrad; g Überlastventil, Dampf vor Stufe 2; h Druckausgleichskolben; i Traglager des Läufers; k Axialdrucklager; l Leitschaufelträger

Damit erhält man für den Umfangswirkungsgrad nach (6.19)

$$\eta_u(\rho = 0,5) = \frac{2\lambda_1 \cos\alpha_1 - \lambda_1^2}{\frac{1}{\eta'} - 1 + 2\lambda_1 \cos\alpha_1 - \lambda_1^2} . \qquad (6.73)$$

Im Falle eines Auslaßverlustes, z.B. bei Endstufen, ergibt sich dagegen nach (6.20)

$$\eta_{uE}(\rho = 0,5) = \frac{2\lambda_1 \cos\alpha_1 - \lambda_1^2}{\frac{1}{\eta'} - \frac{1}{2} + \frac{1}{2}(2\lambda_1 \cos\alpha_1 - \lambda_1^2)} . \qquad (6.74)$$

Der Optimalpunkt liegt jetzt etwa bei $\lambda_1 = 1,0$. Die Wirkungsgradparabeln verlaufen jedoch in Nähe des Optimums ziemlich flach. Praktisch wählt man etwa $\lambda_1 = 0,75$ bis 0,9 bei $\alpha_1 = 17$ bis $30°$. Die erzielbaren Gitterwirkungsgrade lassen sich wieder nach Abschnitt 6.3.1 abschätzen.

Gleichdruck- und 50 %-Reaktionsverfahren sind viele Jahrzehnte in ihren klassischen Bauformen - die eine als Kammer-, die andere als Trommelturbine - angewandt wor-

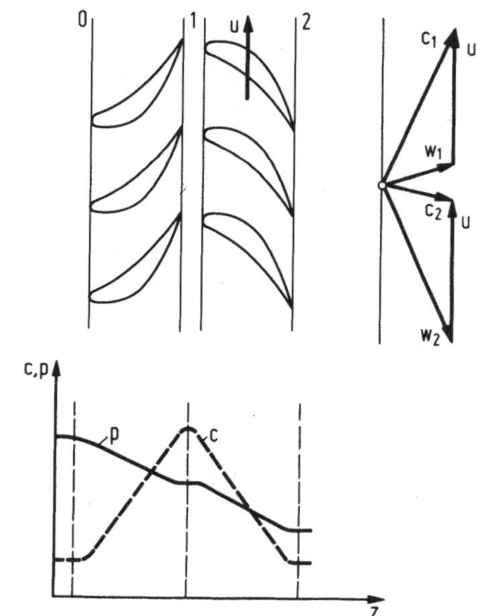

Bild 6.42. Typisches 50 %-Reaktions-Schaufelgitter, Geschwindigkeitsdreiecke und Verlauf von Druck und Absolutgeschwindigkeit

den und haben sich scharfe Konkurrenz gemacht. Um die Verfahren zu vergleichen, ist allerdings die Laufzahl λ_1 wenig geeignet, da c_1 für gleiches Stufengefälle bei $\rho = 0$ bzw. 0,5 verschiedene Werte annimmt. Besser geeignet ist das Verhältnis

$$\lambda_s = \frac{u}{c_s} = \frac{u}{\sqrt{2\,\Delta h_s}}, \tag{6.75}$$

auch im eigentlichen Sinne als Laufzahl (früher Schnellaufzahl) bezeichnet.

Es ist nicht schwierig, λ_s auf λ_1 zurückzuführen, jedoch werden die Wirkungsgrad-Gleichungen komplizierter. Die Bedeutung der Laufzahl λ_s wird deutlich, wenn man die notwendige Stufenzahl einer Turbine bestimmen will. Ist H_s das gesamte in einem Turbinengehäuse oder einem Stufenabschnitt mit gleicher mittlerer Umfangsgeschwindigkeit zu verarbeitende isentrope Wärmegefälle, so wird bei etwa gleichmäßiger Verteilung auf z Stufen

$$H_s \approx z\,\Delta h_s = z\,\frac{u^2}{2\,\lambda_s^2}.$$

Daraus folgt

$$z \approx \frac{2\,H_s}{u^2}\,\lambda_s^2. \tag{6.76}$$

Die Laufzahl λ_s, die man im Hinblick auf einen optimalen Wirkungsgrad zu wählen hat, ist daher von großem Einfluß auf die Stufenzahl. Anstelle von λ_s benutzt man auch den quadratischen Kehrwert

$$\Psi = \frac{2\,\Delta h_s}{u^2} = \frac{1}{\lambda_s^2} \tag{6.77}$$

als dimensionslose, für die Stufe charakteristische Kennzahl und bezeichnet sie als Druckzahl oder Gefällezahl[1]. Zur Kennzeichnung des Fluidstromes benutzt man ferner als Kennzahl die sog. Durchsatzzahl

$$\varphi = \frac{c_{2n}}{u}. \tag{6.78}$$

Alle Kennzahlen werden im Falle $u_1 \neq u_2$ auf u_2 bezogen.

In Bild 6.43 sind Umfangswirkungsgrade nach (6.72) und (6.73) unter Zugrundelegung von vergleichbaren Gitterwirkungsgraden nach Abschnitt 6.3.1 in Abhängigkeit von λ_s bzw. Ψ wiedergegeben. Man erkennt, daß $\eta_{u\,opt}$ im Falle des Gleichdrucks bei $\lambda_s \approx 0{,}68$ liegt, bei 50 %-Reaktion dagegen bei 0,98. Die Überdruckturbine muß daher rund doppelt so viele Stufen haben wie die Gleichdruckturbine, wenn man sich an

[1] Neuerdings wird auch der halbe Wert genommen, entsprechend dem Kehrwert der früher gebräuchlichen Parsons'schen Gütezahl [148].

die Optimalpunkte hält. Nun ist allerdings zu beachten, daß die Wirkungsgradkurven in der Umgebung ihrer Maxima sehr flach verlaufen. Aufgrund von (6.76) kann man daher mit $\lambda_s < \lambda_{s\,opt}$ Stufen einsparen, unter nur geringfügiger Einbuße an Wirkungs-

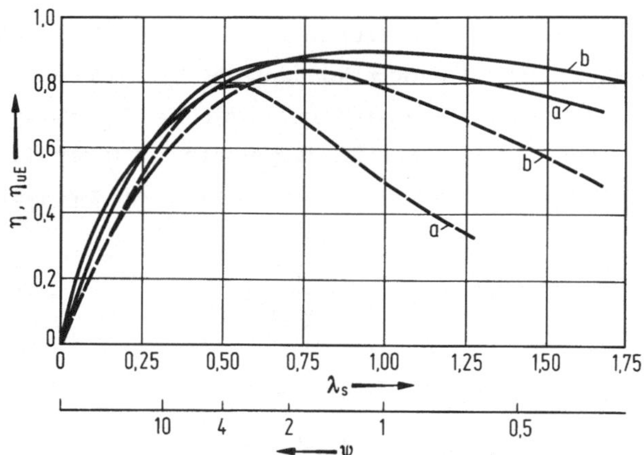

Bild 6.43. Beispiel für Umfangswirkungsgrade η_u (ausgezogene Kurven) und η_{uE} (gestrichelte Kurven) in Abhängigkeit von der Laufzahl λ_s bzw. der Gefällezahl Ψ. a Gleichdruck; b 50 % Reaktion

grad. Die Auslegung mit optimaler Laufzahl würde im allgemeinen zu sehr großen Stufenzahlen und damit zu großem Bauaufwand führen. Durch Einsparen von Stufen läßt sich indessen der Bauaufwand gegebenenfalls beträchtlich herabsetzen. Bei Gleichdruckturbinen wählt man deshalb meist $\lambda_s \lessapprox 0,5$, bei 50 %-Reaktionsturbinen etwa 0,6 bis 0,7, entsprechend $\Psi \approx 4$ bzw. 2 bis 3. Die Wahl $\lambda_s < \lambda_{s\,opt}$ erklärt übrigens die Möglichkeit, den Wirkungsgrad einer Turbine bei Projektierung oder im Entwurf durch Vergrößerung der Stufenzahl noch zu verbessern. Indessen neigt man heute angesichts der zunehmenden Baugröße und Wärmegefälle der Maschinen dazu, die Stufenbelastung über die angegebenen Druckzahlen hinaus zu steigern [187, 188].

Die rund doppelt so große Stufenzahl der Überdruckturbinen führt nicht etwa zu größerer Baulänge als bei der Gleichdruckturbine. Unter Berücksichtigung der verschiedenartigen und unterschiedlich großen Belastung der Leit- und Laufgitter üblicher Bauform wird die axiale Stufenbreite bei der Gleichdruckturbine tatsächlich etwa doppelt so groß wie bei der 50 %-Reaktionsturbine. Im Umfangswirkungsgrad zeigt sich, auch unter Beachtung der üblichen Laufzahl λ_s, die 50 %-Reaktionsturbine überlegen. Die Kammerbauart der Gleichdruckturbine gestattet jedoch, die Spaltverluste gemäß (6.49) durch geringen Spaltquerschnitt A_{sp1} und größere Anzahl z' von Dichtungsspitzen kleiner zu halten als die Trommelbauart der 50 %-Reaktionsturbine, deren Spaltverluste nach (6.48) zu berechnen wären. Dadurch werden Unterschiede im Umfangswirkungsgrad wieder weitgehend ausgeglichen. Die Kammerbauart wird zuweilen deshalb bevorzugt, weil man ihr größere betriebliche Robustheit bzw. Unempfindlichkeit bei Schäden zuschreibt. Im Bestreben, die Spaltverluste herabzusetzen, werden indessen auch die Beschauflungen von Trommelturbinen zunehmend mit Deckbändern und Dichtungsspitzen versehen, wie Bild 6.44 zeigt. Damit nähert sich auch die 50%-Reaktionsturbine in ihrer Bauform der Kammerturbine. Für einen echten Wirkungsgradvergleich muß man alle Verluste berücksichtigen, die in der Maschine auftreten können. Der maßgebliche Vergleichswert ist dann der innere Wirkungsgrad gemäß (2.21), auf den noch einzugehen sein wird. Bei solchen Vergleichen muß man weiter beachten, daß die beiden Arbeitsverfahren heute nur noch ausnahmsweise in ihrer rei-

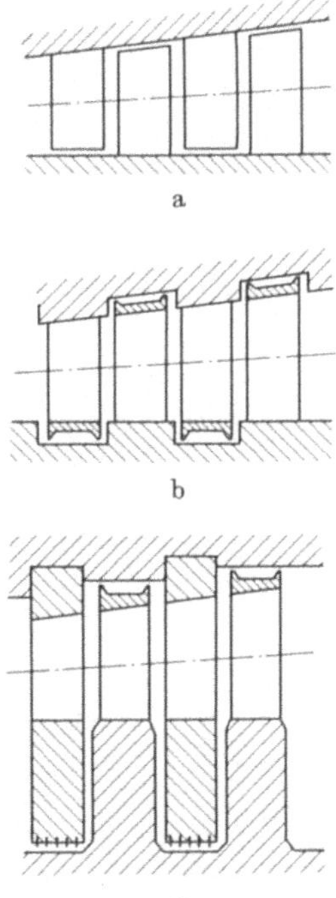

Bild 6.44. Entwicklung der reinen Trommelstufe a über abgedeckte Schaufelköpfe mit Dichtungsspitzen b zur Kammerstufe c

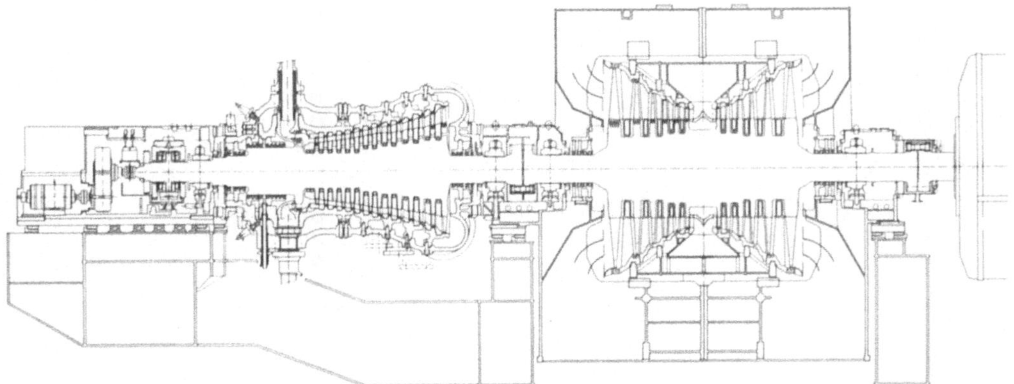

Bild 6.45. Mehrgehäusige Kraftwerksturbine in Kammerbauart mit Schwachreaktions-Beschauflung im HD-Teil. Leistung 200 MW, Frischdampf 105 bar/538°C, Kondensatordruck 0,069 bar, 6 Vorwärmstufen, Drehzahl 3000 min^{-1} (Werkbild MAN)

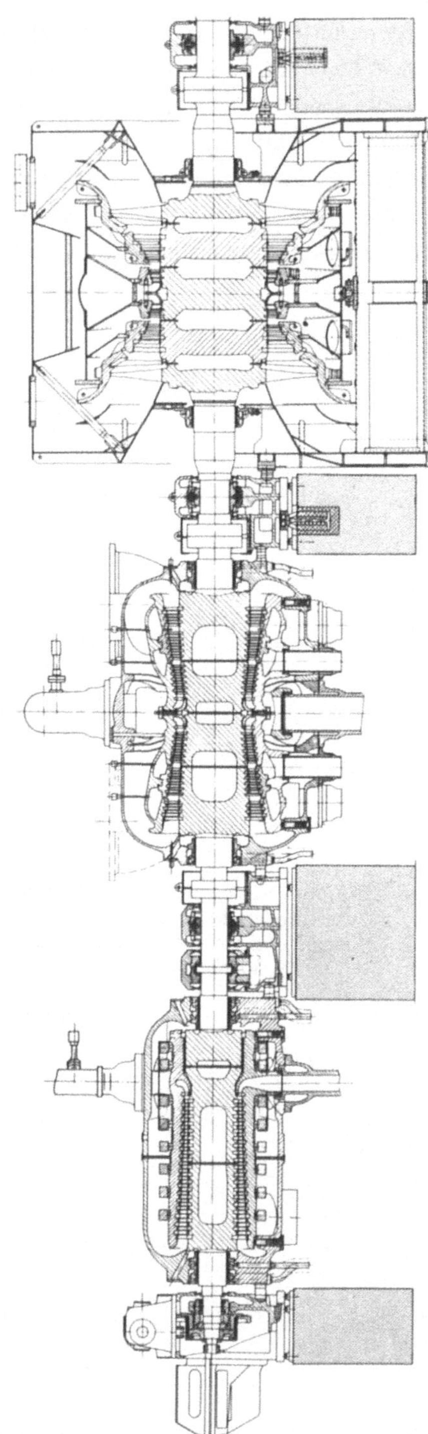

Bild 6.46. Mehrgehäusige Kraftwerksturbine in Trommelbauart mit 50%-Reaktionsbeschauflung. Leistung 600 MW, Frischdampf 166 bar/525°C, Zwischenüberhitzung auf 530°C, Drehzahl 3000 min^{-1} (Werkbild BBC). Abgekürzte Darstellung ohne zweites ND-Gehäuse, das in der Ausführung dem ersten gleicht

nen Form $\rho = 0$ bzw. 0,5 im Mittelschnitt angewandt werden. Große Turbinen sind in der Regel Zwischenformen derart, daß das Regelrad eine Gleichdruckstufe des Laval- oder 2C-Typs ist, auf die ein vielstufiger Teil in Kammer- oder Trommelbauart folgt. Bilder 6.45 und 6.46 zeigen je eine mehrgehäusige große Kraftwerksturbine in der einen und anderen Bauart. Im letzten Gehäuse, dem sog. Niederdruckteil, sind die Beschauflungen beider Bauarten sehr ähnlich und kommen im Mittelschnitt der 50 %-Reaktionsturbine nahe.

Die Betrachtung des radialen Gleichgewichts der Strömung hatte gezeigt, daß der Reaktionsgrad über der Schaufellänge nicht konstant gehalten werden kann, sondern gemäß Bild 6.34 im allgemeinen mit dem Radius ansteigt. Um einen zu großen negativen Reaktionsgrad am Schaufelfuß mit seinen nachteiligen Folgen zu vermeiden, geht man daher bei größeren Kammerturbinen sowie in den letzten Stufen aller großen Kondensationsturbinen von dem schon angegebenen Kleinstwert $\rho \approx 0{,}05$ am Schaufelfuß aus. Bei großen Turbinen stellt sich dann am Ende der Hochdruck- oder Mitteldruckgehäuse im Mittelschnitt bereits $\rho \approx 0{,}1$ bis 0,25 ein. Solche Maschinen werden daher richtiger als Schwachreaktionsturbinen anstelle Gleichdruckturbinen bezeichnet. In den Endstufen erreicht dann der Reaktionsgrad an der Schaufelspitze 0,8 und mehr. Sieht man andererseits die Überdruckturbinen sich der Kammerbauart nähern, so läßt sich feststellen, daß die beiden grundlegenden Arbeitsverfahren einen Angleichungsprozeß durchmachen, der das Streben nach einem Optimum hinsichtlich Wirkungsgrad, Betriebssicherheit und Herstellkosten zum Ausdruck bringt. Dabei bleibt allerdings ein bedeutender Freiheitsraum der konstruktiven Gestaltung im einzelnen.

6.5.2. Leistung und Verbrauch

Zur Ermittlung der Leistung einer Turbine geht man von der mit (2.22) definierten inneren Leistung

$$P_i = \dot{m}\,\eta_i\,H_s$$

aus. Dabei ist H_s allgemeiner Ausdruck für die Differenz der spezifischen Enthalpie des Fluids zwischen Anfang und Ende einer isentropen Expansion. Da die Turbinen mit Entnahmen sowie Zuführungen des Fluids an beinahe beliebigen Stellen ausgeführt sein können, gilt (2.22) streng nur für eine Stufe oder eine Stufengruppe, für die $\dot{m}$ = konst. Der innere Wirkungsgrad muß dabei unter Berücksichtigung aller in Frage kommenden, im Abschnitt 6.3 behandelten Verluste ermittelt werden. Betrachtet man z.B., wie in Bild 6.47, den Expansionsverlauf einer Kammerstufe beliebigen Reaktionsgrades, so sind in einer mittleren vollbeaufschlagten Stufe in jedem Fall der Spaltverlust und Radreibungsverlust zu berücksichtigen. Da ein Ort der Entstehung dieser Verluste im h,s-Diagramm nicht genau fixiert werden kann, trägt man die Verluste jeweils auf der Isobaren der Kontrollebene, vor der sie entstanden sind, ein. So verschiebt sich z.B. der Expansionsendpunkt 1 des Leitgitters nach 1' durch Antragen des Spaltverlustes im Leitgitter, der (neue) Expansionsendpunkt 2' im Laufgitter nach 2'' durch

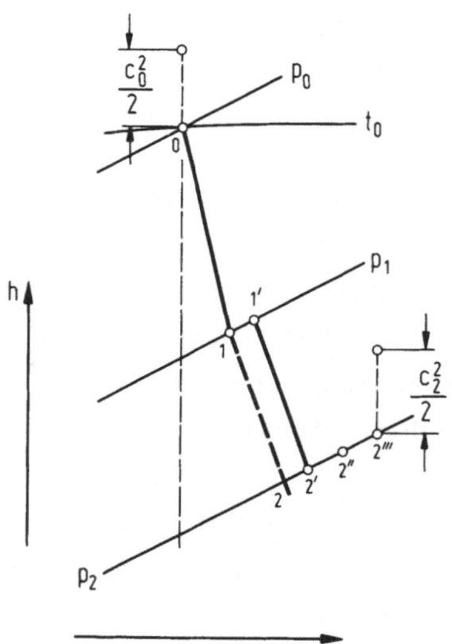

Bild 6.47. Expansionsverlauf in der Turbinenstufe

Antragen des Laufgitter-Spaltverlustes. Schließlich gelangt man durch Antragen des Radreibungsverlustes nach 2''', dem eigentlichen Expansionsendpunkt der Stufe. Von hier aus beginnt die Berechnung der nächsten Stufe, wobei gegebenenfalls weitere Verluste - z.B. durch Dampfnässe - zu berücksichtigen wären, bei der letzten Stufe auch der Auslaßverlust $c_2^2/2$. So gelangt man, bei der 1. Stufe beginnend, vom Anfangspunkt A bis zum Endpunkt E der Expansion in einer Stufengruppe oder auch einer ganzen Turbine. Dabei werden zur Darstellung des Gesamtverlaufs auch die Anfangs- und Endpunkte der Expansionsverläufe der einzelnen Stufen gemäß Bild 6.48 einfach miteinander verbunden.

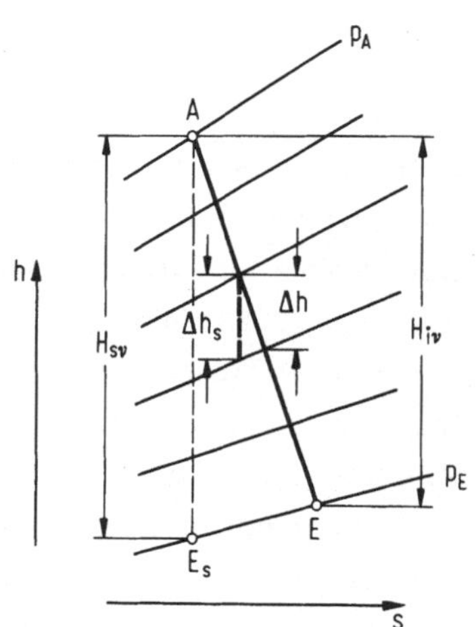

Bild 6.48. Vereinfachte Darstellung des Expansionsverlaufs in einer Stufengruppe

Für den inneren Wirkungsgrad einer Stufe läßt sich gemäß (2.21) setzen

$$\eta_{i,St} = \frac{\Delta h_i}{\Delta h_s} = \frac{a_u - \sum a_r}{\Delta h_s}$$

Dabei steht a_r symbolisch für alle Einzelverluste. Mit den Verlustbeiwerten ζ_r und dem Umfangswirkungsgrad η_{u0} nach (6.47) wird daraus

$$\eta_{i,St} = \eta_{u0} - \sum \zeta_r. \tag{6.79}$$

Dabei könnte äußerstenfalls $\sum \zeta_r = \zeta'_{sp} + \zeta''_{sp} + \zeta_R + \zeta_V + \zeta_N + \zeta_E$ sein, wenn man ausser den schon definierten ζ_r noch $\zeta_E = a_E/\Delta h_s$ für den End- oder Austrittsverlust einführt. Für eine Stufengruppe mit konstantem Massenstrom setzen wir jetzt $H_{s\nu}$ für das isentrope und $H_{i\nu}$ für das innere Wärmegefälle (Bild 6.48), ν mag dabei die Stufengruppe indizieren. Für den inneren Wirkungsgrad dieser Stufengruppe ergibt sich dann

$$\eta_{i\nu} = \frac{H_{i\nu}}{H_{s\nu}}. \tag{6.80}$$

Bemerkenswerterweise ist das isentrope Wärmegefälle $H_{s\nu}$ einer Stufengruppe - oder H_s einer Turbine - nicht gleich der Summe der isentropen Stufengefälle Δh_s, sondern kleiner, verursacht nämlich von einer Divergenz der Isobaren im h,s-Diagramm in Richtung zunehmender Entropie. Physikalisch läßt sich dies durch die (eine Entropievergrößerung bewirkenden) Strömungsverluste in der Maschine erklären, die sich in Form von Wärmeenergie im Fluid wiederfinden. Diese Reibungswärme kann aber zum Teil bei der Expansion in stromabwärts liegenden Stufen wieder nutzbar gemacht werden. Man spricht von einem Wärmerückgewinn und definiert einen Wärmerückgewinnfaktor

$$\mu = \frac{\sum \Delta h_s}{H_s}. \tag{6.81}$$

Bei üblichen Ausführungen von Stufengruppen oder Turbinen ist $\mu \approx 1{,}02$ bis $1{,}08$. Bei stufenweiser Berechnung folgt μ unmittelbar aus dem Expansionsverlauf. Auf die zweckmäßige Verteilung des Gesamtgefälles auf die Stufen kann hier nicht näher eingegangen werden (vgl. z.B. [190]). Jedoch sei darauf hingewiesen, daß ein Verlust umso mehr wiedergewonnen werden kann, je früher er bei der Expansion auftritt.

Setzt sich nun eine Turbine aus mehreren Stufengruppen mit jeweils konstantem Massenstrom $\dot{m}_\nu$ zusammen, so beträgt die innere Leistung

$$P_i = \sum_\nu P_{i\nu} = \sum_\nu \dot{m}_\nu \, \eta_{i\nu} \, H_{s\nu}. \tag{6.82}$$

Es ist sinnvoll, einen mittleren inneren Wirkungsgrad der Turbine zu definieren, so daß

$$P_i = \bar{\eta}_i \sum_\nu \dot{m}_\nu H_{s\nu} = \dot{m}_{FD} \, \bar{\eta}_i \sum_\nu \frac{\dot{m}_\nu}{\dot{m}_{FD}} H_{s\nu} \tag{6.83}$$

wird, mit $\dot{m}_{FD}$ als dem Frischdampf-Massenstrom. Mit (6.82) erhält man

$$\bar{\eta}_i = \frac{\sum_\nu \dot{m}_\nu \, \eta_{i\nu} \, H_{s\nu}}{\sum_\nu \dot{m}_\nu \, H_{s\nu}}. \tag{6.84}$$

Mit diesen Beziehungen kann die erforderliche Frischdampfmenge bestimmt werden, sofern die Teilmassenströme $\dot{m}_\nu$ bekannt sind; diese hängen wiederum von den Entnahmemengen ab. Die Festlegung der Entnahmestufen und -mengen wie auch der Zwischenerhitzungsstufen ist eine Aufgabe der Prozeßoptimierung (vgl. Abschnitt 3), die indessen nicht losgelöst von der Auslegung der Turbine stattfinden kann und schließlich den gesamten Kraftwerksblock zu berücksichtigen hat [30]. Dabei geht man von der Wärme- und Massenbilanz der einzelnen Vorwärmer sowie der Massenbilanz in der Turbine aus.

Werden die Vorwärmer wie die vor der entsprechenden Entnahme liegenden Stufengruppen der Turbine mit ν indiziert, das Speisewasser mit W und der Entnahmedampf mit E, so ergibt sich gem. Bild 6.49

$$\dot{m}_{W,\nu} \cdot h_{W,\nu} = \dot{m}_{W,\nu-1} \cdot h_{W,\nu-1} + \dot{m}_{E,\nu} \cdot h_{E,\nu}. \tag{6.85}$$

Der Index ν steigt hierbei in Richtung des Speisewasserstromes. Die Enthalpien $h_{E,\nu}$ folgen aus dem Expansionsverlauf des Dampfes in der Turbine. Für den Massenstrom in der Turbine gilt

$$\dot{m}_\nu = \dot{m}_{\nu-1} + \dot{m}_{E,\nu}. \tag{6.86}$$

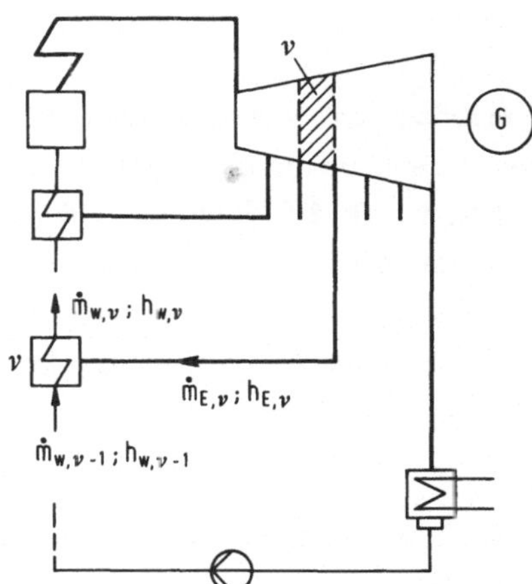

Bild 6.49. Zur Berechnung der Massenströme und Enthalpien der regenerativen Speisewasservorwärmung.

Bei der Massenbilanz der Vorwärmer muß man ihre Bauart berücksichtigen. Man unterscheidet zwischen Mischvorwärmern, Oberflächenvorwärmern mit Umpumpen des Kondensats in die jeweilige Vorwärmstufe und Oberflächenvorwärmern mit Ablaufen des Kondensats zum Einspeisen aller Vorwärmerkondensatströme in die Speisewasserleitung an einer Stelle niedrigen Druckes. Letztere Anordnung ist weniger aufwendig als das Umpumpen in jeder Stufe; Mischvorwärmer werden i. allg. nur in Kombination mit dem Speisewasserbehälter angewandt. Für die Massenbilanz ist nun beim Mischvorwärmer und Umpumpvorwärmer anzusetzen

$$\dot{m}_{W,\nu} = \dot{m}_{W,\nu-1} + \dot{m}_{E,\nu} \qquad (6.87)$$

Bei Ablaufvorwärmern gilt dagegen nach der Einspeisung des Vorwärmerkondensats

$$\dot{m}_{W,\nu} = \dot{m}_{W,\nu-1} = \dot{m}_K + \sum_{\nu} \dot{m}_{E,\nu} \qquad (6.88)$$

mit $\dot{m}_K$ als dem aus dem Kondensator zufließenden Massenstrom. Mit Hilfe der Bilanzgleichungen lassen sich in stufenweiser Berechnung die Aufwärmung des Speisewassers bzw. bei Vorgabe der Aufwärmspannen $\Delta h_\nu = h_\nu - h_{\nu-1}$ die Entnahmemengen $\dot{m}_{E,\nu}$ berechnen. Da diese jedoch wieder die Auslegung der Turbine beeinflussen, muß die Rechnung mehrfach mit gezielten Korrekturen oder iterativ wiederholt werden, oder man setzt ein System (nichtlinearer) Gleichungen zur quasigleichzeitigen Ermittlung aller Unbekannten an.

Die an der Kupplung der Turbine auf den Generator oder eine andere Arbeitsmaschine übertragene Leistung ist geringer als P_i, weil ein gewisser Anteil der inneren Leistung zur Deckung der Lagerreibungsverluste sowie zum Antrieb der Hauptölpumpen und Drehzahlregler verbraucht wird. Man faßt diese Verluste als mechanische Verluste zusammen. Die Kupplungsleistung wird auch als effektive Leistung bezeichnet. Diese beträgt mit η_m als dem mechanischen Wirkungsgrad

$$P_e = \eta_m P_i. \tag{6.89}$$

Der mechanische Wirkungsgrad, aus den einzelnen Anteilen des mechanischen Verlustes berechenbar, ist in hohem Ausmaß von der Leistung des Turbosatzes abhängig. Er fällt, wie Bild 6.50 zeigt, jedoch nur bei kleineren Maschinen merklich ins Gewicht. Um aus der effektiven Leistung die elektrische Leistung des Generators an seinen Klemmen - die sog. Klemmenleistung P_{Kl} - zu gewinnen, ist noch der Generatorwirkungsgrad η_G zu berücksichtigen, so daß

$$P_{Kl} = \eta_G P_e = \eta_G \eta_m P_i. \tag{6.90}$$

Der Generatorwirkungsgrad zeigt eine ähnliche Abhängigkeit von der Leistung wie η_m; große Turbogeneratoren erreichen Wirkungsgrade über 98 %.

Die Klemmenleistung des Generators wird auch als Bruttoleistung der Kraftanlage bezeichnet. Ist E die Eigenbedarfsleistung (Leistung aller Hilfsantriebe im Kraftwerk), so bezeichnet man

$$P_n = P_{Kl} - E = \eta_E P_{Kl} \tag{6.91}$$

als die Nettoleistung. P_n ist die vom Kraftwerk in das elektrische Versorgungsnetz abgebbare Nutzleistung, sofern die Umspannverluste des Stromes im Kraftwerk auch

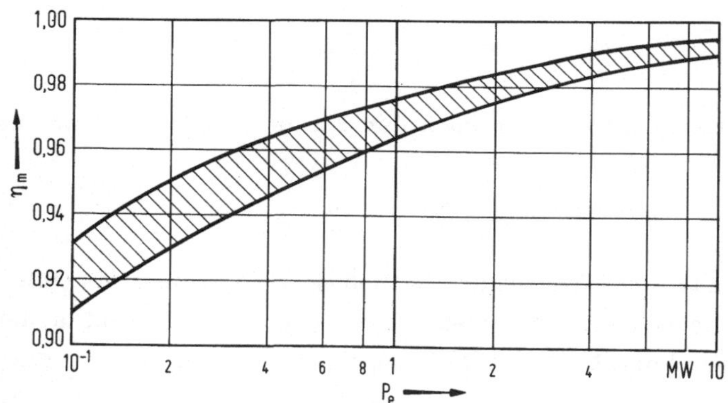

Bild 6.50. Mechanischer Wirkungsgrad von Dampfturbinen, abhängig von der effekten Leist

in den Eigenbedarf einbezogen sind. E bzw. $\eta_E = 1 - E/P_{Kl}$ sind von der Art der Kraftanlage erheblich abhängig (vgl. Abschnitt 4.3.3). Im allgemeinen wird etwa $\eta_E = 0{,}94$ bis 0,97 zu setzen sein, der kleinere Wert bei Kernkraftwerken, der größere bei ölgefeuerten Dampferzeugern.

Eine bei der Projektierung jeder Kraftanlage wichtige Größe ist der Brennstoffverbrauch. Bei den Kernkraftwerken ist seine Ermittlung recht verwickelt; einige Angaben zur Wirtschaftlichkeit werden jedoch später gemacht. Bei konventionellen Dampfkraftwerken kann man davon ausgehen, daß

$$\sum_{\nu} \dot{m}_{\nu} H_{s\nu} = \Phi_{zu} - \Phi_{ab} = \Phi_K \eta_R \eta_{th}$$

mit Φ_K als der Wärmeleistung des Kessels nach (4.2), η_{th} als dem thermischen Wirkungsgrad des Kreisprozesses (Abschnitt 3) und η_R als einem Wirkungsgrad, der Verluste in den Rohrleitungen und Armaturen zwischen Turbine und Kessel erfassen mag. Bei großen Anlagen dürfte $\eta_R \approx 0,96$ bis $0,98$ zu setzen sein. Mit (6.83) und (4.5) erhält man

$$P_i = \eta_K \eta_R \eta_{th} \bar{\eta}_i \dot{m}_B H_u .$$

Durch Multiplizieren mit η_m, η_G, η_E erhält man jeweils P_e bzw. P_{Kl} und P_n. Daher ergibt sich für den Brennstoffmassenstrom allgemein

$$\dot{m}_B = \frac{P_x}{H_u \eta_x^*} \tag{6.92}$$

mit η_x^* als einem Gesamtwirkungsgrad der Kraftanlage. Der Index x soll darauf hinweisen, daß P und η^* auf den gleichen Ort bezogen sein müssen. η_x^* ist das Produkt aller Einzelwirkungsgrade η_j bis zum Bezugsort x, d.h.

$$\eta_x^* = \prod_j^x \eta_j . \tag{6.93}$$

Für die Nettoleistung $P_x = P_n$ wären sämtliche η_j zu berücksichtigen, so daß

$$\eta_n^* = \eta_K \eta_R \eta_{th} \bar{\eta}_i \eta_m \eta_{Getr} \eta_G \eta_E .$$

Hierbei wurde mit η_{Getr} auch noch der Fall berücksichtigt, daß zwischen Turbine und Generator ein Untersetzungsgetriebe vorhanden sein kann. Im übrigen pflegt man auch inneren und mechanischen Wirkungsgrad der Turbine zu einem effektiven Wirkungsgrad

$$\eta_e = \eta_m \bar{\eta}_i$$

zusammenzufassen.

Anstelle des Brennstoffmassenstroms wird zu Vergleichszwecken der sog. spezifische Brennstoffverbrauch

$$b_x = \frac{\dot{m}_B}{P_x} = \frac{1}{H_u \eta_x^*} \tag{6.94}$$

benutzt. Eine weitere Vergleichsgröße ist der spezifische Wärmeverbrauch

$$w_x = b_x H_u = \frac{1}{\eta_x^*} . \tag{6.95}$$

Bei diesen Größen muß wieder, wie durch den Index x angedeutet, auf den Bezugspunkt von Leistung und Wirkungsgrad geachtet werden, namentlich wenn Garantieansprüche damit begründet werden. Es ist üblich, bei mechanischen Arbeitsmaschinen wie Pumpen, Kompressoren, Schiffspropellern die Kupplungswerte (P_e und η_e^*) als Vertragsgrundlagen zwischen Hersteller und Betreiber der Kraftanlage zu wählen, bei Turbogeneratoren dagegen in der Regel die Werte an den Generatorklemmen. Für die wirtschaftliche Beurteilung des Kraftwerks sind jedoch die Nettowerte maßgeblich.

6.5.3. Grundzüge der Regelung von Dampfturbinen

Die Regelung einer Kraftmaschine muß dafür sorgen, daß stets eine bestimmte Leistung bei bestimmter Drehzahl zur Verfügung steht. In Kraftanlagen, die der Erzeugung elektrischer Energie dienen, ist dabei die Drehzahl an die Frequenz des elektrischen Versorgungsnetzes gebunden, die nur in äußerst geringem Ausmaß (z.B. 50 mHz) schwanken sollte. Dennoch leitet man in der Frequenz-Leistungsregelung die Leistungsänderungen der Turbinen von den Frequenzänderungen des Netzes ab. In einfacher Weise kann man dabei einen proportionalen Zusammenhang zwischen Frequenzabweichung vom Sollwert und Leistungsbedarf im Netz annehmen, wie er auch durch Fliehkraftregler zwischen einer Drehzahlabweichung der Turbinenwelle und einer Leistungsänderung hergestellt wird. Auf die Funktion und die Beschreibung der Regelkreisglieder kann hier nicht eingegangen werden (vgl. z.B. [102, 191]). Die grundlegenden Möglichkeiten der Leistungsregelung ergeben sich jedoch aus (6.83). Sie bestehen in einer Veränderung

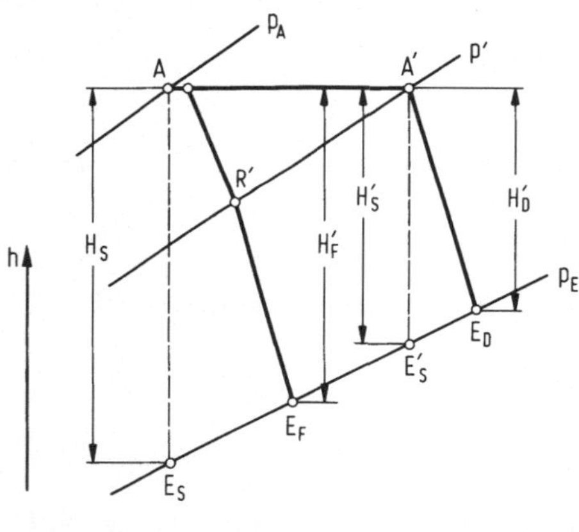

Bild 6.51. Zur Leistungsregelung der Dampfturbinen

des Dampfmassenstromes oder bzw. und des der Turbine angebotenen Wärmegefälles. Der innere Wirkungsgrad, mit der konstruktiven Gestaltung der Turbine festgelegt, ist in gewisser Weise von den beiden durch Regelungseingriff unmittelbar veränderlichen Größen abhängig. Massenstrom und Wärmegefälle können durch Drosselventile vor der Turbine geregelt werden oder durch die Regelorgane im Dampferzeuger. In jedem Fall hält man jedoch die Temperatur des Frischdampfs sowie der Zwischenüberhitzung nach Möglichkeit konstant, da Temperaturänderungen zu Wärmespannungen in den davon betroffenen Bauteilen führen. Sofern seitens des Dampferzeugers das Wärmegefälle zu regulieren ist, verändert man den Frischdampfdruck. Diese Art der Regelung heißt Gleitdruckregelung im Gegensatz zur Festdruckregelung, bei welcher unveränderliche Frischdampfverhältnisse vor der Turbine eingehalten werden.

Die einfachste Möglichkeit bei Festdruckbetrieb ist die sog. Drosselregelung. Mit einem einzigen Ventil drosselt man den Dampfstrom vor Eintritt in die Beschauflung gemäß Bild 6.51 vom Anfangsdruck p_A auf einen niedrigeren Druck p', wobei gleichzeitig infolge des verminderten Öffnungsquerschnitts des Ventils eine Verringerung des Massenstroms $\dot{m}_{FD}$ eintritt. Der neue Anfangspunkt der Expansion ist jetzt A', das in der Turbine verarbeitete Wärmegefälle H'_D, während jedoch vom Dampferzeuger her das Gefälle H_s zur Verfügung stünde. Der innere Wirkungsgrad $\eta_{iD} = H'_D/H_s$ wird daher zunehmend schlechter, je weiter man in das Teillastgebiet kommt. Um den Drosseleffekt zu mildern, verwendet man bei der sog. Füllungs- oder Düsengruppenregelung mehrere kleinere Ventile, die gemäß Bild 6.52 jeweils ein verschiedenes Segment von Leitschaufeln, auch Düsensegment oder Düsengruppe genannt, mit Dampf versorgen.

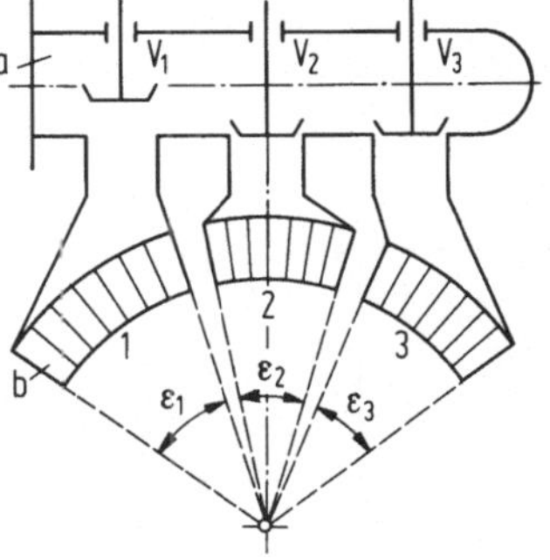

Bild 6.52. Schema der Düsengruppenregelung. a Einströmkasten mit Regelventilen V_1 bis V_3; b Frischdampf-Düsengruppen 1 bis 3 mit Beaufschlagungsbögen ε_1, ε_2 und ε_3 des Regelrades

Öffnet man die Regelventile nacheinander, so wird der Beaufschlagungsbogen des ersten Laufgitters, des sog. Regelrades, zunehmend vergrößert und somit vornehmlich der Dampfmengenstrom reguliert, während nur ein kleinerer Teil des Dampfstroms im gerade öffnenden Ventil gedrosselt wird. Infolge der Teilbeaufschlagung des Regelrades führt man dieses als Lavalrad, ausnahmsweise auch als 2C- oder 3C-Rad aus. Reaktionsstufen vermeidet man, weil zusätzliche Verluste durch seitliche Expansion des Dampfes im Axialspalt zwischen Leit- und Laufgitter auftreten würden, aber auch wegen des geringeren verarbeitbaren Stufengefälles. In Bild 6.51 ist zum Vergleich mit der Drosselregelung auch der Expansionsverlauf bei Füllungsregelung eingetragen. Der Expansionsendpunkt der Regelstufe R' auf der Isobaren p' ist jetzt der Anfangspunkt der Expansion im vollbeaufschlagten Stufenteil. Das verarbeitete Wärmegefälle H_F' ist größer als bei der Drosselregelung und somit auch der innere Wirkungsgrad $\eta_{iF} = H_F'/H_s$ im Teillastbetrieb.

Aus diesem Grunde findet man die Drosselregelung selten, es sei denn in Verbindung mit Gleitdruckbetrieb. Bei Gleitdruckregelung braucht die Turbine selbst keine Regelaufgabe zu erfüllen. Ihre Regelventile sind zwischen Kesselmindestlast und Vollast voll geöffnet. Nur unterhalb der Kesselmindestlast müssen sie eingreifen. Von der Turbine nicht benötigter Dampf wird dann vom Kessel über Druck-Reduzierstationen direkt in den Turbinenkondensator eingeleitet. Im Falle der Gleitdruckregelung wird daher der Turbine vom Dampferzeuger sogleich ein vom Anfangspunkt A' entsprechend dem Teillastdruck p' ausgehendes isentropes Wärmegefälle H_s' angeboten. Der innere Wirkungsgrad ist $\eta_{iG} = H_D'/H_s'$ und erweist sich stets größer als η_{iF}. Indessen muß man beachten, daß mit der Verringerung von H_s auf H_s' der thermische Wirkungsgrad des Kreisprozesses abgesenkt wird. Im ganzen dürften Gleitdruck- und Festdruck-Füllungsregelung daher nur zu geringen Unterschieden im Wirkungsgrad der Anlage führen. Jedoch sind bei Gleitdruckregelung Regelstufen und zugehörige Düsengruppenventile entbehrlich; im hochtemperierten Teil der Turbine treten keine oder nur geringfügige Temperaturänderungen bei wechselnder Leistung auf.

Bei jeder Art der Regelung[1] ergibt sich für die Turbine ein ganz bestimmter Zusammenhang zwischen Massenstrom $\dot{m}$ und anliegendem Wärmegefälle. In erster Nähe-

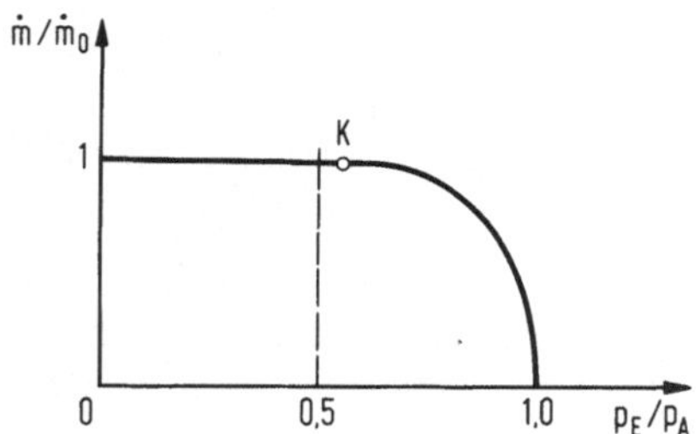

Bild 6.53. Relativer Massenstrom durch eine Düse, abhängig vom Druckverhältnis

rung vergleicht man dabei die Strömung durch die Maschine mit einer Strömung durch eine Reihe aufeinanderfolgender Düsen und Kanäle, repräsentiert durch die Schaufelgitter. Sei $\dot{m}_0$ der maximale Massenstrom durch eine Düse, p_A der Druck des Fluids vor, p_E der Druck hinter der Düse, so ergibt sich für die Abhängigkeit des relativen

[1] Weitere Möglichkeiten sowie zur Regeldynamik vgl. z.B. [192 bis 194].

Massenstroms $\dot{m}/\dot{m}_0$ vom Verhältnis p_E/p_A Bild 6.53. Für Druckverhältnisse $p_E/p_A \leqq p_k/p_1$ nach (6.38) herrscht im engsten Querschnitt der Düse Schallgeschwindigkeit. Der Massenstrom bleibt daher links vom Punkt K - der das kritische Druckverhältnis kennzeichnen möge - konstant, während er sich rechts von K etwa nach Maßgabe eines Viertelellipsenbogens bis auf Null bei $p_E/p_A = 1$ verringert. Bei Hintereinanderreihung mehrerer Düsen, entsprechend einer mehrstufigen Turbine, be-

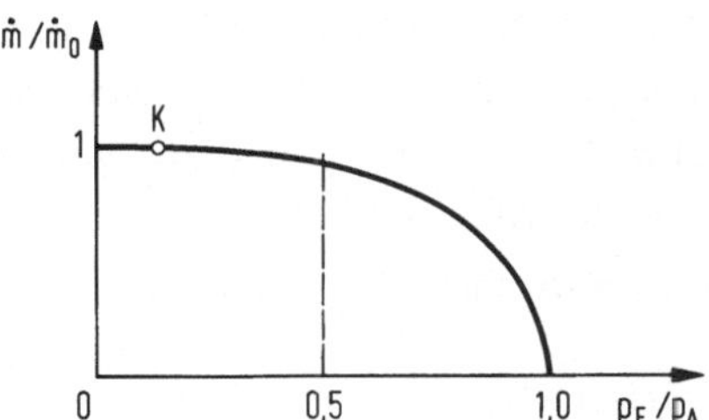

Bild 6.54. Relativer Massenstrom durch mehrere hintereinandergeschaltete Düsen, abhängig vom Druckverhältnis

deuten p_A den Anfangsdruck und p_E den Enddruck der Expansion durch die Düsenreihe. Es zeigt sich dann, daß der Punkt K mit zunehmender Anzahl der Düsen immer weiter nach links rückt, so daß schließlich gemäß Bild 6.54 die Kurve im ganzen recht gut durch eine Viertelellipse bzw. - bei gleichem Maßstab von Abszisse und Ordinate - einen Viertelkreis wiedergegeben werden kann.

Macht man nun den Ansatz für einen Kreis

$$\left(\frac{\dot{m}}{\dot{m}_0}\right)^2 = 1 - \left(\frac{p_E}{p_A}\right)^2,$$

so genügt dieser allerdings nicht der Tatsache, daß der Punkt K bei irgendeinem Druckverhältnis $p_{E0}/p_{A0} > 0$ noch vorhanden ist. Wir setzen daher allgemeiner

$$\left(\frac{\dot{m}}{\dot{m}_0}\right)^2 = k\left[1 - \left(\frac{p_E}{p_A}\right)^2\right]$$

und bestimmen k aus der Bedingung

$$\left(\frac{\dot{m}}{\dot{m}_0}\right)^2_{max} = 1 = k\left[1 - \left(\frac{p_{E0}}{p_{A0}}\right)^2\right].$$

Damit wird erhalten

$$\left(\frac{\dot{m}}{\dot{m}_0}\right)^2 = \frac{1 - \left(\frac{p_E}{p_A}\right)^2}{1 - \left(\frac{p_{E0}}{p_{A0}}\right)^2}$$

Diese verbesserte Beziehung enthält jedoch noch einen Widerspruch. Sie liefert gleiches $\dot{m}/\dot{m}_0$ für gleiches p_E/p_A ohne Rücksicht darauf, daß das Druckniveau, d.h. die absolute Größe von p_A und p_E von dem des Zustandes 0 verschieden sein kann und damit auch die Dichte des Fluids. Betrachtet man den Dampf näherungsweise als ideales Gas, so ist nach der Zustandsgleichung

$$p_A\, v_A = p_{A0}\, v_{A0} = R\, T_{A0}.$$

Für T_{A0} = konst, entsprechend einer konstanten Anfangs- oder Frischdampftemperatur, folgt daraus aber

$$\frac{\dot{m}}{\dot{m}_0} \sim \frac{v_{A0}}{v_A} = \frac{p_A}{p_{A0}}.$$

Damit gelangt man zu der Beziehung

$$\frac{\dot{m}}{\dot{m}_0} = \frac{p_A}{p_{A0}} \sqrt{\frac{1 - (p_E/p_A)^2}{1 - (p_{E0}/p_{A0})^2}}. \tag{6.96}$$

Diese Gleichung heißt nach Stodola [155], der sie zuerst angegeben hat, auch Dampfkegelgesetz[1]. In einer dreidimensionalen Darstellung von $\dot{m}$, p_A und p_E erhält man nämlich gemäß Bild 6.55 die Mantelfläche eines Viertelkegels, dessen Grundfläche durch $\dot{m}_0$, p_{A0} und p_{E0} festgelegt ist, entsprechend den Punkten 1, 2, K, 3 unter Einbeziehung eines geraden Stücks 3K analog zu 1K in Bild 6.54. Für die praktische Anwendung ist nun der Fall konstanten Enddrucks von besonderem Interesse. Sowohl bei Gegendruck- wie bei Kondensationsturbinen sucht man, den Abdampfdruck möglichst konstant zu halten, während der Anfangsdruck mindestens im vollbeaufschlagten Stufenteil der Turbine bei jeder Art von Regelung veränderlich ist. In den Dampfkegel ist dann eine Ebene p_E = konst zu legen. Je nachdem, ob diese Ebene die Gerade 0K schneidet oder nicht, erhält man verschiedene qualitative Zusammenhänge zwischen $\dot{m}$ und p_A, die in Bild 6.56 dargestellt sind. Im ersten Fall besteht

[1] Weitergehende Ausführungen zur Ableitung dieser Gl. s. Traupel [148] u. Kestin [195].

die zu erhaltende Kurve aus einem Hyperbelast mit anschließender Geraden, im zweiten Fall erhält man einen der Spur 03 sich asymptotisch nähernden Hyperbelast. Bei vielstufigen Maschinen wird der Punkt K stets so niedrig liegen, daß der letztere Fall eintritt.

Das Dampfkegelgesetz ist nur eine Näherung, die indessen überraschend genaue Ergebnisse liefert. Zu einer starken Vereinfachung gelangt man bei Kondensationsturbinen mit hohem Vakuum. Hier wird mit $p_E = p_{E0} \to 0$ einfach

$$\frac{\dot{m}}{\dot{m}_0} = \frac{p_A}{p_{A0}} . \tag{6.97}$$

Der Massenstrom ist demnach dem Anfangsdruck proportional. Mit Hilfe des Dampfkegelgesetzes ist jedem Druckgefälle und damit auch jedem Wärmegefälle ein bestimmter Durchsatz zugeordnet. Mit Hilfe des aus dem Expansionsverlauf jeweils berechneten $\bar{\eta}_i$ läßt sich so auch die Leistung des Turbosatzes ermitteln.

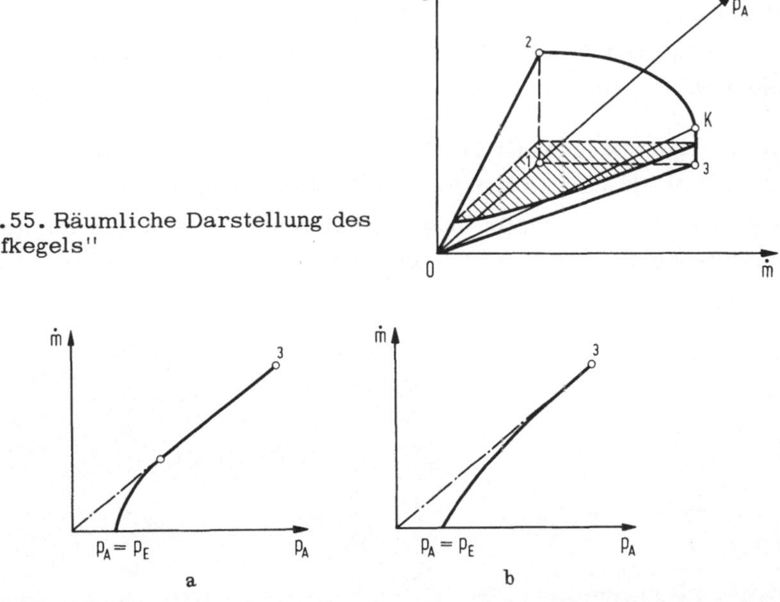

Bild 6.55. Räumliche Darstellung des "Dampfkegels"

Bild 6.56. Abhängigkeit des Massenstroms vom Frischdampfdruck. a Turbine mit wenig Stufen; b vielstufige Turbine

6.6 Gasturbinen

6.6.1. Baugruppen der Gasturbinen

Unter Baugruppen der Gasturbinen [148, 152, 196 bis 199 sowie 6, Bd.3B] seien hier Verdichter, Brennkammern, Turbinen und Wärmetauscher verstanden, die im allgemeinen integrale Bestandteile einer Gasturbinenanlage darstellen. Der wesentliche Unterschied zu den Dampfturbinen liegt zunächst im Arbeitsstoff, Luft bzw. Rauchgas, oder bei Anlagen mit geschlossenem Kreislauf auch ein anderes Gas. Hierbei tritt in der Maschine keine Kondensation ein. Das gasförmige Fluid kann weitgehend wie ein ideales Gas behandelt werden, so daß z.B. für die isentropen Wärmegefälle von Leit- und Laufgitter einer Turbinenstufe gesetzt werden kann

$$\Delta h_s' = c_p T_0 \left[1 - \left(\frac{p_1}{p_0} \right)^{\frac{\varkappa - 1}{\varkappa}} \right] \tag{6.98}$$

$$\Delta h_s'' = c_p T_1 \left[1 - \left(\frac{p_2}{p_1} \right)^{\frac{\varkappa - 1}{\varkappa}} \right] . \tag{6.99}$$

Analoge Beziehungen gelten für die Verdichterstufe. Für genauere Rechnungen, insbesondere bei größeren Druckverhältnissen zu empfehlen, existieren jedoch auch h,s-Diagramme bzw. Tabellenwerke (vgl. [32 bis 35]).

Die relativ niedrigen Drücke und Druckverhältnisse, mit denen eine Gasturbine arbeitet (vgl. Abschnitt 3), und die andererseits höheren Temperaturen des Arbeitsstoffs führen im Verhältnis zur Dampfturbine zu größeren Schaufellängen von Anfang an, so daß es nicht zweckmäßig ist, Gleichdruck im Mittelschnitt anzuwenden. Immerhin ver-

Bild 6.57. Einwellengasturbine mit Mehrfachbrennkammer in Kompaktbauart, Leistung 20 MW (General Electric, Werkbild AEG-Kanis). a Luftansauggehäuse; b Verdichter; c Brennkammer; d 2-stufige Turbine; e Abgasgehäuse; f Anfahrdiesel mit Getriebe; g Grundrahmen mit Ölversorgungssystem

sucht man, ein möglichst grosses Wärmegefälle im Leitgitter der ersten Stufe zu verarbeiten, um die Temperatur im ersten Laufgitter weitestgehend herabzusetzen. Bei einfachen offenen Anlagen wählt man heute für stationäre Anwendung bereits Frischgasverhältnisse bis ca. 15bar und 1100°C; erheblich höhere Temperaturen werden bei Flugtriebwerken angewandt. Das verarbeitbare Wärmegefälle ist damit allerdings gering, und daher kommt man mit wenigen Stufen in der Turbine aus, wie z.B. Bild 6.57 zeigt. Die Stufen sind stets vollbeaufschlagt; eine Regelstufe ist entbehrlich, da man die Leistung durch die Brennstoffzufuhr, d.h. über die Frischgastemperatur regelt oder - bei Anlagen mit geschlossenem Kreislauf - mit Hilfe des Druckpegels. Die Turbinen benötigen daher keine Regelventile, die bei den hohen Temperaturen auch nicht problemlos wären. Die sich hieraus ergebende konstruktive Vereinfachung wird hinsichtlich der Herstellkosten durch den Einsatz hochwarmfester Werkstoffe wieder ausgeglichen. Der Einsatz solcher Werkstoffe - vornehmlich Nickelbasis-Legierungen - fällt jedoch bei der Gasturbine nicht so ins Gewicht wie bei Dampfkraftanlagen für höchste Drücke und Temperaturen, wo die Heizflächen der Dampferzeuger sowie Rohrleitungen und Armaturen einen bedeutend größeren Anteil erfordern würden.

Die Verdichter sind bei Gasturbinen in der Regel als vielstufige Axialverdichter gestaltet. Nur bei kleinen Anlagen findet man auch Radialverdichter. Jedoch bietet sich die Ausführung der letzten Stufe eines Axialverdichters als Radialrad an, wenn die Strömung dort ohnehin in radiale Richtung umgelenkt werden muß. Der Aufbau des Verdichters gleicht im ganzen mehr dem einer Trommelturbine, wenngleich man den Läufer gemäß Bild 6.57 meist aus einer Reihe von Radscheiben zusammensetzt. Man wendet Reaktionsgrade $\rho \approx 0,5$ bis 1,0 zuweilen $> 1,0$ an. Für $\rho = 1$ sind die Leitgitter reine Umlenkgitter, für $\rho > 1$ sogar Beschleunigungsgitter. Es wurde schon erwähnt, daß eine Verdichterstufe ein erheblich kleineres Wärmegefälle umsetzt als eine Turbinenstufe, weshalb der Verdichter stets viel mehr Stufen hat als die Turbine. Die geringere Umlenkung $\Delta c_u = \Delta w_u$ der Strömung hat weiter zur Folge, daß die Schaufelprofile des Verdichters im allgemeinen nur schwach gewölbt und daher die Schaufeln etwa so flach sind, wie die Tragflügel von Flugzeugen.

Die verdichtete Luft wird bei den offenen Gasturbinenanlagen entweder unmittelbar oder durch einen Wärmetauscher den Brennkammern als Brennluft zugeführt. Die Brennkammern sind zylindrische Räume, in denen durch Verbrennung von Öl oder Gas - feste Brennstoffe sind nicht verwendbar - das Rauchgas bestimmter Temperatur erzeugt wird, das der Turbine als Arbeitsstoff dient. Die im Abschnitt 4 über Verbrennung und Feuerung gemachten Angaben sind auch hier anwendbar. Insbesondere läßt sich das h_G,t-Diagramm, Bild 4.5, gut zur Bestimmung der Verbrennungstemperatur anwenden, da die Wärmeabfuhr aus einer Gasturbinen-Brennkammer vernachlässigbar gering ist. Die bei der Verbrennung freigesetzte Wärme wird nahezu voll auf das Rauchgas übertragen. Bei der kurzen Verweilzeit des Brennstoffs kann unvollkommene Verbrennung eintreten, die bei den Feuerungen durch den Feuerungswirkungsgrad η_F berücksichtigt wird. Faßt man den hierdurch entstehenden Verlust mit übrigen, z.B. durch Abstrahlung und Mischung noch in den Brennkammern entstehenden

Verlusten zu einem Brennkammerwirkungsgrad η_B zusammen, so beträgt der in den Brennkammern dem Arbeitsstoff zugeführte Wärmestrom

$$\Phi_{zu,B} = \dot{m}_B \, H_u \, \eta_B. \tag{6.100}$$

Die Brennkammerverluste sind indessen gering; man erreicht heute $\eta_B \approx 0,96$ bis 0,98.

Da die zu erzielenden Frischgastemperaturen mit Rücksicht auf die verfügbaren warmfesten Werkstoffe der Turbine niedriger sind als die Feuerraumtemperaturen eines Dampfkessels, muß man bei den Gasturbinen größeren Luftüberschuß anwen-

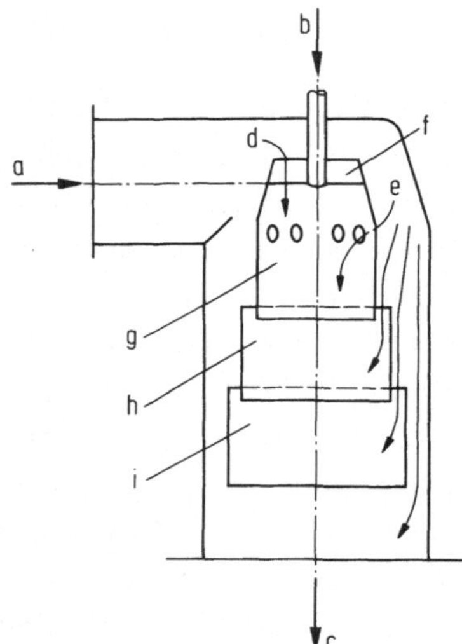

Bild 6.58. Schema einer Einfachbrennkammer. a Luftzufuhr; b Brennstoffzufuhr; c Austritt Rauchgas; d Primärluft; e verschiedene Sekundärluftwege; f Drallgitter; g, h, i gestaffelte Flammrohrschüsse

den. Man findet je nach Frischgastemperatur Luftverhältnisse $\lambda \approx 4$ bis 7. Dabei sind die Brennkammern wesentlich kleiner als die Feuerräume von Dampfkesseln. Man gelangt daher zu sehr hohen Raumwärmebelastungen von $q_V \approx 10$ bis $60\,MW/m^3$. In der Ausführung und Anwendung unterscheidet man ähnlich wie bei den Dampfkesseln zwischen Einzel- oder Einfach- und Mehrfachbrennkammern. Einfachbrennkammern sind großräumig, relativ schwer gebaut und können nur die geringeren genannten q_V-Werte ertragen. Im Prinzip kann eine solche Brennkammer, die bei größeren Anlagen neben der Maschine aufgestellt werden muß, gemäß Bild 6.58 aufgebaut sein. Ein Teil der zugeführten Luft wird als Primärluft durch ein Drallgitter geleitet, um eine gute Durchmischung mit dem schräg zur Strömung eingespritzten Brennstoff zu erzielen. Der Flammenkern ist von der übrigen Luftströmung und der Brennkammerwand durch zylindrische oder konische Blechmäntel abgeschirmt, die das sog. Flammrohr bilden. Die einzelnen Schüsse des Flammrohres haben Durchbrüche oder sind überlappt angeordnet, so daß Sekundärluft einen Oberflächenkühlfilm bilden kann, der das Flammrohr wirksam vor zu hohen Temperaturen schützt. Nach dem gleichen Prinzip sind auch Mehrfachbrennkammern gestaltet, die in der Regel etwa koaxial zur Maschinenwelle gleichmäßig auf dem Umfang verteilt angeordnet werden, wie Bild 6.57 zeigt. Diese Bauweise ist insbesondere von den Flugtriebwerken bekannt. Sie ermöglicht hohes q_V, kompakte Anordnung der Baugruppen ohne Rohrleitungen zwischen Verdichter und Turbine und führt daher auch zu geringstem Bauaufwand und Gewicht.

Als letzte Baugruppe seien die Wärmetauscher betrachtet. Man baut sie als Röhrenwärmetauscher ähnlich den Kondensatoren von Dampfturbinen. Das Abgas der Turbine wird dabei gemäß Bild 6.59 durch die geraden Rohre geleitet, während die vorzu-

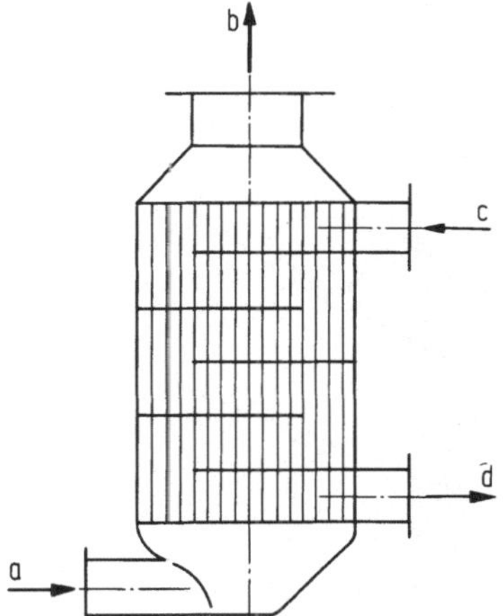

Bild 6.59. Schema eines Gasturbinen-Wärmetauschers. a Gaseintritt; b Gasaustritt; c Lufteintritt; d Luftaustritt

wärmende Luft im Kreuzgegenstrom um die Rohre strömt. Die geraden Rohre kann man innerlich leichter von Ablagerungen des Rauchgases reinigen (z.B. mittels Durchziehen von Bürsten) als außen. Die Berechnung des Wärmedurchgangs ist mit Hilfe früher gemachter Angaben leicht möglich. Für die Beurteilung des Wärmetauschers innerhalb des Gasturbinenprozesses ist der sog. Wärmetauschgrad wesentlich, der das Verhältnis der von der Luft aufgenommenen zu der vom Abgas abgebbaren Wärme darstellt. Da die spezifischen Wärmekapazitäten von Luft und Rauchgas nicht viel voneinander abweichen und die Massenströme auch etwa gleich sind, kann man für den Wärmetauschgrad auch näherungsweise setzen

$$\eta_{WT} = \frac{\Delta T_L}{\Delta T_G} . \qquad (6.101)$$

Dabei bedeuten ΔT_G die im Abgas zur Verfügung stehende Temperaturdifferenz (Turbinenaustritt bis Verdichteraustritt) und ΔT_L die von der Luft aufgenommene. Die Lufterhitzer geschlossener Gasturbinenanlagen oder des offenen Prozesses mit nachgeschalteter Verbrennung ähneln, wie schon angedeutet, den Dampfkesseln mit Strahlungs- und Berührungsheizflächen. Da indessen Luft durch die Heizrohe fließt, ist der Wärmedurchgang wesentlich schlechter als beim Dampferzeuger, und man gelangt zu großen hochtemperierten Heizflächen. Auch die Wärmetauscher der offenen Gasturbinen sind sehr voluminöse und daher teure Apparate. Es ist deshalb sorgfältig zu prüfen, ob solche Anlagenteile, die auch noch durch besondere, zum Teil warmfeste Rohrleitungen mit der Maschine zu verbinden sind, den Aufwand lohnen.

6.6.2. Leistung und Verbrauch

Die effektive Leistung einer Gasturbine ergibt sich aus der Differenz der inneren Leistungen von Turbine und Verdichter, abzüglich des mechanischen Verlustes. In Bild 6.60 ist der Prozeß ohne Wärmetauscher (Joule-Prozeß) im T, s-Diagramm unter Be-

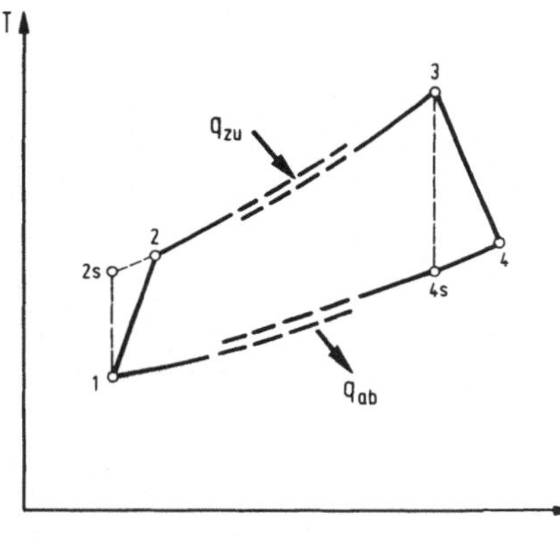

Bild 6.60. Gasturbinenprozeß ohne Wärmetauscher mit realen Kompressions- und Expansionsverläufen im T, s-Diagramm

rücksichtigung realer Kompression und Expansion des Fluids sowie von Druckverlusten wiedergegeben. 2s bzw. 4s seien die isentropen Verdichtungs- bzw. Expansionsendpunkte. Ist η_{iT} der innere Wirkungsgrad der Turbine, der wie bei der Dampfturbine aus der stufenweisen Berechnung der Maschine folgt, so beträgt die innere Leistung der Turbine

$$P_{iT} = \eta_{iT}\, \dot{m}_T\, H_{sT},$$

wenn $\dot{m}_T$ der Gasmassenstrom und H_{sT} das isentrope Wärmegefälle der Turbine bedeuten. P_{iT} stellt sich in dieser einfachen Form dar, da die Gasturbinen keine Entnahmen haben. Für den Verdichter gilt gemäß (2.24)

$$P_{iV} = \frac{1}{\eta_{iV}}\, \dot{m}_V\, H_{sV},$$

mit H_{sV} als der isentropen Enthalpievergrößerung im Verdichter. Damit ergibt sich die innere Leistung der Gasturbine zu

$$P_{iG} = P_{iT} - |P_{iV}| = \dot{m}_T \eta_{iT} H_{sT} - \dot{m}_V \frac{|H_{sV}|}{\eta_{iV}} .$$

Bei den Massenströmen muß man berücksichtigen, daß ein Teil der Luft, $\varepsilon \cdot \dot{m}_V$, vom Verdichter abgezweigt und um die Brennkammer herum direkt der Turbine zur Kühlung von dem Heißgasstrom ausgesetzten Bauteilen - Schaufeln, Leitschaufelträger und Rotor - benutzt wird. ε liegt im allgemeinen in der Größe von 2 bis 5 %. Die Kühlluft wird in der Turbine dem arbeitsleistenden Gasstrom wieder zugemischt. Da dies auf alle Stufen verteilt geschieht, wird man in 1. Näherung annehmen können, daß $\varepsilon/2$ dabei aus dem Wärmegefälle H_{sT} voll aufgewärmt und an der Arbeitsleistung wieder beteiligt wird. Damit ist aber für die innere Leistung unter Berücksichtigung des Brennstoffmassenstroms $\dot{m}_B$ anzusetzen

$$P_{iG} = [\dot{m}_V(1 - \tfrac{\varepsilon}{2}) + \dot{m}_B]\, \eta_{iT} \cdot H_{sT}(1 - \tfrac{\varepsilon}{2}) - \dot{m}_V |H_{sV}|/\eta_{iV} .$$

Führt man mit $\mu = \dot{m}_B/\dot{m}_V$ das Massenstromverhältnis von Brennstoff und Luft ein, so folgt unter Vernachlässigung von $\varepsilon^2/4$

$$P_{iG} = \dot{m}_V \{(1 - \varepsilon + \mu)\eta_{iT} \cdot H_{sT} - |H_{sV}|/\eta_{iV}\} . \tag{6.102}$$

Für die weiteren Betrachtungen führen wir in Anlehnung an (6.98) und (6.99) die Hilfsfunktion

$$\psi = 1 - \Pi^{\frac{\varkappa - 1}{\varkappa}} \tag{6.103}$$

ein, wobei Π das Druckverhältnis einer Zustandsänderung bedeutet. Damit läßt sich allgemein für das isentrope Wärmegefälle schreiben

$$H_s = c_p T_A \psi \tag{6.104}$$

mit T_A als der Anfangstemperatur der Zustandsänderung. Insbesondere gilt dann für den Verdichter bzw. die Turbine

$$H_{sV} = c_{pL} T_1 \psi_V ; \quad H_{sT} = c_{pG} T_3 \psi_T ,$$

mit c_{pL} und c_{pG} als den spezifischen Wärmekapazitäten der Luft bzw. des Rauchgases, die man natürlich als Mittelwerte für die entsprechenden Zustandsänderungen einsetzen muß. Dabei können Druckverluste in den verschiedenen Teilen der Maschinenanlage ohne weiteres berücksichtigt werden, indem man in ψ_V bzw. ψ_T nur die entsprechenden, in den Maschinengruppen auftretenden Druckverhältnisse einsetzt, wie in Bild 6.60 angedeutet.

Für die Wärmezufuhr gilt nun

$$\emptyset_{zu} = \dot{m}_V(1 - \varepsilon + \mu)\cdot c_{pG}(T_3 - T_2) \ .$$

T_3 ist die gewünschte Frischgastemperatur, T_2 kann mit Hilfe der Isentropengleichung aus der Ansaugtemperatur T_1 der Luft berechnet werden. Es gilt offenbar

$$T_2 - T_1 = \frac{1}{\eta_{iT}}(T_{2s} - T_1),$$

und da

$$T_{2s} = T_1 \cdot \pi_V^{\frac{\varkappa_L - 1}{\varkappa_L}} \ ,$$

mit $\varkappa_L$ als dem Isentropenexponenten der Luft, so wird

$$T_2 = T_1\,(1 - \psi_V/\eta_{iV}).$$

Damit erhält man

$$\emptyset_{zu} = \dot{m}_V(1 - \varepsilon + \mu)\cdot c_{pG}\,[T_3 - T_1(1 - \psi_V/\eta_{iV})].$$

Andererseits gilt (6.100). Gleichsetzen beider Ausdrücke für $\emptyset_{zu}$ liefert

$$\mu = \frac{\dot{m}_B}{\dot{m}_V} = \frac{(1 - \varepsilon)\ c_{pG}[T_3 - T_1(1 - \psi_V/\eta_{iV})]}{H_u\,\eta_B - c_{pG}[T_3 - T_1(1 - \psi_V/\eta_{iV})]} \qquad (6.105)$$

Damit ist - bei vorgegebener Leistung - der Verdichtermassenstrom $\dot{m}_V$ aus (6.102) zu berechnen. Für den inneren Wirkungsgrad der Gasturbinenanlage folgt

$$\eta^*_{iG} = \frac{P_{iG}}{\dot{m}_B \cdot H_u} = \frac{P_{iG}}{\mu \dot{m}_V \cdot H_u} \ . \qquad (6.106)$$

Um den Einfluß wesentlicher Parameter auf den Wirkungsgrad der Gasturbine aufzuzeigen, werde im folgenden die Betrachtung vereinfacht, indem die Druckverluste in der Maschine vernachlässigt und $\dot{m}_T \approx \dot{m}_V = \dot{m}$ gesetzt wird. Letztere Annahme wird nur zu geringen Fehlern führen, da ε und μ von gleicher Größenordnung sind, aber mit verschiedenen Vorzeichen in (6.102) auftreten. Ferner sei ein Gesamtwirkungsgrad η_g eingeführt, der den thermodynamischen Kreisprozeß und die inneren Verluste in den Maschinengruppen zusammen berücksichtigt, indem man setzt

$$P_{iG} = \eta_g\,\Phi_{zu,B} = \eta_g\,\eta_B\,\dot{m}_B\,H_u. \qquad (6.107)$$

Für den Gütegrad, wie η_g auch genannt wird, folgt dann

$$\eta_g = \frac{P_{iG}}{\Phi_{zu,B}} \approx \frac{\eta_{iT} H_{sT} - |H_{sV}|/\eta_{iV}}{q_{zu}}, \qquad (6.108)$$

da $\Phi_{zu,B}/\dot{m} = q_{zu}$ ist. Für die isentropen Wärmegefälle gilt aber mit den spezifischen Wärmekapazitäten c_{pG} des Rauchgases bzw. c_{pL} der Luft

$$H_{sT} = c_{pG}\,(T_3 - T_{4s})$$

bzw.

$$H_{sV} = c_{pL}\,(T_1 - T_{2s}).$$

Wegen des geringen Unterschiedes der spezifischen Wärmekapazitäten setzen wir auch hier $c_{pG} \approx c_{pL} = c_p$. So folgt weiter

$$q_{zu} = c_{pG}\,(T_3 - T_2) \approx c_p\,[(T_3 - T_{2s}) - (T_2 - T_{2s})].$$

Es ist nun, wie man sich leicht überzeugt,

$$T_2 - T_{2s} = \left(\frac{1}{\eta_{iV}} - 1\right)(T_{2s} - T_1).$$

Damit erhält man für den Gütegrad

$$\eta_g = \frac{\eta_{iT}\,(T_3 - T_{4s}) - \frac{1}{\eta_{iV}}\,(T_{2s} - T_1)}{(T_3 - T_{2s}) - \left(\frac{1}{\eta_{iV}} - 1\right)(T_{2s} - T_1)}.$$

Wird noch in Zähler und Nenner durch T_1 dividiert und das Druckverhältnis $\Pi = p_2/p_1$ (vgl. (3.10)) eingeführt, so folgt aus der Isentropengleichung für die vorkommenden Temperaturverhältnisse

$$\frac{T_{2s}}{T_1} = \Pi^{\frac{\varkappa-1}{\varkappa}} \qquad \text{und} \qquad \frac{T_{4s}}{T_1} = \frac{T_3}{T_{2s}} = \frac{T_3}{T_1}\left(\frac{1}{\Pi}\right)^{\frac{\varkappa-1}{\varkappa}}.$$

Damit gewinnt man

$$\eta_g = \frac{\left(\eta_{iV}\,\eta_{iT}\,\frac{T_3}{T_1} - \Pi^{\frac{\varkappa-1}{\varkappa}}\right)\left(\Pi^{\frac{\varkappa-1}{\varkappa}} - 1\right)}{\Pi^{\frac{\varkappa-1}{\varkappa}}\left[\eta_{iV}\left(\frac{T_3}{T_1} - 1\right) - \left(\Pi^{\frac{\varkappa-1}{\varkappa}} - 1\right)\right]}. \qquad (6.109)$$

In dieser Beziehung stellt sich der Gütegrad als Funktion der inneren Wirkungsgrade von Verdichter und Turbine, des Druckverhältnisses und des Temperaturverhältnisses dar. Sie eignet sich gut, um den Einfluß dieser wesentlichen Parameter auf den Gasturbinenwirkungsgrad zu studieren. Für genaue Rechnungen, namentlich im Zusammenhang mit der konstruktiven Auslegung einer Gasturbine, muß man natürlich auf (6.102) bis (6.105) zurückgehen. Bild 6.61 zeigt η_g in Abhängigkeit von Π mit der Frischgastemperatur t_3 als Parameter für ein bestimmtes Beispiel mit inneren Wirkungsgraden, die bei Maschinen mittlerer Größe heute erreichbar sind. Für die Ansaugtemperatur wurde $t_1 = 15^\circ C$ gesetzt, entsprechend mittleren sommerlichen Bedingungen in unseren Breiten. Zum Vergleich wurde der thermische Wirkungsgrad η_{th} nach (3.11) und Bild 3.16 eingetragen. Wie man sieht, liegen die Gütegrade, abhängig von der Frischgastemperatur, wesentlich niedriger als die thermischen Wirkungsgrade. Ferner steigt η_g mit Π nicht monoton an, sondern fällt nach Überschreiten eines Maximums wieder ab. Aus Gründen des Bauaufwands legt man sich auch hier nicht in den Optimalpunkt, sondern bleibt davor, weshalb selbst bei den höchsten, heute angewandten Frischgastemperaturen im allgemeinen noch keine höheren Druckverhältnisse als $\Pi = 10$ bis 15 gewählt werden.

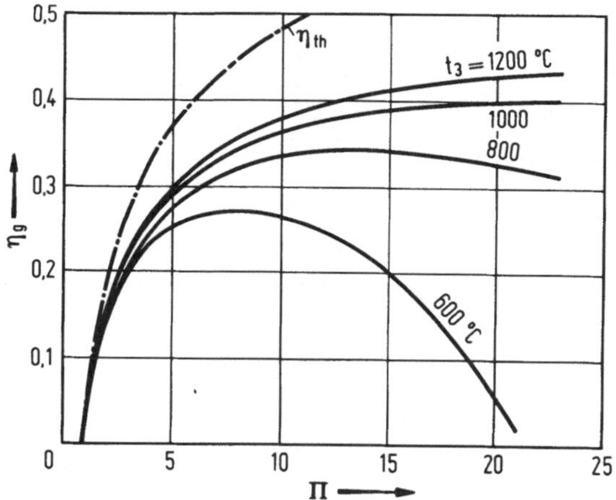

Bild 6.61. Gütegrad der Gasturbine ohne Wärmetauscher in Abhängigkeit vom Druckverhältnis und der Frischgastemperatur. Innere Wirkungsgrade Verdichter $\eta_{iV} = 0{,}88$, Turbine $\eta_{iT} = 0{,}90$, Ansaugtemperatur $15^\circ C$

Die inneren Wirkungsgrade der Turbomaschinen haben bedeutenden Einfluß auf den Gütegrad, wie Bild 6.62 für zwei Frischgastemperaturen veranschaulicht. Die erheblichen Schwierigkeiten, die bei der Entwicklung der Gasturbinen zu überwinden waren, sind u.a. hierauf zurückzuführen. Solange man mangels geeigneter Werkstoffe nicht wesentlich über $t_3 = 500^\circ C$ gehen konnte, hätten nur hervorragende Wirkungsgrade der Maschinengruppen zu brauchbaren Gütegraden geführt. Jedoch wurden die hierfür not-

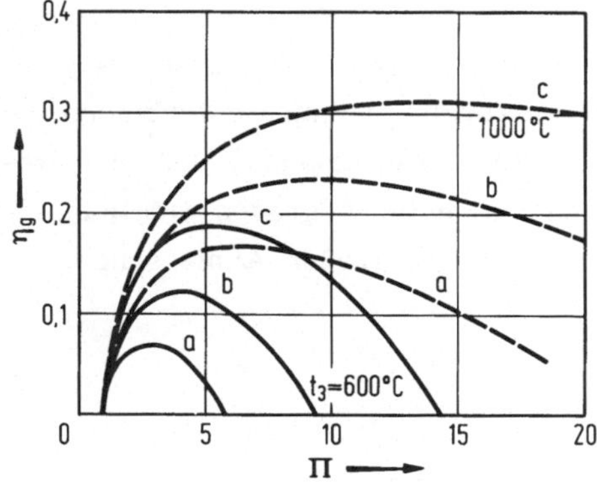

Bild 6.62. Gütegrad der Gasturbine ohne Wärmetauscher bei verschiedenen inneren Wirkungsgraden der Turbomaschinen, Ansaugtemperatur 15°C. a $\eta_{iV} = 0,73$; $\eta_{iT} = 0,75$; b $\eta_{iV} = 0,78$; $\eta_{iT} = 0,80$; c $\eta_{iV} = 0,83$; $\eta_{iT} = 0,85$

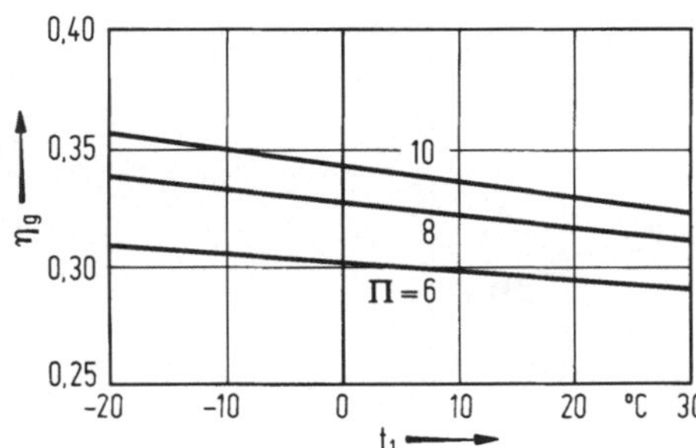

Bild 6.63. Einfluß der Ansaugtemperatur auf den Gütegrad offener Gasturbinen. $t_3 = 800°C$; $\eta_{iV} = 0,88$; $\eta_{iT} = 0,90$

wendigen Grundlagen der Strömungsmechanik erst etwa in den letzten 50 Jahren erarbeitet. Bemerkenswert ist noch die Abhängigkeit des Gütegrades von der Temperatur der Ansaugluft t_1, die in Bild 6.63 wiedergegeben ist. Gasturbinenanlagen haben demnach bei sommerlicher Witterung geringere, bei winterlicher Witterung höhere Leistung. Die Leistungsänderung, die durch die Temperaturabhängigkeit der Dichte der Ansaugluft noch verstärkt wird, ist erheblich größer als bei den Dampfkraftanlagen, wo durch die Witterung die Kühlverhältnisse, also das Vakuum im Kondensator, auch beeinflußt werden.

Für den Prozeß mit Wärmetauscher gemäß Bild 3.17 läßt sich eine entsprechende Beziehung für η_g angeben, die als weiteren Parameter den Wärmetauschgrad η_{WT} enthält. Die Ableitung verläuft analog zu (6.109). Man erhält unter den gleichen, dort angegebenen Voraussetzungen

$$\eta_g = \frac{\left(\eta_{iV}\eta_{iT}\frac{T_3}{T_1} - \Pi^{\frac{\varkappa-1}{\varkappa}}\right)\left(\Pi^{\frac{\varkappa-1}{\varkappa}} - 1\right)}{(1-\eta_{WT})\left[\eta_{iV}\left(\frac{T_3}{T_1} - 1\right) - \left(\Pi^{\frac{\varkappa-1}{\varkappa}} - 1\right)\right]\Pi^{\frac{\varkappa-1}{\varkappa}} + \eta_{WT}\eta_{iV}\eta_{iT}\frac{T_3}{T_1}\left(\Pi^{\frac{\varkappa-1}{\varkappa}} - 1\right)} . \qquad (6.110)$$

Man überzeugt sich leicht, daß für $\eta_{WT} \to 0$ der Gütegrad in η_g nach (6.109) übergeht. Dagegen wird für $\eta_{WT} \to 1$ der thermische Prozesswirkungsgrad η_{th} nach

(3.12) nur dann erreicht, wenn gleichzeitig $\eta_{iV} = \eta_{iT} \rightarrow 1$. Bild 6.64 zeigt beispielhaft den Gütegrad abhängig vom Druckverhältnis und dem Wärmetauschgrad als Parameter. Die optimalen Druckverhältnisse liegen im Vergleich zum Gasturbinenprozess ohne Wärmetauscher bei deutlich kleineren Werten. Man erkennt, daß eine wesentliche Anhebung des Gütegrades nur mit höheren Wärmetauschgraden möglich ist. Wärmetauschgrade über 80% führen indessen bereits zu großen Abmessungen des Wärmetauschers.

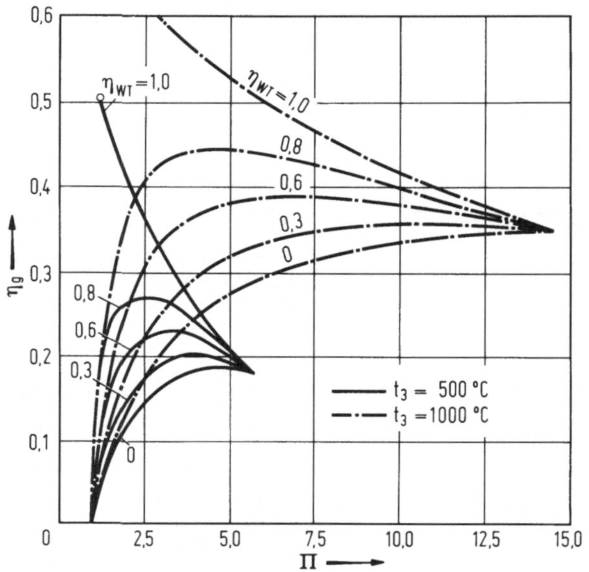

Bild 6.64. Gütegrad der einfachen Gasturbinen mit Wärmetauscher. $\eta_{iV} = 0{,}85$; $\eta_{iT} = 0{,}88$; $t_1 = 15°C$

Damit sind einige wesentliche Angaben zur Ermittlung von Leistung und Verbrauch von Gasturbinenanlagen gemacht. Aus der inneren Leistung folgen effektive Leistung und Klemmenleistung mit Hilfe der gleichen Beziehungen, wie für die Dampfturbinen angegeben. Ebenso sind die für den spezifischen Brennstoff- und Wärmeverbrauch dort angegebenen Gleichungen hier gültig. Zur einfachen Berücksichtigung der Druckverluste mag man bei einfachen offenen Gasturbinen $\eta_R \approx 0{,}95$ bis $0{,}97$ einsetzen. Bei Anlagen mit Wärmetauschern und bei geschlossenen Anlagen muß jedoch $\eta_R \approx 0{,}85$ bis $0{,}9$ angenommen werden. Beim mechanischen Wirkungsgrad beachte man indessen, daß P_i die Differenz der Beträge von innerer Turbinen- und Verdichterleistung ist.

6.6.3. Bauarten und Anwendung von Gasturbinen

Die konstruktive Gestaltung von Gasturbinen lehnt sich einesteils unmittelbar an die der Dampfturbinen an, ist jedoch anderenteils von der Entwicklung der Flugantriebe [198, 199] beeinflußt. Die von den Dampfturbinen abgeleiteten Gasturbinen sind von schwererer Ausführung, sollen höhere Lebensdauer haben und eignen sich daher für länger dauernden Einsatz, sog. Grundlastbetrieb. Dagegen sind die von den Flugtriebwerken abgeleiteten Anlagen von leichter Bauart und eignen sich mehr für intermittierenden Einsatz, sog. Spitzenlastbetrieb. Während man bei thermischen Kraftanlagen im allgemeinen für 100 000 h Betriebszeit dimensioniert (vgl. Abschnitt 2.5), geht man bei den Gasturbinen jedoch davon aus, daß thermisch besonders hochbelastete Bauteile, wie Flammrohre und Brenner sowie die Beschauflung der ersten Turbinenstufe nur etwa 20 000 bis 40 000 h in Betrieb sein sollen und danach erneuert werden müssen.

In den einfachen offenen Anlagen lassen sich feste Brennstoffe nicht verwenden. Die durch die Turbine mit hoher Geschwindigkeit strömende Asche würde in kurzer Zeit zu schweren Erosionsschäden an der Beschauflung führen. Soweit man das Rauchgas von aufgeladenen Wirbelschichtfeuerungen für den Antrieb von Gasturbinen zu nutzen gedenkt, muß eine wirksame Entstaubung gewährleistet sein. Entsprechende Flugstaubfilter sind jedoch erst in der Entwicklung. Auch die Verbrennung von schwerem Heizöl ist infolge der schon bei den Feuerungen der Dampferzeuger beschriebenen Hochtemperaturkorrosion durch V_2O_5 problematisch [200]. Man muß entweder die Frischgastemperatur unter 650° C halten, so daß auch niedrigschmelzende Eutektika aus V_2O_5 und Na-Verbindungen nicht flüssig, sondern als Flugstaub durch die Turbine gehen, oder man entfernt unter Zugabe von Wasser in einer Trennzentrifuge die Na-Bestandteile aus dem Heizöl, so daß sich niedrigschmelzende Eutektika bei der Verbrennung nicht bilden können. Die Frischgastemperatur kann dann bis auf ca. 800°C gesteigert werden. In beiden Fällen mischt man jedoch (wie bei den Dampfkesseln) Additive mit V_2O_5-absorbierender Wirkung aus Sicherheitsgründen zusätzlich in das Heizöl, vornehmlich aufgrund der immer vorhandenen Ungleichförmigkeiten in der Rauchgastemperatur. Während die erste Lösung mit der niedrigen Frischgastemperatur zu entsprechend niedrigem Wirkungsgrad führt, hat man bei der zweiten Lösung zusätzliche Anlagekosten für die Heizölaufbereitung in Kauf zu nehmen. Staubförmige Beläge auf den Turbinenschaufeln müssen ferner in Zeitabständen von einigen 100 h durch Einspritzen eines Waschmittels bei reduzierter Drehzahl der Maschinen entfernt werden, was für einen Dauerbetrieb störend ist. Ähnliche Schwierigkeiten durch Korrosion und Erosion können bei staubbeladenem Gichtgas aus Hochöfen entstehen, das auch als Brennstoff für Gasturbinen benutzt wurde.

Ideale Brennstoffe sind indessen leichtes Heizöl, Kerosin und Erdgas. Hier ist man in den anwendbaren Frischgastemperaturen lediglich durch die Warmfestigkeit verfüg-

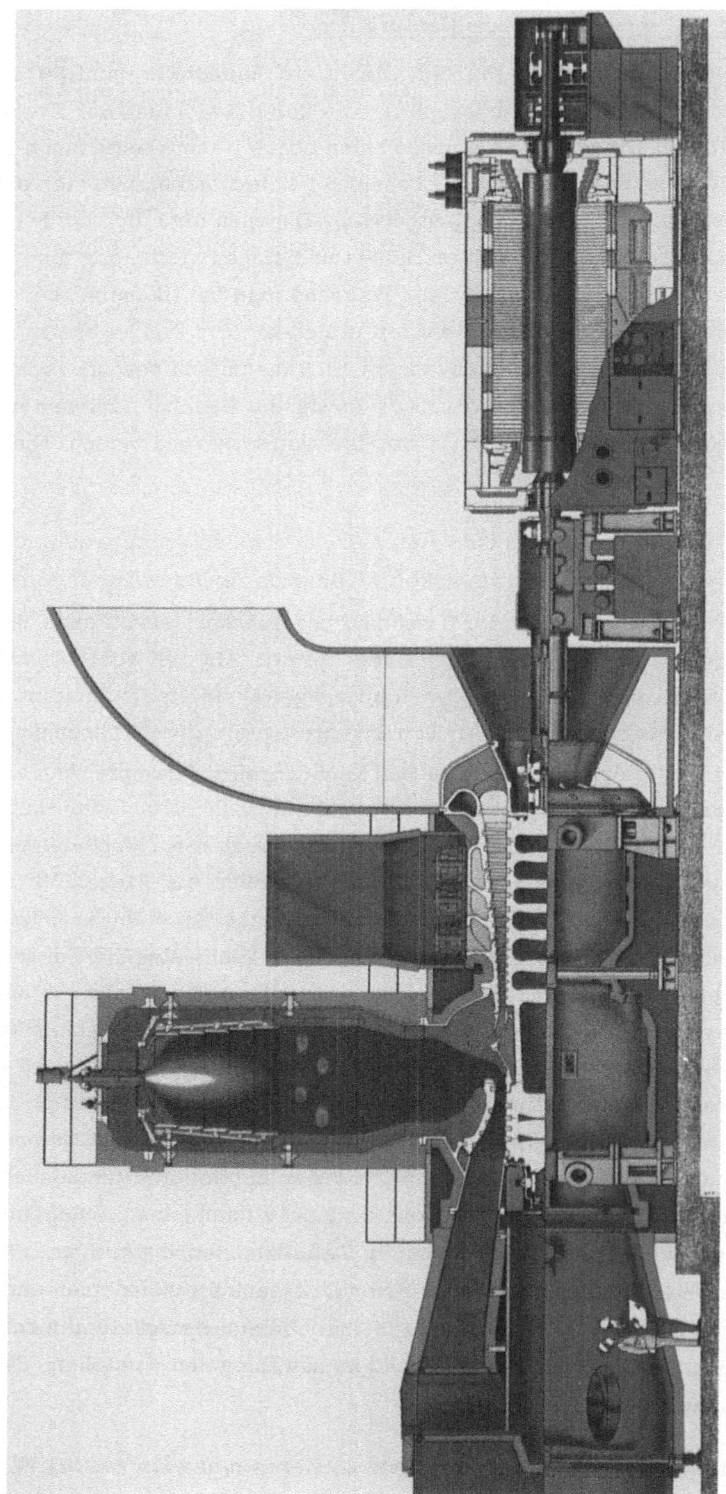

Bild 6.65. Längsschnitt einer Gasturbogruppe, Typ 13, für 100 bis 140 MW Leistung (Werkbild BBC).

barer Werkstoffe eingeschränkt. Man strebt unter Anwendung gekühlter Schaufeln 1200°C an. Bild 6.65 zeigt eine große Gasturbine mit Einfachbrennkammer im Längsschnitt; in Bild 6.66 ist ihre mögliche Einordnung in ein Kraftwerk wiedergegeben. Im Vergleich zum Dampfkraftwerk wird der einfache Aufbau einer solchen Kraftanlage deutlich [201, 202]. Dieser kann in Sonderausführungen, einer sog. Kompaktbauweise,

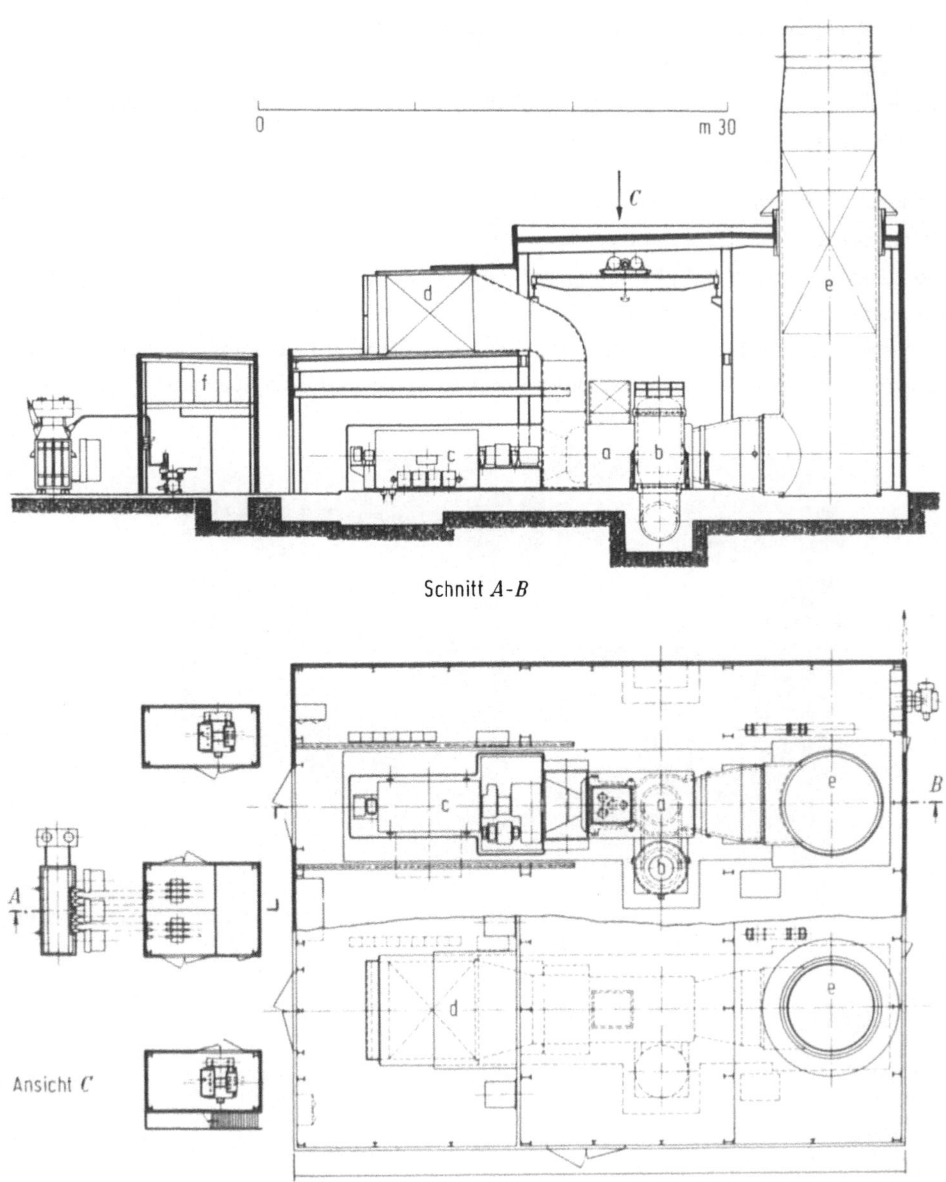

Bild 6.66. Gasturbinenkraftwerk 2 × 60 MW (Werkbild BBC). a Gasturbinen; b Brennkammer; c Generator; d Ansaugkanal mit Schalldämpfer; e Kamin mit Schalldämpfer; f Leitstand

noch weiter vereinfacht werden, indem man z.B. die gesamte Maschine einschließlich Ölversorgung und Anfahreinrichtung (Diesel- oder Elektromotor) auf einem Grundrahmen montiert und in ein Stahlblechgehäuse einbaut. In weiteren solcher Gehäuse werden der Leitstand mit den Regel- und Überwachungseinrichtungen sowie einem Batteriesatz zum Anlassen, der Generator und ein Ansaugluft-Schalldämpfer untergebracht. Das ganze Blockkraftwerk, in Bild 6.67 wiedergegeben, wird so in vier Abteilen oder Teilgehäusen, jedes für sich komplett, vom Hersteller auf die Baustelle geliefert und dort auf einer einfachen, vorbereiteten Betonsohlplatte aufgestellt. Nach Zusammensetzen der Abteile ist ein solches Kleinkraftwerk sofort einsatzfähig, besondere Gebäudeanlagen entfallen [203].

Gasturbinen haben im Vergleich zu Dampfturbinen geringere Leistung. Dies liegt u.a. wesentlich daran, daß die effektive Leistung sich aus der Differenz der Leistungsbeträge von Turbine und Verdichter ergibt. Zur Vergrößerung der Nutzleistung kann man eine Mehrwellenanordnung gemäß Bild 6.68 vorsehen, in welcher zwei Turbinen lediglich als Verdichterantriebe wirken und das nicht vollständig in ihnen entspannte Rauchgas in einer, nur dem Generatorantrieb dienenden Nutzleistungsturbine aufgearbeitet

Bild 6.67. Fernbedientes Gasturbinen-Kompaktkraftwerk mit 14 MW Leistung. Turbosatz vgl. Bild 6.56 (Werkbild AEG - Kanis)

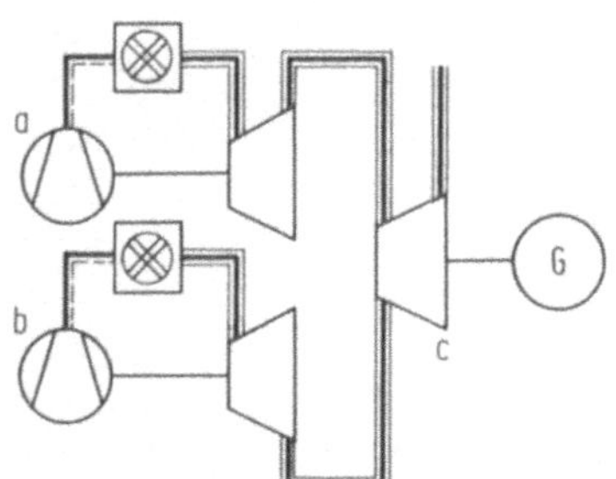

Bild 6.68. Mehrwellenanordnung zur Leistungsvergrößerung einer Gasturbinenanlage. a, b Turbogaserzeuger; c Nutzleistungsturbine

wird. Ein Aggregat, bestehend aus Verdichter, Brennkammer und Verdichterantriebsturbine wird auch als Turbogaserzeuger bezeichnet. Anstelle besonderer Konstruktionen für ortsfeste Anwendung bietet sich auch der Einsatz von Flug-Strahltriebwerken als Turbogaserzeuger an. Flugtriebwerke sind als Serienmaschinen relativ billig und zuverlässig, müssen allerdings nach etwa 2000 bis 5000h Betrieb - je nach Betriebsweise - vollständig überholt werden. Daher sind solche Anlagen für den Grundlastbetrieb nicht gut einsetzbar. In Tabelle 6.2 sind einige wesentliche Daten häufig benutzter Flugtriebwerke angegeben. Für den ortsfesten Einsatz werden diese mit ein bis zwei zusätzlichen Verdichterstufen ausgerüstet. Die Schubdüse des Triebwerks, Nachbrenneinrichtungen sowie Klappen zur Schubrichtungsumkehr werden ausgebaut. Bild. 6.69 zeigt einen solchen Turbogaserzeuger als Beispiel. Je nach Anzahl der einer Nutzleistungsturbine vorgeschalteten Gaserzeuger kann man Anlagen mit einem ganzzahligen Vielfachen der angegebenen Leistung bauen. Ausgeführte Kraftwerke dieser Art reichen bis 120 MW in einer Maschineneinheit. Bild 6.70 veranschaulicht den Aufbau eines kompletten Spitzenlastkraftwerks. Die Nutzleistungsturbinen sind dabei einfache, oft nur einstufige Maschinen [204].

Offene Gasturbinen haben im Vergleich zur Dampfkraftanlage selbst bei hohen Frischgastemperaturen wesentlich schlechtere Wirkungsgrade. Die Verbesserung mit Hilfe eines Wärmetauschers verteuert die Anlage bedeutend und wird daher nur noch selten angestrebt. Dagegen führt - wie gezeigt - die Kombination von Gas- und Dampfturbinenanlagen zu einer Anhebung des Gesamtwirkungsgrades, gegebenenfalls noch über den einer vergleichbaren Dampfkraftanlage hinaus, ohne daß dabei die spezifischen, d.h. die auf die installierte Leistung bezogenen Anlagekosten ansteigen. Aufgrund des zeitweise reichlichen Angebots an Erdgas als günstigem Brennstoff für Gasturbinen wurden solche Anlagen zunehmend gebaut, vorzugsweise mit der in Bild 3.24 gezeigten Schaltung mit Zusatzfeuerung im Dampfkessel, die auch große Gesamtleistung auszuführen gestattet [205]. Der einzige Nachteil solcher Anlagen ist, daß sie nur Gas oder leichtes Heizöl in der Gasturbine zu verbrennen gestatten. Für die Zukunft strebt man deshalb - aufgrund der sich anbahnenden Verknappung von Erdgas und Mineralöl - die Vorschaltung einer Kohlevergasungsanlage an. Da diese jedoch für sich auch thermische Energie benötigt, würde der Anlagenwirkungsgrad, bezogen auf den eingesetzten Brennstoff, wieder herabgesetzt. Um den Vergasungsverlust auszugleichen, braucht man eine Kombinationsanlage (im folgenden kurz Kombianlage genannt) mit höherem Wirkungsgrad, als die zur Zeit im Einsatz befindlichen erdgasbefeuerten Anlagen haben. Sonst wären reine Dampfkraftanlagen mit erhöhten Frischdampfverhältnissen und mehrfacher Zwischenüberhitzung gegebenenfalls vorzuziehen. Der Wirkungsgrad der Kombianlagen ließe sich jedoch durch Steigerung der Frischgastemperatur wesentlich über den heutigen Stand hinaus erhöhen.

Tabelle 6.2. Luftstrahltriebwerke als Turbogaserzeuger

Gaserzeuger		Rolls-Royce Avon RA 29 Mark 1533	Pratt + Whitney GG 3	Bristol Siddeley Olympus	General Electric LM 1500 GA
Triebwerksart		1-wellig	2-wellig	2-wellig	1-wellig
Drehzahl	min^{-1}	7900	8000 (ND)	6300 (ND)	7236
Verdichtungs-Druckverhältnis		10	13	9,5	12
Austrittsdruck	bar	2,69	2,54	ca. 2,50	ca. 2,50
Austrittstemperatur	°C	578	516	620	508
Gasdurchsatz	kg/h	297 200	284 000	370 800	271 000
Brennstoffmenge bei Heizöl EL[1]	kg/h	4210	3795	5610	3350
Nutzbare Leistung im Gasstrahl ca.	MW	12,6	11,3	17,5	10

[1] oder auch Dieselöl, bei einem Heizwert von 43 MJ/kg.

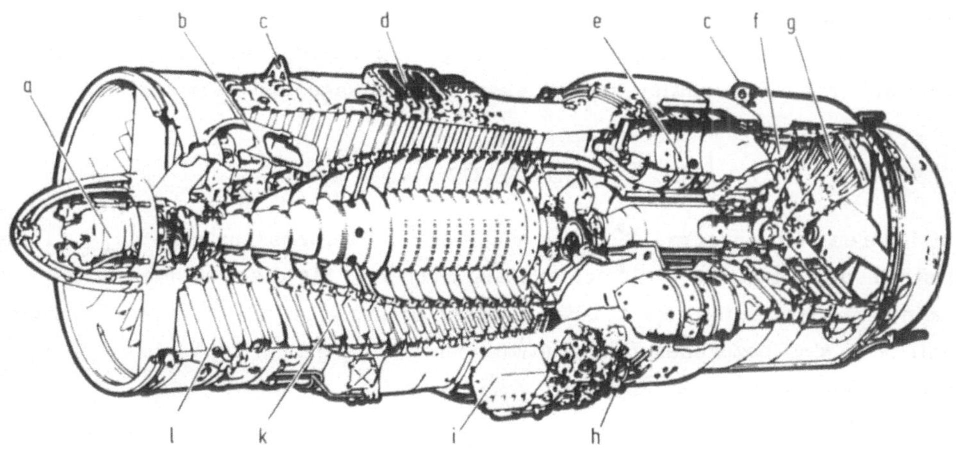

Bild 6.69. Turbogaserzeuger Rolls Royce Avon im Schnitt. a Anwurfmotor; b Enteisungssystem; c Transportöse; d Luftentnahmeventil; e Brennkammer; f Turbineneintritt; g 3-stufiger Turbinenläufer; h Brennstoffregler; i Schmierstoffkühler; k 17-stufiger Verdichter; l Verdichter Eintrittsleitschaufeln

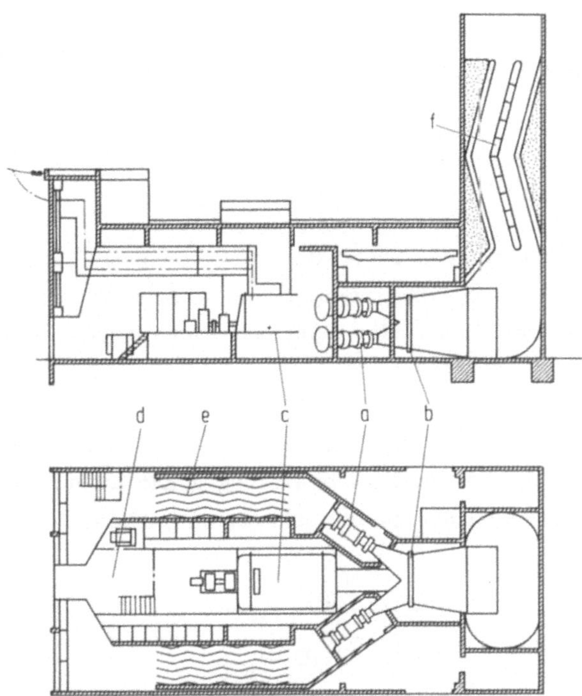

Bild 6.70. Beispiel für ein Gasturbinen-Spitzenkraftwerk mit 4 Flugtriebwerken als Turbogaserzeuger, Leistung 50 MW [204]. a Turbogaserzeuger; b Nutzleistungsturbine; c Generator; d Leitstand; e Ansaugschalldämpfer; f Abgasschalldämpfer

Wegen der Bedeutung dieser Entwicklung sei auf die Berechnung einer Kombianlage noch eingegangen, und zwar am Beispiel einer Anlage mit Nachfeuerung im Dampferzeuger[1]. Für die innere Gesamtleistung einer solchen Anlage läßt sich setzen

$$P_{iGD} = \eta^*_{iGD} \cdot \dot{m}_{B,GD} \cdot H_u ,$$

mit dem inneren Wirkungsgrad η^*_{iGD} und dem Brennstoffmassenstrom $\dot{m}_{B,GD}$. Da der Luftstrom des Gasturbinenverdichters als Brennluft für die gesamte Anlage (etwa mit einem Luftverhältnis $\lambda = 1{,}1$ bei Erdgas) dient, kann der Brennstoffmassenstrom mit Hilfe des bezogenen Brennluftvolumens $v_{L,th}$ gemäß (4.8) bzw. (4.9) bestimmt werden, indem man ansetzt

$$\dot{m}_V = \rho_L \cdot \dot{V}_L = \rho_L \cdot \lambda \cdot v_{L,th} \cdot \dot{m}_{B,GD} ,$$

mit ρ_L als der Dichte und $\dot{V}_L$ als dem Volumenstrom der Luft. Daraus folgt

$$\dot{m}_{B,GD} = \frac{\dot{m}_V}{\rho_L} \frac{1}{\lambda \cdot v_{L,th}} .$$

Für die innere Leistung der Kombianlage ergibt sich damit

$$P_{iGD} = \eta^*_{iGD} \frac{\dot{m}_V H_u}{\lambda \rho_L v_{L,th}} . \qquad (6.111)$$

$\dot{m}_V$ folgt dabei aus (6.102) mit den Daten der vorgesehenen Gasturbine, die - im Gegensatz zur Dampfkraftanlage - im allgemeinen nicht speziell entwickelt, sondern entsprechend den verfügbaren Typen oder Baureihen der Herstellerfirmen eingesetzt wird.

Zur Berechnung von η^*_{iGD} kann (3.14) benutzt werden. Beachtet man, daß die dort eingeführten Wirkungsgrade als Anlagenwirkungsgrade aufzufassen sind, so lautet diese Beziehung, bezogen auf innere Leistungen, exakter

$$\eta^*_{iGD} = \frac{\eta^*_{iD}}{1 - (1 - \eta^*_{iD}) \frac{P_{iG}}{P_{iGD}}} . \qquad (6.112)$$

Da η^*_{iGD} aus (6.112) nur zu ermitteln ist, wenn P_{iGD} bekannt, die innere Leistung jedoch aus (6.111) nur mit Kenntnis von η^*_{iGD} folgt, löst man am besten

[1] Für den Prozeß ohne Nachfeuerung s. z.B. [206].

beide Gleichungen durch Iteration, beginnend etwa mit $\eta^*_{iGD} = \eta^*_{iD}$ in (6.112).

Für die der Gasturbine nachgeschaltete Dampfkraftanlage kann ein hochwertiger Prozeß, z.B. auch mit Zwischenüberhitzung und regenerativer Speisewasservorwärmung gewählt werden. Jedoch muß man beachten, daß der Dampferzeuger keine Brennluftvorwärmung haben muß, da die Brennluft der Kesselfeuerung mit dem heißen Abgas der Gasturbine zugeführt wird. Um nicht einen hohen Abgasverlust beim Dampferzeuger in Kauf zu nehmen, muß man daher einen größeren Teil des Speisewassers mit Rauchgas vorwärmen als beim reinen Dampfkraftwerk. Dabei kann man die rauchgasbeheizten Vorwärmer in Serie zu den mit Anzapfdampf beheizten oder, wie in Bild 6.71 beispielsweise gezeigt, parallel geschaltet anordnen. Die regenerative Vorwärmung verliert damit einen gewissen Teil ihrer Effektivität, η^*_{iD} wird etwas kleiner. Nimmt man für das Beispiel Frischdampfverhältnisse von 160 bar/ 540°C, Zwischenüberhitzung bei 40 bar auf 540°C, ein Vakuum von 95% und Speise-

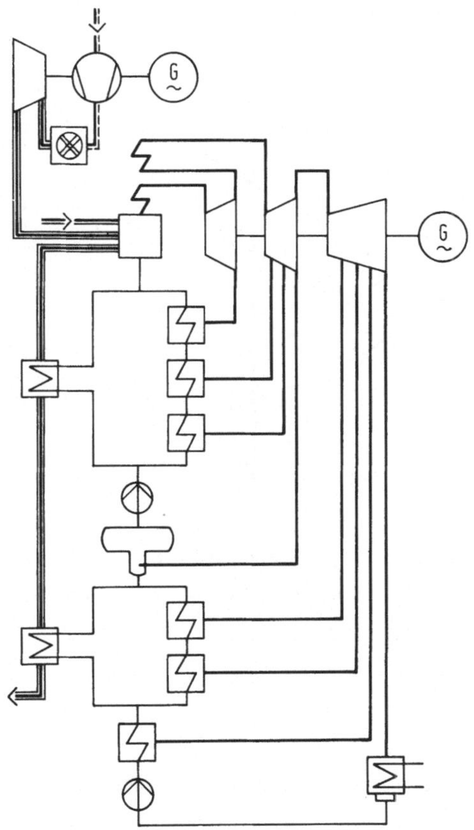

Bild 6.71. Wärmeschaltplan (Grundschaltplan) einer kombinierten Gas-Dampfturbinenanlage mit Nachfeuerung im Dampferzeuger und parallel geschalteten rauchgas- bzw. dampfbeheizten Speisewasservorwärmern.

wasservorwärmung auf 260°C an, so erhält man rund $\eta^*_{iD} = 0,4$, wenn die Speisewasservorwärmung zur Hälfte rauchgasbeheizt erfolgt. Dabei ist mit 130°C Abgastemperatur des Dampferzeugers und üblichen Annahmen für weitere Verluste und die inneren Wirkungsgrade der Turbinenteile gerechnet.

Um die Wirkung einer Steigerung der Frischgastemperatur zu zeigen, wurde bei unveränderter Dampfkraftanlage für die Gasturbine ein Intervall von 800 bis 1500°C Frischgastemperatur unter (linearer) Steigerung des Verdichter-Druckverhältnisses von 8 bis 15 angenommen. Dabei wurde Luftkühlung für die Gasturbine zugrundegelegt (ε = 3 bis 10%), obwohl diese möglicherweise bei mehr als 1200°C Frischgastemperatur problematisch sein könnte. Unter Berücksichtigung eines Druckverlustes von 6 bis 8% in der Gasturbine sowie den Wirkungsgraden der Maschinengruppen lassen sich dann der Wirkungsgrad des Kombiprozesses und das Leistungsverhältnis von Gas- und Dampfturbine mit den o.a. Beziehungen berechnen. Das Ergebnis ist in Bild 6.72, Kurven a dargestellt. Man sieht, daß man mit extrem hohen Frischgastemperaturen innere Wirkungsgrade von 50% erreichen kann.

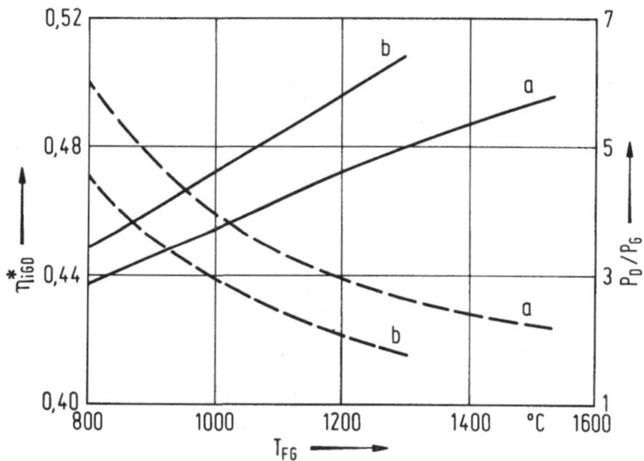

Bild 6.72. Innerer Wirkungsgrad η^*_{iGD} und Leistungsverhältnis von Dampf- und Gasturbine P_D/P_G (gestrichelte Kurven) in Abhängigkeit von der Frischgastemperatur T_{FG}. a Kombiprozeß nach Bild 6.71; b Gasturbine mit Zwischenerhitzung, sonst gleicher Prozeß wie bei a.

Da der Effekt der Wirkungsgradsteigerung auf der Erhöhung der mittleren Temperatur der Wärmezufuhr beruht, liegt es auch nahe, dies durch eine Zwischenerhitzung des Rauchgases in der Gasturbine zu bewirken. Für die Kombianlage mit Abhitzekessel (STAG-Prozeß) liegen hierzu bereits zahlreiche Untersuchungen vor, z.B. [207, 208]. Für den hier betrachteten Prozeß mit Nachfeuerung im Dampferzeuger wurde eine Gasturbine gemäß Bild 6.73 zugrundegelegt und angenommen, daß die Temperatur des zwischenerhitzten Gases gleich der Frischgastemperatur sei. Das Entspannungsdruckverhältnis wurde gleichmäßig auf HD- und ND-Turbine verteilt. Für die Frischgastemperatur wurde ein Intervall von 800 bis 1250°C durchgerechnet, unter (linearer) Steigerung des Verdichter-Druckverhältnisses von 12 auf 30. Die Ergebnisse sind in Bild 6.72, Kurven b wiedergegeben. Man sieht, daß bei Anwendung der Zwischenerhitzung bereits etwa 1200°C Frischgastemperatur genügen, um 50% inneren Wirkungsgrad mit einer Kombianlage zu erzielen.

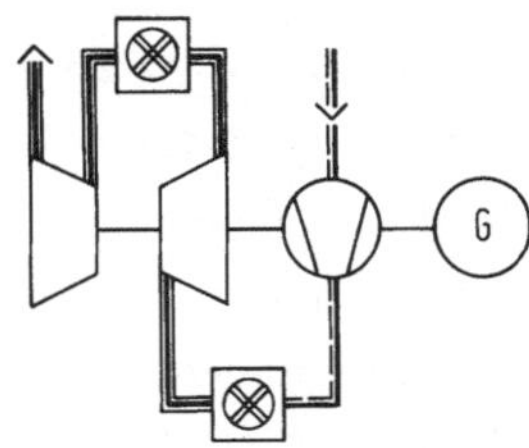

Bild 6.73. Grundschaltplan einer Einwellen-Gasturbine mit Zwischenerhitzung zur Kombination mit einer Dampfkraftanlage.

Die vorstehenden Ergebnisse sind ohne Optimierung gewonnen. Daher kann gegebenenfalls eine noch höhere Verbesserung erreicht werden, wie zum Teil in der Literatur angegeben. Die Möglichkeit höchster Frischgastemperaturen hängt zunächst von der Baubarkeit entsprechender Gasturbinen überhaupt ab. Diese ist vor allem eine Frage der Kühlung hochtemperierter Bauteile, insbesondere der Laufschaufeln. Man glaubt, unter Berücksichtigung der erforderlichen langen Lebenszeit und hohen Verfügbarkeit stationärer Gasturbinen, in absehbarer Zeit mit Luftkühlung auf etwa 1200°C Frischgastemperatur zu kommen. Für höhere Temperaturen (Ziel 1650°C) wird die Wasserkühlung untersucht [209]. Jedoch muß man hier wohl noch mit längerer Entwicklungszeit rechnen, wenn es überhaupt gelingt, die beträchtlichen Probleme von Wärmespannungen, unsymmetrischen Kühlmittelverteilungen, Ablagerungen, Erosion und Korrosion zu bewältigen. Einer Neuentwicklung bedürften wohl auch die Gasturbinen mit Zwischenerhitzung gemäß Bild 6.73. Die älteren Zweiwellenanlagen (vgl. Bild 3.20) hatten nur geringe Leistung und dürften zu hohe spezifische Anlagekosten aufweisen.

Eine Fülle von verschiedenen Verfahren zur Kohlevergasung wurde vorgeschlagen, zum Teil untersucht [53, 210]. Dabei ergeben sich im allgemeinen Umwandlungswirkungsgrade, bezogen auf den Heizwert der eingesetzten Kohle von ca. 70 bis 80%. Mit einem Wirkungsgrad von 50% der Kombianlage würde man daher für den Gesamtprozeß der Energieumwandlung gerade etwa auf Wirkungsgrade gelangen, die mit einem Dampfkraftprozeß bei direkter Kohleverfeuerung auch zu erzielen sind. Die Vergasungsverluste können in ihrer Auswirkung jedoch wesentlich reduziert werden durch Einbindung eines Teils der Vergasungswärme in die Dampferzeugung oder (und) Anwendung einer Teilvergasung. Bei letzterer würde nur Gas für die Gasturbine erzeugt, Rückstandskohle (Koks) aus der Vergasung und (oder) frischer Kohlenstaub im Dampferzeuger verfeuert [211]. Solche Kombiprozesse dürften geeignet sein, den Wirkungsgrad der thermischen Kraftwerke bedeutend über das heute übliche Niveau anzuheben.

Gasturbinen mit geschlossenem Kreislauf [212, 213] haben bisher keine so bedeutende Anwendung gefunden wie die offenen Anlagen. Es traten erhebliche Schwierigkeiten in der Entwicklung der Lufterhitzer auf, und zwar infolge der schlechten Wärmeübertragung von Rauchgas und Luft, die im Bereich des Feuerraums leicht zu Überhitzung und Zerstörung der Wandheizflächen führt. Nun ist man im Zuge der Entwicklung der gasgekühlten Kernreaktoren bereits zu Austrittstemperaturen von 950°C mit Helium als Kühlgas gelangt. Man kann dieses Kühlgas natürlich zur Erzeugung von Heißdampf für einen Dampfkraftprozeß konventioneller Art benutzen, wie es bei den zunächst gebauten Hochtemperaturreaktoren auch geschieht. Der Gedanke liegt jedoch nahe, das hochtemperierte Kühlgas unmittelbar in einer Gasturbinenanlage auszunutzen [214 bis 216].Dafür kommen nur geschlossene Kreisläufe in Frage; denn das Kühlmittel ist kostbar und nicht - wie die Luft - frei verfügbar, zudem kann es mit radioaktiven Partikeln beladen sein. Das Kreislaufschema einer solchen Anlage würde dem Bild 3.23 entsprechen mit dem einzigen Unterschied, daß anstelle des Lufterhitzers der Kernreaktor träte. Die Schaltung ist im Vergleich zu einer Dampfkraftanlage offenbar sehr einfach. Für den Reaktorkühlkreislauf wird kein besonderes Gebläse benötigt. Der Wirkungsgrad einer solchen Anlage kann bei 850°C Frischgastemperatur den Wirkungsgrad einer konventionellen Dampfkraftanlage von ca. 40 %, bei 1000°C möglicherweise 50 % erreichen. Daher ist die Entwicklung von Heliumturbinen erstrebenswert. Heißluftturbinen sind bisher allerdings nur mit Leistungen bis 30 MW gebaut worden, während man für wirtschaftliche Kernkraftwerke Maschinen mit 500 bis 1000 MW benötigt. Helium weist indessen als Arbeitsstoff im Vergleich zu Luft wesentliche Vorteile auf. Seine spezifische Wärmekapazität ist etwa fünfmal, vergleichbare Wärmeübergangszahlen sind etwa zweimal und die Schallgeschwindigkeit ist etwa dreimal so groß. Daher erhält man relativ kleine Abmessungen für Wärmetauscher und Turbomaschinen. In Bild 6.74 ist der Entwurf einer Helium-Gasturbine wiedergegeben, der in seiner Leistung wohl dem derzeitigen Entwicklungsstand weit vorausgreift. Ein Prototyp befindet sich zur Zeit in Erprobung, allerdings mit einem mit fossilem Brennstoff befeuerten Gaserhitzer. Die mehrgehäusige Anlage, die in ihrer Ausführung einer nuklearen Anlage mit etwa 150 MW Leistung entspricht [216], hat mehrfache Vor- bzw. Zwischenkühler, die Heißwasser zur Stadtheizung von Oberhausen (Rhld.) liefern.

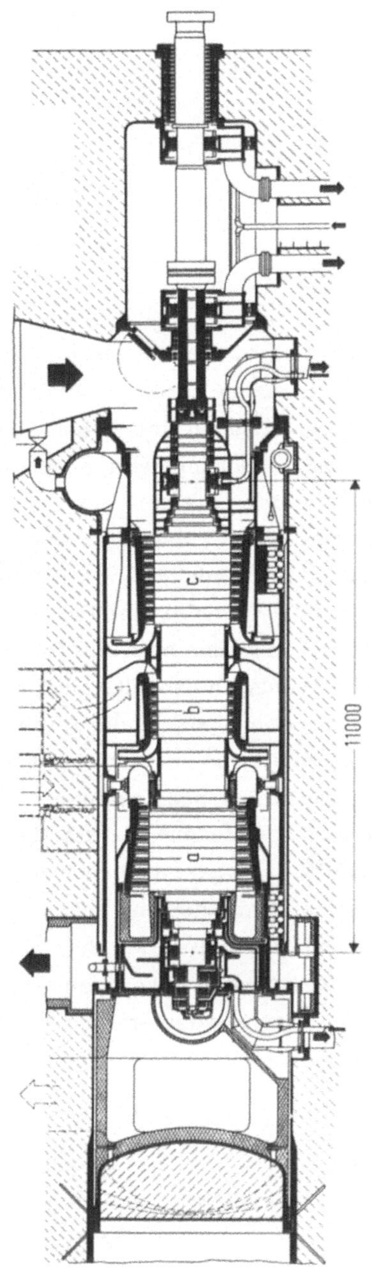

Bild 6.74. Entwurf einer geschlossenen He-Gasturbine für 1000 MW Leistung, im Betondruckgefäß des Reaktors integrierte Anordnung (Werkbild BST). a Turbine; b HD-Verdichter; c ND-Verdichter

7. Entwicklungsprobleme und -tendenzen

7.1 Festigkeitsprobleme

Grundlegende Fragen des Werkstoffverhaltens, die mit der Festigkeit besonders der hochtemperierten Bauteile naturgemäß in engem Zusammenhang stehen, wurden schon in Abschnitt 2.5 angeschnitten. Die Entwicklung zu immer höheren mittleren Temperaturen der Wärmezufuhr, gemäß (2.4) zur Anhebung des thermischen Wirkungsgrades erstrebenswert, findet Grenzen, die entweder (wie vornehmlich bei der Gasturbine) weitere Temperatursteigerung nicht unmittelbar zulassen oder diese (wie vornehmlich bei den Dampfkraftanlagen) aus Gründen der hohen Preise verfügbarer Werkstoffe als nicht wirtschaftlich erscheinen lassen. Das Verhalten der Bauteile unter Betriebsbeanspruchung ist dabei weitgehend durch das Kriechen bzw. die Relaxation mitbestimmt. Obwohl es sich hier um plastische Verformungen handelt, sind jedoch die Gesetze der Plastizitätstheorie im allgemeinen nicht anwendbar, da die rein plastische Verformung ebenso als Kurzzeitvorgang wie die elastische Verformung betrachtet wird. Zur Berücksichtigung des Langzeitverhaltens sind bedeutende Ansätze gemacht worden [19], jedoch sind diese Ansätze im Hinblick auf verschiedene Werkstoffe oder auch Werkstoffgruppen nicht ausreichend allgemeingültig. Festigkeitsberechnungen [217] basieren daher heute noch vorwiegend auf der Elastizitätstheorie, jedoch berücksichtigt man das Langzeitverhalten der Werkstoffe und den Einfluß der Betriebstemperatur mit Hilfe zulässiger Spannungen, die von der Zeitstandfestigkeit, einer Zeitdehngrenze oder von Bruchfestigkeit und Streckgrenze bei Betriebstemperatur abgeleitet sind. Im allgemeinen kann man davon ausgehen, daß für stationäre Beanspruchung die Bemessungsregel

$$\sigma_{zul} = \begin{cases} \sigma_{1/10^5/\vartheta} \\ \dfrac{1}{1,5}\,\sigma_{B/10^5/\vartheta} \end{cases} \quad \text{bzw.} \quad \begin{cases} \dfrac{1}{2}\,\sigma_{0,2/\vartheta} \\ \dfrac{1}{2,5}\,\sigma_{B/\vartheta} \end{cases} \tag{7.1}$$

ausreichende Sicherheit für langjährigen schadenfreien Betrieb (10^5 h) bietet. Im Zweifelsfall ist jeweils der kleinste Wert aus allen vier Bedingungen maßgeblich. Meist wird man jedoch bei Betriebstemperaturen $\vartheta > 400^\circ C$ mit den Langzeitfestigkeiten allein zu rechnen haben, während für $\vartheta < 300^\circ C$ die Kurzzeitwerte - Streckgrenze $\sigma_{0,2}$

bzw. Bruchfestigkeit σ_B - zu wählen sind, zumal für so niedrige Temperaturen in der Regel auch keine Langzeitwerte verfügbar sind.

Für verschiedene Teile thermischer Kraftanlagen, namentlich für Dampferzeuger und Druckbehälter, gibt es besondere Vorschriften, die in den meisten Ländern der Erde auch gesetzlichen Charakter haben (z.B. BRD [217 bis 221], USA [222]). Zum Teil werden darin unmittelbar Berechnungsformeln vorgeschrieben, zum Teil auch nur

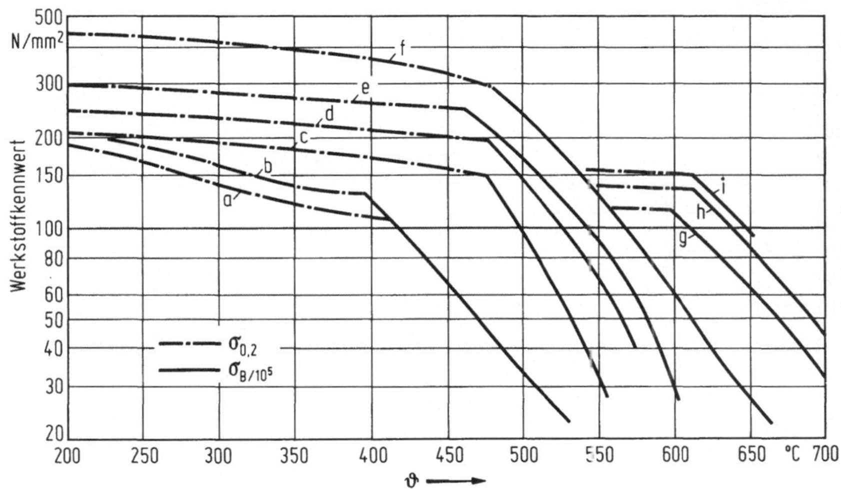

Bild 7.1. Warmstreckgrenze und Zeitstandfestigkeit einiger Kesselbaustähle (vgl. Tabelle 7.1)

Sicherheitsbeiwerte analog zu (7.1). Bei Dampferzeugern wird neuerdings $2 \cdot 10^5$h als Berechnungszeit vorgeschrieben, sofern die entsprechenden Werkstoff-Kennwerte bekannt sind. Für Kernkraftanlagen sind diese Vorschriften entsprechend anzuwenden, oder es sind besondere Vorschriften bzw. Ergänzungen zu beachten. Die Turbomaschinen unterliegen solchen Vorschriften, die mit Rücksicht auf die be-

Tabelle 7.1. Zusammensetzung von Kesselbaustählen (vgl. Bild 7.1)

	Bezeichnung	C	Si	Mn	Cr	Mo	V	Ni	Nb
a	St 35.8	0,35	0,25	0,6	-	-	-	-	-
b	St 45.8	0,45	0,25	0,7	-	-	-	-	-
c	15 Mo 3	0,15	0,25	0,6	-	0,3	-	-	-
d	10 CrMo 9 10	0,10	0,30	0,5	2,3	1,0	-	-	-
e	14 MoV 6 3	0,14	0,25	0,4	0,4	0,6	0,3	-	-
f	X 20 CrMoV 12 1	0,20	-	-	12,0	1,0	0,3	0,5	-
g	X 8 CrNiNb 16 13	0,06	-	-	16,0	-	-	13,0	0,6
h	X 8 CrNiMoNb 16 16	0,06	-	-	16,5	1,8	-	16,5	0,6
i	X 8 CrNiMoVNb 16 13	0,07	-	-	16,5	1,3	0,7	13,5	0,7

sonderen Gefahren der Explosionen von Druckbehältern, namentlich von Großwasserraumkesseln, erlassen wurden, jedoch im allgemeinen nicht. In besonderen Fällen weicht man hier auch wesentlich von (7.1) ab. So setzt man z.B. Schrauben von Rohrflanschverbindungen oder die Teilfugenschrauben von Turbinengehäusen mit Vorspannungen ein, die bis zu 85% der Warmstreckgrenze des Werkstoffs betragen.

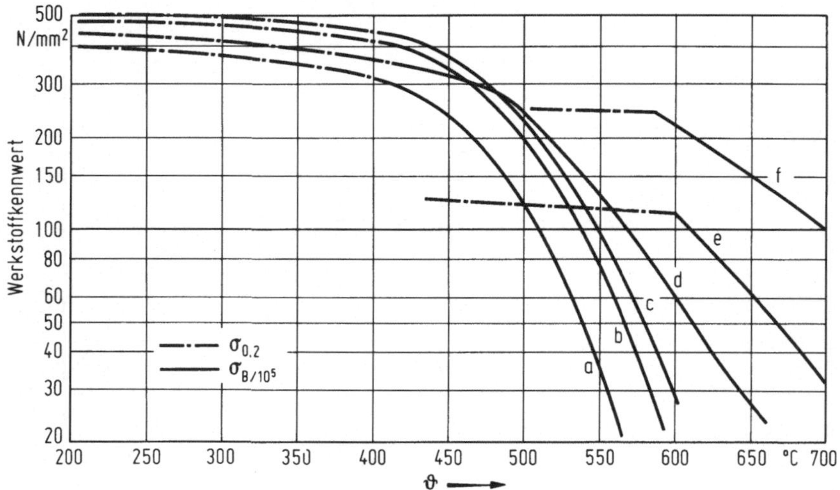

Bild 7.2. Warmstreckgrenze und Zeitstandfestigkeit einiger Turbinenbaustähle (vgl. Tabelle 7.2)

Infolge der Relaxation (Bild 2.14) sinken diese Vorspannungen bei Inbetriebnahme der Anlage relativ schnell auf sicher tragbare Beanspruchungen ab. Eine andere Ausnahme bilden - wie schon erwähnt - die unter höchsten Temperaturen stehenden Bauteile von Gasturbinen, z.B. Flammrohre der Brennkammern sowie die Beschauflung der ersten Turbinenstufe, bei denen man gegebenenfalls nur von Langzeitfestigkeiten für 10^4 bis $4 \cdot 10^4$ h bei den zulässigen Spannungen ausgeht.

Um eine Vorstellung von der Beanspruchbarkeit der Werkstoffe unter hohen Temperaturen zu gewinnen, sind in den Bildern 7.1 bis 7.3 Streckgrenzen und Zeitstandfestigkeiten

Tabelle 7.2. Zusammensetzung von Turbinenbaustählen (vgl. Bild 7.2)

	Bezeichnung	C	Si	Mn	Cr	Mo	V	Ni	Nb	Co	W
a	24 CrMo 5	0,24	0,25	0,6	1,1	0,25	–	–	-	-	-
b	24 CrMoV 5 5	0,24	0,25	0,4	1,3	0,55	0,2	-	-	-	-
c	21 CrMoV 5 11	0,21	0,45	0,4	1,4	1,1	0,3	-	-	-	-
d	X 20 CrMoV 12 1	0,20	-	-	12,0	1,0	0,3	0,5	-	-	-
e	X 8 CrNiNb 16 13	0,06	-	-	16,0	-	-	13,0	>0,6	-	-
f	X 12 CrCoNi 21 20	0,12	-	-	21,0	3,2	-	20,0	1,0	20,0	2,5

einiger häufig benutzter warmfester metallischer Werkstoffe dargestellt. Ihre Zusammensetzung findet sich in den Tabellen 7.1 bis 7.3. Man erkennt deutlich den schon mit Bild 2.15 qualitativ beschriebenen Einfluß der Temperatur auf die Festigkeit, der nur durch höheres Legieren der als Basis dienenden Stähle in gewissem Maß ausgeglichen werden kann. Dabei gelangt man unter zunehmenden Preisen von den ferritischen

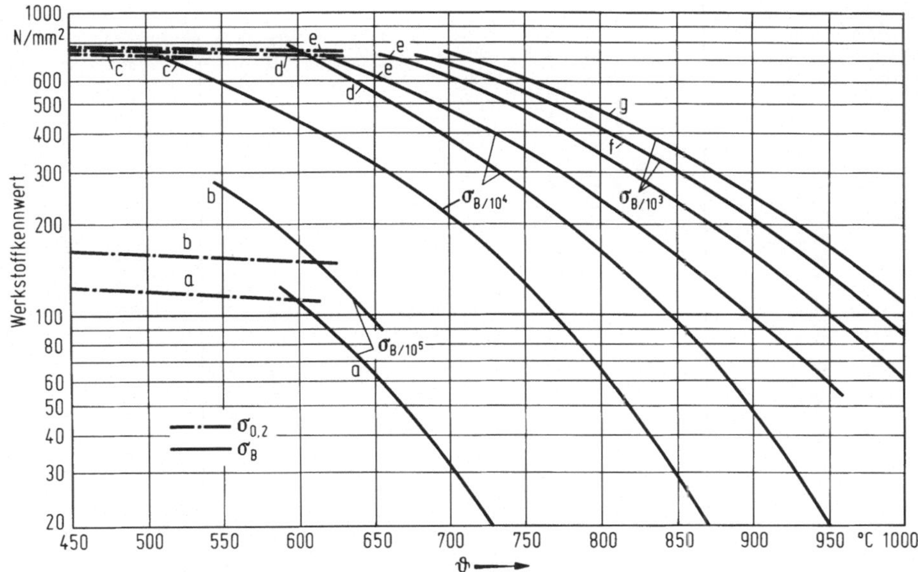

Bild 7.3. Festigkeitswerte einiger hochwarmfester Legierungen (vgl. Tabelle 7.3)

über die martensitischen zu den austenitischen Stählen und schließlich zu den überaus kostspieligen Nickelbasis-Legierungen. Der Versuch, bei den Gasturbinen auch keramische Werkstoffe einzusetzen, ist bisher an der hohen Sprödbruchempfindlichkeit dieser Materialien gescheitert. Mit Rücksicht auf die Herstellkosten thermischer Kraftanlagen kommt es aber darauf an, durch konstruktive Maßnahmen den Einsatz kostspieliger Werkstoffe auf ein Mindestmaß zu beschränken.

Bei Dampfturbinen stellen die unter hohem Druck und hoher Temperatur stehenden Gehäuseteile bedeutende Materialanhäufungen dar. Hier gibt eine mehrschalige Bauweise der HD-Teile z.B. gemäß Bild 7.4 die Möglichkeit einer Abstufung des Werkstoffeinsatzes. Nur das die Leitbeschauflung tragende Innengehäuse ist der Frischdampftemperatur ausgesetzt, wird aber zugleich nur durch den Differenzdruck $\Delta p = p_i - p_a$ zwischen Innen- und Außengehäuse belastet. Das Außengehäuse wiederum wird lediglich durch den Differenzdruck des Abdampfes und der Atmosphäre belastet und nimmt unter seiner Isolation nur etwa die Temperatur des Abdampfes an. Geht man in einer Überschlagsrechnung von der "Kesselformel" aus, so ergibt sich für die Wandstärke s eines Gehäuses

Tabelle 7.3. Zusammensetzung einiger hochwarmfester Metallegierungen (vgl. Bild 7.3)

	Bezeichnung	ρ g/cm^3	C	Cr	Mo	Ni	V	W	Al	Co	Nb/Ta	Ti	Fe	Sonstige
a	X 8 CrNiNb 16 13	7,90	0,06	16		13					0,6		Rest	
b	X 8 CrNiMoVNb 16 13	7,90	0,07	16,5	1,3	13,5	0,7				0,7		Rest	
c	NIMONIC 90	8,27	0,07	19,5		Rest			1,4	18		2,4		0,5 Mn; 0,7 Si
d	NIMONIC 105	7,99	0,20	14,5	5	Rest			4,7	20		1,2	2	1 Mn; 1 Si; 0,5 Cu
e	NIMONIC 118	7,85	0,16	15	3,5	Rest			4,8	14,9		3,9	0,7	0,5 Mn; 0,4 Si; 0,2 Cu
f	Inconel-IN 100	7,75	0,18	10	3	Rest	1		5,5	15		4,7		
g	MAR - M 246	8,44	0,15	9	2,5	Rest		10	5,5	10	1,5	1,5		

$$s = \frac{d_i}{2} \frac{\Delta p}{\sigma_{zul}} \tag{7.2}$$

mit d_i als dem Gehäuse-Innendurchmesser. Die Druckstufung der mehrschaligen Bauweise führt, wie man erkennt, zu relativ geringer Wandstärke besonders des hochtemperierten Innengehäuses. Das größere Außengehäuse kann dagegen aus niedriger legiertem Stahl gefertigt sein. Zur Dimensionierung der Gehäuse wird man natürlich den im allgemeinen bei so dickwandigen Behältern dreidimensionalen Spannungs-

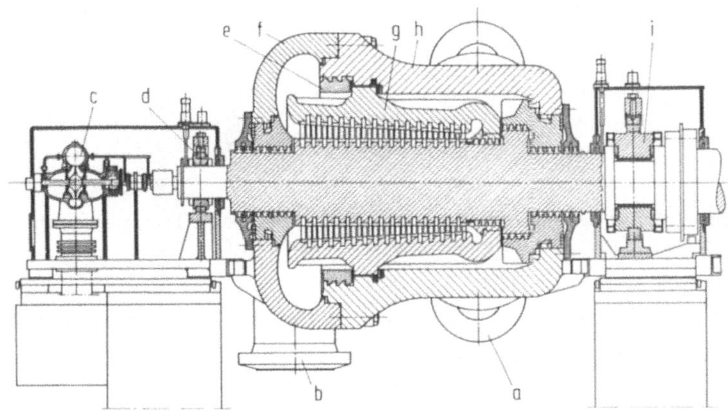

Bild 7.4. Hochdruckteil einer Kraftwerks-Dampfturbine mit Innengehäuse; Außengehäuse in Topfbauart (Werkbild KWU). a Frischdampf-Einströmstutzen; b Abströmstutzen; c Hauptölpumpe; d vorderes Radiallager; e Sägezahn-Gewindering; f radialer Gehäuseflansch; g axial geteiltes Innengehäuse; h Außengehäuse; i kombiniertes Radial-Axiallager

zustand berücksichtigen. Für den Vergleich mit der einachsigen zulässigen Spannung ist dann eine der Festigkeitshypothesen anzuwenden, die bekanntlich nicht allgemeingültig sind. Für zähe metallische Werkstoffe, wie sie hier vorliegen, benutzt man entweder die Hypothese der konstanten Gestaltänderungsenergie oder der maximalen Schubspannung, deren Ergebnisse meist auch nur unbedeutend voneinander abweichen.

Ein weiterer Vorteil mehrschaliger Bauweise ist in den geringeren Temperaturdifferenzen der Gehäusewände zu sehen, die zu kleineren Wärmespannungen und Verformungen der Gehäuse als bei einschaliger Bauweise führen. Die Vermeidung größerer Wärmespannungen ist bei allen höher temperierten Bauteilen heute ein besonders wichtiges Problem, da man hohe Regelgeschwindigkeiten verlangt, um die Netzfrequenz unter allen Bedingungen konstant zu halten. Instationäre Betriebszustände, namentlich das An- und Abfahren der Anlagen sind aber mit Temperaturänderungen in den Bauteilen verknüpft. Betrachtet man gemäß Bild 7.5 das Element einer Gehäusewand, das einem Wärmestrom von einer Seite ausgesetzt sei, so kann dieses bei nicht zu großer Krümmung wie das Element einer ebenen Platte betrachtet werden. Es wird sich ein Temperaturgefälle einstellen, das bei konstantem Wärmestrom linear sein sollte mit einer Temperaturdifferenz $\Delta\vartheta = \vartheta_i - \vartheta_a$ zwischen den beiden Oberflächen. Wäre das Plattenelement aus der Gehäusewand herausgelöst, d.h. im Sinne der Mechanik freigemacht, so

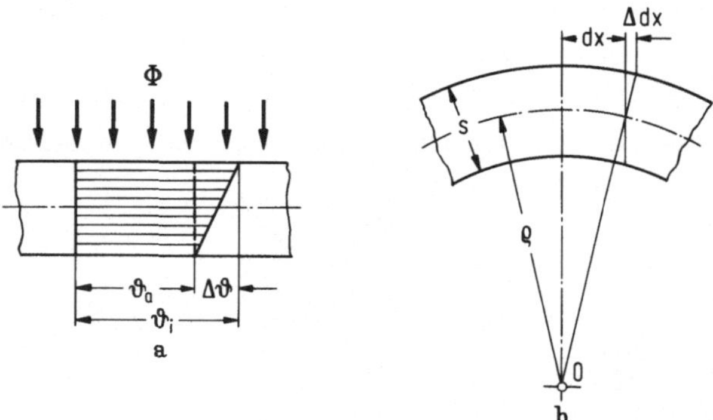

Bild 7.5. Zur Entstehung von Wärmespannungen. a ebenes Plattenelement bei konstantem Wärmestrom; b Schnitt durch gewölbte Gehäusewand

würde es sich verwölben. Sind x und y senkrecht aufeinander stehende Koordinaten in der Plattenebene, so würden an der Plattenoberfläche die Dehnungen

$$\varepsilon_x = \frac{\Delta\,dx}{dx} = \beta\,\frac{\Delta\vartheta}{2}\,; \qquad \varepsilon_y = \frac{\Delta\,dy}{dy} = \beta\,\frac{\Delta\vartheta}{2}$$

mit β als dem Wärmedehnungskoeffizienten des Werkstoffs entstehen. In Wirklichkeit wird das Element durch seine Einspannung in der Gehäusewand an der Verwölbung gehindert. Daher entstehen Biegespannungen σ_x und σ_y, die mit den Dehnungen durch die Beziehungen

$$\varepsilon_x = \frac{1}{E}\,(\sigma_x - \mu\,\sigma_y)\,; \qquad \varepsilon_y = \frac{1}{E}\,(\sigma_y - \mu\,\sigma_x)$$

des ebenen Spannungszustands verknüpft sind, mit E als dem Elastizitätsmodul und μ als der Querkontraktionszahl. Da offenbar $\varepsilon_x = \varepsilon_y$ und $\sigma_x = \sigma_y$, folgt für die maximale Wärmespannung $\sigma_{\Delta\vartheta}$

$$\sigma_{\Delta\vartheta} = \frac{1}{2}\,\frac{E\,\beta}{1 - \mu}\,\Delta\vartheta\,.$$

Der geradlinige Temperaturverlauf ist ein Grenzfall, der sich gegebenenfalls in einem stationären Betriebszustand nach längerer Zeit einstellt. Ein anderer Grenzfall ist ein Temperatursprung nahe der beheizten Oberfläche, der sich zu Beginn des Anwärmens einer Dampfturbine durch hohe Wärmeübergangszahlen, z.B. infolge kondensierenden

Dampfes, einstellen kann. Es ist jetzt, wenn man vollständige Behinderung der Dehnung $\varepsilon_x = \varepsilon_y = \beta\,\Delta\vartheta$ in der Oberfläche annimmt, offenbar

$$\sigma_{\Delta\vartheta} = \frac{E\,\beta}{1-\mu}\,\Delta\vartheta.$$

Nun wird bei instationären Betriebszuständen die Wärmespannung im allgemeinen zwischen den beiden betrachteten Grenzfällen liegen. Daher kann gesetzt werden

$$\sigma_{\Delta\vartheta} = k\,\frac{E\,\beta}{1-\mu}\,\Delta\vartheta \tag{7.3}$$

mit k = 0,5 bis 1,0. Sofern man von besonderen Anfahrproblemen absieht, rechnet man meist mit k = 2/3, was einem etwa parabolischen Temperaturverlauf durch die Gehäusewand entspricht.

(7.3) müßte streng genommen ein negatives Vorzeichen auf der rechten Seite erhalten; denn die Behinderung der Verformung, aus der $\sigma_{\Delta\vartheta}$ entsteht, führt auf der Seite höherer Temperatur (positives $\Delta\vartheta$) zu Druck-, auf der gegenüberliegenden Wandseite dagegen zu Zugspannungen. Man kann im übrigen aus dem stationären Zustand (für den k = 0,5) abschätzen

$$\Delta\vartheta = \frac{s}{\lambda}\,q_A = \frac{s}{\lambda}\,\alpha_F\,(\vartheta_F - \vartheta_i), \tag{7.4}$$

wenn λ die Wärmeleitfähigkeit des Gehäusewerkstoffs ist, q_A die Wärmestromdichte, α_F der Wärmeübergangskoeffizient des Fluids mit der Temperatur ϑ_F und ϑ_i die Oberflächentemperatur der beheizten Wand. Man erkennt, daß geringe Wandstärke und geringe Temperaturdifferenz $\vartheta_F - \vartheta_i$, beides mit einer mehrschaligen Bauart erzielbar, auch zu geringen Wärmespannungen führt. Im übrigen spielt der Werkstoff in der Kombination der Größen $E\,\beta/(1-\mu)\,\lambda$ dabei eine Rolle, in der die austenitischen Stähle wesentlich ungünstiger als die ferritischen erscheinen. Da bei instationärem Betrieb Temperaturdifferenzen wechselnden Vorzeichens auftreten, erhält man auch Wärmespannungen wechselnden Vorzeichens. Wiederholte Last- und Betriebswechsel, insbesondere An- und Abfahren, führen daher zu Wärme-Wechselspannungen mit der Gefahr von Werkstoffermüdung und Rißbildung (sog. low cycle fatigue) [223]. Hierdurch wird die Lebensdauer davon betroffener Bauteile herabgesetzt. Man bemüht sich zur Zeit, das Zusammenwirken dieser Werkstoffermüdung mit dem Kriechen im Hinblick auf die Lebensdauer der Bauteile zu klären. Andererseits bemüht man sich, Regeln für gefahrlose Änderungen des Betriebszustandes bzw. für Laständerungsgeschwindigkeiten aufzustellen [103, 224 bis 226]. Hierbei kommt der Gleitdruckregelung bei den Dampfkraftanlagen besondere Bedeutung zu, da sie eine die hochtemperierten Turbinenbauteile besonders schonende, weil geringste Temperaturänderung verursachende Betriebsweise darstellt.

Alle Bauteile sind, wenn man von dem langzeitig wirkenden Kriechen absieht, elastische Körper. Daher führen Wärmespannungen auch zu Verformungen, besonders bei Unsymmetrien in der konstruktiven Gestalt. Solche Verformungen können ebenso wie die durch die mittleren Temperaturen verursachten Dehnungen zur Überbrückung von Spielen zwischen den sich drehenden und den stehenden Teilen der Turbomaschinen führen. Man muß daher zur Einhaltung der zulässigen Wärmespannungen wie auch zur Vermeidung unzulässiger Verformungen Temperaturen und Temperaturänderungen durch

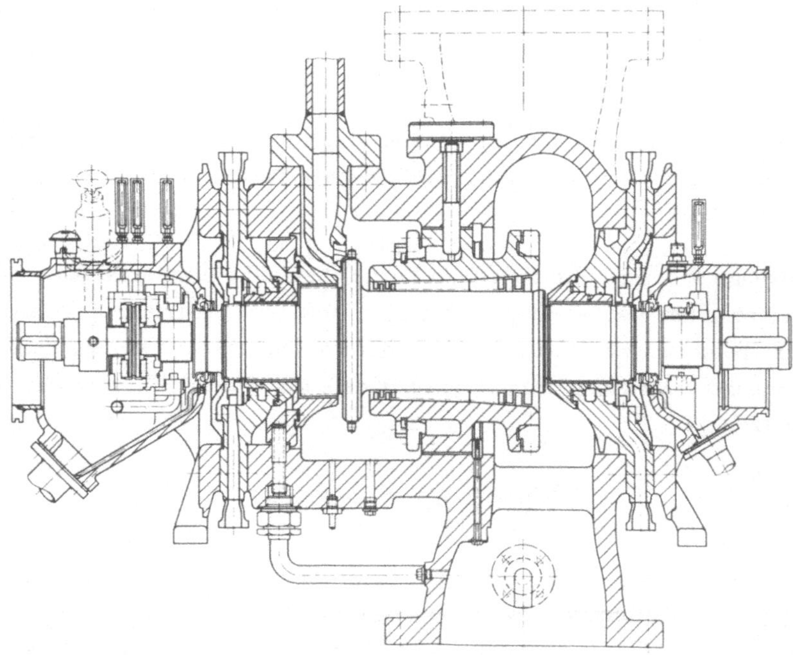

Bild 7.6. Industrie-Gegendruckturbine mit Topfgehäuse und geschrumpftem kreissymmetrischen Leitschaufelträger (Werkbild AEG-Kanis)

Messungen betrieblich überwachen. Indessen kann man hier durch eine möglichst symmetrische Gestaltung der Gehäuse einschließlich der Ein- und Ausströmstutzen von vornherein günstige Verhältnisse schaffen. Bild 6.46 zeigte eine HD-Gehäusekonstruktion mit einem weitgehend kreissymmetrischen Innengehäuse, dessen Hälften mittels Schrumpfringen zusammengehalten werden, so daß keine Teilfugenflansche erforderlich sind. Anstelle der auf der Einströmseite gegen Welle und Außengehäuse abgedichteten Innengehäuse benutzt man bei niedrigeren Drücken - dem Innengehäuse oft nachgeschaltet - auch ein- und austrittsseitig offene Leitschaufelträger, Bild 7.6. Diese ermöglichen eintrittsseitig zwar keine Druckminderung im Außengehäuse, haben jedoch ähnlich günstige Eigenschaften im Hinblick auf den Wärmeverzug wie Innengehäuse.

Das Außengehäuse in Bild 7.6 ist - wie auch das in Bild 7.4 - als Topfgehäuse, d.h. als axial ungeteilter Zylinder gestaltet und wird nach Einlagerung des mit dem Läufer vormontierten Innengehäuses oder Leitschaufelträgers durch kreisringförmige

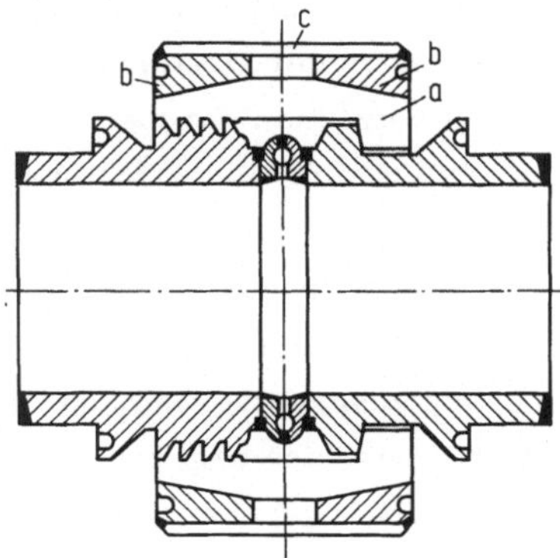

Bild 7.7. Zikesch-Klammerverbindung für Hochdruck-Heißdampfrohrleitungen. a dreiteilige Klammer; b Schrumpfringe; c Sicherungslasche

Deckel verschlossen. Anstelle einer Flansch-Schraubenverbindung kann der Deckel auch mittels Gewinde in das Gehäuse eingeschraubt oder in Art eines Bajonettverschlusses eingeschrumpft werden. Solche Gehäuse sind auch außen weitestgehend symmetrisch zu gestalten und - bei Ausführung mit Innengehäuse wie in Bild 7.4 - für höchste Drücke und Temperaturen besonders geeignet. Für lösbare Rohrflanschverbindungen, die zwischen Dampferzeugern und Turbinen vorgesehen werden müssen, haben sich Gewindeklammern für hohe Drücke und Temperaturen neben Schraubenflanschverbindungen eingeführt und bewährt, Bild 7.7. Die Verbindungsklammer besteht aus drei

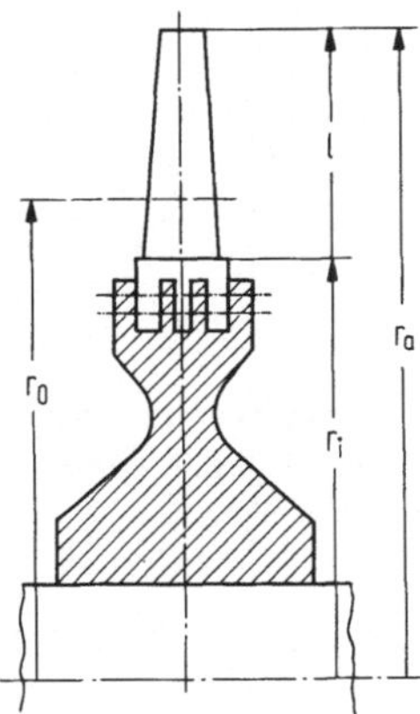

Bild 7.8. Zur Ermittlung der Zugspannung in Laufschaufeln

Teilen, die mittels darübergesetzter Schrumpfringe zusammengehalten werden. Das Sägezahngewinde auf der einen Seite ermöglicht ein Vorspannen der Verbindung durch Drehen der als Überwurfmutter wirkenden Klammer. Die Schrumpfringe werden durch aufgeschweißte Laschen gesichert. Solche Elemente sind auch zur Verbindung ferritischer und austenitischer Rohrleitungen geeignet, die sonst wegen der unterschiedlichen Wärmedehnungskoeffizienten der beiden Werkstoffe zu Schwierigkeiten führen können [227, 228].

Eine andere Möglichkeit der Einsparung hochwarmfester Werkstoffe besteht in der Kühlung von Bauteilen, wie z.B. schon bei den Brennkammern der Gasturbinen beschrieben. Mittels vom Verdichter abgezweigter Kühlluft setzt man darüber hinaus bei Gasturbinen die Temperatur in Gehäusen und Rotoren auf ein solches Maß herab, daß nur die Beschauflung aus besonders teuren Werkstoffen bestehen muß. Die umlaufenden Teile der Turbomaschinen sind neben den Teilfugenschrauben höchstbeanspruchte Bauelemente. Es zeigt sich, daß namentlich die Schaufeln schon von der statisch wirkenden Fliehkraft her so hoher Beanspruchung ausgesetzt sind, daß sich daraus zuerst Grenzen für die Ausführbarkeit einer Turbomaschine ergeben. In einem Zylinderschnitt mit dem Radius r_0, Bild 7.8, folgt z.B. die Zugspannung in einer Schaufel aus

$$\sigma_{z,r_0} = \frac{1}{F(r_0)} \int_{r_0}^{r_a} r\,\omega^2 dm = \frac{\rho\,\omega^2}{F(r_0)} \int_{r_0}^{r_a} F(r)\, r\, dr. \tag{7.5}$$

Darin bedeuten $F(r)$ die Querschnittsfläche im Radius r, r_a den Außenradius, ω die Winkelgeschwindigkeit des Turbinenläufers, $dm = \rho\, F(r)\, dr$ das Massenelement mit ρ

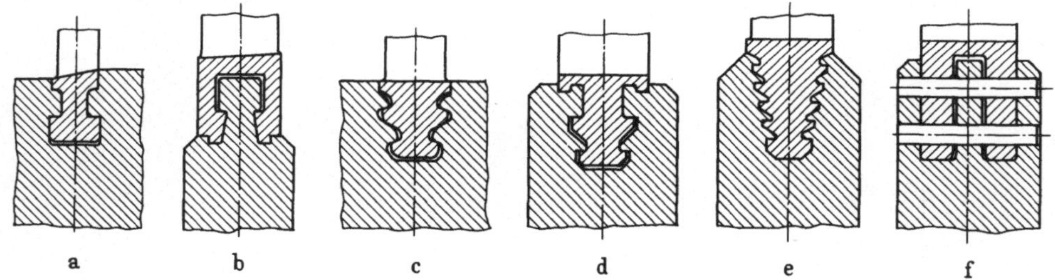

Bild 7.9. Fußformen zur Befestigung der Laufschaufeln im Turbinenrotor. a einfacher Hammerfuß; b Reiterfuß mit Verhakung; c Tannenbaumfuß; d Tannenbaumfuß mit Verhakung; e vielfachverzahnter Tannenbaumfuß; f Steckfuß

als der Dichte des Schaufelwerkstoffs. Der Höchstwert von σ_{z,r_0} tritt im allgemeinen im Schaufelfuß auf, wo die Schaufel im Rotor befestigt ist. Die Beanspruchung an dieser Stelle läßt sich dadurch herabsetzen, daß man das Schaufelblatt "verjüngt" ausführt, d.h. $F(r)$ mit zunehmendem r abnehmen läßt.

In der Mechanik wird gezeigt, welche Form eine Laufradscheibe gleicher Festigkeit haben müßte [229]. Ein besonderes Problem stellt jedoch die Befestigung der Schaufeln im Rotor dar. Bild 7.9 zeigt eine Reihe üblicher Schaufelfußformen. Die dazugehörenden Nuten im Rotor können in Umfangsrichtung, axial sowie auch diagonal oder nach dem Fußprofil gekrümmt verlaufen. Die einfachen Hammer- oder Schwalbenschwanzfüße verwendet man auch zur Befestigung der Leitschaufeln in Leitschaufelträgern, sofern die Leitschaufeln nicht - wie vorzugsweise heute in Zwischenböden -

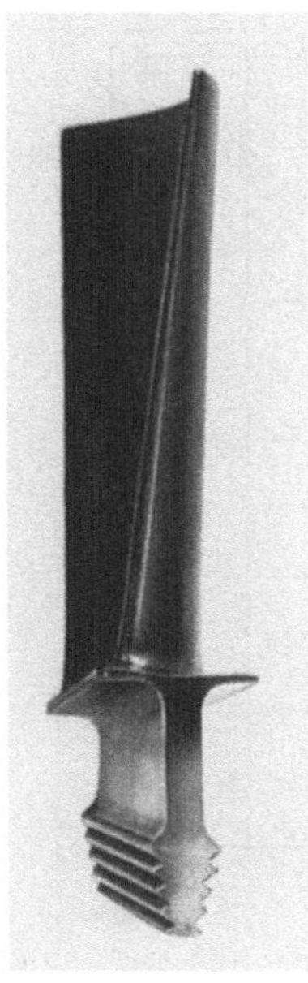

Bild 7.10. Im Fuß gekühlte Gasturbinen-Laufschaufel mit axialer Tannenbaumbefestigung

eingeschweißt werden. Für hochbelastete Schaufeln sind die Tannenbaum- und Steckfußbefestigungen besonders geeignet. Die vielen hintereinandergeschalteten Tragflächen solcher Verbindungen sind indessen von der Fertigung her problematisch. Bei der Steckfußbefestigung können Passungstoleranzen durch Aufreiben der Stiftbohrungen im Radkopf bei eingesetzten Schaufeln gemindert werden. Bei Tannenbaumfüßen kann ein Ausgleich der Passungstoleranzen durch Kriechen des Werkstoffs unter hoher Temperatur (bei Gasturbinen) eintreten oder durch elastische Verformung unter hoher Beanspruchung bei gleichzeitig großen Fußabmessungen (Endstufen von Dampfturbinen). Bild 7.10 zeigt die typische Form einer im Fuß gekühlten Gasturbinenschaufel mit dem langen Steg zwischen Tannenbaum und Schaufelblatt als Kühlfläche und der Abdeckung der Kühlkanäle im Rotor durch den plattenförmigen Ansatz zwischen Kühlsteg und Schaufelblatt. Mit steigender Frischgastemperatur muß jedoch zunehmend eine direkte Schaufelblattkühlung angewandt werden, wie sie bei Flugtriebwerken seit längerem üblich ist.

Leit- und Laufschaufeln werden durch die vom Fluid auf sie ausgeübten Kräfte, die man z.B. aus (6.21) und (6.22) berechnen kann, auf Biegung beansprucht, die sich bei den Laufschaufeln der Fliehkraft-Zugbeanspruchung überlagert. Eine so ermittelte Biegebeanspruchung sei als quasistatische Biegespannung σ_b bezeichnet, um zum Ausdruck zu bringen, daß sie den Mittelwert einer in Wirklichkeit instationären Schaufelbelastung darstellt. Diese Beanspruchung wird allgemein sehr niedrig gehalten. Für 13 % Cr-Stähle, die als nichtrostender Werkstoff für Dampfturbinenschaufeln vorzugsweise angewandt werden, wählt man z.B. $\sigma_{b\,zul} \leq 50\,N/mm^2$, noch weniger sogar in Stufen, bei denen Ungleichförmigkeiten der Zu- oder Abströmung (z.B. erste und letzte Stufen,

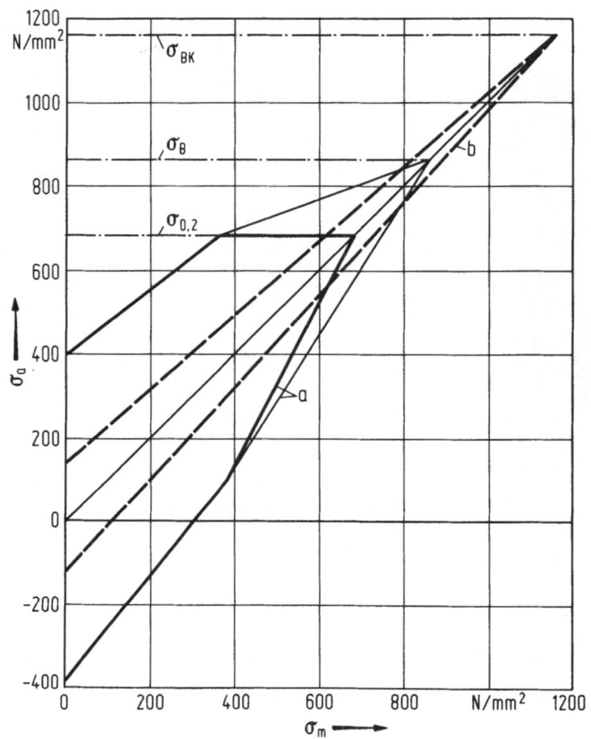

Bild 7.11. Zug-Druck-Wechselfestigkeitsdiagramm für X 20 Cr Mo 13, nach [230]. Gültig für Raumtemperatur, jedoch mit nur geringem Abfall der Festigkeitswerte bis ca. 400°C. a glatter Probestab; b gekerbter Probestab mit Kerbformzahl $\alpha_K = 3{,}8$

Entnahmestellen) oder Korrosions- und Erosionseinflüsse (z.B. durch Naßdampf) erwartet werden. In Bild 7.11 ist dagegen die Dauerwechselfestigkeit eines Schaufelstahles wiedergegeben. Man beachte den bedeutenden Unterschied zwischen glattem und gekerbtem Probestab. Die große Diskrepanz zwischen den Werkstoff-Festigkeitswerten und gewählten quasistatischen Biegespannungen macht deutlich, daß in $\sigma_{b\,zul}$ bereits Sicherheiten zur Berücksichtigung instationärer Zusatzbeanspruchung stecken.

7.2 Schwingungsprobleme

Unter den vielen Schwingungsproblemen, die es bei den verschiedenen Anlagenteilen eines Kraftwerks gibt, haben die Schaufelschwingungen besondere Bedeutung, weil ein beträchtlicher Anteil von Schäden und Betriebsstörungen durch sie verursacht wird [231 bis 233]. Wie schon gezeigt, ist die instationäre Schaufelbelastung periodisch und vermag daher die Leit- und Laufschaufeln zu erzwungenen Schwingungen anzuregen. Eine einwandfreie Beurteilung der Bruchsicherheit wäre möglich, wenn man die Schwingungsbeanspruchung der Schaufeln exakt im voraus berechnen könnte, um sie mit der vom Werkstoff ertragbaren Spannung (z.B. gemäß Bild 7.11) zu vergleichen. Für eine exakte Lösung wäre zunächst das räumliche Strömungsfeld durch die Be-

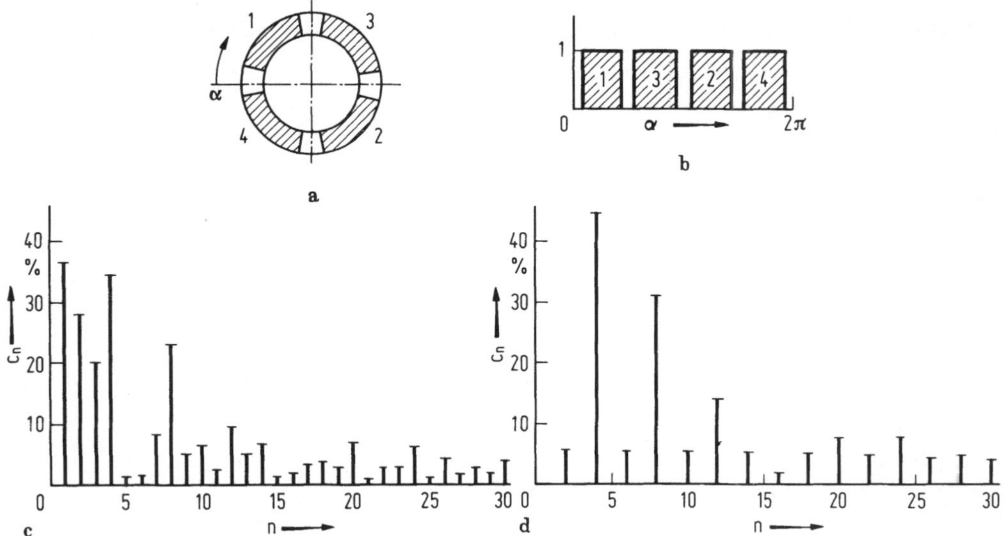

Bild 7.12. Harmonische Analyse der Düsengruppen-Erregung. a Anordnung der Düsengruppen, Ventilöffnungsfolge 1 bis 4; b bezogene Schaufelkraft; c Harmonische Koeffizienten bei Vollast, alle Ventile offen; d Harmonische Koeffizienten bei Teilbeaufschlagung durch Ventile 1 und 2

schauflung unter Berücksichtigung aller Ungleichförmigkeiten genau zu ermitteln, was bis heute nicht möglich ist. Eine bedeutende Lücke besteht auch in der genauen Erfassung des Schwingungssystems, namentlich im Hinblick auf die in ihm vorhandenen Dämpfungen. Weiter sind die Kenntnisse über die Dauerfestigkeit der Werkstoffe unter erhöhter Temperatur sowie unter erosiven und korrosiven Einwirkungen des Arbeitsstoffs nicht vollständig. Um die bestehenden Schwierigkeiten zu umgehen und den Einfluß verschiedener Parameter nach Möglichkeit getrennt zu erfassen, kann man zur Ermittlung der Spannungsamplituden infolge Biegeschwingungen den Ansatz machen

$$\sigma_a \leqq \sigma_b \sum_n \sum_k C_n V_{nk} F_k B_{nk}. \tag{7.6}$$

Darin bedeuten C_n die Harmonischen Koeffizienten n-ter Ordnung der Erregerkraft, V_{nk} die Amplitudenvergrößerungsfunktion bei Anregung der k-ten Schwingform durch die n-te Harmonische, F_k einen Formfaktor, der den Einfluß der Schwingform auf die

Biegespannung erfaßt, und B_{nk} einen Bindungsfaktor, der die Tilgung der Schwingungen der k-ten Form bei Anregung durch die n-te Harmonische bei einer durch Deckband zu Paketen zusammengefaßten Beschauflung berücksichtigt. C_n wird auch als Stimulus bezeichnet. Einen entsprechenden Ansatz könnte man für die Torsionsschwingungen machen.

(7.6) gestattet die Abschätzung einer oberen Grenze für σ_a; das Gleichheitszeichen für sich allein gilt deshalb nicht, weil die von verschiedenen Harmonischen angereg-

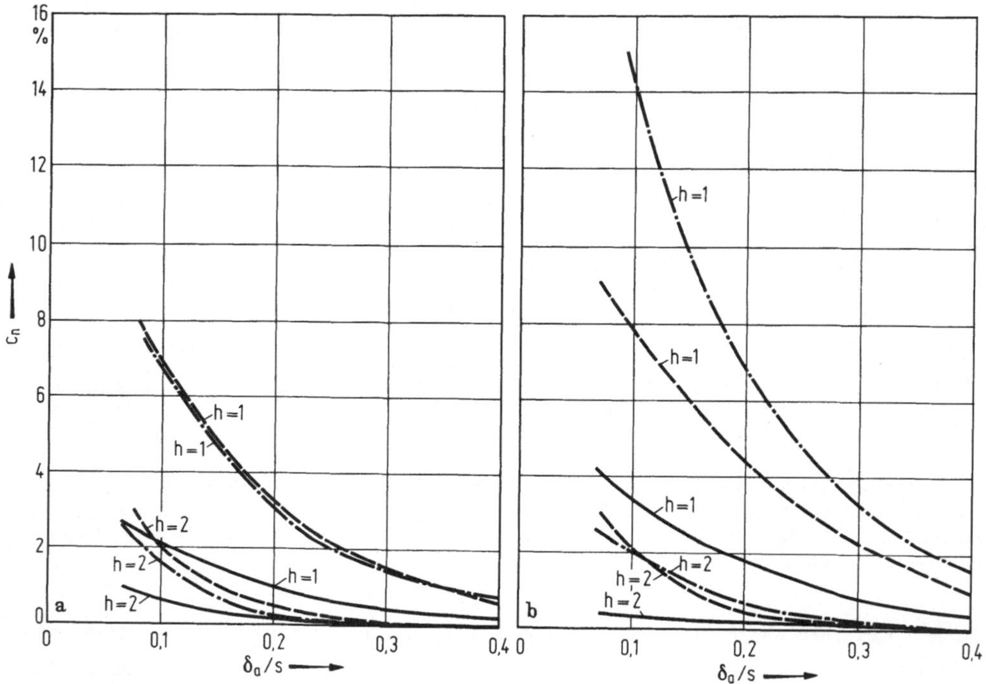

Bild 7.13. Harmonische Koeffizienten der instationären Schaufelkräfte aus der Potentialströmung durch eine Turbinenstufe mit 50 % Reaktion. n = hz mit z als Schaufelzahl des anregenden Gitters. δ_a Axialspalt zwischen den Gittern, s Sehnenlänge des Profils. ——— Translation in Richtung kleinstem, -·- in Richtung größtem Trägheitsmoment; ----- Rotation. a Leitgitter; b Laufgitter

ten Teilschwingungen im allgemeinen phasenverschoben sind, mit unbekannten Phasenverschiebungswinkeln. Die Harmonischen Koeffizienten C_n lassen sich mit Hilfe der Fourier-Analyse aus der resultierenden Kräfteverteilung über dem Umfang der Beschauflung gewinnen, wobei auf die Art der radialen Verteilung der Kräfte im allgemeinen keine Rücksicht genommen wird. Die resultierende Kräfteverteilung kennt man allerdings nur in Sonderfällen. So wird in den teilbeaufschlagten Regelstufen der Dampfturbinen eine Laufschaufel beim Vorbeilaufen hinter einem Leitschaufelsegment ziemlich schlagartig belastet und danach wieder entlastet. Die einfachste Annahme besteht darin, die Belastung in Rechteckimpulse zu zerlegen. Bild 7.12 zeigt z.B. die typische Frischdampfdüsenanordnung eines Hochdruckgehäuses mit der daraus folgenden

Belastungsfunktion und deren Harmonischer Analyse. Man erkennt, daß ein ziemlich dichtes Spektrum verhältnismäßig hoher Harmonischer Koeffizienten vorhanden ist. Die C_n nehmen zwar im allgemeinen mit zunehmender Ordnungszahl n ab, jedoch nicht monoton.

Bei den vollbeaufschlagten Stufen spielt die Anregung der Schaufeln durch die ungleichförmige Gitterströmung eine bedeutende Rolle. In den letzten Jahren sind hinsichtlich der Erfassung der Erregerkräfte theoretisch und experimentell bedeutende Fortschritte erzielt worden [234 bis 239]. Es ist u.a. gelungen, den aus der Potentialströmung herrührenden Anteil der instationären Schaufelkräfte rechnerisch zu erfassen [235, 236] und auch die Wirkung der Nachlaufströmung dabei zu simulieren [237]. Bild 7.13 zeigt z.B. die Harmonischen Koeffizienten für translative Anregung in den beiden Hauptachsenrichtungen eines 50 %-Reaktionsgitters sowie für die rotative Anregung von Torsionsschwingungen. Durch Reibungs- und Sekundärströmungseinflüsse werden die C_n im allgemeinen noch beträchtlich vergrößert. Für ein relatives Axialspiel $\delta_a/s = 0,1$ rechnet man etwa mit $C_n = 0,15$. Die Ordnungszahl n entspricht dabei der Schaufelzahl des erregenden Gitters, auch einem ganzzahligen Vielfachen davon bei allerdings niedrigeren Beträgen der Harmonischen. Die Schaufelgittererregung hat aufgrund der üblichen Schaufelzahlen verhältnismäßig hohe Frequenzen. Niedrigere Erregerfrequenzen, etwa 1. bis 8. Ordnung, kommen von Störungen der Strömung bei Zu- und Abführungen des Fluids. Über die Größe der C_n weiß man dabei jedoch noch wenig. Als besonders gefährlich wird oft in den Abdampfstutzen von Niederdruckgehäusen die 3. Harmonische angesehen.

Die Amplitudenvergrößerungsfunktion V_{nk}, die das Resonanzverhalten einer freistehenden Schaufel repräsentiert, könnte aus Versuchen gewonnen werden. Meist setzt man aber in Anlehnung an ein Einmassenschwingungssystem [240]

$$V_{nk} = \left[\sqrt{\left(1 - \eta_{nk}^2\right)^2 + \left(\frac{\vartheta_k}{\pi} \eta_{nk}\right)^2} \right]^{-1} \tag{7.7}$$

mit

$$\eta_{nk} = \frac{n\,\omega}{\omega_k} \tag{7.8}$$

als dem Verhältnis der Erregerfrequenz der n-ten Harmonischen zur k-ten Eigenfrequenz ω_k (sog. Abstimmung) und ϑ_k als dem logarithmischen Dekrement der Schwingungsdämpfung in der k-ten Eigenschwingform. ϑ_k kann aus Ausschwingversuchen verhältnismäßig einfach gewonnen werden, unterliegt jedoch praktisch außergewöhnlich großen Schwankungen, die besonders vom Einbauzustand des Schaufelfußes abhängig sind. Bild 7.14 zeigt mit $V = V_{nk}$ nach (7.7) das bekannte Resonanzdiagramm des Einmassenschwingers. Im Resonanzfall $\eta_{nk} = 1$ erhält man

$$V_{nk}(\eta_{nk} = 1) = V_{rk} = \frac{\pi}{\vartheta_k} \tag{7.9}$$

als Resonanzvergrößerung der Amplituden. Da praktisch $\vartheta_k \approx 0{,}01$ bis $0{,}04$ beträgt, muß man mit $V_{rk} \approx 80$ bis 300 rechnen. Die Größe von V_{rk} sowie der steile Abfall der Amplitudenvergrößerungsfunktion vom Resonanzgipfel macht deutlich, daß in der Doppelsumme der (7.6) im allgemeinen nur wenige Glieder zu berücksichtigen sein werden, da nur Resonanznähen einen beachtlichen Beitrag zu σ_a liefern. Jedoch gibt es Ausnahmen (z.B. Endstufen bei extrem niedriger Dämpfung), in denen auch Anregungen weitab von Resonanz eine Rolle spielen [240].

Damit tritt auch die Bedeutung von Resonanz hervor. Man könnte davon ausgehen, diese grundsätzlich zu vermeiden. Indessen führen die vielfältigen Schwingungsmöglichkeiten der Schaufeln und die vielen möglichen Erregerfrequenzen schnell zu der Erkenntnis, daß die grundsätzliche Vermeidung von Resonanzen nicht möglich ist. Man muß sich darauf beschränken, diejenigen Resonanzen auszuschalten, die in (7.6) die höchsten oder überhaupt zu hohe Anteile zum Spannungsausschlag σ_a liefern. Dazu bedarf es der Kenntnis der Eigenschwingzahlen und Schwingformen der Schaufeln. Bild 7.15 zeigt mögliche Formen der Biegeschwingungen von freistehenden und bandagierten Schaufelausführungen. Im wesentlichen ist eine Schaufel als einseitig (im Rotor) eingespannter Balken anzusehen, der im Querschnitt veränderlich sowie verwunden sein kann. Da ferner Schwerpunkt und Schubmittelpunkt der Profile nicht zusammenliegen, sind im allgemeinen Fall die Biegeschwingungen in den beiden Hauptrichtungen miteinander sowie auch mit den Torsionsschwingungen gekoppelt. Eine überwiegende Anzahl von Schaufeln wird indessen nicht oder nur schwach verwunden ausgeführt, und es zeigt sich, daß man bei diesen die Eigenfrequenzen mit nur geringen, praktisch tragbaren Fehlern für jede Hauptrichtung der Biegeschwingung sowie für die Torsionsschwingung entkoppelt behandeln kann.

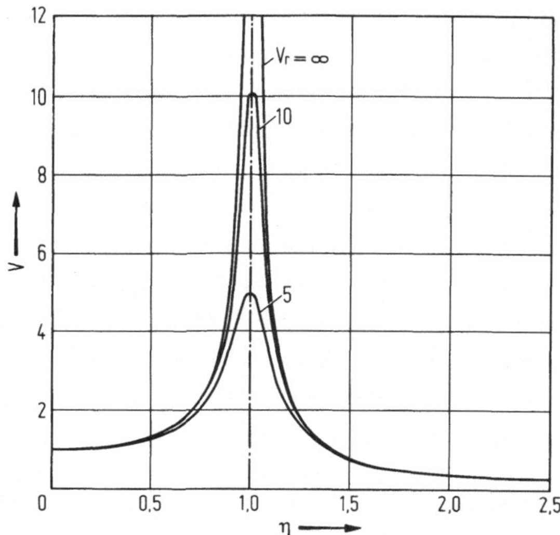

Bild 7.14. Amplitudenvergößerungsfunktion V des Einmassenschwingers

In diesem Fall geht man von der einfachen Differentialgleichung für die freien Biegeschwingungen von Stäben mit gerader Achse

$$\frac{\partial^2}{\partial x^2}\left(E\,J\,\frac{\partial^2 y}{\partial x^2}\right) + \rho\,F\,\frac{\partial^2 y}{\partial t^2} = 0 \tag{7.10}$$

aus [229]. Hierin bedeuten y die Durchbiegung an der Stelle x der Stabachse zur Zeit t, E den Elastizitätsmodul und ρ die Dichte des Stabwerkstoffs, J das Trägheitsmoment und F die Querschnittsfläche.

Beschaufelungsart	Schwingungsrichtung: kleinstes Trägheitsmoment	Schwingungsrichtung: größtes Trägheitsmoment
freistehend	Grund-schwingung, 1. Ober-schwingung, 2. Ober-schwingung (P)	Grund-schwingung, 1. Ober-schwingung, 2. Ober-schwingung (P)
bandagiert	Paketschwingung: Grund-schwingung, 1. Ober-schwingung	Paketschwingung: Grund-schwingung, 1. Ober-schwingung; Translation; Rotation (sog. Pakettorsions-schwingung)
	Einzelschwingung: Grund-schwingung, 1. Ober-schwingung	Einzelschwingung: Grund-schwingung, 1. Ober-schwingung

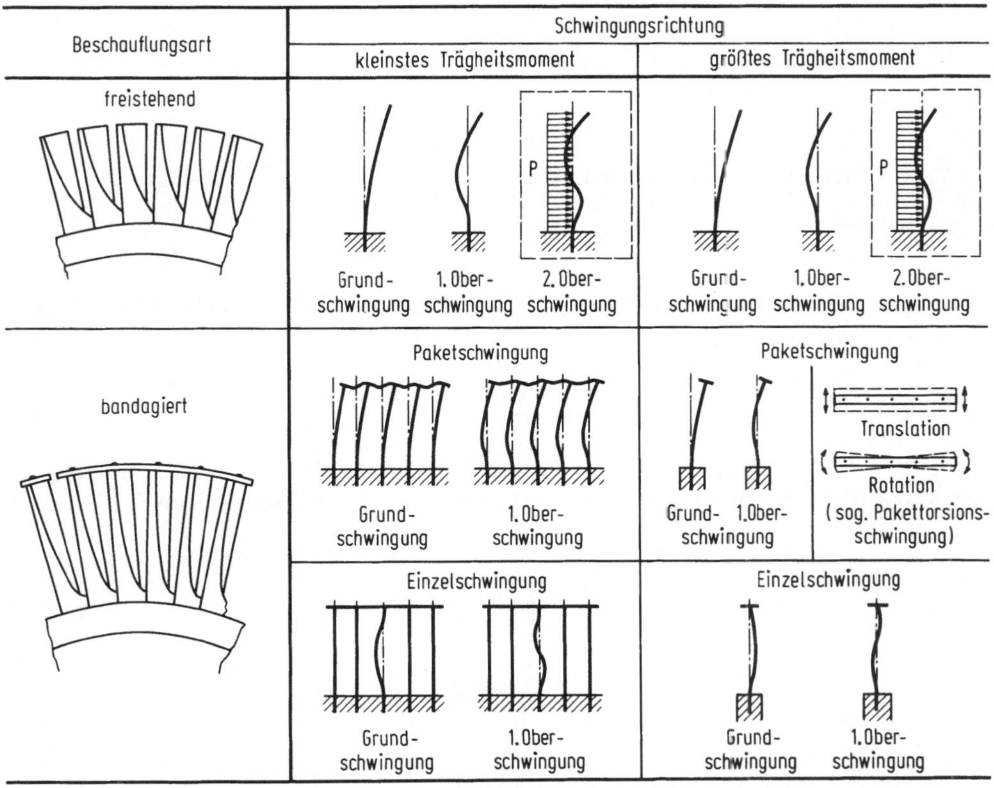

Bild 7.15. Schaufelbauarten und Biegeschwingungsformen

Zur Lösung spaltet man die partielle Differentialgleichung mit Hilfe eines Partikularansatzes

$$y(x,t) = u(x)\,v(t) \tag{7.11}$$

in zwei gewöhnliche Differentialgleichungen für die Ortsfunktion u und die Zeitfunktion v auf. Setzt man

$$\frac{d^2}{dx^2}\left(E\,J\,\frac{d^2 u}{dx^2}\right) = \lambda\,\rho\,F\,u, \tag{7.12}$$

so erhält man für die Zeitfunktion die Schwingungsdifferentialgleichung

$$\frac{d^2v}{dt^2} + \lambda v = 0. \tag{7.13}$$

Man erkennt, daß $\sqrt{\lambda} = \omega_k$ den zu ermittelnden Eigenkreisfrequenzen entspricht. (7.12) stellt offenbar das Eigenwertproblem dar, aus welchem λ bzw. ω_k als Eigenwerte fol-

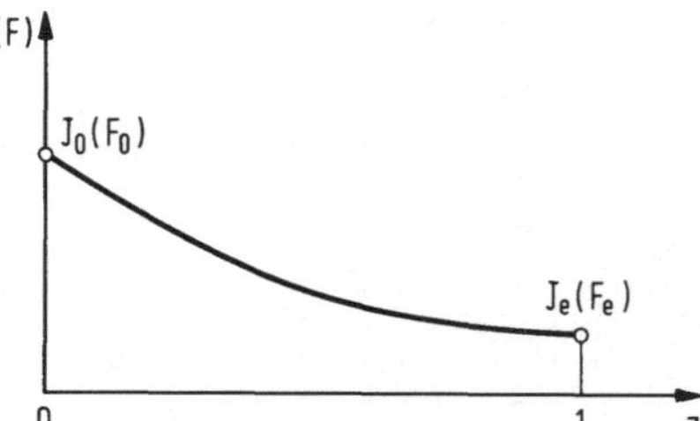

Bild 7.16. Verlauf von Trägheitsmoment oder Querschnittsfläche über der Schaufellänge, qualitativ

gen. Zu seiner Lösung ist es zweckmäßig, dimensionslose Größen einzuführen. Man setzt mit l als der Schaufellänge

$$z = \frac{x}{l} \tag{7.14}$$

und drückt den Verlauf von Trägheitsmoment und Querschnittsfläche durch die Funktionen

$$g(z) = \frac{1}{J_0} J(z) \tag{7.15}$$

$$f(z) = \frac{1}{F_0} F(z) \tag{7.16}$$

aus, wobei J_0 bzw. F_0 die Größen an der Stelle $z = 0$ (Schaufelfuß, Bild 7.16) seien. Damit läßt sich das Eigenwertproblem in der Form

$$(g\,u'')'' = \varepsilon_k^2 f\,u$$

schreiben, wobei die Striche Ableitungen nach z bedeuten. Der dimensionslose Eigenwert ε_k^2 liefert die Eigenschwingzahl

$$\nu_k = \frac{\omega_k}{2\pi} = \frac{\varepsilon_k}{2\pi} \frac{1}{l^2} \sqrt{\frac{E}{\rho} \cdot \frac{J_0}{F_0}}, \tag{7.18}$$

die dem Quadrat der Schaufellänge umgekehrt, dem Trägheitsradius des Fußquerschnitts und der Schallgeschwindigkeit des Werkstoffs direkt proportional ist.

Es ist nicht möglich, hier auf Methoden zur Lösung des Eigenwertproblems einzugehen (vgl. [114, 229, 241]). Zur Lösung sind vier Randbedingungen notwendig. Zwei Randbedingungen gewinnt man aus der Abstützung bzw. Einspannung des Schaufelfu-

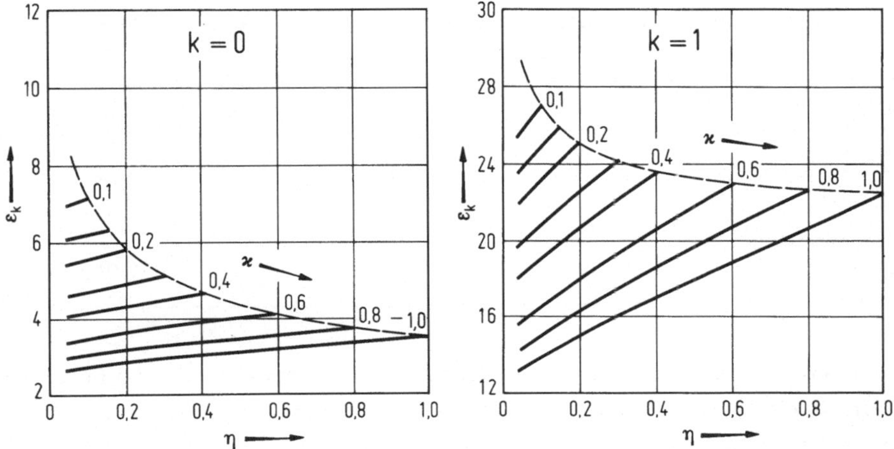

Bild 7.17. Eigenwerte für Grund- und 1. Oberschwingung (k = 0 bzw. 1) entkoppelter Biegeschwingungen freistehender Schaufeln bei parabolischer Verjüngung nach (7.20)

ßes - im Idealfall starrer Einspannung z.B. $u(0) = u'(0) = 0$ -, die beiden anderen aus den Schnittlasten am Schaufelkopf - bei freistehender Schaufel z.B. $u''(1) = u'''(1) = 0$ entsprechend verschwindenden Biegemoment und Querkraft. Als Beispiel sind für diese Randbedingungen die ε_k für Grund- und 1. Oberschwingung in Bild 7.17 wiedergegeben, ermittelt in Anlehnung an in [242] benutzte numerische Methoden (Ritz-Galerkinsches Verfahren). Dabei bedeuten

$$\varkappa = \frac{F_e}{F_0} \quad \text{bzw.} \quad \eta = \frac{J_e}{J_0} \tag{7.19}$$

mit F_e bzw. J_e als Querschnittsfläche bzw. Trägheitsmoment am freien Schaufelende Verjüngungsbeiwerte, mit denen ein parabolischer Verlauf von F und J gemäß

$$\left.\begin{aligned} f(z) &= 1 - 2(1-\varkappa)z + (1-\varkappa)z^2, \\ g(z) &= 1 - 2(1-\eta)z + (1-\eta)z^2 \end{aligned}\right\} \tag{7.20}$$

festgelegt ist. Man erkennt die starke Abhängigkeit der ε_k und damit der Eigenschwingzahlen von der Verjüngung. Andere Randbedingungen sind bei bandagierten Schaufeln zu beachten. Hier ist gemäß Bild 7.15 zu unterscheiden zwischen den sog. Gleichtakt- oder Paketschwingungen, bei denen alle Schaufeln gleichsinnige Bewegungen ausführen, und den sog. Gegentakt- oder Einzelschwingungen mit gegensinnigen Bewegungen der Schaufeln. Die Eigenschwingzahlen werden dabei von Masse und elastischem Verhalten des Deckbandes mitbestimmt [243]. Außer translativen Bewegungen kann das Deckband auch um eine durch den Schwerpunkt des Schaufelpaketes gelegte Radiale rotati-

Tabelle 7.4. Formfaktor F_k für Biegeschwingungen von Schaufeln nach Traupel [246]

Schwingform	Grundschwingung	1. Oberschwingung	2. Oberschwingung
Freistehende Schaufel	0,89	0,08	0,02
Gegentaktschwingung im Paket	0,22	0,007	0,013

ve Bewegung sowie Biegeschwingungen ausführen. Auf Nebeneinflüsse wie Rotationsträgheit der Querschnitte, Schubdeformation und Einspannelastizität im Rotor, die mit abnehmender Schaufellänge (z.B. in Hochdruckgehäusen) zunehmende Bedeutung gewinnen, sowie auf den Einfluß der Verwindung kann nur hingewiesen werden [244, 245]. Die nach (7.18) berechneten Eigenfrequenzen werden im Betrieb durch Wirkung der Fliehkraft noch erhöht, wesentlich allerdings nur bei der Grundschwingung, für die näherungsweise gesetzt werden kann

$$\nu_0' = \sqrt{\nu_0^2 + 0,75\, n_B^2\, (0,5 + D/l)} \tag{7.21}$$

mit n_B als der Betriebsfrequenz des Rotors, D als dem mittleren Durchmesser der Beschauflung.

Die Beschauflungen haben als Kontinua theoretisch unendlich viele Eigenfrequenzen. Praktisch beschränkt man sich indessen meist auf die Berücksichtigung der Grund- und 1. Oberschwingung jeder Art, da die Anregbarkeit mit zunehmender Ordnungszahl k der Schwingform abnimmt. Dies hängt damit zusammen, daß die Fluidkräfte auf der ganzen Schaufellänge gleichsinnig gerichtet sind, während alle Schwingformen mit Ausnahme der Grundschwingung gegensinnige Bewegungsabschnitte aufweisen, wie z.B. in Bild 7.15 bei der 2. Oberschwingung veranschaulicht. Die resultierende Arbeit der Fluidkräfte an den Schaufeln ist daher in einer solchen Schwingform geringer als bei der Grundschwingung. In (7.6) wird dieser Effekt durch den Formfaktor F_k berücksichtigt, der in [246] für verschiedene Annahmen des Kraftangriffs behandelt ist. In Tabelle 7.4 sind dazu einige Angaben gemacht, die zeigen, wieviel weniger gefährlich Oberschwingungen im Verhältnis zur Grundschwingung sind.

Bei bandagierten Schaufeln kann durch die Kopplung des Deckbandes eine Tilgung der Schwingungen eintreten. Bild 7.18 veranschaulicht den Angriff einer n-ten Harmonischen an einem Schaufelpaket. Infolge der Phasenverschiebung der an jeder Schaufel angreifenden Kraft kann man sich leicht vorstellen, daß bei einer Gleichtakt- oder Paketschwingung eine Auslöschung der resultierenden Erregung eintritt, wenn eine volle Wellenlänge $\pi \cdot D/n$ der Erregerkraft mit der Länge eines Schaufelpaketes in Umfangsrichtung zusammenfällt. Bei einer rundum geschlossenen Bandagierung, wie man sie heute vielfach ausführt, ist eine Tilgung aller Harmonischen in Umfangsrichtung, nicht allerdings in axialer Schwingungsrichtung möglich. Dieser Effekt wird in (7.6) durch den Bindungsfaktor B_{nk} beschrieben, der sich als abhängig vom Verhältnis $\delta = n/z$ (der Ordnungszahl n der Harmonischen zur Schaufelzahl z des Gitters) erweist. In Bild 7.19 sind Bindungsfaktoren unter der Annahme wiedergegeben, daß alle Schaufeln fabrikatorisch gleich seien. Die Gleichheit, vom Konstrukteur gewünscht, läßt sich jedoch infolge der unvermeidlichen Fertigungs- und Montagetoleranzen praktisch nicht erreichen. Streuungen in den Eigenfrequenzen einzelner Schaufeln um - 10 bis + 5% können vorkommen und verändern die Bindungsfaktoren für die praktisch nicht tilgbaren Gegentaktschwingungen gegebenenfalls erheblich [247]. Die genannten Abweichungen machen auch deutlich, daß man zur sicheren Vermeidung einer Resonanz einen Respektabstand von 15 bis 20% zwischen Erreger- und Eigenfrequenz benötigt, sofern nicht durch Messung der Schaufelschwingungen ein engeres Eigenfrequenzband nachgewiesen ist.

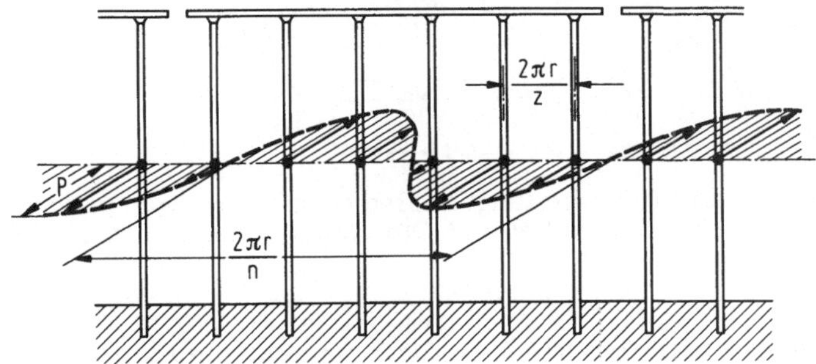

Bild 7.18. Angriff einer n-ten Harmonischen mit der Amplitude P an einem Schaufelpaket. z Schaufelzahl im Gitter, r mittlerer Radius

Analog zum Vorgehen bei den Biegeschwingungen wären die Torsionsschwingungen der Schaufeln zu behandeln [235, 246, 248]. Weiter sind Radscheibenschwingungen, gekoppelt mit den Schaufelschwingungen zu beachten, über die wesentliche neue Erkenntnisse vorliegen [249, 250]. Schließlich können die Schaufeln, insbesondere von Verdichtern, auch zu selbsterregten Schwingungen angeregt werden. Außer vom Fluid können die Schaufeln darüber hinaus durch Schwingungen der Rotoren in Resonanz angeregt werden [251]. Der Stand der Kenntnisse weist hier noch viele Lücken auf. Bedeutende Entwicklungsprobleme der Turbomaschinen hängen jedoch auch mit den Biegeschwingungen der Rotoren zusammen. Diese bestehen im allgemeinen aus erzwungenen Schwingungen infolge von Unwuchtkräften, die in besonderen Fällen von selbsterregten Schwingungen überlagert sein können. In Tabelle 7.5 sind die wesentlichen Möglichkeiten und einige Unterscheidungsmerkmale zusammengestellt.

Unwuchten und davon erzwungene Wellenschwingungen werden durch nicht vollkommene Auswuchtung, durch Montageungenauigkeiten sowie durch thermische Verkrümmung der Wellen bei instationären Betriebszuständen - besonders beim An- und Ab-

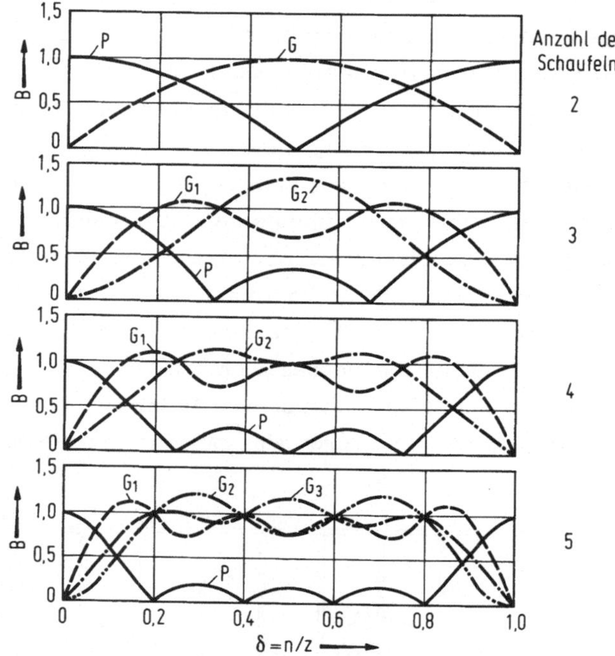

Bild 7.19. Bindungsfaktoren für die tangentialen Grundschwingungsarten von Schaufelpaketen mit 2 bis 5 gleichen Schaufeln. P Gleichtakt- oder Paketschwingungen; G Gegentaktschwingungen

fahren der Maschinen - hervorgerufen. Da Unwuchten an die Rotoren gebunden sind, ist die Schwingfrequenz gleich der Rotordrehzahl. Wenn die Rotoren gut ausgewuchtet [252] und metallurgisch einwandfrei sind, treten größere Schwingwege nur beim Durchfahren von Resonanzstellen auf, die hier als kritische Drehzahlen bezeichnet werden. Man wird es vermeiden, daß eine kritische Drehzahl mit der Betriebsdrehzahl einer Maschine zusammenfällt. Der genauen Ermittlung der kritischen Drehzahlen kommt daher eine erhebliche Bedeutung zu. Das Problem wäre verhältnismäßig einfach, wenn man die Lager als starr ansehen könnte. Die so gerechneten kritischen Drehzahlen stimmen jedoch schlecht mit den beobachteten überein. In Wirklichkeit sind nicht nur die Lager als Federn wirksam, sondern sie koppeln den Wellenstrang mit einem anderen sehr schwingfreudigen System, das von der Fundamenttischplatte und ihren Stützen gebildet wird. Für grundlegende Untersuchungen kann man dabei die Fundamenttischplatte als einen mehrfach federnd gelagerten Balken auffassen. Bild 7.20 zeigt ein

Tabelle 7.5. Biegeschwingungen der Wellen von Turbomaschinen

Merkmale	Frequenz	Amplitudenverlauf	anregende Kräfte	verschiedene Unterscheidungsmerkmale	Betriebs-sicherheit
Erzwungene Schwingung	n (Betriebs-drehzahl)	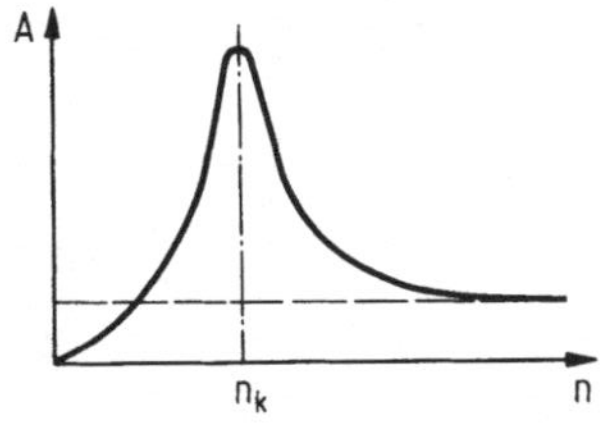	Unwuchten im Wellensystem infolge 1. nichtvollkommener Auswuchtung 2. thermischer Verkrümmung	1. konstanter Zustand bei Lastbetrieb 2. veränderlicher Zustand in allen Betriebszuständen	nur u.U. gefährdet
Selbsterregte Schwingung	n_K (kritische Drehzahl)	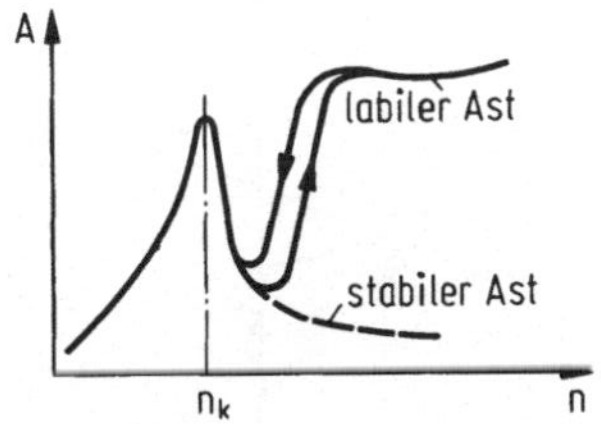	1. Elastische Hysterese und Schrumpfsitzreibung 2. Hydrodynamische Kräfte im Schmierfilm der Traglager 3. Kräfte aus den Spaltströmen der Turbine	1. drehzahlabhängig, z.B. $n > n$ (loser Schrumpf) 2. drehzahlabhängig $n > 2n_K$ (oil whip) 3. leistungsabhängig $P > P_K$ (Grenzleistung)	gefährdet

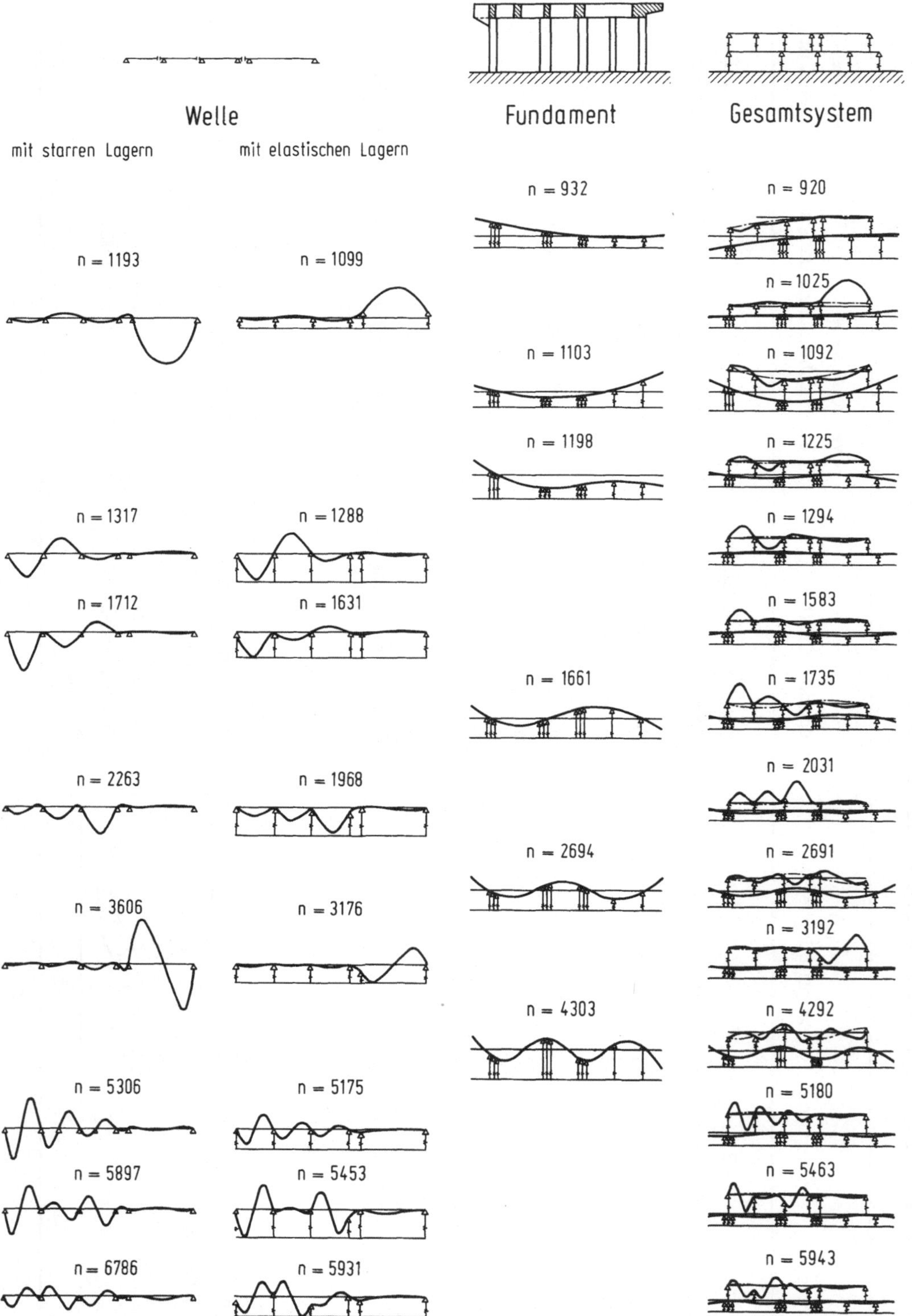

Bild 7.20. Biegelinien und kritische Drehzahlen min^{-1} bei getrennter Berechnung der Einzelsysteme Welle bzw. Fundament und des Gesamtsystems am Beispiel einer 100 MW-Anlage mit Betonfundament, Betriebsdrehzahl 3000 min^{-1}

Ergebnis solcher Untersuchungen [253]. Auffallend sind die vielen kritischen Drehzahlen unterhalb der Betriebsdrehzahl, die sich für das gekoppelte System ergeben und beim An- und Abstellen der Anlage durchfahren werden müssen. Nach herkömmlicher Ansicht hätte man in jeder kritischen Drehzahl mit großen Schwingwegamplituden zu rechnen, so daß das An- und Abfahren solcher Maschinen eine gefährliche Angelegenheit sein müßte. Die Erfahrung zeigt indessen, daß die Wellen in den ein-

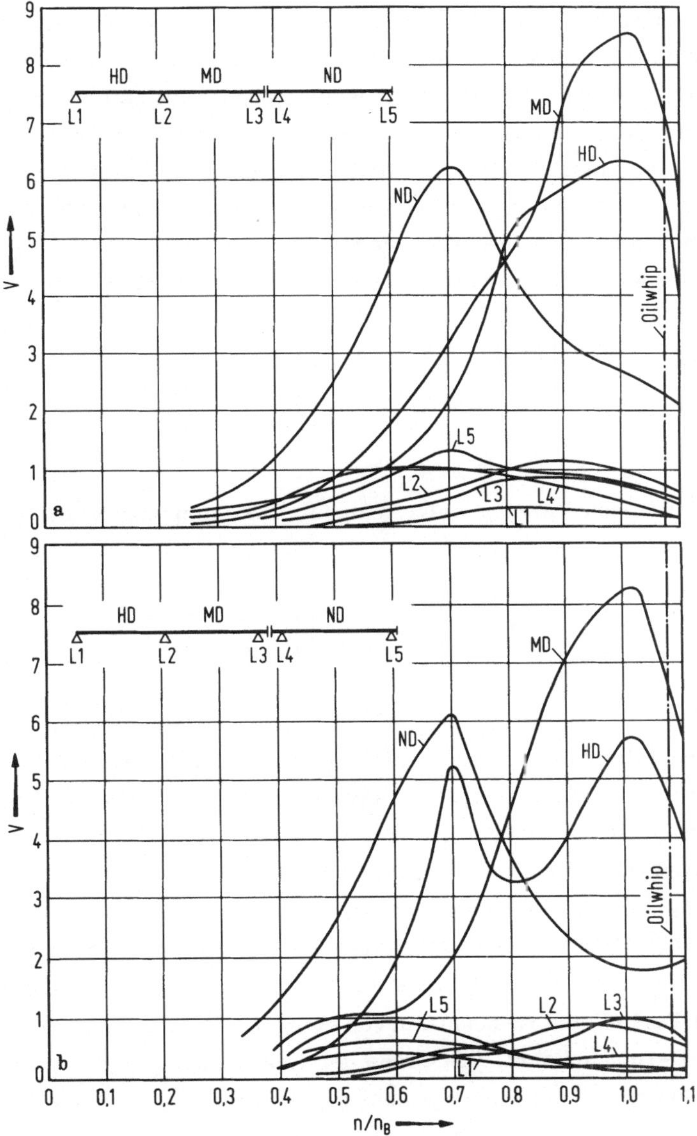

Bild 7.21. Resonanzkurven einer dreigehäusigen Kraftwerks-Dampfturbine für verschiedene Orte längs des Wellenstrangs. a gleichsinnige Unwucht; b Unwucht im ND-Teil gegensinnig zur übrigen Welle; n_B Betriebsdrehzahl

zelnen kritischen Drehzahlen unterschiedlich stark angeregt werden, und daß nur wenige dieser vielen Resonanzstellen prägnant in Erscheinung treten.

Damit wird man auf die Berücksichtigung der Dämpfung gewiesen, mit deren Hilfe die etwaige Gefährlichkeit kritischer Drehzahlen beurteilt werden kann [254, 255]. Die Rechnung läuft dann darauf hinaus, Schwingwegamplituden der erzwungenen Schwingungen zu ermitteln unter Annahme bestimmter Unwuchten. Sofern dabei die Dämpfung nicht vereinfacht als globale Systemdämpfung, z.B. im Sinne eines für den gesamten Wellenstrang gleich großen logarithmischen Dekrements, aufgefaßt wird, müßte sie aus örtlich verschieden großen Anteilen, herrührend vom Fluid, vom Material und vom Schmierfilm in den Lagern zusammengesetzt werden. Es zeigt sich, daß im allgemeinen die Lagerdämpfung die anderen Effekte bei weitem überwiegt. Aus verschiedenen Untersuchungen, insbesondere zur Aufklärung selbsterregter Läuferschwingungen weiß man über das Verhalten von Gleitlagern bei schwingendem Wellenzapfen einigermaßen gut Bescheid. Für die Komponenten der Federkraft K in zwei zueinander senkrechten Richtungen x und y quer zur Wellenachse hat sich der Ansatz

$$\begin{bmatrix} K_x \\ K_y \end{bmatrix} = - \begin{bmatrix} c_{xx} & c_{xy} \\ c_{yx} & c_{yy} \end{bmatrix} \begin{bmatrix} x \\ y \end{bmatrix} \tag{7.22}$$

als zweckmäßig erwiesen. Analog setzt man für die Dämpfungskraft

$$\begin{bmatrix} D_x \\ D_y \end{bmatrix} = - \begin{bmatrix} d_{xx} & d_{xy} \\ d_{yx} & d_{yy} \end{bmatrix} \begin{bmatrix} \dot{x} \\ \dot{y} \end{bmatrix} . \tag{7.23}$$

Federzahlen c und Dämpfungszahlen d sind für verschiedene Arten von Lagern in Abhängigkeit von der Sommerfeldzahl angegeben worden [256 bis 258]. Bild 7.21 zeigt z.B. Resonanzkurven einer dreigehäusigen Kraftwerksdampfturbine unter Berücksichtigung dieser Lagerkräfte, berechnet mit einem in [259] angegebenen Verfahren. Die Schwingwegamplituden V wurden dabei auf eine gleichförmig angenommene Massenexzentrizität der Turbinenwelle bezogen, so daß sie als Amplitudenvergrößerungsfunktion zu verstehen sind. Man bemerke den unterschiedlichen Verlauf der Resonanzkurven beim HD-Teil, wenn man die Richtung der Unwucht im ND-Teil umkehrt. Die Größe der Resonanzamplituden steht aber in guter Übereinstimmung mit Schwingungsmessungen an ausgeführten Maschinen, die $V \approx 4$ bis 15 zeigen. Bei guter Auswuchtung stellen solche Schwingwege keine Gefahr für eine Turbomaschine dar, wenn man ausreichende radiale Spiele wählt (z.B. nach Abschnitt 6.3.2) sowie instationäre thermische Verformungen von Gehäusen und Läufern durch geeignete Betriebsweise in tragbaren Grenzen hält [224, 260 bis 262].

Selbsterregte Schwingungen treten plötzlich bei Überschreiten einer bestimmten Grenze entweder der Drehzahl oder der Leistung in Erscheinung. Sie sind meistens so heftig, daß ein schadenfreier Betrieb der Maschinen in diesem Zustand nicht möglich ist. Die Frequenz der Schwingungen entspricht dabei etwa einer, im allgemeinen der niedrigsten kritischen Drehzahl des Wellenstrangs, obwohl die Turbine mit einer anderen Drehzahl läuft. Als Ursache solcher Erscheinungen ist in Tabelle 7.5 zunächst die

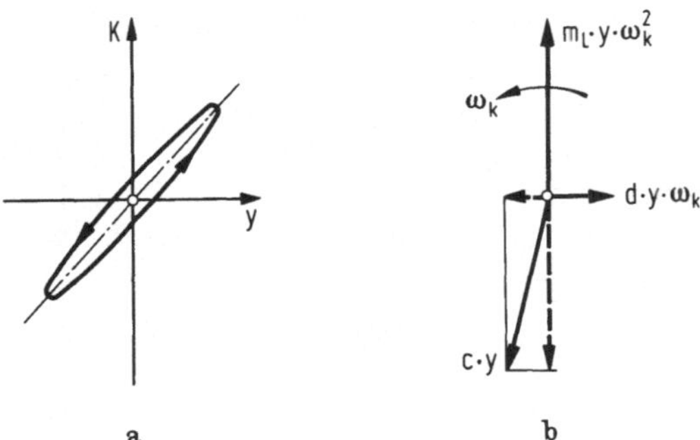

Bild 7.22. Einmassenschwinger mit elastischer Hysterese. a Zusammenhang zwischen Federkraft und Schwingweg; b Zeigerdiagramm der Kräfte bei Eigenschwingungen. m_L Läufermasse, c Federsteifigkeit, d Dämpfungsmaß.

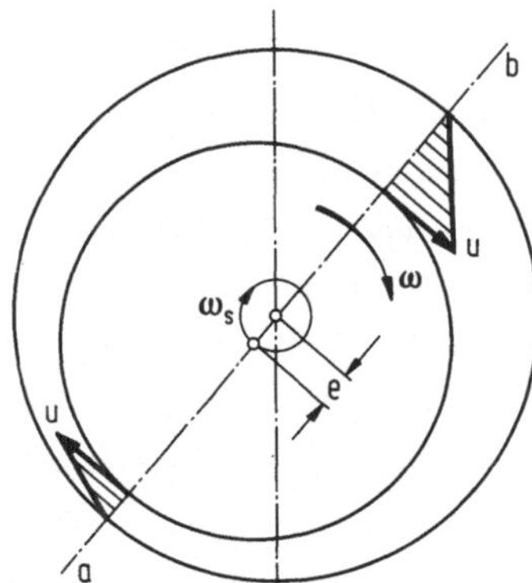

Bild 7.23. Zur Erklärung des Ölfilmwirbels (oil whip)

elastische Hysterese [263] genannt, die besonders im Zusammenhang mit zu lose auf Wellen geschrumpften Radkörpern oder Buchsen auftritt. In diesem Fall liegen aufgrund der inneren Reibung die Rückstellkräfte nicht in Gegenphase zu den Massenkräften, sondern eilen zeitlich etwas nach, wie in Bild 7.22 für einen Einmassenschwinger veranschaulicht. Das Federdiagramm ist keine Gerade, sondern etwa eine Ellipse. In dem sog. Zeigerdiagramm kann man dann die Rückstellkraft zerlegen in eine Komponente in Gegenphase zur Massenkraft (Fliehkraft bei zirkumpolarer Bewegung) und eine Komponente in Gegenphase zur Dämpfung. Die selbsterregten Schwingungen treten ein, sobald die anregende Komponente der Rückstellkraft die Dämpfungskraft überwiegt, z.B. bei Überschreiten einer Drehzahl, bei der ein Schrumpfsitz lose wird.

Die zweite angegebene Ursache selbsterregter Schwingungen, in der angelsächsischen Literatur auch als oil whip bezeichnet, ergibt sich aus den hydrodynamischen Kräften im Schmierölfilm der Traglager. Mathematisch erklärt sich diese Anfachung der Schwingungen aus den Koppelgliedern c_{xy}, c_{yx} und d_{xy}, d_{yx} der Ansätze (7.22) und (7.23) für Feder- und Dämpfungskräfte. Diese bringen zum Ausdruck, daß infolge der Strömung des Schmierfluids am Lagerzapfen eine Querkraft senkrecht zur Verschiebungsrichtung entsteht. Physikalisch deutet man die Erscheinung gern mit Hilfe der Kontinuitätsbedingung für das im Lager umlaufende Schmier-

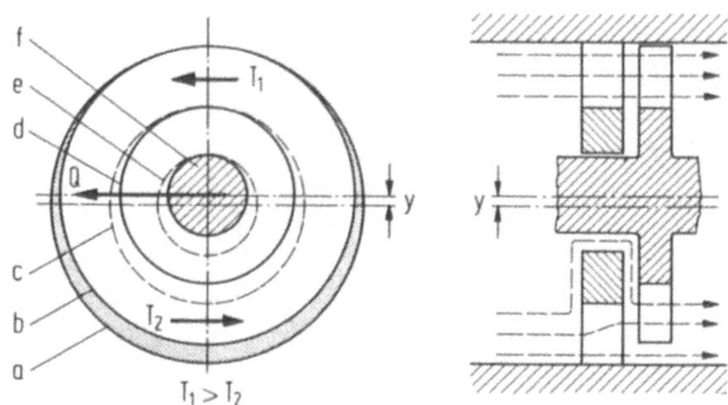

Bild 7.24. Zur Erklärung der Spalterregungskräfte. a Gehäusewand; b Laufschaufel-Kopfkreis; c Leitschaufel-Fußkreis; d Laufschaufel-Fußkreis; e Bohrung des Zwischenbodens; f Welle

öl. Betrachtet man das in Bild 7.23 dargestellte vollumschlossene Gleitlager, so muß unter der Voraussetzung laminarer Strömung durch den großen Spalt bei b mehr Öl strömen als durch den kleinen Spalt bei a gelangen kann. Die bei b überschüssig durchfließende Ölmenge muß seitlich aus dem Lager herausfließen. Ist das Lager jedoch zu breit, so kann die Kontinuität des Ölstroms nur dadurch aufrechterhalten werden, daß der Lagerzapfen eine zusätzliche Kreisbewegung (ω_s) mit seiner Exzentrizität e um den Mittelpunkt des Lagers ausführt, um dem überschüssig geförderten Öl auf der Seite des engen Spaltes laufend Raum zu geben. Die Kreisbewegung stellt eine selbsterregte Schwingung dar, die bei einer gewissen Grenzdrehzahl des Läufers einsetzt [264]. Beim unendlich breiten vollumschlossenen Lager läge die Grenzdrehzahl theoretisch beim 2-fachen der niedrigsten kritischen Drehzahl des Rotors.

Bei der in Tabelle 7.5 letztgenannten Art, der sog. Spalterregung, sind die selbsterregten Schwingungen an die Leistung der Maschine gebunden. Die physikalische Erklärung dieses Effektes geht davon aus [265], daß ein Turbinenläufer bei exzentrischer Lage zum Gehäuse bzw. zu den Leitgittern gemäß Bild 7.24 ungleiche Umfangskräfte erfährt. Dies ist eine Folge der verschieden großen radialen Spaltweiten längs des Umfangs, die zunächst entsprechend unterschiedliche Spaltverluste über dem Umfang hervorrufen. Bildet man aus den Tangentialkräften der einzelnen Schaufeln eine Resultierende, so ist diese senkrecht zur Durchbiegung y gerichtet und eilt im Falle einer zirkumpolaren, der Drehung gleichsinnig überlagerten Bewegung des Läufers dieser gerade um 90° voraus. Daher neigt der Läufer zu selbsterregten Schwingungen, die angefacht werden können, sofern die Energiedissipation durch Dämpfung geringer ist als die Arbeit, welche die Erregerkräfte am System leisten. Sieht man in weitestgehender Vereinfachung auch hier den Läufer als Einmassensystem an, so lassen sich die an der Masse m wirkenden Kräfte wieder im Zeigerdiagramm, Bild 7.25, dar-

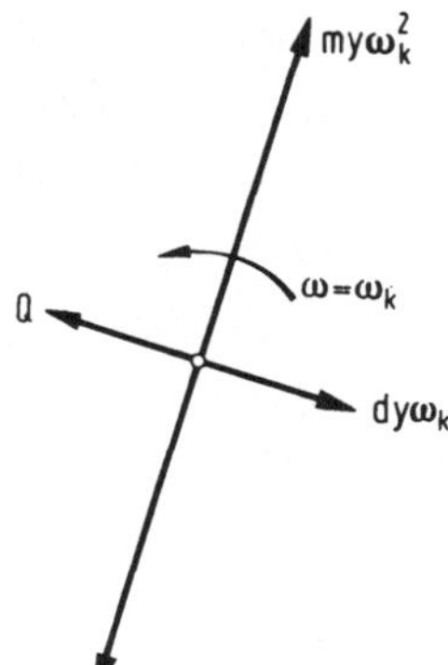

Bild 7.25. Zeigerdiagramm der selbsterregten Schwingungen durch Spalterregung

stellen. Im Fall, daß die Kreisfrequenz der Schwingung mit der Eigenkreisfrequenz ω_k des Läufers etwa übereinstimmt, liegt die Massenkraft $m y \omega_k^2$ (im Sinne von d'Alembert) in Gegenphase zur Rückstellkraft cy, mit c als der Federzahl. 90° der Massenkraft vorauseilend, greift die Erregerkraft Q an. In Gegenphase dazu liegt die geschwindigkeitsproportional angenommene Dämpfungskraft $d y \omega_k$, mit d als dem (linearen) Dämpfungsbeiwert. Für den Fall, daß die Schwingungen nicht angefacht werden sollen, muß offenbar sein

$$Q \leqq d y \omega_k. \tag{7.24}$$

Nun ist die aus den Tangentialkräften der Schaufeln folgende Erregerkraft bei fester Drehzahl der Maschine auch deren Leistung proportional. Daher gibt es eine Grenzleistung, deren Überschreitung zur Anfachung selbsterregter Schwingungen führt.

Um die selbsterregten Schwingungen weitergehend zu beschreiben, bedarf es eines Läufermodells, welches auch die Lagerkräfte richtig in Ansatz bringt. Das einfachste Modell, das diese Forderung erfüllt, zeigt Bild 7.26. Die Läufermasse m sei in der Mitte zwischen den Lagern auf der Welle mit der Federsteifigkeit c_R angebracht; die beiden Lager mögen die gleichen Eigenschaften haben. Für die am Läufer angreifende Spalterregungskraft müßte man eigentlich einen zu (7.22) und (7.23) analogen Ansatz, noch erweitert zur Berücksichtigung von Momenten, einführen. Jedoch haben theoretische und experimentelle Untersuchungen [266, 267] gezeigt, daß es bei der erzielbaren Genauigkeit der Lösung des Problems genügt zu setzen

$$Q = \begin{bmatrix} Q_x \\ Q_y \end{bmatrix} = \begin{bmatrix} 0 & -q \\ q & 0 \end{bmatrix} \cdot \begin{bmatrix} x \\ y \end{bmatrix} \tag{7.25}$$

mit x und y als den Verschiebungskoordinaten des Läufers. Mit den Ansätzen (7.22), (7.23) und (7.25) erhält man ein gekoppeltes lineares Differentialgleichungsproblem 3. Ordnung für die translatorische Bewegung der Masse, das auf eine charakteristische Gleichung 6. Grades für die i. allg. komplexen Eigenwerte führt. Dabei erweisen sich die Koppelglieder d_{xy}, d_{yx} der Lagerdämpfung als von geringem Einfluß und werden daher im folgenden vernachlässigt.

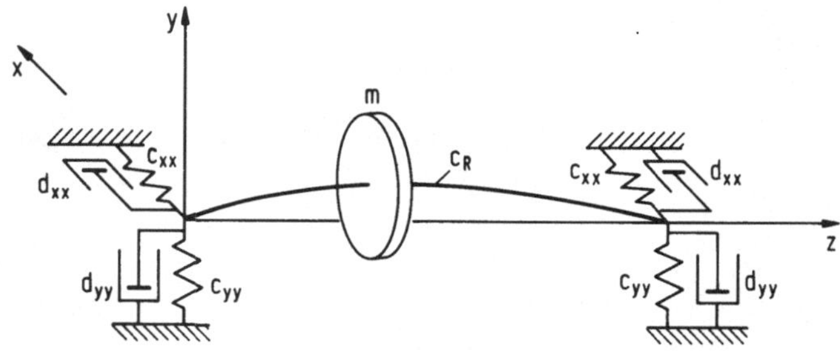

Bild 7.26. Einfachstes Rotormodell für ein Einmassen-Schwingungssystem, Koppelkräfte im Lager den Erregerkräften zugerechnet.

Die Auflösung des strengen Systems ist nur numerisch möglich. Da das System jedoch ein Einmassenschwinger ist, liegt eine weitere Vereinfachung nahe. Die aus den Koppelgliedern der Federzahlmatrix in (7.22) resultierenden Anteile der Lagerkraft seien als Komponenten einer Erregerkraft analog zur Spalterregung aufgefaßt und auf den Massenschwerpunkt transponiert. Die hintereinander geschalteten Federn von Welle und Lagern lassen sich dann zusammenfassen mit Hilfe der Federsteifigkeiten

$$c_x = \frac{c_R}{1 + (c_R/2c_{xx})} \; ; \quad c_y = \frac{c_R}{1 + (c_R/2c_{yy})} \; . \tag{7.26}$$

Für die Übertragung der übrigen Lagerkraft-Anteile auf den Massenschwerpunkt kann man in verschiedener Weise vorgehen. Ist F eine beliebige, am Lagerzapfen mit der Auslenkung x_L, y_L angreifende Kraft gemäß Bild 7.27, so wäre nach statischen Gesichtspunkten der Ansatz zu machen

$$F_{S,x} = F_x(y_L/y) ; \quad F_{S,y} = F_y(x_L/x) \; .$$

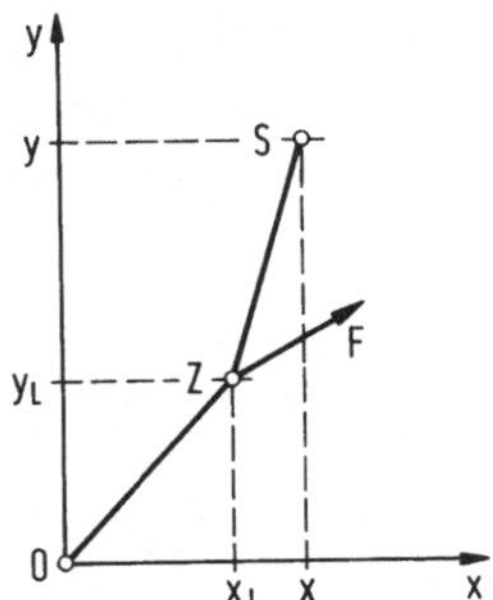

Bild. 7.27. Zur Übertragung von Lagerkräften auf den Massenschwerpunkt. OZ Auslenkung des Lagerzapfens; ZS Durchbiegung der Welle.

Eine andere Möglichkeit der Transposition wäre die Vorschrift, daß F_S an der Masse die gleiche Arbeit wie F am Lagerzapfen leisten soll [148]. Diese Vorschrift, im folgenden weiter angewandt, lautet

$$F_{S,x} = F_x(x_L/x); \qquad F_{S,y} = F_y(y_L/y) \ . \tag{7.27}$$

Unter Annahme einer harmonischen Bewegung gilt nun für die Dämpfungskraft am Rotor in x-Richtung $d_R \cdot \omega \cdot (x-x_L)$, wenn d_R der Dämpfungskoeffizient der Rotorwelle und ω die Kreisfrequenz der Schwingung ist, bzw. für die Lager je $d_{xx} \cdot \omega \cdot x_L$. Unter Beachtung von (7.27) ist dann für die auf die Masse wirkende Gesamtdämpfung der Ansatz zu machen

$$d_x \cdot \omega \cdot x = d_R \omega (x-x_L) + 2 d_{xx} \omega x_L \cdot (x_L/x) \ .$$

Vertauschen von x und y liefert die analoge Beziehung für die y-Richtung. Beachtet man, daß

$$x-x_L = (2c_{xx}/c_R)x_L \quad \text{und} \quad x_L = (c_x/2c_{xx})x,$$

sowie die entsprechenden Gleichungen in y-Richtung, so folgt

$$\left.\begin{aligned} d_x &= d_R(c_x/c_R) + 2d_{xx}(c_x/2c_{xx})^2 \\ d_y &= d_R(c_y/c_R) + 2d_{yy}(c_y/2c_{yy})^2 \end{aligned}\right\} \ . \tag{7.28}$$

(7.28) gibt, wie man leicht erkennt, Grenzfälle wie der starren Welle oder der starren Lager richtig wieder. Die Rotordämpfung spielt im allgemeinen nur eine geringe Rolle. Jedoch kann man damit eine innere Dämpfung im System berücksichtigen, wenn ein entsprechendes (negatives) d_R eingesetzt wird. Zur vollständigen Beschreibung des Systems fehlen noch neben der durch (7.25) gegebenen Spalterregung die Koppelkräfte aus den Lagern. Bezeichnen wir diese mit Q_L, so folgt gem. (7.22) und (7.27)

$$Q_{LS,x} = -2c_{xy}y_L(x_L/x) = -\bar{c}_{xy}y$$

$$Q_{LS,y} = -2c_{yx}x_L(y_L/y) = -\bar{c}_{yx}x \quad .$$

Die neueingeführten Koppelfedersteifigkeiten betragen

$$\left.\begin{aligned} \bar{c}_{xy} &= 2c_{xy}(c_x/2c_{xx})(c_y/2c_{yy}) \\ \bar{c}_{yx} &= 2c_{yx}(c_x/2c_{xx})(c_y/2c_{yy}) \end{aligned}\right\} \quad . \tag{7.29}$$

Damit ergibt sich nun aus Feder- und Dämpfungskräften, d'Alembert'schen Trägheitskräften, Spaltungserregungs- und Lagererregungskräften das Differentialgleichungssystem

$$\left.\begin{aligned} m\ddot{x} + d_x\dot{x} + c_x x &= -(\bar{c}_{xy} + q)y \\ m\ddot{y} + d_y\dot{y} + c_y y &= -(\bar{c}_{yx} - q)x \end{aligned}\right\} \quad . \tag{7.30}$$

Die Bewegung des Einmassenschwingers in x- und y-Richtung ist durch Lager- und Spalterregungskraft gekoppelt.

Macht man den Ansatz $x = X\,.e^{\lambda t}$, $y = Y.e^{\lambda t}$, so erhält man aus (7.30) die charakteristische Gleichung des Systems, aus welcher für den Grenzfall der Stabilität, $\lambda = i\omega$, geschlossene Lösungen für die Schwingfrequenz und die Stabilitätsgrenze folgen. Für die Kreisfrequenz läßt sich herleiten

$$\omega^* = \sqrt{\frac{\bar{c}}{m}} \cdot \sqrt{2\frac{A + B}{(1 + A)(1 + B)}} \quad . \tag{7.31}$$

Darin bedeutet

$$\bar{c} = (c_x + c_y)/2 \tag{7.32}$$

die mittlere Federsteifigkeit; die anderen und weitere Größen sind wie folgt definiert

$$\left.\begin{aligned} A &= c_y/c_x ; \quad B = d_y/d_x \\ C &= \bar{c}_{yx}/\bar{c}_{xy} ; \bar{D} = \bar{d}/2\sqrt{\bar{c}m} \\ E &= \bar{c}_{xy}/\bar{c} \end{aligned}\right\} . \tag{7.33}$$

A und B kennzeichnen damit die Anisotropie der Federsteifigkeit bzw. der Dämpfung, C die der Lagerkopplung, E kennzeichnet die Stärke der Lagerkopplung und $\bar{D}$ ist ein Lehr'sches Dämpfungsmaß, gebildet mit dem Mittelwert der Dämpfung

$$\bar{d} = (d_x + d_y)/2 \quad . \tag{7.34}$$

Wie man sieht, fällt ω^* nicht mit einer der beiden mit $\sqrt{c_x/m}$ bzw. $\sqrt{c_y/m}$ gegebenen Eigenfrequenzen des Systems zusammen, sondern liegt dazwischen. Bezieht man die Spalterregungskonstante auf die mittlere Federsteifigkeit, so ergibt sich schließlich für die Stabilitätsgrenze die dimensionslose Beziehung

$$S = \frac{q}{\bar{c}} = \frac{(C-1)\cdot E}{2} \pm \sqrt{\left[\frac{(C+1)E}{2}\right]^2 + \frac{4B}{(1+B)^2}\cdot\left[\bar{D}^2\,\frac{8(A+B)}{(1+A)(1+B)} + \left(\frac{1-A}{1+A}\right)^2\right]} \; . \tag{7.35}$$

Sie beschreibt die Abhängigkeit der Systemerregung an der Stabilitätsgrenze von den wesentlichen Parametern. Es ergeben sich zwei Lösungen, von denen die kleinere stets negativ ist. Negatives S bedeutet, daß die Spalterregung entgegen der Lagererregung wirksam ist und kennzeichnet daher den Fall des Verdichters. Für den (bei Turbomaschinen nicht vorkommenden) Sonderfall $S = 0$ ist die Stabilität infolge des reinen oil whip erschöpft.

Die Größen A bis E sind aus den konstruktiven Gegebenheiten des Systems errechenbar, wobei die Lagerkennwerte aus Lagergeometrie und -belastung (Sommerfeldzahl) folgen. Im Hinblick auf die Laufstabilität hat das vollumschlossene Kreislager besonders schlechte Eigenschaften. Idealerweise sollte hier $C = -1$ sein. In diesem Sonderfall geht (7.35) über in

$$S^0 = \pm \frac{2\sqrt{B}}{1+B}\sqrt{\bar{D}^2\,\frac{8(A+B)}{(1+A)(1+B)} + \left(\frac{1-A}{1+A}\right)^2} - E \quad ,$$

d.h. die Lagerkopplung vermindert die ertragbare Systemerregung direkt. Besteht darüber hinaus Isotropie (d.h. $A = B = 1$), so wird einfach

$$S^0 = \pm 2\bar{D} - E \; .$$

In diesem Fall ist der Einfluß der Dämpfung entscheidend für die Stabilität des Systems, sonst aber spielt die Dämpfung offenbar eine umso geringere Rolle, je stärker die Anisotropie der Federsteifigkeit ist. Bild 7.28 zeigt dies für die reine Spalterregung im Fall der Turbine, auf den wir uns auch bei den folgenden Beispielen beschränken. Bei ausreichender Anisotropie ist das System selbst ohne Dämpfung stabilisierbar. Das Bild ist auch anwendbar für das idealisierte Kreislager, wenn man auf der Ordinate S durch $S^0 + E$ ersetzt. Dabei genügt es, den Bereich A = 0 bis 1 zu betrachten, da 1/A statt A zum gleichen Ergebnis führt.

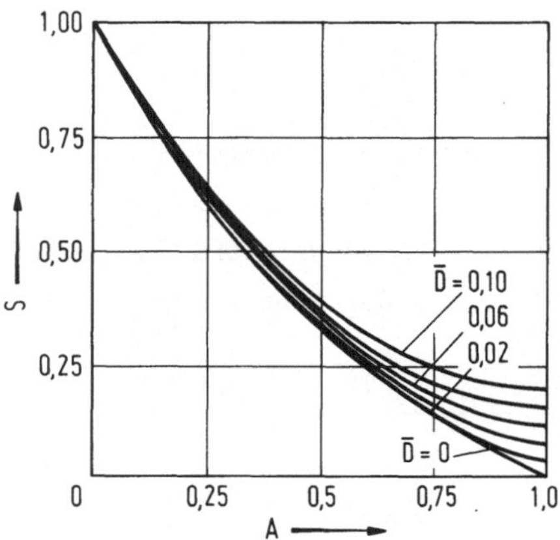

Bild 7.28. Systemerregung S an der Stabilitätsgrenze einer Turbine, abhängig von Feder-Anisotropie A und Dämpfung $\bar{D}$ bei verschwindender Lagerkopplung (reine Spalterregung, E = 0, B = 1).

Auch für B genügt es, diesen Wertebereich zu betrachten; Bild 7.29 zeigt, daß die Anisotropie der Dämpfung stets zu einer Abnahme der Stabilität führt. Der Einfluß der Lagerkopplung E wurde schon charakterisiert; zunehmende Kopplungsanisotropie C steigert stets die Stabilität. C und E sind typische Eigenschaften der Lagergeometrie, A und B können dagegen auch von der Konstruktion der Lagergehäuse beeinflußt werden. c_{xx} und c_{yy} müßten dann unter Einbeziehung der Steifigkeit der Lagergehäuse neu definiert werden. Wie stellt sich jedoch das Stabilitätsverhalten bei Anwendung üblicher Gleitlager dar, wenn der Einfluß der Rotordämpfung (d_R) vernachlässigt wird?

Die Lagerkennwerte c und d in (7.22) bzw. (7.23) werden unter der Voraussetzung geometrischer Ähnlichkeit als Funktionen der Sommerfeldzahl So dargestellt. Deshalb bietet sich zunächst eine Wiedergabe der Systemerregung als Funktion von So an. Dabei ist noch eine Aussage über die Rotorsteifigkeit im Verhältnis zur Lagersteifigkeit nötig. Hier sei $c_R/2c_{yy}$ als Parameter gewählt. In der Literatur wird dagegen häufig die relative Wellenweichheit benutzt. Diese ist definiert als die sta-

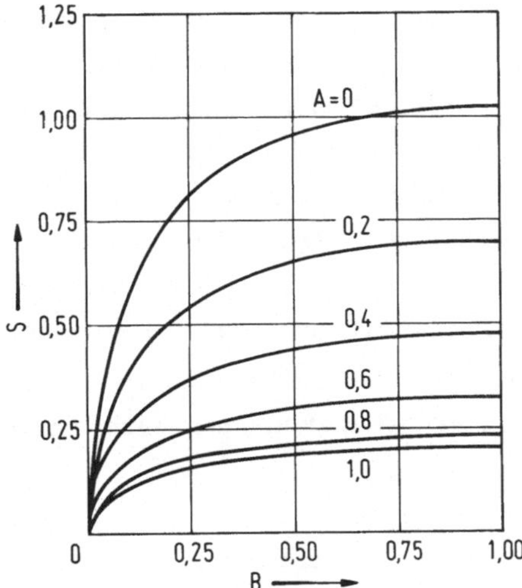

Bild 7.29. Einfluß der Dämpfungsanisotropie B auf die maximale Systemerregung S bei verschwindender Lagerkopplung ($E = 0$, $\bar{D} = 0,1$).

tische Wellendurchbiegung, bezogen auf das Durchmesserspiel des Lagers. Bild 7.30 zeigt beispielhaft für einen Bereich angenommener Dämpfung den Einfluß verschiedener Gleitlager mit Lagerkennwerten nach [256]. Die Überlegenheit von Mehrkeillagern im Verhältnis zum vollumschlossenen Kreislager kommt darin deutlich zum Ausdruck, erscheint jedoch in dieser Darstellung übertrieben, da die wirkliche Dämpfung des Kreislagers größer, die der anderen Lager auch kleiner sein kann, als dem angenommenen Bereich entspricht.

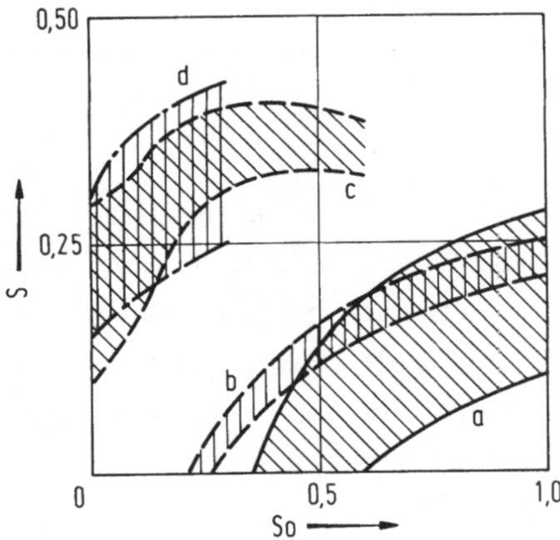

Bild 7.30. Beispiel für die Abhängigkeit der max. Systemerregung S von der Sommerfeldzahl So bei $\bar{D} = 0,1$ bis $0,2$; $c_R/2c_{yy} = 0,2$. a Kreislager; b Zweikeillager c Dreikeillager MGF; d Kippsegment-Dreikeillager. Seitenverhältnis (Breite zu Bohrung) 0,8 bei a bis c bzw. 0,73 bei d.

Betrachtet man schließlich die Verhältnisse bei einer bestimmten Sommerfeldzahl, so erscheint als weiterer, die Dämpfung $\bar{D}$ beeinflussender Parameter das Abstimmungsverhältnis ω_B/ω_k der Betriebsdrehzahl zur kritischen Drehzahl des isotropen Systems, $\omega_k = \sqrt{c/m}$. Bild 7.31 gibt ein Beispiel hierfür im Hinblick auf die Verhältnisse bei überkritischen Läufern. Der Vorteil der Mehrkeillager scheint jetzt geringer, ist aber dennoch wesentlich, da die Systemerregung im allgemeinen im Bereich $S < 0,1$ liegt. In der Beurteilung der reinen Lagerinstabilität ergibt sich aus solchen Untersuchungen die Bestätigung, daß im allgemeinen das Kreislager die geringste, Mehrkeillager mit zunehmender Keilzahl immer bessere Stabilität aufweisen. Kreislager werden daher bei thermischen Turbomaschinen kaum noch angewandt.

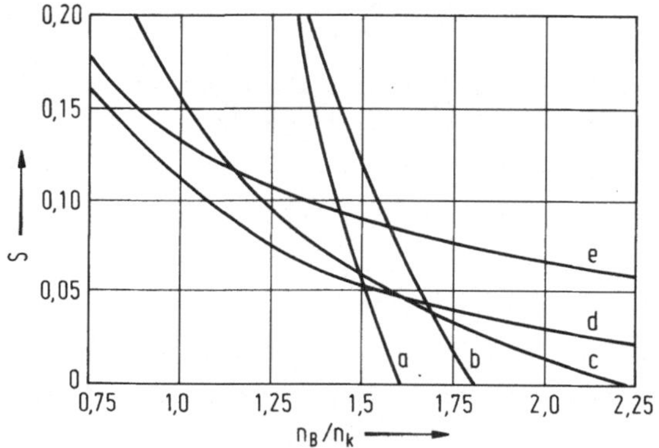

Bild 7.31. Abhängigkeit der max. Systemerregung S von der Abstimmung n_B/n_K des Läufers bei So = 0,1; $c_R/2c_{yy} = 0,2$. a Kreislager; b Zweikeillager; c asymmetrisches Dreikeillager; d Vierkeillager; e Kippsegment-Fünfkeillager. Lagerkennwerte nach [256, 258], Seitenverhältnisse 0,8 bei a bis d bzw. 0,5 bei e.

Das vorgestellte einfache Modell erscheint im Hinblick auf die wirkliche Ausführung der Turbomaschinen noch immer sehr vereinfacht. Immerhin kann es eine Reihe von Eigenschaften des Systems qualitativ richtig beschreiben und für die 2fach gelagerte Welle auch quantitativen Anhalt geben. Mit der numerischen Lösung der exakten Differentialgleichung stimmt es sehr gut überein. Jedoch steht nichts im Wege, die Wellen im Durchmesser abzustufen und mit mehreren Radscheiben zu besetzen, an denen jeweils die Spalterregungskräfte und Massenkräfte (einschließlich Kreiselmoment) anzubringen sind. Dafür existieren verschiedene numerische Verfahren (z.B. [268 bis 270 und 255]), die auch weitere angekuppelte Wellenabschnitte, deren Lager sowie gegebenenfalls das federnde Fundament zu berücksichtigen gestatten.

Die beschriebenen Arten von Schwingungen können bei Turbinen und Verdichtern auftreten. Darüber hinaus kann es in Verzögerungsgittern zu stellenweisem Abreißen der Strömung kommen, wobei die Abreißgebiete längs des Umfangs mit bestimmten Frequenzen wandern. Auch dieser Effekt, als rotating stall bezeichnet, kann zu heftigen Schwingungen führen [271, 272], die indessen bei Turbinen nicht beobachtet wurden. Eine Fülle weiterer Probleme, wie sie u.a. in [273] beschrieben sind, haben offenbar praktisch keine oder nur geringe Bedeutung. Hinzuweisen ist indessen auch bei den Wellen auf die torsionskritischen Drehzahlen. Drehschwingungen können insbesondere bei Schiffsturbinen infolge der pulsierenden Drehmomente der Propeller gefährlich sein. Bei Verdichter- und Pumpenantrieben mit veränderlichen Drehzahlen und Getrieben müssen sie beachtet werden. Aber auch bei Kraftwerksturbinen sollte man eine Drehkritische in Nähe der Betriebsdrehzahl vermeiden, weil dies zu Schwierigkeiten in instationären Betriebszuständen führen kann. Die geringe Dämpfung der Wellenstränge bei Torsionsschwingungen ($\vartheta \approx 0{,}05$ bis $0{,}08$) kann sogar bei großen Schaltstößen im elektrischen Netz zu starker Schwingungsanregung mit der Gefahr eines Wellenbruches führen [274, 275].

Auf eine Fülle von Schwingungsproblemen in anderen Komponenten der Kraftanlagen kann an dieser Stelle nur hingewiesen werden. So können selbsterregte Schwingungen, vom strömenden Fluid angeregt, z.B. in Rohrbündeln von Wärmetauschern, in Kernreaktoren sowie in Armaturen und Ventilen auftreten. Auch Druckpulsationen in Flammen können zu beachtlichen Schwierigkeiten in den Feuerungen der Dampfkessel oder bei Brennkammern von Gasturbinen führen [276,277]. Schließlich kann die Strömung in Umlaufsystemen von Dampferzeugern infolge der verschiedenen möglichen Benetzungszustände der Rohrwand und Strömungsformen im Verdampfungsbereich instabil werden und zu selbsterregten Schwingungen Anlaß geben [45, 278].

7.3 Zur Frage der Grenzleistung

Es besteht aus wirtschaftlichen Gründen eine deutliche Tendenz, die Blockleistung der Kraftanlagen ständig zu vergrößern. Indessen sind hier gewisse Grenzen gesetzt, die verschiedentlich schon angesprochen wurden und nur durch weitergehende Forschung und Entwicklung an verschiedenen Anlagenteilen hinausgeschoben werden können. Eine Einschränkung ist zweifellos durch die Turbomaschinen selbst gegeben. Ein erstes sog. Grenzleistungsproblem hängt hier mit den ausführbaren Abmessungen von Laufschaufeln und Rotoren - höchstbeanspruchter Bauteile - zusammen. Von diesen Abmessungen ist der Massenstrom des Fluids abhängig, der wiederum bei festliegenden

Parametern des thermodynamischen Kreisprozesses die Leistung einer Maschine bestimmt. Obwohl die Festigkeit anwendbarer Werkstoffe in den hochtemperierten Teilen einer Turbine erheblich verringert ist, sind im allgemeinen bei Kondensationsdampfturbinen die Endstufen ausschlaggebend für die Größe des Dampfmassenstroms, da infolge des Vakuums der Volumenstrom am kalten Ende der Maschine extrem anwächst. Für den Massenstrom gilt an beliebiger Stelle j eines unverzweigten Gehäuses gemäß (6.2)

$$\dot{m} = \frac{A_j c_{nj}}{v_j}.$$

Für die Leistung P einer Kondensationsdampfturbine folgt daraus bei festliegenden Kreislaufparametern (einschließlich Zwischenerhitzungen und Entnahmen) und bei konstantem spezifischen Austrittsverlust

$$P \sim \dot{m}_E \sim (Dl)_E f. \tag{7.36}$$

Dabei indiziert E die Austrittsseite der Endstufe, während f die Anzahl der Austrittsflächen oder sog. Fluten bedeutet, in die man den Fluidstrom im ND-Teil der Maschine gegebenenfalls aufteilt. Nach Beziehung (7.36) muß man zur Erhöhung der Leistung einer Turbine die Abmessungen der Endstufe oder die Anzahl der Fluten vergrößern, möglicherweise auch beide Maßnahmen zusammen anwenden.

Die Zugspannung der Schaufeln im höchstbeanspruchten und daher im allgemeinen im Schaufelfuß liegenden Zylinderschnitt läßt sich aufgrund von (7.5) auch zu

$$\sigma_{z0} = \frac{1}{2} k_0 \rho \omega^2 Dl \tag{7.37}$$

angeben. Dabei ist k_0 ein Beiwert, der von der geometrischen Form, insbesondere der Querschnittsverjüngung der Schaufel sowie (geringfügig) vom Verhältnis l/D abhängig ist. Unter Annahme eines Querschnittsverlaufs wie in (7.20) kann z.B. für den Fußquerschnitt F_0 des Schaufelblatts $k_0 \approx 0,3 + 0,7\varkappa$ gesetzt werden. Bei geometrisch ähnlicher Veränderung der Stufenabmessungen bleibt nun k_0 = konst, und (7.37) zeigt, daß bei Anwendung eines bewährten Schaufelwerkstoffs bestimmter Festigkeit die Austrittsquerschnitte $\pi Dl \sim 1/\omega^2$ verändert werden können. Bei direkt mit dem Generator gekuppelten Kraftwerksturbinen - und nur solche kommen für große Leistungen in Frage - ist man aber in der Drehzahl n durch die Polzahl p des Generators festgelegt, da $n = fp/2$, mit f als der Netzfrequenz. Daher läßt sich bei diesen Anlagen die Drehzahl nur in großen Schritten durch Übergang von zweipoligen Turbogeneratoren auf solche höherer Polzahl herabsetzen. Praktisch wählt man (mit ganz wenigen Ausnahmen) jedoch höchstens vierpolige Generatoren anstelle der zweipoligen. Bild 7.32 zeigt die grundlegenden Möglichkeiten der Gehäuseanordnung in Ein- oder Zweiwellenbauart bei Kraftwerksdampfturbinen mit z.B. einfacher Zwischenüberhitzung. In der Zweiwellenanordnung wird man vorzugsweise den HD-MD-Wellenstrang mit zweipoligem, den ND-Wellenstrang mit vierpoligem Generator ausrüsten, da auf diese Weise sowohl die ND-Flutenzahl wie die räumlichen Abmessungen des HD-MD-Teils klein gehalten werden können.

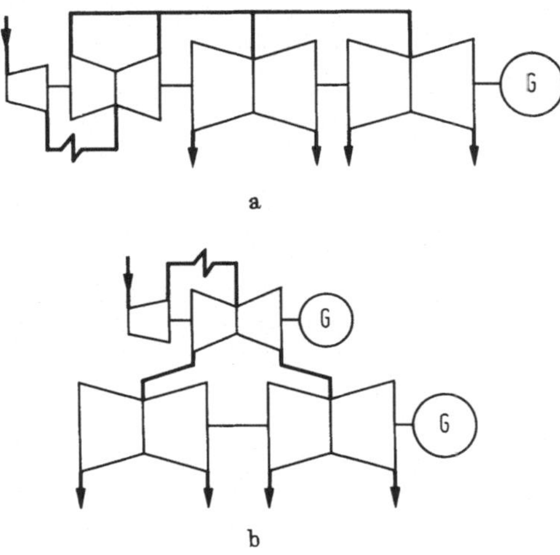

Bild 7.32. Grundlegende Möglichkeiten der Gehäuseanordnung bei großen Kraftwerks-Dampfturbinen mit einfacher Zwischenüberhitzung. a Einwellenmaschine; b Zweiwellenmaschine

Theoretisch wäre bei Übergang auf halbe Wellendrehzahl (entsprechend p von 2 auf 4) eine Verdoppelung von D und l möglich. Praktisch muß man beachten, daß bei so bedeutender Vergrößerung der Bauteile auch die Werkstoffestigkeit abnimmt, so daß die erreichbare Vergrößerung geringer ist. Bei gleicher Leistung wird jedoch mit der Flutenzahl zugleich die Länge einer Maschine erheblich herabgesetzt. Nähere Untersuchungen (z.B. [279]) zeigen, daß hinsichtlich der spezifischen Anlagekosten die Einwellenmaschine mit zweipoligem Generator günstiger ist als die Einwellenmaschine mit vierpoligem Generator und diese wieder günstiger als die Zweiwellenanordnung. Infolgedessen scheint sich auch in den USA, wo die Zweiwellenbauart (als Cross Compound-Bauart bezeichnet) besonders propagiert wurde, heute die Neigung zu Einwellenmaschinen zu verstärken. Bild 7.33 zeigt einen der größten in Betrieb befindlichen Einwellenturbosätze mit zweipoligem Generator. Die - möglicherweise vorübergehende - Hinwendung zur Zweiwellenmaschine oder auch zur vierpoligen Einwellenmaschine war wesentlich dadurch verursacht, daß bei herkömmlichen Schaufelabmessungen die Einwellenmaschine zu hohe Flutenzahl und extreme Baulänge bekam. Es wurde be-

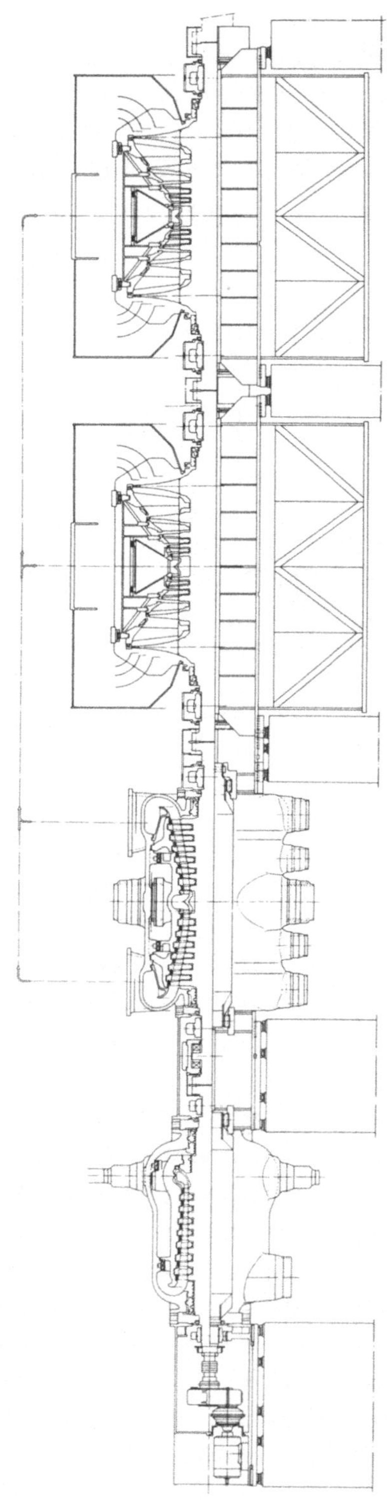

Bild 7.33. Einwellen-Dampfturbine für 850 MW Leistung mit 2-poligem Generator, Drehzahl 3600 min^{-1}. Frischdampf 174 bar/538°C, Zwischenüberhitzung 36 bar/538°C, Kondensatordruck 0,0735/0,108 bar, 7 Vorwärmstufen (Werkbild MAN)

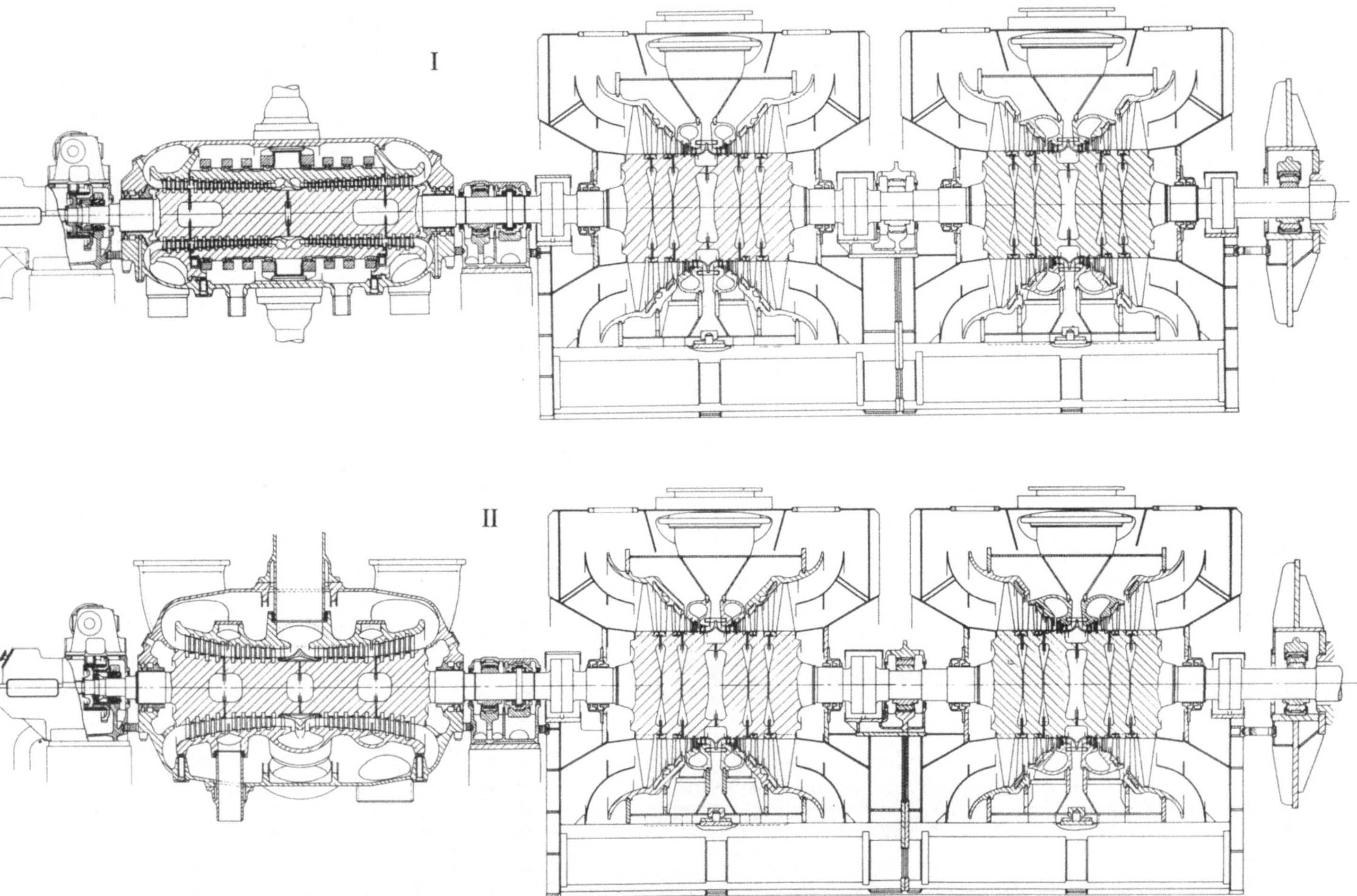

Bild 7.34. Zweiwellen-Dampfturbine für 1300 MW Leistung. Beide Wellenstränge Drehzahl 3600 min^{-1}. Frischdampf 250 bar/538°C, Zwischenüberhitzung auf 538°C (Werkbild BBC)

fürchtet, daß solche langen, vielfach statisch unbestimmt gelagerten Wellenstränge zu Laufschwierigkeiten führen könnten und daß die Maschinen hinsichtlich ihrer thermischen Dehnungen nicht mehr beherrschbar wären. In Bild 7.34 ist z.B. eine Zweiwellenmaschine größter Leistung wiedergegeben.

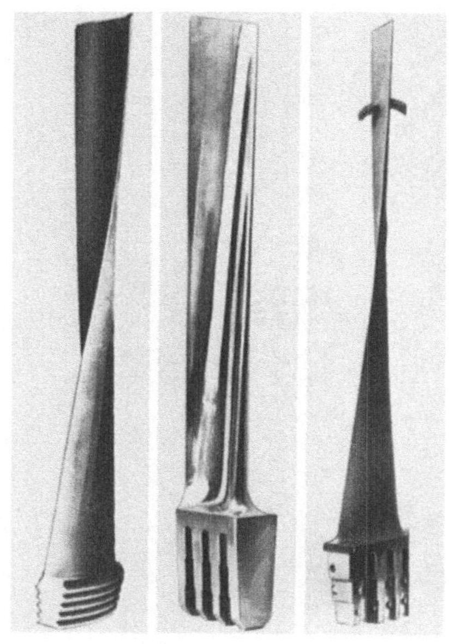

Bild 7.35. Endstufenschaufeln großer 3000-touriger Dampfturbinen (nach Unterlagen von BBC, AEG, MAN)

Es ist einleuchtend, daß eine Vergrößerung der Leistung nur durch Erhöhung der Flutenzahl, d.h. Aneinanderreihen weiterer gleich großer ND-Gehäuse, nicht zu einer optimalen Verminderung spezifischer Anlagekosten führen kann. Wirksamer ist die Vergrößerung der Endstufenabmessungen, die bei 3000-tourigen Maschinen (zum Antrieb 2-poliger Generatoren für europäische Netzfrequenz) von ca. 500 mm Schaufelblattlänge im Jahre 1950 auf ca. 1050 mm zur Zeit in Betrieb und 1200 mm entwickelt [280] bei mittleren Durchmessern bis 2500 mm führte. Eine solche Steigerung der Abmessungen war bei nur geringfügiger Änderung der Werkstoffqualität zu erzielen. Bild 7.35 zeigt z.B. große Endstufenschaufeln, die zum größeren Teil freistehend ausgeführt werden. Bei Anlagen mit 4-poligem Generator strebt man über 1500 mm Schaufelblattlänge an.

Die etwaige weitere Vergrößerung der Endstufen ist nach (7.37) in erster Linie eine Werkstofffrage. Je höher die zulässige Zugspannung im Schaufelfuß im Verhältnis zur Dichte des Werkstoffs ist, desto größere Abmessungen l und D kann man bei bestimmter Drehzahl erreichen. Setzt man gemäß (7.1) die zulässige Spannung in ein festes Verhältnis zur Zugfestigkeit, so verschafft die sog. Reißlänge einen Überblick der Leistungsfähigkeit verschiedener Werkstoffe. Viele Nebenbedingungen - wie z.B. hohe Dauerschwingfestigkeit, gute Schwingungsdämpfung, hohe Widerstandsfähigkeit gegen Erosion und Korrosion, wirtschaftliche Herstellbarkeit - lassen jedoch nach heutiger Sicht nur wenige Werkstoffe als anwendbar erscheinen. Bei den Stählen kommen außer den schon benutzten 13 %igen Chromstählen höherer Festigkeit (z.B. X 17 CrMoNiV 13.1) möglicherweise hochfeste martensitaushärtbare Stähle in Frage. Eine gewisse Bewährung liegt schon bei Titanlegierungen vor, die insbesondere in Flugtriebwerksverdichtern angewandt werden. Schließlich wird völlig neuen Werkstoffen, z.B. Faser-, insbesondere Whisker-verstärkten Kunststoffen, eine erhebliche Bedeutung zugemessen. Man muß allerdings bedenken, daß außer der Zugfestigkeit und den extrem hohen Herstellkosten von diesen neuen Werkstoffen noch nicht viel bekannt ist, so daß es zu früh sein dürfte, von ihrer Anwendbarkeit in ortsfesten thermischen Turbomaschinen mit Betriebszeiten über 10^5 h zu sprechen. Bild 7.36 zeigt indessen, in welchem Ausmaß die Austrittsquerschnitte mit diesen Werkstoffen vergrößert werden könnten.

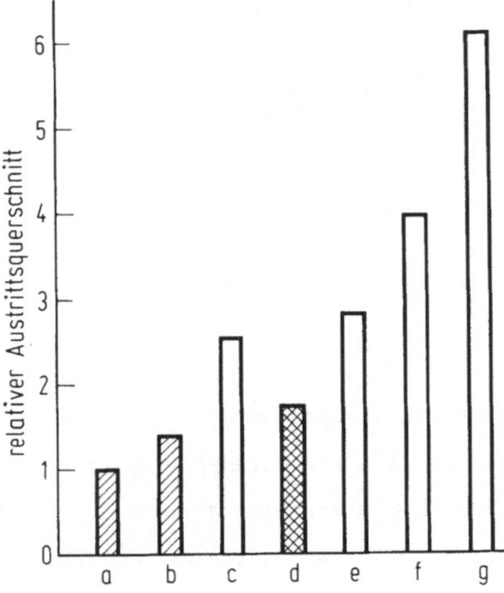

Bild 7.36. Relativer Austrittsquerschnitt aufgrund der Reißlänge verschiedener Schaufelwerkstoffe. a X 15 Cr 13; b X 17 CrMoNiV 13.1; c martensitaushärtbarer Stahl Ni Cr Mo 18/7/5; d Titanlegierung; e Bor-Polymid-Band; f Bor-Epoxyd-Band; g Graphit-Epoxyd-Band. Bewährte Werkstoffe schraffiert, teilbewährte kreuzschraffiert. Sonst nichterprobte, möglicherweise verwendbare Werkstoffe, e bis g jedoch nur bis 180°C

Den Fragen der Werkstoffeignung steht eine Fülle anderer Probleme zur Seite [153, 280 bis 284]. So ist z.B. die optimale Gestaltung der Schaufeln durch das zunehmende Eindringen in den Überschallbereich bei Zweiphasenströmung erheblich erschwert. Allein die Betrachtung der mechanischen Bedingungen zeigt, daß eine geometrisch ähnliche Vergrößerung der Stufen höchstens bei sehr geringen Abmessungsänderungen statthaft ist, sich jedoch verbietet, sofern man optimale Strömungsverhältnisse und Betriebssicherheit zugleich erzielen will. Mit zunehmender Leistung der Maschinen werden auch die Abmessungen der höher temperierten Stufen immer größer, so daß infolge der temperaturabhängigen Werkstoffestigkeit auch hier Einschränkungen eintreten. Besonders die Mitteldruckteile der Dampfturbinen und die ersten Stufen der Gasturbinen können daher ebenfalls den Massenstrom begrenzen und müssen dann mehrflutig ausgeführt werden (vgl. Bild 7.33 u. 34). Indessen versucht man bei den Gasturbinen, den einfachen Aufbau einflutiger Anlagen so lange wie möglich zu wahren. Bild 7.37 zeigt z.B. eine solche Maschine größter Leistung und Abmessungen.

Bild 7.37. Modell einer offenen Einwellen-Gasturbine für 100 bis 140 MW Leistung (Werkbild KWU)

Ein Grenzleistungsproblem anderer Art folgt aus der Möglichkeit selbsterregter Schwingungen der Turbinenläufer durch Spalterregung. Um das mit (7.35) angegebene Stabilitätskriterium anwenden zu können, muß man noch Überlegungen zur Größe der Erregerkraft Q anstellen. Ursprünglich sah man die Spaltverluste als einzige Ursache für die Entstehung von Q gemäß Bild 7.24 an. Experimentelle Untersuchungen zeigten jedoch, daß bei Schaufelausführungen mit Deckband erheblich größere Querkräfte entstehen, als aus den Spaltverlusten zu folgern war. Als Ursache stellte sich eine ungleichförmige Druckverteilung über der Deckbandoberfläche heraus, die infolge der unsymmetrischen Durchströmung der Dichtspalte entsteht und auch an Wellendichtungen wirksam ist [265, 285 bis 288]. Man muß daher im allgemeinen (d.h. von freistehenden Schaufeln abgesehen) den Ansatz machen

$$q = q_S + q_D \tag{7.38}$$

wobei S den Spaltverlust und D die Druckverteilung indizieren.

Fassen wir zur Ermittlung von q_S mit $\sum T = U$ die Tangentialkräfte aller Schaufeln der als einstufig betrachteten Maschine zu einer Umfangskraft zusammen und beziehen diese mit $U^* = U/2\pi$ auf die Bogeneinheit des Umfangs, so läßt sich gemäß Bild 7.38 setzen

$$U^* = U^*_m + U^*_a \sin \Psi . \tag{7.39}$$

Dabei ist angenommen, daß die Abweichung der Umfangskraft vom Mittelwert U^*_m dem Verlauf der Radialspaltweite des um y aus seiner Ruhelage ausgelenkten Läu-

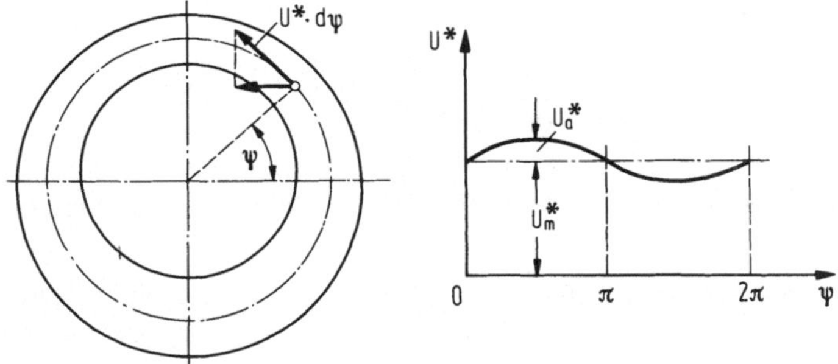

Bild 7.38. Zur Berechnung der Spalterregungskraft aus dem Verlauf der Umfangskraft

fers proportional ist. Die Erregerkraft (Bild 7.24) findet man nun aus der Summe der Projektionen aller $U^* d\Psi$ auf die zur Verschiebung senkrechte Richtung. Es ergibt sich

$$Q = q_S y = \int_0^{2\pi} U^* \sin \Psi \, d\Psi = \pi U^*_a . \tag{7.40}$$

Die Amplitude U^*_a folgt aus den Abweichungen der Spaltverluste infolge der Änderung der Spaltweite δ_r um den Betrag y (als erstes Glied einer Taylor-Reihe) zu

$$U^*_a = \frac{U_s}{2\pi} \frac{\partial \zeta_{sp}}{\partial \delta_r} y . \tag{7.41}$$

Hierbei ist $U_s = \dot{m} \cdot \Delta h_s / u$ die isentrope Umfangskraft und $\zeta_{sp} = \zeta'_{sp} + \zeta''_{sp}$ der Spaltverlustbeiwert gemäß (6.46). ζ'_{sp} und ζ''_{sp} folgen aus (6.48) oder (6.49) je nach konstruktiver Ausführung der Stufe. Jedoch lassen sich auch Trommel- und Kammerstufe in (6.49) zusammenfassen mit

$$\zeta_{sp} = \frac{K'}{\sqrt{z' \sin \alpha_1}} \cdot \frac{d_n}{D} \cdot \frac{\delta_{r1}}{l'} + \frac{K''}{\sqrt{z'' \sin \beta_2}} \cdot \frac{d_B}{D} \cdot \frac{\delta_{r2}}{l''} ,$$

wobei $D_1 \approx D_2 = D$ gesetzt ist, d_n den Nabendurchmesser der Welle im Leitgitter, d_B den Deckbanddurchmesser bedeuten und K', K'' bzw. z', z'' entsprechend der Bauform einzusetzen sind. Setzt man $K_s = (l''/2) \cdot (\partial \zeta_{sp} / \partial \delta_r)$, so ergibt sich zufolge (7.40) und (7.41)

$$q_S = \frac{U_s}{l''} \cdot K_S \quad . \tag{7.42}$$

Messungen haben allerdings gezeigt, daß bei bandagierten Schaufeln der Koeffizient q_S kleiner war, als nach (7.42) herauskäme. Die Ungleichförmigkeit des Radialspaltes bewirkt offenbar eine Reduktion des Spaltverlustes im ganzen, die mit einem Faktor v_F erfaßt wird. So kann man setzen

$$K_S = \frac{v_F}{2} \cdot \left\{ \frac{K'}{\sqrt{z' \sin \alpha_1}} \cdot \frac{d_n}{D} \cdot \frac{l''}{l'} + \frac{K''}{\sqrt{z'' \sin \beta_2}} \cdot \frac{d_B}{D} \right\} \tag{7.43}$$

mit $v_F = 1$ für freistehende bzw. $= 0{,}69$ für bandagierte Beschauflungen [289].

Für den Anteil q_D kann man nach [267, 286] oder experimentell nach [287] vorgehen, um die Druckverteilung in den Dichtungen zu ermitteln. Nach [267] wird die Strömung über dem Deckband in Stromröhren aufgeteilt und in gewissen Stützpunkten Kontinuitätsgleichung, Energiesatz und Impulssatz erfüllt. Dabei sind Annahmen über die Strömungsverluste notwendig. Die auf iterativem Wege erzielten numerischen Lösungen lassen sich in die Form bringen

$$q_D = \frac{\pi}{4} r_B \cdot \frac{b}{\delta_r} \cdot \Delta p_B \cdot K_D \tag{7.44}$$

Darin bedeuten r_B den Radius, b die Breite des Deckbandes, δ_r die Radialspaltweite, Δp_B die Druckdifferenz am Deckband. Der Beiwert K_D hängt nach den bisherigen Erkenntnissen außer von der konstruktiven Ausführung des Dichtspalts im wesentlichen vom Eintrittsdrall der Strömung in die Dichtung ab. Bedeutet C_E^* die kinetische Energie der Umfangsströmung, bezogen auf die Druckdifferenz

$$C_E^* = \frac{\rho \cdot c_{1u}^2}{2 \Delta p_B} \tag{7.45}$$

so wird

$$K_D = f(C_E^*) \approx a \cdot (C_E^*)^b \tag{7.46}$$

Bild 7.39 gibt K_D für zwei Deckbandausführungen wieder. Es zeigt sich, daß $b = 0{,}39$ und $a = 0{,}51$ beim glatten Spalt bzw. $a = 0{,}24$ beim abgesetzten Deckband mit 3 Spitzen gesetzt werden kann.

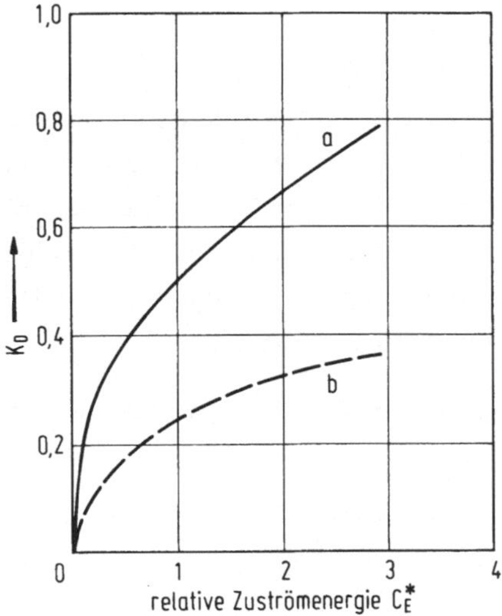

Bild 7.39. Beiwert K_D des aus der Druckverteilung resultierenden Anteils der Spalterregungskraft. a glattes Deckband; b abgesetztes Deckband mit 3 Dichtspitzen.

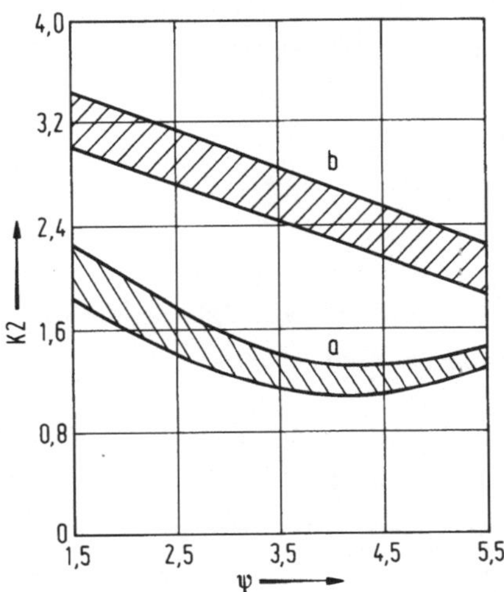

Bild 7.40. Gemessene Spalterregungsbeiwerte K_2 abhängig von der Gefällezahl ψ nach [266]. a 50%-Reaktionsstufe, Trommelbauart; b Schwachreaktionsstufe, Kammerbauart. Jeweils mit abgesetztem Deckband und 3 Dichtspitzen.

Zur Unterstützung der Theorie wurden Versuche an verschiedenen Turbinen-Stufentypen durchgeführt [266, 267]. Die Ergebnisse wurden in Anlehnung an (7.42) in einem dimensionslosen Spalterregungsbeiwert

$$K_2 = \frac{q \cdot l''}{U_s} \tag{7.47}$$

als Funktion der Druck- bzw. Gefällezahl $\psi = 2\Delta h_s/u^2$ dargestellt, Bild 7.40. K_2 faßt daher die beiden Anteile der Querkraft - aus Spaltverlust und Druckverteilung - zusammen. Die Messungen zeigen den starken Einfluß des Eintrittsdralls der Strömung. Um diesen zu mindern, hat man gelegentlich Vorkehrungen zur Beeinflussung der Strömung getroffen, z.B. durch in Richtung der Turbinenachse orientierte Blechstreifen vor den Labyrinthdichtungen.

Für die weiteren Überlegungen knüpfen wir an (7.47) an. Mit

$$U_S = \frac{P_i}{u \cdot \eta_i} = \frac{P_i}{\frac{D}{2}\omega \eta_i}$$

folgt daraus

$$q = \frac{2P_i}{\eta_i D\, l''\omega} \cdot K_2 \; .$$

Mit $q = \bar{c} \cdot S = m\omega_k^2 \cdot S$ gem. dem Stabilitätskriterium (7.35) erhält man, wenn noch $l'' \approx l' = l$ gesetzt wird, für die innere Leistung die Bedingung

$$P_i \leq \eta_i D\, l\, \omega\, m\, \omega_k^2 \frac{S}{2K_2} \; . \tag{7.48}$$

Damit ist unser Problem als Grenzleistungsproblem dargestellt. Die Schwingungen setzen ein, sobald die thermodynamisch verfügbare innere Leistung den durch die rechte Seite von (7.48) gegebenen Wert übersteigt.

Man überzeugt sich leicht, daß eine solche Beziehung auch aus dem einfachen Stabilitätskriterium (7.24) unter Einführung des logarithmischen Dekrements der Schwingungsdämpfung $\vartheta = \pi d/m\omega_k$ herleitbar ist. Demnach stellt $S = \vartheta/\pi$ eine Ersatzdämpfung dar, die allerdings nach (7.35) alle Einflüsse des Schwingungssystems, insbesondere der Lager enthält. Da auch andere Größen als die Dämpfung in die Berechnung von S einfließen, sei S als Stabilitätsbeiwert bezeichnet. Seine Abhängigkeit von verschiedenen Parametern wurde schon mit der Diskussion von (7.35) behandelt. Bedeutsam ist neben dem Einfluß der Lagergeometrie und -steifigkeit (vgl. auch [290]) die kritische Drehzahl des Läufers, die gem. (7.48) quadratisch die Grenzleistung beeinflussen sollte, aber - über S, je nach Lagerart - einen Einfluß bis fast zur 4. Potenz haben kann. Man beachte indessen, daß hier unter ω_k die mit den Lagern gemittelte Eigenkreisfrequenz zu verstehen ist.

Es steht nichts im Wege, auch für mehrfach gekuppelte und gelagerte Wellenstränge S-Werte zu ermitteln und in (7.48) anzuwenden, wenn man davon ausgeht, daß

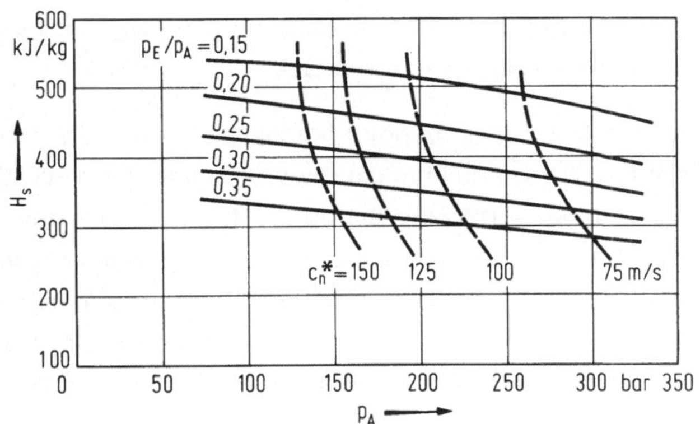

Bild 7.41. Thermodynamisch verfügbares (——) und vom Läufersystem ertragbares (---) isentropes Wärmegefälle für Wasserdampf. Beispiel S = 0,117; η_i = 0,85; t_A = 550°C

die Spalterregung überwiegend im HD-Teil der Turbine wirksam ist. Man muß dabei jedoch überlegen, welche Abmessungen einer Stufengruppe repräsentativ für eine einstufige Betrachtungsweise sind. Da sich die Erregerkraft bei einem mehrstufigen Turbinenläufer aus den Erregerkräften der einzelnen Stufen zusammensetzt, läßt sich unter Annahme gleicher Strömungsgeometrie und annähernd gleicher Durchbiegung der Stufen (steife Trommel) zeigen, daß in diesem Fall diejenige Stufe repräsentativ ist, für die gilt

$$D\,l \equiv D^* l^* = z \left(\sum_{\nu=1}^{z} (D_\nu l_\nu)^{-1} \right)^{-1} . \tag{7.49}$$

Dabei indiziert ν die einzelne Stufe, z ist die Gesamtzahl der Stufen. Für ein unverzweigtes HD-Gehäuse ist nun

$$P_i = \dot{m} H_s \eta_i .$$

Eliminiert man den Massenstrom $\dot{m}$ mit Hilfe von (6.2) und den Daten der mit dem Stern gekennzeichneten Vergleichsstufe, so ergibt sich aus (7.48)

$$\frac{H_s}{v^*} \leq \omega\, m\, \omega_k^2 \frac{1}{c_n^*} \frac{S}{2\pi K_2} . \tag{7.50}$$

Diese Form des Stabilitätskriteriums enthält auf der linken Seite nur Größen, die durch die gewählten thermodynamischen Auslegungsparameter der Maschine (bzw. des HD-Teils) festgelegt sind, während auf der rechten Seite nur Größen konstruktiver Art stehen. Die Gleichung zeigt, daß die Spalterregung die Leistung nicht über den Massenstrom sondern vom Wärmegefälle her begrenzt.

Zur Veranschaulichung der Bedeutung dieser Überlegungen ist in Bild 7.41 für das Beispiel einer größeren Kraftwerksturbine das thermodynamisch verfügbare isentrope Wärmegefälle für verschiedene Druckverhältnisse des HD-Teils dem aufgrund der rechten Seite von (7.50) für verschiedene c_n^* ertragbaren gegenübergestellt. Man erkennt, daß die Schwingungsgefahr in bedeutendem Ausmaß vom Anfangsdruck p_A abhängig ist, und daß die Stabilität des Läufers mit einer Steigerung der Geschwindigkeitskomponente c_n^* der Strömung abnimmt. Für die Auslegung der Turbinen ist es wichtig zu wissen, bis zu welchem c_n^* man gehen darf. Bei Kernkraftanlagen, insbesondere mit Leichtwasserreaktoren, hat man zum Teil sehr geringe Frischdampfdrücke und -temperaturen. Entsprechend ist auch das Wärmegefälle in den Turbinen gering, so daß hier die Spalterregung nicht leistungsbeschränkend sein wird. Das geringe Wärmegefälle führt jedoch zu so großem Massenstrom, daß man hier generell auf vierpolige Generatoren übergehen und gegebenenfalls bereits den HD-Teil zweiflutig ausführen muß, wie Bild 7.42 am Beispiel einer deutschen Anlage größter Leistung zeigt. In Anbetracht der Entwicklung von Hochtemperatur-Reaktoren wird einerseits die konventionelle Dampfturbine wieder an Bedeutung gewinnen, andererseits könnte die Heliumturbine zum Einsatz gelangen. Es ergibt sich, daß bei zur Zeit angestrebten Prozessparametern und bei Wahl nicht zu hoher c_n^* für den HD-Teil einer solchen geschlossenen Gasturbine kaum Gefahr von seiten der Spalterregung entstehen dürfte, wenn man ausreichend hohe kritische Drehzahlen wählt. Dagegen läßt sich zeigen, daß bei offenen Gasturbinen die Spalterregung gefährlich werden kann, sofern man Druckverhältnisse über 20 anzuwenden gedenkt.

Mit der Entwicklung der thermischen Turbomaschinen - insbesondere der Einwellenanlagen - zu größten Leistungen [291 bis 297] muß die Entwicklung der Turbogeneratoren Schritt halten. Daß auch hier, wie bei weiteren elektrischen Anlageteilen der Kraftwerke bedeutende Entwicklungsprobleme vorliegen, sei unter Hinweis auf einige Literaturstellen [298 bis 301 und 6, Bd. 3 B] wenigstens erwähnt.

7.4 Sicherheit und Umweltschutz

Der Arbeitsstoff befindet sich in dem Gefäßsystem einer thermischen Kraftanlage zum Teil unter sehr hohen Drücken und Temperaturen. Es bedarf besonderer Maßnahmen und Einrichtungen, um zu verhindern, daß im Falle von Schäden oder auch nur bei

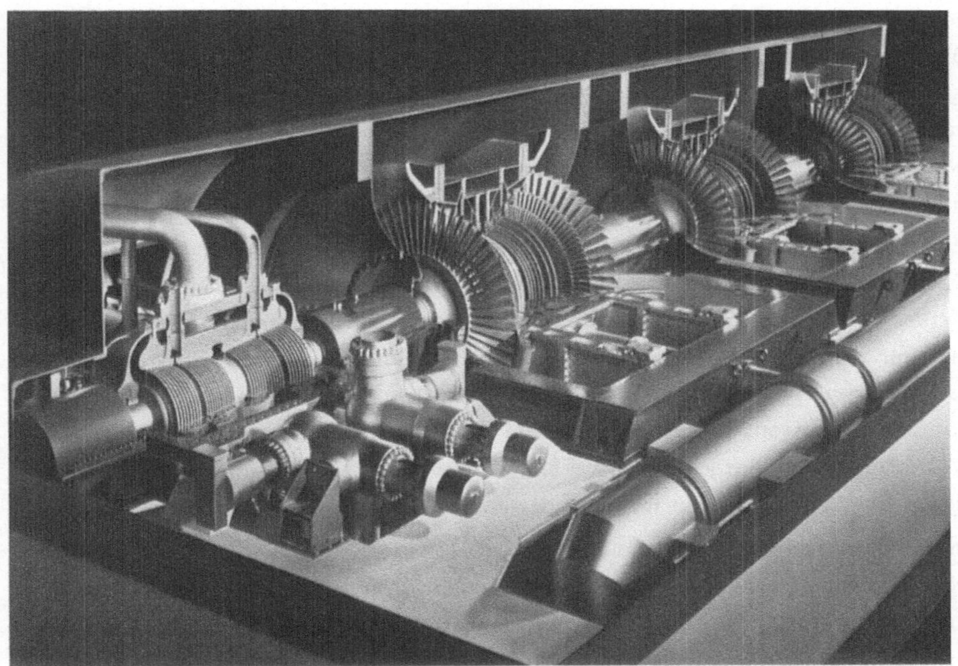

Bild 7.42 Modellbild der 1300 MW-Sattdampfturbine des Kernkraftwerks Biblis. Drehzahl 1500 min^{-1}. Frischdampf 52,7 bar/267°C, Kondensatordruck 0,044 bar (Werkbild KWU)

Versagen der Regelung ausströmendes Fluid zu einer Gefahr für das Personal des Kraftwerks wie auch für die Umgebung wird. Sofern sich im Gefäßsystem großräumige Behälter befinden, ist auch eine Explosionsgefahr zu berücksichtigen. Auf die gesetzlichen Berechnungsvorschriften, die hier besondere Sicherheiten enthalten, wie auch auf vorgeschriebene regelmäßige Untersuchungen wurde schon hingewiesen. Konventionelle Dampferzeuger müssen darüber hinaus mit Sicherheitsventilen versehen sein, die bei Überschreiten eines gewissen Druckes ansprechen und Dampf abblasen, bis der normale Druck wieder hergestellt ist. Die Ventile können Gewichts- oder Federbelastung haben und werden bei großen Anlagen im allgemeinen mit Hilfs- oder Vorsteuerungen ausgerüstet, um einwandfreies Ansprechen zu gewährleisten [302, 303]. Der an geschützter Stelle ausgeleitete Dampf belastet als reines H_2O die Umgebung nicht, zumal das Abblasen bei modernen Regelsystemen ein höchst seltener Vorfall ist.

Anders sieht es beim Kernkraftwerk aus. Ein Kühlmittelverlust würde hier zu einer radioaktiven Verseuchung des Kraftwerks sowie - falls nach außen dringend - auch der Umgebung führen. Es ist daher notwendig, die Kernreaktoren mit einem vielfältig wirksamen Sicherheitssystem auszurüsten, so daß ein solcher Gefahrenzustand nach menschlichem Ermessen nicht eintreten kann. Man schließt daher alle merklich radioaktiven Anlagenteile - bei Zweikreisanlagen den gesamten Primärkreislauf - in ein besonderes, gegenüber der Umgebung abgedichtetes Gebäude ein, das auch als Sicherheitsbehälter bezeichnet wird. Der Sicherheitsbehälter wird unter leichtem Unterdruck gegenüber der Atmosphäre gehalten, so daß bei Undichtheit der Hülle (in der Regel doppelt in Stahl und Spannbeton ausgeführt) sowie durch die notwendigen Zugangsschleusen allenfalls reine Luft in das Gebäude eindringen, aber keine radioaktive Luft nach außen gelangen kann. Der Unterdruck im Gebäude ist allerdings nicht aufrechtzuerhalten, wenn durch Undichtheit oder Bruch eines Bauelements ein Kühlmittelverlust eintritt. Bei zu großem Kühlmittelverlust ist nicht nur die Kühlung des Reaktorkerns in Gefahr, sondern der gesamte Sicherheitsbehälter infolge zunehmenden Druckes und der Temperatur in seinem Innern. Man muß entweder den Sicherheitsbehälter so dimensionieren, daß er den maximal möglichen Beanspruchungen standhält - sog. Volldrucksystem - oder durch besondere Maßnahmen für begrenzten Druckaufbau sorgen - sog. Druckabbausystem. Dabei untersucht man die auftretenden Beanspruchungen unter ungünstigen Umständen und Lastannahmen, wie sie bei einem sog. größten anzunehmenden Unfall (GaU, z.B. Totalbruch einer Kühlmittelumwälzleitung) auftreten könnten. Außer inneren Unfällen oder Schäden werden darüber hinaus äußere Einwirkungen, z.B. die Möglichkeit eines Flugzeugabsturzes u.a.m. in die Sicherheitsüberlegungen einbezogen [304 bis 307].

Von größter Bedeutung ist die Aufrechterhaltung einer ausreichenden Kühlung des Kernes. Hier finden - wie bei anderen Schutz- und Sicherheitssystemen auch - zwei Prinzipien Anwendung: 1. Die Diversität (verschiedener Stufen), 2. Redundanz (in jeder Stufe). Hierdurch kann ein hohes Maß an Sicherheit erzielt werden. Betrachtet man etwa als Beispiel ein Ventil mit dreifacher Redundanz, so müssen im Fall einer Schließfunktion drei Ventile hintereinander gemäß Bild 7.43 a angeordnet werden, im Fall des Öffnens als Sicherheitsfunktion dagegen gemäß Bild 7.43 b in Parallelschaltung. Beträgt die Versagenswahrscheinlichkeit einer Armatur w_ν, so ist bei n-facher Redundanz die Gesamtwahrscheinlichkeit des Versagens

$$w_{ges} = w_\nu^n$$

Nimmt man für das Beispiel mit $n = 3$ einmal an, daß $w_\nu = 5 \cdot 10^{-3}$, so ergäbe sich $w_{ges} = 1{,}25 \cdot 10^{-7}$. Bei Ausführung verschiedener Stufen (Diversität) gleicher

a b

Bild 7.43. Schaltung einer Armaturengruppe zu dreifacher Redundanz. a Schließen als Sicherheitsfunktion; b Öffnen als Sicherheitsfunktion.

Sicherheitsfunktion wird die Wahrscheinlichkeit des Störfalls nochmals entsprechend (multiplikativ) vermindert. So kann man bei entsprechendem Aufwand eine nach menschlichem Ermessen fast völlige Sicherheit erlangen. Jedoch kennt man die wirkliche Versagenswahrscheinlichkeit gewisser Bauelemente gar nicht, da von ihnen oft nur eine relativ kleine Anzahl im Einsatz ist und (außerhalb des Kernkraftwerks) nicht alle Versagens- oder Störfälle bekannt oder erfaßt werden.

Die Abschätzungen der Störfälle und des GaU haben schließlich zu den sog. Risikostudien in verschiedenen Ländern geführt [308 bis 310]. Die deutsche Risikostudie bezieht sich auf Druckwasserreaktoren, eine entsprechende Ausarbeitung für Siedewasserreaktoren ist im Gang. Die Ergebnisse sind vielfältig und können hier im einzelnen nicht interpretiert werden. Eine Zusammenfassung zeigt jedoch Bild 7.44, in welchem die Häufigkeit früher Todesfälle durch Kernstrahlung für 25 Anlagen vergleichsweise zum amerikanischen sog. Rasmussen-Report dargestellt wurde. Dabei wurde Kernschmelzen unterstellt. Für ein Todesopfer ergibt sich etwa die Häufigkeit 10^{-5}/a, was im Mittel bei (zur Zeit) rund 250 in Betrieb befindlichen Anlagen ähnlicher Bauart 1 Fall/10^4 a ausmachen würde, falls solche Extrapolation über Anlagen verschiedener Konstruktion einmal gestattet sei. Für eine größere Zahl von Opfern sinkt die Häufigkeit sehr schnell weiter ab. Die Rechnung scheint auf sicherer Seite zu liegen, da sich inzwischen herausgestellt hat, daß die Annahmen für das Kernschmelzen viel zu ungünstig waren. Nukleare Großunfälle sollten daher äußerst unwahrscheinlich sein, auch wenn man Unsicherheiten beachtet, die in solchen Studien naturgemäß liegen. Der bisherige Betrieb der Kernkraftwerke zeigt ein hohes Maß an Betriebssicherheit. In den rund 30 Jahren des Bestehens kommerzieller Anlagen ist kein Mensch durch nukleare Einwirkung in einem Kraftwerk ums Leben gekommen.

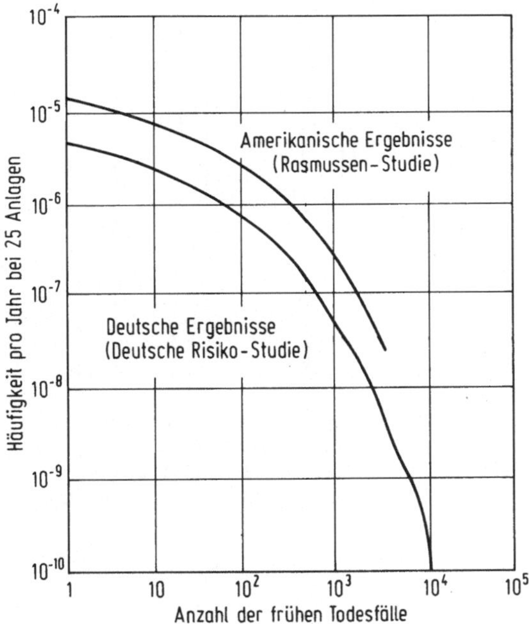

Bild 7.44. Vergleich der Rasmussen-Studie mit der Deutschen Risiko-Studie (nach KWU).

In Bild 7.45 ist z.B. der Sicherheitsbehälter eines Siedewasserreaktors mit Druckabbausystem und verschiedenen stufenweise in Tätigkeit tretenden Notkühlkreisläufen (Diversität) dargestellt. Die primäre Sicherheitseinrichtung ist das Schnellabschaltsystem a, das mittels hydraulischer Speicher die Abschaltstäbe in den Reaktorkern einschießt. Entweichendes Siedewasser verdampft infolge der plötzlichen Entspannung momentan und dringt infolge des sich aufbauenden Drucks in die wassergefüllten Kondensationskammern b ein. Durch die Kondensation des Dampfes, die durch das Behältersprühsystem c unterstützt werden kann, wird der Druckaufbau begrenzt. Eine weitere Sicherheitsstufe - jetzt zur Kernnotkühlung - stellt die Hochdruck-Einspeisung in den Druckbehälter d dar. Zusätzlich kann das Kernsprühsystem e eingesetzt werden, das mit Hilfe des Vergiftungssystems f auch Borsäure auf den Kern sprühen und so die weitere Kernspaltung und Nachwärmentwicklung drastisch zu reduzieren vermag. Da der Neutronenfluß nicht kurzzeitig zu unterbinden ist, sondern etwa exponentiell ausklingt, muß auch bei normalem Abschalten eines Kernkraftwerkes die Nachwärmeleistung berücksichtigt und in einem besonderen Kühlkreislauf abgeführt werden. Es ist möglich, daß noch Minuten nach einem Abstellen ca. 5% der vorher gefahrenen Leistung im Reaktorkern erzeugt werden.

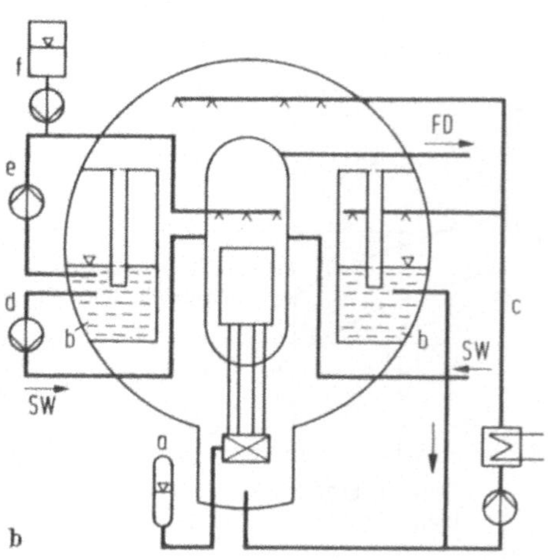

Bild 7.45. Sicherheitsbehälter eines Siedewasserreaktors mit Druckabbausystem (Werkbild KWU). a) Modellansicht; b) Schema des Sicherheitssystems. a Schnellabschaltsystem; b Kondensationskammer; c Behältersprühsystem; d Hochdruck-Noteinspeisung in Druckgefäß; e Kernsprühsystem; f Vergiftungssystem; FD Frischdampfentnahme; SW Speisewasserzuleitung

Die momentane Einstellung der Dampferzeugung ist infolge der Speicherwärme in den Bauteilen auch bei konventionellen Dampferzeugern unmöglich. Deshalb sieht man zum Schutz der Maschinenanlagen noch besondere Sicherheits- oder Schnellschlußventile vor, die in einem Gefahrenfall die Dampfzufuhr zur Turbine möglichst schlagartig (in ca. 0,1 bis 0,2 s) absperren. Es gibt eine Reihe von Störfällen, in denen die Sicherheitsventile in Funktion treten sollen. Ein besonders wichtiger Fall ist jedoch eine unkontrollierte Drehzahlüberschreitung, die zu einem Bersten der Rotoren und damit zur völligen Zerstörung der Anlage führen kann. Jeder Turbosatz hat daher unmittelbar auf seiner Welle zwei unabhängig voneinander wirkende Sicherheitsregler, meist federbelastete exzentrische Bolzen oder Ringe, die bei Überschreiten einer bestimmten Drehzahl (im allgemeinen 10 % über normaler Betriebsdrehzahl) infolge der Fliehkrafterhöhung plötzlich ausschlagen und die Schnellschlußventile auslösen. Eine so starke Drehzahlerhöung kann indessen nur bei einem Lastabwurf des Generators, also einer Störung auf der elektrischen Seite, eintreten, und auch nur dann, wenn die Regelventile der Turbine nicht schnell genug oder (im Fall eines Defekts) unvollkommen schließen.

Besondere Schwierigkeiten zeigen hier die Maschinen mit Zwischenüberhitzung sowie die Naßdampfturbinen. Bei den Anlagen mit Zwischenüberhitzung ist es infolge des großen Speicherdampfvolumens der Zwischenüberhitzer und dazugehöriger Rohrleitungen notwendig, Regel- und Sicherheitsventile (meist zu einer Baugruppe zusammengefaßt) auch vor den MD-Teilen anzuordnen. Bei den Naßdampfturbinen führt die Ausbreitung des Vakuums vom Kondensator durch die ganze Maschine bei Schließen der Regel-oder

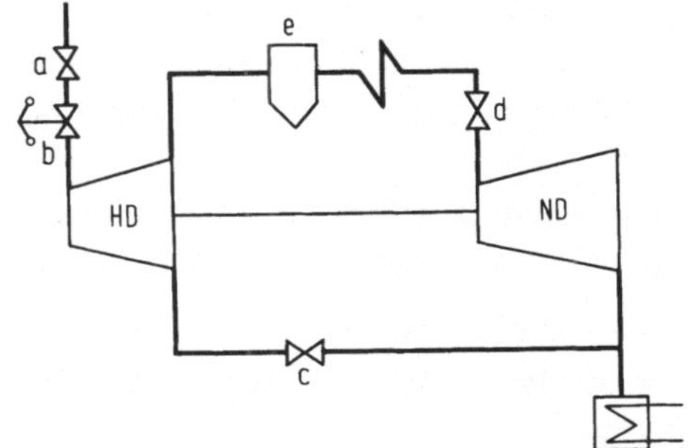

Bild 7.46. Schnellschlußregelarmaturen für Naßdampfturbinen. a Schnellschlußventil vor Maschine; b Regelventile; c ND-Umleitarmatur; d Abfangarmatur; e Dampftrockner

Sicherheitsventile zu einem Ausdampfen der Wasserräume. Hierdurch kann die Maschine weiter angetrieben und eine unzulässig hohe Drehzahl erreicht werden [311, 312]. Außer Maßnahmen zur Entwässerung möglichst jeder Turbinenstufe sowie zur Dampftrocknung zwischen den Turbinengehäusen muß man gegebenenfalls auch hier besondere zusätzliche Schnellschlußregelorgane anwenden, wie z.B. Bild 7.46 zeigt. Eine Abfangarmatur besteht z.B. aus einer Drosselklappe, welche die Dampfzufuhr zum ND-Teil gleichzeitig mit Auslösung des Sicherheitsventils absperrt. Eine ND-Umleitarmatur besteht aus einem Bypassventil vom HD-Teil zum Kondensator, das bei Schließen des Sicherheitsventils geöffnet wird. Welche Lösung vorteilhafter ist, bedarf der Untersuchung im Einzelfall. Schließlich müssen Umleitarmaturen vor HD-Teil (bei Zwischenüberhitzungsanlagen auch vor MD-Teil) vorgesehen werden, um im Schnellschlußfall den vom Dampferzeuger überproduzierten Dampf durch gekühlte Druckreduzierventile unmittelbar in die Kondensatoren einzuleiten. Auch zum Anfahren oder bei Betrieb unterhalb der Kesselmindestleistung werden sie zur Ableitung des überproduzierten Dampfes benutzt. Infolge ihrer extremen Größe gibt es erhebliche Entwicklungsprobleme auch bei diesen Sicherheitsorganen.

Unsere bisherigen Überlegungen betrafen den Schutz vor Schäden und ihren möglichen Folgen. Dagegen ist das Betriebspersonal wie auch die Umgebung der Kraftanlagen durch deren Betrieb einer ständigen Belastung durch emittierte Schadstoffe, Lärm und Abwärme ausgesetzt. In gewissem Ausmaß ist diese Belastung tragbar, jedoch führt die weitere Steigerung des Gesamtenergiebedarfs und der elektrischen Energieerzeugung zu einer schnellen Einengung des noch verbleibenden Spielraums. Es gibt düstere Prognosen für die Entwicklung unserer Welt, die davon ausgehen, daß der Entwicklungsspielraum in mancher Hinsicht in industriellen Ballungszentren bereits in nächster Zukunft erschöpft ist[1]. Andererseits zeigen die im Rahmen des Umweltschutzes eingeleiteten Untersuchungen, daß über die Auswirkung der verschiedenen Umweltbelastungen auf Natur und Mensch oft sehr unterschiedliche Meinungen bestehen, und daß konkrete Grenzwerte häufig der wissenschaftlichen Relevanz entbehren [313, 314]. Immerhin hat der Gesetzgeber z.B. mit maximalen Werten der Arbeitsplatzkonzentration (MAK) oder der Immissionskonzentration (MIK) für verschiedene Schadstoffe schon seit langem Grenzwerte gesetzt [315, 316]. Obwohl die Immission maßgeblich für die Umweltbelastung zu sein scheint, tendiert man jedoch zunehmend zur Begrenzung der Emission als der Ursache der Immission.

Die aus thermischen Kraftanlagen emittierten Schadstoffe sind entweder Festpartikel oder Gase als Bestandteile des Rauchgases. Tabelle 7.6 zeigt Auswurfmengen verschiedener Stoffe und deren Verursacher. In Bild 7.47 ist die Entwicklung der Emission in den letzten 20 Jahren für die wichtigsten Stoffe aufgrund verschiedener Quellen veranschaulicht. Vergleicht man das Bild mit der Tabelle, so fällt auf, daß die Schätzungen für 1980 in der Tabelle zum Teil weit unter den festgestellten emittierten Mengen liegen. Besonders auffallend ist die Zunahme des CO und des NO_x, die beim erstgenannten Stoff fast vollständig, beim zweitgenannten zu etwa 2/3 aus dem Kraftverkehr resultiert. SO_2 und Flugstaub zeigen dagegen bereits eine rückläufige Entwicklung. Die Luftverunreinigung ist ein bedeutendes Problem unserer Zeit. Sog. saurer Regen und die Anfälligkeit vieler Pflanzen - das sog. Waldsterben - werden damit in Verbindung gebracht, obwohl es sich biologisch und ökologisch wohl um ein verwickeltes Problem handelt [318]. Die neuesten Vorschriften in der Bundesrepublik Deutschland, zusammengefaßt in der Technischen Anleitung zur Reinhal-

[1]) Vgl. z.B. die Schriften des Club of Rome.

Tabelle 7.6. Emission von Schadstoffen in der BRD, nach [314]

Stoffe	1969 oder 1970 in 10^3 t/a	geschätzt für 1980 in 10^3 t/a	Stoffe	1969 oder 1970 in 10^3 t/a	geschätzt für 1980 in 10^3 t/a
SO_2			C_mH_n		
Energie	3 000[1]	2 200	Verkehr	530	800[3]
Chemie	ca. 60	< 50	Chemie (einschließlich Mineralöl)	100	
Verkehr	80	120[3]			
Montan	200				
			Energie	130	55
CO			Fluorverbindungen		
Verkehr	3 700[2]	5 300[3]			
Chemie	50		Montan	2	
Montan	330		Chemie	0,2	
Energie	600[1]	140	Energie	0,01	
NO_x			Feststoffe		
Energie	600	650	Energie	270	120
Chemie	25	20	Verkehr	60	90[3]
Verkehr	900[2]	1 300[3]	Montan	180	
Montan	ca. 100		Sonstiges	80	70

tung der Luft (TA Luft) [316] bzw. in der Großfeuerungsanlagenverordnung [317] sehen daher strenge Grenzen für die Emission aus Kraftanlagen vor. So sollen die Emissionen von SO_2 und NO_x bei Neuanlagen auf 100 bis 400 mg/m³ Rauchgas (i.N.) und von Flugstaub auf 50 mg/m³ begrenzt werden, je nach Art der Feuerung.

Der Staubauswurf der Kraftwerke wurde schon seit langem durch den Einsatz elektrostatischer Staubfilter mit hervorragenden Abscheidegraden in engen Grenzen gehalten. CO sowie Unverbranntes (Ruß, Kohlenwasserstoffe) entstehen in den Feuerungen der Kraftanlagen infolge des stets vorhandenen Luftüberschusses ($\lambda > 1$) praktisch nicht. Sorge bereitende Komponenten des Rauchgases sind dagegen das SO_2 sowie die Stickoxide NO_x. Die früher übliche Schutzmaßnahme bestand darin, die Schadstoffe durch genügend hohe Schornsteine in möglichst hohe Luftschichten

---

1) Die Zahl enthält die Werte aus der Energieerzeugung in Kraftwerken innerhalb der Industrie, dem Hausbrand und dem Kleingewerbe.

2) Aufgrund des California-Tests gemessene und hochgerechnete Werte, Fahrzeuge des technischen Standes von 1969.

3) Unter Ansatz der heutigen technischen Möglichkeiten.

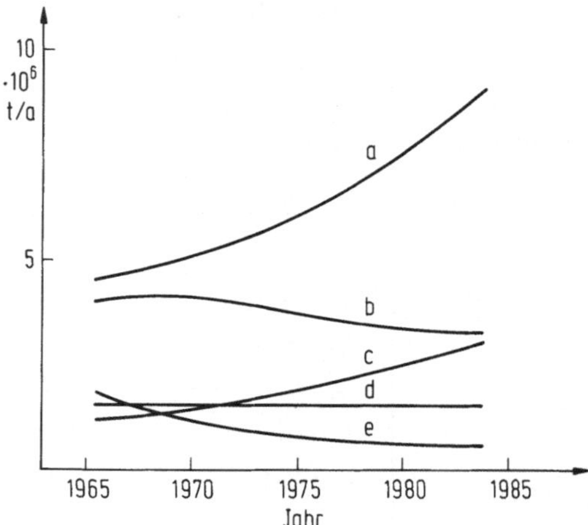

Bild 7.47. Emission von Schadstoffen in der Bundesrepublik Deutschland, nach verschiedenen Quellen. a CO; b SO_2; c NO_x; d Kohlenwasserstoffe; e Staub.

zu transportieren, so daß sie - durch die Ausbreitung der Rauchfahne verdünnt - nur zu geringer Immissionsbelastung am Erdboden führen [319]. Im Bestreben, die Emission zu begrenzen, hat man jedoch zunehmend feuerungsseitige Maßnahmen ergriffen oder wendet die Rauchgasbehandlung an, wie bei den Dampferzeugern beschrieben (s. Abschn. 4.5). Die strengen Vorschriften der TA Luft werden voraussichtlich die Rauchgasbehandlung auch zur Entfernung des NO_x zur Regel werden lassen.

Bei Kernkraftwerken stellen sich die o.a. Probleme nicht. Ein stärkerer Einsatz dieser Anlagen würde zu einer Verminderung der Luftverunreinigung beitragen. Man leitet die mit radioaktiven Partikeln beladene Abluft aus den Reaktorgebäuden durch hohe Kamine in die Atmosphäre. Die Strahlenimmission soll in der Umgebung eines Kernkraftwerks nirgends größer als 30 mrem/a[1)] sein. Das entspricht etwa 1/4 der mittleren natürlichen Strahlenbelastung in Mitteleuropa. Bei bisher gebauten Anlagen liegen die Immissionen weit darunter. Personen, die wie das Betriebspersonal eines Kernreaktors dauernder Strahlenbelastung ausgesetzt sind, dürfen 2,5 mrem/h, akkumuliert aber nicht mehr als 3 rem/13 Wochen oder 5 rem/Jahr als Ganzkörperdosis empfangen [320].

Als vollständig lösbar kann man bei thermischen Kraftanlagen das Problem der Lärmemission ansehen. Die vorzusehenden Maßnahmen der Isolation und Schalldämpfung sehen zwar umfangreich aus (vgl. z.B. Bild 6.70), sind jedoch wirtschaftlich tragbar. Anders sieht dies mit der Abwärme aus. Bild 7.48 zeigt die möglichen Verfahren bei

---

[1)] 1 rem = 1 roentgen equivalent man $\hat{=}$ γ-Strahlendosis von 1 R.

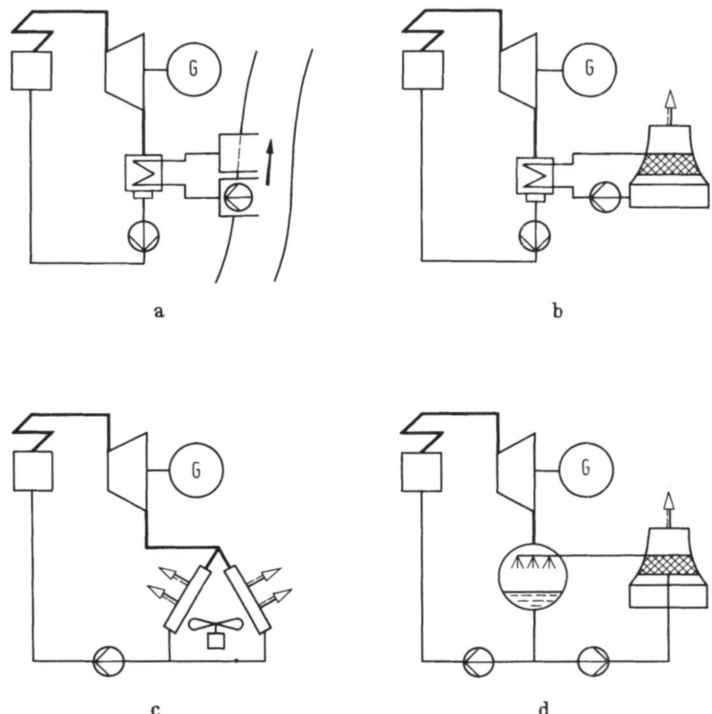

Bild 7.48. Mögliche Kühlverfahren bei Dampfkraftwerken. a Frischwasserkühlung, z.B. Flußwasser; b Naßkühlturm; c Trockenkühlung mit direkter Kondensation in Gebläse-Rippenrohrkühlern; d Trockenkühlung mit Einspritzkondensator und Naturzugkühlturm

Kondensationsdampfkraftwerken. Die wirtschaftlichste Art, die Frischwasserkühlung, führt zu einer Aufwärmung der Gewässer, die zu erheblichen, nachteiligen Veränderungen in deren Biosphäre führen kann. Bisher zugelassene Aufwärmspannen von etwa 3 K bzw. bis auf max 27°C gestatten nur noch eine beschränkte Ausbauleistung solcher Kraftwerke an Binnengewässern [321, 322]. Anlagen mit offener Wasserrückkühlung in sog. Naßkühltürmen führen zu höheren spezifischen Anlagekosten und schlechteren Vakua. Die Kühltürme nehmen große, das Landschaftsbild störende Abmessungen an. Ein Teil des Kühlwassers (etwa entsprechend dem Frischdampf-Massenstrom) verdunstet im Kühlturm und bildet bei feuchter oder kalter Witterung Nebelschwaden. Dieses Wasser muß aus natürlichen Quellen zurückgewonnen werden. Bei der Trockenkühlung ist schließlich der Wasserkreislauf völlig geschlossen. Die Rückkühlung des Wassers mit Luft geschieht in Rippenrohrkühlern (ähnlich Autokühlern), die bei großen Anlagen am Umfang der Basis des Trockenkühlturms angeordnet werden. Auch eine direkte Luftkondensation durch Einleiten des Abdampfs in solche Kühlelemente ist möglich [323]. Die Trockenkühlverfahren, noch in der Entwicklung befindlich, führen wieder zu größeren Abmessungen der Kühlerelemente und zu noch schlechteren Vakua als die Rückkühlung mit Naßkühltürmen. Die bisher größte Anlage dieser Art entstand in Westfalen im Zusammenhang mit dem 300 MW-Hochtemperaturreaktor Schmehausen-Uentrop [324]. Die Nachteile der Trockenkühlung können eingeschränkt werden, wenn man mit angefeuchteter Luft - sog. Hybridkühlung - arbeitet [325, 326]. Die Wärmeabfuhr ist zunächst problemlos bei den offenen Gasturbinen, wo die Abwärme mit dem Rauchgas unmittelbar in die Atmosphäre geleitet wird. Jedoch müssen wir davon ausgehen, daß die Belastbarkeit der Luft mit Abwärme auch nicht unbegrenzt ist. Auch ihre Belastung mit zunächst unschädlichen Rauchgaskomponenten wie CO_2 und H_2O-Dampf wirft hinsichtlich möglicher Klimaveränderungen besonders in Industrie-Ballungsgebieten, später jedoch auch global, Probleme auf. Eine Reserve der Frischwasserkühlung bietet noch das Meer. So plant man in den USA Kernkraftwerke, die vor der Küste direkt im Meer gebaut werden sollen. Die kritische Abwärmesituation müßte eigentlich dazu führen, noch größere Anstrengungen zur Verbesserung des Wirkungsgrades der Kraftanlagen zu machen, um den Abwärmestrom relativ zur Nutzleistung möglichst gering zu halten, zumal damit auch Brennstoff gespart würde.

Als ein letztes Umweltproblem sei die Verbringung der Abfallstoffe erwähnt. Die Asche oder Schlacke konventioneller Dampfkraftwerke kann im allgemeinen gefahrlos abgelagert oder verwertet werden. Rückstände aus den Brennelementen der Kernreaktoren bieten jedoch besondere Probleme. Man bindet sie in Glasschmelzen oder Keramik ein, so daß feste, durch Wasser nicht lösliche Müllblöcke entstehen. Diese können in Salinen oder Felskavernen abgelagert werden, wo sie ihre gefährliche Radiaktivität allmählich verlieren [327]. Das Ziel der Entwicklung im Rahmen der Kernverfahrenstechnik muß hier jedoch sein, die anfallenden Mengen radioaktiven Mülls auf ein Kleinstmaß zu beschränken. Dies führt zum Bau von Wiederaufarbeitungsanlagen, die im Sinne einer echten Entsorgung wichtiger sind als Endlagerstätten, weil letztere dann wesentlich kleiner bemessen werden können. Mittlerweile werden jedoch größere Mengen abgebrannter Brennelemente auch in den Kernkraftwerken in geeigneten, abgesicherten Räumen zwischengelagert.

7.5 Zum Problem der Energieversorgung – Möglichkeiten neuer Verfahren

Die Rohstoffvorräte der Erde sind begrenzt. Würde der Verbrauch an Rohstoffen jeder Art so gering wie etwa vor 100 Jahren sein, so bräuchte man sich über eine mögliche Erschöpfung der Vorräte keine Gedanken zu machen. Der enorme Anstieg des Verbrauchs, namentlich in den letzten Jahrzehnten, führt in dessen dazu, Einschränkungen für die nächsten Jahrzehnte bereits sichtbar werden zu lassen. Bild 7.49 zeigt dies aufgrund bekannter Lagerstätten für einige wichtige Rohstoffe unter Annahme einer Fortsetzung des damals angenommenen Verbrauchs [328]. Natürlich muß man dabei beachten, daß die Erdoberfläche keineswegs vollständig geophysikalisch erforscht ist, so daß sicherlich noch Reserven vorhanden und wirtschaftlich erschließbar sind. Die für einige Stoffe bereits extrem geringen Reserven machen jedoch deutlich, daß Überlegungen entweder zur Einschränkung des Verbrauchs oder zum Ausweichen auf andere Stoffe oder Verfahren notwendig sind. Einige Stoffe (z.B. Metalle) wird man einer Wiederverwendung zuführen können (sog. recycling); bei anderen ist dies nicht möglich, weil sie bei ihrer Verwendung irreversibel chemisch verändert werden. Zu den letzteren, unersetzbaren Rohstoffen gehören aber die Brennstoffe.

Betrachtet man die Entwicklung des Primärenergieverbrauches der Welt, so zeigt sich, daß bis zum 1. Weltkrieg fast ausschließlich Kohle, Wasserkraft, Holz und Torf eingesetzt wurden. Danach erst setzte ein ständig zunehmender Verbrauch von

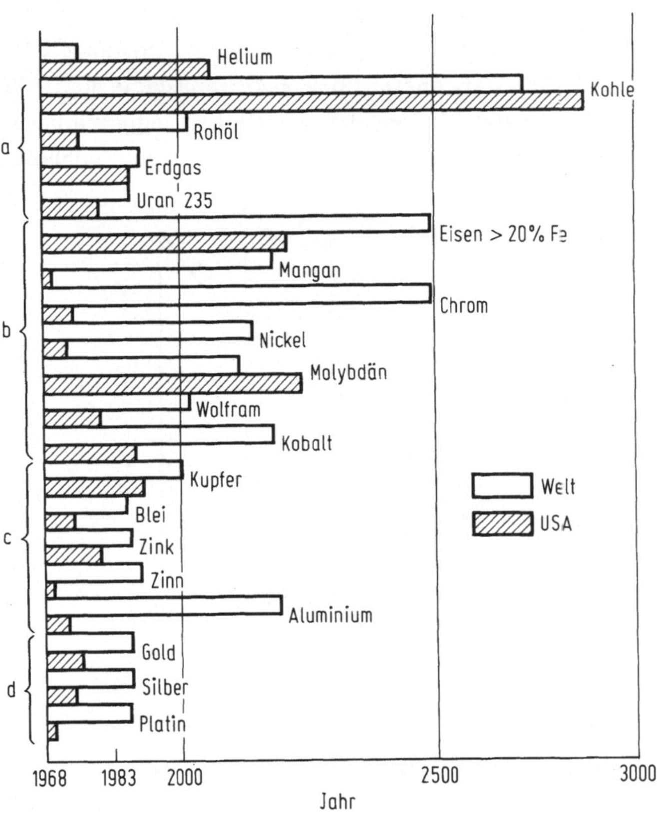

Bild 7.49. Voraussichtliche Rohstoffvorräte in den USA und der restlichen Welt nach [328], a Brennstoffe; b Eisen und dessen Legierungselemente; c industrielle Nichteisenmetalle; d Edelmetalle

Erdöl und Erdgas ein. Die Entwicklung des Energieverbrauches läßt sich mathematisch am einfachsten durch eine Exponentialfunktion approximieren, wie bei anderen natürlichen Wachstumsprozessen auch. Die Steigung einer Exponentialfunktion nimmt, wie die Funktion selbst, unbeschränkt und monoton zu; jedoch sind andererseits allen Wachstumsprozessen Grenzen gesetzt. Will man wissen, wie es in Zukunft weitergehen soll, so muß man Prognosen wagen. Dazu muß man Annahmen machen, die kurzzeitig - von besonderen politischen Ereignissen abgesehen - einigermaßen zutreffend sein mögen, mit zunehmender "Entfernung in die Zukunft" jedoch immer ungenauer werden.

Solche Prognosen gibt es heute in großer Zahl. Es sei hier eine wiedergegeben, die im Rahmen der Weltenergiekonferenz erarbeitet wurde und aufgrund der Mitwirkung fast aller Staaten der Welt vielleicht unser besonderes Vertrauen verdient. Der danach geschätzte Energiebedarf der Welt ist, an die Entwicklung der letzten 15 Jahre anknüpfend, in Bild 7.50 bis zum Jahre 2020 dargestellt und aufgegliedert nach den Erwartungen für Ländergruppen verschiedener Wirtschaftsstruktur bzw. -entwicklung. Dem Weltenergiebedarf liegt ein Anstieg von 2,5%/a zugrunde bei einer Zunahme der Weltbevölkerung von rund 4 Milliarden im Jahre 1975 auf etwas über 8 Milliarden im Jahre 2020. Der Anstieg des Energiebedarfs der Planwirtschaftsländer wurde höher eingeschätzt als bei den westlichen Industrieländern, noch wesentlich höher der der Entwicklungsländer, die den größten Nachholbedarf haben.

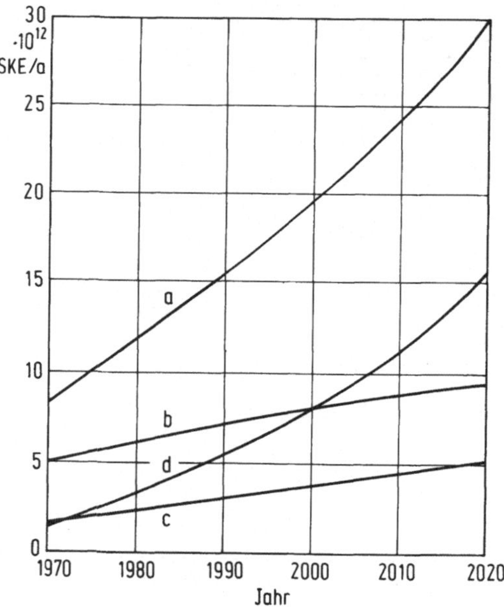

Bild 7.50. Schätzungen der Conservation Commission der Weltenergiekonferenz (1980) zur Entwicklung des Energiebedarfs. a Welt insgesamt; b OECD-Länder; c Planwirtschaftsländer; d sog. Entwicklungsländer, [329]. 1 SKE = Steinkohleeinheit ≙ 29,307 MJ = 7000 kcal.

In Tabelle 7.7 sind die Brennstoff-Vorräte wiedergegeben. Dabei müssen wir Ungenauigkeiten in Kauf nehmen, da (wie schon erwähnt) die Erdkruste nur unvollständig erforscht ist. Viele bekannte Vorkommen sind aber nicht oder mit den heutigen technischen Mitteln nicht zu vertretbaren wirtschaftlichen Bedingungen abbaubar. Daher muß man unterscheiden zwischen den voraussichtlich technisch - wirtschaftlich nutzbaren und den vielleicht (und zum Teil wahrscheinlich) mit weiterentwickelter Technik nutzbaren Vorräten, die beide in weiten Grenzen schwanken. Man erkennt jedoch deutlich die überragende Bedeutung der Steinkohle im Verhältnis zu den anderen fossilen Brennstoffen. Beim Kernbrennstoff muß unterschieden werden nach seinem Einsatz. Nutzt man ihn nur in den thermischen Reaktoren - wie zur Zeit - so ist nur etwas über 1% seines eigentlichen Energieinhalts verfügbar, und die Vorräte nehmen sich im Vergleich zur Kohle bescheiden aus. Der mögliche Beitrag zur Energieversorgung wäre so nur von geringer und vorübergehender Bedeutung. Völlig anders ist die Situation jedoch, wenn man schnelle Brüter einsetzt. Die gewinnbare Energie kann dann etwa um den Faktor 60 vergrößert werden; außer Uran kann auch Thorium in bedeutendem Ausmaß eingesetzt werden, dessen Vorräte auf das 2- bis 3fache der Uran-Vorräte geschätzt werden. Damit aber könnte der Kernbrennstoff überragende Bedeutung erlangen.

Die Gegenüberstellung nutzbarer Vorräte und voraussichtlichen Verbrauchs hat in Bild 7.49 zu Ergebnissen geführt, die schockierend wirken müßten. Indessen basieren die Angaben dieses Bildes auf Unterlagen, die eineinhalb Jahrzehnte alt sind. Inzwischen wurden, z.B. bei Erdöl, Erdgas, Uran und anderen Stoffen weitere

Tabelle 7.7. Weltreserven an fossilen und nuklearen Brennstoffen (Grenzen nach verschiedenen Quellen).

Primärenergieträger	Vorräte in 10^{12} SKE	
	voraussichtlich technisch-wirtschaftlich nutzbar	möglicherweise mit weiterentwickelter Technik nutzbar
Steinkohle	480 - 1500	7000 - 9000
Braunkohle	140 - 330	700 - 2400
Erdöl	250 - 375	750 - 1600
Erdgas	85 - 130	300 - 400
Uran im Leichtwasserreaktor	45 - 100	300 - 600
Uran im schnellten Brutreaktor	2750 - 5500	2500 - 50000
Thorium	geschätzt 2 bis 3 mal Uran	

Vorräte entdeckt. Aber die Erschließung dieser Vorräte wird zunehmend schwieriger, man muß in immer größere Tiefen vordringen, auf See Bohrungen niederbringen oder in unwirtliche Gegenden (Alaska oder Sibirien) gehen. Selbst wenn politische Einflüsse ausschaltbar wären, ließe sich eine immer weitergehende Verteuerung der Brennstoffe bei zunehmender Erschöpfung der Vorräte nicht vermeiden. Infolge der sehr ungleichförmigen Verteilung der Vorkommen ist aber auch politischer Erpressung Tür und Tor geöffnet. Die zeitweiligen Energiekrisen sind "Verteilungskrisen", unter denen insbesondere die ärmeren Länder zu leiden haben, aber auch die reichen in ihrer wirtschaftlichen Prosperität gefährdet werden können.

Maßnahmen zur Lösung des Problems müssen zunächst darin bestehen, den Verbrauch der Primärenergie so zu lenken, daß weniger verfügbare Brennstoffarten möglichst geschont und durch reichlicher vorkommende ersetzt werden. Im Vergleich zur jüngsten Vergangenheit muß wohl wieder ein stärkerer Einsatz von Kohle angestrebt werden, nicht nur zur direkten Verbrennung, sondern auch zum Ersatz von Gas, Heizöl und Kraftstoff. Kraftstoff läßt sich, wie in Deutschland vor und während des 2. Weltkrieges schon gezeigt, durch Kohlehydrierung herstellen; Verfahren der Kohlevergasung sind seit langem bekannt. Hydrierung und Vergasung der Kohle [53, 210] wurden nur aus wirtschaftlichen Gründen - Erdöl und Erdgas waren lange Zeit überaus preisgünstig - nicht weiterentwickelt bzw. eingestellt. Solche Verfahren benötigen jedoch Wärme, zum Teil mit sehr hohem Temperaturniveau. Diese könnte man, statt sie durch Verbrennung von Kohle zu gewinnen, aus Kernenergieanlagen (z.B. aus Hochtemperaturreaktoren - wie erwähnt) beziehen. Bisher nur zur Erzeugung elektrischer Energie eingesetzt, könnten Kernkraftwerke darüberhinaus auch für die direkte Wärmeversorgung im Fernwärmenetz, d.h. in Kraft-Wärmekopplung benutzt werden, wie vereinzelt schon nachgewiesen. So könnte der Anteil der Kernenergie, der bis heute noch relativ gering ist, in erheblichem Ausmaß vergrößert werden und einen bedeutenden Beitrag zur Entlastung des Verbrauchs fossiler Brennstoffe wie übrigens auch zur Entlastung der Luft von Schadstoffen einschließlich des CO_2 leisten.

Eine solche Konzeption, basierend wieder auf Annahmen der Weltenergiekonferenz, zeigt Bild 7.51. Man sieht, daß der Ölverbrauch nur noch gering zunimmt, vom Jahre 2000 ab jedoch zurückgeht. Der Verbrauch von Kohle, Gas und Kernenergie steigt entsprechend den Notwendigkeiten des Bildes 7.50 an. Vom Jahre 2000 ab flacht sich auch der Einsatz von Erdgas ab, gleichzeitig soll jedoch eine wesentliche Produktion von Gas und Ölprodukten aus Kohle oder mit neuen Gewinnungsmethoden einsetzen. Die Energiegewinnung aus Wasserkraftanlagen steigt beständig an, ist aber relativ ein kleiner Anteil. Der verbleibende Rest zur Erfüllung der Prognose des Bildes 7.50 muß durch regenerative Energiequellen gedeckt werden.

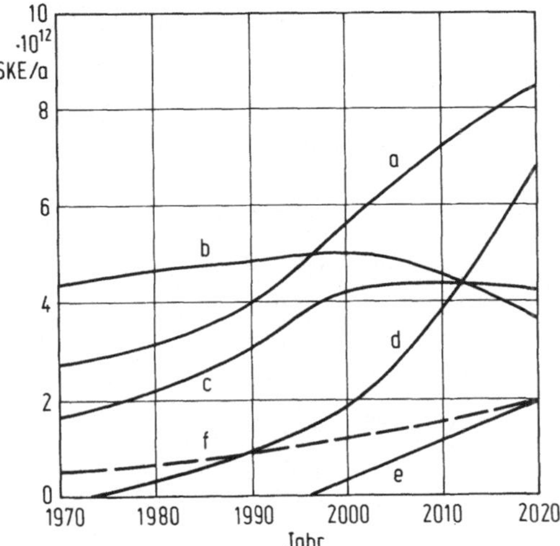

Bild 7.51. Weltprimärenergieerzeugung aus fossilen und nuklearen Brennstoffen sowie Wasserkraft nach Weltenergiekonferenz 1980 [329]. a Kohle; b Öl; c Gas; d Kernenergie; e nichtkonventionelles Gas und Öl; f Wasserkraft.

Über die "alternativen Primärenergiearten" oder andere Strukturierung der Versorgung - z.B. in Kleinzentralen anstelle von Großkraftwerken - wird in unserer Zeit viel geschrieben und diskutiert. Die Kernenergiegegner preisen diese neben Sparmaßnahmen als allein vernünftige Lösung an. In Tabelle 7.8 ist das Potential regenerativer Primärenergiequellen wiedergegeben. Es erscheint zum Teil bestechend hoch. Untersucht man jedoch die Nutzungsmöglichkeit konkret, so ergibt sich auch unter Berücksichtigung der weiteren technischen Entwicklung fast überall nur eine beschränkte Anwendungsmöglichkeit [330 bis 334]. Am ehesten scheint die Sonnenenergie zur Gebäudeheizung und Warmwasserbereitung dezentral einsetzbar, d.h. zur Gewinnung von Niedertemperaturwärme, in gewissem Ausmaß auch zur Gewinnung von Gleichstrom mit Solarzellen. Aber die Sonne ist in unseren Breiten gerade dann, wenn wir sie am meisten bräuchten, am wenigsten verfügbar. Größere solare Kraftanlagen benötigen riesige Spiegelflächen und sind deshalb - vom Grundflächenbedarf her - in den Industrieländern kaum wirtschaftlich anwendbar, von Sonderfällen vielleicht abgesehen.

Zu den anderen regenerativen Energiequellen kann man, zusammengefaßt, folgendes sagen: Holz und Biomassen wachsen nicht schnell genug nach. Die Gezeiten sind nur an wenigen Küsten (z.B. Frankreich) unter Inanspruchnahme langgestreckter Gebiete nutzbar. Die Ausnutzung der Erdwärme ist an einigen Stellen der Erde möglich und bereits eingeführt, sofern direkt Heißwasser oder Dampf aus vulkanischen Quellen zu gewinnen ist. Sonst aber wäre die allgemeine Nutzung (nur des Temperaturgefälles) mit unerschwinglichem Aufwand verbunden. Windenergie wurde

Tabelle 7.8. Regenerative Energiequellen in 10^{12} SKE/a (Grenzen nach verschiedenen Quellen).

Regenerative Energiequellen	Globales Potential	Voraussichtlich nutzbar
Sonne	ca. 30 000	1 - 2
Holz und Biomassen	5 - 10	0,03 - 1
Gezeiten	1 - 4	0,02 - 0,05
Erdwärme	2,5 - 100	0,5 - 2 (?)
Wind	2500 - 4500	0,2 - 3 (?)
Wasserkraft	4 - 5	2

schon im Altertum bei Windmühlen und Segelschiffen eingesetzt. Windkraftwerke würden jedoch wegen ihrer geringen Leistung z.B. zur Versorgung Westeuropas die europäische Küste von Gibraltar bis zum Nordkap dicht bedecken müssen, bei Bauhöhen von mehr als 100 m. Die Energie wäre trotzdem nicht ausreichend, weil sie ungesichert ist. Nicht nur bei Windflauten, auch bei Sturm wäre sie nicht verfügbar. Nur die Wasserkraft läßt sich - in der bisher schon angewandten Art - weiter ausbauen, wobei jedoch die Kapazität nach Maßgabe der Flußläufe und anderer natürlicher Gegebenheiten örtlich sehr unterschiedlich und insbesondere in Europa schon sehr weitgehend ausgenutzt ist.

Sieht man von der Wasserkraft ab, so ergeben die Möglichkeiten des Einsatzes regenerativer Energiequellen, überwiegend der Sonnenenergie, bis zum Jahre 2020 insgesamt etwa einen Beitrag von 3.10^{12}SKE/a zur Deckung des Energiebedarfs der Welt. Dies ist die Schätzung der Weltenergiekonferenz, die sich in der Größenordnung mit den Ergebnissen anderer Autoren oder Institutionen deckt [329, 332]. Bezogen auf den derzeitigen Weltenergieverbrauch wären dies mehr als 20%, und es bedarf sicherlich großer Anstrengung, dieses Ziel in 35 Jahren zu erreichen. Keine der o.a. Energiequellen ist übrigens "neu". Ihre Anwendung wurde in der Vergangenheit auch immer wieder vorgeschlagen und bedacht, aber aus Gründen der Wirtschaftlichkeit verworfen. Das gleiche trifft für die dezentrale Energieversorgung zu (soft path im Gegensatz zum hard path der jetzigen Großkraftwerke). Das Kraftwerk im eigenen Haus kann in Ausnahmefällen (dünn besiedelte Gebiete) sinnvoll sein, führt aber im allgemeinen zu unverhältnismäßig hohem Aufwand an Arbeitszeit, Werkstoff und zusätzlicher Energie. Insbesondere muß bei seinem Einsatz mit einer wesentlichen Einbuße der heute üblichen Versorgungssicherheit gerechnet werden. Eine gute Chance dürften jedoch Wärmepumpen haben, als Ersatz für bzw. zusätzlich zu den heute üblichen Hausheizungen.

Zusammenfassend ist festzustellen: Das zur Bewältigung des Abwärmeproblems schon erwähnte Anstreben bestmöglicher Wirkungsgrade ist auch aus Gründen der Brennstoffersparnis eine grundsätzlich gebotene Maßnahme. Bei den konventionellen Kraftanlagen kommt hier, wie gezeigt, der Weiterentwicklung der kombinierten Gas- Dampfturbinenprozesse besondere Bedeutung zu. Wenn die Kernenergie dazu dienen soll, einer Energiekrise auszuweichen, so sind die derzeitigen Leichtwasserreaktoren eine verhältnismäßig schlechte Lösung. Die Hochtemperaturreaktoren ermöglichen zunächst wieder hohe Wirkungsgrade der Kraftanlage, darüber hinaus jedoch als thermische Brüter eine bessere Verwertung des Kernbrennstoffs. In einer fortgeschrittenen Entwicklungsstufe strebt man an, das hochtemperierte He als Wärmeträger für chemische Prozesse zu verwenden, die man der Kraftanlage vorschalten könnte. Auf diese Weise ließe sich Kohle vergasen oder hydrieren und so dem wahrscheinlich zuerst eintretenden Mangel an Erdölprodukten Einhalt gebieten. Es wäre sinnvoll, die jetzt noch beträchtlichen Kohlevorräte für diesen Zweck einzusetzen und das Ausmaß der Kohleverfeuerung in Kraftanlagen sowie zur Heizung zunehmend zu verringern. Eine entscheidende Entlastung der Mangelsituation fossiler Brennstoffe könnte jedoch erst durch den Einsatz der schnellen Brutreaktoren eintreten, die in Entwicklung sind, sowie durch Kernfusionsreaktoren [335], deren Verwirklichung allerdings noch in weiterer Ferne liegt. Da für die Kernverschmelzung nur die leichtesten chemischen Elemente geeignet sind, stünde indessen für derartige Kraftwerke ein schier unermeßlicher Brennstoffvorrat zur Verfügung.

Nach den derzeitigen Kenntnissen scheint die Verschmelzung von Deuterium und Tritium gemäß

$$^{2}D + {}^{3}T \rightarrow {}^{4}He + n + 17{,}6\,MeV$$

diejenige Reaktion zu sein, die am leichtesten in einem Fusionsreaktor anwendbar ist. Die Reaktion bedarf einer Temperatur von einigen $100 \cdot 10^{6}$K. Der Einschluß eines derart heißen Plasmas in ein materielles Gefäßsystem ist nur unter Fernhaltung des Plasmas von den Gefäßwänden möglich. Dazu dienen Magnetfelder, die infolge der erforderlichen Feldstärke nur mit supraleitenden Wicklungen, verlegt über den ganzen Umfang der Gefäßwand, erzeugbar sind. Das Gefäß selbst ist als Torus gestaltet, in dessen innerster Zone sich das heiße Plasma befindet. Die bei der D-T-Reaktion gebildeten Neutronen dringen durch eine Vakuumschicht in eine erste Mantelzone, das sog. Blanket, in welchem ihre kinetische Energie durch Streuung an Lithium thermalisiert und gleichzeitig Tritium nach folgenden Reaktionen neu gebildet wird:

$$^{6}Li + n \rightarrow {}^{3}T + {}^{4}He + 4{,}8\,MeV$$

$$^{7}Li + n + 2{,}5\,MeV \rightarrow {}^{3}T + {}^{4}He + n.$$

Neutronen und im Blanket erzeugte γ-Strahlen werden in einer zweiten Mantelzone vor dem Magnetsystem absorbiert. Das ca. 1000°C heiße Lithium des Blankets soll als Flüssigmetall zur Erzeugung von Kaliumdampf dienen, der in einem ersten Turbosatz entspannt wird. Seine Kondensationswärme soll zur Erzeugung überhitzten Wasserdampfes benutzt werden, der in einem weiteren Turbosatz konventioneller Bauart verarbeitet wird. Bild 7.52 zeigt den Grundschaltplan eines solchen Konzeptes. Die optimale elektrische Leistung läge bei 2500 MW, die thermische Reaktorleistung bei 5000 MW. Die Kernphysiker sind trotz der überaus großen, noch zu überwindenden Schwierigkeiten hoffnungsvoll, den eigentlichen Prozeß der Reaktion innerhalb einiger Jahrzehnte verwirklichen zu können. Von da an dürfte es aber noch ein weiter Weg sein, eine betriebssichere und wirtschaftliche Kraftanlage daraus zu entwickeln [336, 337].

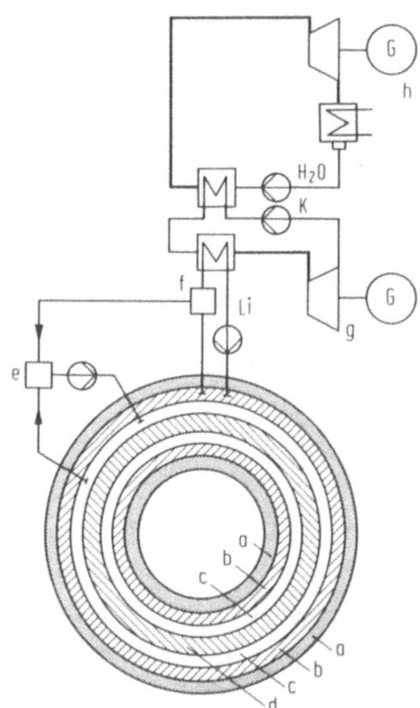

Bild 7.52. Grundschaltplan eines Kernfusionskraftwerks. a Supraleiter; b Blanket; c Vakuumwand; d Plasma, ca. $200 \cdot 10^6$ K; e Brennstoffkreislauf; f Tritium-Abscheider; g Kaliumdampfturbosatz; h Wasserdampfturbosatz

Hinsichtlich der Umweltgefährdung schätzt man die Kernfusionskraftwerke günstiger ein als die schnellen Brüter. Zufolge einer Selbstlöschung der Fusion durch He-Anreicherung scheint eine nukleare Explosion nicht möglich. Mit Ausnahme der durch Bremsstrahlung aktivierten Bauteile entsteht kein radioaktiver Müll. Eine sorgfältige Abschirmung der Anlage ist aber ebenso nötig wie bei den Kernspaltungsreaktoren, da das β-strahlende Tritium durch praktisch alle Festkörper zu diffundieren vermag, insbesondere bei höheren Temperaturen. Ein solches Kraftwerk ist eine thermische

Kraftanlage im selben Sinne wie die zuvor behandelten Anlagen. Zur Lösung des Abwärmeproblems liefert es einen Beitrag nur durch seinen möglicherweise bei 50 % liegenden Wirkungsgrad.

Völlig andere Wege werden mit den Verfahren der sog. Energie-Direkt-Umwandlung eingeschlagen, bei denen man eine oder mehrere Zwischenstufen des Umwandlungsprozesses von chemischer oder nuklearer Energie über die Wärme und mechanische Energie zur elektrischen Energie einzusparen sucht. Es gibt eine bedeutende Anzahl verschiedener Möglichkeiten, mit denen sich die Forschung beschäftigt und die zum Teil auch bereits Anwendung gefunden haben [338, bis 340]. Man kann sie etwa zusammenfassen unter den Begriffen der thermoelektrischen, lichtelektrischen, thermionischen Wandler, der Radionuklidbatterien, galvanischen Brennstoffzellen und magnetohydrodynamischen (MHD-) Wandler. Die Grundgedanken dieser Verfahren sind zumeist in der Physik nicht neu, jedoch fehlten bisher die technischen Möglichkeiten zu ihrer praktischen Entwicklung. Soweit diese Entwicklung stattfand, hat sich gezeigt, daß die neuen Verfahren zwar in besonderen Fällen, z.B. zur Notstromversorgung, in der Raumfahrt und in unerschlossenen Gebieten der Erde Einsatzmöglichkeiten haben, daß sie aber im allgemeinen weder vom Wirkungsgrad noch von den Herstellungskosten her für die Erzeugung elektrischer Energie in Kraftanlagen nennenswerter Leistung geeignet sein dürften, das MHD-Verfahren vielleicht ausgenommen.

In Bild 7.53 ist ein MHD-Kraftwerk mit fossiler Feuerung im Grundschaltplan dargestellt. In einer aufgeladenen Brennkammer wird hochtemperiertes, zum Teil ionisiertes Rauchgas erzeugt und in einer Lavaldüse auf hohe Geschwindigkeit beschleunigt. Das leitfähige Gasgemisch, auch als Plasma bezeichnet, durchströmt dann den MHD-Generator. Dieser besteht aus einer Magnetspule, deren Feld das Plasma möglichst homogen durchdringt, und zwei senkrecht zum Magnetfeld orientierten Elektroden an den Wänden des Strömungskanals. Auf diese Weise wird gemäß dem Faradayschen Induktionsgesetz unmittelbar Gleichstrom erzeugt. Das Plasma gibt hinter dem Ge-

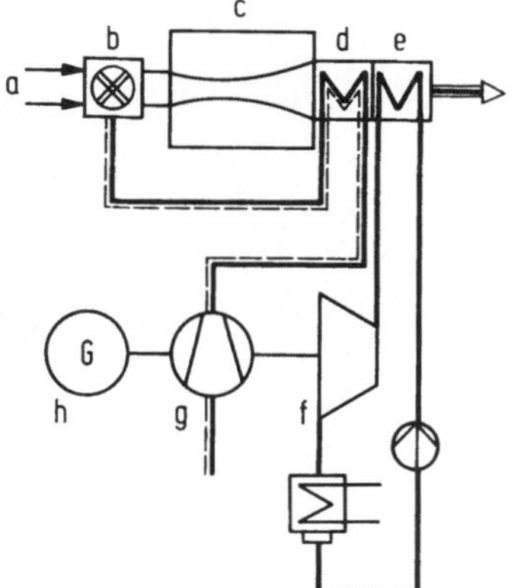

Bild 7.53. Grundschaltplan eines MHD-Kraftwerks mit konventioneller Feuerung.
a Brennstoffzufuhr; b Brennkammer; c MHD-Generator; d Brennluftvorwärmer; e Dampferzeuger; f Dampfturbine; g Brennluftverdichter; h Turbogenerator

nerator einen Teil seiner Wärme an die Verbrennungsluft ab, die auf hohe Temperatur vorgewärmt werden muß. Dem MHD-Wandler nachgeordnet ist eine konventionelle Dampfkraftanlage, deren Turbine auch zum Antrieb des Brennluftverdichters dient. Der Vorteil, den das MHD-Verfahren durch Vermeiden der mechanischen Zwischenstufe der Energiewandler (Turbine-Turbogenerator) bietet, wird allerdings mehr als aufgewogen durch die Schwierigkeiten der Erzeugung und Einschließung des Plasmas. Um ausreichende Ionisation zu erhalten, müßte man Frischgastemperaturen über 3000°C erzielen oder im Bereich von 2300 bis 2800°C das Rauchgas mit leicht ionisierbaren Stoffen wie Cäsium oder Kalium impfen. Man erhofft sich dann für den kombinierten MHD-Dampfkraftprozeß Wirkungsgrade um 50 %. Indessen sind die Schwierigkeiten zur Entwicklung geeigneter Werkstoffe ausreichender Lebensdauer für so hohe Temperaturen unter Berücksichtigung erosiver und korrosiver Wirkung des Plasmas ungemein groß.

Zur Lösung des Rohstoffproblems könnte das MHD-Verfahren nur dann beitragen, wenn die Verfeuerung eines fossilen Brennstoffs durch einen Kernreaktor ersetzt würde, jedoch sind auch gasgekühlte Hochtemperaturreaktoren von den genannten Frischgastemperaturen weit entfernt. Aus Gründen des Umweltschutzes müßte man ferner das geimpfte Plasma in einem geschlossenen Kreislauf halten, wofür es geeignete Vorschläge gibt. Abschließend sei zu den fortschrittlichen Entwicklungen sowohl des Fusionsreaktors wie des MHD-Wandlers bemerkt, daß die damit angestrebten Wirkungsgrade mit nahezu konventionellen Mitteln auch erreicht werden können, wie an verschiedenen Stellen in diesem Buch gezeigt wurde.

8. Gesichtspunkte für Planung und wirtschaftlichen Einsatz der Kraftanlagen

Eine Kraftanlage dient der "Erzeugung" von Nutzenergie, die leicht verfügbar und jedermann zugänglich sein soll. Sofern einschneidende Randbedingungen, wie z.B. der Ausführbarkeit überhaupt oder des Umweltschutzes erfüllt sind, und sofern nicht besondere Aufwendungen zum Zwecke der Erprobung neuer Entwicklungen gerechtfertigt sind, muß jede Kraftanlage nach wirtschaftlichen Gesichtspunkten gebaut und betrieben werden. Dies gilt unabhängig davon, ob die Anlagen privatwirtschaftlich oder kommunal bzw. staatlich betrieben werden. Als ein gewisses Maß für die Wirtschaftlichkeit einer Kraftanlage könnte man zunächst ihren Gesamtwirkungsgrad ansehen. Indessen wurde schon wiederholt auf die Bedeutung der Herstellkosten hingewiesen. Schließlich fällt eine Reihe weiterer Aufwendungen, wie z.B. Personalkosten, Wartungs- und Reparaturkosten, Versicherungskosten auch ins Gewicht. Beschränken wir uns in der folgenden Betrachtung auf Anlagen, die nur elektrische Energie erzeugen, so sind offenbar aus wirtschaftlicher Sicht die sog. spezifischen Stromerzeugungskosten (oder Stromgestehungskosten), d.h. die je Einheit (z.B. kWh) erzeugter elektrischer Energie anfallenden Kosten entscheidend. Im Rahmen eines Energie-Versorgungs-Unternehmens sind darüber hinaus die spezifischen Stromverteilungskosten zu beachten, die aus den Bau- und Betriebsaufwendungen der bis zu den Verbrauchern hinführenden Netzanlagen entstehen. Die Summe aus spezifischen Erzeugungs- und Verteilungskosten ist es, die schließlich zu einem Minimum gemacht werden muß (vgl. [41, 42, 341 sowie 6, Bd. 2]).

Eine so übergreifende Optimierung wird auch mit den heutigen Hilfsmitteln der elektronischen Datenverarbeitung nicht vollständig gelingen; man muß sich auf Teiloptimierungen beschränken. Um für die Kraftanlagen grundsätzliche Zusammenhänge aufzuzeigen, seien die spezifischen Stromerzeugungskosten s betrachtet. Es läßt sich setzen

$$s = s_A + s_B + s_C. \tag{8.1}$$

Dabei ist s_A der Anteil der Kapital- und anderer Fixkosten, s_B der vom Brennstoffverbrauch herrührende Anteil und s_C ein Anteil, der von Sonderaufwendungen, z.B. für zur Stromerzeugung proportionale Wartungsarbeiten herrührt. Da s_C im allgemeinen um eine Größenordnung geringer ist als s_A oder s_B, kann man diesen Anteil bei vergleichenden grundsätzlichen Untersuchungen vernachlässigen, ohne einen wesentlichen Fehler zu begehen. Sind nun K_A die gesamten Herstellkosten des Kraftwerks mit der Nennleistung P_n, so sind

$$k_A = \frac{K_A}{P_n} \tag{8.2}$$

seine "spezifischen" Anlagekosten. Ist ferner E die in einem Rechnungsjahr erzeugte elektrische Energie, so stellt

$$z = \frac{E}{P_n} \tag{8.3}$$

eine mittlere Jahresnutzungsdauer des Kraftwerkes dar. Für den Fixkostenanteil der spezifischen Stromerzeugungskosten gilt dann

$$s_A = a\,\frac{K_A}{E} = a\,\frac{k_A}{z}\,. \tag{8.4}$$

Darin ist a der Fixkostenfaktor, der sich aus dem Kapitaldienst a_1 und einem Nebenkostenanteil a_2 zusammensetzt, so daß

$$a = a_1 + a_2. \tag{8.5}$$

Der Kapitaldienst folgt aus der Zinsrechnung mit p als dem Zinssatz und n als der Abschreibungszeit der Anlage zu

$$a_1 = \frac{p(1+p)^n}{(1+p)^n - 1}\,. \tag{8.6}$$

Der Nebenkostenanteil setzt sich aus den Personalkosten, festen Wartungsaufwendungen und Versicherungsgebühren zusammen. Er kann bei größeren Anlagen etwa zu 1/4 bis 1/5 von a_1 angenommen werden. Bedeuten ferner k_B die Brennstoffkosten je im Brennstoff verfügbarer Energieeinheit - als Brennstoffwärmekosten bezeichnet -, so ergibt sich der aus dem Brennstoffverbrauch resultierende Anteil der spezifischen Stromerzeugungskosten zu

$$s_B = \frac{k_B}{\bar{\eta}} = \bar{w}\,k_B. \tag{8.7}$$

k_B ergibt sich als Quotient aus dem Brennstoffpreis je Masseneinheit und dem Heizwert des Brennstoffs.

$\bar{\eta}$ bzw. $\bar{w}$ bedeuten hierin den mittleren Wirkungsgrad bzw. mittleren spezifischen Wärmeverbrauch der Anlage unter Berücksichtigung der im Abrechnungszeitraum gefahrenen Teillasten. $\bar{\eta}$ wird auch als Nutzungsgrad bezeichnet und kann aus der erzeugten elektrischen Energie und der gesamten dafür benötigten Brennstoffenergie im Abrechnungszeitraum berechnet werden. $\bar{\eta}$ bzw. $\bar{w}$ werden daher stets kleiner als η_x^* oder größer als w_x nach unseren früheren Betrachtungen anzusetzen sein.

Um die Bedeutung der beiden Anteile s_A und s_B im Hinblick auf s zu erkennen, muß man von gewissen Annahmen für den Kapitaldienst ausgehen, der ja von der technischen Konzeption einer Anlage nur über den Abschreibungszeitraum zu beeinflussen ist, während Zinssätze ausschließlich durch die jeweilige kreditpolitische Situation festgelegt sind. Die Abschreibung kann dem Entwicklungsstand - konventionell oder neuartig - der Anlagentechnik entsprechend mit den Finanzbehörden vereinbart werden, wird aber bei thermischen Kraftanlagen im allgemeinen bei 10 bis 25 Jahren liegen. Setzt man nun a = konst, so stellt sich s_A in Abhängigkeit von z als Hyperbelschar mit k_A als Parameter dar. Dagegen kann s_B in Abhängigkeit vom spezifischen Wärmeverbrauch als Geradenschar mit dem Parameter k_B dargestellt werden. Bild 8.1 zeigt diese beiden Anteile von s unter Annahme von a = 0,15 für einen etwa repräsentativen Bereich der Parameterwerte. Je nach der Einsatzzeit der Kraftwerke unterscheidet man zwischen Grundlast-, Mittellast- und Spitzenlastanlagen. Die Abgrenzung dieser Einsatzfälle ist exakt nicht vorgeschrieben, jedoch kann man bei $z > 6000$ h sicherlich von Grundlastanlagen sprechen, während bei $z < 1500$ h sicherlich Spitzenlastbetrieb vorherrscht. Dazwischen liegen solche Anlagen, die überwiegend werktäglich morgens angefahren und abends stillgesetzt werden, und die man deshalb auch als Tageslastanlagen bezeichnen kann. Aus Bild 8.1 erkennt man zunächst,

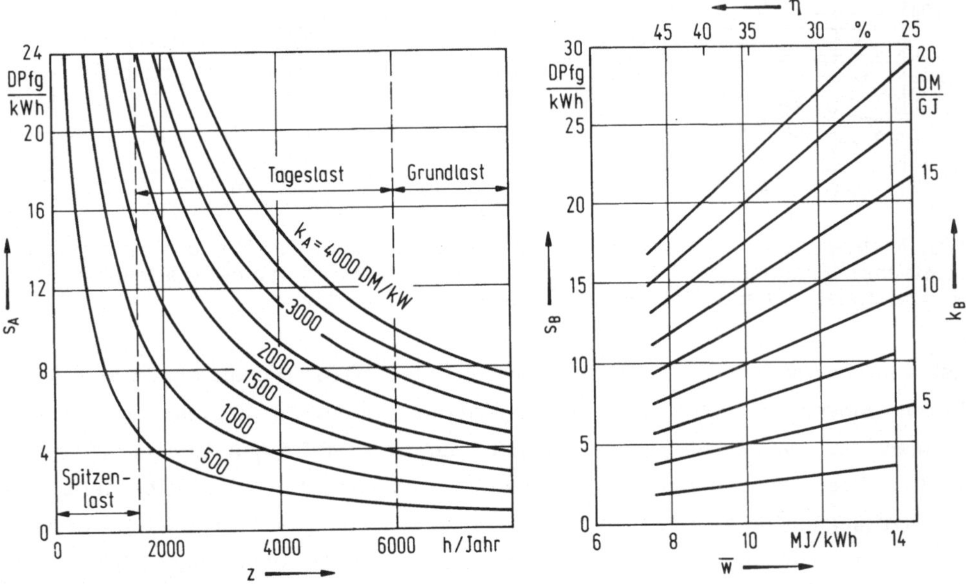

Bild 8.1. Anteile der spezifischen Stromerzeugungskosten in Abhängigkeit von den wesentlichen Parametern (Fixkostenfaktor a = 0,15)

daß s_A und s_B von gleicher Größenordnung sind und daher bei jeder Planung oder Entwicklungsmaßnahme zusammen beachtet werden müssen. Ihr Gewicht ist allerdings je nach Verwendungszweck der geplanten Anlage verschieden groß. Bei einer Grundlastanlage wird s_A relativ klein, so daß s_B und damit der Wirkungsgrad und die Brennstoffwärmekosten eine hervorstechende Rolle spielen. Bei Tageslastanlagen sind s_A und s_B etwa gleich groß und daher gleich bedeutend, während bei Spitzenlastanlagen der Anteil s_A dominierend wird und mit ihm die spezifischen Anlagekosten.

Nun sind Wirkungsgrad und spezifische Anlagekosten nicht unabhängig voneinander; bei gleichartigen Kraftanlagen wird mit Verbesserung von η auch k_A ansteigen und

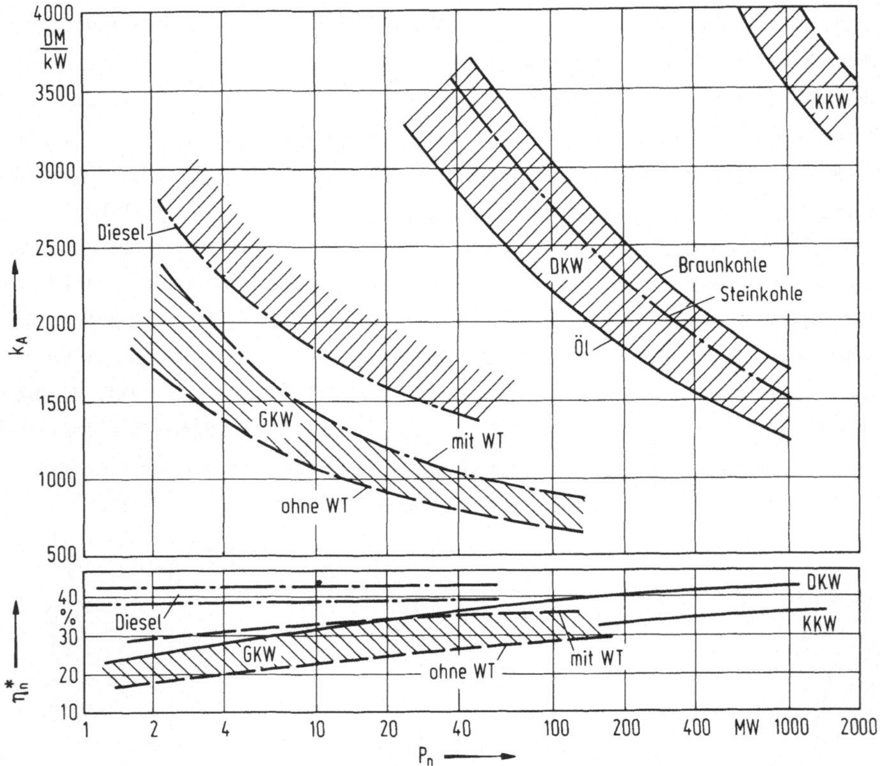

Bild 8.2. Richtwerte für spezifische Anlagekosten (etwa für 1984) und Wirkungsgrade thermischer Kraftanlagen. WT Wärmetauscher; GKW Gasturbinenkraftwerke; DKW konventionelle Dampfkraftwerke; KKW Kernkraftwerke

umgekehrt niedriger ausfallen, wenn η verschlechtert wird. Daraus ergibt sich je nach Verwendungszweck des Kraftwerks die Aufgabe, in der Entwicklung das Schwergewicht mehr auf den Wirkungsgrad oder mehr auf die spezifischen Anlagekosten zu legen. Diese Überlegungen sind sehr allgemein. Richtwerte für spezifische Anlagekosten und Wirkungsgrade sind in Bild 8.2 für verschiedene Arten thermischer Kraftanlagen unter Einbeziehung auch der Dieselmaschinen wiedergegeben. Auffällig ist, daß zunehmende Leistung im allgemeinen zu abnehmendem k_A und zunehmendem η führt. Zur genaueren Berechnung der Wirkungsgrade sind viele Einzelheiten aufgezeigt worden. Ihre Verbesserung mit der Leistung läßt sich z.B. bei den Maschinen auf die Verringerung der Grund- und Spaltverluste durch größere Schaufelabmessungen (höhere Re-Zahlen) zurückführen. Dagegen ist man nicht in der Lage, die spezifischen Anlagekosten genauer zu veranschlagen. Die hierzu notwendige betriebskaufmännische Kalkulation ist zwar im Prinzip einfach, aber ohne Rückgriff auf Auskünfte der Lieferfirmen (Angebote) irreal. Immerhin kann man sich auf analytischem Wege eine Vorstellung von der Kostendegression mit zunehmender Leistung verschaffen, die zunächst nicht einfach einzusehen ist. Dies sei anhand eines Beispiels gezeigt.

Vorausgesetzt sei ein Dampfkraftprozeß mit unveränderlichen Parametern; nur die Leistung der Anlage soll verändert werden. Man wird dann zunächst davon ausgehen, daß in jedem Teil der Maschine gleiches Wärmegefälle mit gleicher Stufenzahl und unveränderlicher Strömungsgeometrie verarbeitet wird. Dann bleiben auch die mittleren Umfangsgeschwindigkeiten und (bei unveränderter Drehzahl) die mittleren Stufendurchmesser D gleich. Aufgrund (7.36), übertragen auf eine beliebige Stufe der Turbine, ist dann aber $P \sim l f$. Handelt es sich wie beim Grenzleistungsproblem um die Endstufe, so ist $l = l_E$ begrenzt, und die Leistungserhöhung kann nur über die Flutenzahl des ND-Teils vorgenommen werden. Die Aneinanderreihung weiterer gleicher ND-Gehäuse bringt, da der Bauaufwand proportional zur Leistung steigt, für die spezifischen Anlagekosten keine oder (infolge einiger gemeinsamer Anlagenteile des Maschinensatzes) nur geringe Verbesserung. Dagegen wird man im HD-Teil, gegebenenfalls auch im MD-Teil in der Lage sein, die Schaufellänge l zu vergrößern. Damit vergrößern sich allerdings die Abmessungen der Gehäuse, die relativ kostspielige Bauteile sind. Setzt man $\lambda = l/D$, so wird der Innendurchmesser eines Gehäuses

$$d_i \approx D + l = D(1 + \lambda).$$

Nun kann das Gehäuse als Druckbehälter in erster Näherung nach der Kesselformel (7.2) bemessen werden, so daß sich für die Wandstärke h (anstelle s, das hier für die spezifischen Stromerzeugungskosten steht) ergibt

$$h = \frac{d_i}{2} \frac{\Delta p}{\sigma_{zul}} = \frac{D\,\Delta p}{2\,\sigma_{zul}} (1 + \lambda).$$

Mit d_i und h sind zwei Raumabmessungen des Gehäuses proportional zu $(1 + \lambda)$. Aber auch die axiale Gehäuselänge muß bei Erhöhung der Maschinenleistung vergrößert werden. Es liegt nahe und zeigt sich auch bei Überlegungen zur Schaufelfestigkeit im Einklang mit konstruktiven Bedingungen, hier ebenfalls Proportionalität zu $(1 + \lambda)$ anzunehmen. Damit ist jedoch geometrische Ähnlichkeit des Gehäuses gewahrt, und es folgt für die dem Volumen proportionale Masse des Gehäuses

$$m \sim (1 + \lambda)^3.$$

Bezieht man die Masse auf die Leistung der Maschine, die zu l bzw. λ proportional ist, so erhält man

$$\frac{m}{P} \sim \frac{(1 + \lambda)^3}{\lambda} = \frac{1}{\lambda} + 3 + 3\lambda + \lambda^2 = \mu. \quad (8.8)$$

Zur Diskussion der Größe μ ist zu beachten, daß praktisch $\lambda < 0,4$. Daher wird das hyperbolische Glied in (8.8) eine bedeutende Rolle spielen, wie auch Bild 8.3 zeigt. Man kann nun einem Zahlenpaar λ, μ die Größen P_0, $(m/P)_0$ einer bekannten Dampfturbine zuordnen und ist anhand der vorgegebenen Kurve oder (8.8) in der Lage, von diesen Werten auf größere (oder kleinere) Leistungen zu extrapolieren.

Da der Preis eines Gehäuses als Rohstück bei geometrischer Ähnlichkeit seiner Masse etwa proportional ist, hat man mit m/P einen Teil der spezifischen Anlagekosten erfaßt. In ähnlicher Weise müßten die anderen Bauteile der Maschine behandelt wer-

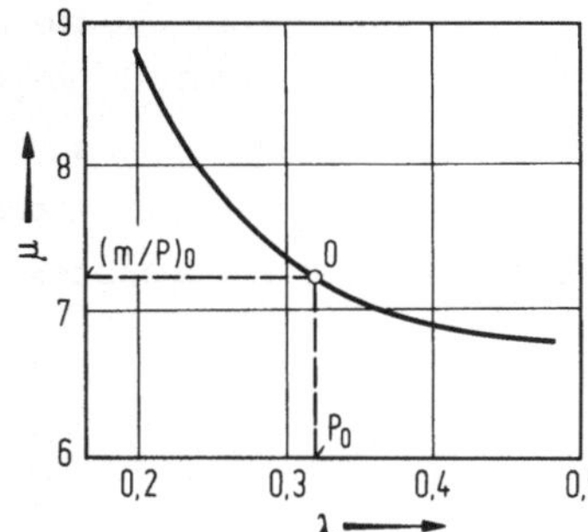

Bild 8.3. Massenfunktion μ eines Turbinengehäuses in Abhängigkeit vom Schaufellängenverhältnis $\lambda = l/D$

den, wobei gegebenenfalls besondere Nebenbedingungen - z.B. beim Läufer die Lage der kritischen Drehzahlen mit Rücksicht auf die Spalterregung u.a.m. - zu beachten sind. Mit diesen Überlegungen sind indessen nur die Materialkosten erfaßt. Diese müssen noch durch die Fertigungs- und Gemeinkosten ergänzt werden, um die Gesamtkosten zu erhalten. Bei den Fertigungskosten muß man beachten, daß diese u.U. nur den zu bearbeitenden Flächen, d.h. bei geometrischer Ähnlichkeit den Oberflächen eines Werkstückes proportional sind. Unter Gemeinkosten versteht man schließlich die Kosten für Entwicklung und Konstruktion, Vertrieb und Verwaltung. Überschlägig kann man davon ausgehen, daß das Verhältnis Material- zu Fertigungs- zu Gemeinkosten etwa wie 2 : 2 : 1 ist. Auf diese Weise gewinnt man analytisch eine Vorstellung von der Kostenveränderung einer Anlage bei Übergang auf andere Leistung. Der hyperbolische

Verlauf der Kurve $\mu(\lambda)$ bestätigt die Kostendegression mit zunehmender Leistung, die allerdings noch unterstützt wird durch die Möglichkeit des allgemeinen technisch-wissenschaftlichen Fortschrittes im Laufe der Zeit. Einen ähnlichen, hyperbolischen Verlauf über der Leistung zeigt übrigens der spezifische (d. h. auf die Leistung bezogene) Grundflächenbedarf der Kraftwerke [342]. Hieraus erklärt sich die Tendenz zur Vergrößerung der Kraftanlagen als Streben nach größerer Wirtschaftlichkeit.

Zur Beurteilung der Wirtschaftlichkeit mittels der spezifischen Stromerzeugungskosten ist es allerdings zweckmäßig, neben den anderen Einflußgrößen auch die Betriebssicherheit der Anlagen zu beachten. Bezeichnet man mit z_0 die mögliche mittlere Jahresnutzungsdauer, so gilt offenbar

$$z_0 = z_B + z_{B'} + z_A + z_R, \tag{8.9}$$

wenn z_B die wirkliche Nutzungsdauer, $z_{B'}$ eine Betriebsbereitschaftszeit, z_A die Ausfallzeit infolge von Schäden und z_R die Summe der Revisionszeiten (Wartungszeiten) einer Anlage bedeuten. Man definiert nun als Verfügbarkeit (genauer Zeitverfügbarkeit [343])

$$v = \frac{z_B + z_{B'}}{z_0} \tag{8.10}$$

oder als Nichtverfügbarkeit

$$x = 1 - v = \frac{z_A + z_R}{z_0}. \tag{8.11}$$

Setzt man unter Annahme vernachlässigbar kleiner Betriebsbereitschaftszeiten in (8.4) $z = z_B = v\,z_0$, so folgt für die spezifischen Stromerzeugungskosten

$$s = a\,\frac{k_A}{v\,z_0} + \overline{w}\,k_B \approx a\,\frac{k_A}{z_0}\,(1 + x) + \overline{w}\,k_B. \tag{8.12}$$

Dabei ist angenommen, daß $x \ll 1$ sei. Die Energie-Versorgungsunternehmen registrieren die Verfügbarkeit ihrer Anlagen sehr genau. $v \approx 0{,}90$ bis $0{,}95$ sind annehmbare Werte, aber viele neu entwickelte Anlagen liegen - besonders in ihren ersten Betriebsjahren - erheblich darunter [344]. Hierin zeigt sich das Risiko [345], das in jeder Entwicklung liegt. Da die Kostendegression bei Vergrößerung der Anlagen mit zunehmender Leistung abnimmt (Bild 8.2), kann durch schlechtere Verfügbarkeit leicht jeder Nutzen, den man sich durch die größere Leistung einer neuen Anlage verspricht, zunichte gemacht werden.

Im einzelnen können die zur Errechnung spezifischer Stromerzeugungskosten gemäß (8.12) maßgeblichen Daten sehr unterschiedlich sein, so daß eine allgemeine Beurteilung der Einsatzmöglichkeiten verschiedener Anlagen schwerfällt. Deshalb seien einige Beispiele betrachtet. In Tabelle 8.1 sind zunächst drei Möglichkeiten einer

Tabelle 8.1. Vergleich der spez. Stromerzeugungskosten einer Spitzenlastanlage von 80 MW mit Dieselmaschinen bzw. Gas- oder Dampfturbinen (Fixkostenfaktor a = 0,15)

Art der Anlage		Diesel	GKW	DKW
k_A	DM/kW	1600	735	1100
k_B	DM/GJ	20	20	20
$\eta_{n,max}$	%	43	31	36
$\bar{\eta}$	%	38,7	26,35	26,5
v		0,88	0,88	0,88
s_A	Dpf/kWh	27,27	12,53	18,75
s_B	Dpf/kWh	18,60	27,32	27,17
s	Dpf/kWh	45,87	39,85	45,92

Spitzenlastanlage mit 80 MW Leistung zum Vergleich gestellt. Hierbei muß man berücksichtigen, daß Anfahrverluste entstehen, und daß durch überwiegendes Teillastfahren die besten Wirkungsgrade nicht erzielbar sind. Geht man von einem im Mittel 10 % höheren Wärmeverbrauch aus und legt zwei Starts pro Tag bei je 1,5 h Betrieb, entsprechend z_0 = 1000 h/a zugrunde, so ist in erster Näherung bei einer erzielbaren Startdauer von 0 bzw. 5 und 20 min bei Dieselmotor bzw. Gasturbine und Dampfkraftanlage der Bestlastwirkungsgrad jeweils mit dem Faktor 0,9 bzw. 0,9·180/190=0,85 und 0,9 · 180/220 = 0,736 zu reduzieren, um $\bar{\eta}$ zu erhalten. Als Brennstoff diene bei allen drei Anlagen Heizöl EL mit k_B = 20 DM/GJ. Die Verfügbarkeit sei mit Rücksicht auf das häufige An- und Abfahren vorsichtigt mit v=0,88 für alle drei Anlagen eingesetzt. Zu den spezifischen Anlagekosten sei noch bemerkt, daß die Dampfkraftanlage eine Sonderausführung mit Schnellstartkessel und billiger Turbine ohne Zwischenüberhitzung darstellt, während das Dieselkraftwerk zwei Dieselmaschinen zu je 40 MW Leistung enthalten muß, weil Dieselmotoren mit 80 MW Leistung bisher nicht baubar sind. Die Tabelle zeigt in der letzten Zeile deutlich, daß sich die Dieselanlage wirtschaftlich nicht lohnt. Sie hat lediglich den Vorteil der Sofortbereitschaft in der Lastaufnahme und eignet sich daher auch als Notstromaggregat sehr gut. Die wirtschaftlichste Lösung ist hier die Gasturbine. Da sie ohne Kühlwasserbedarf ausführbar ist, kann sie auch an beinahe beliebigen Standorten, z.B. in Nähe von Schwerpunkten des Spitzenverbrauchs eingesetzt werden, wodurch auf seiten der Verteilungskosten des Stromes Einsparungen möglich werden.

Als weiteres Beispiel sei in Tabelle 8.2 eine Grundlastanlage mit P_n = 1300 MW und z_0 = 6000 h betrachtet. Es soll ein leichtwassergekühltes Kernkraftwerk mit einem steinkohlegefeuerten Dampfkraftwerk verglichen werden. Das Steinkohlenkraftwerk ist nach dem heutigen Entwicklungsstand zweckmäßigerweise mit zwei Blöcken je 650 MW Leistung auszurüsten. Anfahrverluste sind hier nicht zu berücksichtigen; die Wirkungsgrade seien nur um 3% gegenüber den Bestlastwerten reduziert.

Indessen werde in der Verfügbarkeit ein Unterschied gemacht, der beim Kernkraftwerk einen jährlichen Brennelementwechsel und den damit verbundenen Stillstand berücksichtigt sowie das Risiko der Neuentwicklung. Beim Steinkohlenkraftwerk ist in den spezifischen Anlagekosten und beim Wirkungsgrad die Rauchgasentschwefelung berücksichtig. Man kann bei Anlagen dieser Größe annehmen, daß die Rauchgasentschwefelung etwa 16% der Anlagekosten in Anspruch nimmt und den Anlagenwirkungsgrad um 2%-Punkte herabsetzt. Bei Anwendung der NO_x-Reduktion im Rauchgas (katalytisch, sog. Denox-Verfahren) und der Rauchgasentschwefelung, möglicherweise in Zukunft verbindlich, würden sich die spez. Anlagekosten um weitere 8 bis 10% erhöhen. Wie man sieht, ist das Kernkraftwerk trotz seiner hohen spez. Anlagekosten dem konventionellen Dampfkraftwerk überlegen, weil seine Brennstoffwärmekosten sehr gering sind.

Tabelle 8.2. Vergleich der spez. Stromerzeugungskosten eines Kernkraftwerks und eines konventionellen Dampfkraftwerks für Steinkohlefeuerung mit 1300 MW Leistung (Fixkostenfaktor a = 0,15)

Art der Anlage		KKW	DKW
k_A	DM/kW	3400	1800
k_B	DM/GJ	1,8	10,5
$\eta_{n,max}$	%	33	39
$\bar{\eta}$	%	32	37,8
v		0,85	0,90
s_A	Dpf/kWh	10,00	5,00
s_B	Dpf/kWh	2,03	10,00
s	Dpf/kWh	12,03	15,00

Die Ermittlung der Brennstoffwärmekosten ist beim Kernkraftwerk übrigens verhältnismäßig schwierig [346]. Die in Tabelle 8.2 angenommenen Brennstoffwärmekosten enthalten keine Aufwendungen für eine Entsorgung bzw. Wiederaufarbeitung des Kernbrennstoffs. Schätzungen ergeben, daß hierdurch die spezifischen Stromerzeugungskosten um 2 bis 3 Dpf/kWh ansteigen können. Dann besteht jedoch immer noch eine Überlegenheit des Kernkraftwerks, zumal man beim konventionellen Dampfkraftwerk auch mit weiteren Kostensteigerungen (z.B. durch Anwendung der Denox-Verfahren) rechnen muß. In diesem Zusammenhang ist es interessant, noch einen Blick auf die Verteilung der Herstellkosten auf verschiedene Baugruppen zu werfen. Bild 8.4 zeigt dies für konventionelle Dampfkraftwerke in Abhängigkeit von der Leistung, Bild 8.5 für Leichtwasser-Kernkraftwerke mit 600 MW Leistung. Man sieht, daß die Kostenstruktur sehr unterschiedlich ist. Die in Bild 8.2 zum Ausdruck kommende stärkere Kostendegression der Kernkraftwerke erklärt sich zum Teil hieraus, zum anderen Teil aus den relativ größeren Fortschritten in der Entwicklung, die bei diesen neuartigen Anlagen noch möglich sind.

Mit fallender Blockleistung und fallender Jahresnutzungsdauer ergibt sich jedoch ein Vorteil für das konventionelle Dampftkraftwerk. Wo der Schnitt in der Leistung liegt, über dem sich Kernkraftwerke generell wirtschaftlich lohnen, ist schwer zu sagen. Konjunkturelle Veränderungen auf dem Brennstoffmarkt und der spez. An-

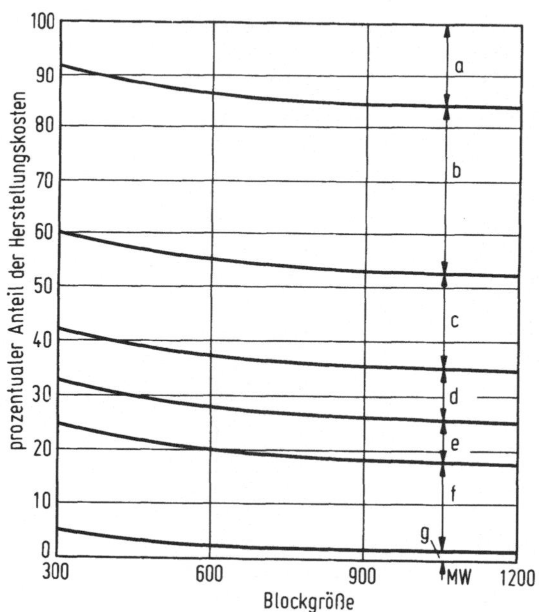

Bild 8.4. Prozentualer Anteil verschiedener Baugruppen an den Herstellkosten eines konventionellen Dampfkraftwerks (Werkbild KWU). a Rohrleitungen; b Wärmetauscher; c Turbomaschinen; d elektrischer Teil; e sonstige Hilfs- und Nebenanlagen; f baulicher Teil; g Leittechnik

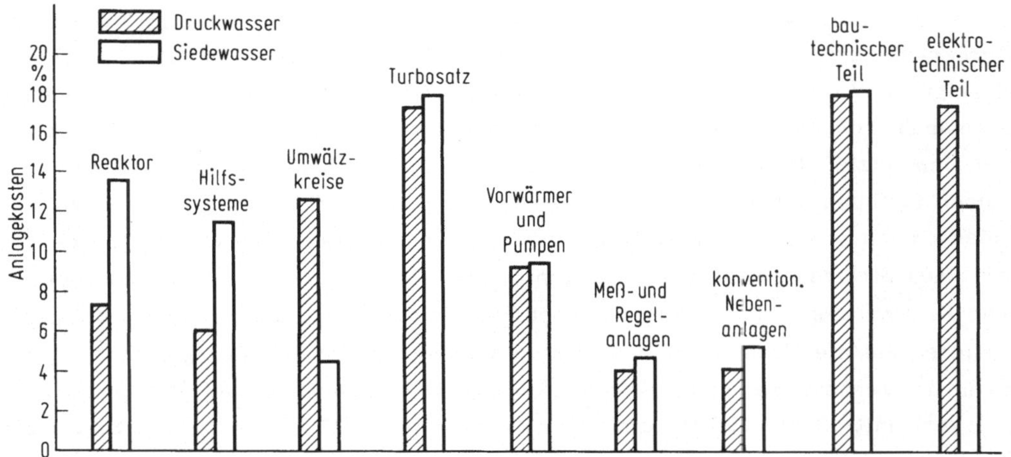

Bild 8.5. Kostenstruktur eines 600 MW-Kernkraftwerks mit Druck- oder Siedewasserreaktor (Werkbild KWU)

lagekosten können hier zu völlig anderen Ergebnissen führen [347]. Dies mag das letzte Beispiel zeigen, bei dem gemäß Tabelle 8.3 zwei Lösungen für vorwiegenden Grundlastbetrieb mit 1600 MW Leistung verglichen seien, bestehend aus zwei 800 MW-Kernkraftwerksblöcken oder vier kombinierten Gas-Dampfturbinenblöcken zu je 400 MW-Leistung. Die letztere Lösung, bestehend aus je einer 50 MW-Gasturbine und einer 350 MW-Dampfkraftanlage gemäß etwa dem in Bild 6.71 gezeigten Kreislaufschema, bot sich 1970 infolge eines sehr günstigen Erdgasfundes mit der Liefermöglichkeit zu 1,4 DM/GJ an. Beide Anlagen seien mit $v = 0,9$ eingesetzt. Der Vergleich zeigt, daß in diesem Sonderfall das Kernkraftwerk trotz großer Leistung nicht konkurrieren konnte, zumal das Gas-Dampfturbinenkraftwerk mittels der Gasturbinen auch zum Ausfahren von Spitzenlasten gut geeignet ist. Ein weiteres Argument zur Entscheidung

Tabelle 8.3. Vergleich eines Kernkraftwerks von 2×800 MW und eines kombinierten Gas-Dampfturbinenkraftwerks von 4×400 MW mit Erdgasfeuerung unter Preisverhältnissen von 1970 (Fixkostenfaktor $a = 0,15$)

Art der Anlage		KKW	GDKW
k_A	DM/kW	525	385
k_B	DM/GJ	0,85	1,4
$\bar{\eta}$	%	33	41
v		0,9	0,9
s_A	Dpfg/kWh	1,46	1,07
s_B	Dpfg/kWh	0,93	1,23
s	Dpfg/kWh	2,39	2,30

für die Erdgasanlage war auch die relativ kurze Bauzeit von ca. 3 Jahren im Vergleich zu Kernkraftanlagen, die über 6 Jahre Bauzeit aufweisen. Dieses historische Beispiel zeigt im Vergleich zu den anderen, aktuellen Beispielen, in welch gravierendem Ausmaß sich die spezifischen Stromerzeugungskosten bzw. deren Ausgangskosten in den letzten 15 Jahren erhöht haben. Man rechnet bei Planungen weltweit mit einer fortlaufenden weiteren Verteuerung bei Brennstoffen sowie Anlagenkomponenten zwischen 5 und 10%/a. Die heute noch angewandten Verkaufspreise des elektrischen Stromes resultieren aus dem beträchtlichen Anteil noch vorhandener älterer Kraftanlagen, die, sofern sie noch nicht zu reparaturanfällig sind, billiger produzieren als die Neuanlagen. Zur Ergänzung der in den Tabellen gemachten Angaben über Brennstoffwärmepreise sei noch darauf hingewiesen, daß Erdgas z. Zt. (1985) etwa mit 12 bis 15, Braunkohle mit ca. 4 bis 5 DM/GJ in Ansatz zu bringen sind.

Zusammenfassend und abschließend sei festgestellt, daß für Grundlastbetrieb im allgemeinen wohl große Dampfkraftwerke - zukünftig zunehmend als Kernkraftwerke - in Frage kommen. Auch für Mittel- oder Tageslastbetrieb wird man sie bevorzugt einsetzen. Für Spitzenlastanlagen sind bei großen Leistungen Gasturbinen vorzuziehen, deren spezifische Anlagekosten am geringsten sind. Kombinierte Gas-Dampfturbinenanlagen können allen Anforderungen gerecht werden. Sie sind jedoch bei den Gasturbinen an günstige Brennstoffe gebunden; der Erdgasboom dürfte eine vorübergehende Erscheinung sein, die Kohlevergasung wäre dann zunehmend anzuwenden. Während bei Dampfkraftwerken das Abwärmeproblem bedeutsam ist, spielt dies bei Gasturbinen vorerst keine Rolle. Dieselmaschinen sind ihrer Kostenstruktur nach eigentlich für Grundlastbetrieb geeignet. Aufgrund ihrer geringen Leistung sind sie jedoch auf Not- und Spitzenlastbetrieb eingeschränkt, wo sie den Vorteil der Sofortbereitschaft gegenüber Gasturbinen haben, die immerhin einige Minuten Anfahrzeit benötigen. Mit einiger Vorsicht kann man daher für die Einsetzbarkeit der thermischen Kraftanlagen etwa eine Zuordnung gemäß Bild 8.6 angeben. Die mögliche Brennstoffausnutzung kann jedoch wesentlich gesteigert werden durch Anwendung der Kraft-Wärme-Kopplung, wozu im Prinzip alle Arten von Wärmekraftmaschinen geeignet sind (vgl. Kap. 3.4, [348]).

Vergleicht man die thermischen Kraftanlagen mit den Wasserkraftwerken [349], so muß man bei letzteren davon ausgehen, daß $s_B = 0$, da der Arbeitsstoff Wasser mit Ausnahme der Pumpspeicherwerke von Natur aus kostenlos zur Verfügung steht. Da in Europa die Ausbaumöglichkeiten der Wasserkräfte ziemlich ausgeschöpft sind, muß man jedoch mit hohen spezifischen Anlagekosten rechnen, die in die Größenordnung der Kernkraftwerke gelangen. Hierdurch werden Wasserkraftanlagen, die kaum Umweltprobleme bieten, nur für den Grundlastbetrieb wirtschaftlich, sofern überhaupt

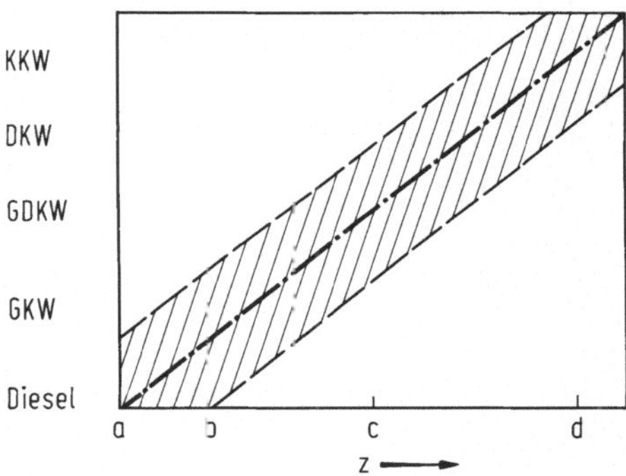

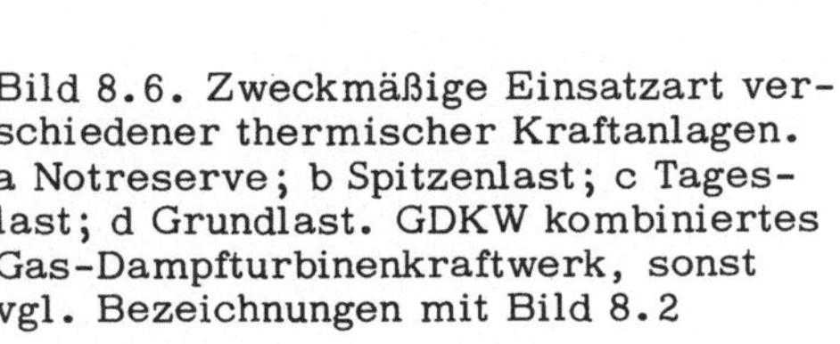
Bild 8.6. Zweckmäßige Einsatzart verschiedener thermischer Kraftanlagen. a Notreserve; b Spitzenlast; c Tageslast; d Grundlast. GDKW kombiniertes Gas-Dampfturbinenkraftwerk, sonst vgl. Bezeichnungen mit Bild 8.2

noch Ausbaureserven vorhanden sind. Zuletzt sei nochmals auf die Möglichkeiten der in Entwicklung befindlichen schnellen Brüter, Kernfusionsreaktoren, MHD-Verfahren und Nutzung regenerativer Energiequellen hingewiesen. Diese können letztlich nur dann akzeptable Lösungen darstellen, wenn sie zu volkswirtschaftlich tragbaren spezifischen Stromerzeugungskosten führen. Daß dabei nicht - wie häufig in der Öffentlichkeit gemeint wird - der Wirkungsgrad entscheidend ist, sondern Anlagekosten, Verfügbarkeit, Umweltverträglichkeit u.a.m. zu berücksichtigen sind, ist wohl deutlich gezeigt worden.

9. Anhang: Einheiten, Formelzeichen, Sinnbilder, statistische Verbrennungsgleichungen

Tabelle 9.1. Einheiten

Grundeinheiten des SI-Systems (système international)			
	m (Meter) A (Ampere)	kg (Kilogramm) K (Kelvin)	s (Sekunde) Cd (Candela)

Mechanische und wärmetechnische Größen	Internationale Einheiten	Umrechnung älterer Einheiten in internationale Einheiten[1]
Normfallbeschleunigung	9,80665 m/s^2	
Masse Atomare Masseneinheit	1 kg = 10^3 g = 10^{-3} t 1 u = 1,66 · 10^{-24} g	1 kp s^2/m = 9,80665 kg
Kraft	1 N (Newton) = 1 kg m/s^2	1 kp = 9,80665 N ≈ 9,81 N
Druck Spannungen Elastizitätsmodul	1 Pa (Pascal) = 1 N/m^2 1 bar = 10^5 N/m^2 1 N/mm^2 = 10^6 N/m^2	1 at (techn. Atm.) = 1 kp/cm^2 = 0,981 bar ≈ 1 bar 1 kp/mm^2 = 9,81 N/mm^2 ≈ 10 N/mm^2 ≈ 100 bar
Energie Arbeit Wärmemenge	1 J (Joule) = 1 Nm = 1 Ws	1 kpm = 9,81 J = 9,81 Ws 1 kcal = 4,187 kJ = 1/860 kWh = 1,16 · 10^{-3} kWh 1 eV = 1,602 · 10^{-19} J
Leistung Wärmestrom	1 W = 1 J/s = 1 Nm/s	1 kpm/s = 9,81 Nm/s = 9,81 W 1 kcal/s = 4,187 kW

Vorsatzzeichen

Vielfache			Bruchteile		
Zehnerpotenz	Vorsatz	Zeichen	Zehnerpotenz	Vorsatz	Zeichen
10^{12}	Tera	T	10^{-1}	Dezi	d
10^{9}	Giga	G	10^{-2}	Zenti	c
10^{6}	Mega	M	10^{-3}	Milli	m
10^{3}	Kilo	k	10^{-6}	Mikro	µ
10^{2}	Hekto	h	10^{-9}	Nano	n
10^{1}	Deka	da	10^{-12}	Piko	p
			10^{-15}	Femto	f
			10^{-18}	Atto	a

[1] In der Energiewirtschaft wird auch die Steinkohleneinheit SKE benutzt:
1 SKE ≙ 7000 kcal = 29,31 MJ.

Tabelle 9.2. Wichtigste Formelzeichen

Symbol		Bedeutung
A		Arbeit, Fläche (insbesondere Heizfläche), Austauschzahl, Auftrieb, Index für Anfang, Anfangspunkt
B		Bindungsfaktor, Index für Brennstoff, Brennkammer, Bandage
	B^2	Flußwölbung
C		Strahlungskoeffizient, Harmonischer Koeffizient
	C_s	Strahlungskoeffizient des scharzen Körpers
D		Durchmesser (insbesondere mittlerer, auch hydraulischer), Diffusionskoeffizient, Dämpfungskraft, Index für Dampf oder Dampfturbine, Druckverteilung
E		Energie, Eigenbedarfsleistung, Elastizitätsmodul, Index für Ende, Endpunkt
F		Fläche (insbesondere Querschnittsfläche), Schwingungs-Formfaktor, Index für Feuerraum
	FD	Index für Frischdampf
G		Index für Gasturbine, Rauchgas, Generator
H		Wärmegefälle (insbesondere von Stufengruppen)
	HD	Index für Hochdruck
	H_u	Heizwert
	H_o	Brennwert
J		Strahlungsintensität, Flächenträgheitsmoment
K		Kraft, max. Neutronenflußdichte, Index für Kessel, Reaktorkern, Konvektion
	KO	Index für Kondensator
	Kl	Index für Generatorklemmen
	K_2	Koeffizient der Spalterregung
L		Länge, mittlere Diffusionsweglänge der Neutronen, Index für Luft
	L_b	Bremsweglänge der Neutronen
M		Wanderlänge der Neutronen, Index für Moderator
	Ma	Mach-Zahl
	MD	Index für Mitteldruck
N		Kerndichte, Normalkraft, Index für Dampfnässe
	ND	Index für Niederdruck
	Nu	Nusselt-Zahl
P		Leistung, Index für Pumpe
	Pr	Prandtl-Zahl

Q Querkraft, Spalterregungskraft

R resultierende Schaufelkraft, Index für Reflektor, Radreibung oder Rohrleitung

Re Reynolds-Zahl

R_{2ph} Zweiphasenmultiplikator

S Stabilitätsbeiwert, Systemerregung, Index für Siedezustand oder Strahlung, Spaltverlust

St Stanton-Zahl, Index für Stufe

SW Index für Speisewasser

T Temperatur (insbesondere absolute), Tangentialkraft, Index für Turbine

U Umfang, Umfangskraft

U* auf Bogeneinheit bezogene Umfangskraft

Ü Index für Überhitzung

V Volumen, Amplitudenvergrößerungsfunktion, Index für Verdichter oder Ventilation

$\dot{V}$ Volumenstrom

W Widerstand, Index für Wandheizfläche

WT Index für Wärmetauscher

ZÜ Index für Zwischenüberhitzung

---

a auf Masseneinheit des Arbeitsstoffs bezogene (sog. spezifische) Arbeit, Schallgeschwindigkeit, Aschegehalt, Halbmesser, Fixkostenanteil, Index für Absorption oder Amplitude, Jahr (als Einheit)

b Streufaktor, Breite des Schaufelgitters

b_x spez. Brennstoffverbrauch, bezogen auf die Stelle x

c spez. Wärmekapazität, Kohlenstoffgehalt, Konzentration, Lichtgeschwindigkeit, absolute Strömungsgeschwindigkeit, Federsteifigkeit

d Durchmesser (insbesondere Rohraußendurchmesser), linearer Dämpfungskoeffizient

e Index für Neutroneneinfang oder effektiv

ex Index für extrapolierte Längen

f Formfaktor des Feuerraums, thermischer Ausnutzungsfaktor, Flutenzahl einer Turbomaschine, Index für Spaltung

f_φ Flußformfaktor

fl Index für flüssigen Zustand

h spez. Enthalpie, Höhe, Wasserstoffgehalt, Wandstärke

h* Totalenthalpie

h_G Rauchgasenthalpie

i Index für innen oder innere, imaginäre Einheit

j Zählindex

k Wärmedurchgangskoeffizient, Absorptionskoeffizient, Index für Schwingform

k_A spez. Anlagekosten

k_B Brennstoffwärmekosten

k_∞ Multiplikationsfaktor unendlich großen Reaktorkerns

k_{eff} effektiver Multiplikationsfaktor

l mittlere Weglänge, Schaufellänge

m Masse, Index für Mittelwert

$\dot{m}$ Massenstrom

n Stickstoffgehalt, Neutron, Neutronendichte, Drehzahl, Abschreibungszeit, Index für Normzustand, Normalrichtung, Ordnung der Harmonischen, netto

o Sauerstoffgehalt

p Druck, Resonanzdurchgangszahl, Proton, Zinssatz

p_k kritischer oder Laval-Druck

q bezogene Wärme, Staudruck, Spalterregungskoeffizient

q_A Wärmestromdichte (Heizflächenwärmebelastung)

q_L Längenwärmebelastung

q_V Raumwärmebelastung (Leistungsdichte)

r Verdampfungswärme (Kondensationswärme), Radius, Index für Reibungsverluste oder Resonanz

r_i Konzentration neutronenaktiver Kerne i-ter Art

s spez. Entropie, Wandstärke, Schwefelgehalt, Strahlungsschichtdicke, Schaufelsehnenlänge, Integrationsweg, spez. Stromerzeugungskosten, Index für isentrop oder Streuung

s_A Anlagenanteil der spez. Stromerzeugungskosten

s_B Brennstoffanteil der spez. Stromerzeugungskosten

sp Index für Spalt

t Zeit, Temperatur (insbesondere Celsius-Temperatur), Teilung

th Index für thermisch oder theoretisch

tr Index für Transport

u Umfangsgeschwindigkeit, Schwingweg, Index für Umfangsrichtung

v spez. Volumen, Verfügbarkeit

v_G bezogenes Volumen des Rauchgases im Normzust.

v_L bezogenes Volumen der Brennluft im Normzust.

w Geschwindigkeit (insbesondere Relativgeschwindigkeit), Wassergehalt

w_x spez. Wärmeverbrauch bezogen auf die Stelle x

x Kolbenweg, Dampfgehalt, Nichtverfügbarkeit, Schwingweg, Index für Bezugsc

y	Wassergehalt im Dampf (Dampfnässe), Schwingweg
z	Anzahl, Betriebszeit, Standzeit

Γ	Zirkulation
Δ	Differenz, Laplace-Operator
Δh_s	isentropes Wärmegefälle
Δh_i	inneres Wärmegefälle
Λ	Verbleibwahrscheinlichkeit der Neutronen
Λ_s	Verbleibwahrscheinlichkeit der schnellen Neutronen
Λ_t	Verbleibwahrscheinlichkeit der thermischen Neutronen
Π	Druckverhältnis
Σ	Makroskopischer Wirkungsquerschnitt
Φ	Wärmestrom, Potential
Ψ	Bewertungsfaktor von Heizflächen, Gefällebeiwert
$\Psi_\varkappa$	Durchflußbeiwert (Düsenbeiwert)

α	Wärmeübergangskoeffizient, Richtungswinkel der Absolutströmung (Leitgitterwinkel)
β	Wärmedehnungskoeffizient, Richtungswinkel der Relativströmung (Laufgitterwinkel)
β_s	Staffelungswinkel
δ	Extrapolationslänge
δ_a	Axialspaltweite
δ_r	Radialspaltweite
ε	Dehnung, Emissionszahl, Schnellspaltfaktor, Beaufschlagungsgrad, Gleitzahl, Kühlluftanteil der Gasturbine
ε^*	je Kernspaltung freigesetzte Energie
ε_k	Eigenwerte der Schaufelschwingungen
ζ	Verlustbeiwert, Umlaufszahl
ζ_A	Auftriebsbeiwert
ζ_W	Widerstandsbeiwert
η	Wirkungsgrad, dynamische Zähigkeit, Spaltwirkungsgrad, Abstimmung, Verhältnis der Trägheitsmomente von Schaufelkopf und Schaufelfuß
η_C	Wirkungsgrad des Carnot-Prozesses
η_g	Gütegrad der Gasturbine
η_x^*	Gesamtwirkungsgrad, bezogen auf die Stelle x (Anlagenwirkungsgrad)
ϑ	Temperatur (insbesondere Celsius-Temperatur), logarithmisches Dekrement der Schwingungsdämpfung

$\varkappa$	Isentropenexponent, Verhältnis der Querschnittsflächen von Schaufelkopf und Schaufelfuß
λ	Wärmeleitfähigkeit, Luftverhältnis, Wellenlänge, Rohrreibungsbeiwert
λ_i	Zerfallskonstante der neutronenaktiven Kerne i-ter Art
λ_s	Laufzahl (λ_1 auf c_1 bezogen)
μ	Massenverhältnis, relative Wärmeaufnahme, Kontraktionszahl, Wärmerückgewinnfaktor
μ_i	Anteil neutronenaktiver Kerne i-ter Art
ν	mittlere Neutronenausbeute, Zählindex
ν_k	Eigenschwingzahl
ξ	Minderungsfaktor für Temperaturdifferenz im Reaktor
ρ	Dichte, Reaktivität
$\boldsymbol{\rho}$	Reaktionsgrad
σ	Spannung, mikroskopischer Wirkungsquerschnitt
σ_B	Bruchspannung
$\sigma_{0,2}$	Streckgrenze
$\sigma_{\Delta\vartheta}$	Wärmespannung
σ_b	Biegespannung
τ	Mittlere Lebensdauer der Neutronen
φ	Massenstromdichte, Neutronenflußdichte, Durchsatzzahl
ψ	Druck- oder Gefällezahl
ω	Kreisfrequenz
ω_k	kritische Kreisfrequenz

Tabelle 9.3. Sinnbilder für Schaltpläne von Wärmekraftwerken (Auszugsweise nach DIN 2481)

Leitungen

Dampf

Wasser (Kondensat, Speisewasser, Kühlwasser)

Regelimpulse, Steuer- oder Signalleitung

Brennbare Gase

Nichtbrennbare Gase, z.B. Rauchgas

Luft

Öl

Feste Brennstoffe, z.B. Kohle

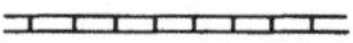

Asche, Schlacke

Kessel und Apparate

Dampfkessel mit Überhitzer

Brennkammer

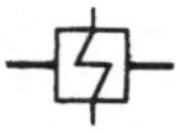

Wärmetauscher mit Kreuzung der Stoffströme

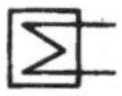

Wärmetauscher ohne Kreuzung der Stoffströme

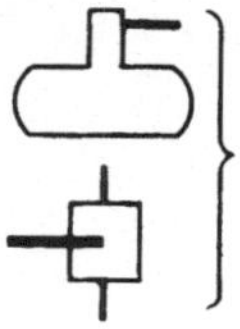

Wärmeaustauscher durch Mischen der Stoffe. Speisewasservorwärmer, Mischvorwärmer, Entgaser

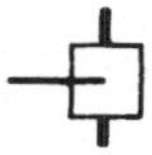

Dampfkühler mit Wassereinspritzung

Überhitzer

Verdampfer mit Heizfläche oder Dampfumformer
Wärmeverbraucher ohne Heizfläche
Wärmeverbraucher mit Heizfläche
Oberflächenkondensator
Behälter für Überdruck
Kernreaktor, allgemein
Kernreaktor, Moderator und Kühlmittel identisch

Maschinen

Dampfturbine, allgemein
Dampfturbine mit Anzapfung
Dampfturbine mit Zwischenüberhitzung
Doppelflutige Dampfturbine
Gasturbine

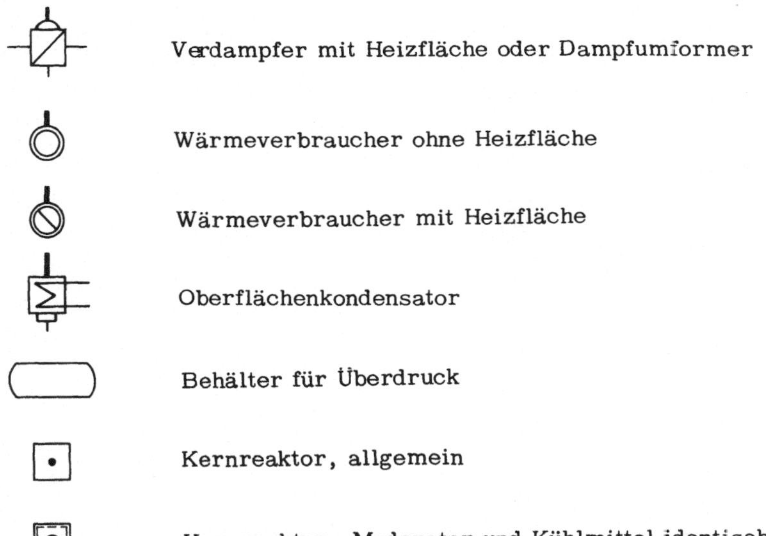

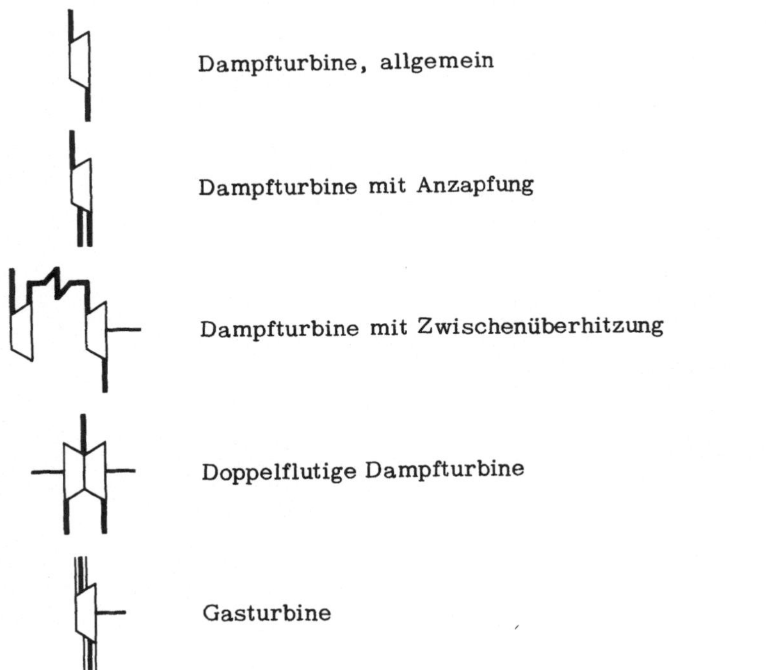

Elektromotor

Flüssigkeitspumpe als Kreiselpumpe

Turboverdichter

Stromerzeuger, allgemein

Wechselstromgenerator

Gleichstromgenerator

Absperrorgane

Absperrarmatur, allgemein

Absperrarmatur mit Motorantrieb

Absperrarmatur mit Sicherheitsfunktion

Regelventil

Messungen

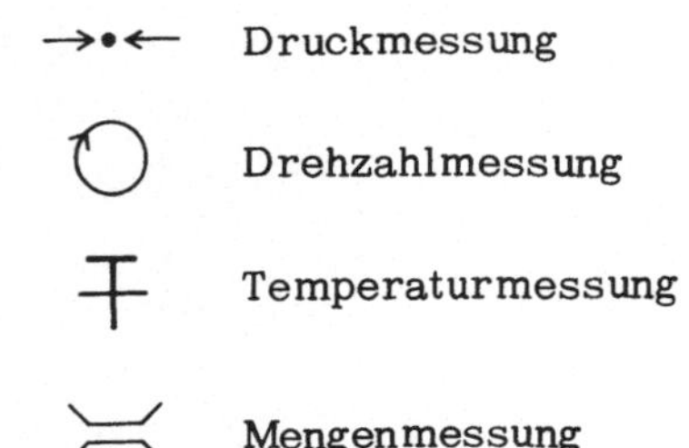

Tabelle 9.4. Statistische Verbrennungsgleichungen nach Boie [49]

Feste Brennstoffe

$$v_L = 241,2\lambda \frac{H_u + 2,45(1 - a)}{1000}$$

$$v_{G,f} = (241,2\lambda - 25,3) \frac{H_u + 2,45(1 - a)}{1000} + 1,24(1 - a)$$

$$v_{G,tr} = (239,3\lambda - 5,5) \frac{H_u + 2,45(1 - a)}{1000}$$

Heizöl

$$v_L = 2957\lambda \frac{H_u - 4,60}{10000}$$

$$v_{G,f} = (2957\lambda + 805) \frac{H_u - 4,60}{10000} - 2,18$$

$$v_{G,tr} = (2931\lambda - 805) \frac{H_u - 4,60}{10000} + 2,30$$

Erdgas

$$v_L = 261,0\lambda \frac{H_u - 0,63}{1000}$$

$$v_{G,f} = (261,0\lambda + 2,9) \frac{H_u - 0,63}{1000} + 0,88$$

$$v_{g,tr} = (261,0\lambda - 53,8) \frac{H_u - 0,63}{1000} + 0,88$$

v_L bezogenes Volumen der Brennluft i.N.[1,2]

$v_{G,f}$ bezogenes Volumen des feuchten Rauchgases i.N.[1,2]

$v_{G,tr}$ bezogenes Volumen des trockenen Rauchgases i.N.[1,2]

(jeweils $\frac{m^3}{kg}$ bzw. $\frac{m^3}{m^3}$)

H_u Heizwert des Brennstoffs in MJ/kg bzw. (bei Gasen) MJ/m^3

a Aschegehalt des Brennstoffs in Massenanteilen

λ Luftverhältnis

[1] Bezugsgrösse Brennstoff, Volumen i.N.

[2] i.N. = im Normzustand

Literaturverzeichnis

Die nachfolgenden Angaben vermögen nur einen kleinen Teil des vorhandenen Schrifttums zu erfassen. Dem Leser sei empfohlen, zum vertieften Studium zunächst auf die Buchveröffentlichungen neueren Datums zurückzugreifen. Der neueste Stand der Technik wird i.allg. den Fachzeitschriften zu entnehmen sein. Auf dem Gebiet der Kraftwerkstechnik wären dies im deutschsprachigen Raum insbesondere die Zeitschriften: Brennstoff-Wärme-Kraft (BWK), Mitteilungen der Technischen Vereinigung der Großkraftwerksbetreiber (VGB) - neuerdings als VGB Kraftwerkstechnik bezeichnet -, Die Wärme, Atomkernenergie, Atomwirtschaft - Atomtechnik. Für Planung und Entwurf der Anlagen sei ferner auf die sehr nützlichen beiden Veröffentlichungen des Vereins Deutscher Ingenieure (VDI), die Wärmetechnische Arbeitsmappe und den VDI Wärmeatlas hingewiesen, die nachstehend nicht besonders aufgeführt sind.

Zu Kap. 1

1 Camp, L. Sprague de: Der Mensch und die Energie. Von den Pyramiden bis zur Kernspaltung. Zürich: Delphin 1962.

2 Klemm, F.: Kurze Geschichte der Technik. Freiburg: Herder 1961.

3 Matschoss, K.: Geschichte der Dampfmaschine. Berlin: Springer 1901. Repr. Hildesheim: Gerstenberg 1982.

4 Schäff, K.: Die Entwicklung zum heutigen Wärmekraftwerk. Essen: VGB-Verl. 1977.

5 Schröder, K.: Probleme heutiger und zukünftiger Kraftwerksplanung. Berlin, München: Siemens AG 1967.

6 Schröder, K.: Große Dampfkraftwerke, 3 Bde. Berlin, Göttingen, Heidelberg: Springer 1959, 1962, 1966.

7 Bohn, T. (Hrsg.) u.a.: Handbuchreihe Energie. Köln: Verl. TÜV Rheinland 1982.

8 Aschner, F.S.: Planning Fundamentals of Thermal Power Plants. New York, Toronto, Jerusalem: J. Wiley, Israel Univ. Press 1978.

Zu Kap. 2

9 Schmidt, E.: Technische Thermodynamik, 11.Aufl., bearb. von K. Stephan u. F. Mayinger. 2 Bde. Berlin, Heidelberg, New York: Springer 1975, 1977.

10 Grigull, U.: Technische Thermodynamik. Sammlung Göschen, Bd. 1084/1084a, 2.Aufl. Berlin: de Gruyter 1970.

11 Baehr, H.D.: Thermodynamik, 5.Aufl. Berlin, Heidelberg, New York: Springer 1981.

12 Eckert, E.: Einführung in den Wärme- und Stoffaustausch, 3.Aufl. Berlin, Heidelberg, New York: Springer 1966.

13 Gröber, H., Erk, S.: Die Grundgesetze der Wärmeübertragung, 3.Aufl. bearb. von U. Grigull. Berlin, Göttingen, Heidelberg: Springer 1963.

14 Mayinger, F.: Strömung und Wärmeübergang in Gas-Flüssigkeitsgemischen. Wien, New York: Springer 1982.

15 Prandtl, L., Tietjens, O.: Hydro- und Aeromechanik, 2 Bde. Berlin: Springer 1929, 1931.

16 Prandtl, L.: Führer durch die Strömungslehre. Hrsg. K.Oswatitsch, K.Wieghardt, 8.Aufl. Braunschweig: Vieweg 1984.

17 Truckenbrodt, E.: Fluidmechanik. 2.Aufl., 2 Bde. Berlin, Heidelberg, New York: Springer 1980.

18 Zierep, J.: Ähnlichkeitsgesetze und Modellregeln der Strömungslehre. Karlsruhe: Braun 1972.

19 Odqvist, F.K., Hult, J.: Kriechfestigkeit metallischer Werkstoffe. Berlin, Göttingen, Heidelberg: Springer 1962.

20 Siebel, E.: Handbuch der Werkstoffprüfung, Bd.2 : Die Prüfung metallischer Werkstoffe, 2.Aufl. Berlin, Göttingen, Heidelberg: Springer 1955.

21 Larson, F.R., Miller, J.: A Time-Temperature Relationship for Rupture and Creep Stresses. Transact. ASME Vol. 74 (1952) 765/775.

22 Kirsch, A.: Über die Extrapolation von Zeitstandversuchen. Forsch. Ber. Nordrhein-Westfalen, Heft 1158. Köln, Opladen: Westdeutscher Verlag 1963.

23 Ergebnisse deutscher Zeitstandversuche langer Dauer. Hrsg. vom Verein Deutscher Eisenhüttenleute. Düsseldorf: Verlag Stahleisen 1969.

24 Munz, D., Schwalbe, K., Mayr, P.: Dauerschwingverhalten metallischer Werkstoffe. Braunschweig: Vieweg 1971.

25 Heckel, K.: Einführung in die technische Anwendung der Bruchmechanik. München: Hanser 1970.

Zu Kap. 3

26 Properties of Water and Steam in SI-Units. Hrsg. E.Schmidt/U. Grigull. 2.Aufl.. Berlin, Heidelberg, New York, u. München: Springer u. Oldenbourg 1979.

27 Schäff, K.: Günstigste Stufenunterteilung und günstigster Vorwärmgrad bei der Speisewasservorwärmung. Arch. Wärmewirtsch. Dampfkesselw. 21 (1940) 173/176.

28 van Lier, J.J.C.: Thermodynamische processen in de centrale en mogelijkheden tot het verbeteren van deze processen. Amsterdam: Argus 1963.

29 Dangl, K.: Ziele und Grenzen für das Hochdruckkraftwerk. Mitt. VGB 31 (1954) 265/278.

30 Musil, L., Knizia, K.: Die Gesamtplanung von Dampfkraftwerken. 1. Bd.: Die Thermodynamik des Dampfkraftprozesses, von K. Knizia, 3. Aufl. Berlin, Heidelberg, New York: Springer 1966.

31 Ackeret, J., Keller, C.: Eine aerodynamische Wärmekraftanlage. Schweiz. Bauztg. 113 (1939) 229/301.

32 Baehr, H.D., Schwier, K.: Die thermodynamischen Eigenschaften der Luft. Berlin, Göttingen, Heidelberg: Springer 1961.

33 Pflaum, W.: IS-Diagramme für Verbrennungsgase und ihre Anwendung auf die Verbrennungsmaschine. Berlin: VDI-Verlag 1932.

34 Lutz, O., Wolf, F.: IS-Tafel für Luft und Verbrennungsgase. Berlin: Springer 1938.

35 Kruschik, J.: Luft- und Gastafeln zur Berechnung von Gasturbinen und Verdichtern. Wien: Springer 1953.

36 Mann, J.: Thermodynamic performance and design of steam-gas turbine power plants. Paper 18th Ann. Meeting of the American Power Conference 1956.

37 Seippel, C., Bereuter, R.: Zur Technik kombinierter Dampf- und Gasturbinenanlagen. BBC-Mitt. 47 (1960) 783/799.

38 Buxmann, J.: Die Energieerzeugung durch Kopplung von Dampf- und Gasturbinenprozess. Energie u. Technik 19 (1967) S. 304/309

39 Pfost, H.: Kombinierte Dampf-Gasturbinen-Prozesse, Leistung und Wirkungsgrad einiger Schaltungen. Energie und Technik 23 (1971) 309/313.

40 Baker, J., Gilbert, J., Moyer, W.: Design features of a gas turbine for a supercharged boiler. Paper ASME Fall Meeting, Hartford 1957.

41 Netz, H.: Wärmewirtschaft, 5.Aufl. Stuttgart: Teubner 1956.

42 Pauer, W.: Einführung in die Kraft- und Wärmewirtschaft, 2.Aufl. Dresden, Leipzig: Steinkopf 1964.

Zu Kap. 4

43 Doležal, R.: Hochdruck-Heißdampf. Essen: Vulkan-Verlag 1967.

44 Doležal, R.: Durchlaufkessel. Essen: Vulkan-Verlag 1962.

45 Ledinegg, M.: Dampferzeugung, Dampfkessel, Feuerungen. Einschließlich Atomreaktoren. 2.Aufl. Wien, New York: Springer 1966.

46 Doležal, R.: Dampferzeugung. Berlin, Heidelberg, New York, Tokyo: Springer 198

47 Jahrbuch der Dampferzeugungstechnik 1. bis 5.Ausg. Hrsg. Technische Vereinigung der Großkraftwerksbetreiber (VGB) und Fachverband Dampfkessel-Behälter- und Rohrleitungsbau (FDBR). Essen: Vulkan-Verlag 1970 bis 1985.

48 Schumacher, A., Waldmann, H.: Wärme- und Strömungstechnik im Dampferzeugerbau. Essen: Vulkan-Verlag 1972.

49 Boie, W.: Vom Brennstoff zum Rauchgas. Leizpig: Teubner 1957.

50 Gumz, W.: Kurzes Handbuch der Brennstoff- und Feuerungstechnik, 3.Aufl. Berlin, Göttingen, Heidelberg: Springer 1962.

51 Günther, R.: Verbrennung und Feuerungen. Berlin, Heidelberg, New York, Tokyo: Springer 1974.

52 Ruhrkohlen-Handbuch, 5.Aufl. Essen: Verlag Glückauf 1969.

53 Netz, H.: Verbrennung und Gasgewinnung bei Festbrennstoffen. Gräfelfing/München: Resch 1982.

54 Hansen, W.: Ölfeuerungen, 2.Aufl. Berlin, Heidelberg, New York: Springer 1970.

55 Niepenberg, H.P.: Industrie-Gasfeuerungen. Verden: Verlag Betriebs-Ökonom 1964.

56 Rosin, P., Fehling, R.: Das i, t-Diagramm der Verbrennung. Berlin: VDI-Verlag 1929.

57 Rant, Z., Gaspersic, B.: Ein allgemeines Temperatur-Enthalpie-Exergie-Diagramm für Verbrennungsgase. Düsseldorf: VDI-Verlag 1972.

58 Feldhoff, K.: Stand der Entwicklung der Rostfeuerungen. Techn. Mitt. 63 (1970) 218/225.

59 Doležal, R.: Großkessel-Feuerungen. Berlin, Göttingen, Heidelberg: Springer 1961.

60 Niepenberg, H.P.: Ölgefeuerte Dampfkessel mit optimaler Fahrweise. Techn. Mitt. 60 (1967) 296/312.

61 Beér, M.: Einige Auswirkungen der Verteilung der mittleren Geschwindigkeit und des mittleren statischen Druckes auf die Stabilität und den Raumbedarf von turbulenten Diffusionsflammen. VDI-Berichte Nr. 95 (1966) 13/26.

62 Leuckel, W., Chédaille, J.: Einfluß der Düsengeometrie auf die Verbrennung und die Stabilität von Industrieölflammen bei Verwendung von Drallbrennern. VDI-Berichte Nr. 95 (1966) 27/38.

63 Jantscha, K.: Probleme im neuzeitlichen Kesselbau. Mitt. VGB 29 (1949) 1/10.

64 Noetzlin, G.: Temperatur- und Verbrennungsablauf im Feuerraum eines Schmelztrichterkessels. Mitt. VGB 33 (1953) 300/320.

65 Watzke, E.: Erfahrungen mit der Verwendung von keramischen Heizflächen am Kaltende regenerativer Luftvorwärmer. Mitt. VGB 46 (1966) 4/12.

66 Rasch, R.: Rauchgasseitige Korrosionen. Techn. Mitt. 65 (1972) 82/88.

67 Grimm, W.: Korrosionserscheinungen und ihre Bekämpfung bei der Verwendung flüssiger und gasförmiger Brennstoffe. Techn. Mitt. 65 (1972) 127/134.

68 Schack, A.: Der industrielle Wärmeübergang, 6.Aufl. Düsseldorf: Verlag Stahleisen 1962.

69 Thring, M.W.: Das Entwerfen von Flammen mit vorausbestimmter sichtbarer Strahlung. VDI-Berichte Nr. 95 (1966) 5/11.

70 Biermann, P., Vortmeyer, D.: Wärmestrahlung staubhaltiger Gase. Wärme- und Stoffübertragung 2 (1969) 193/202.

71 Richter, W.: Stand der Entwicklung mathematischer Flammen- und Feuerraummodelle und Möglichkeiten ihrer Anwendung in der Feuerungspraxis. VDI-Ber. Nr. 346 (1979) 173/187.

72 Geissler, Th.: Die Vorausberechnung der Wärmeübergangsverhältnisse hochbelasteter Heizflächen. Energie 16 (1964) 6/13.

73 Eckert, E.: Messung der Gesamtstrahlung von Wasserdampf und Kohlensäure in Mischung mit nichtstrahlenden Gasen bei Temperaturen bis zu 1300 °C. VDI-Forschungsheft 387. Berlin 1937.

74 Schmidt, E., Eckert, E.: Die Wärmestrahlung von Wasserdampf in Mischung mit nichtstrahlenden Gasen. Forsch. Ing. Wesen 8 (1937) 87/90.

75 Hottel, H.C., Sarofim, A.F.: Radiative Transfer. New York: Mc Graw-Hill 1967.

76 Hilpert, R.: Wärmeabgabe von geheizten Drähten und Rohren im Luftstrom. Forsch. Ing. Wesen 4 (1933) 215/224.

77 Grimison, E.D.: Correlation and Utilization of New Data on Flow Resistance and Heat Transfer for Cross Flow of Gases over Tube Banks. Transact. ASME 59 (1937).

78 Mc Adams, W.H.: Heat Transmission. 3. Ed. New York, Tokio: Mc Graw-Hill, Kogakusha 1954

79 Hausen, H.: Wärmeübertragung im Gegenstrom, Gleichstrom und Kreuzstrom. Berlin, Göttingen, Heidelberg: Springer 1950.

80 Sandner, H.: Beitrag zur linearen Theorie des Regenerators. Diss. TU München 1971.

81 Collier, J.G.: Convective Boiling and Condensation. Maidenhead/Berkshire (Engl.): Mc Graw-Hill 1972.

82 Baker, O.: Simultaneons Flow of Oil and Gas. The Oil and Gas Journal 26 (1954).

83 Schmidt, K.R.: Wärmetechnische Untersuchungen an hochbelasteten Kesselheizflächen. Mitt. VGB 39 (1959) 391/401.

84 Hein, D., Kastner, W., Mayinger, F., Nowak, K., Stadelmann,W.: Arbeitsblätter zur Ermittlung der kritischen Wärmestromdichte und des minimalen Wärmeübergangskoeffizienten bei Filmverdampfung. Techn. Mitt. Wasserrohrkessel-Verband, Düsseldorf, Okt. 1971.

85 Köhler, W.: Einfluß des Benetzungszustandes der Heizfläche auf Wärmeübergang und Druckverlust in einem Verdampferrohr. Diss. TU München 1983.

86 Owens, W.L.: Two-Phase Pressure Gradient. Intern. Development in Heat Transfer, ASME (1963) 363/368.

87 Doležal, R.: Vereinfachte Methode zur Berechnung des Naturumlaufes bei Dampfkesseln. Mitt. VGB 51 (1971) 181/187.

88 Ahrnbom, L.: Die Verhütung kritischer Wandtemperaturen in Verdampferrohren, Mitt. VGB 52 (1972) 326/333.

89 Pollmann, S.: Korrosionsvorgänge auf der Innenseite thermisch hochbelasteter Siederohre in Dampfkraftwerken. Werkstoffe und Korrosion 22 (1971) 8/16.

90 VGB-Richtlinien für die Aufbereitung von Kesselspeisewasser und Kühlwasser, jew. neueste Ausg. massgebl. Essen: VGB-Dampftechnik.

91 Splittgerber, A.: Wasseraufbereitung im Dampfkraftbetrieb. Berlin, Göttingen, Heidelberg: Springer 1963.

92 Freier, R.: Chemie des Wassers in thermischen Kraftanlagen. Berlin, New York: De Gruyter 1984.

93 Doležal, R.: Energetische Verfahrenstechnik. Stuttgart: Teubner 1983.

94 Adrian, F.: Hochaufgeladene Dampferzeuger. Energie und Technik 22 (1970) 270/275.

95 Bitterlich, E.: Einflüsse der Thermodynamik kombinierter Dampf-Gas-Prozesse auf die Konstruktion der Dampferzeuger. VDI-Z. 112 (1970) 693/697, 814/818.

96 Michelfelder, S., Leikert, K.: Der Stufenmischbrenner und Betriebsergebnisse mit Kohlenstaubbrennern für niedrige NO_x-Emission. VGB Kraftwerkstechnik 60 (1980) 105/113.

97 Schilling, H.-D.: Die Wirbelschichtfeuerung-Einsatzmöglichkeiten für die Strom- und Wärmeerzeugung aus Kohle. BWK 30 (1978) 425/430.

98 Urban, U., Wickström, B., Kraemer, W.: Die Entwicklung eines kombinierten Gas-Dampfturbinenprozesses mit druckbetriebener Wirbelschichtfeuerung. VGB Kraftwerkstechnik 63 (1983) 422/427.

99 Seefeldt, K.-F., Waldmann, H.: Grenzleistungsprobleme bei fossil gefeuerten Großdampferzeugern. VGB Kraftwerkstechnik 55 (1975) 498/506, 567/574.

100 Breucker, H., Stadie, L.: Steinkohlenbefeuerte Kraftwerke - Heutiger Stand und zukünftige Möglichkeiten der Auslegung. VGB Kraftwerkstechnik 63 (1983) 29/37.

101 Martin, H.: Auslegung und Konstruktion großer steinkohlebefeuerter Dampferzeuger mit hohen Dampfzuständen. VGB Kraftwerkstechnik 63 (1983) 413/421

102 Profos, P.: Die Regelung von Dampfanlagen. Berlin, Göttingen, Heidelberg: Springer 1962.

103 Buchwald, K.: Neuere Erkenntnisse auf dem Gebiet der zulässigen Anfahr- und Laständerungsgeschwindigkeiten von Dampfturbinen. Mitt. VGB 52 (1972) 416/425.

104 Rudolph, F.: Wärmetechnik zum Bau großer Dampferzeuger. Energie 18 (1966) 121/129, 208/218.

105 Geissler, Th.: Dampferzeuger für den Mittel- und Spitzenlastbereich. Energie 24 (1972) 263/267, 311/314.

Zu Kap. 5

106 Braunbek, W.: Grundbegriffe der Kernphysik, 3.Aufl. München: Thiemig 1971.

107 Finkelnburg, W.: Einführung in die Atomphysik, 11. u. 12. Aufl. Berlin, Göttingen, Heidelberg: Springer 1967.

108 Harvey, B.G.: Kernphysik und Kernchemie. Eine Einführung. München Thiemig 1966.

109 Mansfield, W.K.: Elementare Kernphysik. Braunschweig: Vieweg 1963.

110 Syrett, J.J.: Reaktortheorie. Braunschweig: Vieweg 1961.

111 Glasstone, S., Edlund, M.C.: Kernreaktortheorie. Wien: Springer 1961.

112 Smidt, D.: Reaktortechnik. 2 Bde., 2.Aufl. Karlsruhe: Braun 1975.

113 Ziegler, A.: Lehrbuch der Reaktortechnik. 3 Bde.. Berlin, Heidelberg, New York, Tokyo: Springer 1983/1984.

114 Collatz, L.: Eigenwertaufgaben mit technischen Anwendungen, 2.Aufl. Leipzig: Geest und Portig 1963.

115 VGB-Kernkraftwerks-Seminar 1970. Vorträge. Hrsg. VGB, Essen 1970.

116 Münzinger, F.: Atomkraft. Der Bau von Atomkraftwerken und seine Probleme 3.Aufl. Berlin, Göttingen, Heidelberg: Springer 1960.

117 Kraussold, H.: Der konvektive Wärmeübergang. Technik 3 (1949) 205/213, 257/261.

118 Durham, F.P., Neal, R.C., Newman, H.J.: High-Temperature Heat Transfer to a Gas Flowing in Heat-Generating Tubes with High Heat Flux. React. Heat Transfer Conf. 1956 TID-7529 Book 2 (1957) 502/514.

119 Markoczy, G.: Konvektive Wärmeübertragung in längsangeströmten Stabbündeln bei turbulenter Strömung. Diss. TH München 1971. Wärme- und Stoffübertragung 5 (1972) 204/212.

120 Weisman, J.: Heat Transfer to Water Flowing Parallel to Rod Bundles. Nucl. Sc. Eng. 6 (1959) 78/79.

121 Weisman, J.: General Discussion Int. Dev. Heat Transfer Pt. III, Int. Heat Transfer Conf. 1961, ASME, New York 1963.

122 Hall, W.B.: Wärmeübertragung bei Reaktoren. Braunschweig: Vieweg 1963.

123 Feurstein, G., Rampf, H.: Der Einfluß rechteckiger Rauhigkeiten auf den Wärmeübergang und den Druckabfall in turbulenter Ringspaltströmung. Wärme- und Stoffübertragung 2 (1969) 19/30.

124 Rampf, H., Feurstein, G.: Wärmeübergang und Druckverlust an dreiecksförmigen Rauhigkeiten in turbulenter Ringspaltströmung. Proc. 4th Internat. Heat Transfer Conf. Versailles 1970, Paper FC 5.3.

125 Bowen, J.H., Masters, E.F.O.,: Steuerung und Instrumentierung von Reaktoren. Braunschweig: Vieweg 1961.

126 Merz, L.: Regelung und Instrumentierung von Kernreaktoren. Bd.1, Grundlagen und Grundbegriffe. München: Oldenbourg 1961.

127 Weckesser, A.: Betrieb von Kernkraftwerken. München: Thiemig 1969.

128 Birkhofer, A., Werner, W.: Eine Methode zur Berechnung der orts- und zeitabhängigen Leistungsverteilung von Kernreaktoren. Atomkernenergie 15 (1970) 97/102.

129 Jahrbuch der Atomwirtschaft 1984. Düsseldorf: Handelsblatt-Verlag 1984.

130 Dungeness "B" AGR Nuclear Power Station. Atom (1965) No. 107, 168/174.

131 Kernkrafttechnik. Beiheft der Siemens-Zeitschrift 42 (1968).

132 Oldekop, W.: Druckwasserreaktoren für Kernkraftwerke. München: Thiemig 1979.

133 Frewer, H., Keller, W.: Das 1200-MW-Kernkraftwerk Biblis. Atomwirtschaft 14 (1969) 455/464.

134 Sauer, A.: Siedewasserreaktoren für Kernkraftwerke. Berlin: AEG-Telefunken 1969.

135 Kornbichler, H., Ringeis, H.: Das 800 MW-Kernkraftwerk Brunsbüttel. Atomwirtschaft 15 (1970) 191/202.

136 MZFR Kernkraftwerk mit Mehrzweck-D_2O-Druckkesselreaktor in Karlsruhe. Atomwirtschaft 10 (1965) 329/392.

137 Knox, R.: Candu 950- a larger version of Candu designed for world markets. Nuclear Engg. 26 (1981) 43/52.

138 Bedenig, D.: Gasgekühlte Hochtemperaturreaktoren. München: Thiemig 1972.

139 Schützenduebel, W.G., Meyer, L.: Das nukleare Dampferzeugungssystem des ersten gasgekühlten 330 MW-Hochtemperaturreaktors der USA in Fort St. Vrain. Mitt. VGB 51 (1971) 351/357.

140 Waage, J.U., Schützenduebel, W.G., Fischer, P.U., Meyer, L.: 2300 MW-Kernkraftwerk mit gasgekühlten Hochtemperaturreaktoren. BWK 24 (1972) 363/368.

141 Schulten, R. u.a.m.: Der AVR-Reaktor. Atomwirtschaft 11 (1966) 217/271.

142 Harder, H., Oehme, H., Schöning, J., Thurnher, K.: Das 300-MW-Thorium-Hochtemperaturkernkraftwerk (THTR). Atomwirtschaft 16 (1971) 238/245.

143 Baust, E.: Strom und Prozessdampf aus einem 500 MW-Hochtemperaturreaktor. VGB Kraftwerkstechnik 62 (1982) 1018/1024.

144 Kornbichler, H.: Der Heißdampfreaktor in Großwelzheim. Atomwirtschaft 10 (1965) 286/291.

145 Palmer, R.G., Platt, A.: Schnelle Reaktoren, Braunschweig: Vieweg 1963.

146 Traube, E.: Entwicklungslinien der Natrium-Schnellbrüter. Atomwirtschaft 18 (1973) 461/465.

147 Gratton, C.P.: Design and assessment studies performed by the GBR Association on gas cooled fast reactors. Brit. Nucl. Energy Soc. 11 (1972) 331/336.

Zu Kap. 6

148 Traupel, W.: Thermische Turbomaschinen. 2 Bde., 3.Aufl. Berlin, Heidelberg, New York: Springer 1977 u. 1982.

149 Müller, K.J.: Thermische Strömungsmaschinen. Wien, New York: Springer 1978.

150 Fister, W.: Fluidenergiemaschinen. 2 Bde. Berlin, Heidelberg, New York, Tokyo: Springer 1984.

151 Cordes, G.: Strömungstechnik der gasbeaufschlagten Axialturbine. Berlin, Göttingen, Heidelberg: Springer 1963.

152 Pfleiderer, C., Petermann, H.: Strömungsmaschinen. 4.Aufl. Berlin, Heidelberg, New York: Springer 1972.

153 Dejc, M.E., Trojanovskij, B.M.: Untersuchung und Berechnung axialer Turbinenstufen. Berlin: VEB Verl. Technik 1973.

154 Horlock, J.H.: Axial Flow Turbines. London: Butterworths 1966.

155 Stodola, A.: Dampf- und Gasturbinen, 6.Aufl. Berlin: Springer 1924.

156 Scholz, N.: Aerodynamik der Schaufelgitter. Bd.1. Karlsruhe: Braun 1965.

157 Bammert, K., Fiedler, K., Sonnenschein, H.: Berechnung der Potential- und Druckverteilung beliebiger Schaufelgitter von Turbomaschinen mit konformen Abbildungen. Arch. für Eisenhüttenwesen 36 (1965) 75/86, 317.

158 Koch, E.: Berechnung der ebenen, inkompressiblen Potentialströmung durch gerade Schaufelgitter. VDI-Forschungsheft 528 (1968).

159 Scholz, N.: Ein Berechnungsverfahren zum Entwurf von Schaufelgittern. VDI-Forschungsheft 442 (1954).

160 Schlichtling, H.: Berechnung der reibungslosen, inkompressiblen Strömung für ein vorgegebenes ebenes Schaufelgitter. VDI-Forschungsheft 447 (1955).

161 Martensen, E.: Berechnung der Druckverteilung an Gitterprofilen in ebener Potentialströmung mit einer Fredholmschen Integralgleichung. Arch. Rat. Mech. Anal. 3 (1959) 235/270.

162 Jacob, K.: Berechnung der inkompressiblen Strömung um dicke Tragflügel- und Gitterprofile mit eckiger Hinterkante. Z. Flugwiss. 15 (1967) 341/346.

163 Sauer, R.: Einführung in die theoretische Gasdynamik. 3.Aufl. Berlin, Göttingen, Heidelberg: Springer 1960.

164 Imbach, H.E.: Berechnung der kompressiblen, reibungsfreien Unterschallströmung durch räumliche Gitter aus Schaufeln auch großer Dicke und starker Wölbung. Diss. ETH. Mitt. Inst. Therm. Turbomasch. ETH Nr. 8, Zürich: Juris 1964.

165 Pfost, H.: Zur Berechnung der kompressiblen Potentialströmung durch ebene Schaufelgitter für Unterschallgeschwindigkeiten. Diss. TH München 1969. Wärme 76 (1970) 89/104.

166 Berndt, P.: Bedeutung der Variationsrechnung in der Strömungsmechanik und ihre Anwendung bei kompressibler Potentialströmung. Diss. TU München 1973.

167 Buxmann, J.: Vergleichende Druckverteilungsmessungen an einem ebenen Schaufelgitter starker Umlenkung. Wärme 73 (1967) 40/47.

168 Schlichting, H.: Grenzschicht-Theorie. 5.Aufl. Karlsruhe: Braun 1965.

169 Ainley, D.G., Mathieson, G.C.R.: An Examination of the Flow and Pressure Losses in Blade Rows of Axial Flow Turbines. Aeronaut. Research Council, R & M No. 2891 (1955).

170 Bolte, W.: Zur Berechnung und Optimierung des Wirkungsgrades axialer Strömungsmaschinen. VDI-Forschungsheft 501 (1964).

171 Baljé, O.E., Binsley, R.L.: Axial turbine performance evaluation. J. of Engng. for Power, Transact. ASME 90(1968) 341/360.

172 Denton, J.D.: A Survey and Comparison of Methods for Predicting the Profile Loss of Turbine Blades. Conf. Paper Inst. Mechan. Engrs. C 76/73 (1973),

173 Speidel, L.: Einfluß der Oberflächenrauhigkeit auf die Strömungsverluste in ebenen Schaufelgittern. Forsch. Ing. Wesen 20 (1954) 124/140.

174 Bammert, K., Fiedler, K.: Der Reibungsverlust von rauhen Turbinenschaufelgittern. BWK 18 (1966) 430/436.

175 Fottner, L.: Ein halbempirisches Verfahren zum Bestimmen der reibungsbehafteten transsonischen Schaufelgitterströmung mit Einschluß von Überschallfeldern und Verdichtungsstößen. Forsch. Ing. Wesen 36 (1970) 101/110.

176 Fottner, L.: Ein Verfahren zum Bestimmen der verlustbehafteten transsonischen Schaufelgitterströmung bei vorgegebener Druckverteilung. Forsch. Ing. Wesen 38 (1972) 69/81.

177 Suter, P., Traupel, W.: Untersuchungen über den Ventilationsverlust von Turbinenrädern. Zürich: Verlag Leemann 1959.

178 Gyarmathy, G.: Grundlagen einer Theorie der Naßdampfturbine. Mitt. Inst. für therm. Turbomaschinen, ETH, Nr. 6. Zürich: 1962.

179 Gyarmathy, G., Meyer, H.: Spontane Kondensation. VDI-Forschungsheft 508, Düsseldorf: VDI-Verlag 1965.

180 Bammert, K., Kläukens, H.: Nabentotwasser hinter Leiträdern von axialen Strömungsmaschinen. Ing. Archiv. 17 (1949) 367/390.

181 Bammert, K.: Die Strömung durch vielstufige Axialturbinen mit geraden Schaufeln. Atomkernenergie 6 (1961) 291/300.

182 Bammert, K.: Die Strömung in Gleichdruckturbinen mit geraden Schaufeln. Forschg. Ing. Wesen 28 (1962) 3/10.

183 Scholz, N.: Eine näherungsweise Erfassung der Schaufelverdrängung bei der Strömung in axialen Ringräumen. Z. Flugwiss. 15 (1967) 351/355.

184 Dietzel, F.: Dampfturbinen, 3.Aufl. München, Wien: Hanser 1980.

185 AEG Dampfturbinen Turbogeneratoren. Berlin: Verl. AEG 1963.

186 Dampfturbinen großer Leistung. Beiheft Siemens-Zeitschr. 41 (1967).

187 Kirchberg, G., Pfeil, H.: Einfluß der Stufenkenngrößen auf die Auslegung von HD-Turbinen. Konstruktion 23 (1971) 223/231.

188 Pfeil, H.: Optimale Primärverluste in Axialgittern und Axialstufen von Strömungsmaschinen. VDI-Forschungsheft 535 (1969).

189 Perycz, S.: Aerodynamisch bedingte optimale Profilsehnenlänge, Wärme 89 (1983) 75/78.

190 Koch, E.: Graphisches Verfahren zur Auslegung von Turbinenstufen-Gruppen. Wärme 72 (1966) 134/139.

191 Oppelt, W.: Kleines Handbuch technischer Regelvorgänge. 5.Aufl. Weinheim: Verlag Chemie 1972.

192 Hischfelder, G.: Ein Beitrag zur Kondensat-Leistungsregelung eines Blockkraftwerkes für Gleitdruckbetrieb mit Kohlefeuerung. Diss. TU München 1971. Mitt. VGB 51 (1971) 151/164.

193 Mathias, G., Martin P.: Die Regeldynamik der Dampfturbine mit Zwischenüberhitzung bei der Frequenz-Leistungs-Regelung. BWK 22 (1970) 213/216.

194 Mathias, G.: Das dynamische Verhalten der Kraftwerks-Dampfturbine bei Frequenz-Leistungs-Regelung. Diss. TU München 1973 (Sonderdruck MAN Nürnberg).

195 Kestin, J.: Ein Beitrag zu Stodolas Kegelgesetz. Wärme- und Stoffübertragung 16 (1982) 53/55.

196 Kruschik, J.: Die Gasturbine. 2.Aufl. Wien: Springer 1960.

197 Gasturbinen-Probleme und Anwendung. Düsseldorf: VDI-Verlag 1967.

198 Münzberg, H.-G.: Flugantriebe. Berlin, Heidelberg, New York: Springer 1972.

199 Dettmering, W.: Entwicklungslinien der luftansaugenden Strahltriebwerke. Arbeitsgem. f. Forschung Nordrhein-Westf. H. 182. Köln, Opladen: Westdeutscher Verlag 1968.

200 Franzke, H.-H.: Probleme bei der Verbrennung von schwerem Heizöl in einer Gasturbinenanlage offenen Kreislaufes. MTZ 27 (1966) 82/89.

201 Maghon, H.: Die Entwicklung der einwelligen Gasturbine. Mitt. VGB 53 (1973) 651/656.

202 Endres, W.: Drei BST-Gasturbinen für Leistungen von 20 bis 60 MW. MTZ 33 (1972) 18/22.

203 Frank, W.: Die AEG-Gasturbinen-Baureihe. Techn. Mitt. AEG-Telefunken 58 (1968) 14/23.

204 Thomas, H.-J.: Flugtriebwerke in Kraftwerken. Energie und Technik 17 (1965) 92/98.

205 Knizia, K. u. Mitarbeiter: Erweiterung des Kraftwerks Gersteinwerk um 4 x 400 MW. BWK 23 (1971) 503/512.

206 Pfost, H.: Thermodynamisch optimale Auslegung von Gasturbinen zur Kombination mit Dampfturbinen. Wärme 88 (1982) 1/4.

207 Rice, I.G.: The Combined Reheat Gas Turbine/Steam Turbine Cycle, Journ. Engg. f. Power, ASME (1980) 35/49.

208 Johnson, D.G.: Verfahren bei der Elektrizitätsproduktion in kombinierten Gas- und Dampfturbinenanlagen mit höchstmöglichem Anlage-Wirkungsgrad. Forschg. i.d. Kraftwerkstechnik 1980, VGB Essen (1980) 217/220.

209 Day, W.H.: An Ultra-High-Temperature Gas Turbine for Coal-Derived Fuels, with Maximum Fuels Flexibility. Proc. American Power Conf. 39 (1977) 524/537.

210 Franck, H.-G., Knop, A.: Kohleveredlung. Berlin, Heidelberg, New York: Springer 1979.

211 Hirschfelder, G.: Probleme der Systemkopplung bei der Integration der Kohlevergasung in das Kraftwerk. VGB Kraftwerkstechnik 60 (1980) 530/535.

212 Keller, C.: Ursprung und Entwicklung der Gasturbine mit geschlossenem Kreislauf. Escher Wyss Mitt. 38 (1966) 5/10.

213 Bammert, K.: A General Review of Closed-Cycle Gas Turbines Using Fossil, Nuclear and Solar Energy. München: Thiemig 1975.

214 Keller, C.: Die Verwendung der Helium-Gasturbine mit geschlossenem Kreislauf für Atom-Kraftwerke. Escher Wyss Mitt. 38 (1966) 43/51.

215 Bammert, K., Böhm, E.: Hochtemperaturreaktoren mit Heliumturbine in konventioneller teilintegrierter und integrierter Bauweise. Energie und Technik 21 (1969) 1/6.

216 Bammert, K., Rurik, J., Griepentrog, H.: Highlights and future development of closed-cycle gasturbines. Paper 19th Intern. Gas Turbine Conf. ASME, Zürich 1974.

Zu Kap. 7

217 Schwaigerer, S.: Festigkeitsberechnung im Dampfkessel- Behälter- und Rohrleitungsbau. 3.Aufl. Berlin, Heidelberg, New York: Springer 1978.

218 AD-Merkblätter, hrsg. von der Vereinigung der Techn. Überwachungsvereine e.V. Köln: Heymanns Verlag.

219 TRD - Techn. Regeln für Dampfkessel, hrsg. von der Vereinigung der Techn. Überwachungsvereine e.V. Köln: Heymanns Verlag.

220 Schwaigerer, S., Weber, E.: Wanddickenberechnung von Stahlrohren gegen Innendruck. Erläuterungen zu DIN 2413, Ausg. 1972. Techn. Überwachung 13 (1972) 74/78.

221 Hübner, F.-W.: Bemessungsverfahren und rechnerischer Sicherheitsfaktor am Beispiel der AD-Merkblätter. Techn. Überwachung 13 (1972) 310/314.

222 ASME Boiler and Pressure Vessel Code.

223 Thermal Stresses and Thermal Fatigue. Proc. Internat. Conf. Berkeley Engl. 1969. Hrsg. D. J. Littler. London: Butterworths 1971.

224 Der Anwärmvorgang in Dampfturbinen. Hrsg. Vereingg. Deutscher Elektrizitätswerke (VDEW). Frankfurt 1961.

225 Ehrich, R.: Thermisch instationäre Vorgänge beim Turbinenbetrieb. Wärme 74 (1968) 90/93, 116/122.

226 Sahihi, H.: Der Einfluß von Regelungsart, Last und Temperaturänderungen auf die Lebensdauer von Anlageteilen des Dampfkraftwerkes. Wärme 83 (1977) 65/76.

227 Brennecke, C., Schinn, R.: Dampfturbinen für hohe Dampftemperaturen und Dampfdrücke. VDI-Z. 99 (1957) 1165/1171 u. 1335/1342.

228 Steinack, K., Veenhoff, F.: Die Entwicklung der Hochtemperaturturbinen der AEG. AEG-Mitt. 50 (1960) 433/453.

229 Biezeno, C. B., Grammel, R.: Technische Dynamik. 2 Bde., 2.Aufl. Neudruck. Berlin, Heidelberg, New York: Springer 1971.

230 Detert, K., Koch, M., Lipp, H.J.: Dauerfestigkeit und Dauerbrüche des Stahles X 20 Cr Mo 13. Materialprüfung (1970) 257/262.

231 Huppmann, H.: Häufigkeit und Ursachen von Schäden an Bauteilen großer Dampfturbinen. Maschinenschaden 43 (1970) 1/16.

232 Leopold, J.: Laufschaufelschäden an axialen Dampfturbinen. Maschinenschaden 44 (1971) 2/12.

233 Allianz-Handbuch der Schadenverhütung. 3.Aufl. Düsseldorf: VDI-Verlag 1984.

234 Gallus, H.E., Lambertz, J.: Gestaltungsrichtlinien zur Reduzierung von Schaufelschwingungsanregungen infolge instationärer Schaufeldruckverteilungen. Forsch. Berichte Nordrhein-Westf. Nr. 3076, Opladen: Westdeutscher Verlag 1981.

235 Lienhart, W.: Berechnung der instationären Strömung durch gegeneinander bewegte Schaufelgitter und der Schaufelkraftschwankungen. Diss. TU München 1973. VDI-Forschungsheft 562 (1974).

236 Lienhart, W.: Aerodynamische Erregungskräfte von Schaufelschwingungen in axialen Turbomaschinen infolge Interferenz benachbarter Schaufelgitter. Ing. Arch. 48 (1979) 239/258.

237 Krammer, P.: Potentialtheoretische Berechnung der instationären Schaufelkräfte in Turbomaschinen mit Simulation von Nachlaufdellen, Diss. TU München 1983, Kurzf. ASME Paper 82-GT-198.

238 Gloger, M.: Experimentelle Bestimmung instationärer Schaufelkräfte in Abhängigkeit von Strömungsungleichmässigkeiten stromaufwärts vom betrachteten Schaufelgitter. VDI-Berichte 361 (1980) 61/70.

239 Castorph, D., Hubensteiner, M.: Einfluß der stromauf- und stromabwärts liegenden Gitter auf die instationären Schaufelkräfte eines mittleren Turbinengitters, VDI-Ber. 487 (1983) 79/87.

240 Raschke, K.: Beitrag zur Berechnung der Wechselbeanspruchungen von Turbinenschaufeln bei unterschiedlichen Betriebsdrehzahlen. Fortschr. Ber. VDI-Z. Reihe 1, Nr. 37 (1974).

241 Uhrig, R.: Elastostatik und Elastokinetik in Matrizenschreibweise. Berlin, Heidelberg, New York: Springer 1973.

242 Kirchberg, G., Thomas, H.-J.: Berechnung von Eigenschwingungszahlen der Dampfturbinenschaufeln. Konstruktion 3 (1951) 14/19, 41/46.

243 Kirchberg, G., Thomas, H.-J.: Berechnung der Eigenfrequenzen der Schaufelpakete in Dampf- und Gasturbinen, insbesondere bei verjüngten Schaufeln. Konstruktion 10 (1958) 41/50.

244 Vogel, D. H.: Eigenfrequenzen der Biegeschwingungen unverwundener, freistehender Turbinenschaufeln unter Berücksichtigung von Zusatzeffekten. Konstruktion 21 (1969) 27/30.

245 Montoya, J.G.: Gekoppelte Biege- und Torsionsschwingungen einer stark verwundenen rotierenden Schaufel. Brown-Boveri-Mitt. 53 (1966) 216/230.

246 Traupel, W.: Die Beanspruchung schwingender Schaufeln in Resonanz. Schweiz. Bauzeitung 88 (1970) 528/534.

247 Thomas, H.-J.: Zur Schwingungstilgung bei Schaufelpaketen thermischer Turbomaschinen. Konstruktion 25 (1973) 5/13.

248 Thomas, H.-J., Lewe, H.D.: Berechnung von Schaufelschwingungen. VDI-Bericht Bd.30. Düsseldorf: VDI-Verlag 1958.

249 Ewins, D.J.: Vibration Characteristics of Bladed Disc Assemblies. J. mech. Engng. Science 15 (1973) 165/186.

250 Jarosch, J.: Beitrag zum Schwingungsverhalten gekoppelter Schaufelsysteme. Diss. Univ. Stuttgart, 1983.

251 Wickl, R.: Neue Erkenntnisse über Beanspruchungen der Beschaufelung von Kompressorantriebsturbinen. Siemens-Z. 44 (1970) 380/386.

252 VDI-Richtlinien 2060: Beurteilungsmaßstäbe für den Auswuchtzustand rotierender starrer Körper.

253 Weber, H.: Über das gemeinsame Schwingungsverhalten von Welle und Fundament bei Turbinenanlagen. VDI-Bericht Bd.48 Düsseldorf: VDI-Verlag 1961.

254 Thomas, H.-J.: Zur Frage der Gefährlichkeit biegekritischer Drehzahlen bei mehrgehäusigen Turbomaschinen. Konstruktion 16 (1964) 445/451.

255 Krämer, E.: Maschinendynamik, Berlin, Heidelberg, New York, Tokyo: Springer 1984.

256 Glienicke, J.: Experimentelle Ermittlung der statischen und dynamischen Eigenschaften von Gleitlagern für schnellaufende Wellen. Fortschr. Ber. VDI-Z. Reihe 1, Nr. 22 (1976).

257 Kollmann, K., Schaffrath, G.: Radial-Gleitlager mit beliebiger Schmierspaltform. MTZ 29 (1968) 401/408.

258 Glienicke, J., Han, D.-C., Leonhard, M.: Practical determination and use of bearing dynamic coefficients. Tribology internat. 1980, 297/309.

259 Vogel, D. H.: Das Schwingungs- und Stabilitätsverhalten unwuchtbehafteter, mehrfeldriger Wellen auf Gleitlagern. Konstruktion 22 (1970) 461/466.

260 VDI-Richtlinie 2059: Wellenschwingungen von Turbosätzen. 2.Ausg. 1981.

261 Peters, G.: Wellenschwingungsmessungen an Turbomaschinen - Erfahrungen und Entwicklungstendenzen. Maschinenschaden 44 (1971) 157/164.

262 Schöllhammer, F.: Neue Erfahrungen mit Wellenschwingungen. Mitt. VGB 53 (1973) 320/332.

263 Kellenberger, W.: Die Stabilität rotierender Wellen infolge innerer und äußerer Dämpfung. Ing. Archiv 32 (1963).

264 Kollmann, K., Someya, T.: Lagerinstabilität eines Turborotors. MTZ 25 (1964) 97/102.

265 Thomas, H.-J.: Instabile Eigenschwingungen von Turbinenläufern, angefacht durch die Spaltströmungen in Stopfbuchsen und Beschauflungen. Bull. de l'AIM 71 (1958) 1039/1063.

266 Wohlrab, R.: Experimentelle Ermittlung spaltströmungsbedingter Kräfte an Turbinenstufen und deren Einfluß auf die Laufstabilität einfacher Rotoren. Diss. TU München 1975.

267 Urlichs, K.: Durch Spaltströmungen hervorgerufene Querkräfte an den Läufern thermischer Turbomaschinen. Diss. TU München 1975, s.a. Ing. Arch. 45 (1976) 193/208.

268 Schirmer, G.F.: Zur Stabilität der Schwingungen von Turbinenwellen. Diss. TH Darmstadt 1969.

269 Vogel, D.H.: Die Stabilität gleitgelagerter Rotoren von Turbomaschinen unter besonderer Berücksichtigung einer Erregung durch Spaltströme. Diss. TH München 1969.

270 Gasch, R.: Unwuchterzwungene Schwingungen und Stabilität von Turbinenläufern. Konstruktion 25 (1973) 161/168.

271 Takata, H., Nagano, S.: Nonlinear Analysis of Rotating Stall. J. of Engng. for Power, Transact. ASME 94 (1972) 279/293.

272 Grahl, K., Neuhoff, H.G.: Rotating Stall und Einlaufstörungen in Axialverdichtern. Forschg. Ing. Wes. 47 (1981) 69/100.

273 Tondl, A.: Some Problems of Rotor Dynamics. London: Chapman & Hall 1965.

274 Bölderl, P., Kulig, T., Lambrecht, D.: Die Torsionsmomente in Turbinen- und Generatorwellen bei Kurzschlüssen, Fehlsynchronisierung und Kurzschlußabschaltung. ETZ-A 96 (1975) 164/171.

275 Bölderl, P., Kulig, T., Lambrecht, D.: Beurteilung der Torsionsbeanspruchung in den Wellen von Turbosätzen bei wiederholt auftretenden Störungen im Laufe der Betriebszeit. ETZ-A 96 (1975) 172/177.

276 Günther, R., Lenz, W.: Schwingungen in Feuerräumen VDI-Ber. Nr. 346 (1979) 163/171.

277 Vortmeyer, D., Kunz, W.: Experimentelle und theoretische Untersuchungen zum Anregungsmechanismus von thermoakustischen Schwingungen. VDI-Ber. Nr. 423 (1981) 119/123.

278 Martin, H., Langner, H., Franke, J.: Strömungsoszillationen in Verdampfern und Abhilfemaßnahmen. BWK 36 (1984) 88/95.

279 Trassl, W.: Die Entwicklung zur 1000 MW-Einwellenturbine. Siemens-Z. 41 (1967) Beiheft Dampfturbinen großer Leistung 4/8.

280 Roeder, A.: Die Endschaufel der größten volltourigen Norm-Niederdruckturbine. Brown Boveri Mitt. 63 (1976) 115/122.

281 Smith, A.: Survey of Twisted Blading Development in Steam Turbines. Proc. Inst. Mech. Eng. 184 (1969/70) Part 1, No.26.

282 Amecke, J., Lawaczeck, O.: Probleme der transsonischen Strömung durch Schaufelgitter. VDI-Forschungsheft 540. Düsseldorf: VDI-Verlag 1970.

283 Koch, E.: Auslegung und Betriebsverhalten von langen Dampfturbinen-Endschaufeln. Mitt. VGB Kraftwerkstechnik 52 (1972) 451/457.

284 Somm, E.: Beurteilung der Erosionsgefahr in Niederdruckdampfturbinen. Brown Boveri Mitt. 58 (1971) 458/472.

285 Alford, J. S.: Protecting Turbomachinery from Self-Excited Rotor Whirl. J. of Engng. for Power Transact. ASME 87 (1965) 333/344.

286 Kostyuk, A. G.: A theoretical analysis of the aerodynamic forces in the labyrinth glands of turbomachines. Teploenergetika 19 (1972) 29/33.

287 Benckert, H.: Strömungsbedingte Querkräfte in Labyrinthdichtungen. Motortechn. Zeitschr. 43 (1982) 11/19.

288 Pollmann, E.: Stabilität einer in Gleitlagern rotierenden Welle mit Spalterregung. Fortschritts-Berichte VDI-Z. Reihe 1, Nr. 15 (1969).

289 Hauck, L.: Vergleich gebräuchlicher Turbinenstufen hinsichtlich des Auftretens spaltströmungsbedingter Kräfte. Konstruktion 33 (1981) 59/64.

290 Ebner, F.: Zum Stabilitäts- und Schwingungsverhalten von Turborotoren mit Spalterregung bei äußerer Anisotropie. VDI-Ber. 536 (1984) 155/170.

291 Hebel, G., Roeder, A.: Dampfturbinen der 80er Jahre. VGB Kraftwerkstechnik 60 (1980) 856/861.

292 Zörner, W., Ewald, J., Haase, H.: Dampfturbinen für Kraftwerke mit hohen Dampfzuständen. VGB Kraftwerkstechnik 63 (1983) 37/45.

293 Trojanowskij, B.M.: Betrieb von Wärmekraftwerken, insbesondere deren Dampfturbinen, in der UdSSR. VGB Kraftwerkstechnik 63 (1983) 111/121.

294 Großkraftwerke/Turbogruppen. Brown Boveri Mitt. 71 (1984) Heft 3/4.

295 Maghon, H.: Die Gasturbine im Grundlasteinsatz. VGB Kraftwerkstechnik 62 (1982) 256/263.

296 Deblon, B., Maghon, H.: Operating and Maintenance Experience with Model V-94 100/135 MW Heavy-Duty Gas Turbines. Journ. Engg. for Power ASME 105 (1983) 317/321.

297 Müller, E.-O., Pötz, F.: Neue BBC-Gasturbinen großer Leistung. BBC-Nachr. 62 (1980) 247/255.

298 Wanke, K.: Die Entwicklung größter Stromerzeuger. VDE-Fachber. 24 (1966) 89/98.

299 Synchronmaschinen. AEG-Telefunken-Handbuch Nr. 12, hrsg. von W. Nürnberg u. F. Lax. Berlin: AEG-Telefunken 1970.

300 Läge, K.: Turbogeneratoren, der Weg zu heutigen Grenzleistungen. Energie 25 (1973) 249/257.

301 Lambrecht, D.: Die Entwicklung supraleitender Generatoren für den Kraftwerksbetrieb. Paper A.I.M. Conf. on Modern Electric Power Stations, Lüttich 1981, Sonderdruck KWU.

302 Hoffmann, W.E.: Überdrucksicherheitseinrichtungen für Dampferzeugungsanlagen. Techn. Mitt. 65 (1972) 72/76.

303 Häfele, C. H.: Absperrarmaturen in Wärmekraftwerken. Techn. Mitt. 66 (1973) 528/532.

304 Kellermann, O.: Unfallanalyse in der Kerntechnik, Sicherheit - kalkuliertes Risiko. Techn. Überwachung 13 (1972) 330/335.

305 Koch, E., Kuschel, D.: Auslegungskriterien und konstruktive Gestaltung der Sicherheitsumschließung bei Siedewasserreaktoren. Nuclear Engng. and Design 19, (1972) 291/314.

306 Hein, D., Riedle, K.: Untersuchungen zum Systemverhalten eines Druckwasserreaktors bei Kühlmittelverlust-Störfällen. Das PKL-Experiment. Atomkernenergie-Kerntechnik 42 (1983) 19/27.

307 Smidt, D.: Reaktor-Sicherheitstechnik. Berlin, Heidelberg, New York: Springer 1979.

308 Camrinopoulos, L., Becker, A.: Zuverlässigkeits- und Risikoanalysen, Köln: Verl. TÜV Rheinland 1983

309 Reactor Safety Study. Main Report PB-248201. US Nuclear Regulatory Comm. WASH-1400, 1975. - Der Rasmussen-Bericht. Übers. u. Kurzf. Inst. f. Reaktorsicherheit IRS-S-13: TÜV Köln 1976.

310 Deutsche Risikostudie Kernkraftwerke. Köln; Verl. TÜV Rheinland 1979.

311 Martin, P., Mathey, M.: Zuverlässigkeitsbetrachtungen beim Turbinenschutz. VGB Kraftwerkstechnik 55 (1975) 574/580, 655/660.

312 Timm, M.: Untersuchungen zum Überdrehzahlverhalten von Naßdampfturbinen. Diss. TH München 1969, Wärme 75 (1969) 145/154.

313 Meyer-Abich, K.M.: Die ökologische Grenze des Wirtschaftswachstums. Umschau 72 (1972) 645/649.

314 Umwelt-Report - Unser verschmutzter Planet. Hrsg. v. H. Schultze. Frankfurt: Umschau-Verlag 1972.

315 VDI-Handbuch "Reinhaltung der Luft". Hrsg. von VDI-Kommission Reinhaltung der Luft. Düsseldorf: VDI-Verlag 1972.

316 TAL - Techn. Anleitung zur Reinhaltung der Luft. Allgemeine Verwaltungsvorschriften über genehmigungspflichtige Anlagen nach § 16 der Gewerbeordnung vom 8.9.1964. Gemeinsames Ministerialblatt Ausgabe A 15 (1964) Nr. 26, 433/448, jew. neueste Ausg. maßgebl..

317 Kalmbach, S., Schmölling, J.: Technische Anleitung zur Reinhaltung der Luft und Verordnung über Großfeuerungsanlagen. Berlin, Bielefeld, München: E. Schmidt 1984.

318 VDI-Kommission Reinhaltung der Luft: Säurehaltige Niederschläge - Entstehung und Wirkungen auf feuerfrische Ökosysteme. Düsseldorf: VDI 1983.

319 Geiß, H.: Ausbreitung von Schadstoffen in der Atmosphäre. Köln: Verl. TÜV Rheinland 1983.

320 Deutsches Atomgesetz. Atomanlagen-Verordnung. Erste Strahlenschutzordnung. Baden-Baden: Lutzeyer 1960.

321 Wärmebelastung der Gewässer und der Atomsphäre. VDI-Berichte 204. . Düsseldorf: VDI-Verlag 1973.

322 Oplatka, G.: Wärmeabfuhr bei großen Dampfkraftwerken. Brown Boveri Mitt. 60 (1973) 315/320.

323 Heeren, H., Holly, L.: Trockenkühler entlasten Gewässer. Energie 23 (1971) 298/305, 385/393.

324 Hirschfelder, G.: Der Trockenkühlturm des 300-MW-THTR-Kernkraftwerkes in Schmehausen-Uentrop. Mitt. VGB Kraftwerkstechnik 53 (1973) 463/471.

325 Kokott, D.: Betriebserfahrungen mit einem Nass-/Trockenkühlturm für 150 MW thermische Leistung. VGB Kraftwerkstechnik 63 (1983) 1055/1062.

326 Schwab, S., Beikler, D., Schiebelsberger, B.: Einsatzmöglichkeiten des Hybrid-Kühlverfahrens der Direkt-Kondensation mit Feuchtluft (DKFL). Forschg. i. d. Kraftwerkstechnik 1983, 144/147. Essen: VGB-Verl. 1984.

327 Baumgärtel, G., Huppert, K.-L., Merz, E.: Brennstoff aus der Asche. Die Wiederaufarbeitung von Kernbrennstoffen. Essen, Gräfelfing: Girardet, ETV 1984.

328 Preston Cloud: Hilfsquellen, Bevölkerungszahl und Lebensinhalt. Umschau 70 (1970) 591/597.

329 Energie für unsere Welt. Digest 11. Weltenergiekonf. München 1980. London: The World Energy Conf. 1982.

330 Häfele, W.: Bedingungen und Perspektiven für die Evolution künftiger Energiesysteme. VGB Kraftwerkstechnik 58 (1979) 700/706.

331 Schaefer, H.: Kernfragen - Unsere Energieversorgung heute und morgen. Düsseldorf, Wien: Econ 1978.

332 Gerwin, R.: Die Welt-Energieperspektive. Stuttgart: DVA 1980.

333 Grathwohl, M.: Energieversorgung-Ressourcen, Technologien, Perspektiven. 2.Aufl.. Berlin, New York: De Gruyter 1983.

334 Knizia, K.: Energie-Ordnung-Menschlichkeit. Düsseldorf, Wien, Econ 1981.

335 Raeder, J., et. al.: Kontrollierte Kernfusion. Stuttgart: Teubner 1981.

336 Schmitter, K.: Fusionsreaktoren. Umschau 70 (1970) 767/771.

337 Knobloch, A.: Wann wird der Kraftwirtschaft das Fusionskraftwerk zur Verfügung stehen? - Stand und Entwicklungstendenzen. Mitt. VGB Kraftwerkstechnik 53 (1973) 707/716.

338 Euler, K. J.: Energie-Direktumwandlung. München: Thiemig 1967.

339 Euler, K. J.: Neue Wege zur Stromerzeugung. Frankfurt/M.: Akad.Verlagsges. 1963.

340 Justi, E.: Stand und Chancen der Energie-Direkt-Umwandlung. Mitt. VGB Kraftwerkstechnik 52 (1972) 363/374.

Zu Kap. 8

341 Musil, L.: Allgemeine Energiewirtschaftlehre. Wien, New York: Springer 1972.

342 Jakobs, H., Kreutzer, A., Pleyer, H., Stoll, A.: Grundflächenbedarf von Kraftwerken. Siemens Energietechnik 3 (1981) 298/302.

343 VDEW: Begriffsbestimmungen in der Elektrizitätswirtschaft. Bd. 2: Verfügbarkeit von Wärmekraftwerken. 2.Ausg. 1973. VDEW-Verlag Frankfurt/M.

344 Uebing, D., Oude-Hengel, H. H.: Zuverlässigkeit, eine Forderung moderner Dampferzeugungstechnik. Mitt. VGB Kraftwerkstechnik 52 (1972) 375/384.

345 Stoll, A.: Kalkuliertes Risiko bei der Kraftwerksplanung. Elektrizitätswirtschaft 70 (1971) 537/542.

346 Hansen, U.: Kernenergie und Wirtschaftlichkeit. Köln: Verl. TÜV Rheinland 1983.

347 Trenkler, H.: Neue Einflüsse der Energie-Wirtschaft auf die Kraft- und Wärmewirtschaft. VGB Kraftwerkstechnik 61 (1981) 902/909.

348 Van Lier, J.J.C., Miedema, J.A.: Wärme-Kraftkopplung im Zusammenhang mit industrieller und öffentlicher Energieversorgung. VGB Kraftwerkstechnik 61 (1981) 895/902.

349 Raabe, J.: Hydropower, Düsseldorf: VDI-Verlag 1985.

Sachverzeichnis